完美图解Arduino互动设计入门

赵英杰 著

科学出版社
北京

图字：01-2014-2457

内 容 简 介

交互设计在国内还属于发展的初期阶段，属于一个综合性相对较强的领域，是今后技术与艺术相结合的一个重要趋势。本书主要针对没有电子电路基础，但又对微控制器、电子电路、互动装置等感兴趣的读者，以轻松幽默的方式讲解Arduino及其相关的各种电子元件。书中配有一些实际的制作项目，具有较高的实用价值。另外，本书在讲述基本电子电路和程序设计概念时，精心制作了大量的手绘图，让读者能够很快地理解这些概念。

本书适合于交互设计的初学者阅读，也可作为相关专业的培训教材。

图书在版编目(CIP)数据

完美图解Arduino互动设计入门/ 赵英杰著. —北京：科学出版社，2014.7
ISBN 978-7-03-041389-5

Ⅰ. ①完… Ⅱ. ①赵… Ⅲ. ①单片微型计算机-程序-设计

Ⅳ. ①TP368.1

中国版本图书馆CIP数据核字(2014)第154913号

策划编辑：张 濮 王 哲/责任编辑：王 哲

责任印制：徐晓晨 / 封面设计：迷底书装

科学出版社出版

北京东黄城根北街16号

邮政编码：100717

http://www.sciencep.com

北京京华虎彩印刷有限公司 印刷

科学出版社发行 各地新华书店经销

*

2014年7月第 一 版 开本：720×1 000 1/16

2018年1月第四次印刷 印张：34 3/4

字数：660 000

定价：148.00元（含光盘）

（如有印装质量问题，我社负责调换）

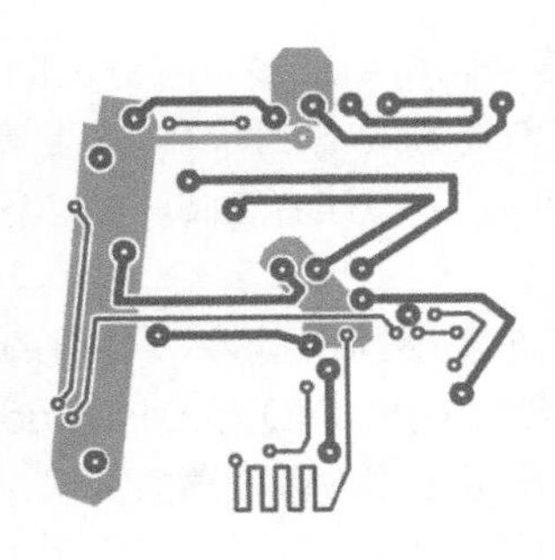

序

本书的目标是让高中以上，没有电子电路基础，对微电脑、电子 DIY 及交互装置有兴趣的人士，也能轻松阅读，进而顺利使用 Arduino 控制板完成互动应用。因此，实验用到的电子和程序思想，皆以手绘图解的方式说明。

书中涉及某些较深入的概念，或者和“动手做”相关，但是在实验过程中没有用到的相关背景知识，都安排在各章节的“充电时间”单元（该单元的左上角有一个电池充电符号），像第 4 章 4-11 页“启用微控器内部的上拉电阻”，读者可以日后再阅读。

电池充电符号代表“充电时间”单元，可日后再阅读

启用微控制器内部的上拉电阻

ATmeg328 微控制器的数字引脚其实有内建上拉电阻，根据 Atmel 公司的技术文件指出，此上拉电阻值介于 20~50kΩ 之间。但它预设并没有启用，假设要启用第 8 脚的上拉电阻，请执行下面两行代码，先将该脚设置成输入（INPUT），再通过 digitalWrite( ) 启用上拉电阻（此处的 digitalWrite( ) 并非代表写入）。

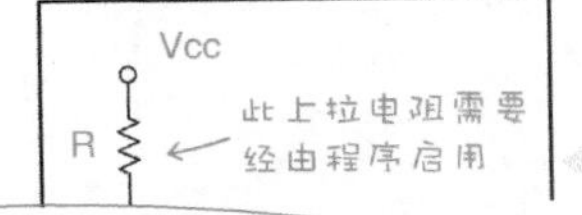


```
/* 端口8设置成「输入」模式 */
pinMode(8, INPUT);
/* 启用端口8内部的上拉电阻 */
```

在撰写本书的过程中，得到许多亲朋好友的宝贵意见，笔者也依照这些想法和指正，逐一调整叙述方式，让图文内容更清楚易懂。此外，书末也附上按主题分类的关键字索引，方便读者查阅，如C程式语言的语法，可浏览“程式设计基础”分类。

Arduino控制板有许多不同的版本，目前的主流是UNO，因此本书的Arduino控制板插图，全数采用UNO与Leonardo。本书内容等同于繁体中文第二版，非常感谢科学出版社副编审张濮的赏识，以及本书编辑王哲辛勤地校阅并修订简体的专业术语，让本书得以顺利出版。

现在，准备好Arduino控制板、打开电脑，让Arduino从你的手中展现出最与众不同的惊艳吧！

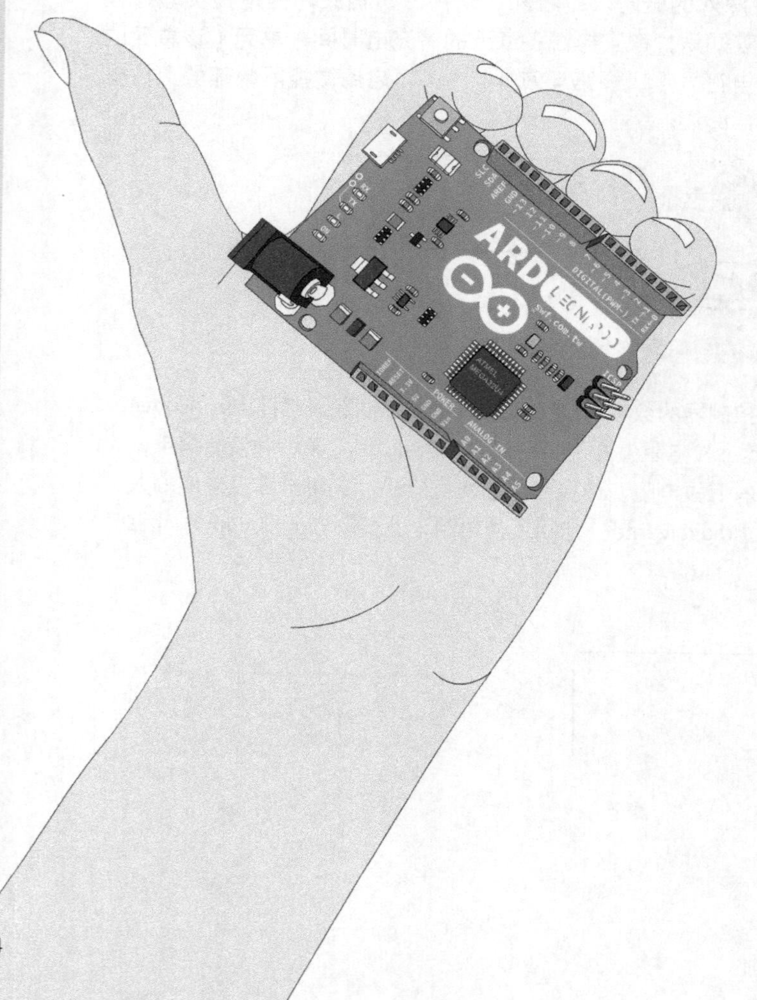

赵英杰
2014.7.4
于台中糖安居
http://swf.com.tw/

光盘使用说明

使用说明一：光盘内含这些资料夹。

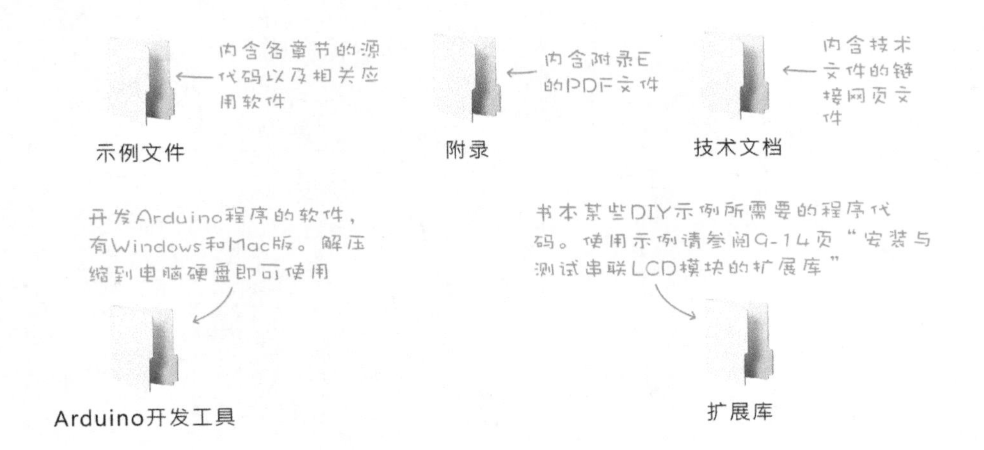

使用说明一：简单几个步骤，把光盘改造成漂浮车！

目　录

CHAPTER 01 认识 Arduino

CHAPTER 02 认识电子零件、工具与基础焊接

CHAPTER 03

Arduino 互动程序设计入门

CHAPTER 04

开关电路与 LED 流水灯效果

CHAPTER 05 串口通信

CHAPTER 06 模拟信号处理

CHAPTER 07 七段 LED 数码管

CHAPTER 08

LED 点阵屏与 SPI 接口控制

CHAPTER 09

LCD 液晶屏＋温湿度传感器 + 超声波传感器

CHAPTER 10 变频控制 LED 灯光和电机

CHAPTER 11 使用 Wii 游戏杆控制机械手臂

CHAPTER 12

红外线遥控与间隔拍摄控制器

CHAPTER 13

制作光电子琴与 MIDI 电子鼓

CHAPTER 14

手机蓝牙遥控机器人制作

CHAPTER 15

网络与HTML网页基础+嵌入式网站服务器制作

CHAPTER 16

网络家电控制

CHAPTER 17

Arduino + Flash 集成互动应用

CHAPTER 18

RFID 无线识别设备与问答游戏制作

INDEX

索引

以下内容请参见光盘电子书

APPENDIX E

使用 App Inventor 开发 Android App

CHAPTER

01

认识 Arduino

2005年时，任教于意大利北部伊夫雷亚（Ivrea）一所互动设计学院（Interaction Design Institute Ivrea）的Massimo Banzi和David Cuartielles教授，希望能替学生和互动艺术设计师，找到一种能帮助他们学习电子和传感器基本知识，并快速地设计、集成互动作品**原型（prototype）**的微电脑装置。

> “原型”是在新产品开发阶段所制作的模型或实验电路，用来试验新产品的功能、造型和材料。

有鉴于当时市面上的微电脑控制相关产品众多，而有些产品采用的程序语言深奥难懂，也不适合设计学院的学生使用。所以他们找来几个志同道合的伙伴和学生，以11世纪北意大利的一个国王"Arduino"为名，设计出**开放式（open source）微电脑控制板（以下简称“微电脑板”或“控制板”）以及程序开发工具**。

Arduino微电脑板价格低廉，一块不到两百元（若是自己买零件组装，几十元左右），程序设计容易上手，因此广受世界各地的电子爱好者和互动设计师的喜爱，运用Arduino创造出各种新奇有趣的互动装置。

读者可以在网络上搜索到各种Arduino衍生的创意发明，例如：

- 声光玩具，搜索关键词：arduino toy。
- 防盗/防灾警报器；
- 自动化机械，如：宠物喂食器。
- 四轴飞行器，搜索关键词：arduino quadcopter。
- 人造卫星，搜索关键词：ArduSat。
- 被喻为第三次工业革命的3D打印机，搜索关键词：3D Printer。例如，开放源代码的RepRap（http://www.reprap.org），以及MarkerBot打印机（http://www.markerbot.com/）的控制板都采用Arduino微电脑板。你可以在家用3D打印机制造齿轮、曲柄等机械零件、手机保护壳、公仔模型等各种有用或有趣的创作。

还有让盆栽在缺水时，自动发布Twitter（推特）信息的装置（搜索关键词：botanicalls）。也有人将Arduino缝制在衣服上，搭配EL冷光线材，做出像电影TRON主角的高科技炫光服饰（搜索关键词："arduino EL wire"以及"wearable arduino"，代表“可穿戴的Arduino”）。

想知道更多Arduino在世界各地蔚为风潮的故事吗？请看创始人Massimo Banzi在TED大会（ted.com）上现身说法，网址：http://goo.gl/JbZtwN。

导演Rodrigo Calvo和Raul Alejos拍摄了一部纪录片，由Arduino的创始者诉说Arduino的诞生过程，还有运用Arduino制作出开放软/硬件源代码的

3D 打印机 "MakerBot" 的创办人 Zach Smith，和其他互动设计师的访谈记录，以及在工厂大量生产 Arduino 微电脑的片段，有兴趣的读者可在这个网址免费观看（有英文和西班牙文字幕）和下载：http://arduinothedocumentary.org/。

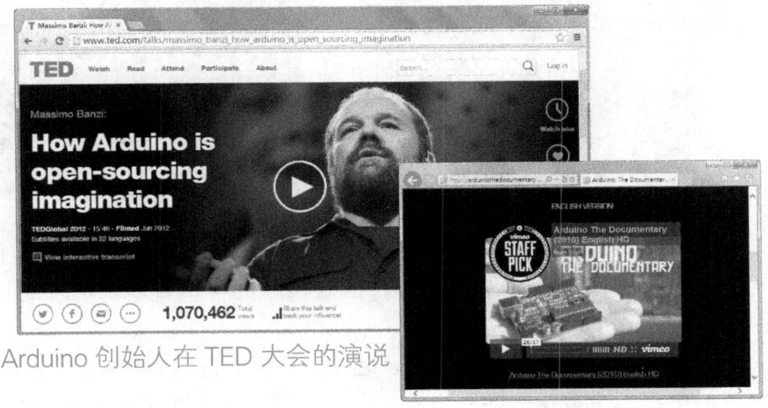

Arduino 创始人在 TED 大会的演说

Arduino 纪录片

1-1 | Arduino 微电脑板

就像计算机一样，Arduino 的软硬件都持续推出新的版本，每个硬件版本都有不同的名字，如 Arduino Leonardo、Arduino Uno、Arduino Mini 等，本书采用的是 2009 年推出的 Arduino Duemilanove。

完整的官方硬件产品列表、外观和说明，请到 arduino.cc 网页，点击 "Products"（产品）链接。

下图是 Arduino Uno 和 Leonardo 微电脑控制板的正面外观。

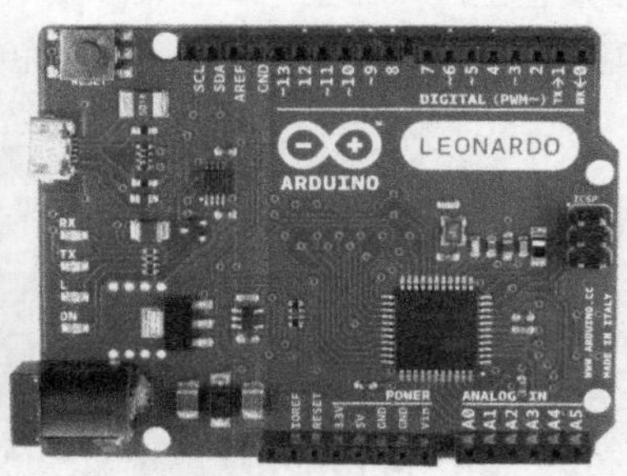

不同 Arduino 控制板的主要差异在于微处理器以及连接 USB 接口的 IC（集成电路，参阅第 7 章说明）不一样，但是程序的写法，以及硬件的连接方式几乎都一样。

除了购买“官方版”的 Arduino 之外，任何人都可以在 arduino.cc 网站下载免费的电路图（以及程序开发软件），自己 DIY 一个 Arduino，也能在网上购得各种形式的 Arduino 兼容板。

兼容板和官方版的主要差异是，兼容版必须额外支付一笔权利金，才能替产品冠上 "Arduino" 的名字和商标。因此 Arduino 兼容硬件板大多以 "duino" 或 "ino" 名称结尾，例如：Freeduino、Japanino、Zigduino 等。本书第 5 章将介绍一种自行组装 Arduino 的简易方法，下图是笔者自行焊接的 Arduino 微电脑板。

使用 Arduino 微电脑板的注意事项

Arduino 板不同于其他 3C 产品，它没有精美的外壳保护。出厂时，厂商通常会用防静电袋（外观像褐色半透明塑料袋）来包装微电脑板。若翻到

Arduino 板子背面，你会看到许多圆圆亮亮的焊接点。

平常拿取 Arduino 板子的时候，请尽量不要碰触到组件的引脚与焊接点，尤其在冬季比较干燥的时节，我们身上容易带静电，可能会损坏板子上的集成电路（注：就是板子上黑黑一块，两旁或四周有许多引脚的组件）。

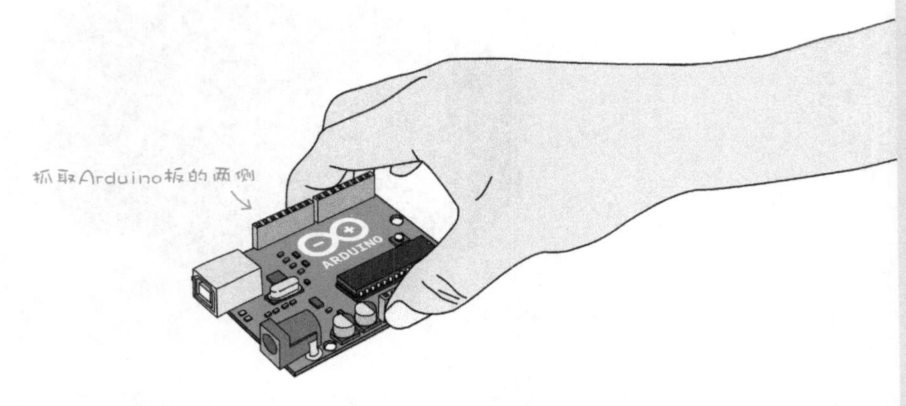

做实验时，**桌子上请不要放饮料和水，**万一打翻或者滴到运行中的 Arduino 板，可能会因短路而损坏。此外，**Arduino 板底下最好垫一张白纸或塑料垫，**也是为了避免板子背后的接点碰触到导电物质而短路。

墙壁、橡胶和木头，都是不导电的材质，可是，静电却可通过它们。因此，冬天开车门或者住家的金属门之前，可以先用手碰触一下旁边的墙壁（没有贴壁纸的墙面），释放累积在身体里的静电后，再开门，就不会被静电电到啦。

因此，笔者在拆解电子商品或取用 IC 零件之前，都会先碰一下墙壁，或者打赤脚（在铺设地砖或磨石地板上）作业。

Arduino 的扩展板（Shield）

基本上，**微电脑控制板就像是一个具有大脑和神经，但是没有感官和行动能力的物体**。我们可以替它加上眼睛（如：红外线或超音波传感器）、耳朵（如：麦克风）和手脚（如：舵机），再加上自行撰写的控制程序，就能做出各种自动控制应用。例如，加上温度传感器和一些控制线路，以及判断条件的程序代码，就能让 Arduino 自动控制电风扇的运转；加上舵机／步进电机，以及障碍物传感器，即可组装一台自走车或机器人。

微电脑板子上下两侧的黑色插槽，叫做**杜邦接头、杜邦迷你连接器或杜邦单排母座**，是 Arduino 的扩充接口槽，用来衔接传感器和接口设备控制电路。市面上有许多和 Arduino 插槽兼容的**扩展板**（统称为 **Shield**），买回家之后，将它插在 Arduino 上面，再自行编写一些程序代码即可使用。下图是在 Arduino 板子叠上以太网络扩展卡的样子。

Arduino 控制板的功能简介

若依照功能区分，Arduino 控制板可以简化成底下的方块结构。

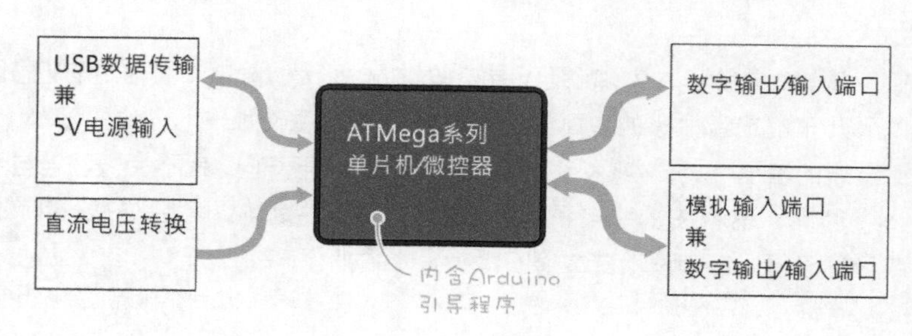

其中的**输出 / 输入口**（Input/Output Port，简称 I/O），用来连接将外在环境（physical world）的变化，例如，温度和加速度，转变成电子信号的**传感器**（sensor）组件，或者连接让微电脑发出响应的**致动器**（actuator）组件，例如 LED 灯、LCD 显示器和电机。像这种结合微电脑、传感器和软件的合成物，有一个很酷的别称，叫做**物理运算（physical computing）**平台。

下图是 Arduino 控制板的各个部分说明，读者购买的板子上面的零件位置和类型，可能和下图不同，但是它们都有相同的元素，像是微处理器、杜邦接头、USB 接口与重置钮（关于 Arduino Leonardo 板的补充说明，请参阅第 6 章）。

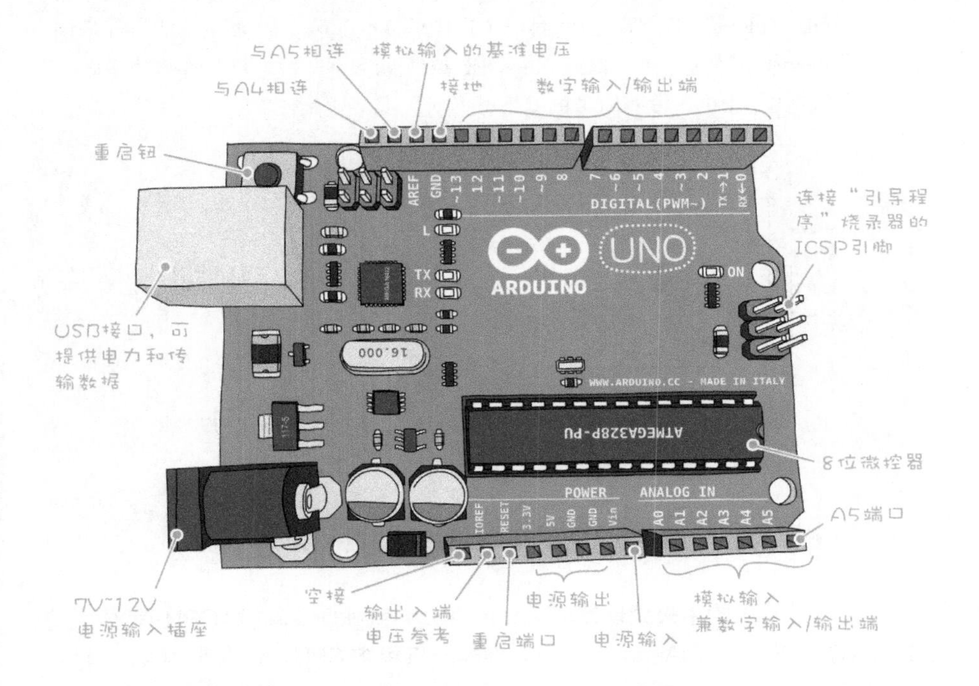

其中：

- **0~13 脚为数字输出 / 入端口，**为了和模拟的 A0~A5 区分，有时我们会在数字前面加上 D（代表 Digital，数字），写成 D0~D13。
- **D13 脚与板子上的一个 LED 相连**（LED 是一种会发光的电子组件，详阅第 2 章），方便测试程序。
- 数字端口上面**标示 "~" 符号**（或 **"PWM"**）**的 6 个脚位**，兼具**仿真 "模拟" 信号输出**功能（参阅第 10 章说明）。
- D0 和 D1 也是串口的**发（TxD）/ 接收（RxD）**脚，请参阅第 5 章。
- A0~A5 为模拟输入口，但**无法输出模拟信号**（相关说明请参阅第 10 章）。**模拟输入端口也可以当成数字输出 / 入端口使用，**编号为 D14~D19。

- 左上角的 **SCL** 和 **SDA** 插孔，分别和模拟脚位 A5 与 A4 相连，方便实验接线（详阅 11-2 节）。
- **IOREF**（输出入端口电压参考）插孔和 5V（电源输出）插孔相连，它可以让扩展板（Shield）得知 Arduino 控制板的运行电压（注：大部分的扩展板都没有使用到这项功能）。
- **空接**：没有任何作用，未来的控制板也许会用到此插孔。

我们所生活的世界，是**模拟（analog）**的。以天气变化来说，气温不会在瞬间从 0℃变成 30℃，中间有一个连续的变化过程。计算机所能处理的信号是不连续的（或者说，离散式的）**数字（digital）**数据，不是高电位（1），就是低电位（0），没有所谓的"模棱两可"或"中间值"。

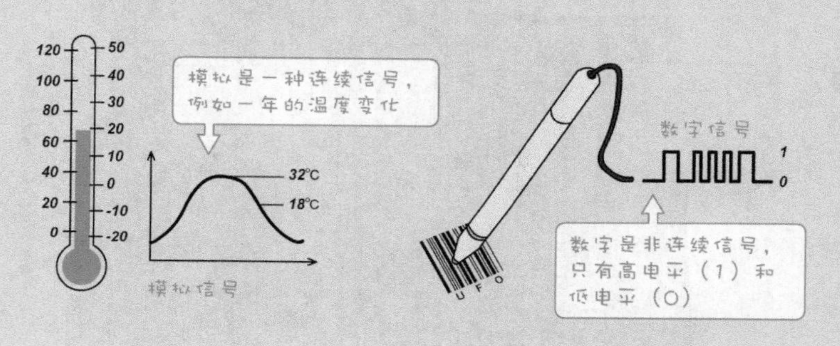

认识 ATmega328 微控制器与嵌入式系统

个人计算机的**中央处理器**（Central Processing Unit，简称 **CPU**）就像大脑，负责运算和做决策，Arduino 的微处理器不仅包含 CPU，还自带内存、模拟 / 数字信号转换器以及周边控制接口，所以这种微处理器，又称为**单片机**（single chip microcomputer）或**微控制器**（microcontroller）。

安装在电梯、冷气机、微波炉、汽车……里面，执行特定任务和功能的微制控器与软件，又称为嵌入式系统（embedded system）。以电冰箱为例，嵌入式系统负责监测冰箱里的温度，并适时启动压缩机让冰箱维持在一定的冷度。因为这种嵌入式系统的任务很简单，不需要强大的运算处理能力和大量的内存，所以它们多采用 8 位的微控制器。

1976 年推出的 Apple II 个人计算机，采用 8 位的 6502 处理器，工作频率是 1MHz，内存（RAM）只有 4KB，最大可扩展到 48KB。即便如此，它仍可执行具声光效果的彩色电玩游戏和商业电子表格软件。

游戏机也是嵌入式系统的一种，不过，为了表现丰富的影音多媒体效果，它们的处理器效能往往比同时期的个人计算机更强大。

本书将交替使用微控制器和微处理器一词，它们都代表同一个东西。

Arduino 的微处理器采用 Atmel 公司研发的 ATmega 系列微控制器，从第一代的 ATmega8、ATmega168 到本书使用的 ATmega328（它们之间的主要差异是内部的内存容量不同），另外还有功能更强大的 32 位 Atmel SAM3X8E ARM Cortex-M3 处理器（用于 Arduino Due 板）。

下图是大幅精简后的 ATmega328 微控制器的内部结构（注：端口 C 是模拟输入端口，端口 D 是数字 0~7 脚，端口 B 是数位 8~13 脚）。

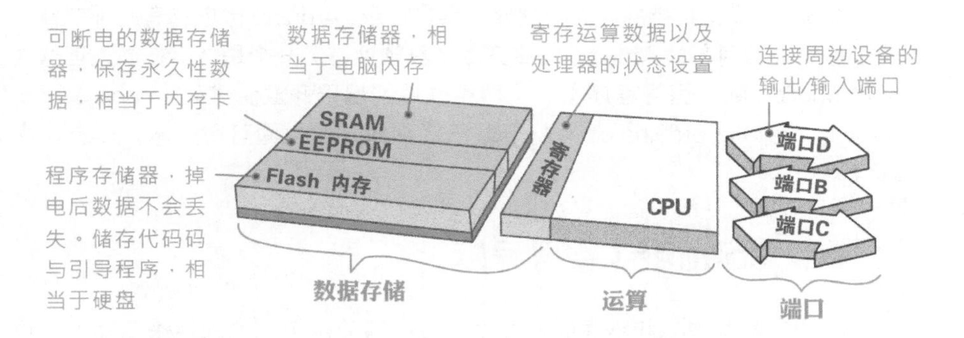

引导程序以及我们自行编写的程序，都储存在**闪存**当中，因此，闪存又称为**程序内存区域**；在程序运行时间所暂存的数据，例如，要传递给显示器周边装置的文字，将存放在 SRAM，所以，SRAM 又称做**数据存储器区域**。

EEPROM 相当于记忆卡，假设你要制作一个记录每天温度变化的仪器，若把数据储存在 SRAM，断电之后数据就消失了，而 **Flash 内存只能存放程序文件**。因此，唯一能让程序永久保存数据的内存就是 EEPROM。

表 1-1 列举了 ATmega328 微控制器的内存类型与容量。ATmega 8、16 和 328 系列微控制器的引脚说明，请参阅第 5 章。

表 1–1

名称	类型	容量大小	用途
SRAM	易失性（volatile），代表资料在断电后消失	2048byte (2KB)	**数据存储器**；暂存程序运行中所需的数据
Flash	非易失性，代表断电后，数据仍存在	32768byte (32KB)	**程序内存**；存放引导程序和我们自定义的程序代码。引导程序约占用 2KB
EEPROM	非易失性	1024byte (1KB)	存放程序的永久性数据

1-2 | Arduino 的相关软件

Arduino 真正独特的地方在**软件**，而非硬件。Arduino 微电脑有两种软件，一个是与硬件同名的 **Arduino 程序开发工具软件**，另一个是烧写在微处理器内部的 **bootloader（引导程序）**。这两种软件都属于开放源代码（open source code），可以从 arduino.cc 网站下载已经编译好的立即可用版本，以及程序源代码。

Bootloader（引导程序）

早期在开发微电脑程序时，开发人员必须使用个别的软件来写程序、仿真执行状况和除错（亦即修正程序中的错误），最后还得用特殊的烧写设备，把“可执行文件”烧写到微处理器芯片里面。

像这样整套微电脑或嵌入系统的开发工具，往往需要花费数千甚至上万元，而且开发过程繁琐。反观 Arduino，我们写好程序之后，通过 USB 线即可将程序传入 Arduino 控制板。

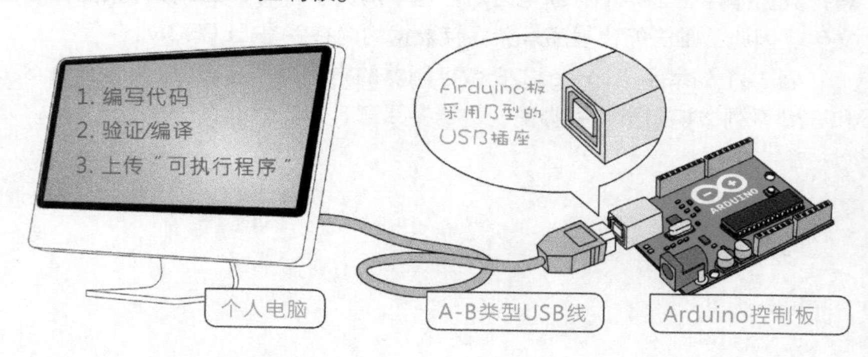

这要归功于 Arduino 微电脑里的的 bootloader（引导程序），简化了下载与执行 Arduino 程序的流程。启动 Arduino 微电脑时，bootloader 将自动执行上次储存的程序代码（如果有的话），而且随时准备接收开发工具传来的新可执行文件。

附带说明，个人计算机上的长方形 USB 插孔，称为 A 型（Type A），Arduino 板子上的六边形 USB 插孔，称为 B 型（Type B），普遍用于 USB 接口设备。外型迷你的 3C 产品，像是手机，或者小型的 Arduino Nano 控制板，则采用 Micro USB 接头。

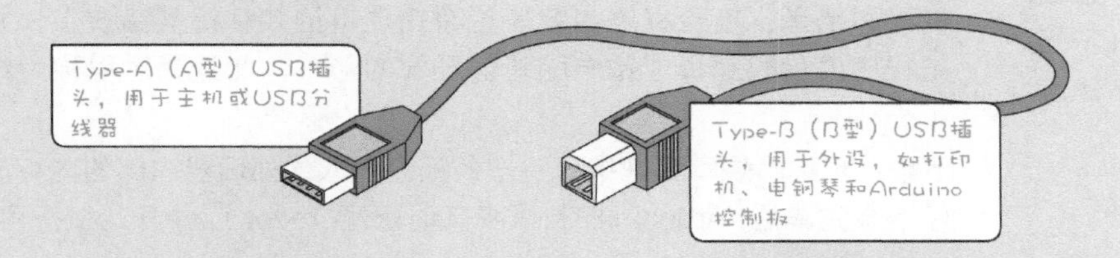

此外，电子材料商店以及网店都不难找到 ATmega328 微控制器，不过，新买的 ATmega328 微控制器的内存是空白的，没有 Arduino 的 bootloader，读者必须要采用称为 ISP 的烧写设备写入 Arduino 的引导程序，或者用 Arduino 控制板来充当烧写器，请参阅**附录 B** 说明。

因此，如果你想要自己 DIY 一个 Arduino 控制板，最好购买事先烧写好 bootloader 的 ATmega 微控制器。总体而言，Arduino 控制板的外观形式并不重要，只要微电脑芯片内部烧写了 Arduino 的 bootloader，那个微电脑就是 Arduino。

官方版的引导程序占用 2KB，若有必要，也可以烧写只占用 512 bytes（即 2KB 的 1/4）的 "Optiboot" 或 "1K Bootloader"，上网搜索这两个关键词即可找到相关资源。

Arduino 程序开发工具与开发步骤简介

开发 Arduino 程序，通常采用免费、开放源代码，同样叫做 Arduino 的软件，读者可在 arduino.cc 网站下载。

程序开发工具（软件）用编号来区别新旧，例如，Arduino 1.0.3。1.0 以前的测试版本则用 4 个数字编号，例如：Arduino 0023、Arduino 0018 等。新版本通常是修正了软件错误，并增加新的控制指令，此外，1.0 版的某些程序语法和旧的测试版本不同，本书统一采用 1.0 版的语法。

一般来说，开发 Arduino 微电脑互动装置，大致需要经历下列五大步骤。

1. **规划装置的功能和软／硬件：**装置有什么用途？需要哪些输入设备或传感器组件？有什么输出结果？以“自动型夜光 LED 灯”为例，除了 Arduino 控制板，你可能需要能够监测光线亮度变化的传感器，以及一个 LED 灯。
2. **组装硬件：**在硬件的开发和实验阶段，通常使用一种叫做**面包板**的免焊接装置，把电子零件组装起来。
3. **编写程序：**使用 Arduino 程序开发工具编写程序的源代码（source code）。Arduino 程序原始文件的扩展名为 .ino（新版）或 .pde（旧版）。
4. **校验和编译：**检查程序内容是否有错误（例如：拼写错误），并且把程序源代码翻译成微电脑能够理解的形式，此翻译过程称为**编译**（compile）。
5. **下载：**也称为**烧写**，把编译完毕的程序写入微处理器内部的内存。程序下载完毕后，Arduino 控制板将自动重置（reset），并开始执行程序。

> 像 Arduino 这种集成了程序编辑、校验与编译，以及下载烧写等功能的开发工具，又称为“**集成开发环境**”（Integrated Development Environment，简称 IDE）。

1-3 Arduino 开发环境安装

这个开发工具分成 Windows、Mac 和 Linux 系统版本，自行下载并解压缩之后即可使用，不需要安装。除了 ZIP 压缩版（免安装），Windows 版还有安装版，解压缩之后的 Arduino 文件夹内容如下。

在 arduino.cc 网站首页，点选 Download（下载）选项，可进入软件下载页。

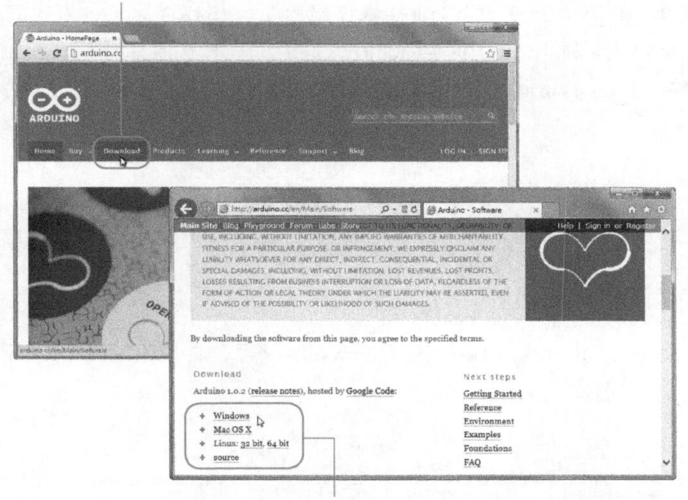

请依照你的计算机系统下载 Arduino 程序开发工具软件

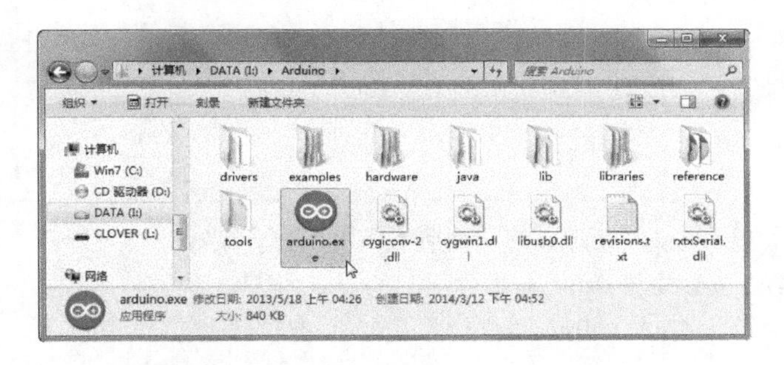

其中最重要的文件和文件夹有四个。

- arduino.exe：这个就是 Arduino 编辑器的启动程序，双击即可打开它。详细的操作说明，请参阅第 3 章。
- examples：例程代码，可在 Arduino 编辑器中选择**文件→示例**指令来打开。
- libraries：存放 Arduino 的扩展库。扩展库就是预先写好的程序文件，用于扩展 Arduino 的软件功能并简化程序代码。
- 举例而言，LCD 显示器模块包含一个控制芯片，需要经过特定的控制流程和指令，才能令它显示文字或图像。但通过其他程序设计师预先写好的 LCD 显示器扩展库，我们不需要了解它与微处理器之间的沟通方式，只要简短的几行代码，即可完成我们想要的结果。
- reference：存放 Arduino 的参考文件，可从 Arduino 编辑器选择**说明→参考文件**指令打开。

在 Mac OS X 系统上，Arduino 软件是一个应用程序文件而非文件夹，读者也许会纳闷，那 Mac 版的 Arduino 软件的例程和扩展库都存在哪里？其实，只要在 Mac 的 Arduino 应用程序的图标按鼠标右键，选择“显示包内容”指令

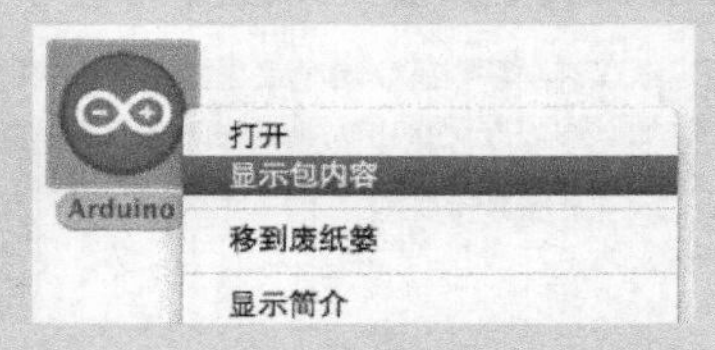

即可在里面的 Contents → Resources → Java 路径，看见 examples（示例）和 libraries（扩展库）文件夹了。

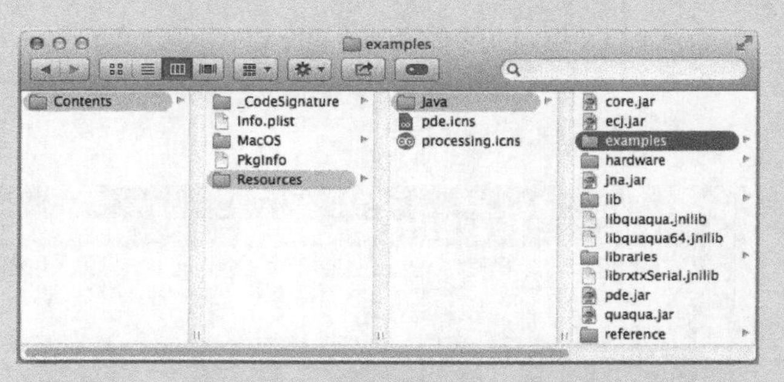

如果在打开 Arduino 时，看到底下的信息，请按下“好”钮，系统将自动下载并安装执行 Arduino 软件必要的 Java 程序。

安装 Arduino 控制板的驱动程序

Arduino 控制板和计算机通过 USB 线相连，计算机必须先安装驱动程序，才能和 Arduino 沟通。下面以 Uno 板为例，说明 Arduino 控制板的驱动程序安装方式。

Windows 7：自动安装驱动程序

在 Windows 7 上，初次使用 USB 连接 Arduino 控制板时，“设备管理器”刚开始会出现“无法识别的装置”，接着自动上网搜索对应的驱动并安装。

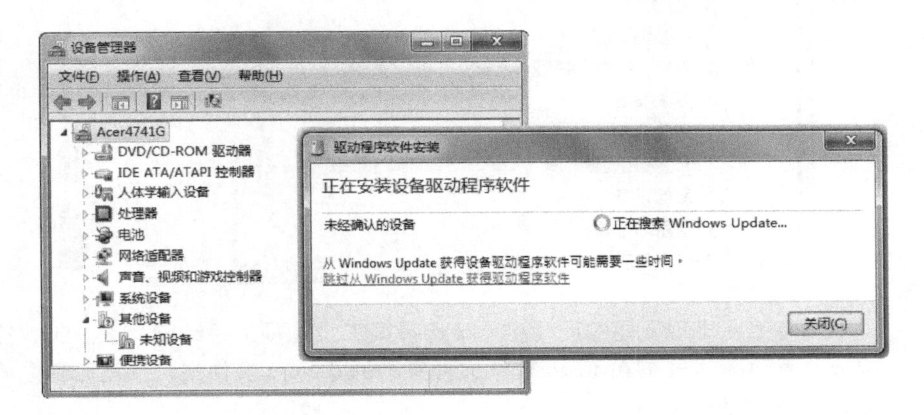

安装完成后，系统将会自动替它设置一个以"COM"为首的串口编号，例如：COM3。Arduino 程序编辑器软件，将以此 COM 编号，与 Arduino 控制板联机。

如果你有其他 Arduino 板子，并将它们同时接上计算机，计算机系统将替每一个 Arduino 板设置 COM 端口编号，例如：COM3、COM8、COM12 等。

Windows 7：手动安装驱动程序

假如 Windows 找不到驱动程序，请依照以下的步骤自行安装。

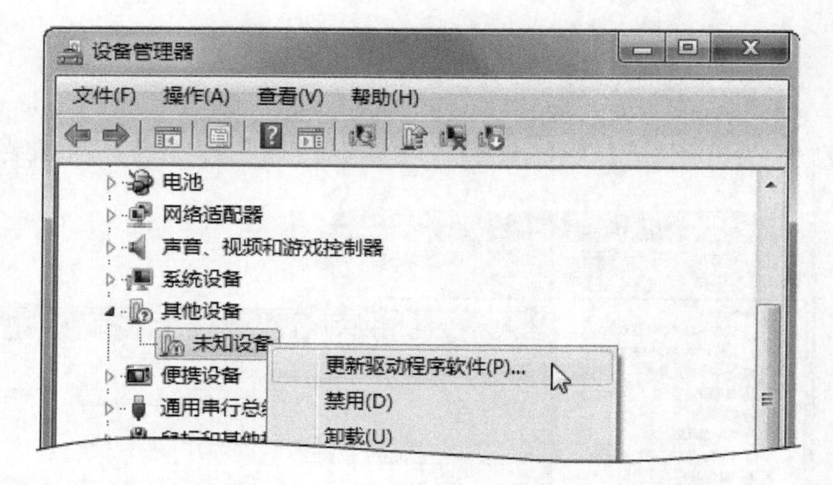

屏幕上将出现下面的对话框，请选择第二个选项（手动安装）。Uno 控制板的驱动程序放在 Arduino 软件文件夹里的 drivers 文件夹，请浏览到你的 Arduino 软件路径。

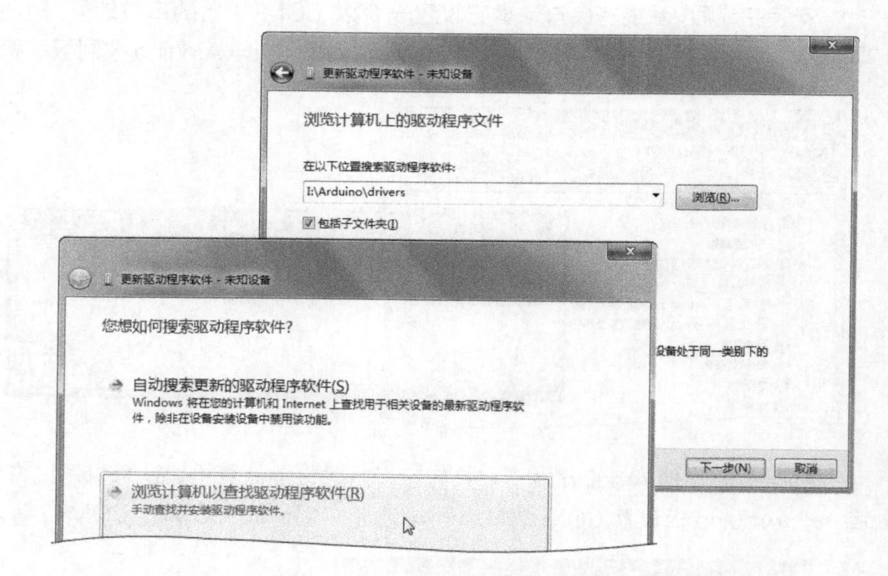

按“下一步”钮继续，若出现警告信息，请选择下面的选项。

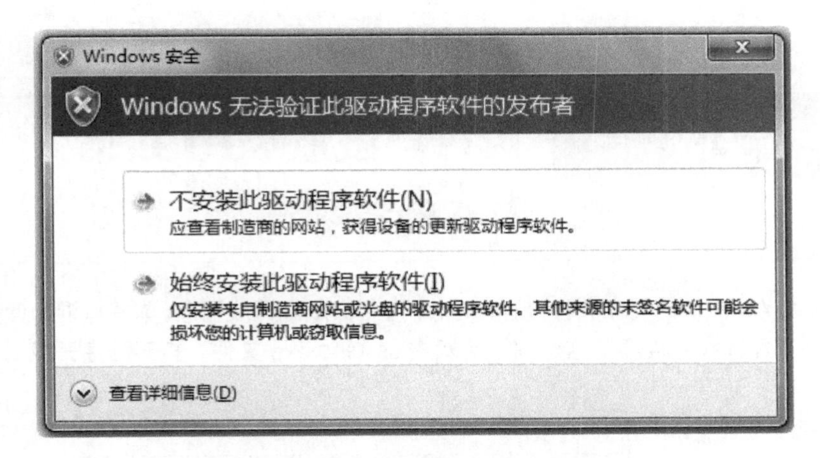

过一会儿即可顺利安装好 Uno 的驱动程序。

Mac OS X

Mac OS X 不必安装 Uno 的驱动程序即可使用。将 Uno 板接上 Mac 的 USB 端口，能从**系统信息**窗口的 USB 类别，看到 Arduino “通信设备” 的信息。

动手做 1-1 执行与设置 Arduino 开发环境

Arduino的程序文件统称“sketch”，中文版翻译成程序，本书将混和使用“程序文件”和“程序”这一词。请双击 arduino.exe 文件，打开程序开发工具。

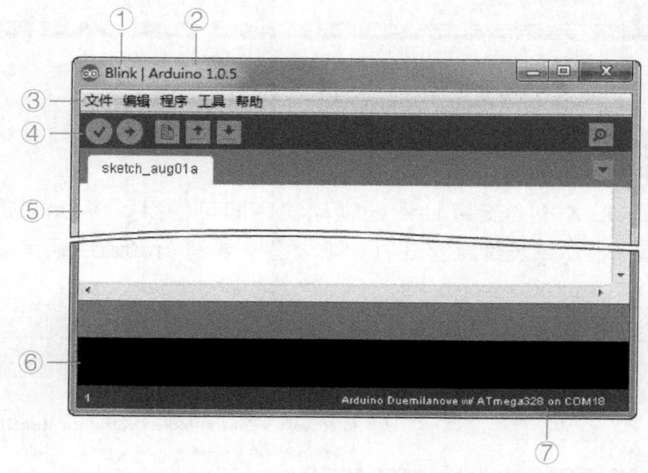

注：①目前打开的文件 ②Arduino 编辑器版本 ③主菜单 ④工具栏 ⑤程序编辑窗口 ⑥信息窗口 ⑦Arduino 控制板名称

这个程序开发工具起来就像花哨的“记事本”软件。中间的空白部分，是让我们输入程序代码的地方。工具栏上的各项功能钮说明如下。

- **校验：** 编译程序代码，确认有无语法错误。
- **下载：** 将编译后的“可执行文件”传入 Arduino 微电脑。
- **新建：** 打开新的程序文件。
- **打开：** 打开之前保存的程序文件。

- **保存：** 保存目前的程序文件。
- **串口监视器：** 通过 USB 串口和 Arduino 控制板沟通的接口（又称为“终端机”）。

设置中文操作界面

Arduino 程序编辑器的操作界面默认是英文，请选择主菜单的 File → Preferences（**文件→参数设置**）指令，从 Preferences（**参数设置**）面板里的语言选项，选择“简体中文”。

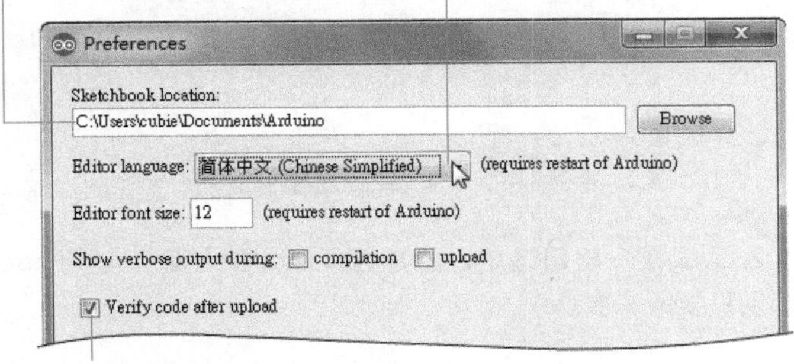

Mac 计算机的用户，请选择 Arduino 菜单下面的“偏好设置”指令。

设置完毕后重启 Arduino，操作界面就变成中文了。

设置 Arduino 板的选项

第一次使用 Arduino 程序开发工具时，请先把 Arduino 板接上计算机的 USB，接着在 Arduino 程序开发工具里面设置你的 **Arduino 板子类型**，以及**串**

口编号。设置完毕后，只要在“下载”程序代码之前，将 Arduino 板接上计算机，平时并不需要接着。

这两个设置步骤说明如下。

1. 从主菜单**工具→板卡**里的选项选择对应的 Arduino 板。除非你有多款不同的 Arduino 板，否则这项操作只需要做一次。

笔者的控制板是 Uno，因此采用下图里的选项，如果你不确定板子的类型，可以先挑选相同处理器型号的板子，若在下载程序时发生错误信息（参阅第 3 章说明），请选择其他板子试试看；选错板子并不会烧坏 Arduino。

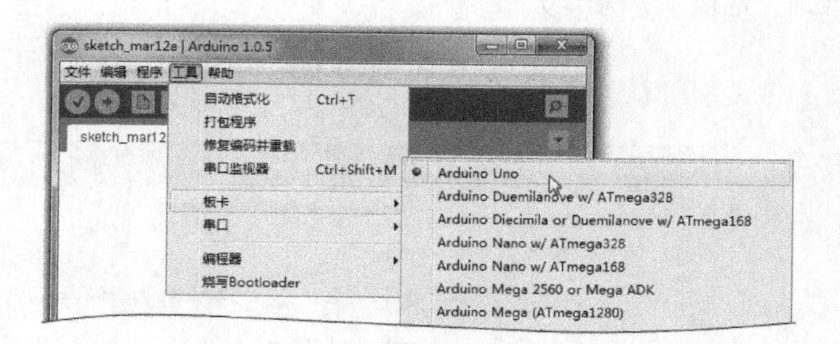

2. 从**工具→串口**选单，选择 Arduino 与计算机连接的串口编号，通常这个选项只要做一次。

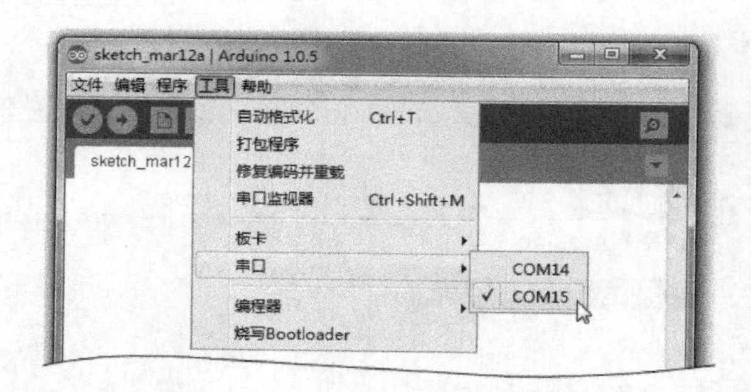

在 Mac OS X 系统中，请选择**工具→串口**选单底下，以 tty.usbmodem 为首的选项（若你的板子不是 Uno，请选择以 tty.usbserial 为首的选项，详细说明请参阅第 5 章）。

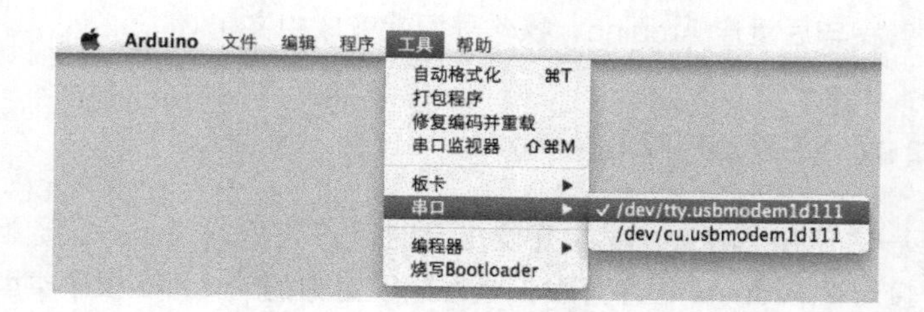

1-4 下载“LED 闪烁”示例程序

Arduino 程序开发工具里面包含许多示例程序，放在主菜单的 **“文件→示例”** 底下。本单元将采用其中的控制 LED 闪烁程序，介绍下载程序代码到 Arduino 控制板的流程。

请选择 **“文件→示例→ 01. Basics”** 里的 Blink（闪烁）选项。

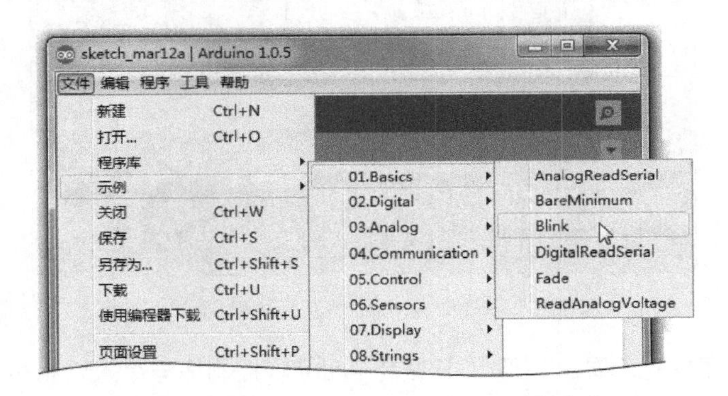

Arduino 将打开新的窗口并显示闪烁 LED 的代码（原本打开的空白编辑窗口可以关闭或留着）。

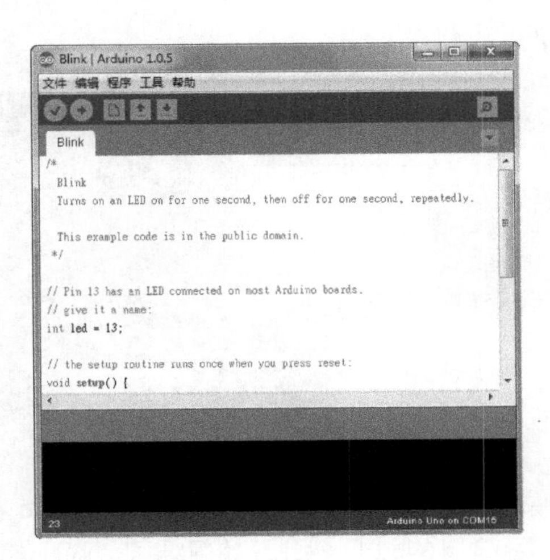

Blink 示例程序将控制第 13 脚的 LED，由于 Arduino 的板子已经在第 13 脚连接一个 LED，因此不用接其他电路即可下载程序测试。

校验与下载程序代码

将程序下载到 Arduino 之前，先按下工具栏上的✓**校验**钮或选择**程序→校验/编译**指令，让编辑器把源代码编译成微电脑所能理解的 0 与 1 机器码。如果**校验/编译**过程没有出现问题，信息窗口将显示编译后的程序所占用的空间大小。

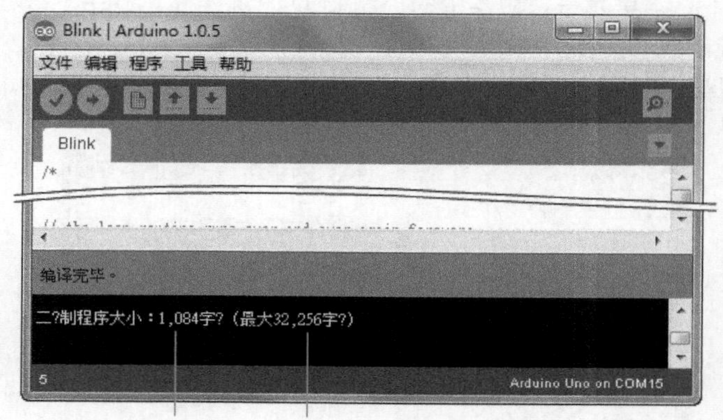

程序校验无误后，用 USB 线将 Arduino 控制板与个人计算机相连，再按下➔**下载**钮，编辑器将再编译一次程序代码，然后传入 Arduino 板。**在下载过程，Arduino 板子上的 TxD 和 RxD 灯将随着数据传输而闪烁。**

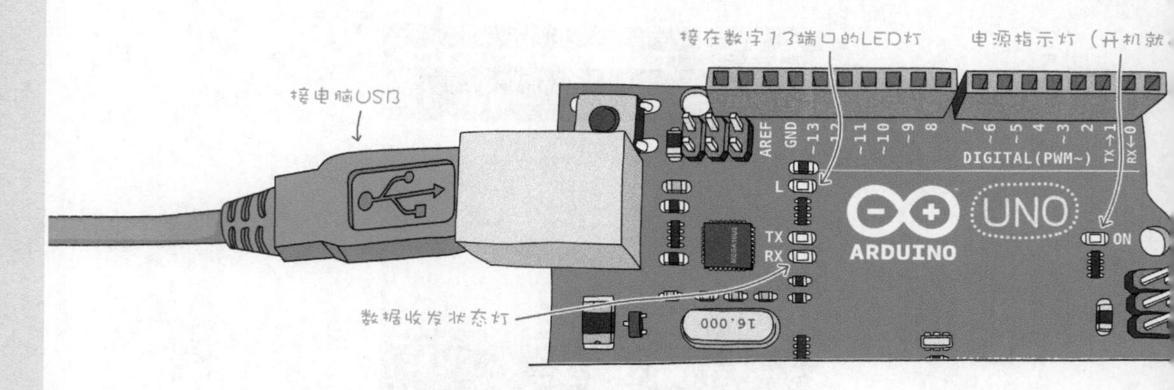

大约经过 1~2 秒之后，程序即可下载完毕。Arduino 将自行重新启动并执行下载的程序，第 13 脚的 LED 就会开始闪烁了，欢迎你来到 Arduino 的物理运算乐园！

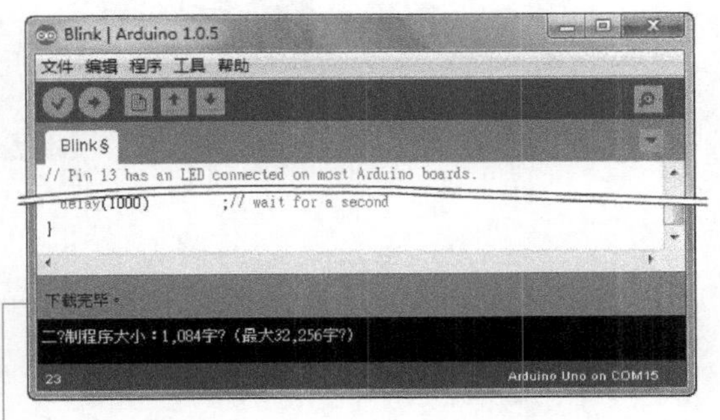

这里显示“下载完毕”

糟糕～程序无法下载！

下载过程若出现下面的信息，代表 Arduino 板没有接上计算机或者选错串口号。

```
未找到串口'COM5'。你在菜单 工具->串口 中选择了正确的串口号了么？
        at processing.app.Editor$DefaultExportHandler.run(Editor.java:
2380)
        at java.lang.Thread.run(Thread.java:619)
23                                                Arduino Uno on COM18
```

下面的信息窗口虽然显示“下载完毕”，但紧接着错误信息，代表您选错 Arduino 板，请在**工具→板卡**菜单中，重新选择一个板子，再下载一次。

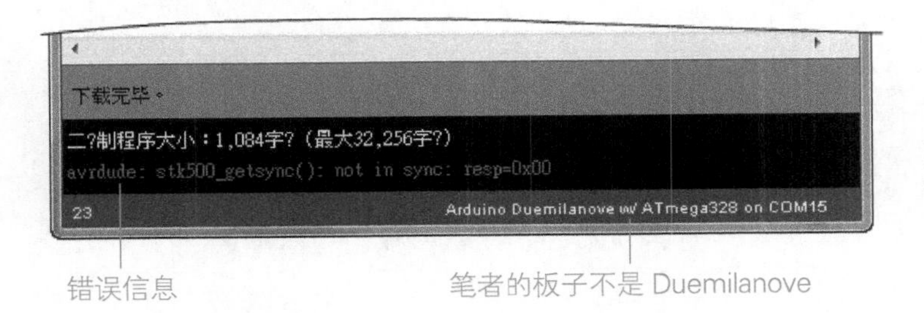

CHAPTER 02

认识电子零件、工具与基础焊接

本章分成三大部分，第一部分先帮助读者建立“电压与电流”的概念，并认识基本的电子零件和电路符号。一般的电子学与基本电学书籍都会深入介绍电流里面的“电子”和“空穴”，以及制造材料（如：硅和锗），本书并不探讨这些东西，因为它们和微电脑项目没有直接的关联性。

第二部分将介绍电子工作者必备的万用表（也称作“三用电表”），因为我们看不见也察觉不到电子信号，必须通过电表或其他量测工具来检验线路是否导通或短路、电压是否正确、零件的规格等。

第三部分则介绍导线，以及使用尖嘴钳和斜口钳剥除导线外皮的方式。电子实验的过程，会需要用到许多导线，练习剥导线的技巧，有助于顺利进行后续的实验。

2-1 电压、电流与接地

电（或者说“电荷”）在导体中流动的现象，称为电流。导体指的是铜、银、铝、铁等容易让电荷流通的物质。导体的两端必须有**电位差**，电荷才会流动。若用建在山坡上的蓄水池来比喻（参阅下图），导体相当于连接水池的水管；电位差相当于水位的高度差异；电流则相当于水流。

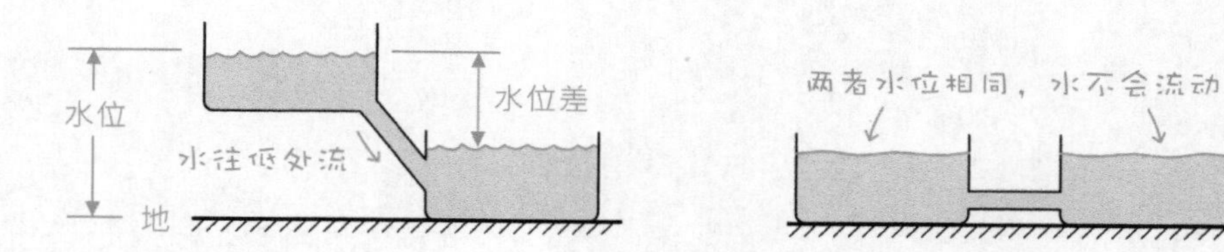

电流的单位是**安培**（Ampere，简写成 A），同样以水流来比喻，安培相当于水每秒流经水管的立方米（m^3）水量。实际上，1A 代表导体中每秒通过 6.24×10^{18} 的电子之电流量（关于安培的另一个定义，请参阅第 4 章“用欧姆定律计算出限流电阻值”）。

电子产品的消耗电流越大，代表越耗电。许多电子商品的电源适配器都有标示输出电流，像笔者的笔记本电脑的电源适配器，标示的输出电流量是 4.74A，平板计算机的电流输出为 2A，手机则是 1A。

像 Arduino 这种微电脑，比较不耗电，其电流量通常采用 mA 单位（毫安，也就是千分之一安培）：

1mA = 0.001A（注：m 代表 10^{-3}）

电压与接地

电位差或**电势差**，通常称为**电压**，代表推动电流能力的大小，其单位是**伏特**（Volt，简写成 V）。Arduino 微电脑板采用的电压是 5V，它的接口设备有些采用 5V，有些则是 3.3V。电压的大小相当于地势的段差，或相对于地面的位差；处于高位者称为**正极**，低地势者为**负极**或**接地**（**Ground，简称 GND**）。

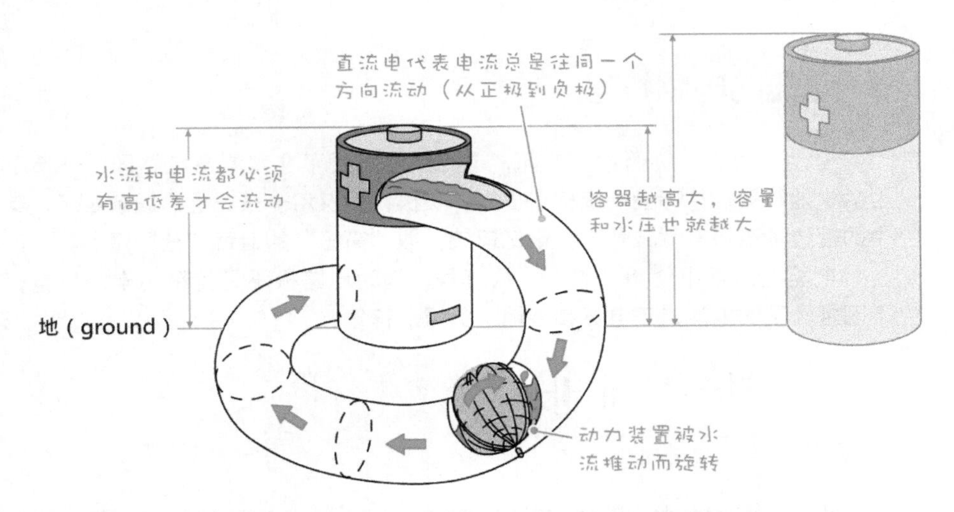

然而，所谓的“低地势”到底是多低呢？生活中的地势，通常以海平面为基准，以下面的 A、B、C 三个蓄水池为例，若把 B 水池的底部当成“地”，C 水池的水位就是低于海平面的负水位了。

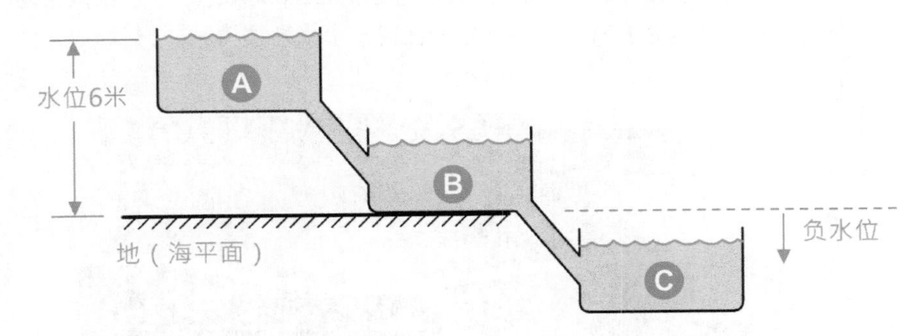

普通的干电池电压是 1.5V，若像下图左一样串接起来，从 C 电池（ – ）极测量到 A 电池的（ + ）极，总电压是 4.5V；但如果像下图右，把 B 电池的（ – ）当成“地”，从接地点测量到 A 的电压则是 3V，测量到 C 的另一端，则是 –1.5V！

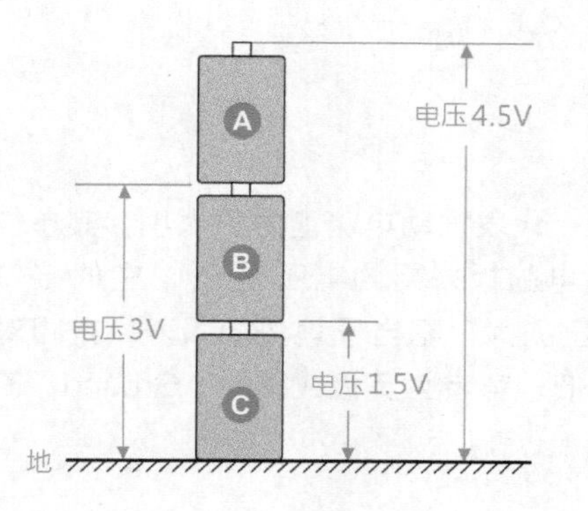

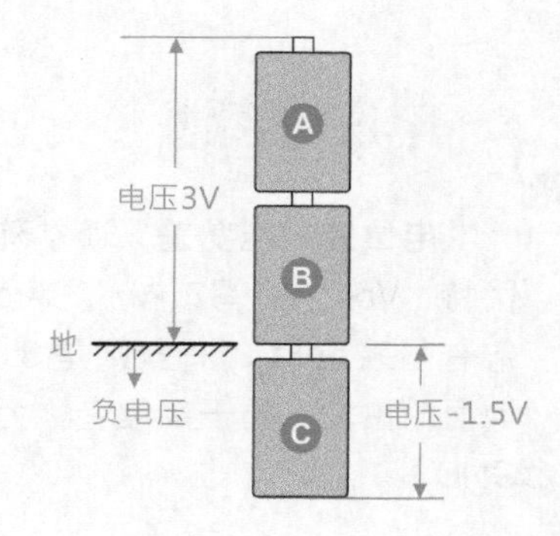

电压的电路符号

电池分为正、负极性，然而，电路图（参阅下文“看懂电路图”一节）中的电池符号往往不会明确标示出正、负极，仅仅用一长一短的线条表示，其中的**短边是负极（“减号”，记忆口诀：取“简短”的谐音“减”短）**。

电路图通常不使用“电池”的符号，因为电路板不见得采用电池供电，下图是常见的电池、正电源和接地（负极）符号。

此外，电路图中出现的接地符号往往不止一个，实际组装时，**所有接地点都要接在一起（称为“共同接地”）**，这样，电路中的所有电压，无论是5V或3.3V，才能有一个相同的基准参考点。

Arduino板子上有3个接地插槽，它们实际上都是相连的，所以做实验时，外部电路的接地可以接在Arduino板的任何一个接地插槽。

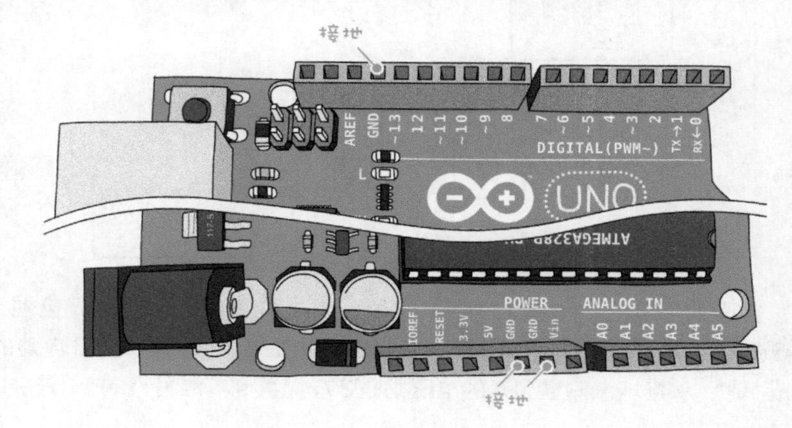

2-2 微电脑板的电源适配器

Arduino 微电脑的工作电压采用 5V，周边接口元器件有些用 5V，有些则是 3.3V。平常做实验时，我们通常用 USB 线连接计算机和微电脑板，USB 除了用于传输数据，也能提供 5V、500mA（亦即 0.5A）的电源给 Arduino。

此外，Arduino 板子上有两个**电压调节元器件**，分别用来将外部的 7~12V 电压转换成 5V 和 3.3V，提供给处理器和周边接口使用。当 Arduino 程序上传完毕后，只需要加上电源，即可脱离计算机独立运行。常见的 Arduino 外部电源供应方案有四种。

A. 使用手机或平板的 USB 型电源适配器。

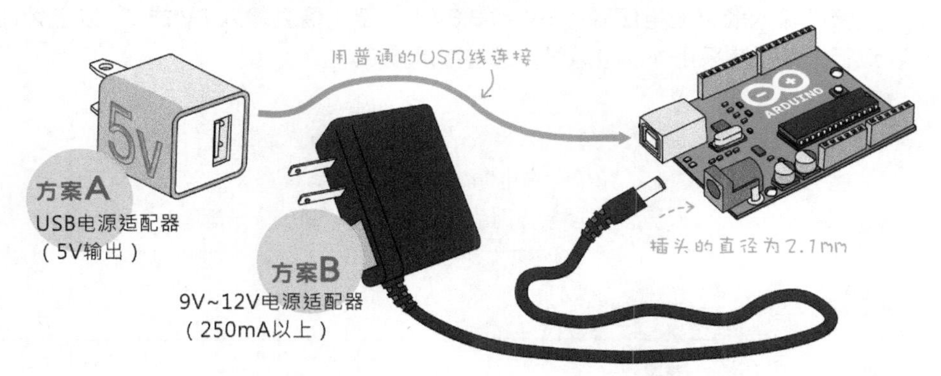

B. 到电器商店购买 9V 或 12V 的电源适配器（输出电流至少 250mA），电源输出端的圆形插头直径为 2.1mm。

C. 采用 9V 电池供电。

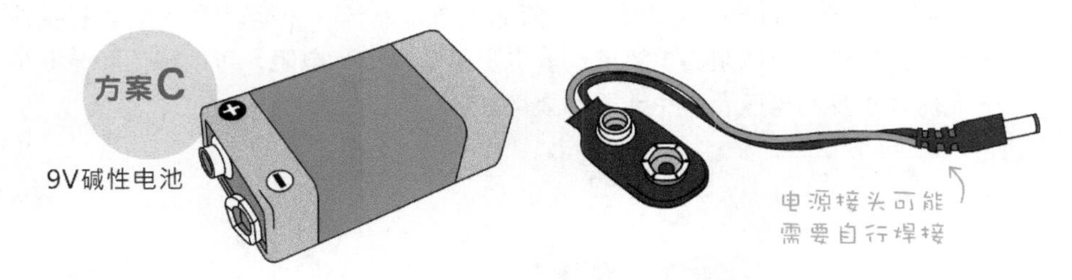

D. 在 Vin 脚位接上 9V 或 12V 的电源。

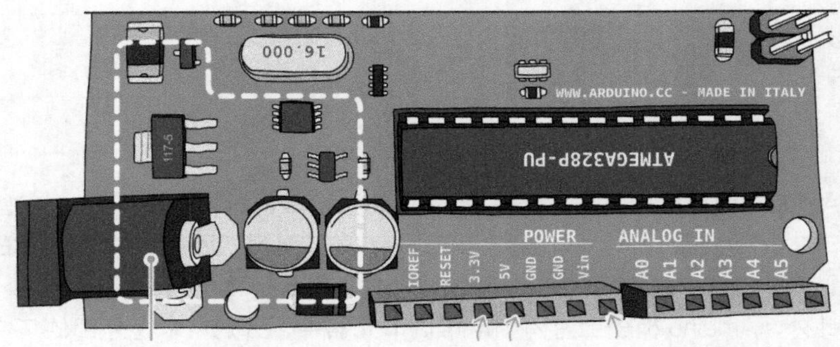

Arduino 板子上的微处理器，以及大多数的周边接口元器件的工作电压都是 5V。然而，Arduino 板子左下角的**直流电压调节电路（又称为 DC-DC 转换器，负责把输入的直流电压降为 5V 和 3.3V），至少需要输入 6V 或 7V 以上才能运行**，所以若采用外部电源时，通常都是接 9V。

> Arduino 板子左下角的电源输入端和 Vin 端口，都连接到电压调节元器件的输入端，因此，**如果你在电源输入孔输入 9V 电压**，从 Vin 脚也能获得相近的电压（相差约 0.6V），而不是经过调节后的 5V 电压喔！

2-3 电阻

阻碍电流流动的因素叫**电阻**。假如电流是水流，电阻就像河里的石头或者细小的渠道，可以阻碍电流流动。**电阻器**通常简称**电阻**，可以降低和分散电子元器件承受的电压，避免元器件损坏。

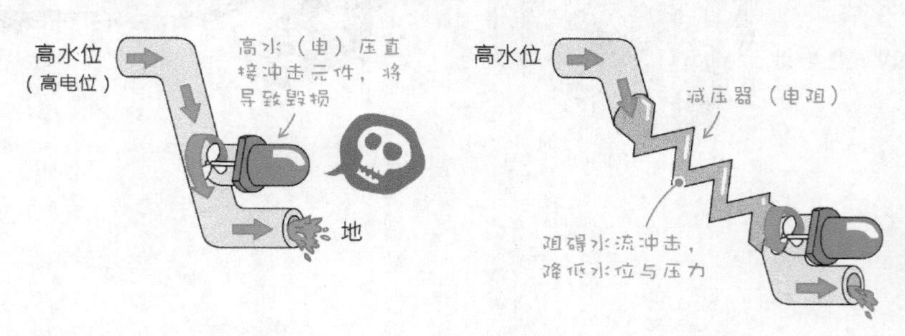

电阻有多种不同的材质和外型，本书采用的电阻器都是普通的碳膜电阻。

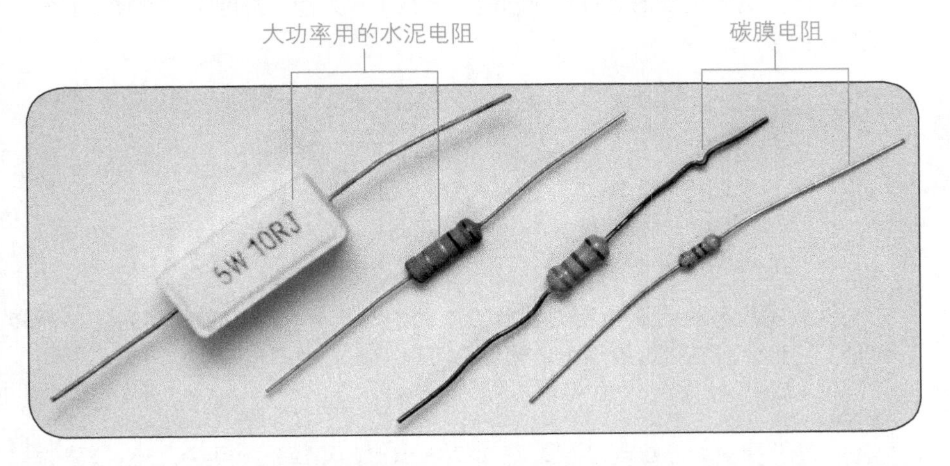

电阻有两种代表符号，有些电路图上的电阻旁边还会标示阻值。**电阻没有极性，**因此没有特定的连接方式。

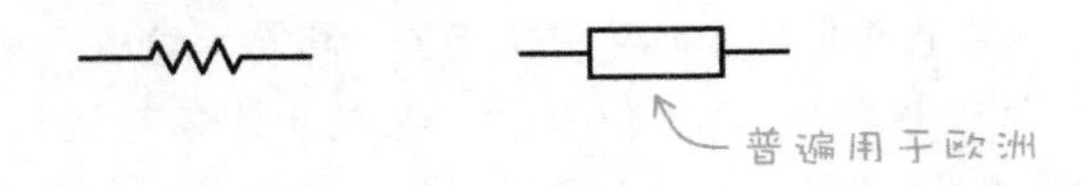

本书采用的电子零件都有长脚（导线），这种零件通称“直插式”，方便手工组装及焊接。Arduino 板子上的电子零件多数没有长脚，外观也微小许多，而且电阻没有色环。这种微小、方便机器直接焊接在电路板表面的零件，通称贴片元器件（Surface Mount Device，简称 SMD）。

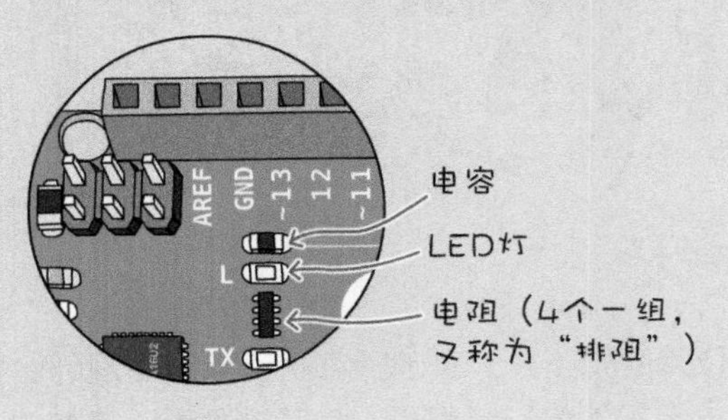

电路与负载

电路代表“电流经过的路径”，它的路径必须是像下图一样的**封闭路径**，若有一处断裂，电流就无法流动了。电路里面包含电源和负载，以及在其中流动的电流。负载代表把电转换成动能（电机）、光能（灯泡）、热能（暖气）等形式的装置。

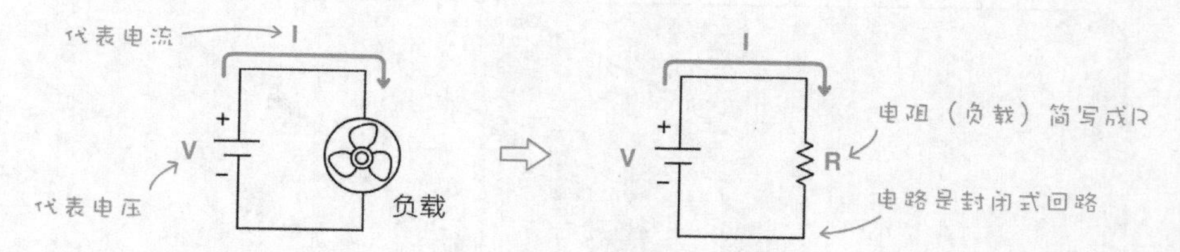

就像本章开头电压与电流图解当中的涡轮一样，当它受到水力冲击而转动时，它也会对水流造成阻碍，因此，可以把负载视同电阻。

按照字面上的意思，“短路”就是“最短的路径”，相当于一般道路的快捷方式，更贴切的说法是，“阻碍最少、最顺畅的通路”。

电流和水流一样，会往最顺畅的通路流动。电源电路一定要有负载（电阻），万万不可将正负电源用导线直接相连，将有大量电流通过导线，可能导致电池或导线过热，引起火灾（因为导线的电阻值趋近于0，参阅4-26页的欧姆定律，电阻值越小，电流量越大；电流越大，消耗功率和发热量也越大）。

电阻的色环

电阻的单位用**欧姆（Ω）**表示。每一种电阻外观都会标示电阻的阻值，鉴于小功率的电阻零件体积都很小，为了避免看不清楚或误读标示，一般的电阻采用颜色环（也称为**色码**）来标示电阻值（也称为**阻抗**）；表面黏着式电阻（参阅附录A“印刷电路板及万用板”一节），则直接用数字标示。

普通电阻上的色环有四道，前三环代表它的阻值，最后一环距离前三环较远，代表误差值，我们通常只观看前三道色环。

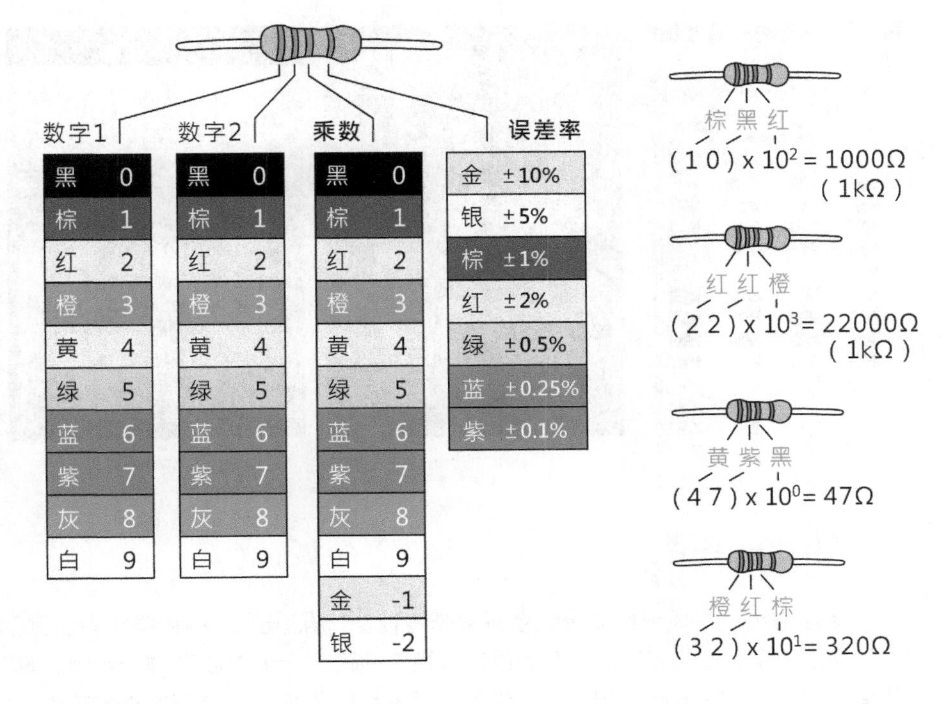

其中：

- **k 代表 1000（千，Kilo）**。例如，1k 就是 1000，2200 通常写成 2.2k 或 2k2。
- **M 代表 10^6（百万，Million）**。

读者最好能记住电阻色码，下面的记忆口诀提供参考。

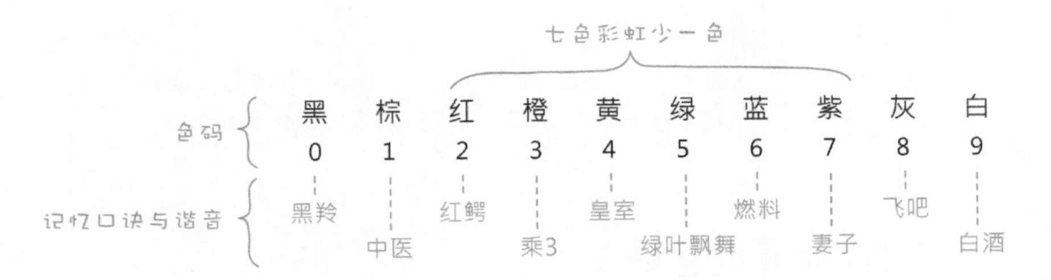

许多网页和 Android、iOS 的 App 都提供查表功能，像免费的“ElectroDroid”（Android 系统），以及 iOS 系统（iPhone、iPod touch 和 iPad）上的 Resistulator 或 Elektor Electronic Toolbox 等。

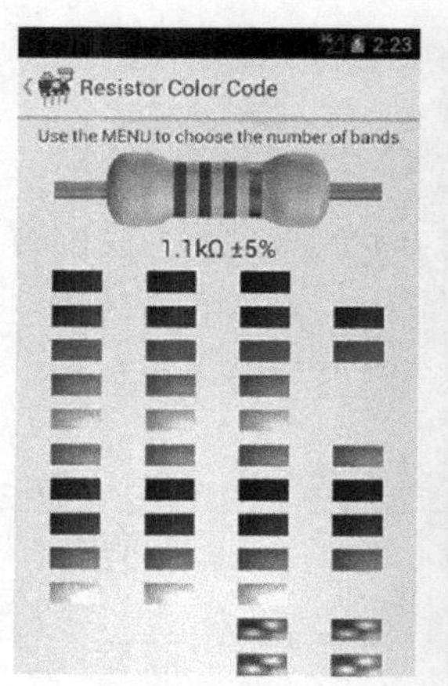

ElectroDroid

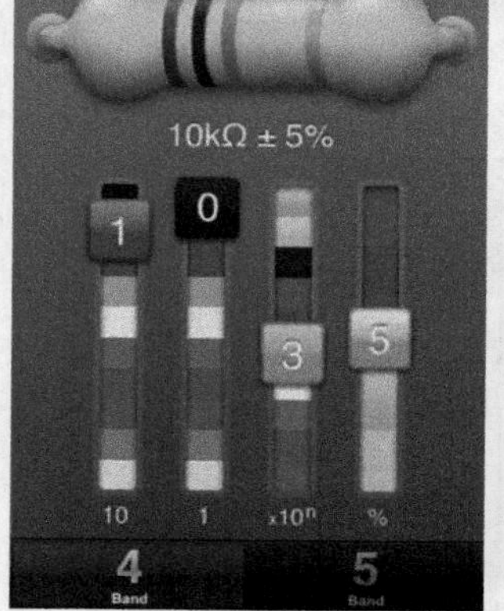

Resistulator

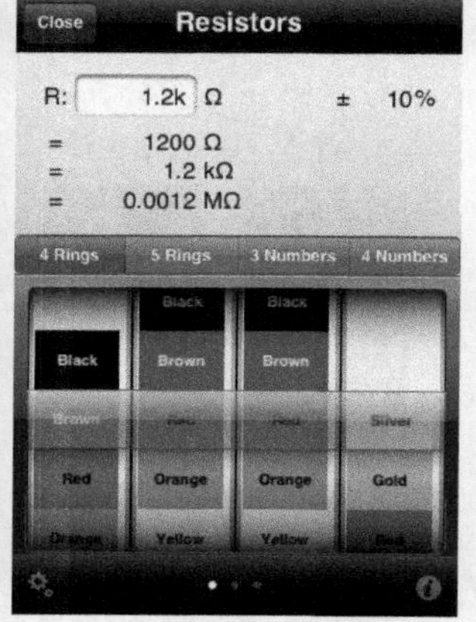

Elektor Electronic Toolbox

02

电阻的类型

普通的电阻材质分成**碳膜**和**金属皮膜**两种，“碳膜电阻”的价格比较便宜，但是精度不高，约有 5%~10% 的误差。换句话说，标示 100 欧姆的电阻，真实值可能介于 95~105 欧姆之间。然而，随着电阻值增加，误差值也会扩大，例如，100k 欧姆（10 万欧姆）的误差值就介于 ±5k（5000 欧姆）。

“金属皮膜”电阻又称为“精密电阻”，精度比较高（如：0.5%），也比较贵。高频通信和高保真音响需要用到精密电阻，像本书第 15 章介绍的以太网卡上面的某些电阻，也是采用误差值约 ±1% 的精密型电阻。**微电脑电路用一般的“碳膜电阻”就行了。**

导线本身也有阻抗，像线径 1.25mm（或者说 16AWG，参阅下文）的导线，1m 的电阻值约为 0.014 欧姆，阻值很小，通常忽略不计。

可变电阻（电位计）

有些电阻具备可调整阻值的旋钮（或者像滑杆般的长条型），称为**可变电阻**（Variable Resister，简称 VR）或者**电位计**（potentiometer，简称 POT）。常见的可变电阻外观如下，精密型可变电阻，又称为**微调电位计**（trim pot）。

可变电阻外侧两只引脚的阻值是固定的，中间的阻值则会随着旋钮转动而变化。

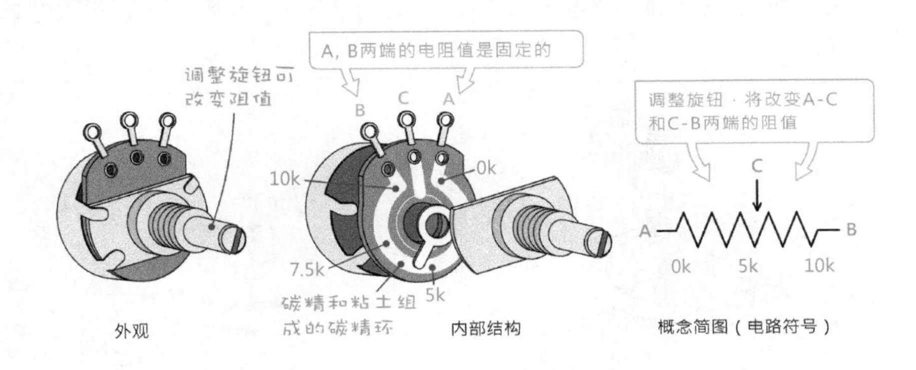

2-4 电容

电容器就是**电的容器**，简称**电容**，单位是法拉（Farad，简写成F），代表电容所能储存的电荷容量，数值越大，代表储存容量越大。电容就像蓄水池或水库，除了储水之外，还具有调节水位的功能。

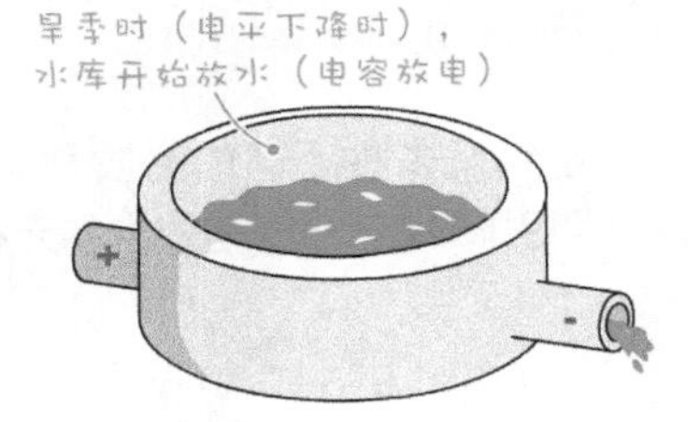

理想的直流电压或信号，应该具有下图一样的平稳直线，但是受到外界环境或者相同电路上其他元器件的干扰而出现波动（**正常信号以外的波动，称为“噪声”**），这有可能导致某些元器件开开关关，令整个电路无法如期运行。

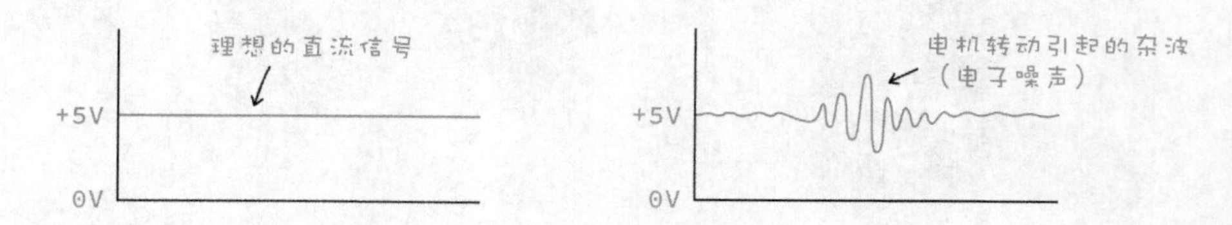

就像蓄水池能抑制水位快速变化一样，即使突然间涌入大量的电流，电容的输出端仍能保持平稳地输出。在集成电路和电机的电源引脚，经常可以发现相当于小型蓄水池的电容（又称为“旁路电容”），用来平稳管路间的水流波动。

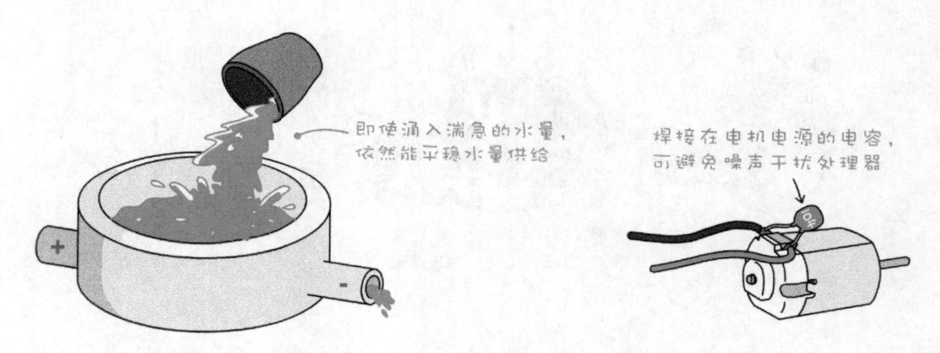

当施加电压至电容器两端时，电容器将逐渐累积储存的电荷，称为充电；移除电压后，电容器所储存的电荷将被释放，称为放电。微电脑电路使用的电容值通常很小，常见的单位是 nF、pF 和 μF，例如，吸收电机电源噪声的电容值为 100nF。

- μ 代表 10^{-6}（百万分之一），也就是 1000000 μF=1F。
- n 代表 10^{-9}，因此 1000nF = 1 μF。
- p 代表 10^{-12}，因此 1000pF = 1nF。

电容的类型

电容有多种不同的材质种类，数值的标示方式也不一样，主要分成**有极性**（即引脚有正、负之分）和**无极性**两种。

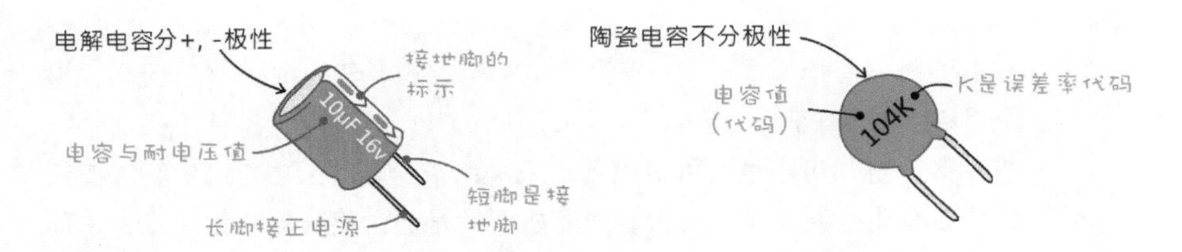

常见的有极性电容为“电解电容”，容量在 1μF 以上，经常用于电源电路。这种圆桶状的电容包装上会清楚地标示容量、耐电压和极性，此外，电解电容有一长脚和一短脚，**短脚代表负极**（也就是接地，记忆口诀：减短，**“减”号那一端比较短**）。

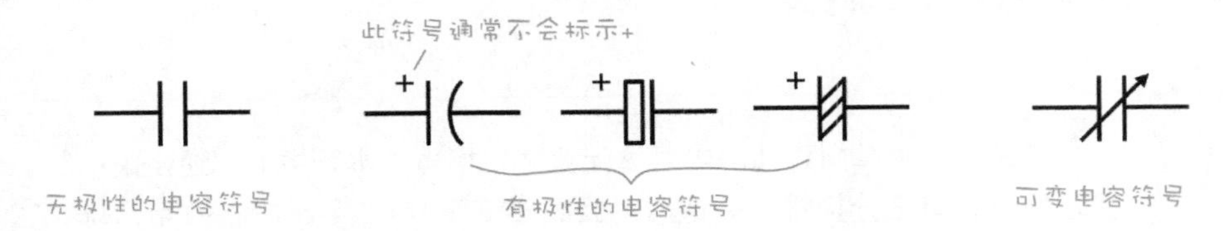

电解电容的标示简单易懂，标示 10μF，就代表此电容的值是 10μF。连接电解电容时，请注意电压不能超过标示的耐电压值，正、负脚位也不能接反，否则电容可能会爆裂。**电容耐压值通常选用电路电压的两倍值，例如，假设电路的电源是 5V，电容耐压则挑选 10V 或更高值。**

无极性电容的种类比较多，包含陶瓷、钽质和塑胶，容量在 1μF 以下；数字电路常用陶瓷和钽质。这些电容上的标示，100pF 以下，直接标示其值，像 22 就代表 22pF。

100pF 以上，则用容量和 10 的幂次方数字标示，例如，104 代表 0.1μF（或者说 100nF），换算方式如下。

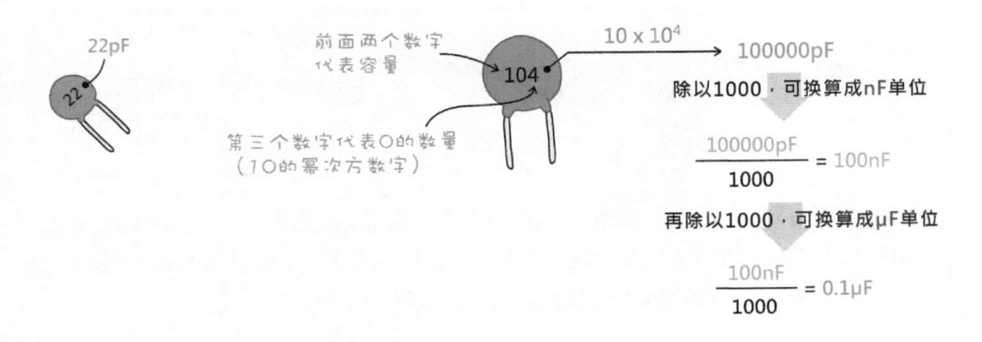

电容通常没有标示误差值，普通的电解电容的误差约 ±20%，无极性电容（陶瓷和钽质）的常见误差标示 J（±5%）、K（±10%）和 M（±20%）。

像电阻一样，电容也有**可变电容**，只是比较少见，因为它们的容量值变化范围比较有限，通常用于模拟式收音机（就是通过旋钮转动频率指针，而非通过按钮和数字调整频率的那一种）的接收频率调整器。

2-5 二极管

二极管是一种单向导通的半导体元器件，相当于水管中的“逆止阀门”。二极管的引脚**有区分极性**，导通时，会产生 0.6~0.7V 电压降。换句话说，它需要 0.6V 以上的电压才会导通，假设流入二极管的电压是 5V，从另一端流出就变成 4.3V。

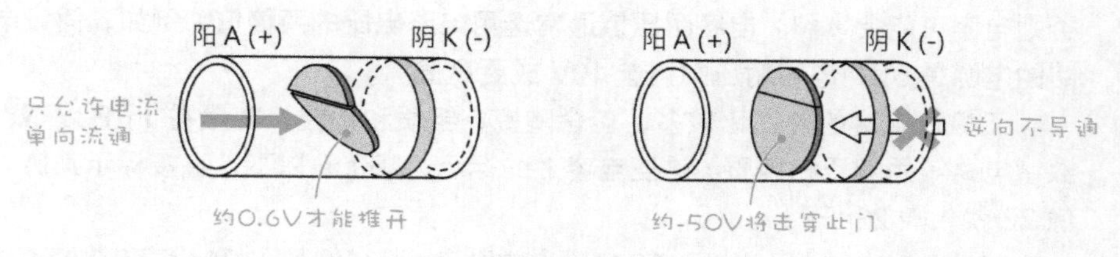

二极管的外观和电路符号如下。

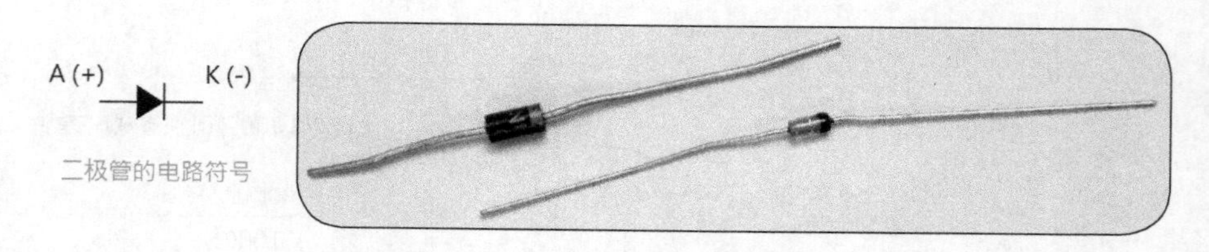

二极管的电路符号

二极管的电流可以从**阳极（+或A）**流向**阴极（–或K）**，反方向不能流通；如果反向电压值太高（以1N4001 型号为例，约 –50V），二极管将被贯穿毁损（称为“击穿电压”或者“尖峰逆电压”，简称 PIV 值）。

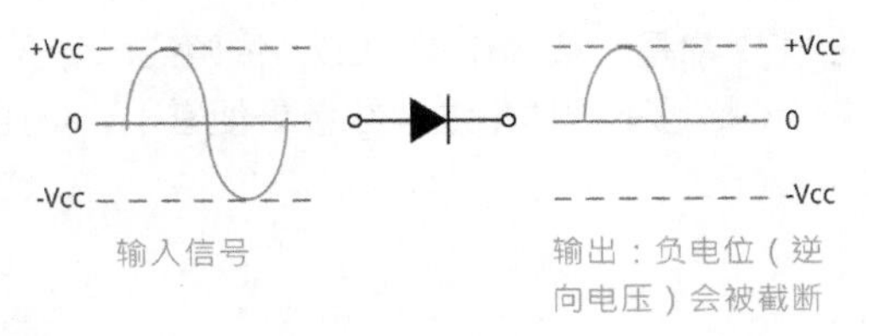

选用二极管时，必须考虑它的耐电流量（或**最大正向电流**）、尖峰逆电压和切换时间（从导通到截止状态或者相反所花费的时间，也就是反应速度）。常见的通用型二极管的型号为 1N4001~1N4007，它们之间的差别在于承受逆向电压的能耐。

表 2-1

型号	最大正向电流	最大逆向电压
1N4001	1A	50V
1N4002	1A	100V
1N4007	1A	1000V

在微电脑电路中，1N4001 应该够用，但反正它们的体积和零售价格都一样，所以用大一点的型号也无妨。另一种常用于收音机、音响等信号处理的二极管型号是 1N4148，最大正向电流是 200mA，最大逆向电压则是 100V。

2-6 发光二极管（LED）

发光二极管（简称 LED）是最基本的输出接口装置，以音响放大器为例，从面板上的 LED 灯号，可以得知它是否处于运行状态，甚至音量输出的强度。

LED 同样是单向导通元器件，若接反了它不会亮。由于它的体积小、不发热、消耗功率低且耐用，广泛应用在电子产品的信号指示灯，随着高功率、高亮度的 LED 量产与节能产业的蓬勃发展，LED 也逐渐取代传统灯泡用于照明。

下面是 LED 的电路符号。LED 有各种尺寸、外观和颜色，常见的外型如下，**长脚接正极（+）、短脚接负极（–，或接地），LED 外型底部有一个切口，也代表接负极。**

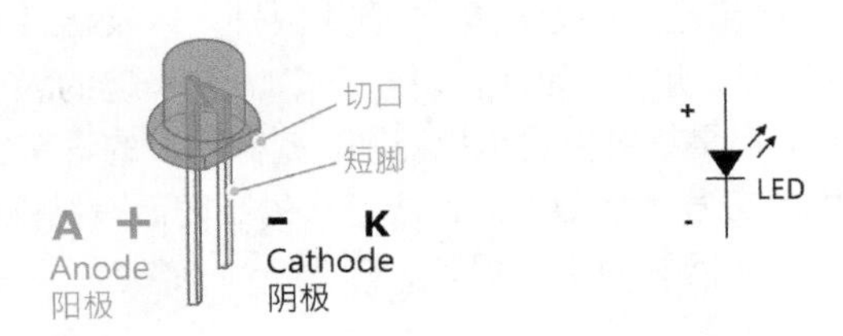

本书采用的 LED 都是一般的小型 LED，依照红、绿、橙、黄等颜色不同，工作电压、电流和价格也不一样（注：红色最便宜），电压介于 1.7 ~ 2.2V，电流则介于 10 ~ 20mA。

表 2-2

颜色	最大工作电流	工作电压	最大工作电压	最大逆向电压
红	30mA	1.7V	2.1V	5V
黄	30mA	2.1V	2.5V	5V
绿	25mA	2.2V	2.5V	5V

电子元器件分成“有源”和“无源”两大类，可以对输入信号或数据加以处理、放大或运算的是**有源元器件**。有源元器件需要外加电源才能展现它的功能，像微处理器、LED 和二极管都需要加上电源才能运行；不需要外加电源就能展现特性的是**无源元器件**，泛指电阻、电容和电感这三类。

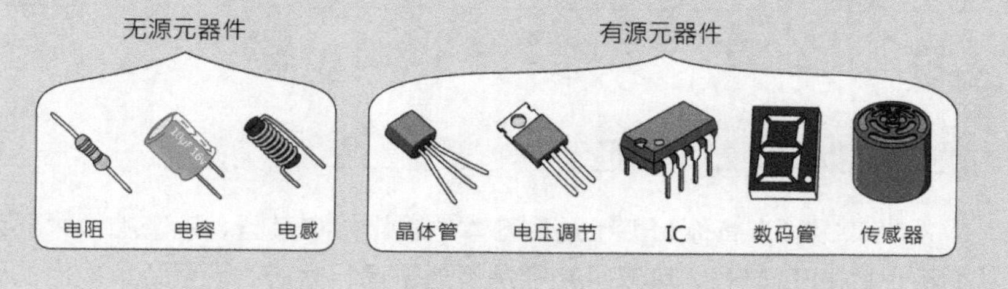

2-7 看懂电路图

电路图就是展示电子装置所需的零件型号，以及零件如何相连的蓝图，相当于组合模型的说明书。因此，对电子 DIY 有兴趣的人士，可以不用了解电路的运行原理，但是绝对要看懂电路图。就像我们的语言会有各地的“方言”一样，电路图中的符号也会因为国家或年代的不同而有细微的差异，本书的电路图采用 arduino.cc 网站的相同规范。

电路图里的线条代表元器件“相连”，像下图左边的电路，实际的接线形式类似右图。

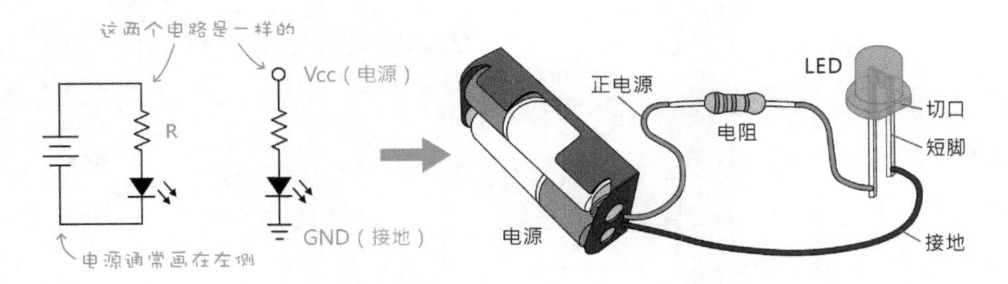

电路图大多不像上图般简单，图中会出现许多相互交错的线条，像底下的麦克风放大器电路图一样（参阅第6章，左、右两图是相同的）。并非所有交错的线条都是“相互连接”在一起，而是只有在交错的线条上面有“小黑点”的地方，才是彼此相连的。

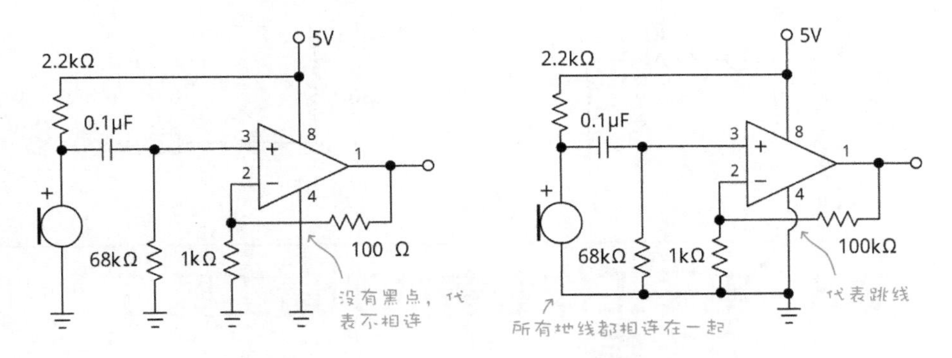

早期的电路图使用“跳线”的符号清楚地标示没有相连。

电路图中，两条交错的线条:
- 如果交接处有一个小黑点，代表线路相连。
- 如果交接处没有圆点，代表线路没有相连。

电路图只表示零件的连接方式，实际的摆设方式和空间占用的大小并不重要。电路图有时也会用代号来表示零件，零件的实际规格另外在“零件表”中表示，例如:

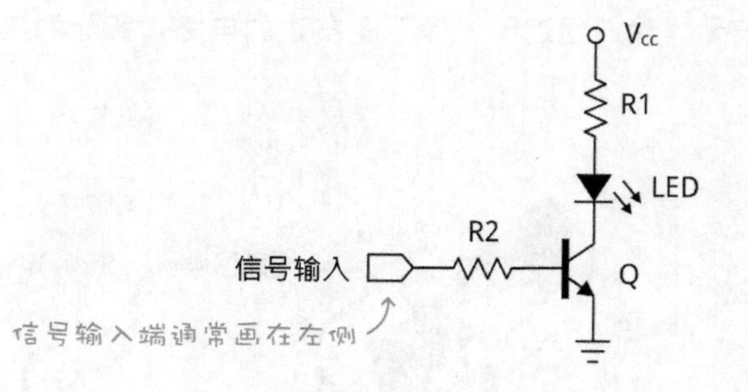

零件表

R1	330Ω
R2	25 kΩ
LED	红色
Q	9013

“输出 / 输入”符号

有时电路图不会画出完整的电路，像是 Arduino 的周边接口，就没有必要连同 Arduino 处理器的电路一并画出来，这时，电路图会使用一个多边型符号代表信号的输入或输出。

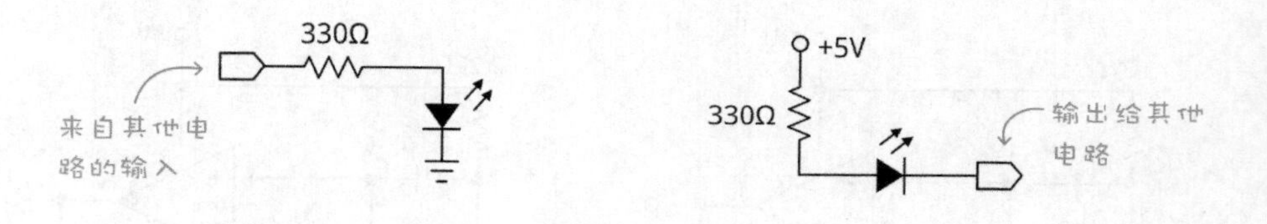

2-8 电子工作必备的测量工具：万用表

一般称为“三用电表”或“万用表”，主要用于测量电压、电流和电阻值，有些多功能的电表还可以测试二极管、晶体管、电容、频率、电池等。

电表有“数字”和“指针式”两种，数字式电表采用 LCD 显示测量值，指针式电表则用电磁式指针。指针电表的外观如下图，其好处是反应灵敏，像在测试电路是否短路时，可以从指针迅速摆动的情况得知。

不过，电压、电流、电阻等量值全挤在一个指针面板，初学者需要一段时间练习阅读。此外，电磁式指针比起液晶面板，更容易受外界干扰，而且可能因用户的视角而产生读取误差，所以不建议读者购买指针式万用表。

数字式的好处是精确、方便且功能较多样化。数字电表又分成手动和自动量程两种，建议购买自动量程型。

两种数字电表的外观

以测量 20V 以内的直流电压为例，手动切换型的电表，在测量之前，要先调整到 "DC" 的 2 挡位；若要测试高于 20V 的直流电，则要切换到 200V 挡位。如果是自动切换型，只需要调整到 DC 或 DCV，不用管测试的范围。

使用万用表

一组电表都会附带两条测试棒（或称“探棒”），一黑一红。电表上有两个或更多测试棒插孔，其中一个是**接地（通常标示为 COM），用来接黑色**

测试棒，其他插孔用来接红色测试棒。

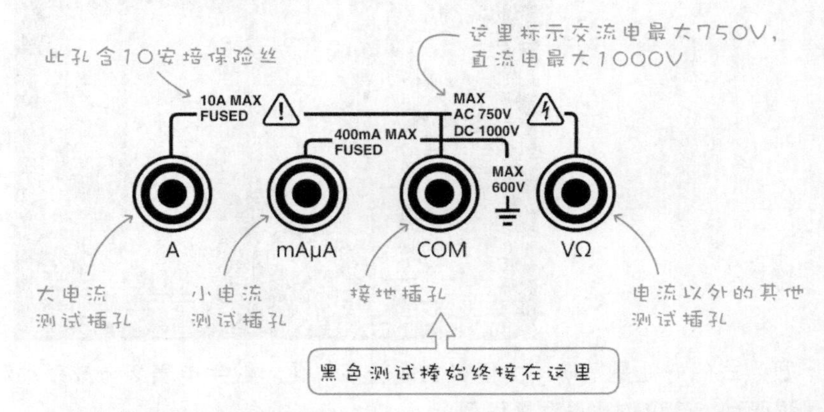

除了基本的两个测试棒插孔，多余的插孔通常都是用于测试电流，有些还分成大电流和弱电流测试孔；电流插孔内部包含大、小安培值的保险丝（fuse），电表上也有标示可测试的最大电流值，若超过此值，内部的保险丝将会熔断。

动手做 2-1 测量电阻、电容、电压和电流

测试电阻时，先将电表的挡位切换到**欧姆**（通常标示为 Ω），并像下图一样接好测试棒，再用测试棒的金属部分碰触电阻的引脚即可。测试过程中要注意，手指不要碰触到测试棒或元器件的引脚，以免造成测量误差。

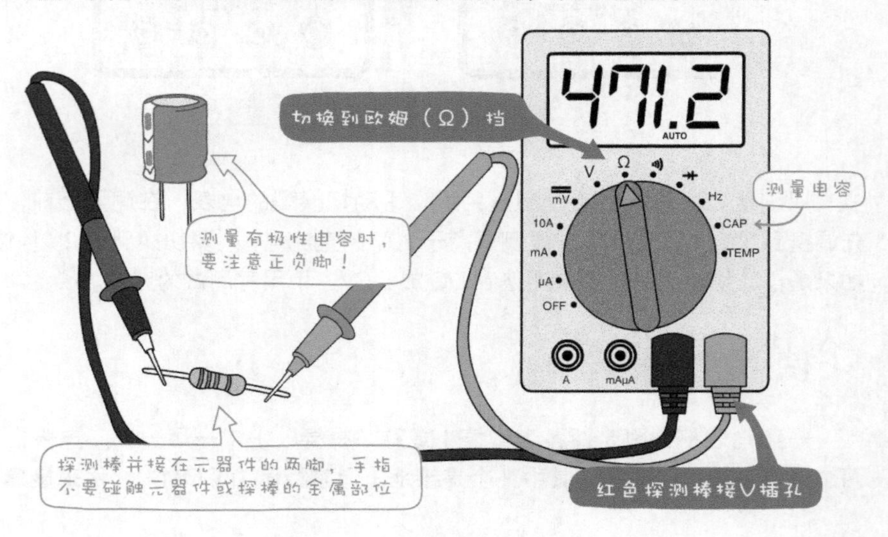

如果你的电表具有电容测试功能，请先切换到标示为 CAP 或电容符号的挡位，并注意电容引脚的极性。

如果你要测量电路板上的电阻或电容元器件，必须先把它们从板子上拆下来，不然测得的电阻或电容值可能会受到线路其他元器件的影响而不准确。

如果你的电表无法自动换挡，那么，在测量电压（或电流）时，若不确定其最大值，**最好先把转盘调到电压值比较高的挡位，**然后再换到合适的挡位。请注意，测量电压或电流的过程中，不要切换挡位；切换挡位之前要先移开测试棒。

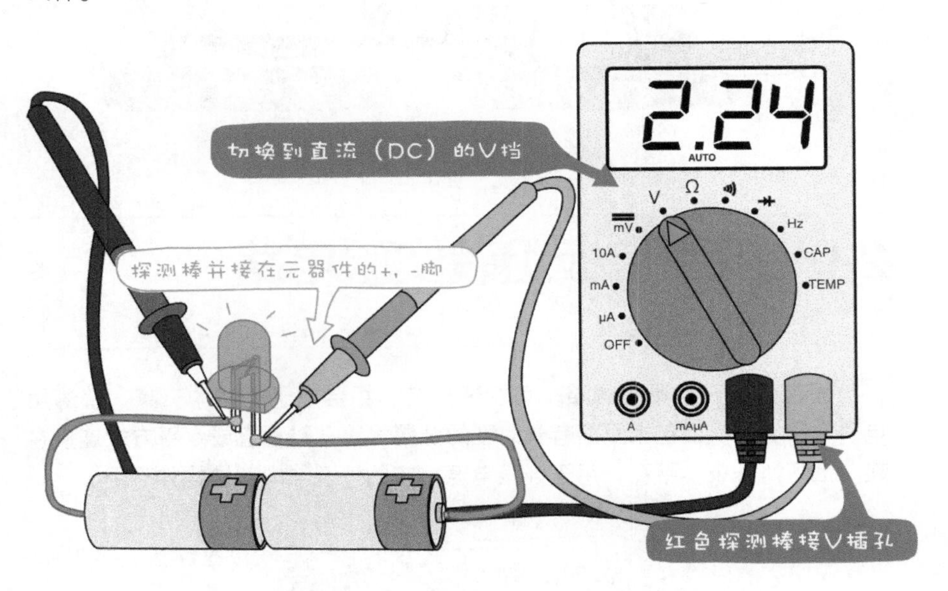

测量电流之前要先拆下线路，这就好像要观察水管里面的水流量时，要把水管锯断一样。测试棒像下图一样，分别接在截断的线路两端，才能让电流流入仪表测量。**红色测试棒记得要接在测量电流的插孔。**

02

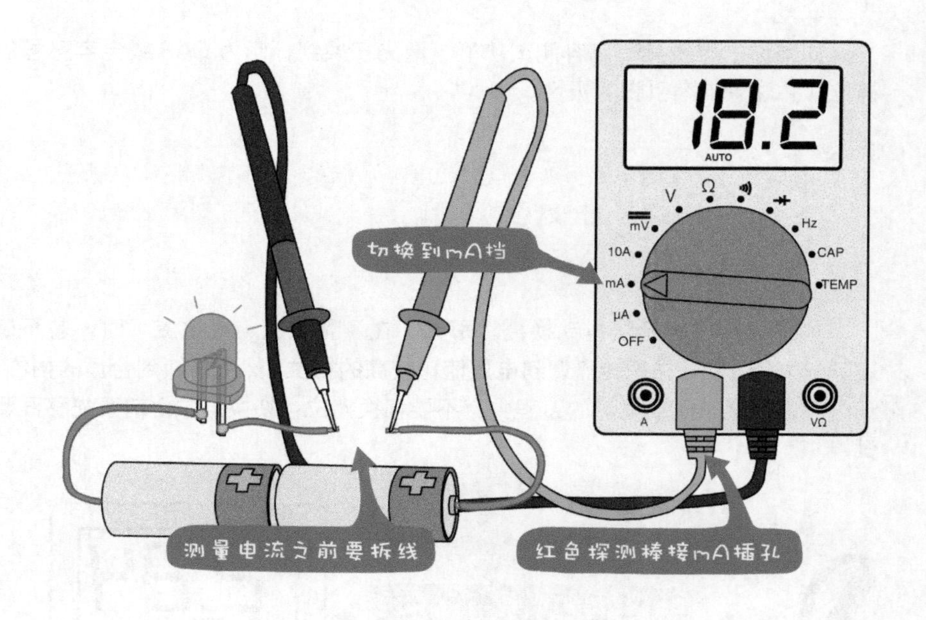

2-9 用面包板组装实验电路

面包板是一种不需焊接，可快速拆装、组合电子电路的工具，普遍用于电子电路实验。**面包板里面有长条型的金属将接孔以垂直或水平方式连接在一起**。上下两长条水平孔，用于连接电源，它的外型与内部结构如下图。

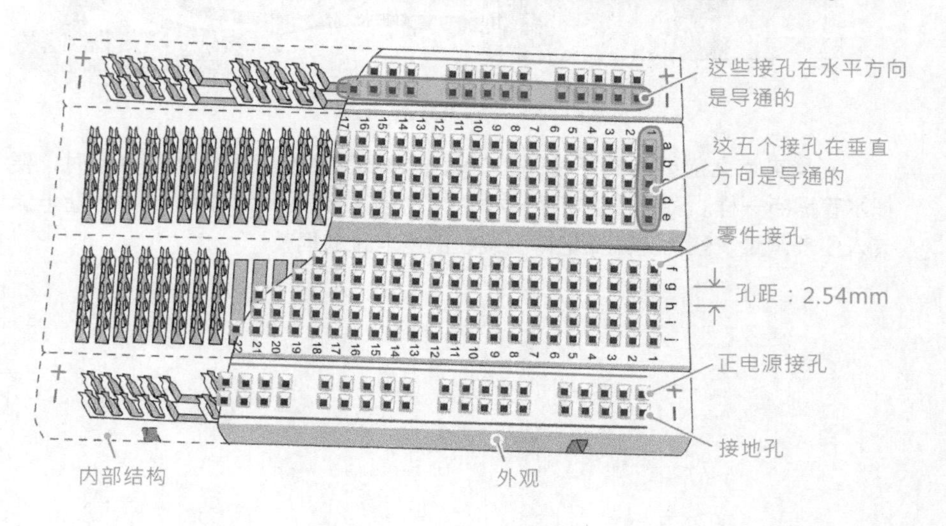

下面是LED电路图，以及在面包板上组装的样子，零件和导线的金属部分，直接插入接孔（注：电路图中的100Ω 电阻可降低流入LED的电压和电流，不过，若只是在实验时点亮几分钟，100Ω 电阻可省略不接）。

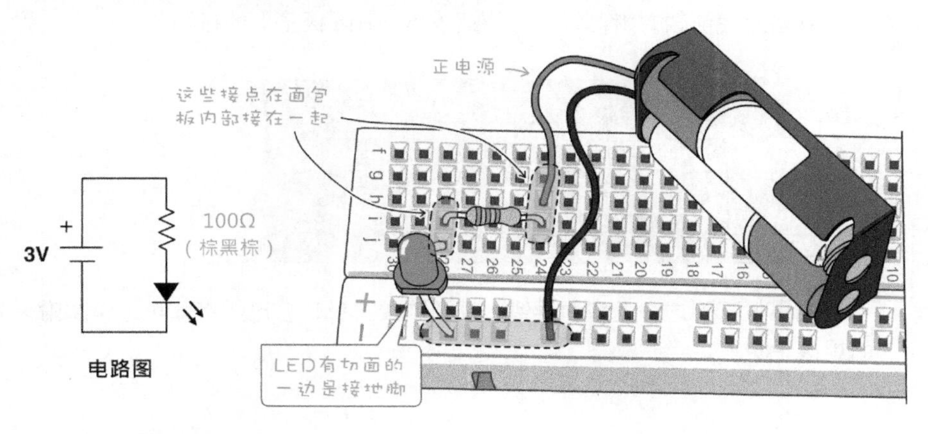

导线与跳线

导线分成**单芯**与**多芯**两种类，并且各自有不同的粗细（线径）。

电子材料商店有出售现成的面包板导线（又称为**跳线**），一包里面通常有不同长短和不同颜色，导线的长度都是面包板孔距（2.54mm）的倍数。习惯上，**正电源线通常用红色线、接地则用黑色，**不同颜色的导线有助于辨别面包板上的接线。

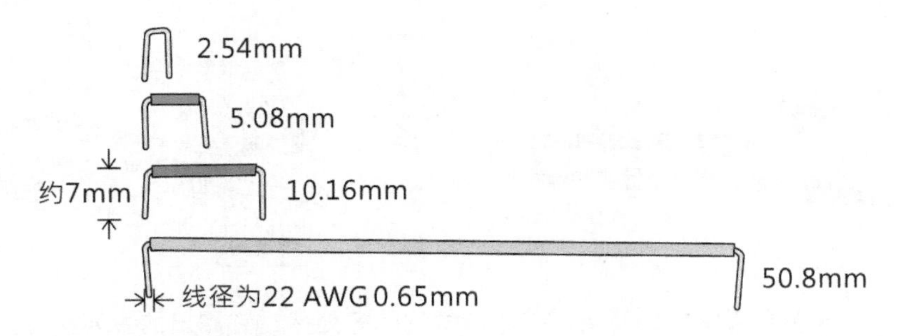

AWG 代表“美国导线规格”（American Wire Gauge），是普遍的导线

直径单位，像电源线、SATA 硬盘传输线等线材上面通常都会印有 AWG 单位。AWG 数字越大，线径越细，像 20AWG 线径为 0.81mm、22AWG 线径为 0.65mm。

某些跳线前端有附排针，方便插入 Arduino 板子上的排插孔。

如果找不到这一类型的导线，只要购买排针，自己焊接即可（参阅附录 A 的焊接说明）。

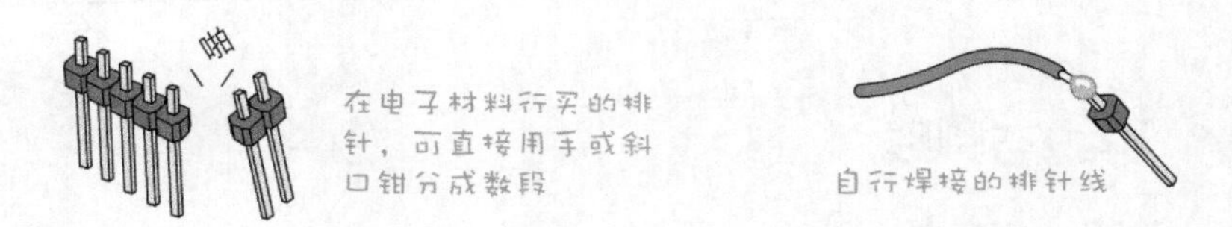

杜邦接头也是常见的连接线，它有 1、2、3、4、8 等不同数量的插孔形式可选。读者可以在电子材料商店买到完成品，或者自行买接头回来焊接。

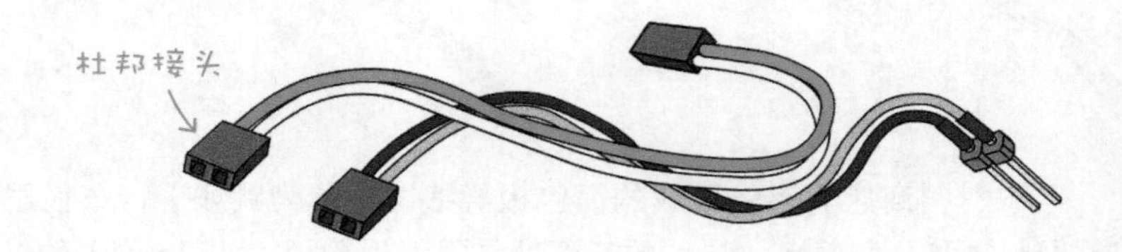

鳄鱼夹和**测试钩**是电子实验常用到的连接线，电子材料商店有焊接好鳄鱼夹与导线的成品，也有各种颜色的鳄鱼夹和测试钩零件，让买家自行焊接。

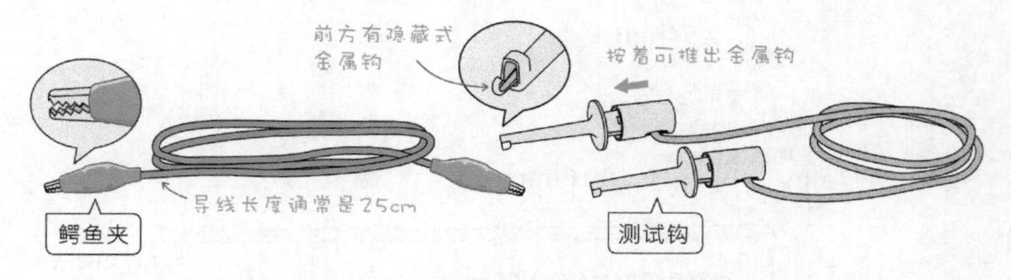

下面是鳄鱼夹的使用示范。测试钩的好处是，它露出的金属接点少，比较不用担心碰触到其他元器件而发生短路。

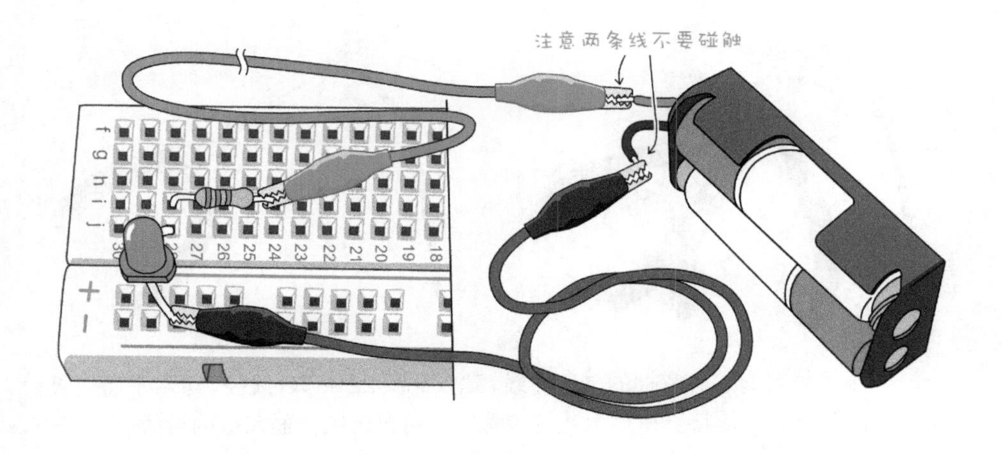

使用尖嘴钳与斜口钳剥除导线的绝缘皮

电子工作必备的基础工具是**尖嘴钳**和**斜口钳**，尖嘴钳用于夹取和拔除电子零件及导线，斜口钳用于剪断电线或零件多余的接线。

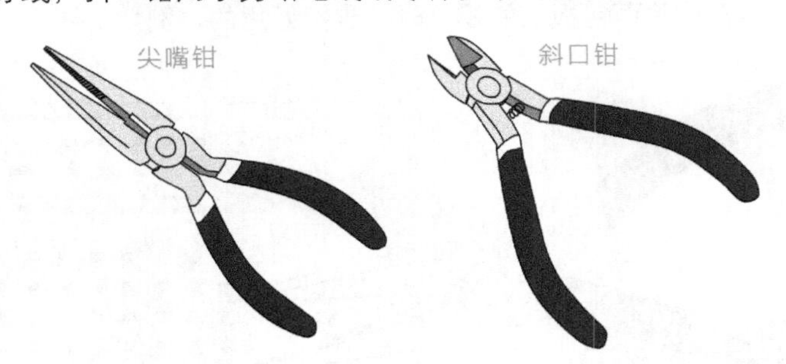

市面上有一种专门用来剥除电线绝缘皮的工具，叫做剥线钳。不过，只要熟练操作尖嘴钳和斜口钳，就不需要剥线钳了。

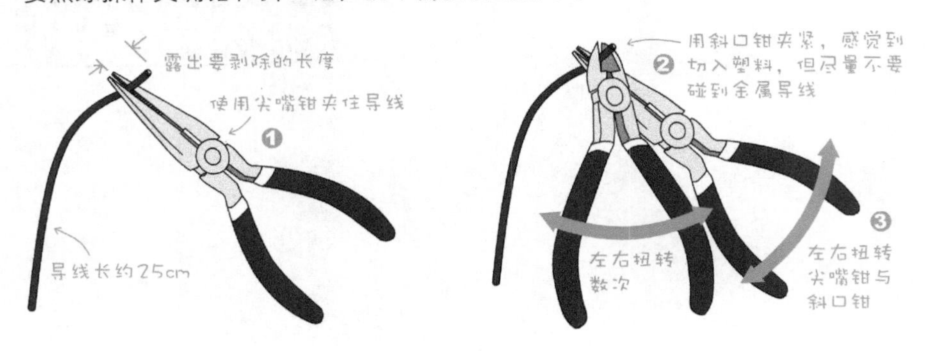

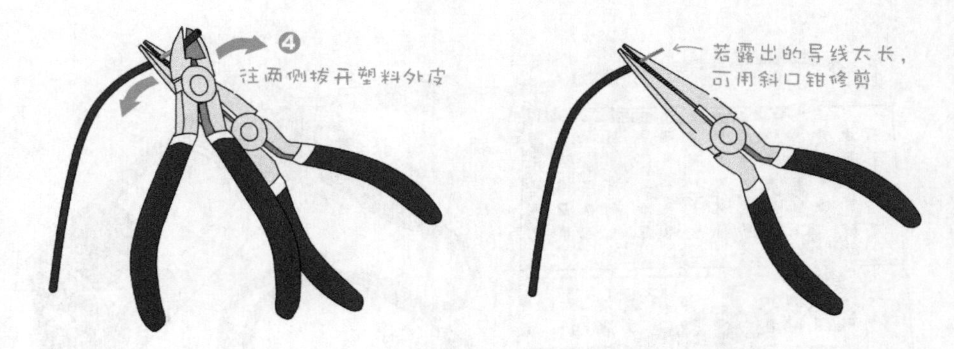

电子材料商店有成捆的单芯导线，建议购买**22 AWG 线径**，可用于面包板，也能用在电路板焊接。依据上述的步骤，即可自行制作面包板的导线。

> 你也可以从旧电器、计算机、电话线、键盘、鼠标、磁盘驱动器扁平电缆等连接线中取得导线来使用。

尖嘴钳在拔除面包板上的零件时，也挺好用的，例如：

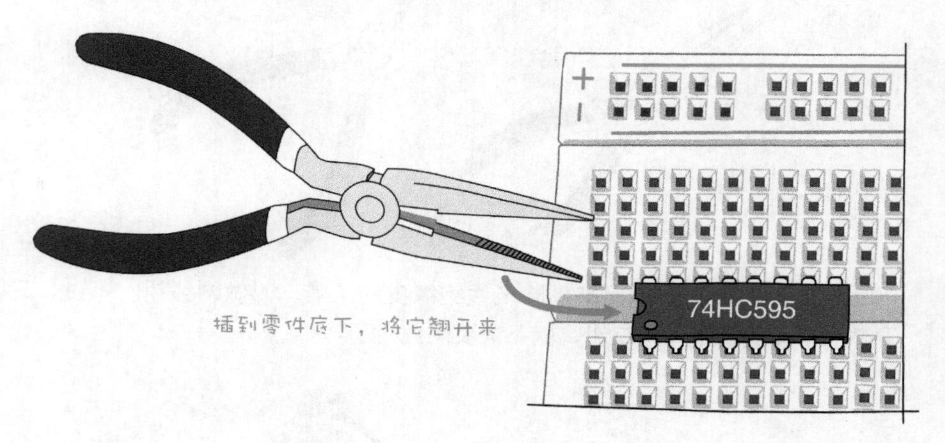

CHAPTER 03

Arduino 互动程序设计入门

“程序”是指挥计算机做事的一连串指令。指挥 Arduino 微电脑板的程序语言，是改良式的 C 语言。C 语言是一种在计算机程序设计圈子常用的语言，也几乎是信息工程学系 / 计算机系必修的程序语言课程。程序员用 C 来开发操作系统（像 Windows 和 Linux）和应用软件（像微软的 Office），再加上几乎所有操作系统和微处理器，都有 C 程序语言的开发工具，这样的跨平台特性，使得 C 语言也成为开发嵌入式系统的首选。

C 语言简洁易学，但 Arduino 将它变得更亲民。然而，微处理器只认得 0 和 1 构成的指令（称为**“机器码”**，相对的，适合人类阅读和写作的程序语言统称**“高级语言”**），我们必须要把高级语言翻译成 0 与 1 的机器码，才能交给微电脑执行。

把 C 语言翻译成机器码的过程，叫做**编译**（compile）。

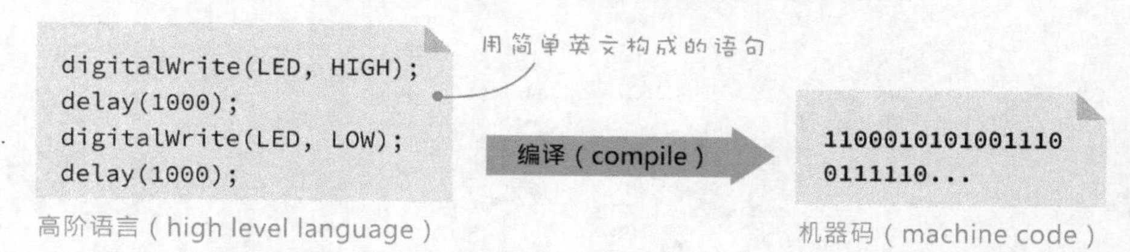

早期的 8 位微电脑的运算能力与内存容量都比 Arduino 的微控制器小很多，因此经常采用接近机器码的**汇编语言**（Assembly）来开发程序，程序员必须先彻底了解处理器的架构才有办法用汇编语言写程序，它的执行效率高，代码也最精简，但是不容易阅读和维护。不同微处理器的指令不尽相同，将来若替换成不同的微处理器，代码几乎要全部重写。

由于微控制器效能和 C 语言编译程序的改良，使得 C 语言程序仅比汇编程序的执行效率低 10%~20%；而且 C 语言的可读性、可移植性、容易开发等的优点，可大幅弥补执行效率的缺点，所以就连嵌入式系统开发，也是以 C 语言为主流。

本章将以一个简易的 LED 闪烁示例，说明从编写程序到编译，最后上传至 Arduino 板执行的过程。虽然这只是一个小小的例子，但对于刚接触 Arduino 或程序设计的读者而言，其中包含许多重要的背景知识，因此本章后半段介绍许多程序处理数据的方式与概念（例如：保存数据的上限值和数字类型转换），读者可以先略读一遍，日后再回头查阅。

3-1 Arduino 程序设计基础

第 1 章采用现成的 LED 闪烁示例，说明编译与上传代码的流程。本章，我们将开始自己动手撰写 LED 闪烁程序，从这个简单的程序，读者将能学到 Arduino 程序的基本架构以及数字控制的相关指令。

Arduino 程序的基本架构：setup() 和 loop() 函数

所有 Arduino 程序都是由**参数设置(setup)**和**循环(loop)**两大区块所组成，这个“区块”的正式名称叫做**函数**（function）。现阶段读者只需要了解“函数是一段代码的集合”。

下面是最基本的 Arduino 程序，只是它没做任何事。

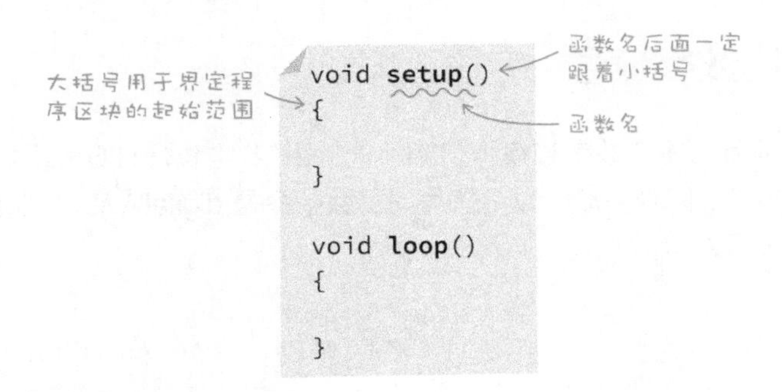

setup( ) 函数的作用是**设置程序参数**，例如，指定哪一个引脚是“输出”或“输入”，而且 **setup( ) 里的代码从头到尾只会被执行一次；**放在 **loop() 函数里的代码，将不停地重复执行，**直到电源关闭为止。函数名称前面的 "void" 代表“没有返回值”，详细的说明请参阅第 8 章“建立自定义函数”一节。

设置引脚的工作模式：输入或输出

若要指挥 Arduino **控制**某个数字引脚的元器件，必须先把该引脚设置成**“输出（output）”**模式；若是要**接收**来自传感器的输入值，则要把该引脚设置成**“输入（input）”**模式。

本单元的程序将控制位于第 13 脚的 LED，因此，第 13 脚必须设置成“输出”。**设置脚位状态的代码，要放在 setup( ) 函数里面。**

pinMode( ) 函数用于设置**引脚模式**（英文原意就是 pin mode），指令格式如下：

M要大写喔！　　可能值为1~13（数字端口）或者A0~A5（模拟端口）

```
pinMode(引脚编号, 模式);  ← 用分号结尾
```

可能值为OUTPUT（输出，全部大写）或INPUT（输入，全部大写）。

下面的代码将指示 Arduino，把第 13 脚设置成“输出”模式。

```
pinMode(13, OUTPUT);
```

写程序时，请留意两项规定：

- **Arduino 程序指令会区分英文大小写，**像“pinMode”不能写成“pinmode”或“PinMODE”；INPUT 也不能写成 input。
- 除了大括号 '{' 及 '}' 以及少数例外，**几乎每一行代码都要用分号 ';' 结尾。**

输出数字信号

Arduino 的每个数字和模拟引脚都能输出“高电位”（HIGH 或 1）和“低电位”（LOW 或 0）信号，输出数字信号的函数指令是 **digitalWrite**（digital 是**数字**，write 代表**写入**）。

W要大写喔！　　可能值为1~13（数字）或者A0~A5（模拟）

```
digitalWrite(端口号, 输出信号);
```

可能值为HIGH（高电位）或LOW（低电位），或写成数字1或0。

下面的代码代表在第 13 脚输出“高电位”。

```
digitalWrite(13, HIGH);
```

采用 ATmega328 处理器的 Arduino 板子上的 **A0~A5 模拟脚位**，也相当于**数字 14~19 脚**。

因此，下面两行代码都表示在 A1 脚输出“高电位”：

```
digitalWrite(A1, HIGH);
digitalWrite(15, HIGH);
```

Leonardo 板子则有 **0~17 数字位脚：14~16 脚**位于板子右侧的 ICSP 引脚，第 17 脚位在板子左侧，RX（序列接收）灯号的左上角的一个焊接点（与 RX LED 相连），使用它之前，必须自行焊接导线，因此少用。它的 **A0~A5 模拟脚位**，则相当于**数字 18~23 脚**。

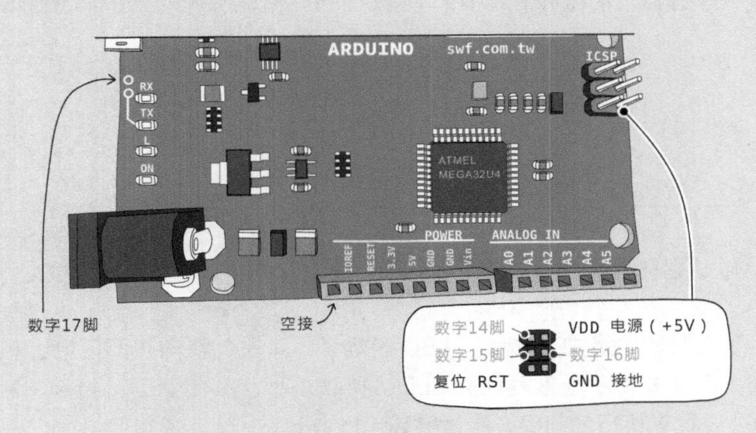

延迟与冻结时间

“LED 闪烁”程序需要每隔一秒钟输出“高”或“低”信号，也就是：“点亮”LED 之后，**持续或延迟**（delay）一秒钟，再“关闭”LED，然后再延迟一秒钟。Arduino 具有一个**延迟毫秒（ms，千分之一秒）**的函数指令，叫做 **delay( )**。

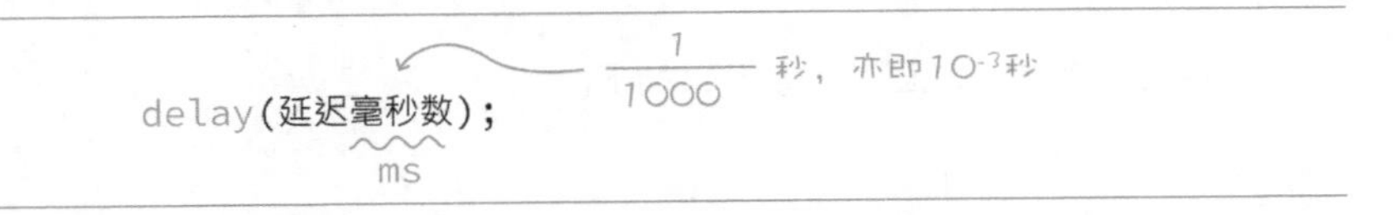

结合**数字输出信号**控制指令，就能完成打开一秒钟和关闭一秒钟的效果了。

```
digitalWrite(13, HIGH);   ┐ 输出高电平1秒
delay(1000);              ┘
digitalWrite(13, LOW);    ┐ 输出低电平1秒
delay(1000);              ┘
```

此处的“延迟”，可以理解成**“维持之前的动作，不要改变”**或者**“冻结”**。比方说，在延迟指令之前，Arduino 点亮了 LED，接下来的延迟指令，让它保持点亮的动作，相当于微处理器被“冻结”，等延迟时间到，再执行下一个操作。

Arduino 还有另一个延迟**微秒**（μs）的指令，能精确延迟 3~16383 μs，但超过 16383 以上的微秒值就不太准确。

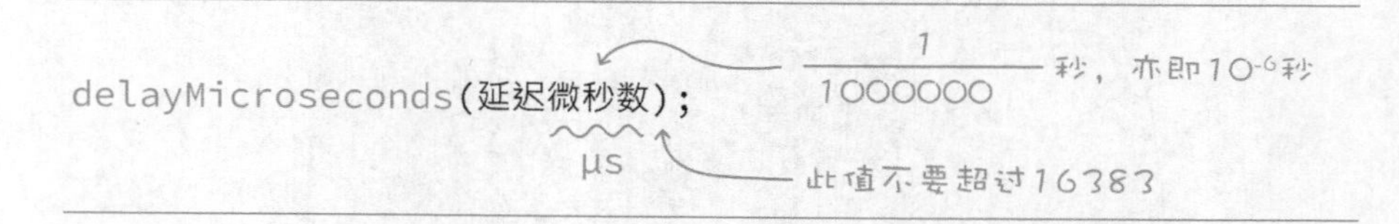

从不停歇的 loop()

现在我们已经知道如何让 LED 闪烁了，可是，我们并不只想让 LED 点灭一次，而是要不断地重复点亮 LED、持续 1 秒、关闭 LED、持续 1 秒、点亮 LED……重复执行的代码，叫做**循环**（loop）。

因此，完整的 LED 闪烁代码如下。

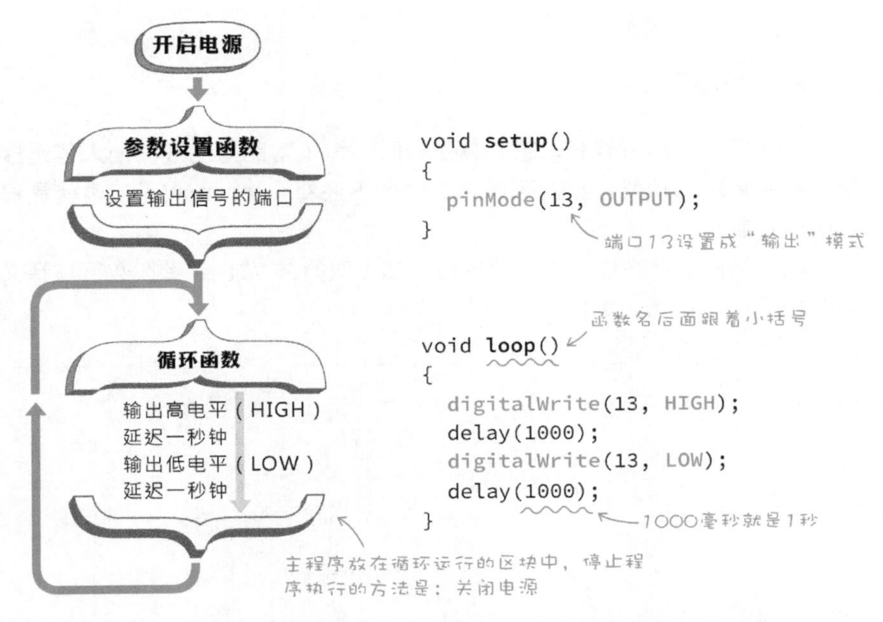

学过程序设计的读者可能会感到纳闷，一般的程序里面通常没有不停执行的“无限循环”，然而，无限循环程序常见于**微电脑**或者**嵌入式系统**。以温度监测系统为例，当电源打开之后，监测系统里的微电脑就不停地重复执行：测量温度、发现异常时发出信号通报…等工作，直到关机为止。

因此，需要让 Arduino 执行的任务，通常都放在 loop( ) 函数里面。

程序的语法类似英文，**每个指令之间用空白隔开**，像 void 和 setup 之间要插入空格（随便你要插入几个空格）。

□ 单字之间要插入空格

```
void setup()
{
  pinMode(13, OUTPUT);
}
```

习惯上，大括号里的内容要缩进

大括号里的语句前面，通常会加入许多空白（注：在每一行前面单击 **Tab 键**即可插入多个空白）产生缩排效果，这是为了方便阅读，没有特别的意义。

不同的语句可以写成一行，像这样：

```
void setup() { pinMode(13, OUTPUT); }
```

但是这种写法不易阅读，建议每个语句分开写在不同行。

03

留下注释

当代码变得越来越长，越来越复杂时，为了帮助自己或其他人能迅速了解某程序片段的功能，我们可以在其中留下**注释**（comment），也就是程序的说明文字。

注释的语法是在说明文字的最前面加上双斜线"//"，或者在数行注释文字的前后加上 /* 和 */，例如：

多行注释

"单行注释"用双斜线开头

```
/*
 LED闪闪
 作者：小赵
 LED接在端口13
*/
void setup()
{
  // 端口13设置成「输出」
  pinMode(13, OUTPUT);
}
```

程序编译程序不会理会注释内容。

动手做 3-1 写一个 LED 闪烁控制程序

实验说明：请根据上文的程序说明，自己在 Arduino 程序编辑窗口中输入代码，控制内建在 Arduino 微电脑板子第 13 脚上的 LED。

实验材料：一块 Arduino 微电脑板

请打开 Arduino 软件，在程序编辑窗口输入代码（必要时，请按下工具栏上的按钮，打开新的空白窗口）。

验证结果：程序输入完毕，按下按钮验证看看有没有错误，如果没有，请接上 Arduino 板并按下按钮上传代码，数秒钟之后，Arduino 板子上的 LED 将开始闪烁。

```
sketch_mar20b | Arduino 1.0.5
文件 编辑 程序 工具 帮助
sketch_mar20b §
void setup() {
  pinMode(13, OUTPUT);
}

void loop() {
  digitalWrite(13, HIGH);
  delay(1000);
  digitalWrite(13, LOW);
  delay(1000);
}
```

糟糕～程序出错了！

微电脑做起事来一板一眼，所以程序设计有时会令人感到挫折，如果指令拼写错误，或者少了一个分号（;），它都会拒绝执行。在程序编辑窗口中输入代码之后，按下工具栏上的✓钮，程序开发工具就会检查你写的程序语法有没有问题。

如果没有问题，请再按下→钮，将它写入 Arduino 微处理器并执行。

倘若出现问题，它将用红字显示在程序编辑器下面的信息窗口。下面列举几个常见的错误。

- **缺少大括号结尾**。下面程序里的 loop( ) 函数少了大括号。

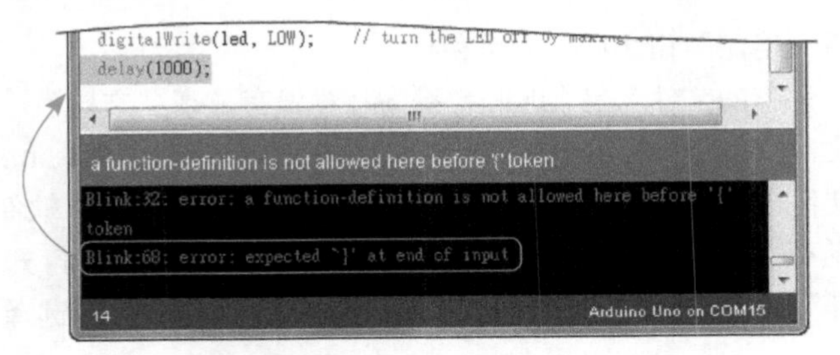

- **指令拼写错误**。例如，digitalWrite( ) 写成 digitalwrite( )。

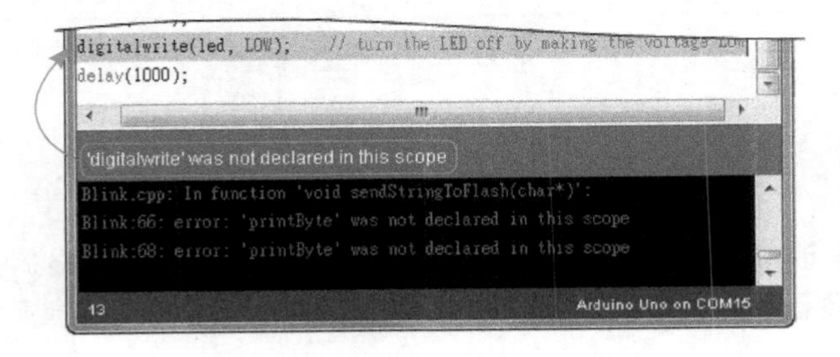

- **缺少分号结尾**。几乎每一行语句后面都要加上分号。

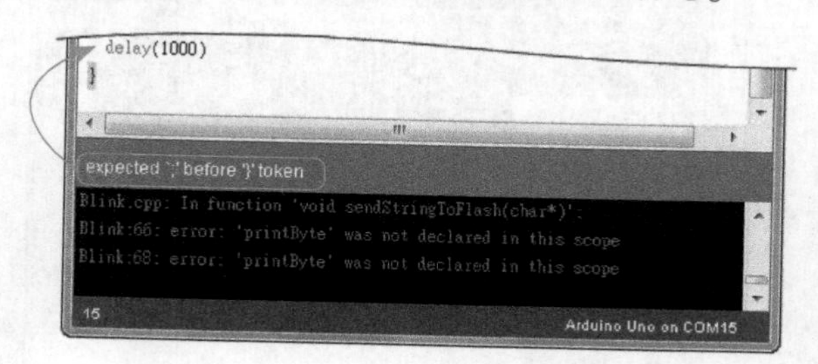

保存与打开文件

Arduino 程序的**扩展名是** .ino。如果你从网络下载他人开发的 Arduino 程序，也许会发现它的扩展名是 .pde，那是旧版本（1.0 版之前）采用的扩展名，Arduino 开发工具能打开这两种原始文件。

假设你目前打开了 Arduino 内建的 Blink(闪烁)示例，若选择“**文件→保存**”菜单，将出现下面的警告信息。

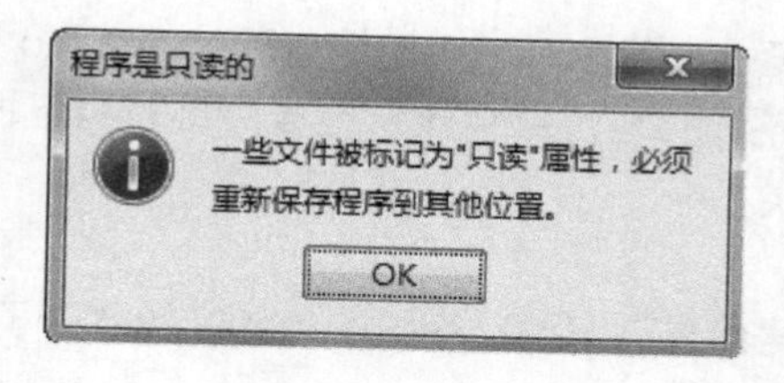

按下“**确定**”钮之后，即可存档。

假设保存的文件名是 "Blink"，程序将预设存放在“文档”（或者“我的文档”）里的 "Arduino" 当中的 "Blink" 文件夹，文件名是 Blink.ino。.ino 是一个纯文本文件，可以用记事本或者第 17 章介绍的 Notepad++ 软件打开。

之前存盘的程序，可以从“**文件→程序库**”菜单底下打开，或选择“**文件→打开**”指令，从“打开一个 Arduino 程序”面板中自行选择文件。

3-2 用“变量”来管理代码

上文的 LED 闪烁（Blink）示例程序指定控制接在第 13 脚上的 LED，如果把 LED 改接在第 10 脚，代码也要跟着修改，万一改错或漏改，程序将无法如预期般运行。

```
void setup() {
  pinMode(10, OUTPUT);
}
void loop() {
  digitalWrite(10, HIGH);
  delay(1000);
  digitalWrite(13, LOW);
  delay(1000);
}
```

控制对象改接在数字端口10

忘记修改，导致数字端口10的LED一直亮着

随着代码增长，将更难修改。假如能先把引脚编号保存在某个容器里，让所有相关代码使用，这样就不会出错，而且，日后若要修改引脚编号，也只要改变容器里的数值。

```
void setup() {
  pinMode(led, OUTPUT);
}
void loop() {
  digitalWrite(led, HIGH);
  delay(1000);
  digitalWrite(led, LOW);
  delay(1000);
}
```

10

led

依照led容器里的值来控制指定的端口

在程序中，暂存数据的容器叫做**变量**。设置变量时（或者说“声明变量”），必须要指定它所存放的**数据类型**（相当于容器的**容量**，参阅下文“数据类型”）并替它命名，以方便日后取用，就好像在盒子上贴标签一样。

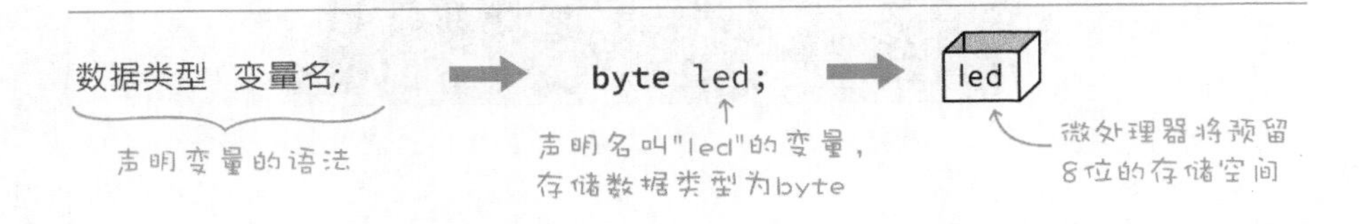

因此，闪烁 LED 示例中的引脚定义，可以改用变量写成。

```
byte led = 10;

void setup() {
  pinMode(led, OUTPUT);
}
void loop() {
  digitalWrite(led, HIGH);
  delay(1000);
  digitalWrite(led, LOW);
  delay(1000);
}
```

你可以换成其他数字

10

led

"led"代表10

程序中的"等号"，代表"赋值"或"设置"而非相等，请念做**"设置成"**，例如：

```
byte led = 10;
```

→ 声明数据类型为byte，名叫"led"的变量，并将其值设置成10

一般而言，修改程序源码并上传程序之前，都要先验证一次。不过，反正 Arduino 编辑器在上传程序时都会自动先编译一次，所以可以省略"验证"的步骤。万一写错变量名称，例如，把 "led" 写成 "led"，在程序编译过程中 Arduino 将提示以下的错误，请先修正程序错误再重新验证或上传。

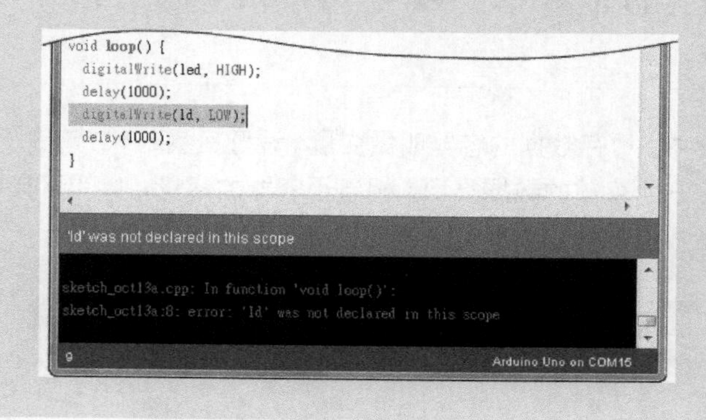

声明变量并设置其值

为何暂存数据的空间叫"变量"？因为它的值可以被任意改变！下面的

代码一开始把 age 的值设置成 18，后来改成 20。

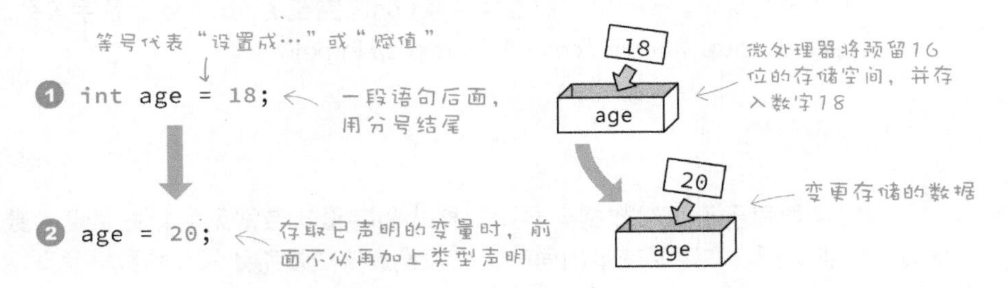

等号的右边也可以是表达式或是其他变量，例如，下面第二行代码代表先取出 age 的值，加上 10 之后，再存入 older 变量。

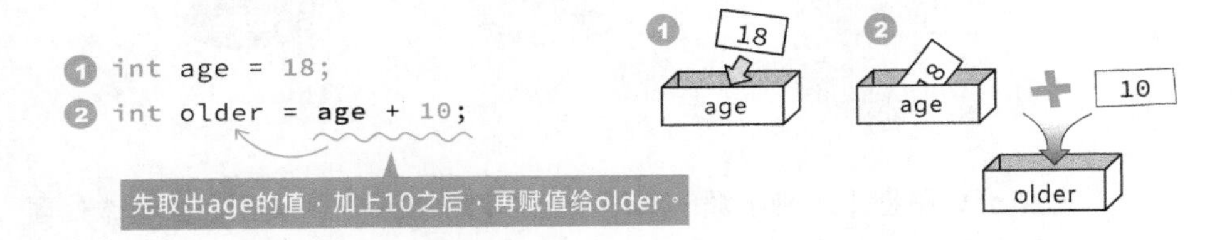

变量的命名规定

设置变量名称时，必须遵守下面两项规定：

- 变量名称只能包含英文字母、数字和底线（_）。
- 第一个字不能是数字。

除了上述的规定之外，还有几个注意事项：

- 变量的名称**大小写有别**，因此 LED 和 Led 是两个不同的变量！
- 变量名称应使用有意义的文字，如 LED 和 pin（代表"引脚"），让代码变得更容易理解。

担心自己英文不好的读者，可运用网络的免费中英文字典和翻译服务，将中文的意思翻译成英文替变量命名，说不定能因此而磨练出好英文，绝对不要养成随便用 aa、bb 等没有意义的文字命名的坏习惯。

- 若要用两个单字来命名变量，例如，命名代表"频率引脚"的"clock pin"时，我们通常会把两个字连起来，第二个字的首字母大写，如 clockPin。这种写法称为"驼峰式"记法。有些程序员则习惯在两个字中间加底线：clock_pin。

观察 Arduino 的程序指令，读者可以发现它们也是用驼峰式记法，如 "digital write"（直译为"数字写入"）就写成 "digitalWrite"。

- 避免用特殊意义的“保留字”来命名。例如，print 是“输出文字”的指令，为了避免混淆，请不要将变量命名成 print。完整的 Arduino 保留字表列，请参阅：http://arduino.cc/en/Reference/HomePage。

数据类型

数据类型用于设置“数据容器”的格式和容量。最常见的数据类型为**数值**以及**字符**类型。在声明变量的同时，必须设置该变量所能保存的数据类型。

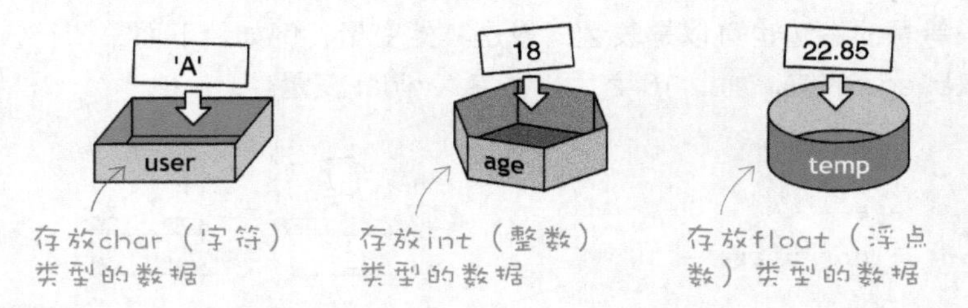

数值分成**整型**（不带小数）和**浮点型**（带小数）两大类型。由于微处理器的内存和保存空间都非常有限，因此变量的数据类型也要锱铢必较。表 2–1 列举 Arduino 支持的数据类型名称，以及占用的保存空间大小。

表 2–1

类型	中文名	占用内存大小	数值范围
boolean	布尔	8位（1Byte）	1或0（true或false）
byte	字节	8位（1Byte）	0~255
char	字符	8位（1Byte）	-128~127
int	整型	16位（2Byte）	-32768~32767
long	长整型	32位（4Byte）	-2147483648~2147483647
float	浮点型	32位（4Byte）	±3.4028235E+38
double	双倍精确度浮点型	32位（4Byte）	±3.4028235E+38

E是科学记号，E+38代表10^{38}

Arduino 的 float 和 double 两种类型值是一样的，但个人计算机的 C 语言的 double 类型则是占用 64 位的空间。

带正负号的数值称为 "signed"，若仅需要保存正数，可以在数据类型名称前面加上 "unsigned"（不带正负号）关键词，如此将能扩大保存的数值范围，如表 2–2 所示。

表 2-2　不带正负号的数据类型

类型	中文名称	数值范围
unsigned char	正字符	0~255
unsigned int	正整数	0~65535
unsigned long	正长整数	0~4294967295

如果在只能保存正整数类型的变量中，存入负数值，实际保存值从将该类型的最大值递减，例如，byte 类型的数据值范围是 0~255。

```
byte x = -1;          // x 变量值是 255
byte y = -2;          // y 变量值是 254
```

我们也可以用 "signed" 明确声明带正负号的数值，不过这样有点画蛇添足。

```
signed int pin=12;  // 建立一个 "带正负号" 的整数型变量 "pin" 并存入 12
```

设置数据类型时，需要留意该类型所能保存的最大值。**如果保存值超过变量的容量，该值将从 0 开始计算。**例如，byte 类型最大只能保存十进制的 255，若存入 256（超过 1），则实际的保存值将是 0；若存入 258（超过 3），实际保存值将是 2。

数学表达式也要留意数据类型的上限，以下面的算式为例，整数（int）最大能存放 32767，因此 ans 变量要声明成长整数。

```
long ans = 4000 * 100;   // 计算结果：6784
```

可是，实际执行之后的 ans 值并非 400000，而是 6784。这是因为程序编译程序用整数型态计算来 4000 和 100 的乘积，正确的写法是在其中一个（或者全部）计算数字后面加上设置数值类型的**格式字符**（参阅表 2-3），例如，L 代表长整数（也可以用小写）。

```
long ans = 4000L * 100L;   // 计算结果：400000
```

表 2-3　转换数值数据类型的格式字符

格式字符	说明	示例
L 或 l	强制转换成长整数（long）	4000L
U 或 u	强制转换成无正负号（unsigned）整数	32800U
UL 或 ul	强制转换成无正负号的长整数（unsigned long）	7295UL

转换数据类型

如果将小数点数字存入**整数类型**的变量，小数点部分将被**无条件舍去**。例如，以下变量 pi 的实际值将是 3。

```
int pi = 3.14159;
```

同样地，以下表达式中的 r 值将是 1，而非 1.5！

```
int r = 3 / 2;
```

03

不过，以下表达式里的 r 值是 1.0，也不是 1.5！

```
float r = 3 / 2;
```

要取得正确的小数运算结果，**算式中至少要有一个数字包含小数点**，像以下的 2.0，计算结果将是 1.5。

```
float r = 3 / 2.0;
```

或者，我们可以用以下**小括号**的类型转换语法来转换数据，其运算结果也是 1.5。

```
float r = 3 / (float)2;
```

将后面的数据转换成浮点类型

早期的 80386 个人计算机，可以添加一个 80387 数学辅助运算芯片，强化它的浮点运算能力。80486 是 Intel 公司第一款内建浮点运算器的处理器。

ATmega 微处理器内部没有浮点运算处理单元，因此，执行浮点数值运算，不仅耗时且精确度不高，请避免在程序中执行大量的浮点数运算。附带一提，浮点数值可以用科学记号 E 或 e 表示，例如：

1.8E3 = 1800 ← 1.8×10^3

2.4E-4 = 0.00024 ← 2.4×10^{-4}

3-3 认识数字系统

人类有十根手指头，因此我们习惯使用十进制数。计算机本质上只能处理 0 与 1 的二进制数，为了符合人类的方便，程序编译程序会自动帮忙转换十进制与二进制数据。

但有些时候，使用二进制数来描述数据的状态，比十进制来得简单明了。例如，假设我们在编号 0~3 的引脚上，衔接四个 LED。在程序中描述这些 LED 的开关状态时，可以用二进制表示。

然而，随着 LED 数量增加，数据描述也变得复杂，容易读错或者输入错误，像这种情况，我们通常改用十六进制或十进制数字来描述。

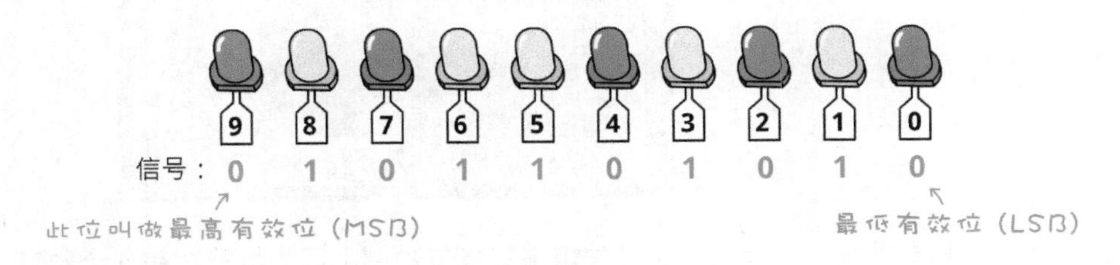

2 进制数字转换成十进制和十六进制

每个数字所在的位置，例如个位数或十位数，代表不同的**权值**（weight），像百位数字代表 10 的 2 次方，十位数代表 10 的 1 次方；二进制数的每个数字的权值，则是 2 的某个次方。

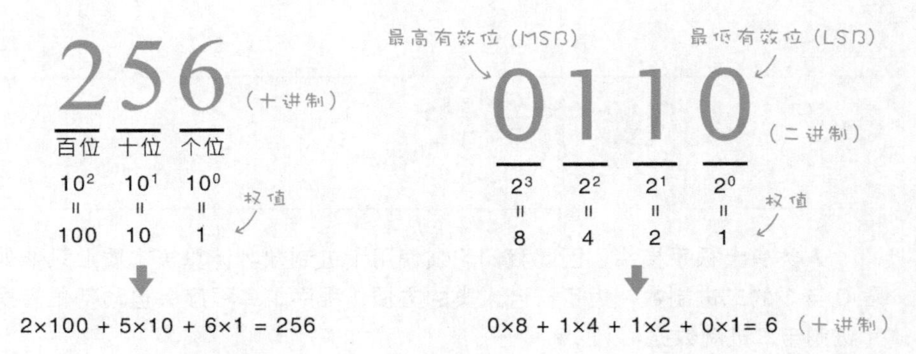

从上图可得知，**数字乘上它所代表的权值的总和**，即可换算成十进制数字。最简单的转换方式当然是用计算器。像 Windows 自带的计算器的**程序员**模式（位于主菜单“**查看**”选单中）就能转换不同的数字系统。

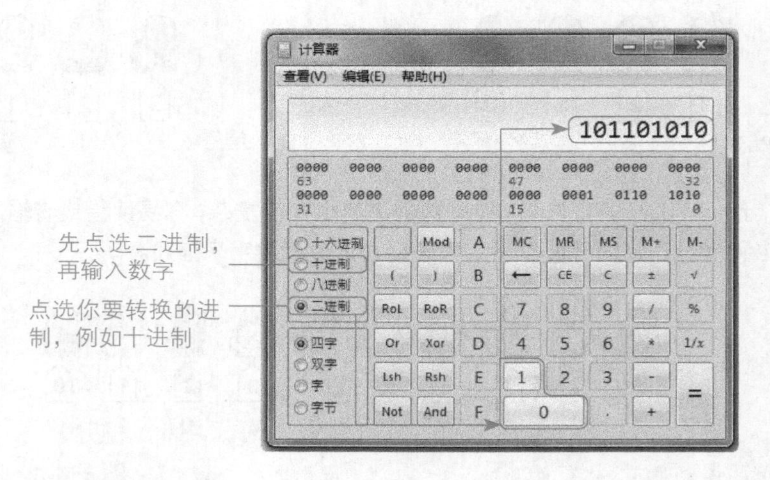

比起十进制，十六进制比较常用来取代二进制，因为**换算时用 4 个数字一组**计算权值，即可轻易换算。例如，上图的二进制值转换成十六进制的结果是 "16A"（十进制是 362），十六进制的 A 就是十进制的 10。

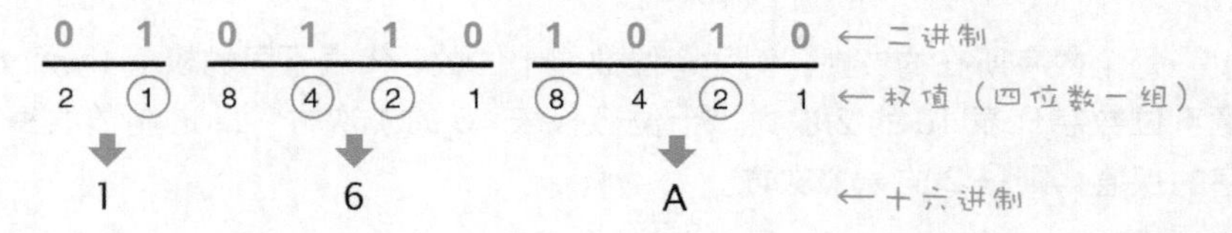

相较于一堆 0 与 1，十六进制容易阅读多了，表 2-4 是不同进制数字的对照表。

表 2-4　**数字系统对照表**

十进制		十六进制		二进制	十进制		十六进制		二进制
0	=	0	=	0000	8	=	8	=	1000
1	=	1	=	0001	9	=	9	=	1001
2	=	2	=	0010	10	=	A	=	1010
3	=	3	=	0011	11	=	B	=	1011
4	=	4	=	0100	12	=	C	=	1100
5	=	5	=	0101	13	=	D	=	1101
6	=	6	=	0110	14	=	E	=	1110
7	=	7	=	0111	15	=	F	=	1111

除了十进制数字之外，Arduino 程序里的数字需要加上特殊字符以利区别，例如，以下的变量保存值都是十进制的 362。

```
int a1 = 362;          ← 10进制值前面不用添加任何字符
int a2 = 0b101101010;  → B101101010   "2进制值"也能用一个大写B代表
         ~~ ← 代表"2进制值"
int a3 = 0x16A;
         ~~ ← 代表"16进制值"
```

在数字系统中，用四个二进制数来代表十进制值的编码，又称为 BCD 码（Binary Coded Decimal，二进编码十进数）。

3-4 | 不变的“常量”

相对于变量，有一种**存放固定、不变量值的容器，称为“常量”**。例如，数学上的 π 恒常都是 3.1415……所以 π 就是一种常量。建立常量时：

- 使用 const **指令**（constant，“常量”之意）定义常量。
- 常量名称中的字母通常写成**大写**。
- **常量设置后，就不能再更改其值。**

下面的代码将建立一个叫做 PI 的常量，其值为 3.1415。

在类型名前面加上const
↓
```
const float PI = 3.1415;
```
↑
常量名习惯上全部大写

常量与“程序内存”

“认识ATmega328微控制器与嵌入式系统”提到，ATmega微处理器内部有“主内存”和“闪存”。我们撰写的代码保存在闪存，其内容无法在程序运行时间更改。而**保存变量的容器，将在运行时间被建立在内容可随意更换的SRAM（主内存）中**；可以想见，程序里的变量越多，占用的内存空间也越多。

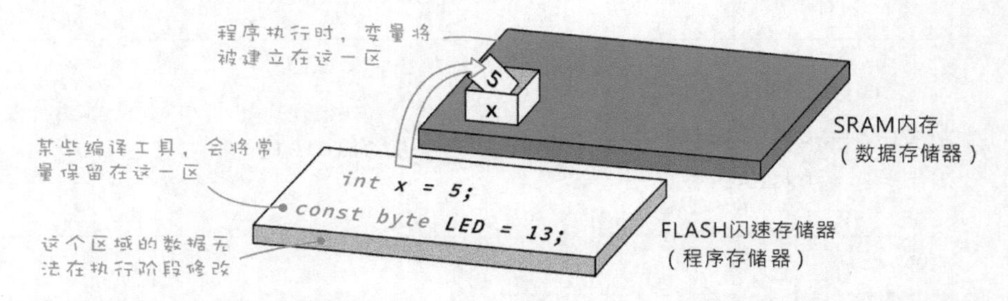

微处理器的资源有限，对于内容不会变动的数值，像是LED的输出假如接在13脚，而且在程序执行过程都不会改变，那么，与其像这样用“变量”设置为

```
byte led = 13;
```

不如声明成“常量”

```
const byte LED = 13;
```

系统默认的常量

除了用户自定义的常量，Arduino程序编辑器也默认了一些常量，如表2-5所示。

表 2–5　常见的预设常量

常量名称	说明
INPUT	代表“输入”
OUTPUT	代表“输出”
HIGH	代表“高电位”，相当于 +5V
LOW	代表“低电位”，相当于 0V
true	代表“是”或 1
false	代表“否”或 0

常量定义补充说明

const 的原意是恒常不变的，也就是将变量强制为“仅读”，并没有“只存在程序内存”的意思。常量是否会在运行时间被复制到 SRAM，跟编译程序的设计有关。AVR GCC 编译程序（一种免费、开放源码的 C 语言编译程序）不会把常量复制到 SRAM，但笔者在 ATMEL 公司的 "Efficient C Coding for AVR"（直译为：AVR 芯片的高效 C 程序设计）技术文件（Efficient_Coding.pdf 文件第 17 页，此 PDF 收录在光盘中），读到以下这段内容。

```
A common way to define a constant is:
const char max = 127;
This constant is copied from flash memory to SRAM at
startup and remains in the SRAM
for the rest of the program execution.
```

大意是说，使用 const 定义的常量，将在程序启动时，从闪存复制到 SRAM，并且于整个程序执行周期，一直存在 SRAM 里。因此，使用 const 定义常量可以节省内存用量的说法，不一定正确。

若要明确地告诉编译程序，让常量仅仅保存在程序内存，需要在常量声明的代码中加入 **PROGMEM 关键词**，详阅第 8 章“将常量保存在程序内存里”一节。

内存类型说明

依据能否重复写入数据，计算机内存分成 **RAM** 和 **ROM** 两大类型，它们又各自衍生出不同的形式。

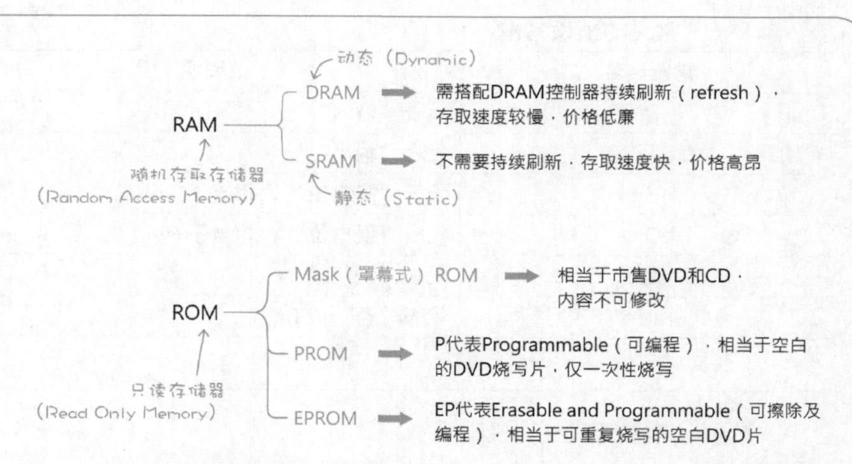

保存在 RAM 当中的数据，断电后就会消失，存在 ROM 里的数据不会消失。即使接上电源，**DRAM 的数据会在约 0.25 秒之后就流失殆尽**，就像得了健忘症一样，需要有人在旁边不停地提醒，这个“提醒”的行为，在计算机世界中叫做**刷新**（refresh，也译作**更新**或**复新**）。

微控制器芯片内部采用 SRAM，因为通电之后，就能一直记住数据，无需额外加装内存控制器，而且**数据的访问速度比 DRAM 快约 4 倍**。不过它的单价较高，所以一般的个人计算机主内存不采用 SRAM（但要求速度的场合，像显示适配器，就会用 SRAM）。

ROM 虽然叫做“只读”内存，但实际上，**除了 Mask ROM 之外，上述的 ROM 都能用特殊的装置写入数据**。就像刻录光盘片需要用刻录机，刻录光盘时的数据写入动作，不仅需要较高的能量，而且速度比读取慢很多。

下面是任天堂掌上型游戏机的游戏卡匣电路板，上面有两种内存芯片，左边是暂存玩家数据的 SRAM，右边电池下方的是保存游戏软件程序的 Mask ROM。电池负责提供电源给 SRAM，以便在关机之后记住玩过的游戏关卡等数据。

下面是**EPROM 内存**的外观照片，芯片上面有个用于清除资料的玻璃窗：用紫外线光连续照射 10 分钟，方可清除数据。

清除和写入 EPROM 数据都要特殊装置，很不方便。现在流行的是 **EEPROM**（第一个 E 代表 "Electrically"，全名译作**电子抹除式可复写只读存储器**）和 **Flash（闪存）**。

EEPROM 和 Flash 都能通过电子信号来清除数据，不过，它们的写入速度仍旧比读取速度来得慢。**EEPROM 和 Flash 的主要差异是"清除数据"的方式：**EEPROM 能一次清除一个 byte（字节，即 8 个位），Flash 则是以"区段（sector）"为清除单位，依照不同芯片设计而定，每个区段的大小约 256 B~16KB。Flash 的控制程序也比较复杂，但即便如此，由于 Flash 内存芯片较低廉，因此广泛应用在移动存储设备。

CHAPTER 04

开关电路与 LED 流水灯效果

除了用来打开或关闭电源，开关也是最基本的输入接口，像**计算机键盘**就是由数十个开关组成的输入接口。本章将介绍几种常见的开关、电路连接方式、程序编写的注意事项，以及改变程序执行流程的**分支指令**代码（条件判断和重复执行的循环代码）和存放多个数值的**数组**变量，这些都是程序设计的基本概念。

最后，本章也将介绍电子学当中最重要的**欧姆定律**，通过这个简单的公式，我们能计算出要替 LED 加上多少数值的电阻，才不会烧毁 LED，也可以计算出电子零件的耗电量（消耗功率）。第 10 章的电机控制单元，也将运用“欧姆定律”来设计电机驱动电路。

4-1 认识开关

开关有按键式、滑动式、微动型等不同形式和尺寸，但大多数的开关是由可动组件（称为“刀”，pole）和固定的导体（称为“掷”，throw）所构成；依照“刀”和“掷”的数量，分成不同的样式，例如：单刀单掷（Single Pole Single Throw，SPST）。几种常见的开关外型和电路符号如下。

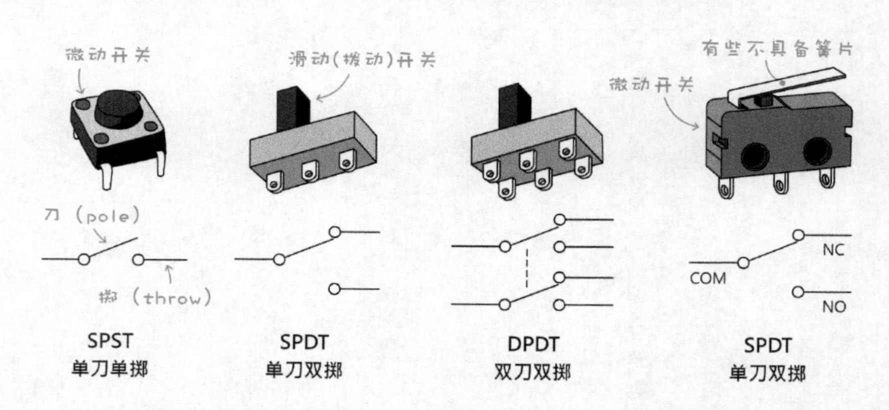

从早期的开关结构的外观，读者不难理解为何开关的可动部分叫做“刀”。

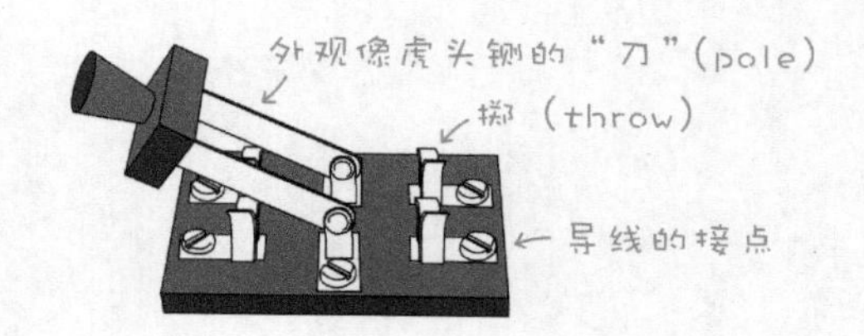

除了不同外型与尺寸之外，开关可分成两种类型。

- **常开（normal open，简称 N.O.）**：接点平常是不相连的，按下之后才导通。
- **常闭（normal close，简称 N.C.）**：接点平常是导通的，按下之后不相连。

“常开”里的“开”，并不是指“打开开关”，而是电路**中断、不导通**。

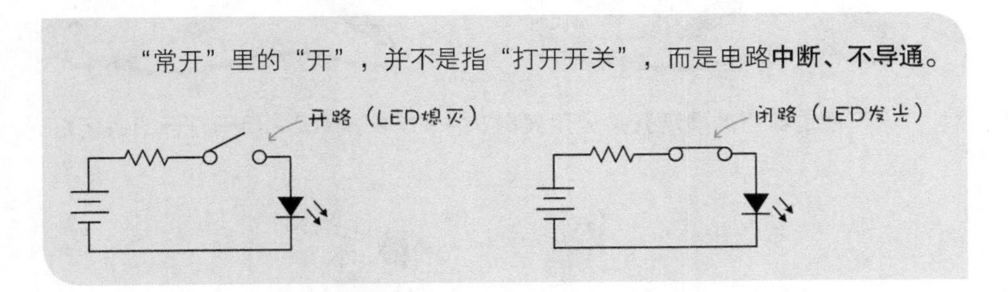

像**微动开关**的接点上，就有标示 NC 和 NO，还有一个 COM（**共接点**，或称为**输入端**）。若不确定开关的引脚模式，可以用三用电表的“欧姆”挡测量，若测得的电阻值为 0，代表两个引脚处于导通状态。

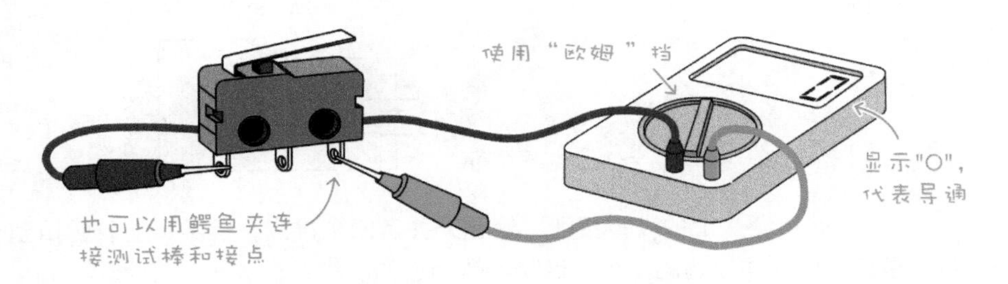

测试另一个引脚看看，平时处于“不导通”状态，按着按钮时，则变成“导通”，由此可知此引脚为“常开”。

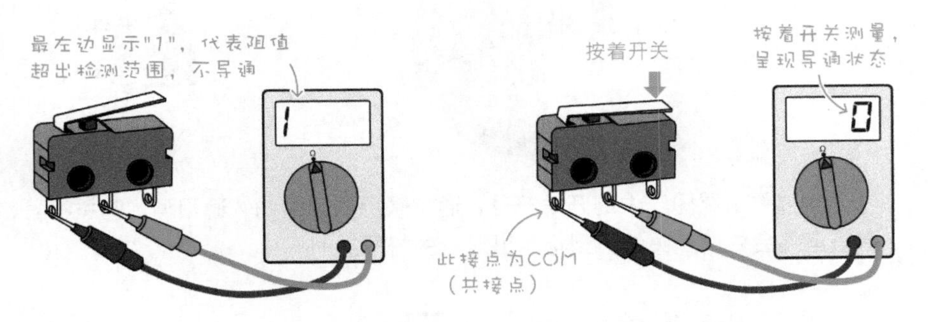

若测量另外两个引脚，无论开关是否被按下，都会呈现不导通的状态。

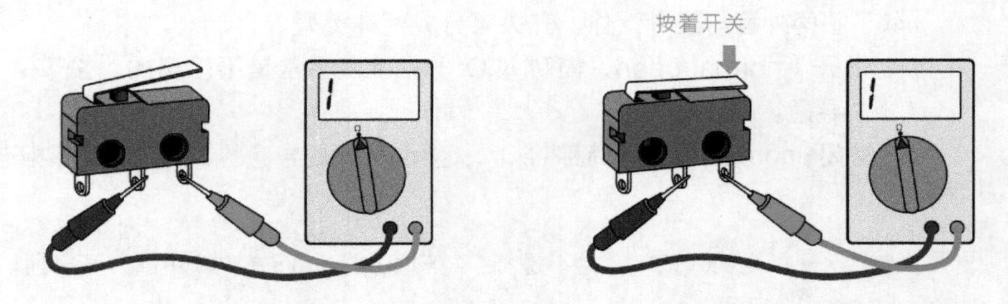

下面是典型的**滑动开关**应用案例（中间是**共接点**），用于打开或关闭灯光。

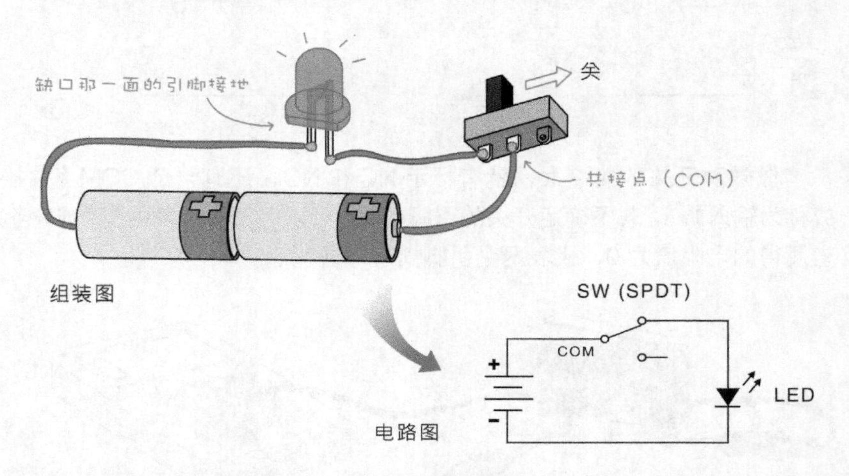

Arduino 电路板上的“重置钮”**轻触开关**有四个接点，但实际上只需用到两个接点，因为同一边的两个接点始终是相连的。

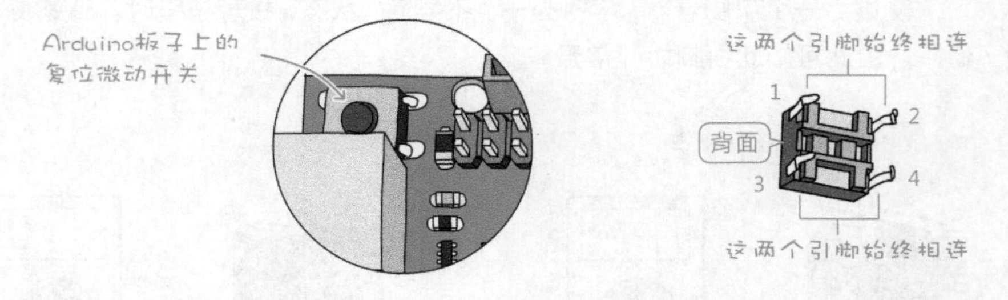

本书的电路图当中的开关符号，通常采用左下角的“通用型”开关符号，有些电路会依据开关的类型标示出对应的符号。

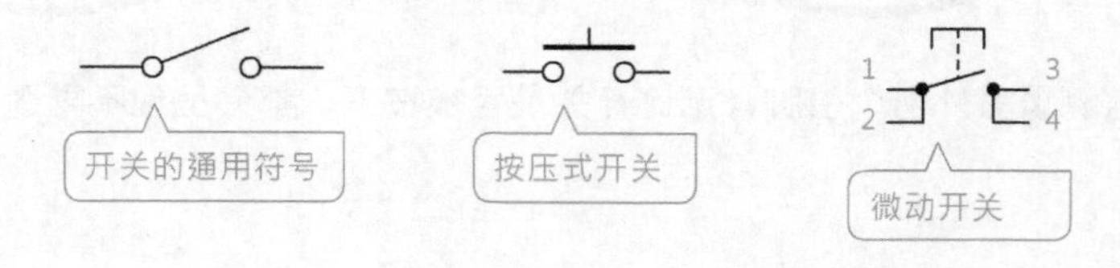

开关也是传感器

“开关”也是最基本的传感器，像鼠标里面往往就有两三个**微动开关**，监测鼠标键是否被按下或放开。微动开关常见于自动控制装置，像移动平台装置（如：光驱的托盘）的两侧，各安装一个监测平台碰触的传感器，以便停止电机继续运转。该传感器就是微动开关，因为它被用于侦测物体移动的上限，所以又被称为“**极限开关**”（limit switch）。

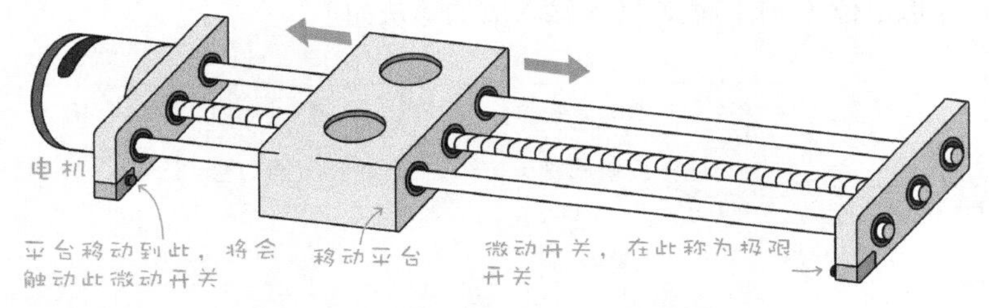

日本万代（Bandai）公司曾推出的一款可程序化电子甲虫，其足部里的微动开关，会在脚转一圈时，被触动一次，微电脑能借此计算甲虫的移动距离；它的两根触角也分别连到轻触开关，用于感测碰撞。

本质上，开关用于代表信号的“有”或“无”状态，或者“导通”或“断路”状态。除了上文介绍的基本开关组件，市面上还有其他形形色色的开关，例如，装置在玻璃窗边，用磁铁感应窗户是否被打开的“磁簧开关”，以及感应震动、倾斜的“水银开关”等，电路装设方式和一般开关差不多。

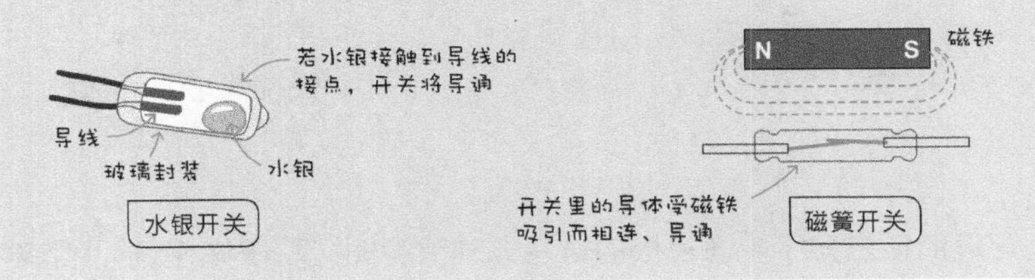

4-2 读取数字输入值

Arduino 的所有**数字**和**模拟引脚**都能读取 / 输出 0 与 1 信号。只要输入值**超过电源电压的一半**（如：2.6V），就代表**高电位（1）**；若输入值低于 0.25V，则代表**低电位（0）**。读取数字输入值的语法如下。

接收数字输入值的变量 ↓　　可能值为1~13或A0~A5 ↓

```
boolean 变量名称 = digitalRead(端口号);
```

数字输出 / 入的值不是0就是1，因此用"布尔"类型即可

下面的代码将能读取数字脚 2 的值，并赋值给 val 变量。

```
boolean val = digitalRead(2);
```

开关的接法

假设我们想要用一个开关来切换高、低电位，**下面的接法并不正确。**

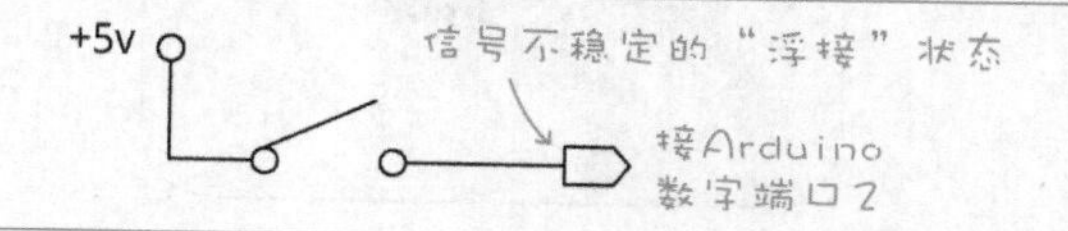

若没有按下开关，Arduino 的引脚既没接地，也未接到高电位。输入信号可能在 0 与 1 之间的模糊地带漂移，造成所谓的**浮动信号**，Arduino 将无法正确判断输入值。

> 开关电路可以接在任何数字脚（0~13），但 Arduino 板子上第 13 脚有内接一个 LED，所以第 13 脚通常在实验时用于测试信号输出，而第 0 和第 1 脚则保留给串口使用（请参阅第 5 章），因此开关或其他数字输入信号，大都是接在 2~12 脚。

正确的接法如下（面包板的组装方式请参阅"动手做 4-1"）。若开关没

有被按下，数字第 2 脚将通过 10kΩ（**棕黑橙**）接地，因而读取到**低电位值（LOW）**；按下开关时，5V 电源将流入第 2 脚，产生**高电位（HIGH）**。如果没有 10kΩ 电阻，按下开关时，正电源将和接地直接相连，造成短路。

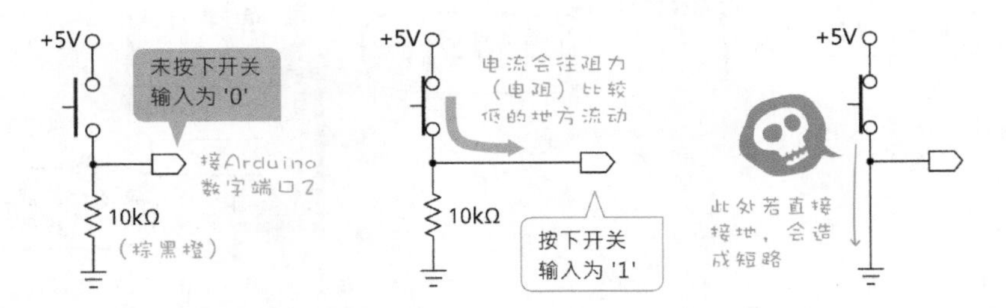

像上图一样，在芯片的脚位连接一个电阻再接地，则此电阻称为**下拉（pull-down）电阻**。我们也可以像下图一样，将电阻接到电源，则此电阻称为**上拉（pull-up）电阻**（开关接通时，输入为“低电位”）：

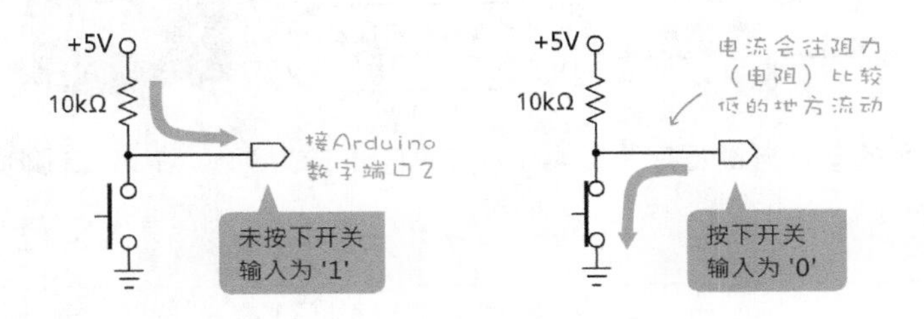

4-3 改变程序流程的 if 条件式

程序中，**依照某个状况来决定执行哪些动作，或者重复执行哪些动作的代码，称为“控制结构”**。if 条件式是基本的控制结构，它具有“如果……则……”的意思。想象一下，当你把钱币投入自动贩卖机时，“如果”额度未达商品价格，“则”无法选取任何商品；“如果”投入的金额大于选择的商品，“则”退还余额。

这个判断金额是否足够，以及是否退还余额的机制，就是典型的 if 条件式。if 判断条件式的语法如下（else 和 else if 都是选择性的）。

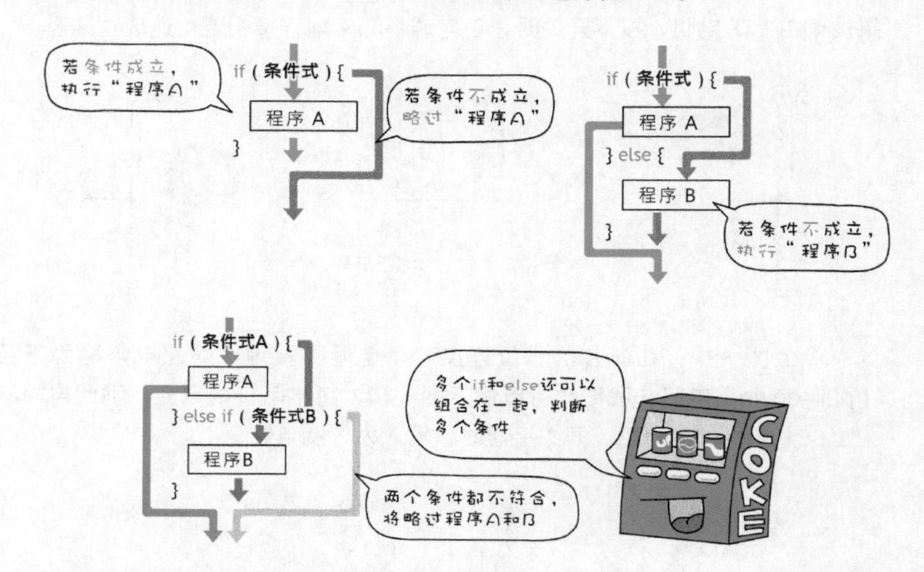

下面的条件判断程序将随着 val 变量值（1 或 0），在第 13 脚输出高电位或低电位。

```
boolean val = digitalRead(2); // 读取数字端口2的值

if (val == HIGH) {
  digitalWrite(13, HIGH);
} else {
  digitalWrite(13, LOW);
}
```

这是两个连续等号

若开关的值为HIGH（1），则在端口13输出高电平

否则，输出低电平

大括号里的语句，习惯上缩排，方便阅读

程序语言中，代表条件**成立**（1 或 true）或**不成立**（0 或 false）的数值，叫做 boolean（布尔值）。上面的判断条件式可以简化成下面的写法，只要 val 的值为 1，程序将点亮 LED。

```
if (val)
  digitalWrite(13, HIGH);
else
  digitalWrite(13, LOW);
```

val的值不是0就是1，因此可省略"=="比较。

若大括号的内容只有一行，可省略大括号

比较运算符

if 条件判断式里面，经常会用到**比较运算符**，并以是否相等、大于、小于或其他状况作为测试的条件。比较之后的结果会返回一个 true（代表**条件成立**）或 false（代表**条件不成立**）的布尔值。常见的比较运算符和说明请参阅表 4–1。

表 4–1　**比较运算符**

比较运算符	说明
==	如果两者**相等**则成立，请注意，这要写成**两个连续等号**，中间不能有空格
!=	如果**不相等**则成立
<	如果左边小于右边则成立
>	如果左边大于右边则成立
<=	如果左边小于或等于右边则成立
>=	如果左边大于或等于右边则成立

条件式当中的与、或和非测试

当您要使用 if 条件式测试两个以上的条件是否成立时，例如，测试目前的时间是否介于 6 和 18 之间，可以搭配逻辑运算符的与（AND）、或（OR）和非（NOT）使用。它们的语法和示例如表 4–2 所示。

表 4–2　**逻辑运算符**

<table>
<tr><th>名称</th><th>运算符号</th><th>表达式</th><th>说明</th></tr>
<tr><td>与（AND）</td><td>&&</td><td>A && B</td><td>只有 A 和 B 两个值都成立时，整个条件才算成立</td></tr>
<tr><td>或（OR）</td><td>||</td><td>A || B</td><td>只要 A 或 B 任何一方成立，整个条件就算成立</td></tr>
<tr><td>非（NOT）</td><td>!</td><td>!A</td><td>把成立的变为不成立；不成立的变为成立</td></tr>
</table>

例如，下面的 if 条件判断将测试数字 2 **或** 3 引脚的值是否为“高电位”，**只要任一条件成立，就执行大括号里的代码**。

```
boolean val2 = digitalRead(2);
boolean val3 = digitalRead(3);
if (val2 == HIGH || val3 == HIGH) {
   digitalWrite(13, HIGH); // 若 2 或 3 脚的输入值为 "1"
                           // 在 13 脚输出 "1"
}
```

动手做 4-1 用面包板组装开关电路

实验说明：认识开关电路，通过程序检测开关状态从而点亮或关闭 LED 灯。

实验材料：

微动开关（其他形式的开关也可以）	1 个
电阻 10kΩ（棕黑橙）	1 个
LED 颜色不限	1 个

实验电路：

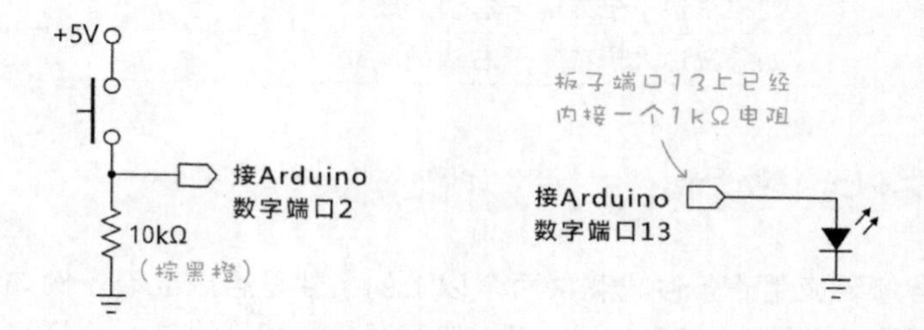

请依照上图的电路，将开关组装在面包板上（第 13 脚的 LED 可以不接，因为 Arduino 板子上已经有了）。

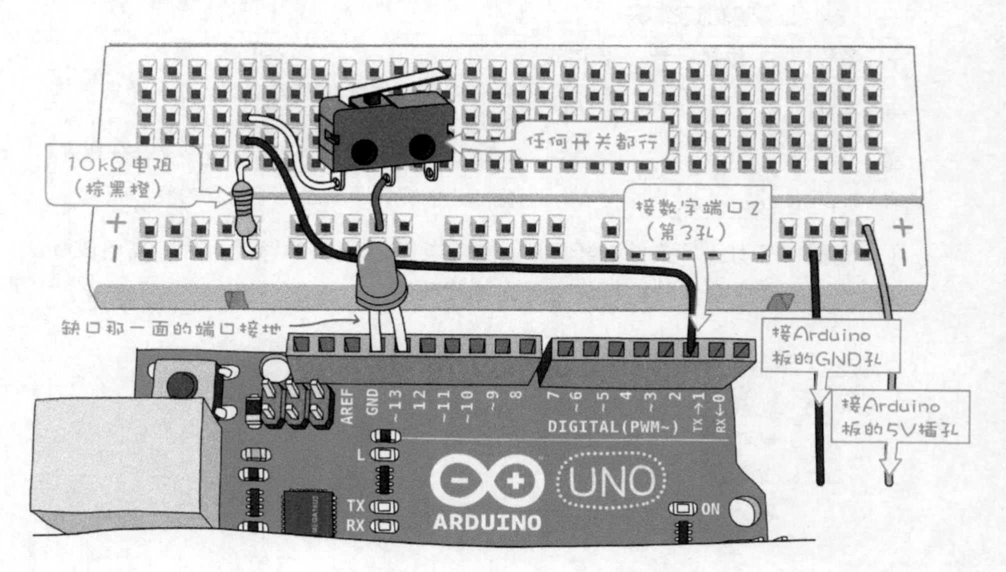

实验程序：硬件组装完毕后，请在 Arduino 程序编辑窗口输入下面的代码。

```
const byte LED = 13;                       // LED 接数字第 13 脚
const byte SW = 2;                         // 开关接数字第 2 脚

void setup() {
  pinMode(LED, OUTPUT);                    // LED 引脚设置成“输出”
  pinMode(SW, INPUT);                      // 开关引脚设置成“输入”
}

void loop(){
  boolean val = digitalRead(SW);           // 读取开关的数值
  if (val) {                               // 如果开关是高电位
    digitalWrite(LED, HIGH);               // 打开 LED 灯
  } else {
    digitalWrite(LED, LOW);                // 关闭 LED 灯
  }
}
```

实验结果：编译并上传代码之后，按着、放开几次微动开关试试看，理论上，LED 将在按着开关时被点亮，放开开关时熄灭。但实际上，LED 可能在你**放开（或说“关闭”）开关之后，仍然点亮着**。

这是机械式开关的**弹跳**（bouncing）现象所导致，请参阅下一节的说明与解决方式。

启用微控制器内部的上拉电阻

ATmeg328 微控制器的数字引脚其实有内建上拉电阻，根据 Atmel 公司的技术文件指出，此上拉电阻值介于 20~50kΩ 之间。但它预设并没有启用，假设要启用第 8 脚的上拉电阻，请执行下面两行代码，先将该脚设置成输入（INPUT），再通过 digitalWrite( ) 启用上拉电阻（此处的 digitalWrite( ) 并非代表写入）。

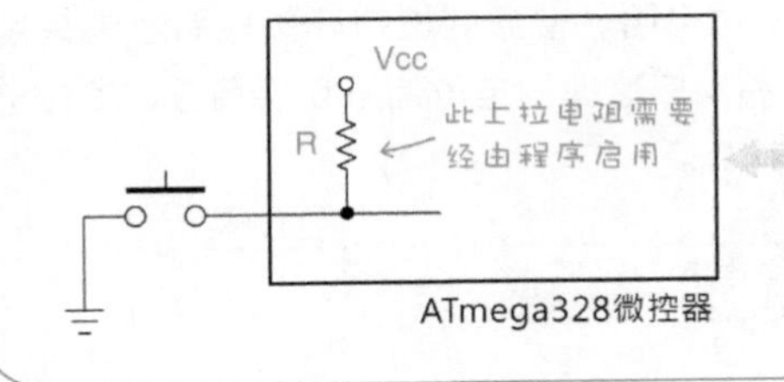


```
/* 端口8设置成「输入」模式 */
pinMode(8, INPUT);
/* 启用端口8内部的上拉电阻 */
digitalWrite(8, HIGH);
```

启用内建的上拉电阻后，开关电路就能省略外接电阻。要留意的是，按下此电路的开关代表输入 "0"。

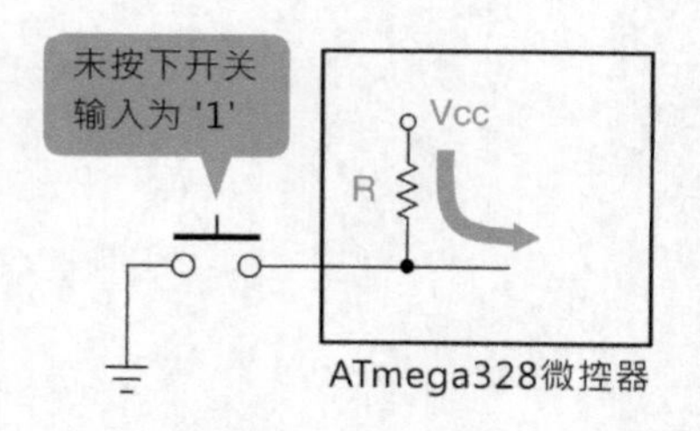

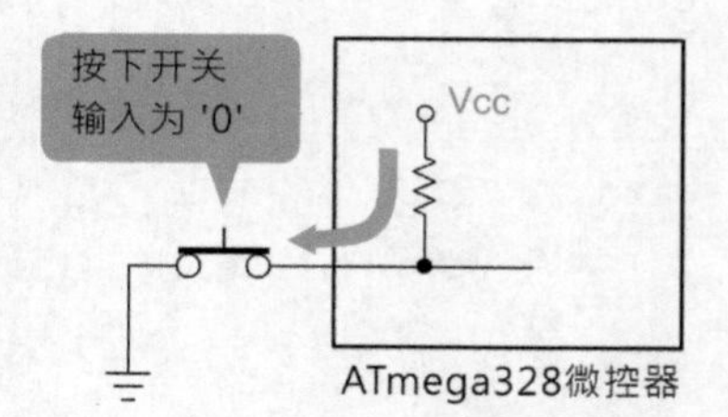

以下是改用内建上拉电阻的 LED 开关程序。

```
const byte LED = 13;             // LED 接数字第 13 脚
const byte SW = 2;               // 开关接数字第 2 脚

void setup() {
  pinMode(LED, OUTPUT);          // LED 引脚设置成“输出”
  pinMode(SW, INPUT);            // 开关引脚设置成“输入”
  digitalWrite(SW, HIGH);        // 启用开关引脚内部的上拉电阻
}

void loop(){
  boolean val = digitalRead(SW);   // 读取开关的数值
  if (val == 0) {                  // 如果开关是低电位
    digitalWrite(LED, HIGH);       // 打开 LED 灯
  } else {
    digitalWrite(LED, LOW);        // 关闭 LED 灯
  }
}
```

上拉电阻值越高，对抗噪声干扰的能力也越弱，对开关切换信号的反应灵敏度也会降低；电阻值越低，意味着从电源引入的电流越多。

因此，一般都不使用内建的上拉电阻。普通的按钮开关电路通常采用 10kΩ 的外接上拉电阻，对于要求高反应速率的电子信号切换场合，上拉电阻通常使用 5kΩ，甚至 4.7kΩ 或 1kΩ。

解决开关信号的弹跳问题

机械式开关在切换的过程中，电子信号并非立即从 0 变成 1（或从 1 变成 0），而会经过短暂的，像下图一样忽高忽低变化的**弹跳**现象。虽然弹跳的时间非常短暂，但微电脑仍将读取到连续变化的开关信号，导致程序误动作。

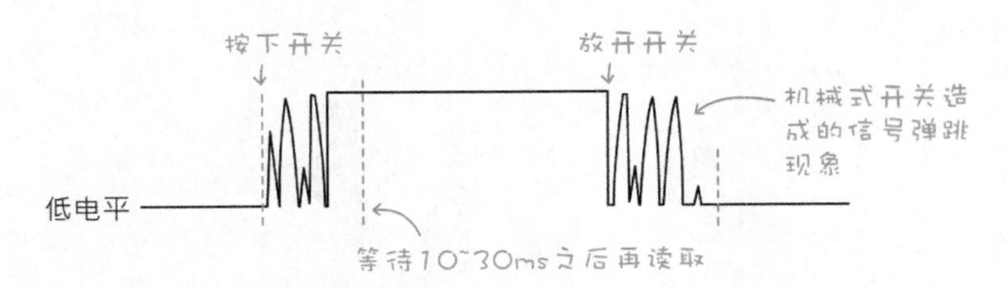

为了避免上述状况，读取机械式开关信号时，程序（或者硬件）需要加入所谓的**消除弹跳（de–bouncing）**处理机制。最简易的方式，就是在发现输入信号变化时，先暂停 10~30 毫秒，然后再读取一次，以便确定输入值。

沿用上一节的 LED 和开关电路，笔者把软件需求改成“单击开关点亮 LED、再单击开关则熄灭”。

如下图所示，在“单击”操作中，信号改变了两次。

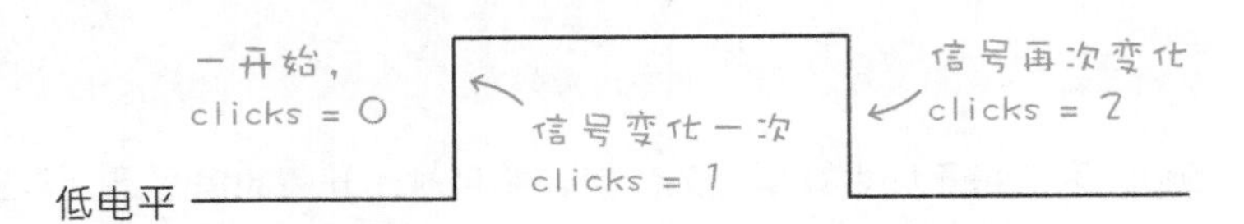

笔者声明一个名叫 click 的变量，记录信号改变的次数，每当此变量值为 2，代表用户按了一下按钮。具备“过滤”弹跳信号的开关代码如下，请将它输入 Arduino 程序编辑器并测试看看。

```
01  const byte LED = 13;         // LED 的脚位
02  const byte SW = 2;           // 开关的脚位
03  boolean lastState = LOW;  // 记录上次的开关状态，预设为“低电位”
04  boolean toggle = LOW;        // 输出给 LED 的信号，默认为“低电位”
05  byte click = 0;              // 开关信号的改变次数，预设为 0
06
07  void setup() {
08    pinMode(LED, OUTPUT);
09    pinMode(SW, INPUT);
```

```
10    lastState = digitalRead(SW);    // 读取开关的初始值
11  }
12
13  void loop() {
14    boolean b1 = digitalRead(SW);   // 读取目前开关的值
15
16    if (b1 != lastState) {              // 如果和之前的开关值不同
17      delay(20);                        // 等待 20 毫秒
18      boolean b2 = digitalRead(SW);// 再读取一次开关值
19
20      if (b1 == b2) {        // 确认两次开关值是否一致
21         lastState = b1; // 存储开关的状态
22         click ++;           // 增加信号变化次数，参阅下文
                               //   "递增、递减与指定运算符"
23      }
24    }
25
26    if (click == 2) {       // 如果开关状态改变两次
27      click = 0;            // 状态次数归零
28      toggle = !toggle;                // 取相反值
29      digitalWrite(LED, toggle);    // 输出
30    }
31  }
```

loop( ) 区块将不停地读取开关的值，并且对比开关的信号是否和上一次不同。假如监测到开关的信号改变了，要等待 20 毫秒之后，再确认一次开关值。

第 18 行比较 20 毫秒前后读取到的开关信号是否一致，如果是的话，就确认开关的状态真的改变了。下图说明了这段代码的运行情况。

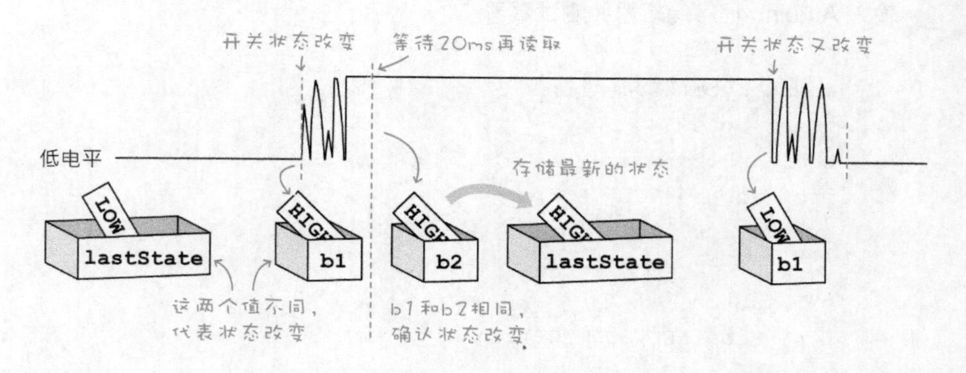

递增、递减与指定运算符

上一节程序用到增加变量值的递增指令，笔者将相关的指令列举在表4-3，请注意这些指令（如：++）中间没有空格。

表 4-3　**指定运算符**

运算符	意义	说明
++	递增	将变量值加 1
--	递减	将变量值减 1
+=	指定增加	将变量加上某数
-=	指定减少	将变量减去某数
*=	指定相乘	将变量乘上某数
/=	指定相除	将变量除以某数

以下三行代码的意思是一样的。

```
click = click + 1;
click ++;
click += 1;
```

“+=”、“-=”，“*=”和“/=”统称为**指定运算符**，等号右边的数字不限于 1，例如：

```
// 变量值减 2，等同：click = click - 2;
click -= 2;

// 变量值乘 3，等同：click = click * 3;
click *= 3;
```

动手做 4-2 LED 流水灯示例一

实验说明：让数个 LED 轮流点灭，产生流水灯效果，并从中学习循环与数组程序的写法。

实验材料：

LED（颜色不限）	5 个
330Ω（橙橙棕）电阻	5 个

实验电路：

请在 Arduino 的数字 8~12 脚，各连接一个电阻和 LED（关于电阻值选用的说明，请参阅本章“用欧姆定律计算出限流电阻值”一节）。

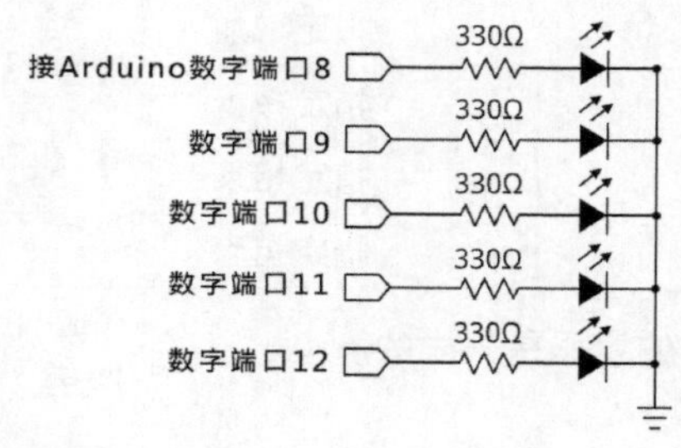

面包板电路的组装方式如下。

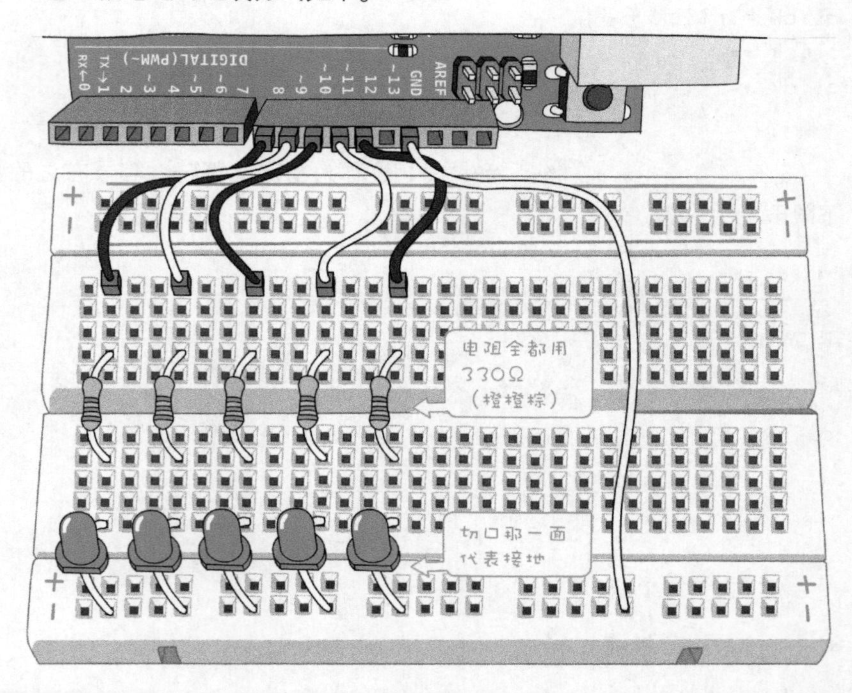

实验程序：本单元的示例总共有四种写法，位于下列各节，请先阅读内文说明再输入代码测试。

假设要让前面三个 LED 轮流发光，代码可以这样写。

```
// 存储 LED 的引脚
const byte LED1 = 8;
const byte LED2 = 9;
const byte LED3 = 10;

void setup() {
  // 三个 LED 引脚都设置成“输出”
  pinMode(LED1, OUTPUT);
  pinMode(LED2, OUTPUT);
  pinMode(LED3, OUTPUT);
}

void loop() {
  digitalWrite(LED1, HIGH);          // 点亮第一个 LED
  digitalWrite(LED2, LOW);           // 熄灭第二个 LED
  digitalWrite(LED3, LOW);           // 熄灭第三个 LED
  delay(100);                        // 持续 0.1 秒
  digitalWrite(LED1, LOW);
  digitalWrite(LED2, HIGH);          // 点亮第二个 LED
  digitalWrite(LED3, LOW);
  delay(100);
  digitalWrite(LED1, LOW);
  digitalWrite(LED2, LOW);
  digitalWrite(LED3, HIGH);          // 点亮第三个 LED
  delay(100);
}
```

上面的写法没错，只是随着 LED 的数量增加，代码会变得冗长，不易编辑与管理。由于整个程序的运行模式都是“点亮某一个 LED、关闭其他 LED、持续 0.1 秒”，我们可以用**循环**语法来改写程序，让它变得简洁。

实验结果：验证并上传程序后，8、9、10 引脚的三个 LED 灯就会轮流点亮。

LED 的正确接法

LED 的工作电压约 2V，但 Arduino 微电脑的输出电压是 5V，我们应该在 Arduino 的输出和 LED 之间连接一个**限流电阻**。但上一节我们直接把 LED 接在第 13 脚，这是因为 Arduino 处理器的输出电流不高（每只脚位可输出 20mA，所有引脚最多 40mA），加上板子第 13 脚有内接一个 1kΩ 电阻，因此不会烧毁 LED。

然而，直接连接 LED 的方式仅限于实验和测试。在实际操作中，**请连接一个 220Ω~1kΩ 的电阻**（阻值越高，LED 的亮度将越黯淡），连接方式有以下两种。

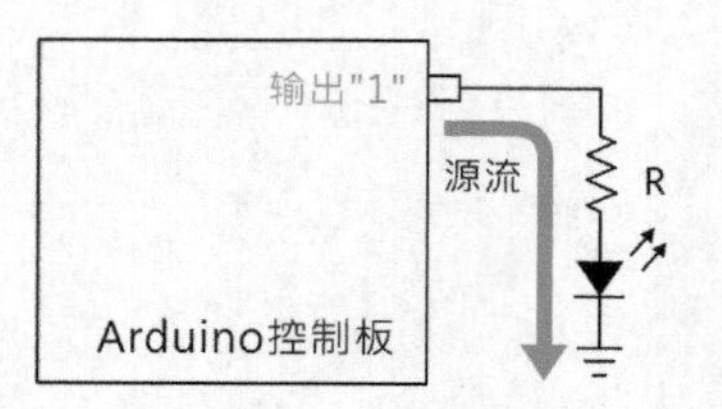

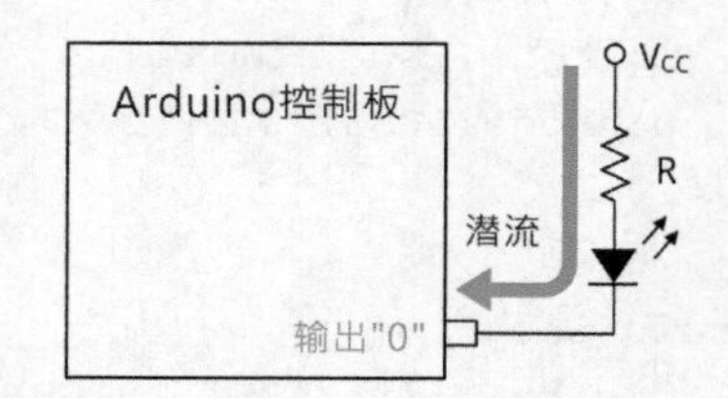

左边的接法是由微处理器提供负载所需的电流，一般称之为**源流**（source current）；当引脚的输出状态为**逻辑 1 时，电流由微处理器流出，经组件后至地端**。若采用右图的接法，电流是由电源（Vcc）提供；当引脚的输出状态为**逻辑 0 时，电流由 Vcc 流出，经组件后进入微处理器，此谓之潜流**（sink current）。

在某些处理器上，右边（潜流）的接法比较不消耗处理器的电流，但是在 ATmega 处理器上没有什么差别。而且无论用哪一种接法，都要确认不要从微处理器流出或流入 40mA 以上的电流，否则该引脚可能会损毁。

我们习惯把 1 视为"打开"，0 当成"关闭"，因此左边（源流）的接法比较常见。

4-4 编写循环程序

让程序中的某些部分反复执行的控制结构称为"循环"。以下各节将介绍 Arduino 提供的几种循环的语法。

While 循环

while 循环的语法如下。

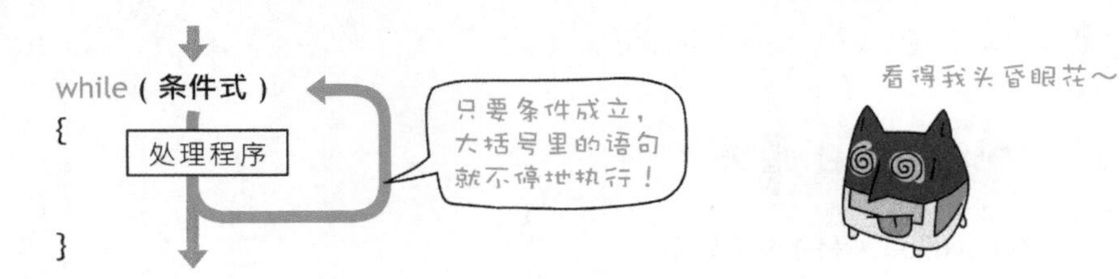

执行循环里面的代码之前，程序会先判断条件式的内容，只要条件成立，它就会执大括号里的代码，接着，它会再次检查条件判断是否仍然成立，如此反复执行直到条件不成立为止。

观察以下的程序，设置输出引脚的三行代码是重复的，只有数字部分不同。

```
void setup() {
  pinMode(8, OUTPUT);
  pinMode(9, OUTPUT);
  pinMode(10, OUTPUT);
}
```

这些语句只有“端口编号”部分不同

所以我们可以**把其中的变动部分（引脚编号）用一个变量替代（此变量的名称通常命名成 "i"）**，再加上重复执行的循环代码，达到相同的效果。

```
void setup() {
  byte i = 8;
  while (i <= 10) {
    pinMode(i, OUTPUT);
    i ++;
  }
}
```

起始端口编号（8）；结束端口编号（10）；i增加1（i ++）；变动的数字（i）

第一次执行while时，i是8，所以第8脚被设置成“输出”

i增加1，变成9。因为9小于或等于10，所以循环继续执行。

将来要修改或增加 LED 脚位时，只需要修改循环的起始和结束数字。

> 绝大多数的循环，都有一个让程序离开循环的机制，如果把 while 的条件代码设置成 1，程序将不断重复执行循环里的代码，构成“无限循环”。

do…while 循环

do…while 循环的语法如下。

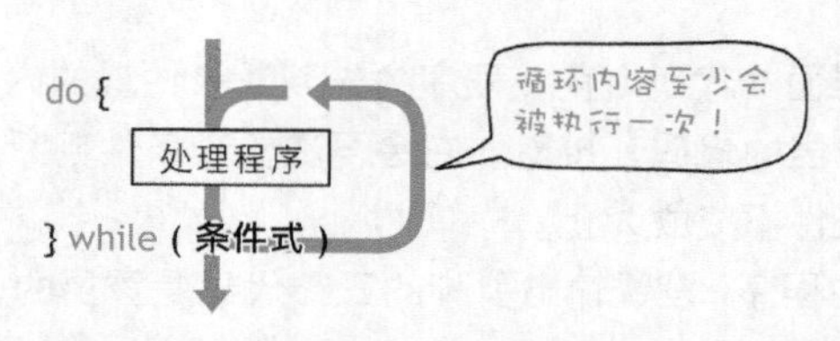

这是一种先斩后奏型的循环结构。无论如何，**do { … } 之间的代码至少会执行一次**，如果 while() 里面的条件式结果为 true（真），它会继续执行 do 里面的代码，直到条件为 false（伪）。

使用 do…while 循环将 8~9 引脚设置成"输出"的语法如下。

```
void setup() {
  byte i = 8;
  do {
    pinMode(i, OUTPUT);
    i ++;
  } while (i <= 10);
}
```

do里面的语句至少被执行一次

分号结尾

把第i脚被设置成"输出"。

i增加1

若i小于或等于10，重复执行。

for 循环

for 循环的语法如下。

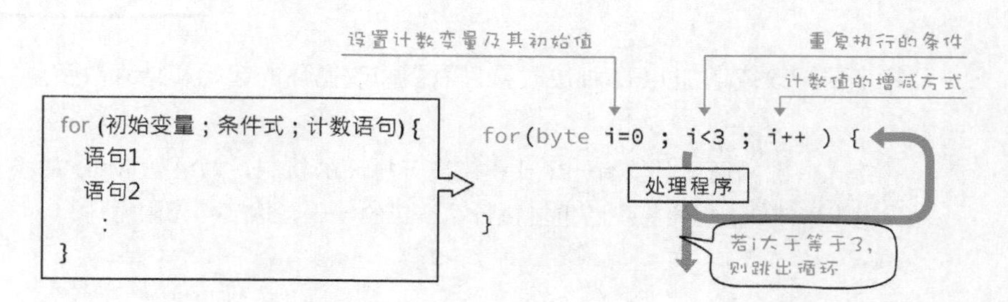

for 代码的括号里面有三个代码，中间用分号隔开。第一个代码用来设置**控制循环执行次数的变量初值**，这个代码只会被执行一次；**第二个代码是决定是否执行循环的条件判断式**，只要结果成立，它就会执行大括号 "{…}" 里面的程序，直到条件不成立为止。**第三个代码是每次执行完 "}" 循环区块，就会执行的代码**，通常都是增加或者减少控制循环执行次数的变量内容。

使用 for 循环将 8~9 引脚设置成“输出”的语法如下。

```
void setup() {
  for (byte i = 8; i <= 10; i++) {
    pinMode(i, OUTPUT);
  }
}
```


动手做 4-3 流水灯示例二：使用 for 循环

实验程序：LED 流水灯程序中，设置 LED 点灭的流程都可以用 for 循环改写。起始和结束脚位的编号，最好在程序的开头用变量存储，方便日后修改脚位编号。

```
const byte startPin = 8;     // 声明存储起始脚位的常量
const byte endPin = 12;      // 声明存储结束脚位的常量
byte lightPin = startPin;    // 存储目前点亮的脚位的变量
                             // 一开始设置成“起始脚位”
```

setup() 程序区块使用 for 循环把 LED 引脚设置成“输出”。

```
void setup() {
  for (byte i = startPin; i <= endPin; i++) {
    pinMode(i, OUTPUT);
  }
}
```


loop( ) 函数中，循序点亮 LED 的部分也能用 for 循环改写。

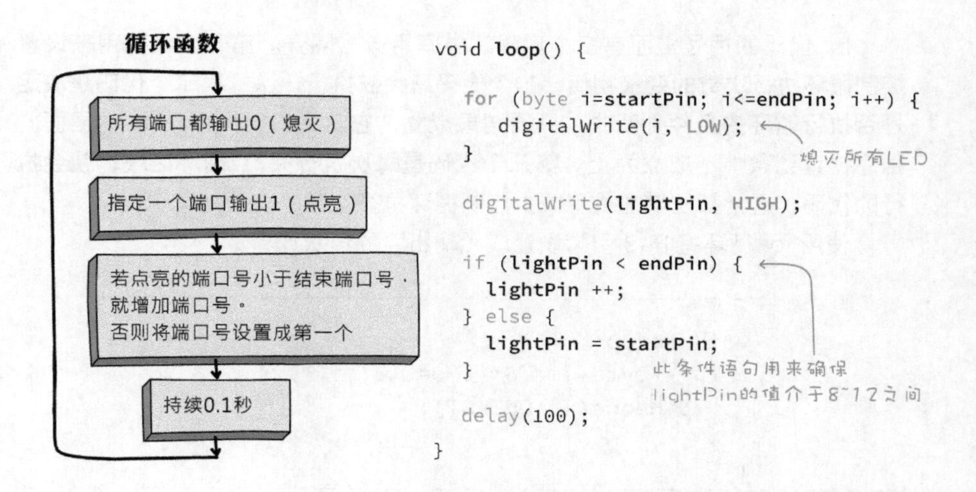

4-5 认识数组

一般的变量只能保存一个值，**数组（array）变量可以存放很多不同值，就像具有不同分隔空间的盒子一样**。以存储不同的 LED 脚位为例，我们可以用个别的变量来记录。

```
byte LED1 = 2;
byte LED2 = 5;
byte LED3 = 7;
⋮
```

这样的写法有时会让程序变得不易维护，尤其是像下文介绍的 LED 数码管，最好把相关的数据组成一个数组比较好控制。

数组中的个别数据叫做“元素”，每个元素都有一个编号。声明数组变量的基本语法如下。

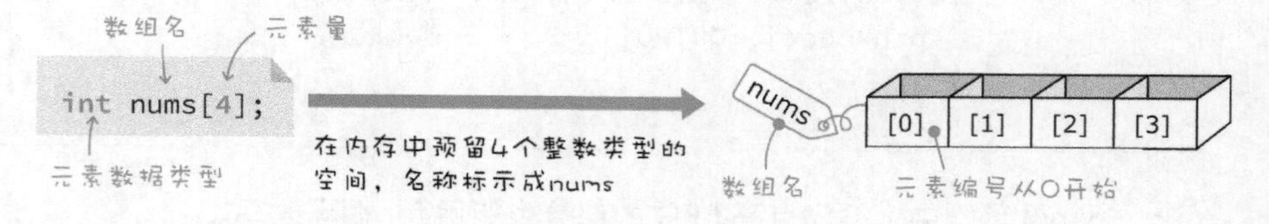

声明数组的同时可一并赋值，也可以省略元素数量（注：数组的最大元

素数量跟内存大小有关），让编译程序自动判断。

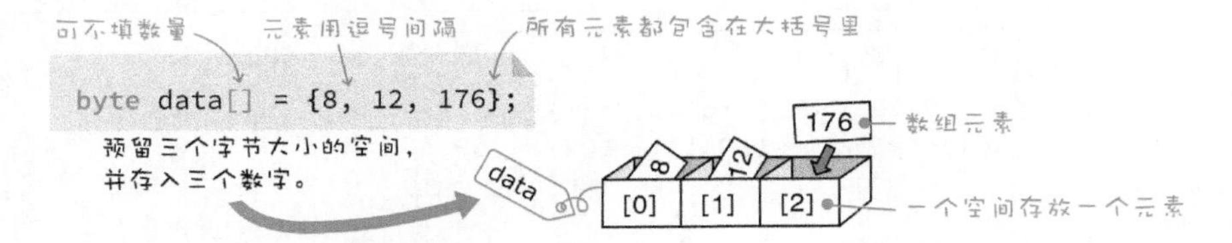

有一个叫做 sizeof( ) 的函数能检查数组的元素数量，因此，底下的 total 变量值将是 3。

```
byte total = sizeof(data);
```

数组名（后面不接方括号）

读取数组元素时，首先写出该数组的名称，后面接着方括号和元素的编号，例如：

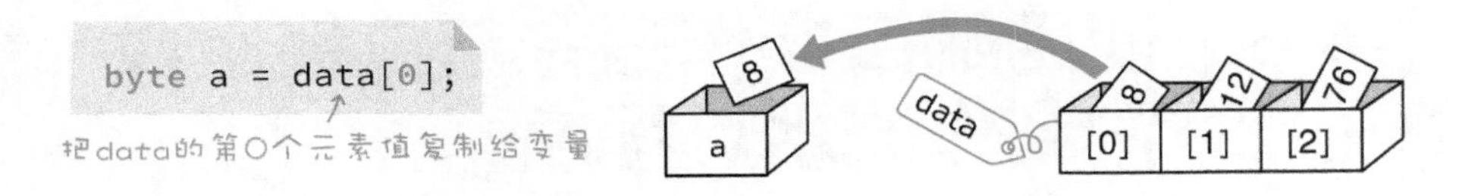

动手做 4-4 流水灯示例三：使用数组变量

实验程序：根据上一节的说明，我们可以用底下的代码来定义 LED 的脚位。

```
const byte LEDs[] = {8,9,10,11,12};
const byte total = sizeof(LEDs);
byte index = 0;

void setup() {
  for (byte i=0; i<total; i++) {
    pinMode(LEDs[i], OUTPUT);
  }
}
```

total的值是5

i值将是0~4，依序读取出8、9、10、11和12元素值

将8~12端口设置成“输出”

loop( ) 区块程序也要用数组改写：

```
void loop() {
  for (byte i=0; i<total; i++) {
    digitalWrite(LEDs[i], LOW);
  }

  digitalWrite(LEDs[index], HIGH);
  index ++;
  if (index == total) {
    index = 0;
  }
  delay(100);
}
```

在8~12端口输出“低电位”

在指定端口输出“高电位”

4-6 使用端口操作指令与位移运算符制作流水灯程序

ATMega8、ATMega168 和 ATMega328 处理器具有 D、B 两个数位输出 / 输入接口，以及一个类比接口 C。Arduino 程序也针对每个接口提供 **DDRx** 和 **PORTx** 操控常数（x 代表接口号 B、D 或 C），以操控接口 B 为例，DDRB 可设置各个端口的输出 / 输入功能。

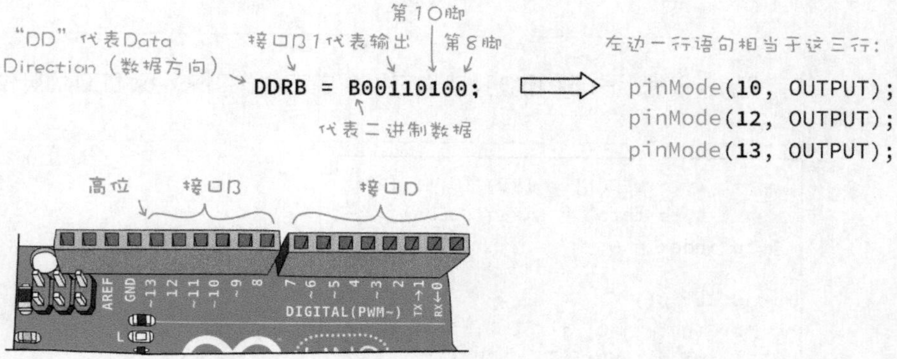

“DD”代表Data Direction（数据方向）

接口B1代表输出

第10脚

第8脚

代表二进制数据

```
DDRB = B00110100;
```

左边一行语句相当于这三行：

```
pinMode(10, OUTPUT);
pinMode(12, OUTPUT);
pinMode(13, OUTPUT);
```

高位　接口B　接口D

AREF GND ~13 12 ~11 ~10 ~9 8 7 ~6 ~5 4 ~3 2 TX→1 RX←0

DIGITAL(PWM~)

上图两边的指令并不完全一样，因为之前的写法会让处理器逐一将 10、12、13 端口设置为输出，而 DDRB 则是一次、同时设置好所有端口。

想必读者有注意到，接口 B 只有 6 个输出，而不是 8 个。这是因为接口 B 的另外两个端口，也是外部晶振的引脚，因此无法使用。

PORTB 用于设置输出或接收来自 8~13 端口的输入值。

在端口 10 和 12 输出 1，相当于右边这两行指令：

```
PORTB = B00010100;   →   digitalWrite(10, HIGH);
                         digitalWrite(12, HIGH);
```

上述语法的好处是程序精简、执行效率高且占用内存小；主要缺点是程序比较不易理解，也不易维护。其次是代码的可移植性降低，因为 ATMEGA 晶片的内部结构不同，我们无法确保上面的方法可以运用在所有 ATMEGA 芯片，但至少笔者在 ATMega8 和 ATMega328 上测试是可行的。

动手做 4-5 流水灯示例四：使用位移运算符

实验说明：Arduino 有一组操作位数据的指令，其中**位移（shift）**运算符可以将数据里的所有位向右或向左移动，空缺的部分补上 0（注：若持续执行位移，结果所有的位都将是 0）。**位运算符也用于取代乘、除运算，执行效率比较好。**

位移运算	位移结果（二进制）	结果（十进制）
1	00000001	1
1 << 1	00000010	2 ← 相当于乘 2
1 << 2	00000100	4 ← 相当于乘 4
12 >> 0	00001100	12
12 >> 1	00000110	6 ← 相当于除 2
12 >> 2	00000011	3 ← 相当于除 4
12 >> 3	00000001	1

也能写成 B00000001 << 2（指 1 << 2）

实验程序：使用这两个指令编写 LED 流水灯的程序示例如下。

```
byte data = B00001;              // B 要大写，也可以写成 0b00001
byte shift = 0;                  // 位移的位数
byte max = 5;                    // 最大位移数

void setup(){
 DDRB = B011111;                 // 8~12 脚设成输出
}
```

位移运算符用于 loop() 函数。

注意！位移操作符是“返回”位移后的结果，原始数据本身不变！

```
void loop() {
  PORTB = data << shift;      ← 数据往左移之后，输出到接口B
  shift ++;
  if (shift == max) {         ← 如果位移等于最大值，就设置为0
    shift = 0;
  }
  delay(100);
}
```

用欧姆定律计算出限流电阻值

第 2 章提到：电阻可限制电流的流动，也有降低电位（电压）的功能。电子电路的电源通常采用 5V，比 LED 的工作电压高。因此连接 LED 时，我们需要如下电路加上一个电阻，将电压和电流限制在 LED 的工作范围。

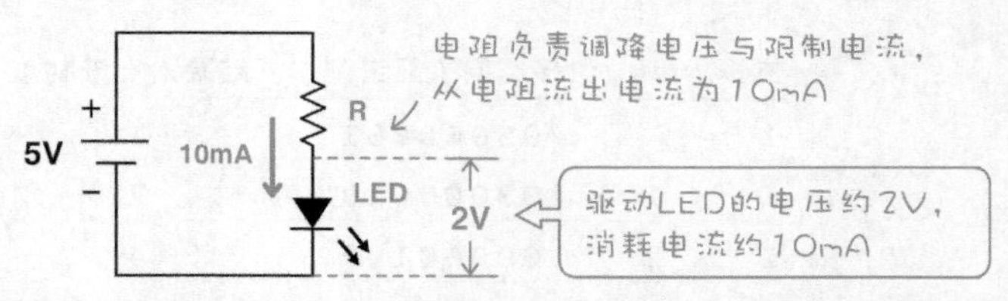

在这个电路中，我们已知 LED 组件的工作电压和电流，以及电源的电压，**要求出将电流限制在 10mA 的电阻值。**

电路中的电压、电流和电阻之间的关系，可以用**欧姆定理**表示：**电流和电压成正比，和电阻成反比。**只要知道欧姆定律中任意两者的值，就能求出另一个值。

欧姆定律公式 ⇨ **电压 = 电阻×电流**

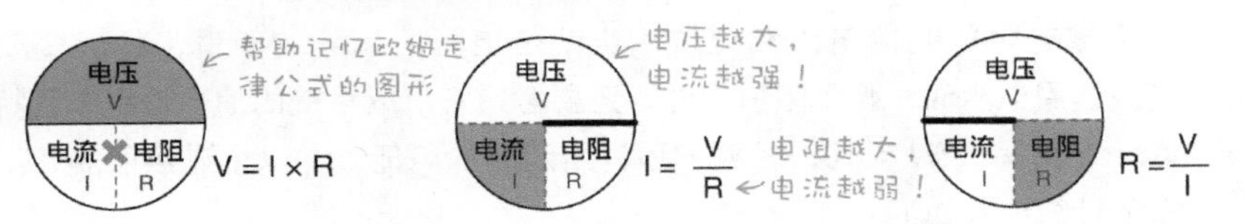

为了计算方便，**LED 工作电压通常取 2V，电流则取 10mA**（注：高亮度 LED 的工作电压约 3V，工作电流约 30mA）。此电路中的电阻两端的**电位差**是 3V，根据**欧姆定律**，可以求出电阻值为 300Ω。

5V　10mA　R　3V　2V

$$R = \frac{V}{I} \Rightarrow \frac{5V - 2V}{10mA} \Rightarrow \frac{3V}{0.01A} = 300\Omega$$

电阻两端的电位差

计算单位是安培，10mA就是0.01A

欧姆定律公式中的电流单位是 A（安培），因此计算之前要先把 mA 转成 A（即先将 10mA 除以 1000）。计算式求得的 300Ω 只是当做参考的理论值，假设求得的电阻值是 315Ω，市面上可能买不到这种数值的电阻，再加上组件难免有误差，电源不会是精准的 5.0V、每个 LED 的耗电量也会有略微不同。

为了保护负载（LED），我们可以取比计算值稍微高一点的电阻值，以便限制多一点电流；或者，如果想要增加一点亮度，可以稍微降低一点电阻值（某些 LED 的最大耐电流为 30mA，因此降低阻值不会造成损坏）。以 5V 电源来说，**LED 的限流电阻通常采用 220~680Ω 之间的数值**。阻值越大，LED 越黯淡。

水能导电，人体约含有 70% 的水分，因此人体也会导电。电对于人体的危害不在于电压的大小，而是通过人体的电流量。1~5mA 的电流量就能让人感到刺痛，50mA 以上的电流会让心脏肌肉痉挛，有致命的危险。

在潮湿、流汗的情况下，人体的阻抗值降低，从欧姆定律可得知，阻抗越小，电流越大，因此千万不要用潮湿的手去碰触 220V 电源插座。

电阻的额定功率

被电阻限制的电流和电位，也就是电阻所消耗的能量，将转变成热能。选用电阻时，除了阻值之外，还要考虑它所成承受的消耗功率（瓦特，Watt，简写成 W 或瓦，代表一秒钟所消耗的电能），以免过热而烧毁。功率的计算公式如下：

$$W = I \times I \times R$$

从欧姆定律推导出的其他两个公式

消耗电能的公式

$$W = V \times I$$

$$W = \frac{V \times V}{R}$$

以上一节的 LED 电路为例，10mA 时的电阻消耗电能为

公式

$W = V \times I$ ➡ $3V \times 0.01A$ ➡ $0.03W$ ➡ $30mW$

计算单位用安培

电阻两端的电位差

为了安全起见，电阻的瓦数通常取一倍以上的值。一般微电脑电路采用的电阻大都是 1/4W (0.25W) 或 1/8W (0.125W)，就这个例子来说，选用 1/8W 绰绰有余。

电阻的串联与并联

电阻串联在一起，阻抗会变大，并联则会缩小。当手边没有需要的电阻值时，有时可用现有的电阻串联或并联，得到想要的阻值。例如，并联两个 1kΩ 电阻，将变成 500Ω。

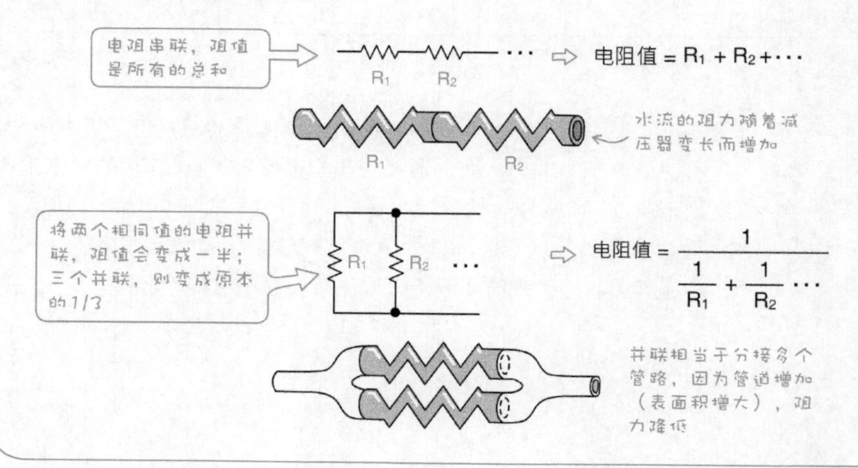

串并联电阻值的计算示例如下：

$$电阻值 = \frac{1}{\frac{1}{1000 + 1000} + \frac{1}{500}}$$

$$= \frac{1}{0.0005 + 0.002}$$

$$= 400$$

CHAPTER 05

串口通信

我们日常生活接触到的许多数字装置，不管有线还是无线，彼此之间都是通过“串行”方式联机。例如，手机和基站、电脑无线网络、蓝牙耳机、键盘、鼠标等，不胜枚举。

本章将揭开串口软、硬件的面纱，从电脑下达指令通过串口来指挥Arduino，以及从串口来观测 Arduino 程序的执行状态。

5-1 并行与串行通信简介

微电脑和外部设备之间的连接，有“并联”和“串联”两种方式，这两种接口分别称为**并行**（parallel，也称为**平行**）**接口**和**串行**（serial）**接口**。并行代表处理器和外部设备之间有 8 条或更多数据线连接，处理器能一口气输出或接收 8 个或更多位的数据。

串行则是用少数（通常是两条或三条）数据线，将整批资料依次输出或输入。

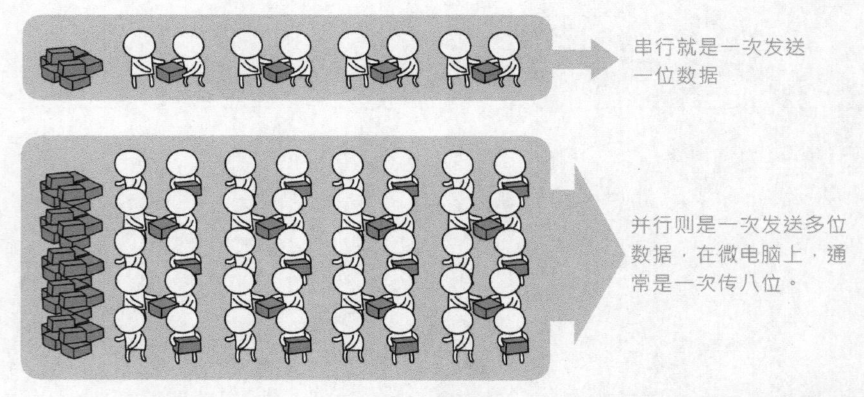

并行的好处是数据传输率快，但是不适合长距离传输，因为其易受噪声干扰，且线材成本、施工费用和占用空间都会提高。个人电脑显示适配器采用的 PCI 接口和 IDE 磁盘接口，就是用“并行”方式连接。

串行的数据传输速率虽比不上并行，但是并非所有的设备都要高速传输。例如，鼠标和键盘（想想看，原本纤细的鼠标线，改用一捆多条线材连接，会好用吗？）。而且随着处理器的速度不断提升，新型的串口速度也向上攀升，像苹果公司推出的 Thunderbolt，理论速度可达 10Gbps（即每秒钟传送 100 亿位），号称 HD 高画质电影可以在 30 秒内传输完毕！

电脑上的 USB 接口、HDMI/DVI 显示器接口、SATA 磁盘接口，甚至蓝牙无线接口，都是串行式的。

在电脑和 Arduino 之间传输信息，最简易的方法是通过 **USB 线**相连，并且执行**串口通信软件 / 程序**来交换信息。

在个人电脑上执行串行通信软件　　在Arduino上执行Serial通信程序

在 Arduino 上，我们采用名为 "Serial" 的扩展库来建立联机并交换信息。在个人电脑上，Arduino 程序开发工具有内建一个串口通信软件，叫做 **“串口监控器”**，本章将采用此软件进行通信实验。

动手编写 Arduino 的串口通信程序之前，我们先多了解一点串口通信的硬件接口和相关背景知识。

除了**串口监控窗口**，我们可以采用其他串口通信软件来和 Arduino 联机。像第 14 章的蓝牙通信实验，采用一个叫做 "AccessPort" 的串口通信软件；第 17 章的 Flash 集成实作，则采用 SerProxy 软件通过串口和 Arduino 交互。

RS-232 串口

RS-232 是最早广泛使用的串口标准（它有不同的版本，目前使用的 RS-232-C 问世于 1969 年，RS 代表 Recommend Standard，即 “推荐标准” 之意），目前许多电脑仍配备 RS-232C 接口。在系统软件中，**串口称为 COM**，并以 COM1、COM2 等编号标示不同的接口，每个 COM 接口只能接一个设备。

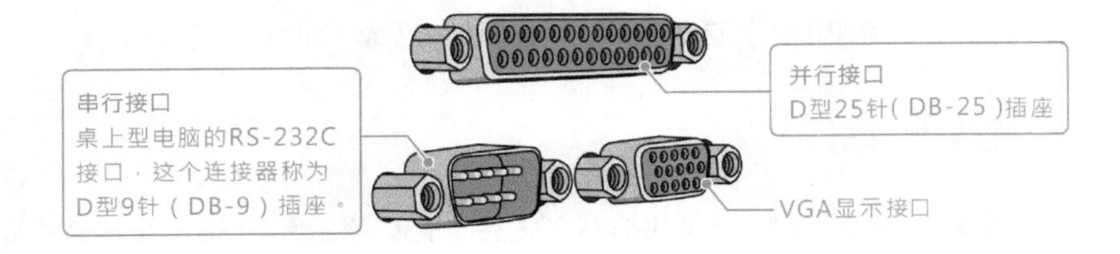

在 USB 接口普及之前，许多外部设备都采用 RS-232C 接口，例如：鼠标、条形码扫描器、调制解调器等。

完整的 RS-232C 连接器有 25 个端口，但大多数的设备不需要复杂的传输设置，所以 IBM 个人电脑采用 9 个针脚的 D 型连接器（简称 DB-9），其中最重要的三个引脚是**数据传输**（Transmitter，简称 Tx）、**数据接收**（Receiver，简称 Rx）和**接地**（Ground，简称 GND）。

ATmega 微处理器自带两个串行连接的端口，分别连接到 Arduino 的**第 0 脚（RX，接收）和第 1 脚（TX，传送）**。

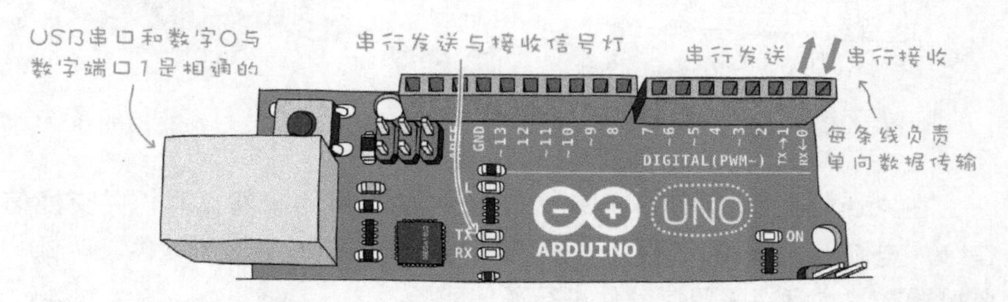

然而，ATmega 处理器无法直接和电脑上或其他 RS-232C 设备相连，因为 RS-232C 的信号电压跟一般的数字装置不同。

一般数字 IC 的 0 与 1 信号的电压准位，分别是 0V 和 5V（或电源电压），这种准位又称为 **TTL** 或**逻辑准位**。RS-232C 的电压准位介于 ±3~±15V，**高于 3V 的准位为 0**，也称为 Space（空格）；**低于 -3V 的准位为 1**，又称为 Mark（标记），-3V 和 +3V 之间的信号则是“不确定值”。

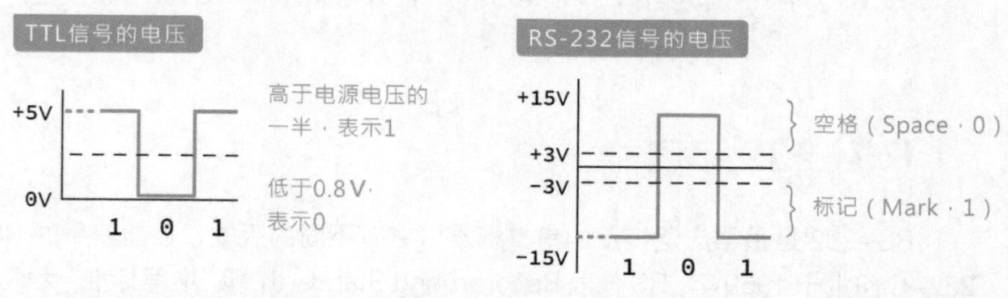

因此，Arduino 和 RS-232C 设备之间需要加装一个信号准位转换元器件（一般称为 **TTL 转 RS-232**）才能相连。在实际中，通常采用 MAX232 准位转换 IC，或者用晶体管电路来转换（请参阅笔者网站上的《用面包板组装 Arduino 微电脑实验板》这篇文章，网址：http://swf.com.tw/?p=264）。

USB 串口

早期的 Arduino 板子采用 RS-232 接口，后来改用 USB；某些 Arduino

控制板采用串口通信转换芯片（如 FT232R）来转换 USB 与 TTL 串行信号，Uno 板使用 MEGA16U2 微控制器。

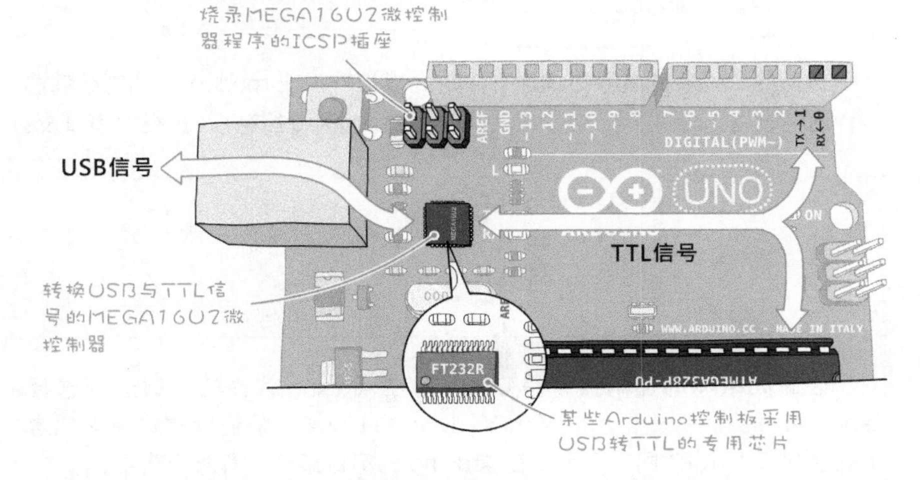

MEGA16U2 微控制器负责衔接 USB 接口和 Arduino 的数字 0 与 1 脚。如果有需要的话，我们还可以改写它的程序，让电脑将此控制板看成鼠标、键盘、电玩游戏杆或 MIDI 数字音乐接口。不过 Arduino 工具本身并不提供烧写此微控制器程序的功能，要通过另一个叫做 FLIP 的烧写程序。

由于 USB 串口是 Arduino 程序编辑器传输程序代码给微处理器（以及下文介绍的“监控”）的管道，**请避免在数字 0 和 1 两个插孔连接其他元器件。**

Mac OS X 与 Linux 的通信端口

Windows 系统使用 COM（原意是 COMmunication，通信）代表通信端口，Mac OS X（一种基于 Unix 的操作系统）和 Linux 则用 TTY 代表通信端口。

TTY 的原意是 "teletypewriter"（早期用来操作和大型电脑联机的终端机）。OS X 和 Linux 系统把每个设备都看成文件，位于 /dev 路径底下，因此在 Mac 的终端机窗口输入底下的命令，将能列举所有通信端口。

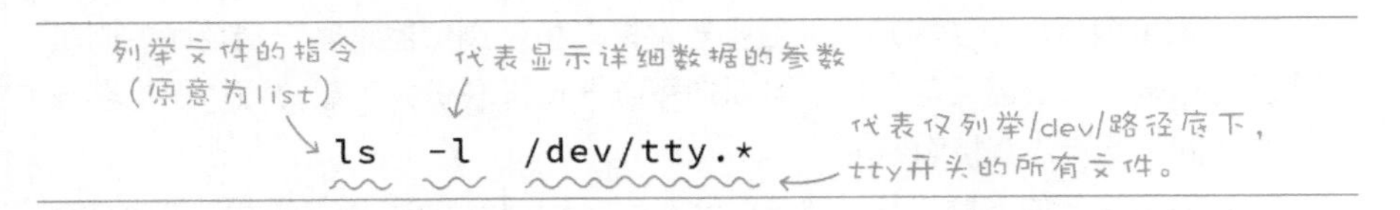

从 ls 命令的执行结果可看出，笔者的电脑连接三种通信设备，每个设备都有唯一的名称。

```
Ying-ChiehdeMacBook-Pro:~ cubie$ ls -l /dev/tty.*
crw-rw-rw-  1 root  wheel   17,   4  2  9 23:38 /dev/tty.Bluetooth-Incoming-Port
crw-rw-rw-  1 root  wheel   17,   6  2  9 23:38 /dev/tty.Bluetooth-Modem
crw-rw-rw-  1 root  wheel   17,  14  2  9 23:45 /dev/tty.usbmodem1d111
crw-rw-rw-  1 root  wheel   17,   8  2  9 23:39 /dev/tty.usbserial-A1016BKW
Ying-ChiehdeMacBook-Pro:~ cubie$
```

通信端口设备的名称格式如下，Uno 板被辨识成 modem（调制解调器，一种通信设备），采用 FT232 串口转换芯片的 Arduino 控制板，被视为串口设备。

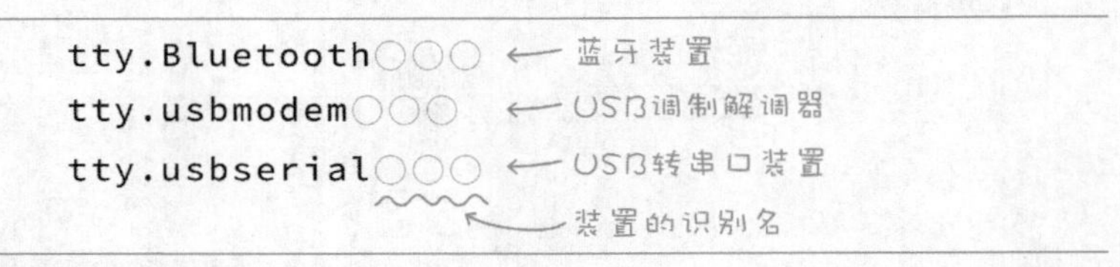

因此如果你的控制板不是 Uno，请在 Arduino 软件的**端口**选项选择以 usbserial 开头的那一个。除了 TTY，Mac 和 Linux 上的通信端口还有包含一个同名的 CU，因此同一个串口在 Arduino 的串口菜单，有两个选项。

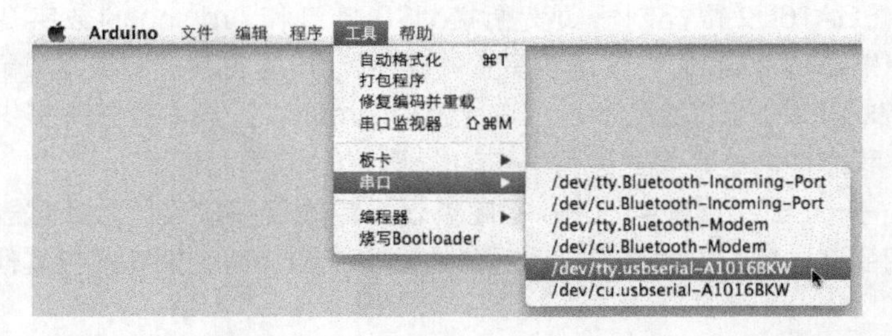

TTY 用于输入信息给设备，CU 代表 call up，用于从设备传出信息，两者合作就像双向道路，能同时收发信息，被称为全双工。在 Arduino 上，无论使用 TTY 还是 CU，都能传递信息，但一般选用 TTY。

USB 联机的主控端（host）和从端（slave）简介

数字设备之间的联机分成 client/server（客户端／服务器端）、peer-to-peer（点对点，也简称 P2P）和 master/slave（主／从）三种类型。

浏览网页属于“客户端／服务器端”联机，浏览器是客户端，网站则是服务器端。浏览器（客户端）可以向服务器请求联机并下载资源，但是客户端之间彼此无法直接沟通。

时下流行的下载工具，像 BT torrent、foxy 和电驴，都是采用 P2P 联机。每个设备都能同时充当“客户端”和“服务器端”，可对外请求联机，也能接受他人的联机。

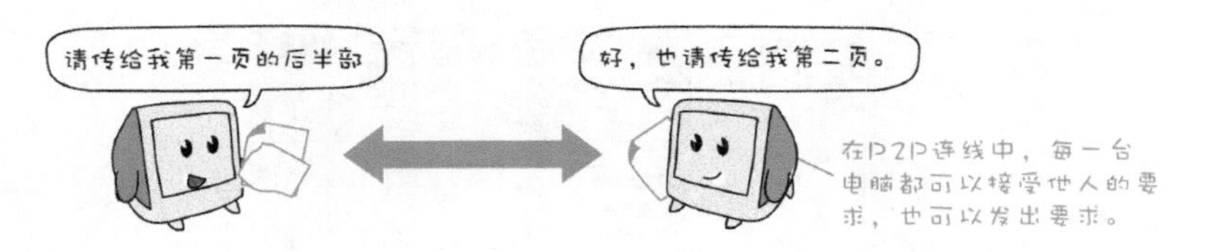

USB 设备采用“主／从”联机，每个联机只能有一个**主控端（host）**，负责掌控并发起联机；**从端（slave）**不能发起联机，也无法和其他“从端”联机。个人电脑就是 USB 的“主控端”，USB 接口的键盘、鼠标、随身碟、网卡等，都是“从端”。

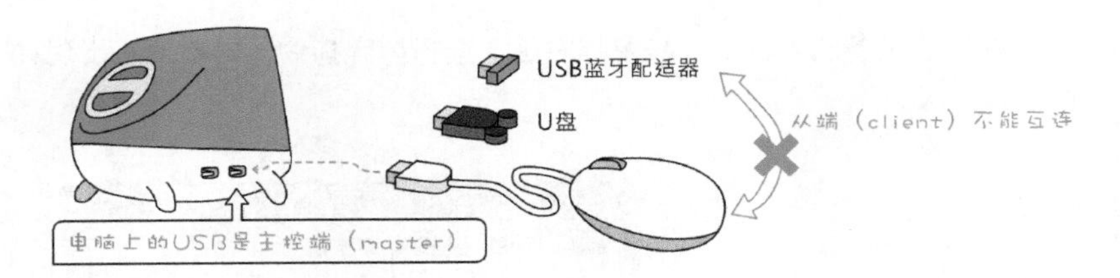

大多数 Arduino 板子上的 USB 界面也是“从端”，因此除了主控端（电脑）之外，无法连接其他 USB 设备。不过，读者可以添购一款称为 **Arduino ADK** 或 **Arduino USB HOST** 的扩展卡，让 Arduino 变成 USB 控制台，并且有移动调备和 USB 蓝牙适配卡等相关扩展库，可无线连接 Wii 和 PlayStation 3 控制器。

串行数据传输协议

传输协议（protocol）代表通信设备双方所遵循的规范和参数，通信双方的设置要一致，才能相互沟通。

USB 的全名是 Universal Serial Bus（通用串口），是指用来取代旧式 RS-232、PS/2 键盘与鼠标串口，以及旧式 DB25 打印机端口（并行端口），一统天下的端口。但取代 RS-232 串口，只是 USB 接口的众多功能之一。

USB 设备有许多分类，像是键盘、鼠标等“人机接口”类、打印机的“打印设备”类、移动设备的“存储设备”类等，每个设备都有不同的传输协议，也需要安装对应的驱动程序。

当你替 Arduino 安装好 USB 串口的驱动程序并且接上电脑时，Windows 的**设备管理器**会将它当成一个 USB Serial Port 装置。

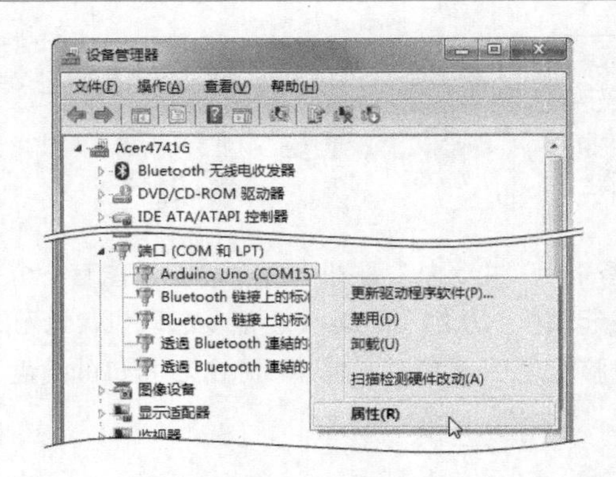

在串口设备的名称上面按鼠标右键，选择内容指令，屏幕上将出现如下的设置面板。

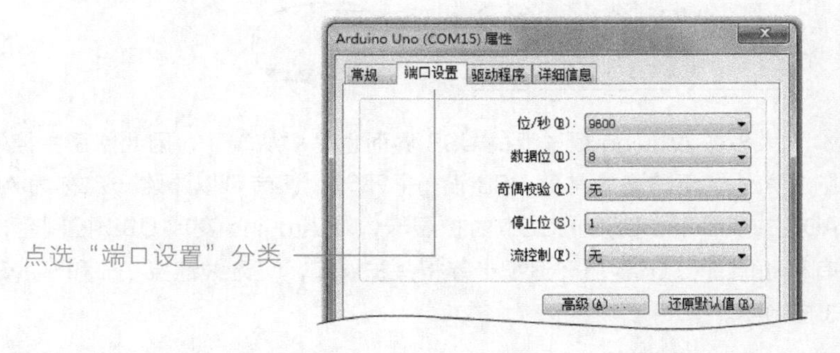

从这个面板，我们可以看见"端口"的几项设置参数。**每秒位数（bit per second，简称 bps）**是串口的**传输速率**，也称为**波特率（Baud rate）**。**两个通信设备的波特率必须一致，**一般为两部机器所能接受的最高速率，常见的选择为 9600bps 和 115200bps。

开始传输数据之前，RS-232 的传送（Tx）与接收（Rx）脚都处于高电位状态，传送数据时，它将先送出一个代表"要开始传送啰！"的**起始位**（start bit，低电位），接着才送出真正的数据内容（称为**数据位**，data bit），每一组数据位的长度可以是 5~8 个位，通常选用 8 个位。

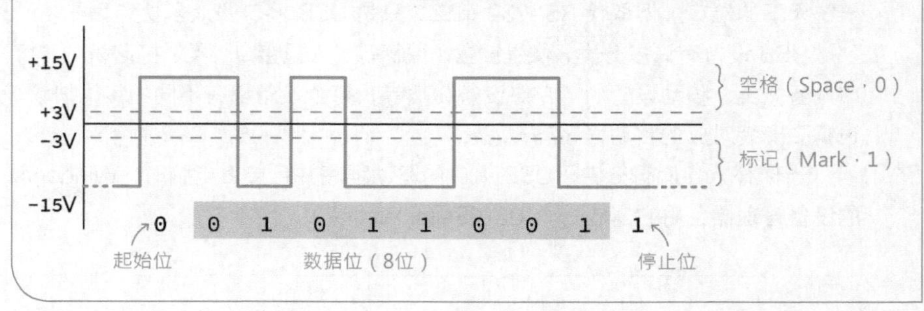

一组数据位后面，会跟着代表“传送完毕！”的**停止位**（stop bit），停止位通常占1位，某些低速的设备要求使用2位。

除了**数据传输线**，还需要一条确保信息收发两端步调一致的**频率同步线**。

这里介绍的RS-232和USB串口线，不需要同步线，因为它们会在数据前后加上“开始”和“结束”信息。这种传送方式统称**通用异步收发传输器**（Universal Asynchronous Receiver/Transmitter，简称**UART**）。

奇偶校验位（parity bit）和流量控制（flow control）

在数据传输过程中，可能受噪声干扰或其他因素影响，导致数据发生错误。为此，传输协议中加入了能让接收端验证数据是否正确的**奇偶校验位**（parity bit）。同位检查有下列选项。

- **无（none）**：不加入奇偶校验位，这是最常用的选项。
- **奇数（odd）**：当数据位有偶数个1时，奇偶校验位将被设置成1，补成奇数；若有奇数个1，就设置成0。
- **偶数（even）**：当数据位有奇数个1时，奇偶校验位将被设置成0，补成偶数。
- **标记（mark）**：奇偶校验位始终设置成1。
- **空格（space）**：奇偶校验位始终设置成0。

假设两个通信设备彼此协议采用“奇数”同位检查，一端送出10011010（偶数个1），另一端收到10011000（奇数个1），但同位检查的值是1，由此可看出收到的数据内容有误。

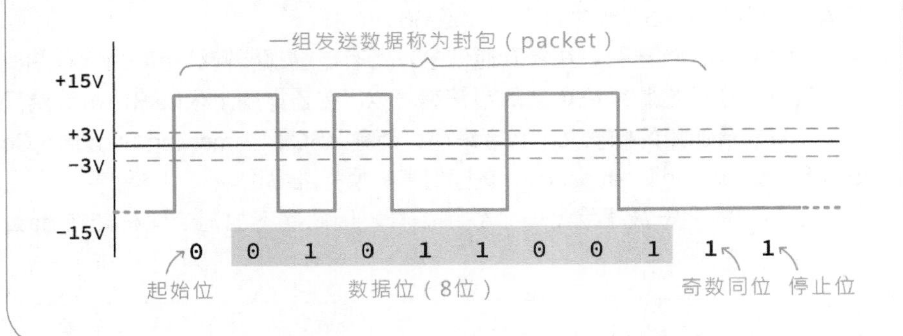

不过，这种检查方式很简略，假设最后两个位出错了：10011001，但结果仍是偶数个 1，接收端也察觉不到。

最后一个**流量控制**（flow control）选项用于“防止数据遗失”，假设某打印机采用 RS-232 联机，这款打印机的内存很小，每次只能接收少量数据，为了避免漏接尚未打印出来的数据，打印机会跟电脑说：“请先暂停一下，等我说 OK 再继续”。这样的机制就叫做**流量控制协议**或者**握手交流协议**（handshaking）。

同位检查选项和**流量控制**选项通常设置成**“无”**。

5-2 处理文字信息：认识字符与字符串数据类型

电脑把文字信息分成**字符**（character）和**字符串**（string）两种数据类型。一个**字符**指的是一个半角字符、数字或符号；**字符串**则是一连串字符组成的数据。

字符类型的数据值要用**单引号（'）**括起来，**字符串**类型的数据则要用**双引号（"）**，底下是声明保存**字符**类型变量的例子。

```
char data = 'A';
```

字符要单引号括起来，不能用双引号，而且只能存放一个字。

A、B、C 等字符符号，对电脑来说，其实是没有意义的，因为它只认得 0 和 1 数字，所以**电脑上的每个字符都用一个唯一的数字码来代表**。例如，字符 A 的数字码是 65（十进制），B 是 66。

为了让不同的电脑系统能互通信息，所有电脑都要遵循相同的字符编码规范，否则，在甲电脑系统定义的字符编号 A，在乙电脑上代表 B，那就鸡同鸭讲了。**目前最通用的标准文／数字编码，简称 ASCII**（American Standard Code for Information and Interchange，美国信息交换标准码）。

程序里的字符数据就是一个数字编号，因此底下的语句同样能在 data 中存入 'A'。

```
char data = 65;
```

以数字格式存储“字符”时，不用单引号！

ASCII 定义了 128 个字符，其中有 95 个可显示（或者说“可打印”）的字符，包括空格键（十进制编号 32）、英文字母和符号。IBM 在此基础上，延伸定义了额外的 128 字符，形成总共 256 字符的延伸 ASCII。

十进制	十六进制	字符	十进制	十六进制	字符	十进制	十六进制	字符	十进制	十六进制	字符
32	20		056	38	8	80	50	P	104	68	h
33	21	!	057	39	9	81	51	Q	105	69	i
34	22	"	058	3A	:	82	52	R	106	6A	j
		#	059				58	X	112		
41	29	)	065	41	A	89	59	Y	113	71	q
42	2A	*	066	42	B	90	5A	Z	114	72	r
43	2B	+	067	43	C	91				73	s

ASCII 定义的其他 33 个字符，则是不能显示的控制字符，例如：回车、ESC 键、Tab 键等。表 5-1 列举几个控制字符的编码，相关使用的示例请参阅下文。

表 5-1

控制字符	ASCII 编码（10 进位）	程序写法	说明
NULL	0	\0	代表“没有数据”或字符串的结尾。
CR (Carriage Return)	13	\r	回车
LF (Line Feed)，也称为 New Line	10	\n	换行
Tab	09	\t	定位键
Backspace	08	\b	退位键
BEL	07	\a	铃声，此字符会让某些终端机发出声响。

回车（Carriage return，简称 CR）字符，是一个让输出装置（如：显示器上的光标或者打印机的喷墨头）**回到该行文字开头的控制字符**，其 ASCII 编码为 13（16 进位为 0x0D，或写成 '\r'）。

换行（New line 或者 Line feed，简称 LF）字符，是一个让输出设备切换到下一行的控制字符，其 ASCII 编码为 10（16 进位为 0x0A，或写成 '\n'）。

Mac OS X、Linux 和 UNIIX 等电脑系统，采用 LF 当作“回车”字符；Apple II 和 Mac OS 9（含）以前的系统，采用 CR 当成回车；**Windows 电脑则是合并使用“回车”和“换行”两个字符，因此在 Windows 系统上，回车字符又称为 CRLF。**

如果读者的身边有 Linux/Mac OS X 和 Windows 系统的电脑，不妨尝试在 Linux 或 Mac 上建立一个纯文本文件，然后用 Windows 电脑打开查看，您将能看到原本在 Linux/Mac OS X 上的数行文字，全都挤在同一行，这是两种系统对于“回车”的定义不同所导致。

字符串数据类型

字符串是**一连串字符（char）**的集合，也就是一段文字。**Arduino 程序采用数组来存放字符串，**数据值前后一定要用**双引号**括起来。底下的 str 变量声明存放了 "Arduino" 这个字符串。

每个字符串都有一个 Null 字符（ASCII 值为 0）结尾，因此上面的字符数组的实际长度是 8。

```
char s = 'A';

char str[] = "Arduino";
```

存储一个字符时，用单引号括起来

字符串前后用双引号括起来

声明数组时要加上方括号

字符串会自动加上一个Null字符结尾（ASCII值为0）

字符串数组名

字符串也能用底下的语法声明，字尾的 Null 字符要自己加。

```
char str1[] = {'h','e','l','l','o','\0'};
```

加上Null结尾

或者

Null 代表“无”或“结束”，在意义上，并不等于 0，也不会显示出来。但由于 Null 的 ASCII 编码是 0，写成 '\0'（反斜杠加数字 0），因此在 Arduino 的条件判断语句中，Null 等同于 0。在某些程序语言里（如：网页的 JavaScript），Null 和 0 是不相等的。

5-3 从 Arduino 传输串行信息给电脑

我们通常只能从硬件的动作情况（例如：LED 是否闪烁），来观察程序是否如预期般运行。但如果硬件装置没有动作，或者未按照预期的方式执行，我们还可以通过串口联机来观察程序内部的运行情况。

Arduino 程序开发工具内建处理串口联机的 **Serial 扩展库**，提供设置联机、输出和读取等相关函数，让串口程序设计变得很简单。

建立串口联机的首要任务是**设置数据传输率**。通信双方的联机速率必须一致，由于 Arduino 程序开发工具内建的串口通信软件默认采用 **9600bps** 速率，所以我们通常都采用这个速率联机，设置语法如下。

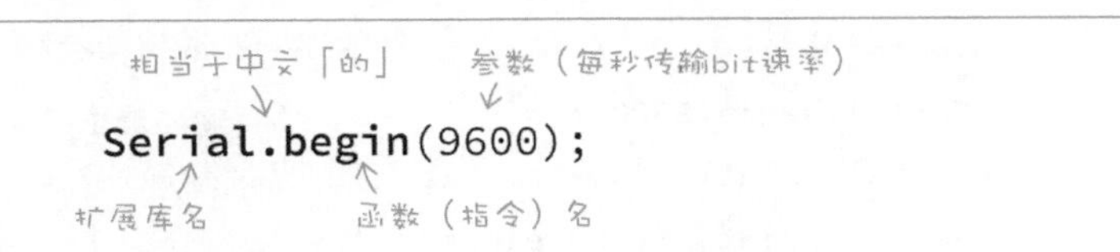

执行 Serial 扩展库提供的指令前面，都要冠上 "Serial"（S 要**大写**），后面跟着一个点 "."（相当于连接词，如中文“的”），最后再加上指令名称。因此，"Serial.begin( )" 这个语句，可用中文念成：**执行串行扩展库里的开始联机指令。**

联机速率只需设置一次，因此这个语句写在 setup( ) 函数里面。

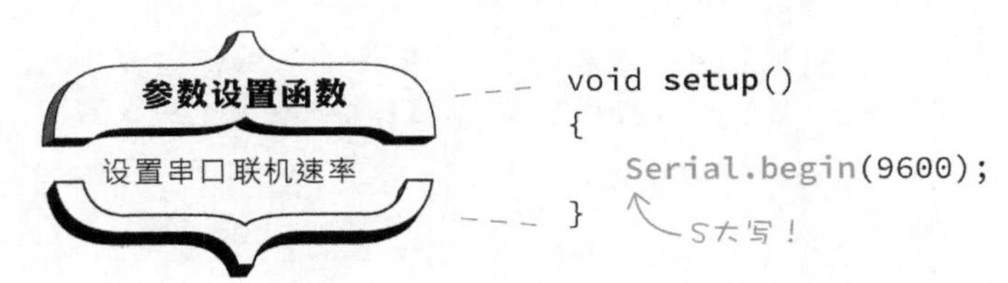

动手做 5-1 从串口监控窗口观察变量值

实验说明：通过串口来观察某个变量的数值。

实验材料：Arduino 板一块。

实验程序：**从串口输出数据**的指令是 print( ) 和 println( )。**print( ) 指令会在目前所在**的字行输出文字，**println( )** 则会在输出文字之后，加入（看不见的）回车符。

```
Serial.print("Hello ");
Serial.print("World.");
```

输出："Hello World."

```
Serial.println("Hello ");
Serial.print("World.");
```

输出："Hello
World."

底下的程序代码，将从串口输出 ledPin 变量的值。

```
const byte ledPin = 13;

void setup() {
  Serial.begin(9600);             初始化串口，以9600bps速率连线。
  Serial.println("Hello," );      字符串前后要用“双引号”包围
  Serial.print("\tLED pin is: ");
  Serial.print(ledPin);
  Serial.print("\nBYE!");
}

void loop() {
}                                 这里不用写代码
```

假如我们要先把字符串数据（如："hello, "）保存在变量里，再通过 print( ) 指令输出，可以像这样改写 setup 区块里的第 2 行程序：

```
char str[] = "hello, ";     // 声明一个存放字符串的“字符数组”
Serial.println(str);        // 从串口输出字符串
```

请将此程序输入 Arduino 的程序编辑器并下载到 Arduino。

实验结果：程序下载完毕后，请按下**串口监控窗口**（Serial Monitor）钮，打开软件自带的串口通信程序。过一会儿，窗口里面将显示下图的内容。

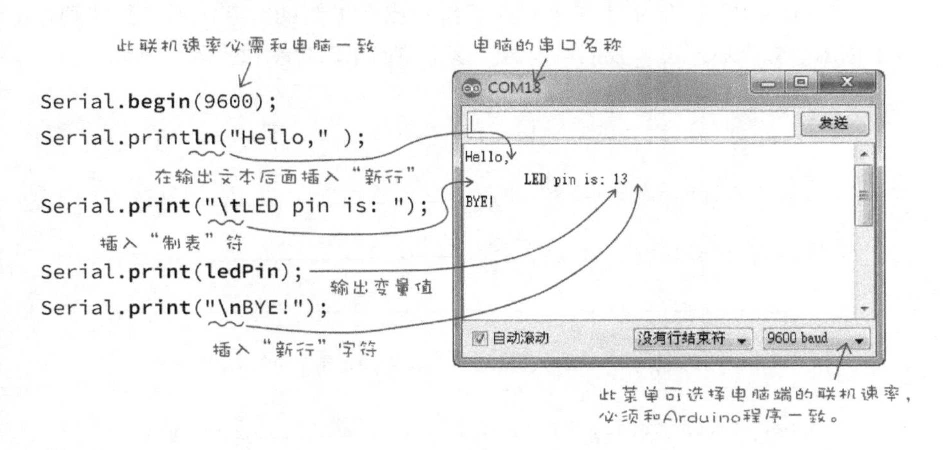

通过这个简单的例子，我们可以"看见"变量 ledPin 所存放的值是 13。从后，若你的程序没有按照预期运行，就可以通过类似的手法，将关键变量输出到**串口监控窗口**，以观察程序究竟是哪里出了问题。

串口监控窗口是一个通过串口和 Arduino 微处理器沟通的程序，它不仅能接收来自 Arduino 串口的信息，也能发送信息给 Arduino 的串行接收。每次通过串口收发信息的时候，Arduino 板子上的 TxD（传送）或 RxD（接收）LED 也将会闪烁。如上文说明，**RS-232 串口通信设备两端的联机速率必须一致，**若串口监控窗口和 Arduino 板子的联机速率不同，将会收到（或送出）一堆乱码。

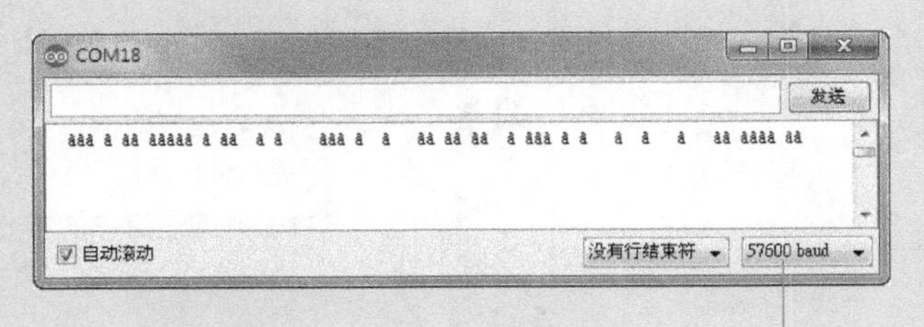

联机速率和 Arduino 程序设置不同

多数 Arduino 板子都会在打开**串口监控窗口**时，自行重新启动 Arduino 程序，以便重新执行 setup( ) 区块程序。但是 Arduino NG 这块板子并不会自行重启，因此打开**串口监控窗口**之后，需要手动按下板子上的重置（reset）钮。

设置串口输出的数字格式

Serial 扩展库的 print 指令默认都是输出十进制的数字，浮点数字则是固定输出小数点后两位，我们可以通过该指令的第二个参数修改，例如：

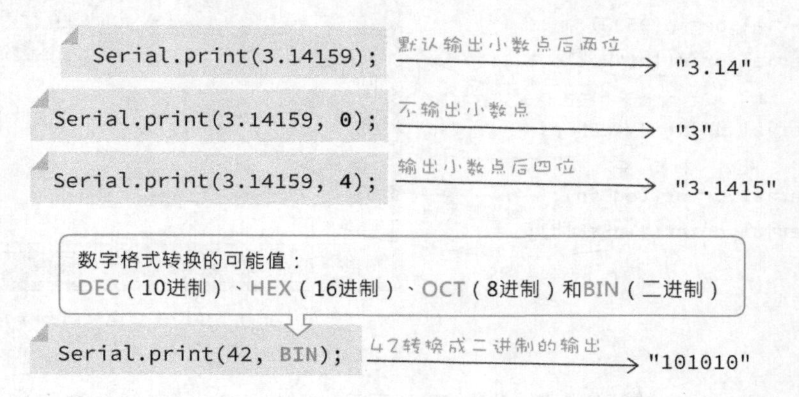

5-4 从 Arduino 接收串口数据

Arduino 在微控制器的内存划分出类似保存槽的**缓存区（buffer）**，用于暂存来自串口的输入数据，换言之，只要检查这个缓存区是否有数据，就能得知是否有设备通过串口传递信息进来。

Serial 扩展库的 **available( ) 函数**，用于查看缓存区。

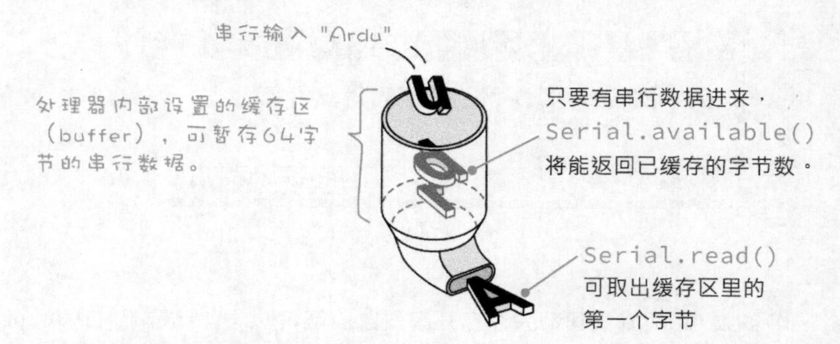

如果缓存区里面没有数据，Serial.available( ) 将返回 0；若有数据，它将返回缓存区里的字节数。读取串行缓存区的指令是 Serial.read( )，它将返回目

前排在缓存区里的第一个字节，**如果缓存区里面没有数据，它将返回 -1**。

Arduino 缓存区的大小，设置在 Arduino 安装文件夹里的 “hardware\arduino\cores\arduino” 路径当中的 HardwareSerial.cpp。缓存区的大小定义如下，依可用的内存而定，划分出 16 或者 64 字节的空间。

```
#if (RAMEND < 1000)                      ← 若可用的内存（RAM）少于此值
  #define SERIAL_BUFFER_SIZE 16
                                         ← 则“串行缓存区大小”设置成16字节
#else
  #define SERIAL_BUFFER_SIZE 64  ← …否则设置成64字节
#endif
```

此缓存区的大小可自行调整，例如，早期的 Arduino 工具版本（如 0018）分别定义成 32 或 128 字节，但以上的默认值足以应付本书的示例。

动手做 5-2 从串口控制 LED 开关

实验说明：本单元将通过电脑上的串口通信软件（即：串口监控窗口），传输电脑的 “1” 或 “0” 按键，控制 Arduino 板子第 13 脚的 LED。

实验程序：以下的程序将依据用户输入 “1” 或 “0”，点亮或关闭位于第 13 脚的 LED。

```
const byte LED = 13;          // 设置 LED 输出引脚
char val;                     // 保存接收数据的变量，采用字符类型

void setup() {
  pinMode(LED, OUTPUT);       // 将 LED 引脚设置为“输出”
  Serial.begin(9600);         // 启动串口，并以 9600bps 速率传输数据
  Serial.print("Welcome to Arduino!");  // 联机成功后，发布信息


}
```

loop( ) 函数将不停地检查串口是否有新的字符输入。

```
void loop() {
  if( Serial.available() ) {
    val = Serial.read();
    if (val == '1') {
      digitalWrite(LED, HIGH);
      Serial.print("LED ON");
    } else if (val == '0') {
      digitalWrite(LED, LOW);
      Serial.print("LED OFF");
    }
  }
}
```

判断条件的值若大于或等于1，条件就成立；因此，只要有收到字符，条件式的内容将被执行

收到的数据是字符类型（参阅下文说明），要用单引号包围

若收到'1'，点亮LED

若收到'0'，熄灭LED

实验结果：编译并下载程序代码到 Arduino 之后，按下**串口监控窗口**钮，并等待**串口监控窗口**出现联机成功的信息，再依照底下的步骤通过串口发送 '1' 给 Arduino。

Arduino 板子第 13 端口的 LED 将被点亮。

请注意！我们**在电脑键盘按下数字 '1'，是字符 '1'，其实际数据值是 49（十进制）！**

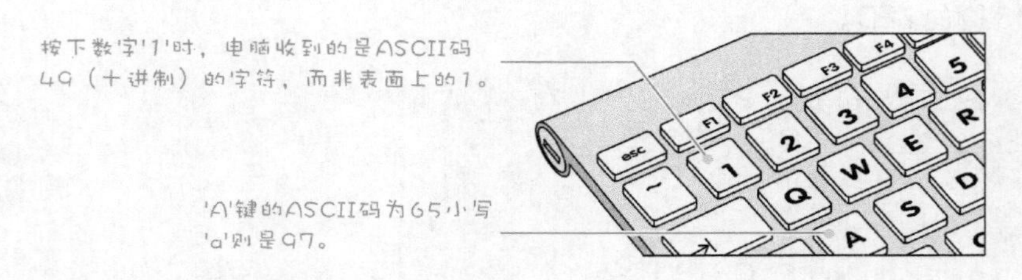

因此，本单元的判断程序片段可以这样改写：

字符'1'要用单引号包围

```
if (val == '1') {
  digitalWrite(LED, HIGH);
  Serial.print("LED ON");
}
```

字符'1'的ASCII数字值

```
if (val == 49) {
  digitalWrite(LED, HIGH);
  Serial.print("LED ON");
}
```

串口监控窗口底下的弹出式菜单，可选择是否在输出字符串后面加上“换行”字符。

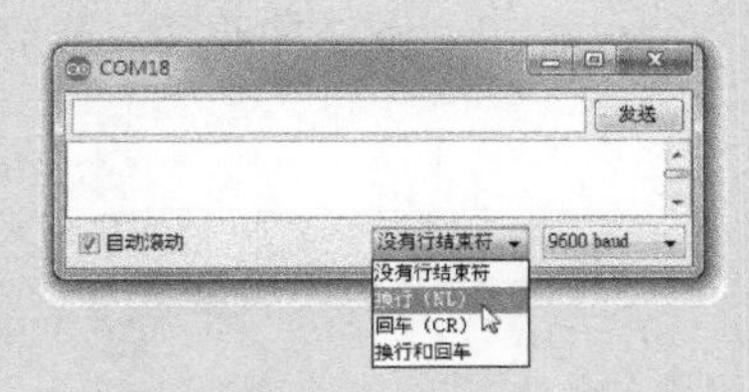

- **没有行结束符：**不在数据后面加上“回车”或“换行”字符。
- **NL (newline)：**在数据后面加上“换行”字符。
- **CR (carriage return)**：加上“回车”字符。
- **NL 与 CR：**加入回车与换行两个字符。

例如，假若选择 "NL"，那么当 Arduino 送出 "1" 时，实际发送的数据将是 "1\n"，也就是 ASCII 编码 49 和 10 两个字符。

5-5 | switch…case 控制结构

有一种类似 if…else 判断条件的语句，称为 **switch…case 控制结构**。switch 具有“切换”的含意，这个控制结构的意思是：通过比对 switch( ) 里的变量和 case 后面的值，来决定切换执行哪一段程序。

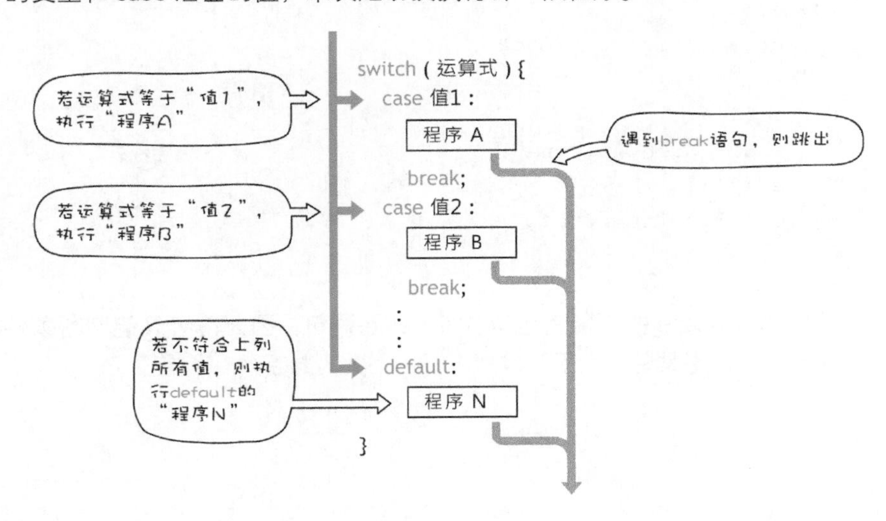

每个条件语句区块里的 break 代表“中止”，也就是一个切换区块的结尾。最后的 default 是可选的语句，如果不加上这一段语句，那么当所有条件都不符合时，switch 控制结构里的代码都不会执行。

底下的代码，采用 switch...case 结构改写上一节的 if...else 语句，这样看起更清爽易读多了。

```
void loop() {
  if( Serial.available() ) {          // 如果有数据进来
     val = Serial.read();
     switch (val) {
       case '0':                      // 若接收到 '0'
         digitalWrite(LED, LOW);      // 关闭 LED
         break;
       case '1':                      // 若接收到 '1'
         digitalWrite(LED, HIGH);     // 点亮 LED
         break;
     }
  }
}
```

"break" 指令其实也是选择性的，底下程序片段里的 case '1' 区块没有 "break"（中止），因此若 val 的值为 1，程序将在输出 "one" 之后，继续往下一个区块 case "2" 执行，输出 "two"。

```
switch (val) {
  case '0':                    // 若接收到 '0'
    Serial.println("zero");
    break;
  case '1':                    // 若接收到 '1'
    Serial.println("one");
  Case '2':
    Serial.println("two");
}
```

switch…case 并不能完全取代 if…else 语句，因为前者只能判断条件是否完全相等，不具备“大于”或“小于”之类的判断。

CHAPTER 06

模拟信号处理

如第 1 章所言，我们生存的环境是充满连续变化因子的**模拟**世界。传感器组件能监测出这些细微的变化，感测气体（例如：瓦斯传感器）、光线（如：光敏电阻）、温/湿度、音量等，而这些传感器的回应和输出值也都是连续的模拟值，不是像开关般的“有”或“没有”两个状态。

换言之，**对 Arduino 而言，所谓的模拟值通常是指 0V 到 5V 之间的电压变化值**，例如：0.8V、2.7V、3.6V。本章一开始先用可变电阻建构一个简易的“电压调节”电路，来仿真各种传感器的输出变化，然后用光线和声音两个感测示例，介绍模拟数据的处理程序写法。

6-1 读取模拟值

Arduino 的微控制器（ATmega328）本身内建了“模拟→数字”转换器（简称 **A/D 转换器**），分别连接到 Arduino 板子上的 **A0~A5 六个模拟输入端口**。这些端口也具备**数字输出/输入**功能，但是**不具备模拟输出功能**。

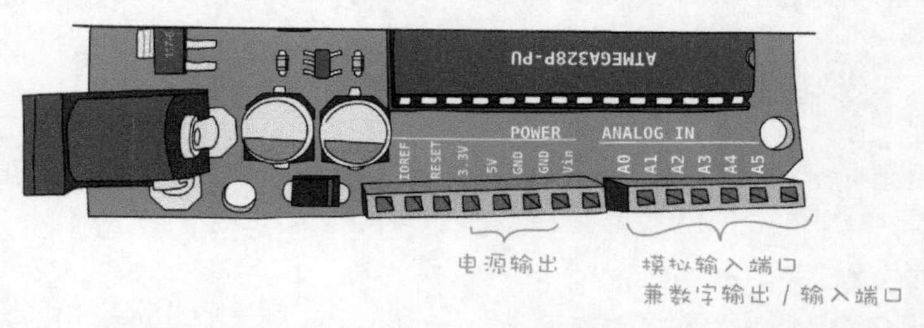

Arduino Leonardo 板子多了 **A6~A11**（同样兼具**数字输出/输出**功能），总共有 12 个模拟输入端口可用。

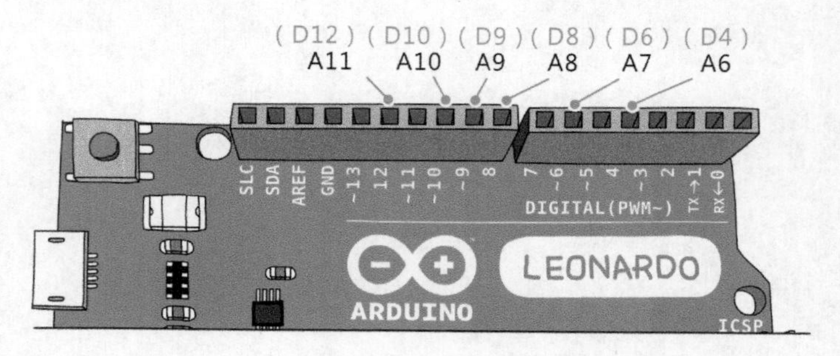

读取模拟输入值的指令格式如下，由于**模拟的可能值介于 0~1023 之间**，byte 类型值存不下（最大值 255），因此接收值的变量要**采用整型**（int）。

```
int val = analogRead(模拟端口);
```
可能值为0~1023　　可能值为A0~A5（Leonardo板则是A0~A11）

模拟信号转换成数字数据，需要经过取样和量化处理，以转换声音信号为例，CD 音乐的**取样频率（sampling rate）**为 44.1kHz，代表将 1 秒钟的声音切割成 44100 个片段。

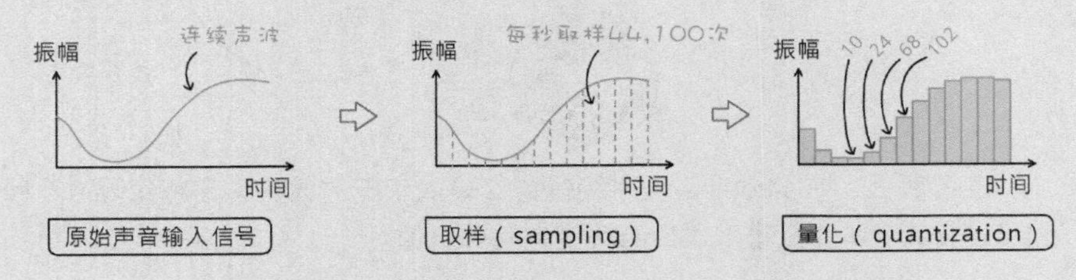

取样之后，把每个片段的振幅大小转换成对应的数字，这个过程称为**量化（quantization）**，其单位是位（bit），位数越大，声音的质量越好。标准 CD 唱片的量化值为 16 位，因此我们经常可看到数字音乐标示 **16bit、44.1kHz 取样**。

把模拟（analog）转换成数字（digital）数据的电路简称 **A/D 转换器**，转换器的量化位数称为**分辨率**，也就是转换器**可分辨的最小电压值**。Arduino 的 A/D 转换器分辨率为 10 位（可表达的数字范围：0~1023）。模拟输入电压的范围是 0~5V，因此其分辨率为 4.88mV（5V ÷ 1024 ≈ 0.00488V）。

换句话说，若输入电压介于 0~4.88mV 之间，Arduino 将返回 0；若介于 4.88~9.76mV 之间，Arduino 将返回 1。

不过，**模拟数据就是 0~5V 之间的电压变化值的说法不太精确**，因为某些 Arduino 微电脑板（如：Arduino Mini）的电源采用 3.3V，这种板子的模拟数据最大值是 3.3V；换句话说，输入 3.3V 所得到的数字值是 1023。

动手做 6-1　从串口读取“模拟输入”值

实验说明：使用可变电阻建立一个“电压调节器”，让**输出电压随着电阻值的变化而改变**，以仿真模拟数据。

实验材料：10kΩ 可变电阻一个

实验电路：请在面包板上连接下图的电路，**A0 端口将接收到可变电阻中间脚**。若电阻值升高，输出电压将降低；若降低电阻值，输出电压将提高。

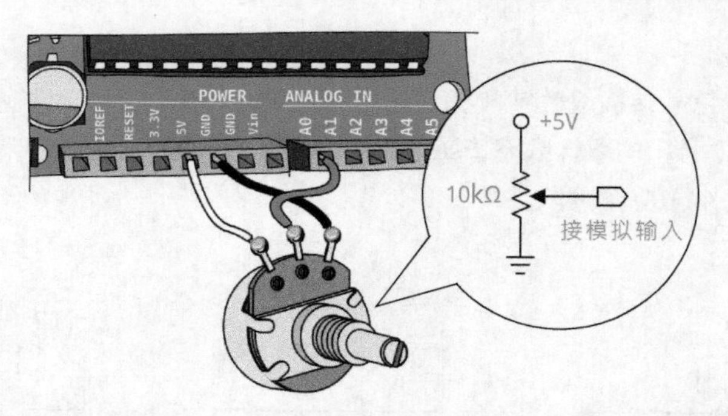

实验程式：在 Arduino 程序编辑窗口输入底下的代码，它将每隔 0.5 秒，输出连接在 A0 模拟输入端口的可变电阻分压值。

```
const byte potPin = A0;
int val;                    // 接收模拟输入值的变量，类型为整数

void setup() {
  Serial.begin(9600);   // 以 9600bps 速率初始化串口
}

void loop() {
  val = analogRead(potPin);
  Serial.println(val);
  delay(500);
}
```

实验结果：编译与下载程序之后，按下**串口监控窗口（Serial Monitor）**钮，将能从该窗口观察到，模拟输入值将随着模拟输入值可变电阻的变化，在 0~1023 之间变化。

6-2 认识光敏电阻与分压电路

某些感测组件的特性就像可变电阻，会随着环境而改变阻值。像简称

CdS 或 LDR 的**光敏电阻**，它的阻值会随着照度（即光的亮度）变化。照度越高，阻值越低。光敏电阻的受光面有锯齿状的感光材料。

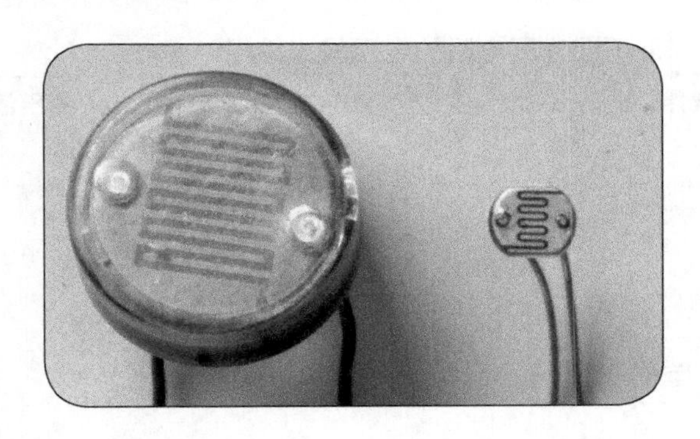

在光亮的环境测得的阻值，称为**亮电阻值**；没有光源的阻值称为**暗电阻值**。它有不同尺寸和类型，有些类型的“暗电阻值”最高为 1MΩ，有些更高达 100MΩ。

笔者采三用电表测试手边的 CdS，用高亮度 LED 手电筒近距离照射时，测得的阻值为 165Ω；使用黑色不透明胶带遮盖，测得的阻值大于 2MΩ（超出笔者的三用电表的量测范围）。

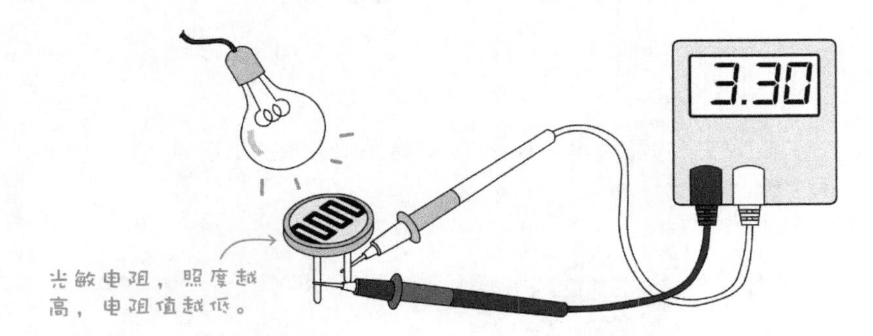

光敏电阻与 Arduino 的连接电路如下图，其中的电阻 R 通常采用 **10kΩ（棕黑橙）**或 **4.7kΩ（黄紫红）**。假设在一般室内照度测得的电阻值为 3.3kΩ，根据电阻分压公式，可以求得其分压值约为 1.24V。

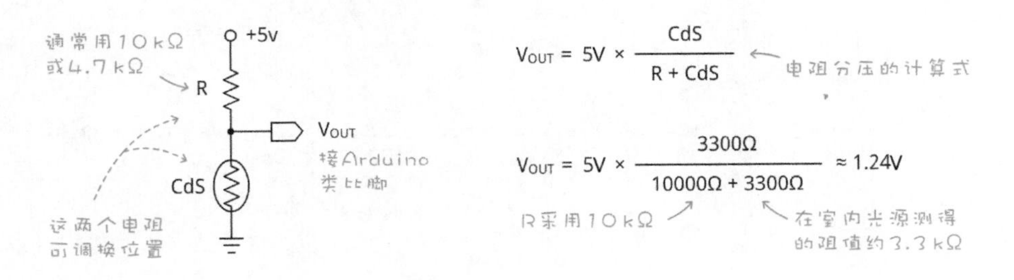

如果降低分压的电阻值（如 **1kΩ（棕黑红）**），那么只要稍微降低照度，分压的输出值很快就会超过电源的一半以上（参阅表 6–1）。

表 6–1　采不同分压电阻的电压输出结果

测试条件	CdS 电阻值	10kΩ 分压值	4.7kΩ 分压值	1kΩ 分压值
用高亮度 LED 照射	165Ω	0.08V	0.16V	0.7V
紧急出口指示灯	1kΩ	0.45V	0.87V	2.5V
客厅日光灯	3.3kΩ	1.24V	2.06V	3.83V
室内暗处	18kΩ	3.21V	3.96V	4.73V
用黑色胶布遮盖	>2MΩ	4.95V	4.98V	4.99V

电阻分压代表**分配电压**，使用两个电阻构成的分压电路与电压计算公式如下。

电源　R_1　R_2　输出电压　电源电压　R_1　R_2

$$\text{输出电压} = \text{电源电压} \times \frac{R_2}{R_1 + R_2}$$

假设电源电压为 5V，R_1 和 R_2 都是 1kΩ，根据上面的公式，输出电压为 2.5V。

$$\text{输出电压} = 5V \times \frac{1000}{1000+1000} \rightarrow \text{输出电压} = 5V \times \frac{1}{2} \rightarrow \text{输出电压} = 2.5V$$

同样地，假设电源电压为 5V，我们希望从中分配出 3V 电压，为了计算方便，R_1 通常取 1kΩ，从底下的电路可得知，R_1 电阻的电压降是 5V–3V=2V，则 R_2 电阻值为 1.5kΩ。

5V　R_1　R_2　V_1　V_2

$$\frac{R_2}{R_1} = \frac{V_2}{V_1} \rightarrow \frac{R_2}{1000} = \frac{3}{2} \rightarrow R_2 = 1500$$

假设要分配到3V　为方便计算，取1k　1.5kΩ

动手做 6-2 使用光敏电阻制作小夜灯

实验说明：从光敏电阻分压电路，感应光线变化，在黑夜自动点亮LED灯，白昼关闭 LED。

实验材料：

光敏电阻	1 个
10kΩ（棕黑橙）电阻	1 个

实验电路：面包板的组装示范如下，LED 灯光不要直接照射到光敏电阻，以免**传感器误判环境的亮度**。可以使用黑色吸管、纸张等不透光的材质套在光敏电阻上。

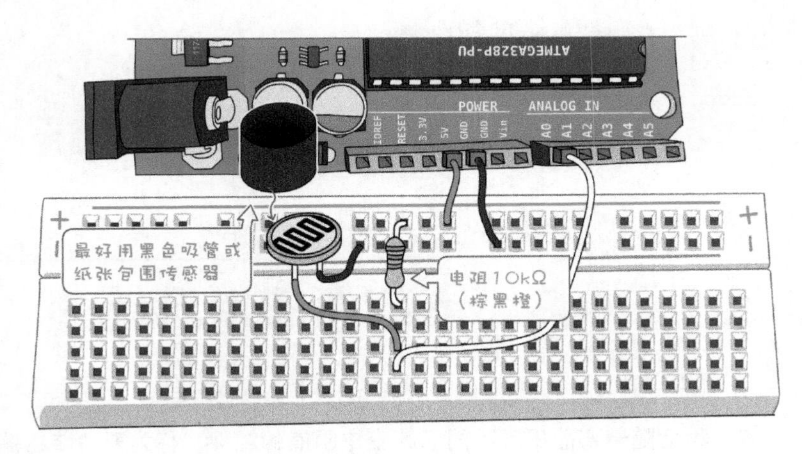

实验程式：请在 Arduino 程序编辑窗口输入底下的代码。

```
const byte LED = 13;
const byte CdS = A0;

void setup() {
  pinMode(LED, OUTPUT) ;
}
void loop() {
  int val;
```

```
  val = analogRead(A0) ;
  if (ans >= 700) {
    digitalWrite(13, HIGH) ;
  } else {
    digitalWrite(13, LOW) ;
  }
}
```

实验结果：遮住光敏电阻时，Arduino 板子内建的 LED 将会点亮，用光线照射光敏电阻，LED 灯将会熄灭。考虑到环境光线不会一下子变暗或变亮，像清晨或黄昏光线幽微时，光敏电阻检测值可能会在判断目标值之间漂移，导致灯光开开关关。

最好为上面的条件式增加一个判断语句，待光线检测降低到某个数值之后，再关闭灯光。

```
if (ans >= 700) {
    digitalWrite(13, HIGH) ;
} else if (ans < 600) {             // 设置低于 600 时，再关闭灯光
    digitalWrite(13, LOW) ;
}
```

6-3 压力传感器与弯曲传感器

有一种会随着弯曲程度不同而改变电阻值的组件，称为**弯曲传感器**（flex sensor），平时约 10kΩ，折弯到最大值时约 40kΩ。美国一家玩具制造商 Mattel 曾在 1989 年推出一款用于任天堂游戏机的 Power Glove（威力手套）控制器，就通过弯曲传感器来感知玩家的手指弯曲程度。

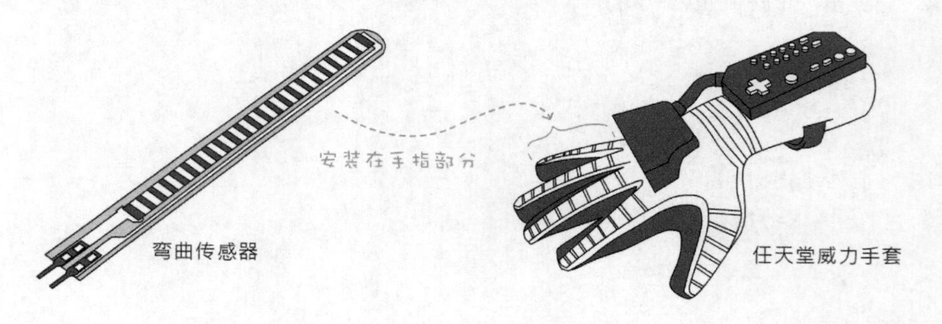

这一款控制器销售不佳且被批评为操作复杂、不精确，但它在电子 DIY 玩家圈非常出名。

弯曲传感器和 Arduino 板子的接法与程序设计，与光敏电阻相同，如下所示（左、右两图的接法都行）。

另外有一种会随着压力（或施加重量）而改变阻值的**力敏电阻**（Force Sensitive Resistor，简称 FSR），有不同大小尺寸，以及方形和圆形两种样式，检测范围约 2g~10kg（0.1~100N）。

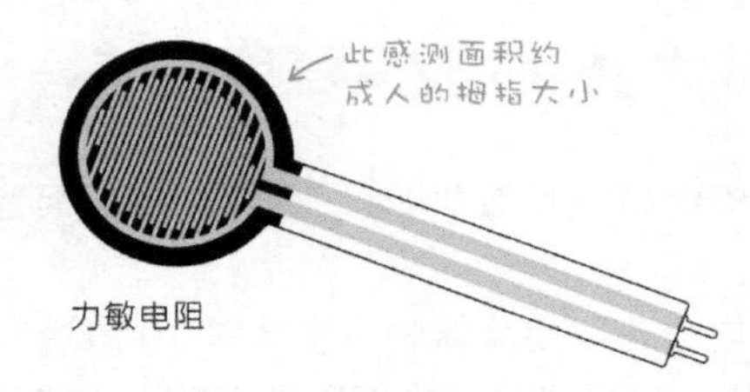

在没有任何压力的情况下，它的电阻值大于 1MΩ（可视为无限大或断路）。感测到轻微压力时，阻值约 100kΩ；感测到最大压力时，阻值约 200Ω。

力敏电阻和 Arduino 板子的接法与程序设计，也和光敏电阻相同，如下所示。

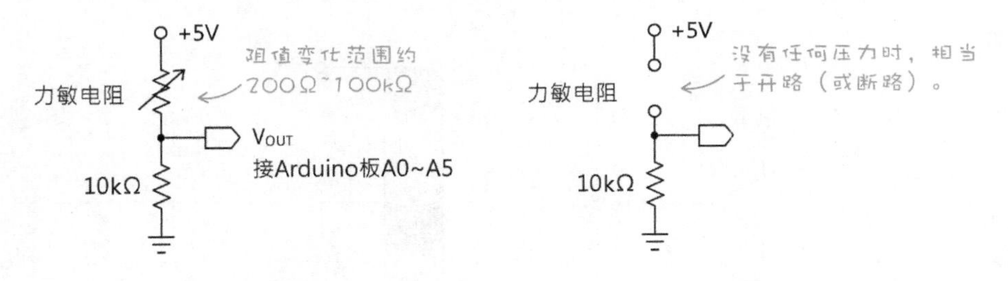

6-4 电容式麦克风与运算放大器

麦克风也是一种“传感器”，可让微处理器监测外界的声音变化。有些手机的游戏，也有运用麦克风。例如，iPhone 有一款名叫 Ocarina 的陶笛乐器 App，用户对着 iPhone 的麦克风吹气，程序将能从麦克风的音量（即风量）决定输出音量的大小。

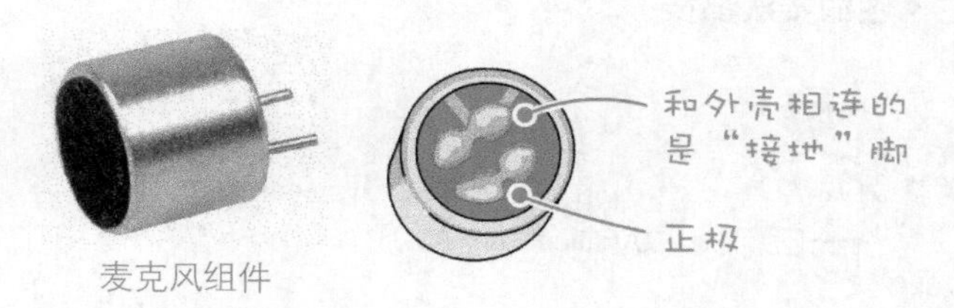

麦克风组件

电子材料商店出售的麦克风元器件，称为**电容式麦克风**，它的**两只引脚分正、负极性**，如果组件本身已焊接导线，黑色导线通常是接地。如果没有接线，可以用目测或者万用电表测量接点，和麦克风组件的金属外壳相连（电阻值为 0）的那个接点就是接地。

使用运算放大器 IC 放大麦克风信号

电容式麦克风的输出信号约 0.02A，对微处理器而言，该信号太微弱，必须先经过放大处理。

声音信号放大电路可以用晶体管（参阅第 10 章说明），也可以用运算放大器。运算放大器是一种模拟 IC，内部通常由数十个或更多晶体管电路组成，信号放大倍率依照类型不同，有些最高可放大十万倍。

运算放大器有**非反相（+）**和**反相（–）**两个输入端，以及一个输出端，电路符号如下。

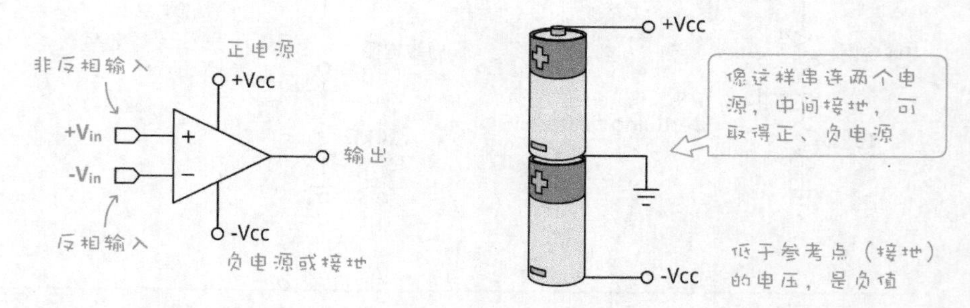

我们可以把运算放大器想象成液压千斤顶：在输入端施加一点力量，即可获得极大的输出，而且这个千斤顶有正向和反向两个输入。

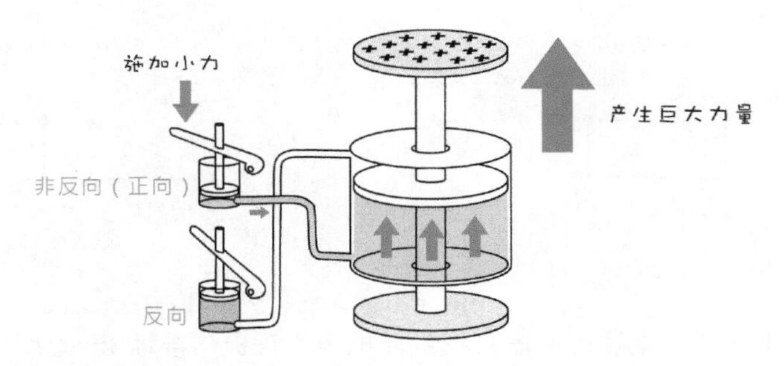

底下是常见的LM741运算放大器（内部有一个）和LM358运算放大器（内部有两个）的结构图。

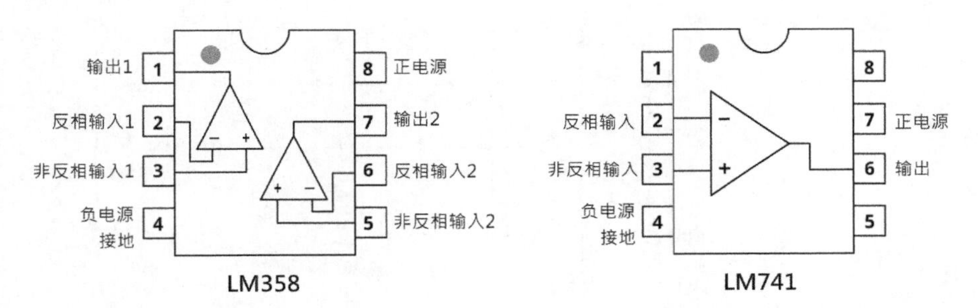

LM741和LM358都采双电源供电，例如+5V和−5V。运算放大器信号输入的接法有两种：**接到非反相（+）输入端时，输出信号的极性与输入相同；**接到反相（−）输入端时，输出信号的极性与输入相反。

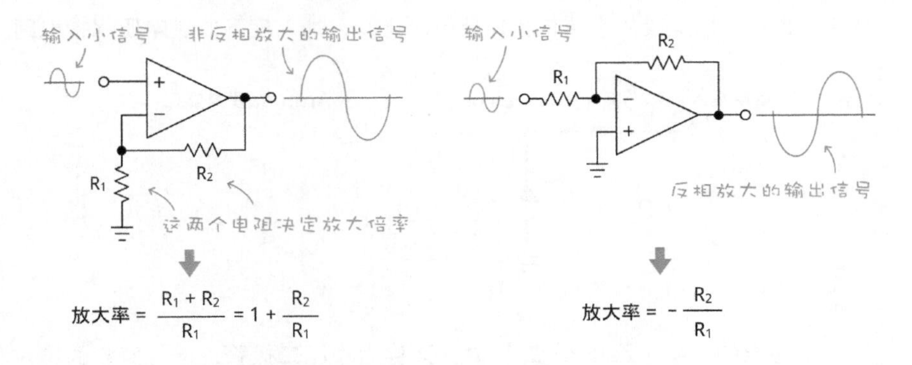

$$放大率 = \frac{R_1 + R_2}{R_1} = 1 + \frac{R_2}{R_1}$$

$$放大率 = -\frac{R_2}{R_1}$$

实际使用时，**放大器输出的部分信号要返回输入端，用以调整放大倍数，这种接线方式称为回馈（feedback）**。信号放大的倍数由 R_1 和 R_2 电阻决定，为了方便计算，R_1 电阻通常选择1kΩ（棕黑红）或10kΩ（棕黑橙）。

放大之后的信号电压若超过电源，将会被截断。此外，若放大电路只接单一电源，将只能输出正电位信号（下图的引脚编号以741为例）。

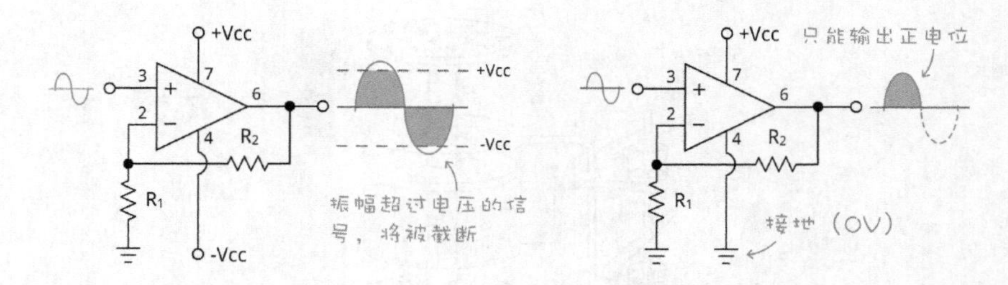

由于一般的电源适配器只提供单电源（正极与接地），为了放大完整的信号，可在 R_1 上方接一个相同的电阻，构成所谓的**偏压电路**，让放大信号的输出电位，提升到输入电压的一半。

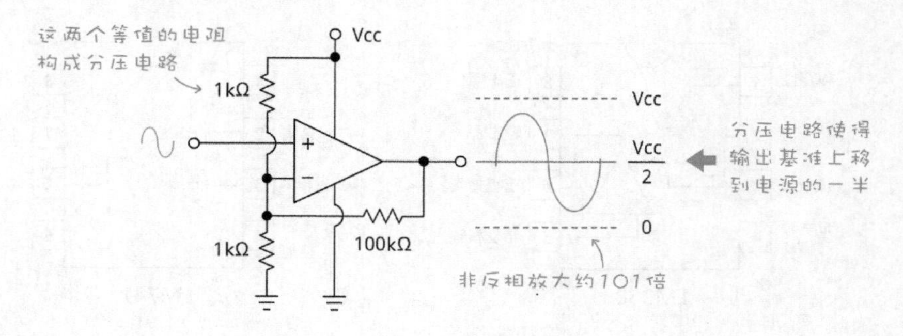

保护 Arduino 的输入端口

如果担心外部信号的输入电压会超过微处理器所能承受的 5V，读者可以在 Arduino 的模拟或数字端口和外部电路之间，加入底下的**过电压保护电路**。

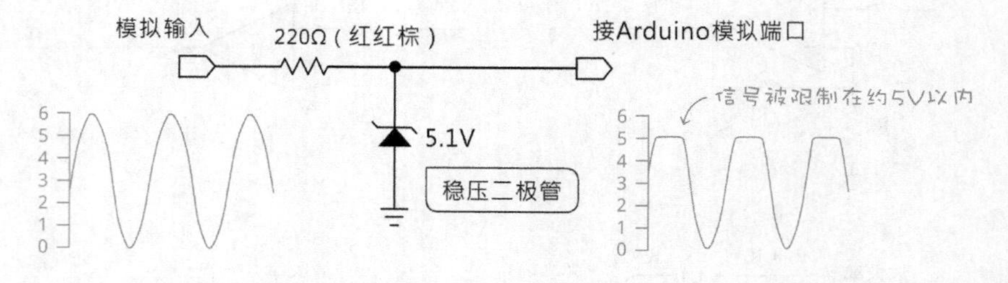

电路里的**齐纳（Zener）二极管**，又称为**稳压二极管**，请注意它的接法和普通的二极管相反（即**阳极**接地）。若输入电压低于齐纳二极管的规格（称为**齐纳电压**，此例为 5.1V），二极管不导通，信号电流直接进入 Arduino；若电压高于齐纳电压，电流将急速流经齐纳二极管，使电压保持在一定的数值。

购买齐纳二极管时，仅需告知店员 **5.1V** 这个规格即可。本文的麦克风放大器输出电压不会超过 5V，因此不需要加装此电路。

动手做 6-3 自制麦克风声音放大器（拍手控制开关）

实验说明：制作一个麦克风放大器信号放大器，若 Arduino 感测到音量（如：拍手声）高于我们设置的临界值，就点亮 LED；若再感测到高于临界值的音量，就关闭 LED。即拍一下手打开灯光、再拍一下手，关闭灯光。

实验材料：

电容式麦克风	1 个
LM358 运算放大器	1 个
2.2kΩ 电阻（红红红）	1 个
68kΩ 电阻（蓝灰橙）	1 个
1kΩ 电阻（棕黑红）	1 个
100kΩ 电阻（棕黑黄）	1 个
0.1 电容（104）	1 个

实验电路：麦克风放大器的实际电路如下，电容式麦克风组件内部有一个 FET 晶体管，因此需要连接电源。麦克风的输出，连接到使用电容和电阻构成的**高通滤波器（high-pass filter，只允许特定频率以上的信号通过并且滤除直流）**，0.1μF（104）和 68kΩ（蓝灰橙）将允许 23Hz 以上的交流声音信号通过（注：人耳可听见的声音频率范围是 20Hz~20kHz），读者可将 68kΩ 换成其他阻值。

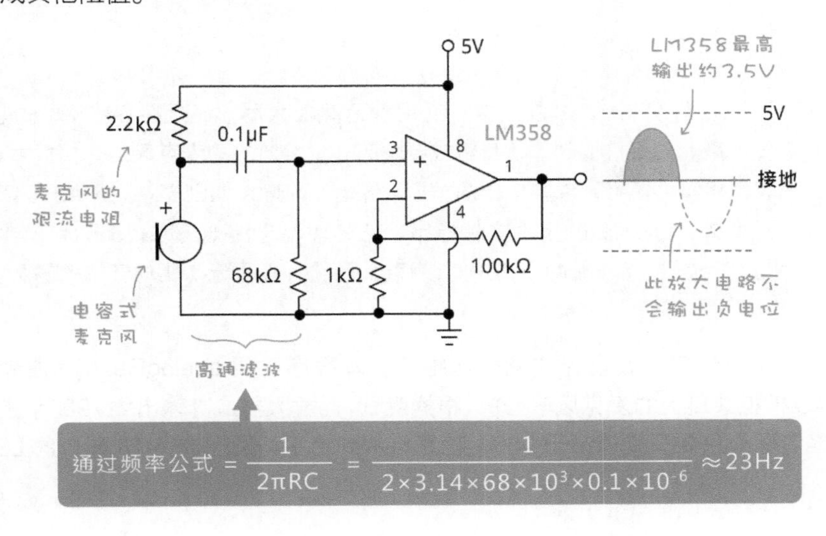

LM358 在 5V 电源的运行情况下，输出端的电压最高仅约 3.5V，所以就算把麦克风的 0.2mV 放大 200 倍，输出电压也不会变成 4V。读者可将 100kΩ（棕黑黄）换成 100~200kΩ 之间的任意阻值。

用面包板组装麦克风放大器电路，并将声音输出连接到 Arduino 的模拟 A0 输入的接线如下。

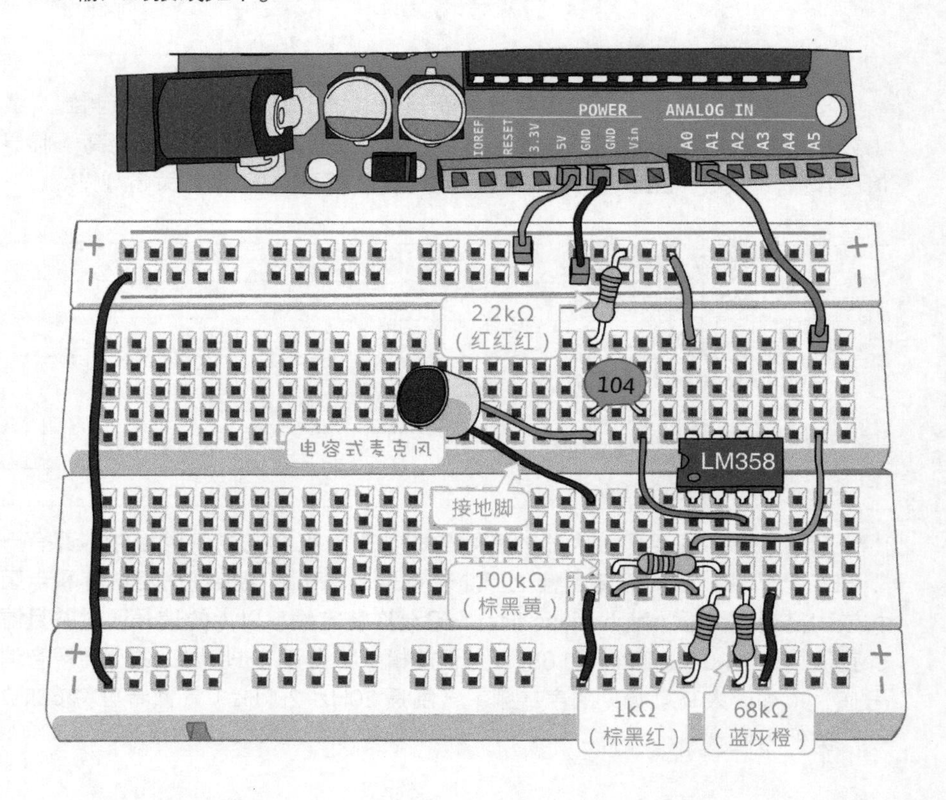

LM741 和 LM358 都是常见通用型运算放大器，而且在 60 年代末就被开发出来。如果打算制作随身听或音响等“发烧”级的麦克风或耳机放大器，建议采用噪声低且频率响应佳的类型，像是 LM833、NE5534、OPA2134 等。

此外，LM358 的技术文件指出，它的输出电流（output current）典型值为 40mA，连接一般的小扬声器或耳机没问题，但是无法驱动音响的扬声器。

实验程序：我们先监测一次拍手。本程序采用 analogRead( ) **指令**读取 AO 模拟端口上的麦克风信号值，根据测试，此放大器最高输出约 790(十进制)。笔者假设只要音量值高于 500，就算监测到拍手，位于数字 13 端口的 LED 将被点亮；若再拍一次手，LED 将熄灭。本程序的主循环流程如下。

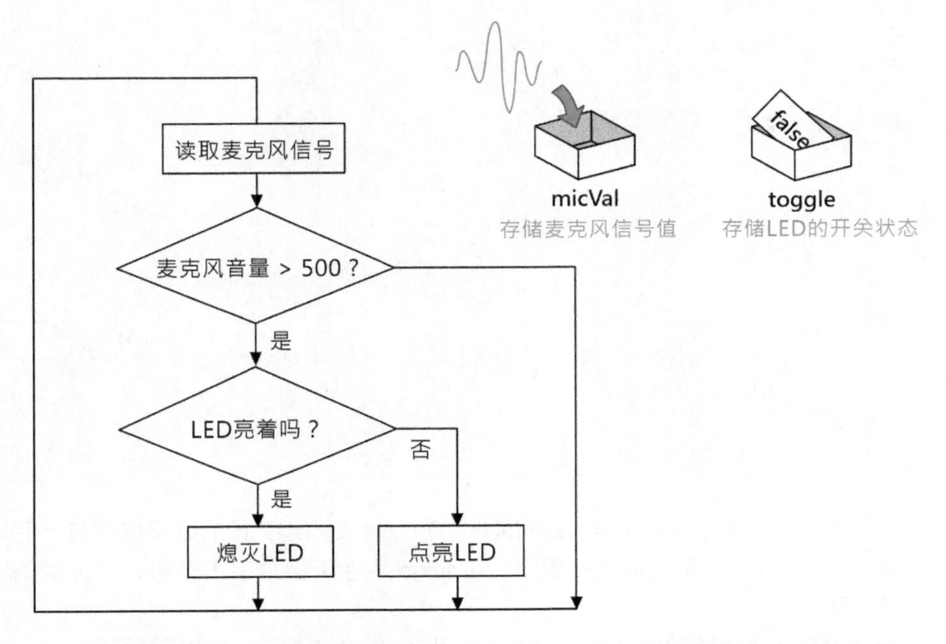

此程序中的两个主要变量，一个命名成 micVal，用于保存麦克风的音量，数据类型为 int；另一个取名 toggle，保存 LED 的亮（true）或不亮（false）状态，数据类型为 boolean。

请在 Arduino 程序编辑器中，输入底下拍手点亮或关闭 LED 的代码（代码前面的数字编号不用输入）。

```
01 int micPin = A0;   // 麦克风信号输入端口
02 int ledPin = 13;   // LED 端口
03 int micVal = 0;    // 麦克风音量值
04 boolean toggle = false;      // LED 的状态，默认为不亮
05
06 void setup() {
07   pinMode(ledPin, OUTPUT);   // LED 端口设置为“输出”
08   Serial.begin(9600);
09 }
10
11 void loop() {
12   // 读取麦克风的音量，此电路的最高值约 790
13   micVal = analogRead(micPin);
14   // 如果音量大于 500
```

```
15    if (micVal > 500) {
16      // 显示音量值
17      Serial.println(micVal);
18      // 取 LED 状态的反值
19      toggle = !toggle;
20      // 如果 toggle 的值是 true
21      if (toggle) {
22        digitalWrite(ledPin, HIGH);  // LED 点亮
23      } else {
24        digitalWrite(ledPin, LOW);   // LED 熄灭
25      }
26      // 像处理开关一样，延迟一点时间，避免收到噪声而误动作
27      delay(500);
28    }
29  }
```

程序一开始，toggle 的值是 false（0），经过第 17 行的**取反值**语句之后变成 true（1），反之亦然。因此，Arduino 将在听到拍手声音时，打开或关闭 LED。

此外，toggle 的值不是 0 就是 1，因此 19~25 行可以简化成两行。

```
digitalWrite(ledPin, toggle);  // 按 toggle 的值，点灭 LED
delay(500);
```

实验结果：Arduino 将在听到拍手声时，打开或关闭 LED。

动手做 6-4 拍手控制开关改良版

实验说明：将上一节的程序稍微改良一下，让 Arduino 听到两次拍手声时才动作。我们首先要设置“拍两次手”的条件，也就是说，第一次和第二次拍手之间，要隔多少时间才算是有效的。笔者将间隔时间设置在 0.3~1.5 秒之间。此代码需要额外的三个变量来记录两次拍手的时间和次数。

存储当前拍手时间

lastClap
存储上次拍手时间

存储拍手次数

Arduino 的微处理内部有个时钟，在 Arduino 程序开始执行时就跟着运行。每当程序执行 millis( ) 指令，它将返回从程序启动到目前所经过的毫秒数。以下图为例，假设用户在程序启动后一秒拍手，被 Arduino 监测到并执行 millis( )，它将返回 1000。

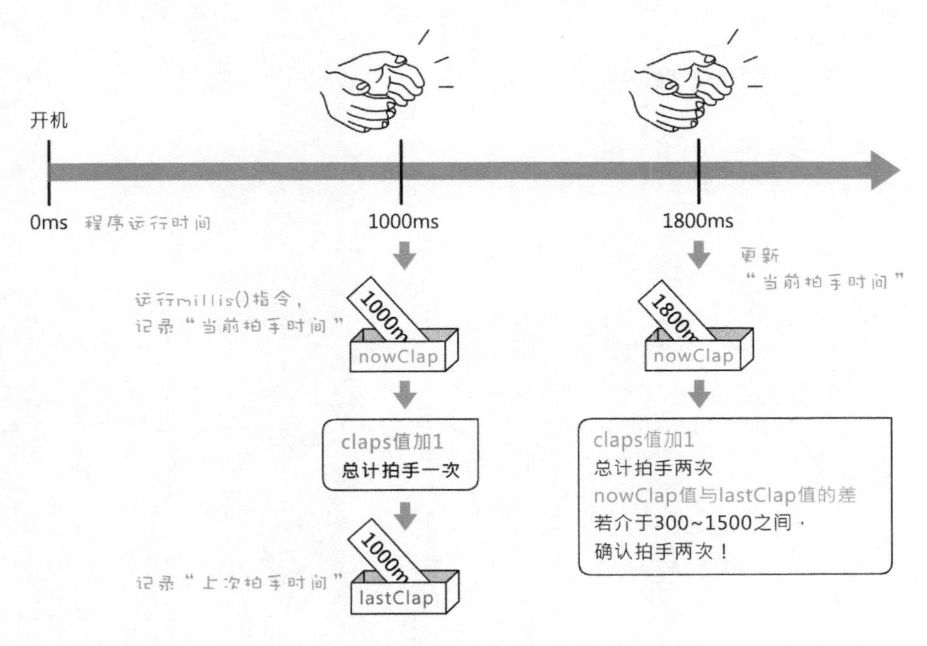

如果拍手时间隔太长或太短，则把第二次拍手视为第一次。

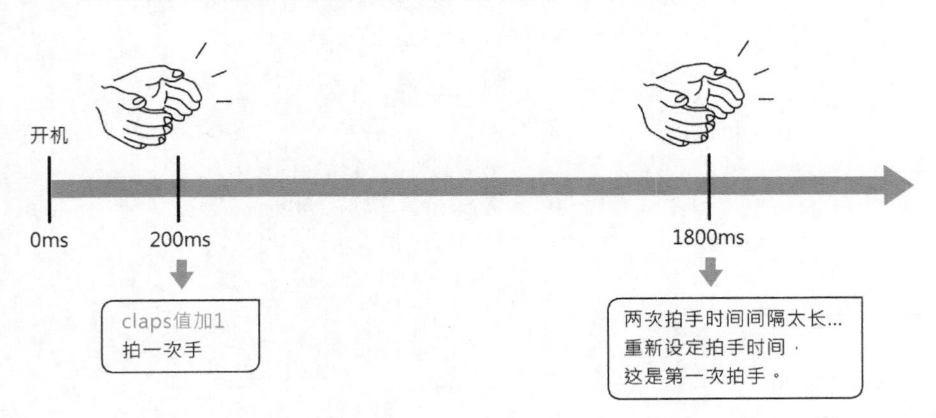

实验程序：请在 Arduino 程序编辑窗口中，输入底下监测拍两次手的代码。

```
int micPin = A0;              // 麦克风信号输入端口
int ledPin = 13;             // LED 端口
```

```
int micVal = 0;                 // 麦克风音量值
boolean toggle = false;         // LED 的状态，默认为不亮

unsigned long nowClap = 0;   // 当前的拍手时间
unsigned long lastClap = 0;  // 上次的拍手时间
unsigned int claps = 0;      // 拍手次数
unsigned long timeDiff = 0;  // 拍手时间差

void setup() {
  pinMode(ledPin, OUTPUT);   // LED 端口设置为“输出”
  Serial.begin(9600);
}

void loop() {
  // 读取麦克风的音量，此电路的最高值约 790
  micVal = analogRead(micPin);
   // amp = (micVal >= 512) ? micVal - 512 : 512 - micVal;
// amp = abs(micVal-512);

  if (micVal > 500) {          // 如果音量大于 500
    nowClap = millis();        // 保存当前的毫秒数

    claps ++;                  // 拍手次数加 1
    // 显示拍手次数
    Serial.println(claps);

    if (claps == 2) {          // 若拍了两次
      timeDiff = nowClap - lastClap;  // 求取时间差
      // 如果两次拍手的间隔时间在 0.3~1.5 秒之间
      if (timeDiff > 300 && timeDiff< 1500) {
        toggle = !toggle;      // 将 LED 的状态值反相
        claps = 0;             // 重设拍手次数
      } else {
        claps = 1;         // 若第二次拍手间隔太短或太长，就算拍一次
      }
    }
    // 保存目前时间给下一次比较“时间差”
    lastClap = nowClap;
  }
```

```
  if (toggle) {
    digitalWrite(ledPin, HIGH);
  } else {
    digitalWrite(ledPin, LOW);
  }
}
```

实验结果：Arduino 将在听到两次拍手声之后才会点亮或熄灭 LED。

模拟参考端口说明

Arduino 板子上有一个 **AREF**(代表 "**A**nalog **REF**erence", 模拟参考)端口，可以调整模拟输入的参考电压。

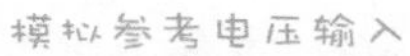

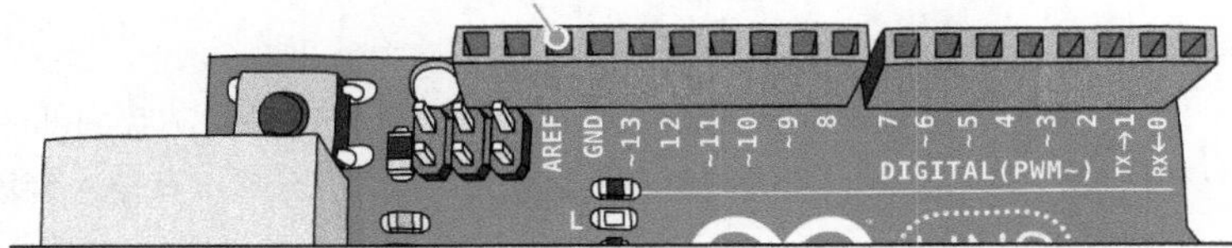

假设我们采用普通的、5V 电源的 Arduino 板，但是接在模拟端口的传感器输入电压最高只到 3.3V。虽然我们可用默认的 5V 电压来量化输入值，但是为了提高精确度和分辨率，最好能把模拟参考电压设置成 3.3V。因为 3.3V ÷ 1024 ≈ 0.00322，也就是 3.22mV，比原本用 5V 量化的 4.88mV 分辨率还高。

设置成 3.3V 的示例如下，请将 AREF 端口衔接到板子上的 3.3V 输出。

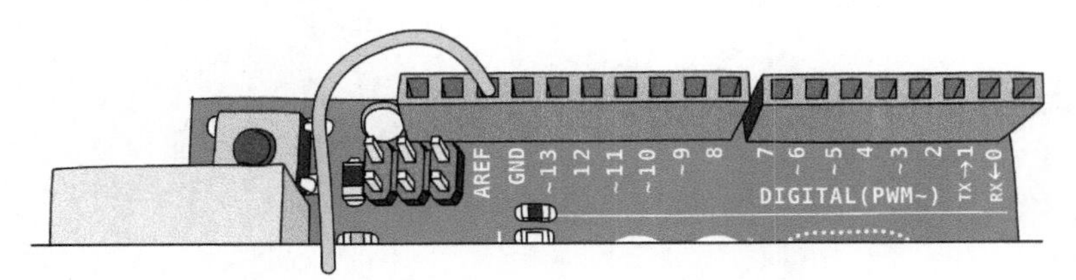

接3.3V端口（切勿输入超过5V的电压！）

除此之外，请在程序的 setup( ) 函数中，输入底下代表启用**外部**模拟参考电压的指令（注：external 即是“外部”之意）。

```
int val = 0;

void setup() {
     Serial.begin(9600);
     analogReference(EXTERNAL);
                              // 采用 AREF 作为模拟参考电压值
}

void loop() {
     val=analogRead(A0);   // 读取A0端口值(最高输入3.3V)
     Serial.println(val); // 在串口监控窗口输出
                             模拟值(0~1023)
     delay(500);
}
```

若是设置成 analogReference(DEFAULT)，则代表采用芯片内部的 5V 模拟参考电压(注: default 即是“默认”之意)。若 AREF 端口有输入参考电压，请务必执行 analogReference(EXTERNAL) 来启用外部参考电压，而且这个指令一定要在读取模拟端口值的 analogRead( ) 指令之前执行(只需设置一次)，否则可能会损坏 Arduino 微处理器!

CHAPTER 07

七段 LED 数码管

七段数码管（以下简称“数码管”）里面包含七个排列成数字的 LED，外加一个显示数字点的 LED，是最基本的显示器元件。同一种元件，可能有多种不同的硬件连接方式，以及不同的控制代码写法，数码管就是一个例子。

本章将介绍**三种**连接数码管的方法，并说明如何利用**集成电路**减少 Arduino 与周边装置之间的联机脚位数量。

7-1 数码管

数码管是一款内建八个 LED 的显示元器件，主要用于显示数字，它有不同尺寸。为了方便说明，内部的每个 LED 分别被标上 a~g 以及 dp（点）代号。

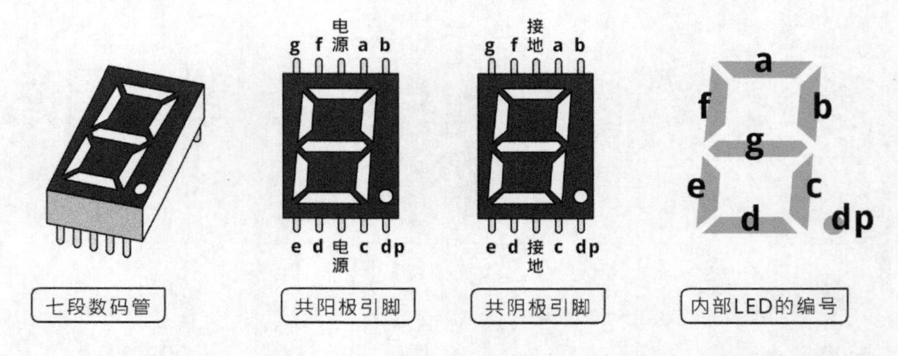

依据连接电源方式的不同，数码管分成“共阳极”与“共阴极”两种，**共阴极代表所有 LED 的接地端都相连，因此 LED 的另一端接“高电平”就会发光**。相反地，**共阳极则是输入“低电平”发光**。内部等效电路如下。

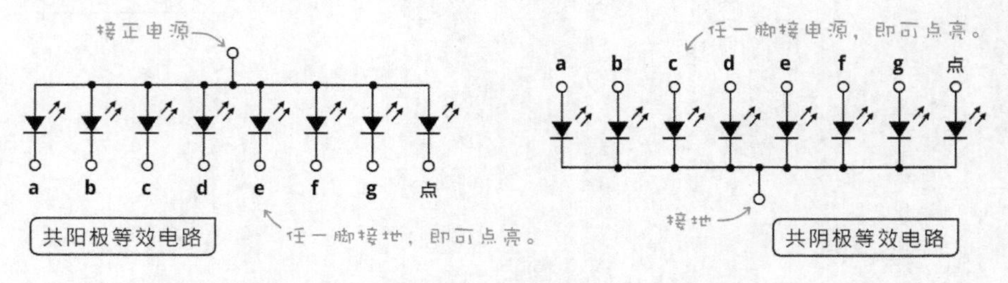

下图显示了呈现某个数字所需点亮的 LED 代号，为了方便程序控制，笔者将每一组数字代号，都存入名为 LEDs 的数组。

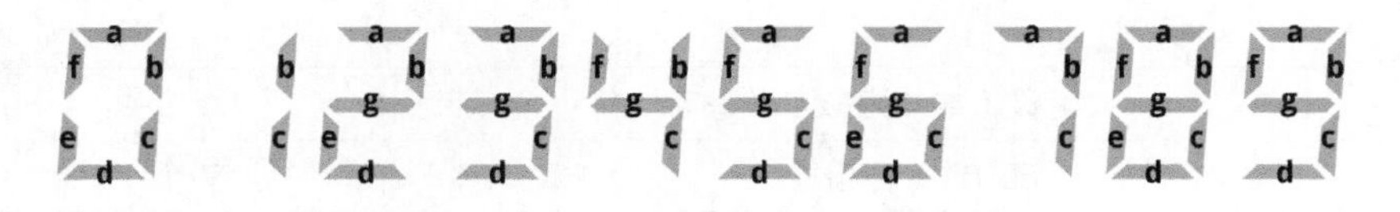

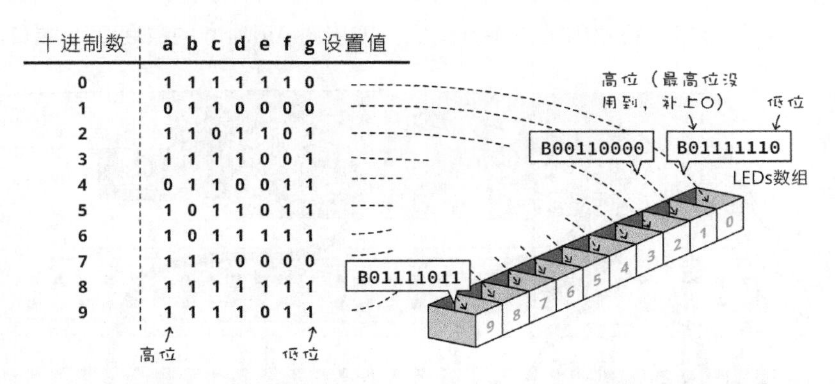

十进制数	a	b	c	d	e	f	g 设置值
0	1	1	1	1	1	1	0
1	0	1	1	0	0	0	0
2	1	1	0	1	1	0	1
3	1	1	1	1	0	0	1
4	0	1	1	0	0	1	1
5	1	0	1	1	0	1	1
6	1	0	1	1	1	1	1
7	1	1	1	0	0	0	0
8	1	1	1	1	1	1	1
9	1	1	1	1	0	1	1

LEDs 数组的元素数据类型为 byte，保存 0~9 共 10 个数字的端口编码，编码数字会依“共阳极”和“共阴极”元件而不同。

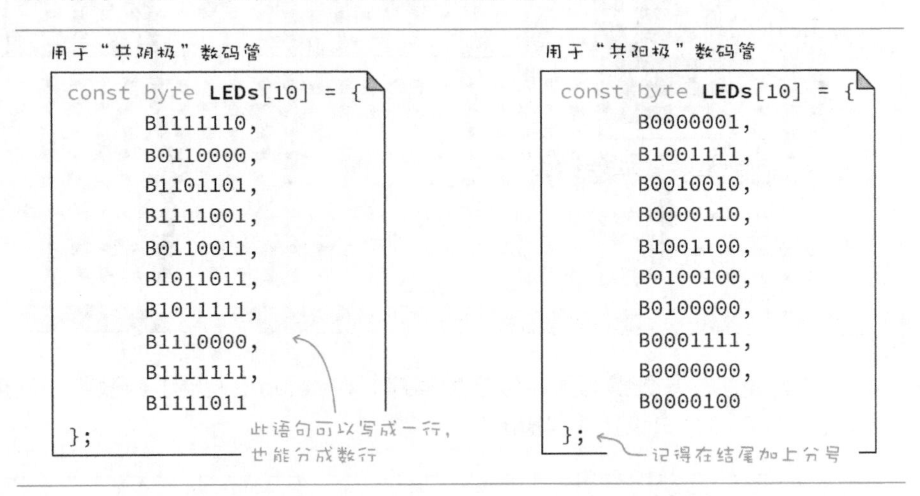

用于“共阴极”数码管

```
const byte LEDs[10] = {
        B1111110,
        B0110000,
        B1101101,
        B1111001,
        B0110011,
        B1011011,
        B1011111,
        B1110000,
        B1111111,
        B1111011
};
```


用于“共阳极”数码管

```
const byte LEDs[10] = {
        B0000001,
        B1001111,
        B0010010,
        B0000110,
        B1001100,
        B0100100,
        B0100000,
        B0001111,
        B0000000,
        B0000100
};
```


下文的代码将运用 LEDs 数组，在数码管上呈现对应的数字。

动手做 7-1 连接 LED 数码管与 Arduino 板

实验说明：每隔一秒钟，在数码管显示 0~9 数字。

实验材料：

共阴极（或共阳极）数码管	1 个
330Ω（橙橙棕）	7 个

实验电路：将数码管的 a~g 脚位，连接到 Arduino 的数字 0~6 端口。

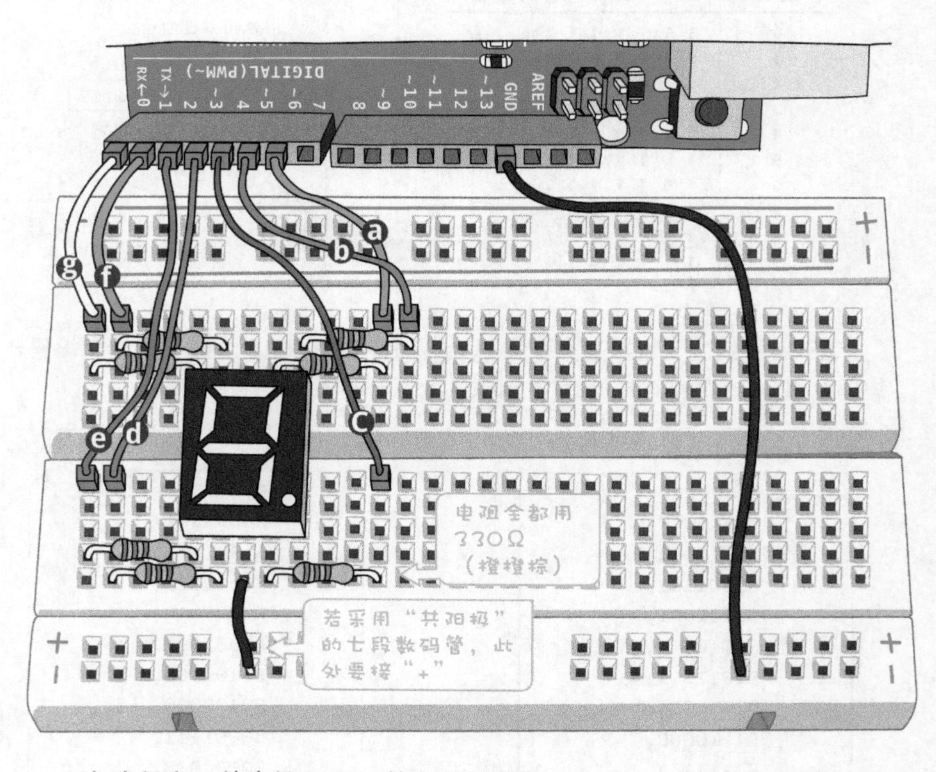

实验程序：首先撰写显示数字的程序。在 setup（设置）函数中，使用 for 循环将 0~6 端口设置成“输出”。

```
void setup(){
    // 一次设置“接口D（代表数字0~7端口）”的输出引脚
    DDRD = B11111111; // 将数字0~7端口全设置成“输出”
}
```

这一行语句可以用for循环改写成：

```
for (byte i = 0; i < 7 ; i++ ) {
  pinMode(i, OUTPUT);  // 将数字0到6端口设置成“输出”
}
```

loop 函数中，应该每隔一秒，从保存七段数字数据的 LEDs 数组取出数字编码输出给“接口 D”脚位（即数位 0~7 端口）。

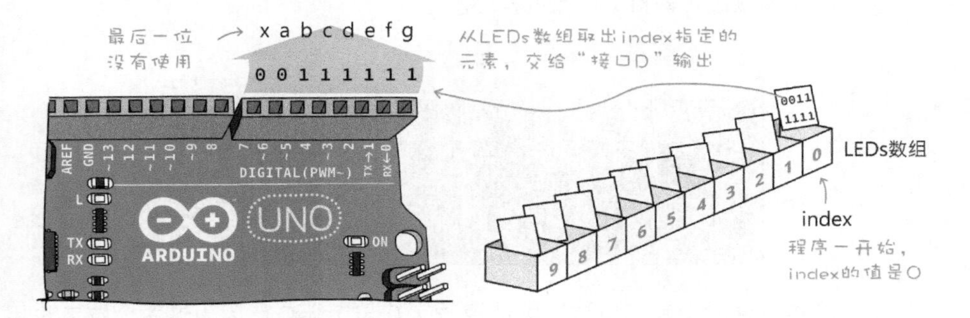

请在 Arduino 程序编辑窗口输入底下的代码。

```
byte index = 0;
const byte LEDs[10] = {
      B1111110,
      B0110000,
      B1101101,
      B1111001,
      B0110011,
      B1011011,
      B1011111,
      B1110000,
      B1111111,
      B1111011
};

void setup(){
    DDRD = B11111111;   // 将 0~7 脚全设置成“输出”
}
void loop() {
  // 从 LEDs 数组中，取出 0~9 元素，一开始先取出第 0 个元素并由“接口 D”输出
  PORTD = LEDs[index];

  index ++;               // 将 index 值加 1
  // 为了确保 index 值在 0~9 之间循环，当 index 值等于 10 时，将它重设为 0
  if (index == 10) {
    index = 0;
  }
  delay(1000);          // 暂停一秒
}
```

上传代码时，若 Arduino 程序开发工具出现底下的错误信息，请先拆掉数字 0 和 1 的接线，即可上传新的程序。

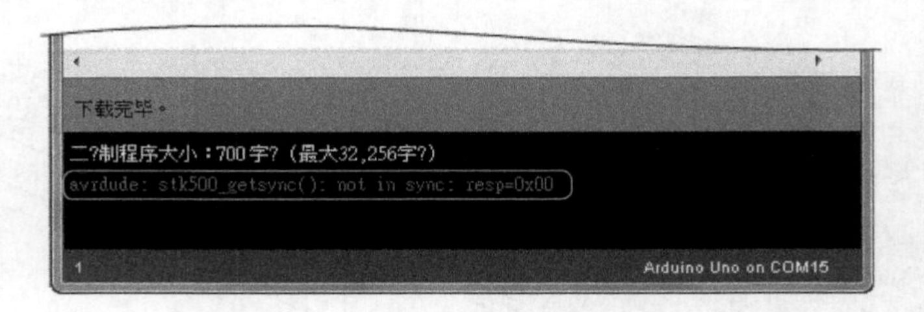

连接硬件时，我们应该避免使用数字 0 与 1 端口，因为这两个端口也用于串口通信。从计算机上传代码给 Arduino 板，就是通过串口发送。程序上传后，再将原本的数字 0 与 1 脚接线装回去。

实验结果：重新接上 USB 线供电后，数码管将每隔一秒显示 0~9。

拆、装电路时，请先拔掉 USB 线，以免拆线时，导线碰触到电路板导致短路损毁。

7-2 使用集成电路简化电路

上一节的数码管电路有两个缺点。

- **使用到数字 0 与 1 端口：**这两个端口用于串通信，应避免使用。
- **占用太多端口：**一个数码管就要占用 7~8 个端口，那么，Arduino 最多只能连接两个数码管，实用性太低。

为了减少占用端口，我们可以采用**集成电路**来扩展 Arduino 的输出端口。

集成电路（Integrated Circuit，简称 IC）是把各种电子元器件装配在一个小硅芯片上，完成特定的电路功能。由于 IC 使用方便且体积小、可靠高、价格低廉，取代了需要复杂配线的电路，因此被广泛用在各种电子产品。

依照功能区分，IC 分成**数字**和**模拟**两大类，数字 IC 用于逻辑运算、计数、暂存数据、编 / 译码等处理 0 与 1 信号；模拟 IC 则用于通信、信号放大、电压调节等连续信号处理。

每个 IC 上面都有标示品牌和型号，而 DIP 封装有个帮助判别脚位编号的半月形缺口，**将半月形缺口朝左，第一脚从左下方开始按逆时钟方向排列**（注：

有些 IC 只用一个小圆点标示第一脚）。

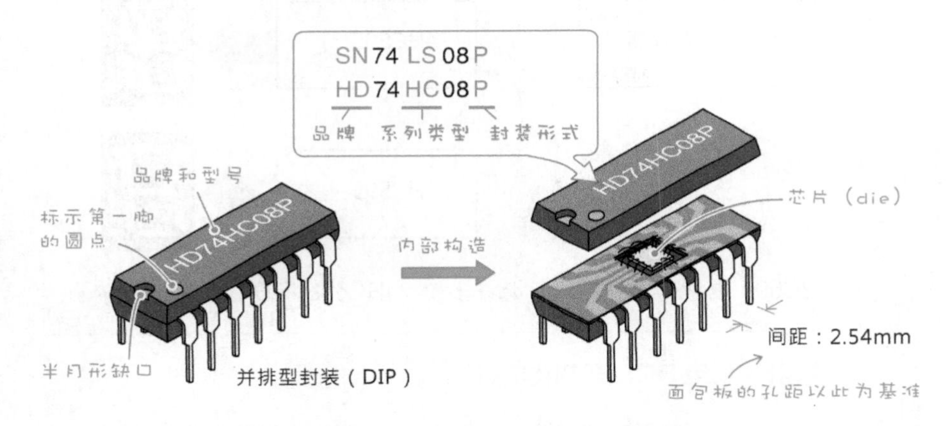

每一种IC通常都有特定功能，像下图的7408是一种内部包含四组AND（与门，参阅下一节说明），用可执行 AND 逻辑运算的 IC。

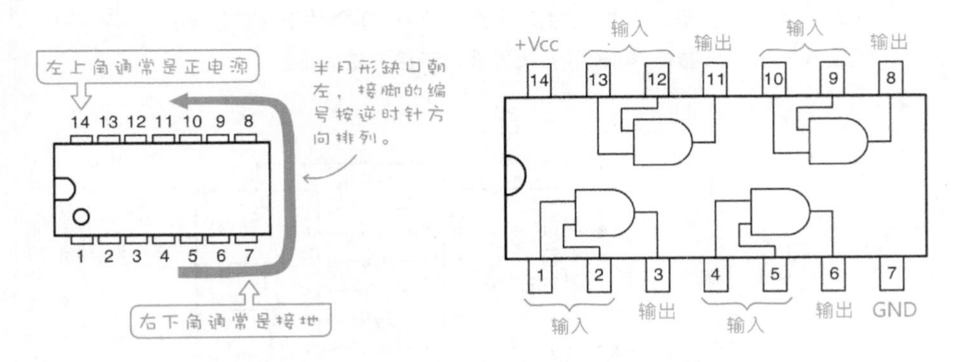

上图右是 7408 IC 的引脚说明，只要上网搜索关键词，例如：7408 datasheet（规格表），即可找到类似的规格图（注：在互联网普及之前，74 和 40 系列 IC 的规格速查手册就像字典一样，电子系的学生几乎人手一册）。

IC 的品牌和封装形式并不重要，不同公司的 IC，只要型号一样，都可以互换。

扩展 Arduino 的数字输出脚位

减少占用 Arduino 脚位的普遍解决方法是**把原本“并联”元器件，改成“串联”**。常见的手法是采用一款编号 **74HC595** 的**串入并出** IC，充当 Arduino 与数码管之间的媒介。

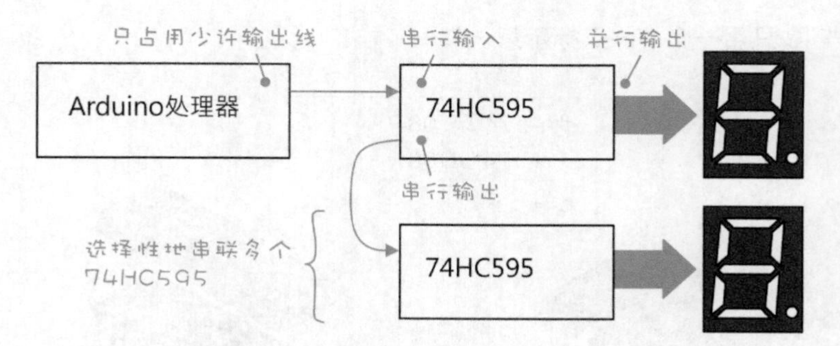

74HC595 也具有序列输出，允许多个 74HC595 串联在一起。

使用 BCD 码简化电路

另一种减少占用脚位的方法，是使用 4 个二进制数来代表十进制的 0~15（简称 BCD 码，请参阅第 3 章），如此，一个数码管将只占用 4 个端口。

7447 及 7448 这两个 IC，就具备“BCD 转数码管”的功能，亦即，将输入的 4 个位数据，转换成对应于数码管的 10 个数字端口输出。7447 用于连接共阳极显示器，7448 用于共阴极，连接方法如下。

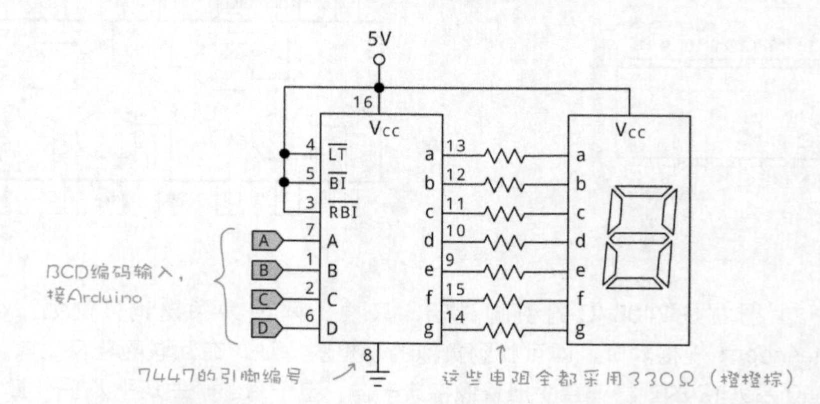

然而，若增加数码管，控制线也跟着增多，因此本书并不采用这种电路。

74HC595 简介

74HC595 是一个 **8 位位移寄存器**（shift register），“寄存器”相当于内存，代表它最多能保存 8 位数据，“位移”则代表其内部数据可序列移动。

我们可以将它想象成工厂的生产线，物品从一个叫做 "SER"（代表 "serial"，“序列”之意）的管道依序进入生产线，进入之后，下方的齿轮将转动一格，让生产在线的所有物品都往左移动一格。

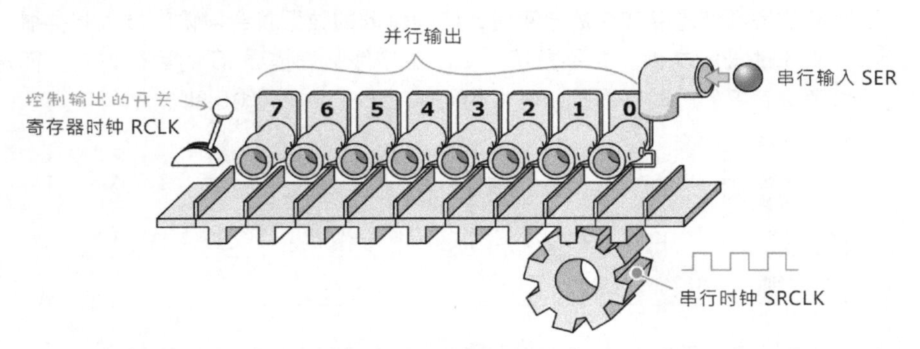

依序进入 8 个物品并移动 8 次之后，左边的输出控制开关将被打开，此时，生产在线的 8 个物品将同时被输送出去。

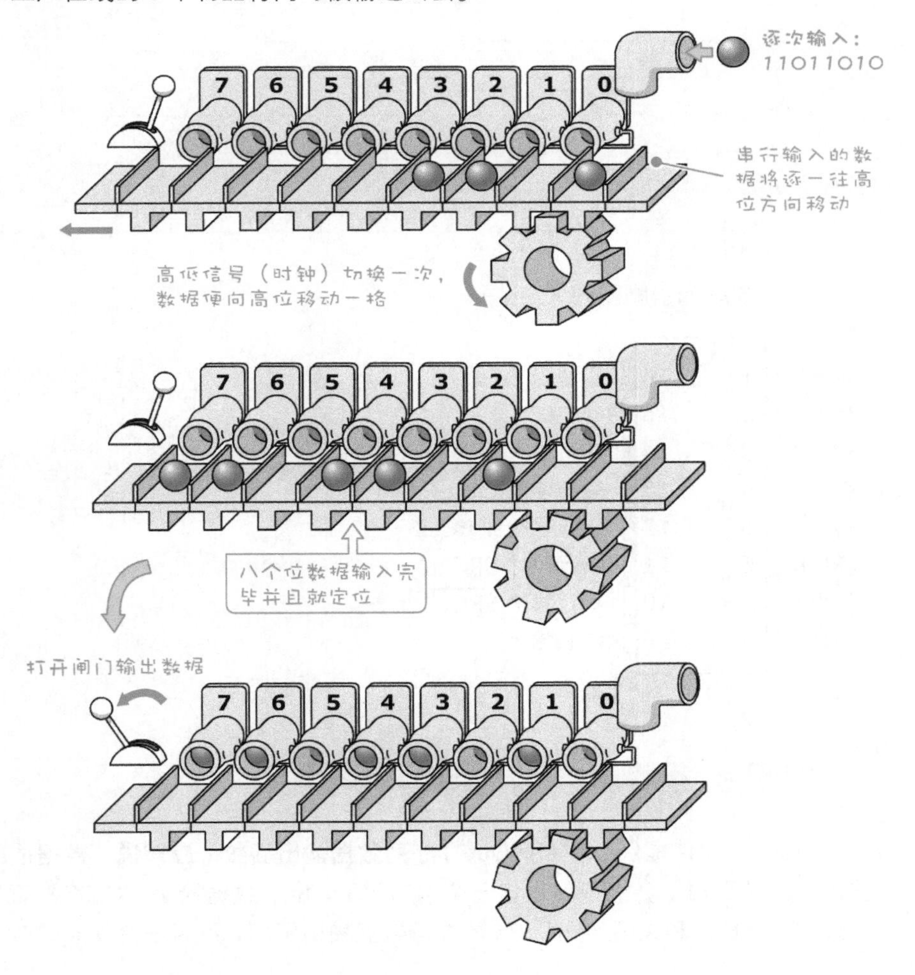

上图里的生产线，就是 74HC595 里的寄存器，齿轮则是“频率”信号。**当频率信号由低电平变成高电平时，序列输入的数据就会被依序推入寄存器。**

真正的技术文件，并不是用“工厂生产线”来描述 IC 的运行方式，而是提供类似底下的“时序图”，其中的 Q0~Q7 代表并行输出脚位。

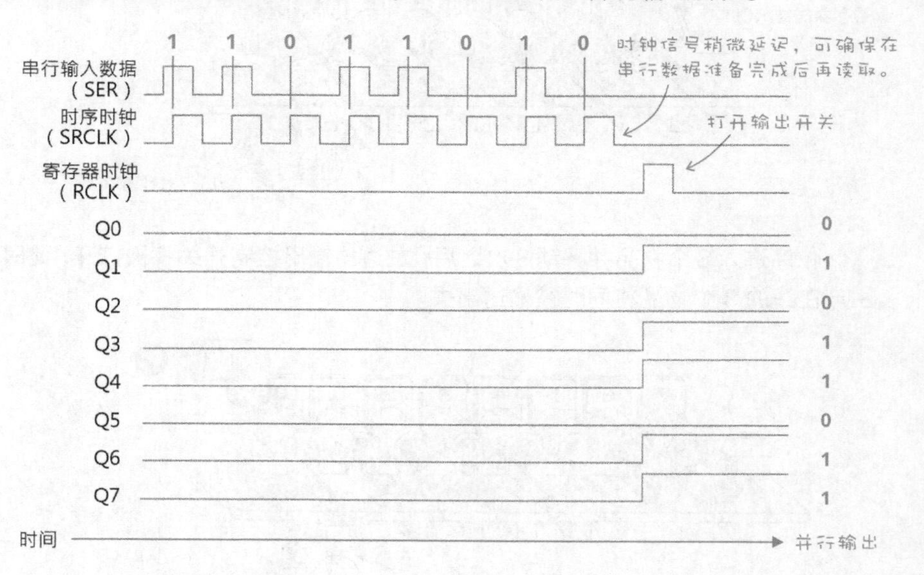

74HC595 的引脚图如下。

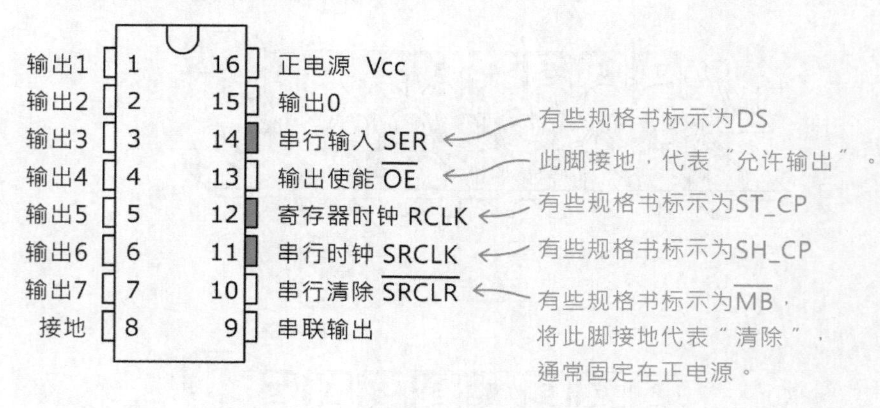

使用 shiftOut() 函数传输序列数据

Arduino 软件提供一个 **shiftOut( ) 序列数据输出函数（应该说“数据位移输出”比较妥当）**，能一次发送一个字节（8 个位）数据给 74HC595，而我们只需负责打开和关闭 74HC595 的并行数据输出闸门，不用理会其他细节。

shiftOut( ) 函数的语法如下。

可能值为MSBFIRST（最高位先传）
或LSBFIRST（最低位先传）

```
shiftOut(数据脚编号, 时钟脚编号, 位顺序, 数据值)
```

一次传送一个字节（byte）

其中的“位顺序”代表数据位的发送顺序，以传递虚构的ledData变数值为例，这两者的差异请参阅下图。至于要用哪一种方式发送，取决于74HC595数据输出端的电路接法（参阅下文说明）。

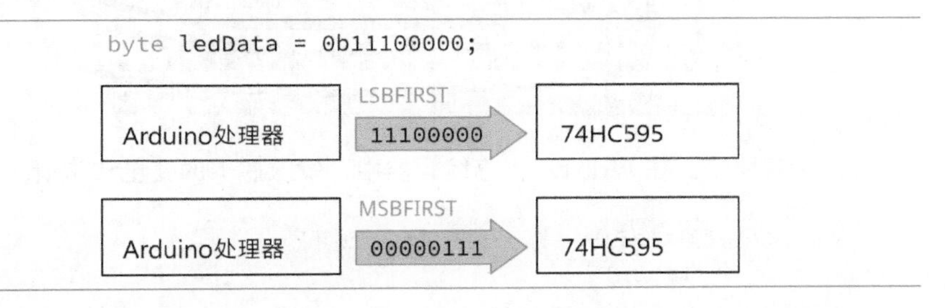

动手做 7-2 串联数码管

实验说明：使用74595 IC连接数码管，减少占用Arduino板的端口数，并在数码管上每隔一秒显示0~9数字。

实验材料：

共阴极（或共阳极）数码管	1个
330Ω（橙橙棕）电阻	7个
74HC595	1个

实验电路：请依照下图组装74HC595的面包板电路，电阻全都用330Ω。底下的程序采用LSBFIRST（最小位先传）的方式，若要改用MSBFIRST（最大位先传），请将电路图中的a~g接线顺序颠倒过来。

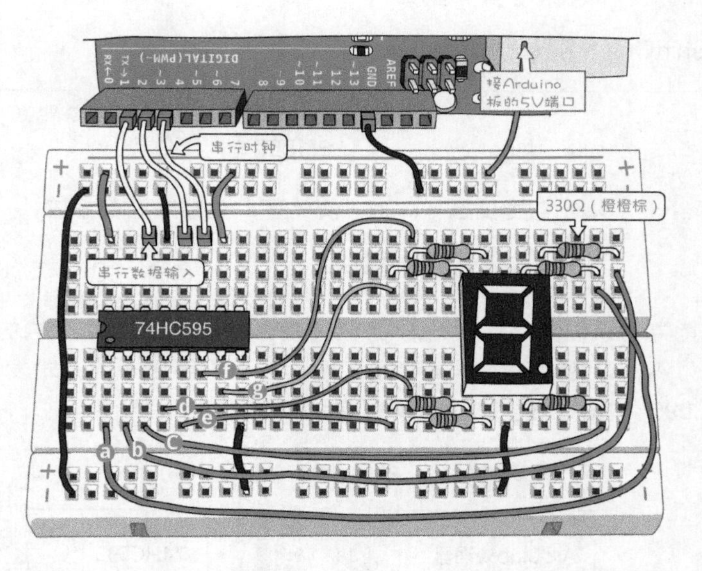

实验程序：在 Arduino 程序编辑器中，输入底下的变量和常量。

```
const byte dataPin = 2;      // 74HC595 数据脚接“数位 2”
const byte latchPin = 3;     // 74HC595 寄存器频率脚接“数字 3”
const byte clockPin = 4;     // 74HC595 频率脚接“数位 4”

byte index = 0;              // 数码管的数字索引
const byte LEDs[10] = {
  B01111110,
  B00110000,
  B01101101,
  B01111001,
  B00110011,
  B01011011,
  B01011111,
  B01110000,
  B01111111,
  B01110011
};
```

在 setup( ) 区块中，将 74HC595 的三个引脚都设置成输出。

```
void setup() {
  pinMode(latchPin, OUTPUT);
  pinMode(clockPin, OUTPUT);
  pinMode(dataPin, OUTPUT);
}
```

07

在loop()区块里，先把“输出使能”设置为**低电平**(关上“并行输出闸门”)，再通过shiftOut()函数串行输出一个字节，最后再把“输出使能”设置为高电平（打开“并行输出闸门”）。

```
void loop() {
  digitalWrite(latchPin, LOW);     // 关上闸门
  // 底下的函数将从 LEDs 数组取出一个字节数据（从第 0 个元素开始取）
  // 并以串行方式传入 74595 IC
  shiftOut(dataPin, clockPin, LSBFIRST, LEDs[index]);
  digitalWrite(latchPin, HIGH);   // 打开闸门
  delay(1000);                     // 暂停一秒

  index ++;
  if (index == 10) {
    index = 0;
  }
}
```

实验结果：编译并上传程序之后，数码管将每隔一秒显示0~9。

认识逻辑门

数字系统中最基本的运算就是逻辑运算，负责逻辑运算最基本的元器件就是逻辑门。逻辑门能将一个或多个输入，经运算之后产生一个输出。以下图为例，做决策时需要双方同意，才能执行，**任一方不同意就不执行，**这就是AND（与门）逻辑运算。

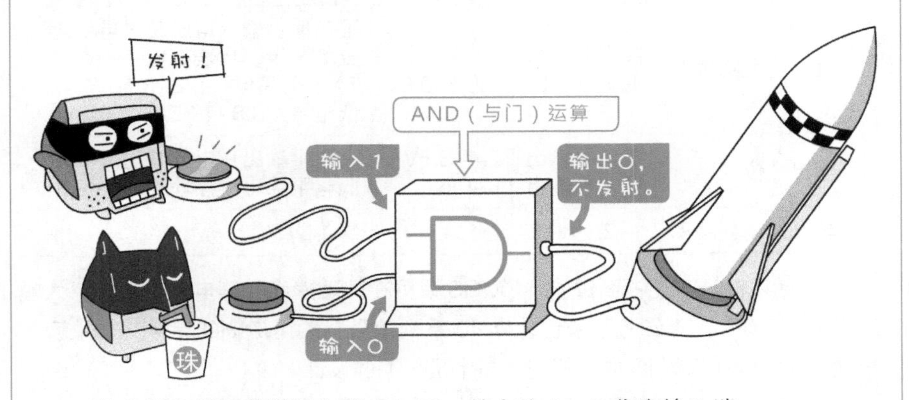

基本的逻辑运算符号与意义如下，其中的A、B代表输入端。

除了上一节提及的7408，7400内部包含四组NAND（与非）门，7404包含六组NOT（非）门，详细的规格和引脚可上网搜索。

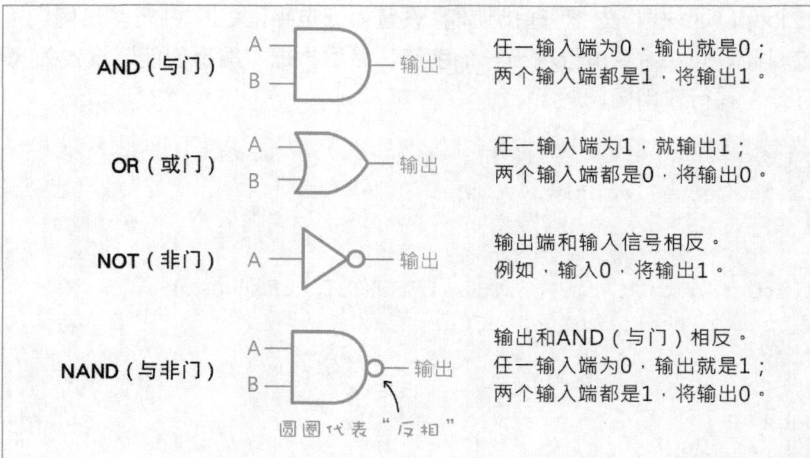

TTL 和 CMOS 类型

根据结构，数字 IC 分成 TTL 和 CMOS 两大类型，早期用 74 和 40 两大系列编号来区分，主要的区别在于电源电压和消耗电力（参阅表 7–1）。CMOS 的电压范围比较大也省电很多，但是处理速度比较慢且比较容易遭静电破坏。

表 7–1　TTL 和 CMOS 类型 IC 的主要差异

类型	TTL	C–MOS
基本构成元器件	双极性晶体管	单极性 FET
电源电压	74LS 系列：4.75~5.25V	74HC 系列（新）：2~6V 40 系列（旧）：3~18V
输入信号临界值	高电平（1）：高于 2V 低电平（0）：低于 0.8V	理论值：输入电压超过电源电压的一半，代表高电平。 74 系列高电平：2~3.15V 低电平：0.8~1.35V
输出准位	高电平输出：2.4~3.5V 低电平输出：0~0.5V	高电平输出：电源电压 低电平输出：接地
单一闸消耗功率	1~2mW	约 1 μW

随着制造工艺不断进步，CMOS 系列在处理速度和静电保护上，都大幅地改善，IC 制造公司后来也舍弃 40 系列编号，改用 74HC 编号。如果读者看到使用 40 系列 IC 的电路图，多半是早期的设计。

包含 Arduino 的微处理器在内的许多 IC 都采用 CMOS 制程。

原本属于 TTL 类型的 74 系列，用 74LS 标示。同一个电路中可以混用两种元器件，但中间可能需要加上电阻或其他缓冲元器件，因此原则上尽量采用相同类型的元器件。

CHAPTER

08

LED 点阵屏与 SPI 接口控制

LED 点阵屏模块常见于广告牌、电视墙，由于电子模块日益轻薄，LED 点阵屏也应用在胸牌（即挂在胸前的动态名牌）。由于 LED 点阵模块的引脚高达 16 只，本单元将采用一款 LED 驱动 IC，以简化 Arduino 和 LED 点阵模块之间的接线。

本章产生 LED 动态画面效果的程序，包含稍微复杂的**双重循环**（即循环当中包含另一个循环），请读者把自己想象成微电脑，拿起笔，耐心地配合程序流程插图，跑一下流程，这样比较容易理解程序语句。

此外，本章也包含编写**自定义函数**、变量**的作用域**的重要程序概念，以及节省“主存储器”空间的变量设置方式。

8-1 建立自定义函数

电脑程序语言中，一组**具有特定功能**（如计算圆面积的公式），并且**能被重复**使用的代码，叫做“函数”。

函数的英文是“function”，这个单字也翻译成**“功能”**。像电脑、计算器上的“功能键”，英文就是“function key”。以计算器上的功能键为例，它把原本复杂的公式计算，简化成一个按键，用户即使不知道计算公式，只要输入数字（或称为“参数”），就能得到正确的结果，而且功能键可以被一再地使用。

若要执行函数，请写出该函数的名称，后面再加上小括号（注：执行函数的语句，又称为“调用函数”）。自定义函数可以放在调用它的语句前面或者后面，甚至放在外部的文件（参阅第 12 章）。若是放在同一个程序文件，许多程序员习惯将它放在调用语句之前。

编译、下载代码之后，你将能在“串口监视器”看到，Arduino 每隔两秒就返回一个圆面积值（78.50）。

自定义函数的语法示例：

```
void cirArea() {
  int r = 5;
  float area = 3.14 * r * r;
  Serial.println(area);
}

void setup() {
  Serial.begin(9600);
}

void loop() {
  cirArea(); // 执行函数
  delay(2000);
}
```

函数名后面要加上小括号

自定义函数的名字

自定义函数 cirArea()

定义半径（5）

计算圆面积

输出圆面积

自定义函数通常写在调用语句之前（例如，写在源代码开头）。

函数程序执行完毕后，将回到调用函数语句的下一行继续执行。

设置自定义函数的自变量（参数）与返回值

上一节的自定义函数相当没有弹性，不管调用几次 cirArea( )，都只会计算半径 5 的圆面积。其实，函数名称后面的小括号是有意义的，**括号的外型就像一个入口，可以传递与接收参数。**

替自定义函数加入可**接收**半径值的参数，让此函数变得实用。

接收传入值的变量，称为「参数」或「引数」。

```
void cirArea(int r) {
  float area = 3.14 * r * r;
  Serial.println(area);
}
```

还可以改用 **return 指令**返回计算结果。**return 就是“返回”或者“传回”**的意思，用来将数值返回给调用方。

声明返回值的类型

```
float cirArea(int r) {
  float area = 3.14 * r * r;
  return area;
}

float ans = cirArea( 20 );
```

❶ 调用函数时，顺带传递参数

❷ 运算结果返回调用方

❸ 存储结果

数据类型和返回值类型一致

若没有传递参数，将导致错误

请注意，自定义函数名称的前面，本来标示着**代表“没有返回值”的"void"。若函数有返回值，必须把 void 改成返回值的类型，**此例为 float（浮点）。

return 语句也具有**“终结执行”**的含意，凡是写在 return 后面的语句将不会被执行，例如：

```
float cirArea(int r) {
  float area = 3.14 * r * r;
  return area;
  area = 99;    // 这一行语句永远不被执行!
}
```

总结一下，自定义函数的语法格式为：

```
返回值类型 函数名 (参数1, 参数2, ...) {
    运算式1;
    运算式2;
      :
    return 运算结果;
}
```


动手做 8-1 建立自定义函数

实验说明：编写一个接收半径值的圆面积计算函数，并在**“串口监视器”**显示不同半径的计算值，以练习自定义函数的程序写法。

实验材料：除了 Arduino 板，不需要其他材料。

实验程序：

```
float ans;    // 接收运算结果的变量

float cirArea(int r) {
  float area = 3.14 * r * r;
  return area;
}

void setup() {
```

```
  Serial.begin(9600);
  ans = cirArea(10);         // 计算半径 10 的圆面积
  Serial.println(ans);       // 显示结果
  ans = cirArea(20);         // 计算半径 20 的圆面积
  Serial.println(ans);       // 显示结果
}

void loop() {
}
```

实验结果：编译并下载程序之后，打开**串口监视器**，将能看见半径 10 与 20 的圆面积值。

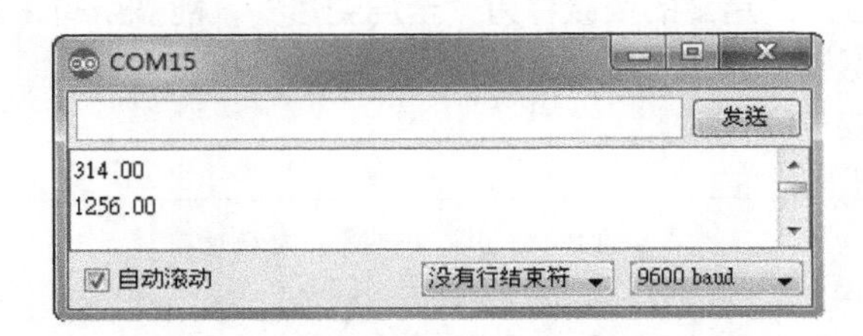

有些 C 语言的编译程序规定，自定义函数一定要放在前面，假如要放在调用语句之后，程序的开头就得加上**函数原型**（function prototype）声明。Arduino 程序也支持这种写法，以底下的程序为例，我们一眼就能看出这个程序包含一个自定义函数，以及它的规格。

代表函数需要一个整数类型的参数，参数名（如：r）可以省略

仅定义函数名和参数项目，称为"函数原型"声明

```
float cirArea(int);

void setup() {
  Serial.begin(9600);
  float ans = cirArea(10);
  Serial.println(ans);
}

void loop() {
}

float cirArea(int r) {
  float area = 3.14 * r * r;
  return area;
}
```

自定义函数本体放在后面

8-2 认识变量的作用域

变量的**作用域（scope）**是一个跟**函数**密切相关的重要概念。

在函数内部（即大括号以内）声明的变量，属于**局部变量**，代表它的作用域仅限于函数内部，而且只有在函数执行期间才存在；**函数一旦执行完毕，局部变量将被删除**，换句话说，函数外面的程序，无法存取局部变量。

自定义函数里的执行空间可比喻成“室内”，函数以外的执行空间则是“室外”。**在函数外面定义的变量称为“全局变量”，能被所有（函数内、外）的代码存取。**

请参阅底下的代码。

```
int age = 20;

void check() {
  int age = 10;
  Serial.print("function: ");
  Serial.println(age);
}

void setup() {
  Serial.begin(9600);
  check();
  Serial.print("setup: ");
  Serial.println(age);
}

void loop() {
}
```

在室外定义的变量：全局变量

墙壁一般的大括号，界定了变量的作用域

在室内定义的变量：局部变量

遇到相同名的变量时，优先取用“局部变量”

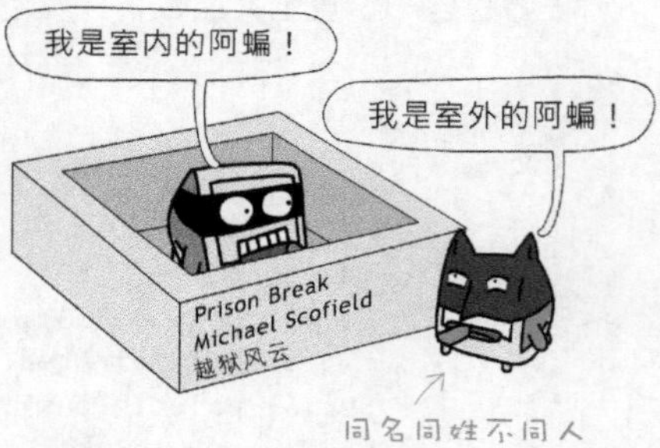

程序第一行首先声明一个 age 变量，它位于函数定义之外，所以是**全局变量**；check( ) 函数当中也定义了一个 age 变量，它位于函数里面，属于**局部变量**。这两个变量就像位于室内和室外的两个人，同名同姓但并不相关。

当程序运行时，check( ) 函数里的语句将**优先取用局部变量**。但 setup( ) 函数里面并没有定义 age 变量，当它里面的程序尝试存取 age 变量时，它将向外寻找（相当于把外面的人叫进来），因而取用到**全局变量**。执行结果如下。

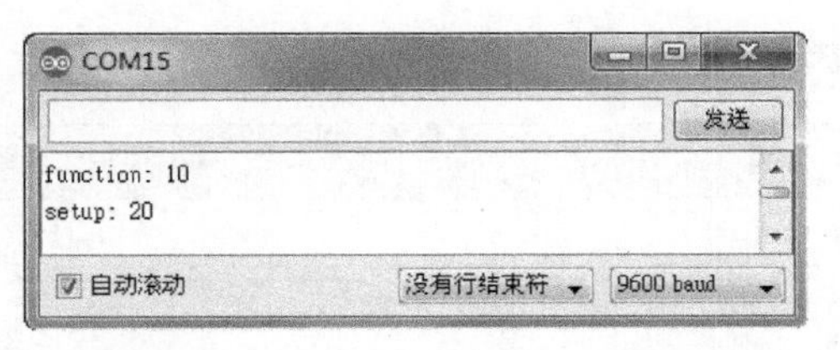

同样地，在 setup( ) 函数和 loop( ) 函数中定义的变量，也是**局部变量**。以底下的程序为例，loop( ) 函数里的 val 局部变量没有指定值（预设为 0），每当程序的执行流程离开函数时，val 变量就被销毁。

```
void setup() {
  Serial.begin(9600);
}

void loop() {
  int val;            ← 定义局部变量，默认值为0
  val ++;             ← 将val的值加1
  Serial.println(val);
  delay(500);
}                     ← 局部变量在此消亡
```

当 loop( ) 再次被执行时，val 又重新被建立并预设为 0。因此，显示在串口监视器里的数值，始终是 1。

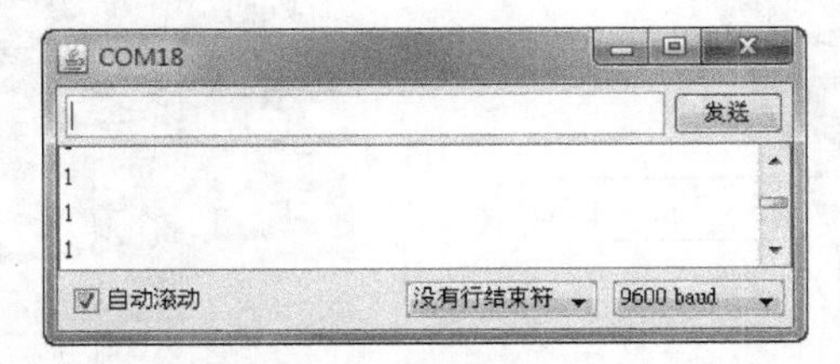

如果要让 loop( ) 里的变量值能持续累加，请将 val 变量设置在函数之外，变成**全局变量**。

```
int val;  ← 在函数外面定义的变量是“全局变量”

void setup() {
  Serial.begin(9600);
}

void loop() {
  val ++;   ← 取用全局变量
  Serial.println(val);
  delay(500);
}
```

此程序的执行结果如下。

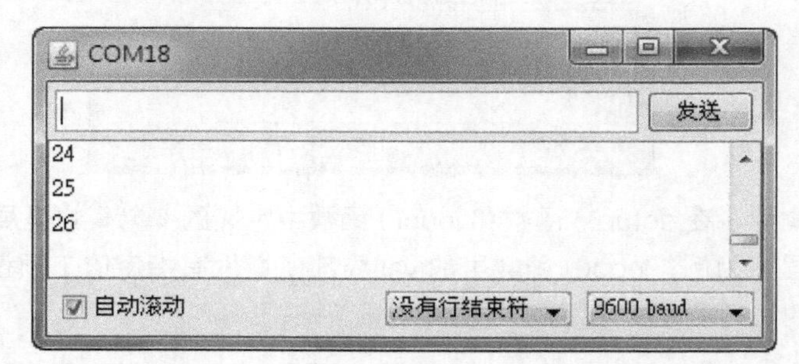

8-3 LED 点阵屏简介

LED 点阵屏（LED Matrix）是一种把数十个 LED 排列封装在一个方形模块的显示单元，通常是 5×7 或 8×8，它们的外型和引脚编号如下。

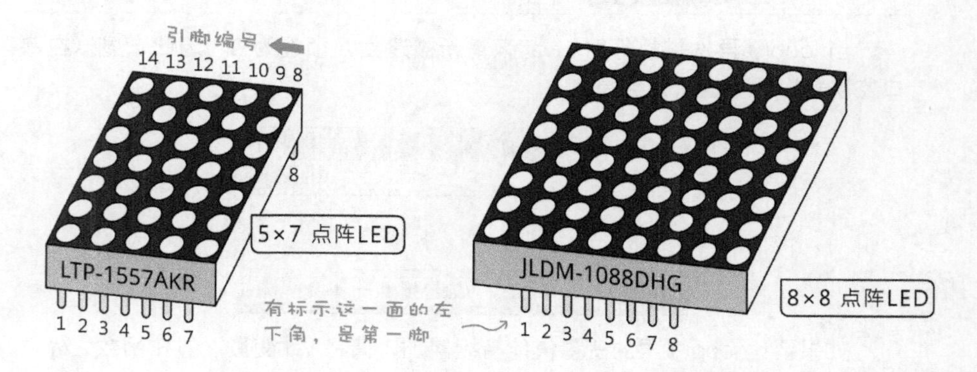

LED 点阵屏常应用于动态广告招牌，显示流水灯文字或图案，像十字路口的动态小绿人灯号。LED 点阵屏模块有单色、双色和三色（注：红、蓝、绿三色就能调出全部色彩），以及普通亮度和高亮度等形式，色彩越多，引脚也越多，当然控制方式也越复杂。

LED 点阵屏也分成“共阳极”和“共阴极”两种，下图是共阴极的内部等效电路。实际上，我们也能依据此电路用数十个单一 LED 组装成矩阵。

由于 LED 点阵屏的引脚数目多，最好用“串联”的方式连接微处理器。除了采用第 4 章介绍的 74HC595 之外，下文将采用专门用来驱动数码管和 LED 点阵屏的 IC，型号是 MAX7219。

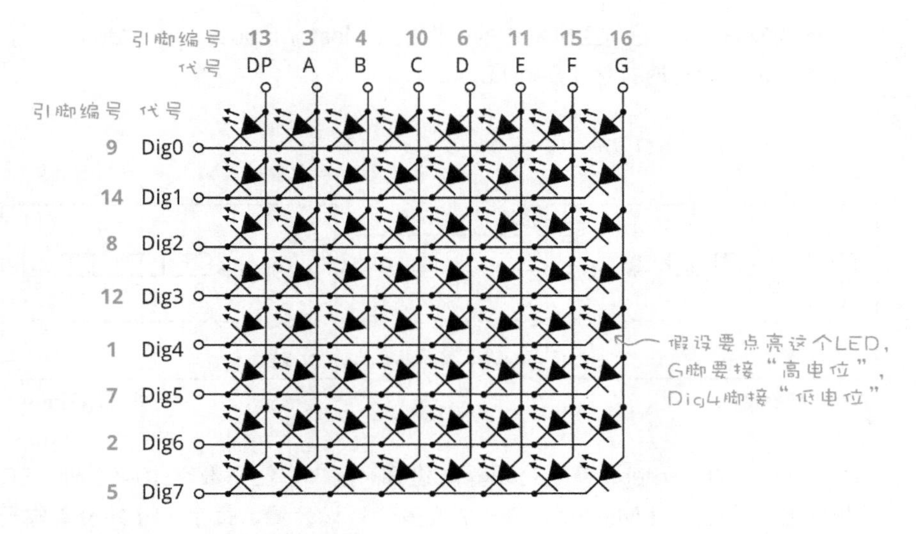

MAX7219 的特点包含：

- 可同时驱动 8 个共阴极数码管（含小数点），或者一个共阴极 8 x 8 矩阵 LED。
- 多个 MAX7219 可串联在一起，构成大型 LED 显示器。
- 使用三条线串接 Arduino（不用“输出”线，因为它不需要输出数据给微处理器），可驱动多组数码管或 LED 点阵。
- 只需外接一个电阻，即可限制每个 LED 的电流。

MAX7219 采用一种称为 SPI 的串行接口，在介绍这个 IC 的使用方式之前，我们先来认识一下 SPI 接口。

8-4 | 认识 SPI 接口与 MAX7219

SPI(Serial Peripheral Interface，串行外设接口)广泛用于各种电子装置，像 SD 内存卡、数字 / 模拟转换 IC、LED 控制芯片、佳能相机的 EF 接环镜头等。

SPI 采用四条线连接主机和外设，这四条线的名称和用途如下。

- **SS**：外设选择线（Slave Select），指定要联机的外设。此线**输入 0，代表选取，**1 代表未选。这条线也称为 CS（Chip Select，芯片选择线或简称“片选”）。
- **MOSI**：从主机向外设发送的数据线（Master Output，Slave Input）。

● **MISO**：从外设向主机发送的数据线（Master Input，Slave Output）。
● **SCK**：串行时钟线（Serial Clock）。

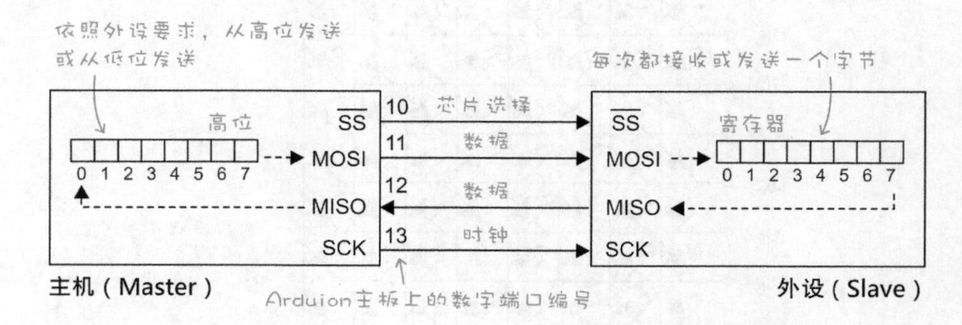

Arduino 的 ATmega 系列处理器内建 SPI 接口，位于**数字 10~13 脚**。SPI 联机包含一个主机（Master）和一个或多个外设装置，**每个 SPI 外设单需要单独连接 SS 线**，我们可以选用 10~13 以外的任何引脚当做“外设选择”线。

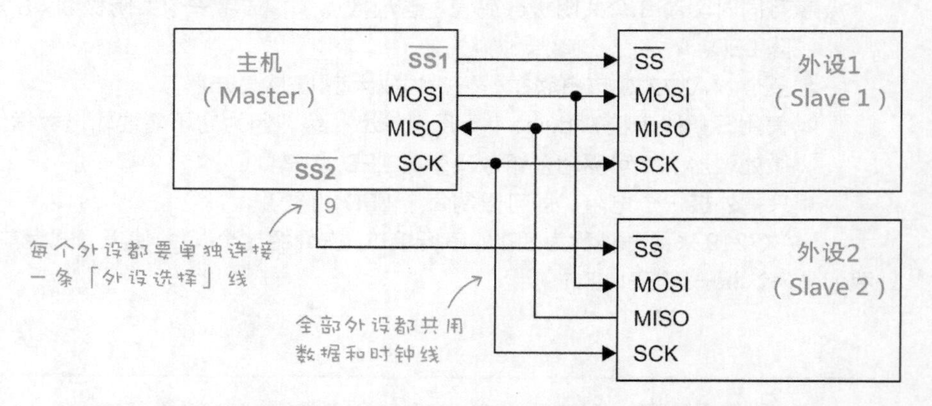

主机要传送或接收数据之前，必须**先将指定设备的 SS 脚设置成 0**，然后随着时钟信号将数据依序自 MOSI 传出，或从 MISO 传入。**结束发送后，再将 SS 脚设置成 1**。

Arduino 控制板的许多引脚，都有双重用途。像模拟 A0~A5 脚，可以当成一般的数字脚。在 SPI 接口中，除了第 10 脚的 SS（外设选择线）可以用其他引脚替换，其余 3 个接线都必须连接在特定的脚位。

在采用 **ATmega328 微控制器**的 Arduino 板子上，SPI 接口位于**数字 10~13 脚**，同时也和控制板右侧的 **ICSP**（In-Circuit Serial Programming）端子相连。

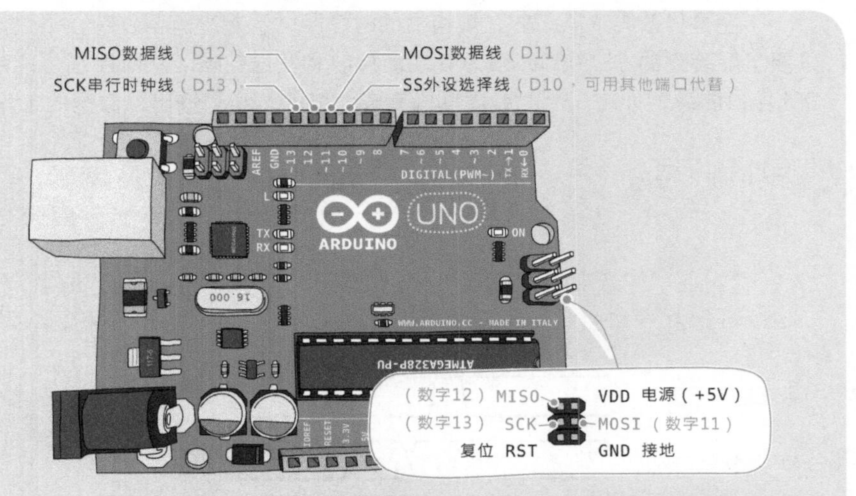

在采用 **Atmega32u4 微控制器**的 Arduino Leonardo 控制器上，SPI 接口只位于 ICSP 端子，而且其中的 3 个引脚相当于**数字 14~16 脚**。微控制器预设的**外设选择线（SS）**也是**数字 17 脚**，位在板子左侧，**RX（串行接收）**灯号的左上角的一个焊接点的。

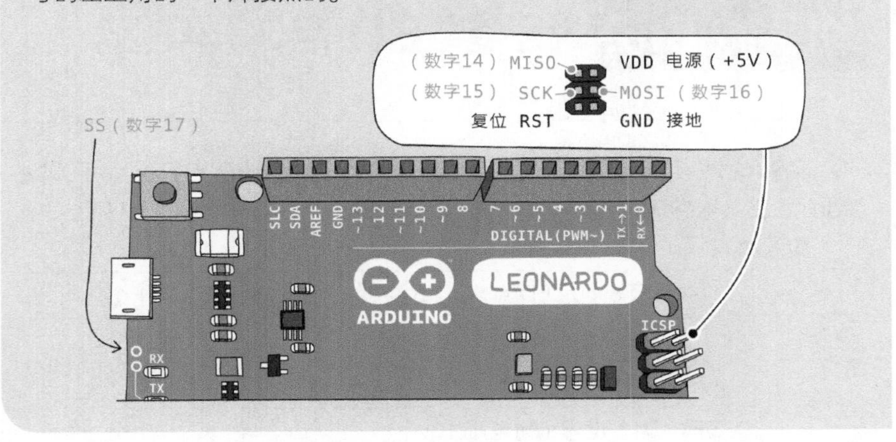

时钟（clock）信号的用途，类似划船比赛时，让选手统一滑桨步调的口令，SPI 装置的数据将跟着时钟的步调发送或接收。

下图是修改自 MAX7219 规格书的时序图，看起来有些复杂，不过，读者只要了解装置的 SS 引脚必须为 0 才能接收和发送数据。从时序图也能看出，SPI 接口的装置能在一个时钟周期内完成“接收”和“输出”数据的工作。

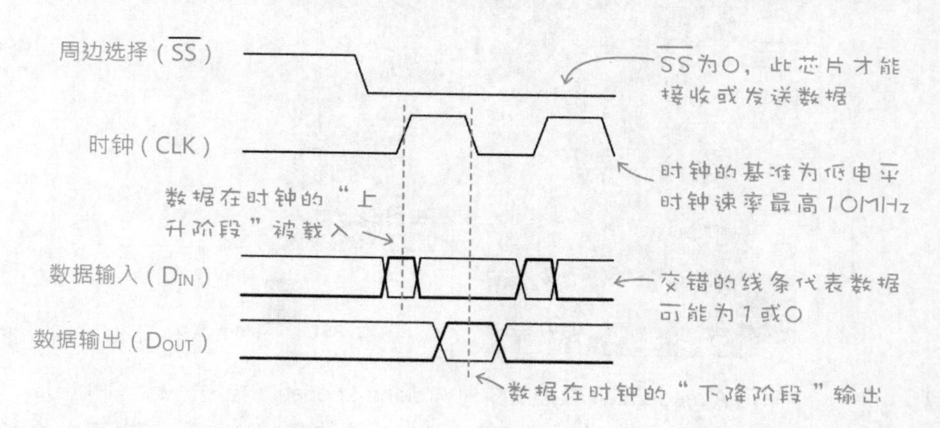

动手做 8-2　组装 LED 点阵屏电路

实验说明：使用 MAX7219 LED 驱动 IC 连接 LED 点阵屏，只需占用 Arduino 三条数字脚接线。

实验材料：

共阴极 8×8 LED 点阵屏	1 个
24kΩ（红黄橙）	1 个
10kΩ（黑棕黄）	1 个
0.1μF（104）电容（耐电压 16V）	1 个
（选择性的）10μF 电容（耐电压 16V）	1 个

实验电路：MAX7219 可以驱动一个 8×8 单色 LED 点阵屏，若要驱动一个双色 LED 点阵屏，需要使用两个 MAX7219。驱动一个 8×8 单色 LED 点阵屏的电路图如下。

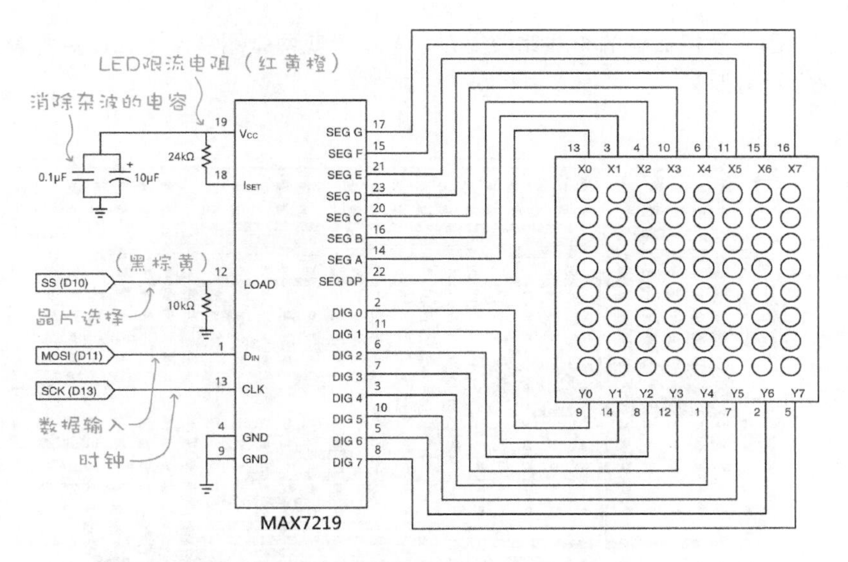

IC 电源端的两个电容，用来消除电源可能引入的噪声，不建议省略，不过笔者只连接一个 0.1 μF（104）的电容。

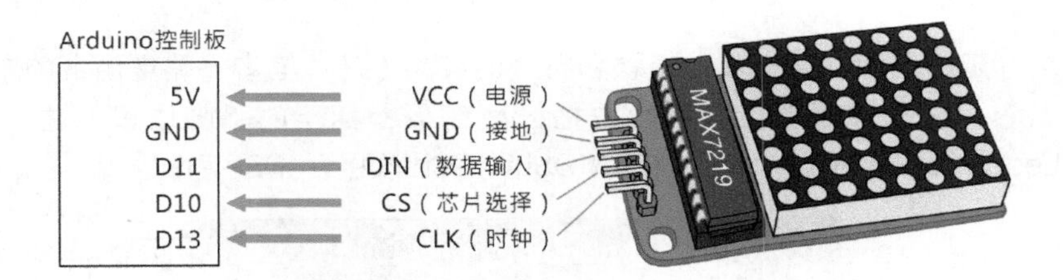

MAX7219 的主要脚位说明如下。

- **DIG0~DIG7**：8 条数据线，连接阴极（–），典型输入电流值 330mA，极限值 500mA。
- **SEG A~G 和 DP**：数码管和小数点的连接线（阳极），也用于连接 LED 点阵屏的阳级。典型输出电流 37mA，极限为 100mA。
- **ISET**：连接 LED 限流电阻。电阻值的大小取决于 LED 的消耗电流和电压值，下表列出电阻的约略值，笔者采用 24kΩ（红黄橙）。

I_{SEG} (mA)	LED 电压				
	1.5V	2.0V	2.5V	3.0V	3.5V
40	12.2kΩ	11.8kΩ	11kΩ	10.6kΩ	9.69kΩ
30	17.8kΩ	17.1kΩ	15.8kΩ	15kΩ	14kΩ
20	19.8kΩ	28kΩ	25.9kΩ	24.5kΩ	22.6kΩ
10	66.7kΩ	63.7kΩ	59.3kΩ	55.4kΩ	51.2kΩ

因为面包板上的布线比较复杂，笔者分成两张图展示（LED 点阵屏模块仅标示引脚）。

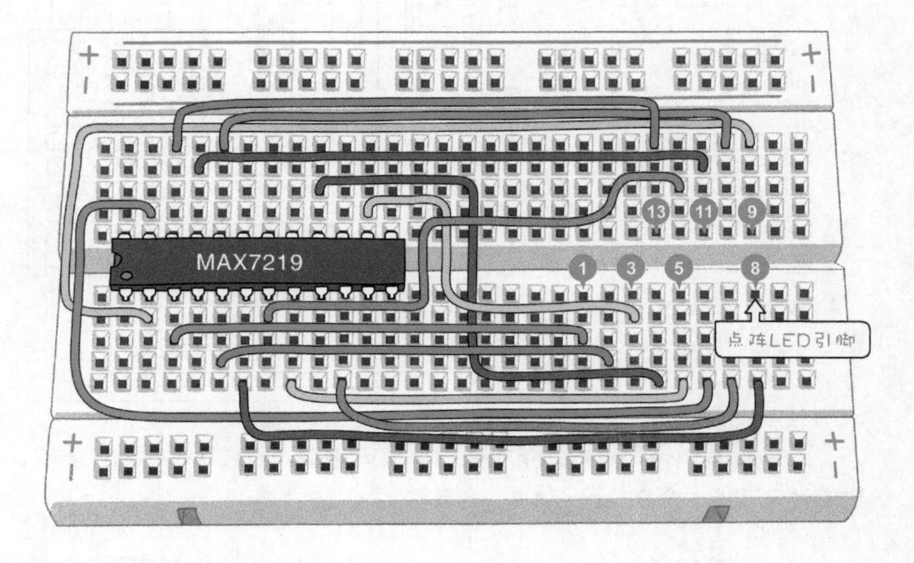

延续上图，加上其他模块和布线的成品（注：笔者省略电源上的 10 μF 电容），请将 LED 点阵屏模块插入面包板上标示的引脚位置（注：使用 Leonardo 控制板的读者，请将 MOSI 和 SCK 改接到 ICSP 引脚）。

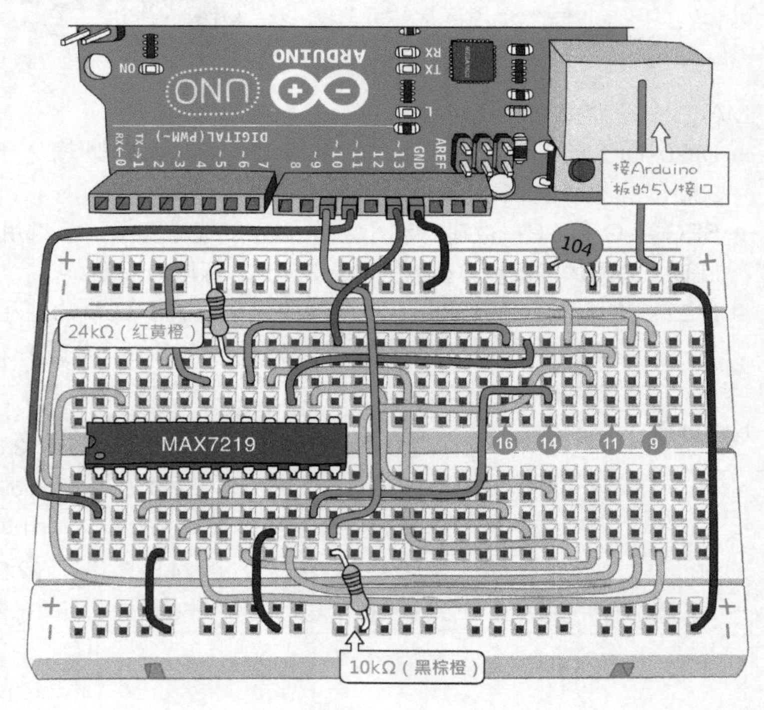

由于在面包板上连接和拆除这个电路有点麻烦，所以笔者直接将它焊接在一个万用 PCB 板上，成品外观如下（焊接 PCB 板的说明，请参阅附录 A）。

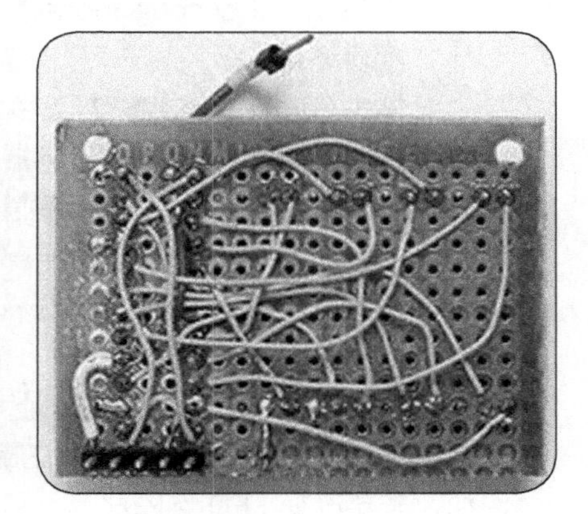

MAX7219 的寄存器与数据传输格式

MAX7219 内部包含**用于设置芯片状态，以及 LED 显示数据**的**寄存器**，其中最重要的是**数据（Digit）**寄存器，一共有八个，Digital 0（简称 D0）~Digital 7，分别存放 LED 点阵屏每一行的显示内容（或每个数码管所要显示的数字）。

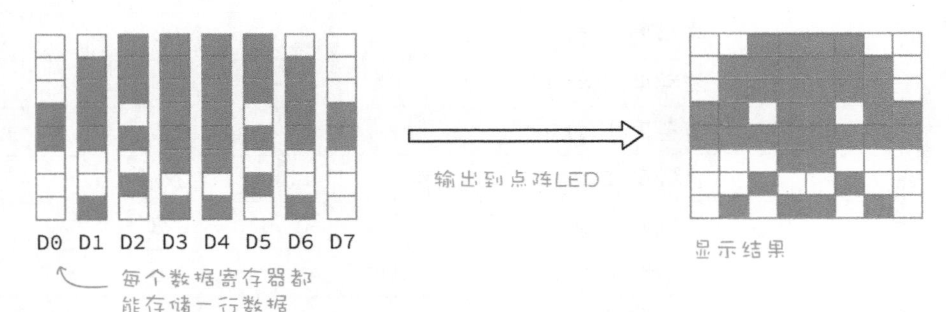

例如，若要改变 LED 点阵屏第一行的显示内容，只要将该行的数据传给芯片里的 "Digit 0" 寄存器即可。

MAX7219 内部其余的寄存器的名称与说明如下：

- **显示强度（Intensity）寄存器：**显示器的亮度，除了通过 VCC 和 ISET 引脚之间的电阻来调整，也能通过此寄存器来设置，亮度范围从 0~15（或十六进制的 0~F），数字越低亮度也越低。
- **显示检测（display test）寄存器：**此寄存器设置为 1，MAX7219 将

进入“测试”模式，所有的LED都会被点亮；设置成0，则是“一般”模式。若要控制MAX7219显示，需要将它设置成“一般”模式。

- **译码模式（decode mode）寄存器**：设置是否启用BCD译码功能，这项功能用于七段显示器。设置成0，代表不译码，用于驱动LED点阵屏。
- **停机（shutdown）寄存器**：关闭LED电源，但MAX7219仍可接收数据。
- **扫描限制（scan limit）寄存器**：设置扫描显示器的个数，可能值从0到7，代表显示1~8个LED数码管，或者LED点阵屏中的1~8行。设置成7，才能显示LED点阵屏的全部行数。
- **不运行（No-Op）寄存器**：用于串联多个MAX7219时，指定不运行的IC。

每个寄存器都有一个识别地址（参阅表8-1）。就像在现实生活中寄信一样，要写出收信人的地址，邮差才能正确寄送，设置寄存器的值也是通过“地址”。例如，若要改变LED点阵屏第一行的显示内容，需要把该行的数据传给芯片里的"D0"寄存器，而"D0"寄存器的地址是0x1。

表8-1

寄存器名称	地址（十六进制）
资料0（Digit 0）	0x1
资料1（Digit 1）	0x2
资料2（Digit 2）	0x3
资料3（Digit 3）	0x4
资料4（Digit 4）	0x5
资料5（Digit 5）	0x6
资料6（Digit 6）	0x7
资料7（Digit 7）	0x8
不运行（No-Op）	0x0
译码模式	0x9
显示强度	0xA
扫描限制	0xB
停机	0xC
显示器检测	0xF

MAX7219每次都会接收16位数据，数据分成两段，前8位是数据，接着是4位的地址，最后4个高位没有使用。

发送数据给“数据 0（Digit 0）”寄存器

D15	D14	D13	D12	D11	D10	D9	D8	D7	D6	D5	D4	D3	D2	D1	D0
×	×	×	×	0	0	0	1	0	1	1	1	0	0	0	1

未使用（D15～D12）　寄存器地址（D11～D8）　数据（D7～D0）

从 Arduino 发送数据时，先发送 8 位的地址（高字节），再发送数据（低字节），例如：

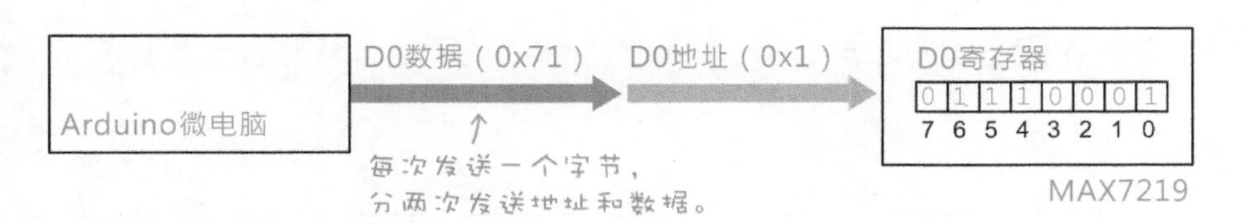

发数据给 MAX7219 的四个步骤

发送数据给 MAX7219 需要底下四个步骤，笔者将它们写成一个名叫 "max7219" 的函数，方便重复使用。

寄存器的地址（reg）　要发送的数据（data）

```
void max7219(byte reg, byte data) {
  digitalWrite (SS, LOW);   // 1. SS线设置成0（选取晶片）
  SPI.transfer (reg);       // 2. 发送寄存器的地址
  SPI.transfer (data);      // 3. 发送数据
  digitalWrite (SS, HIGH);  // 4. SS线设置成1（取消选取）
}
```

发送数据四步骤

其中的 "SPI.transfer( )" 是 Arduino 程序开发工具内建的扩展库指令，负责从微处理器的 SPI 接口发送数据（注：transfer 就代表“发送”）。调动此自定义函数的示例语句如下，它将把 LED 的显示强度（intensity）设置成 8（中等亮度）。

```
max7219 (0xA, 8);   // 向 0xA 地址的寄存器传送 8
```

为了增加代码的可读性，可以像这样用常量名称定义 MAX7219 的寄存器地址。

```
const byte NOOP = 0x0;              // 不运行
const byte DECODEMODE = 0x9;        // 译码模式
const byte INTENSITY = 0xA;         // 显示强度
const byte SCANLIMIT = 0xB;         // 扫描限制
const byte SHUTDOWN = 0xC;          // 停机
const byte DISPLAYTEST = 0xF;       // 显示器检测
```

如此一来，设置显示强度的语句就能写成：

```
max7219 (INTENSITY, 8);   // 向"强度"寄存器（地址 0xA）传送 8
```

8-5 显示单一矩阵图像

编写显示 8×8 LED 点阵屏图像的程序之前，请先在纸上绘制一个如下图 8×8 的表格，将要点亮的部分标示 1（若是共阳极，则标示 0），并记下每一行的二进制值或十六进制值（注：用十进制也行，只是比较不容易联想到原始图）。

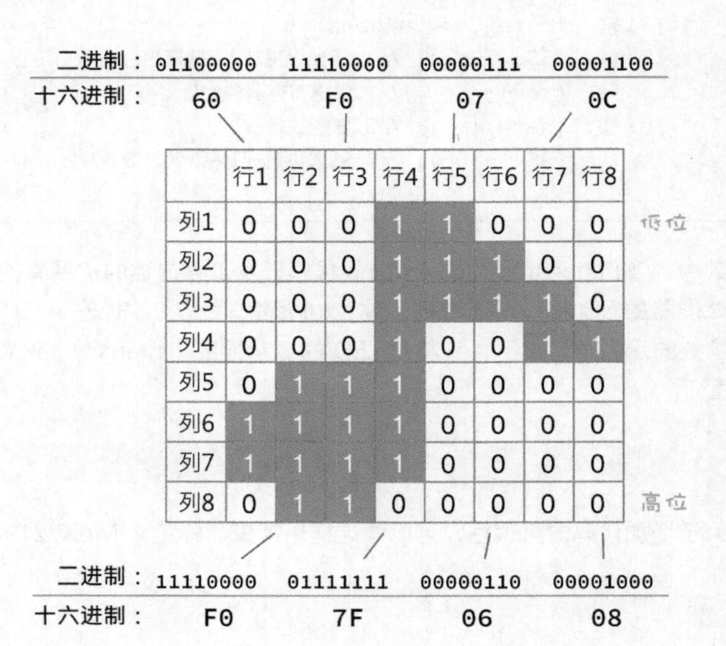

	行1	行2	行3	行4	行5	行6	行7	行8
列1	0	0	0	1	1	0	0	0
列2	0	0	0	1	1	1	0	0
列3	0	0	0	1	1	1	1	0
列4	0	0	0	1	0	0	1	1
列5	0	1	1	1	0	0	0	0
列6	1	1	1	1	0	0	0	0
列7	1	1	1	1	0	0	0	0
列8	0	1	1	0	0	0	0	0

图像规划完毕，即可打开程序编辑器，将每一行的数据值存成一组数组，笔者将此数组命名为 symbol。

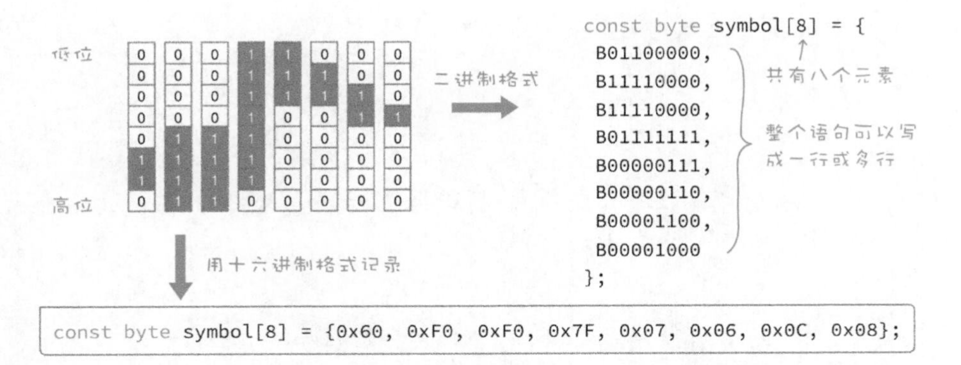

接下来，我们可以像底下一样，编写八行语句，从 symbol 数组取出每个元素并传给 MAX7219 的数据寄存器。

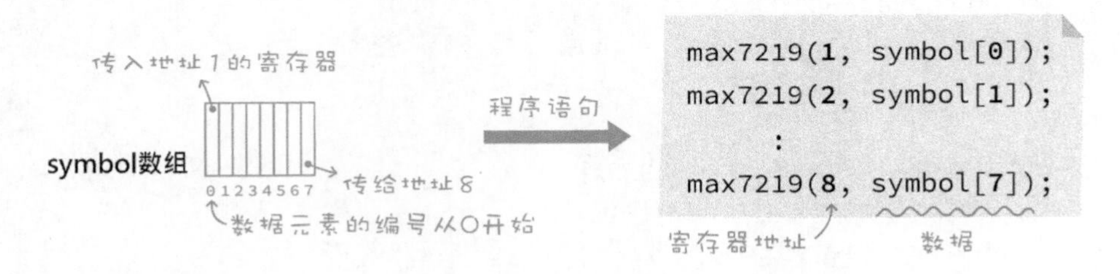

更好的写法是用一个 for 循环搞定。

```
for (byte i=0; i<8; i++){      ← 数据元素索引从0开始
    max7219(i + 1, symbol[i]);
                 ↑
}          数据寄存器地址从1开始
```

动手做 8-3 在矩阵 LED 上显示音符图像

实验说明：本实验借助“动手做 8-1”的成果，通过程序在 LED 点阵屏上显示音符图样。

实验程序：根据上一节的说明，在 LED 点阵屏显示一个音符图样的完整代码如下：

```
#include <SPI.h>  // 包含 SPI 扩展库

// 如果 Arduino 的编译程序版本小于 1.0，请加上底下的 SS 引脚常量定义：
// const byte SS = 10;
// 定义 8×8 图像
byte symbol[8] = {0x60, 0xF0, 0xF0, 0x7F, 0x07, 0x06, 0x0C, 0x08};

// 定义 MAX7219 寄存器
const byte NOOP = 0x0;           // 不运行
const byte DECODEMODE = 0x9;     // 译码模式
const byte INTENSITY = 0xA;      // 显示强度
const byte SCANLIMIT = 0xB;      // 扫描限制
const byte SHUTDOWN = 0xC;       // 停机
const byte DISPLAYTEST = 0xF;    // 显示器检测

// 设置 MAX7219 寄存器数据的自定义函数
void max7219(byte reg, byte data) {
  digitalWrite (SS, LOW);
  SPI.transfer (reg);
  SPI.transfer (data);
  digitalWrite (SS, HIGH);
}

void setup () {
  pinMode(SS, OUTPUT);      // 将默认的 SS 脚（数字 10）设成“输出”
  digitalWrite(SS, HIGH);// 先在SS脚输出高电位(代表“尚不选取外设”)
  SPI.begin ();             // 启动 SPI 联机

  max7219 (SCANLIMIT, 7);       // 设置扫描 8 行
  max7219 (DECODEMODE, 0);      // 不使用 BCD 译码
  max7219 (INTENSITY, 8);       // 设置成中等亮度
  max7219 (DISPLAYTEST, 0);     // 关闭显示器测试
  max7219 (SHUTDOWN, 1);        // 关闭停机模式（即“开机”）

  // 清除显示画面（LED 点阵屏中的八行都设置成 0）
  for (byte i=0; i < 8; i++) {
```

```
    max7219 (i + 1, 0);
  }
}

void loop () {
  for (byte i=0; i<8; i++) {
    max7219 (i + 1, symbol[i]);    // 显示自定义图像
  }
}
```

实验结果：编译并下载代码，LED 点阵屏将显示一个音符图像。

由于 Leonardo 板子预设的 SS 脚位需要额外焊接，我们通常使用其他数字脚来代替。假设我们将 SS（外设选择线）接在 Leonardo 板子的数字第 10 脚，请先在自定义函数之前声明一个储存替代脚位的 CS 常量，并将以上程序里的 SS 全都改成 CS。

```
// 声明外设选择线的脚位，因为 "SS" 这个名字已经被 SPI 扩展库使用
// 所以底下的程序命名为 "CS"
const byte CS = 10;

// 设置 MAX7219 寄存器数据的自定义函数，请将 SS 改成 CS
void max7219(byte reg, byte data) {
  digitalWrite (CS, LOW);
  SPI.transfer (reg);
  SPI.transfer (data);
  digitalWrite (CS, HIGH);
}
```

别忘了 setup() 函数里的 SS 常量也要改成 CS:

```
void setup () {
  pinMode(SS, OUTPUT);   // 系统默认的外设选择脚位
                         // 维持“输出”状态
  pinMode(CS, OUTPUT);   // 将自定义的外设选择脚位
                         // 设成“输出”
digitalWrite(CS, HIGH);
```

```
:                    // 以下程序不变
}
```

将系统默认的 SS 脚位设置成“输出”状态，可以避免 Arduino 变成 SPI 的“从端（受控制端）”。

动手做 8-4 在串口监视器输出矩形排列的星号

实验说明：以下的矩阵动画程序需要使用到“双重循环”技巧，也就是一个循环里面包含另一个循环。听起来有点吓人，但读者只要跟着本文练习，就会发现它的概念其实很简单。我们将写一段代码，在串口监视器排列输出 6×3 个 '*' 字符。

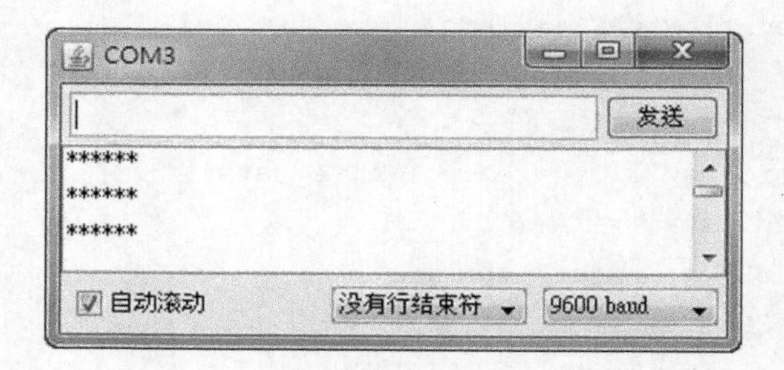

实验材料：除了 Arduino 板，不需要其他材料。

实验程序解说：遇到比较复杂的问题时，我们可以尝试先把问题简化，先解决一小部分。以上图的 6×3 的星号来说，我们首先要思考，该如何呈现 6 个水平排列的星号？最直白的方法是用 6 个 "print( )" 函数显示星号，但是这种方式毫无弹性，也不易维护。

最好用 for 循环来达成，日后若要增加星号的数量，或者改用其他字符显示，代码都很容易修改。

```
* * * * * *
0 1 2 3 4 5  → 往水平方向增加
               一共有6颗星
```

用6个"print"语句完成

```
Serial.print('*');
Serial.print('*');
Serial.print('*');
Serial.print('*');
Serial.print('*');
Serial.print('*');
```

或者，用for循环来描述

设置一个叫做'x'的计数器　x累加到6，循环即停止

```
for (int x=0; x<6; x++) {
  Serial.print('*');
}
```

底下的代码将能在串口监视器显示一行 6 个星号字符。

```
void setup() {
 Serial.begin(9600);
 for (int x=0; x<6; x++) {
  Serial.print('*');
 }
}
void loop() {
}
```

运行结果

```
COM3
******
```

串口监视器

由此可知，只要执行 3 次显示 6 个星号的语句，后面加上代表换行的“新行”字符，就能完成 6×3 的排列显示效果了。

```
0 * * * * * *
1 * * * * * *
2 * * * * * *
```

分成3段for循环来完成

显示6个星号，加上1个“新行”结尾

```
for (int x=0; x<6; x++) {
  Serial.print('*');
}
Serial.print('\n');
for (int x=0; x<6; x++) {
  Serial.print('*');
}
Serial.print('\n');
for (int x=0; x<6; x++) {
  Serial.print('*');
}
Serial.print('\n');
```

使用双重for循环描述

外层的计数器叫做'y'

这些语句将被运行3次，每次显示6个星号

```
for (int y=0; y<3; y++) {
  for (int x=0; x<6; x++) {
    Serial.print('*');
  }
  Serial.print('\n');
}
```

同样地，这三个重复的语句可以用一个 for 循环来描述，笔者将把计数往下排列的变数命名成 'y'。

实验程序：根据以上的说明，请在 Arduino 的程序编辑器输入底下的双重循环语句。

```
void setup() {
 Serial.begin(9600);
 for (int y=0; y<3; y++) {
  for (int x=0; x<6; x++) {
    Serial.print('*');
  }
  Serial.print('\n');
 }
}
void loop() {
}
```

运行结果

COM3

```
******
******
******
```

串口监视器

实验结果：下载执行，即可从串口监视器看见 6×3 排列的星号。

8-6 LED 点阵屏动画与多维数组程序设计

动画是通过视觉暂留原理，快速地播放连续、具有些微差距的图像内容，让原本固定不动的图像变成生动起来。更明确地说，人眼所看到的影像大约可以暂存在脑海中 1/16 秒，如果在暂存的影像消失之前，观看另一张连续动作的影像，便能产生活动画面的幻觉。以电影为例，影片胶卷的拍摄和播放速率是每秒 24 格画面（早期的哑剧每秒播放 16 格），每张画面的播放间隔时间为 1/24 秒，比视觉暂留的 1/16 秒时间短，因此我们可以从一连串静态图片观赏到生动的画面。

可以规划一系列动画图像（如下图），并让 Arduino 每隔 0.3 秒依序呈现一幅图像，这个“太空侵略者”就会在显示器上手舞足蹈。

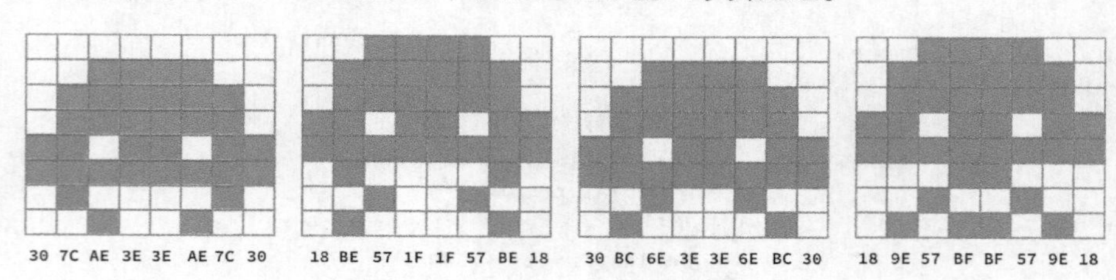

上一节的显示静态图像示例程序，只用到一张图像，因此只需定义一组数组。本节的动态影像使用四张图，所以需要定义四组数组。我们可以像这样声明四个数组变量。

```
byte pic0 = {1,2,3,4,5,6,7,8};    // 虚构的图像 0 数据
byte pic1 = {6,7,8,1,2,3,4,5};    // 虚构的图像 1 数据
byte pic2 = {4,5,6,7,8,1,2,3};    // 虚构的图像 2 数据
byte pic3 = {1,2,3,4,8,5,6,7};    // 虚构的图像 3 数据
```

也可以把这些数据用“二维数组”定义在**一个数组**里面。我们先回顾一下数组的声明语法。

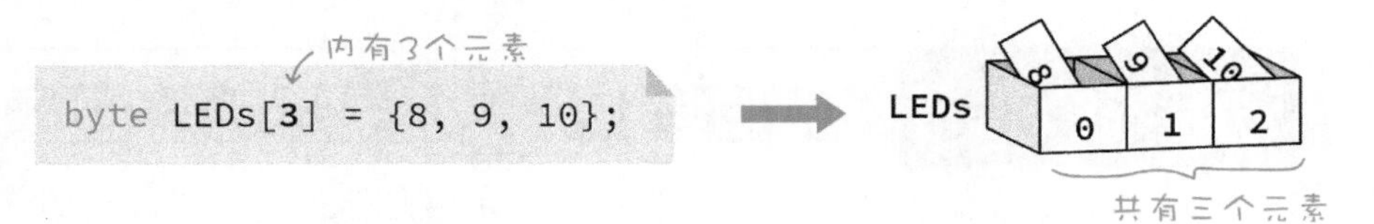

储存两组数组元素的“二维数组”的示例如下。

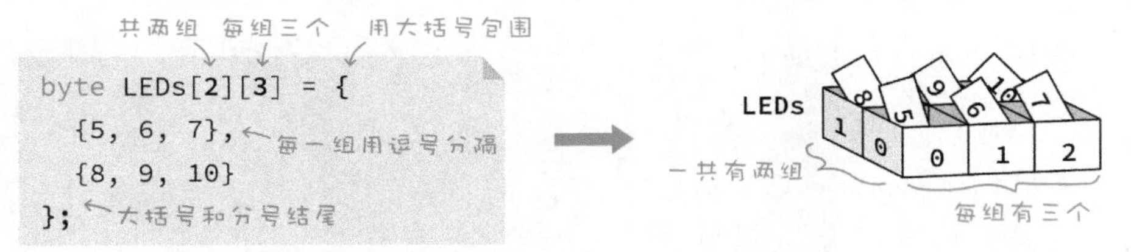

下文将示范如何制作一个向外扩张的四方形动画（注：动画的画面不限于四张，读者可自行增加），每个影格的外观和数据定义如下。

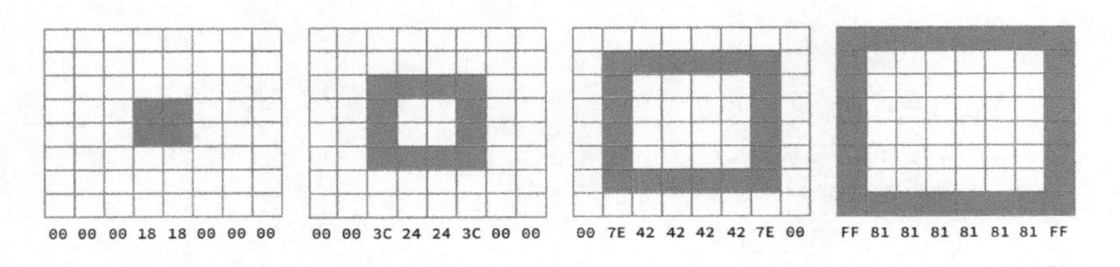

四组样式　每组有八行　每组都用大括号包围

```
const byte sprite[4][8] = {
  { 0x00, 0x00, 0x00, 0x18, 0x18, 0x00, 0x00, 0x00 },
  { 0x00, 0x00, 0x3C, 0x24, 0x24, 0x3C, 0x00, 0x00 },
  { 0x00, 0x7E, 0x42, 0x42, 0x42, 0x42, 0x7E, 0x00 },
  { 0xFF, 0x81, 0x81, 0x81, 0x81, 0x81, 0x81, 0xFF }
};
```

别忘了分号结尾

循环程序需要先读取第一张图片里的八行数据，再切换到下一张读取，我们需要撰写如下的双重循环。

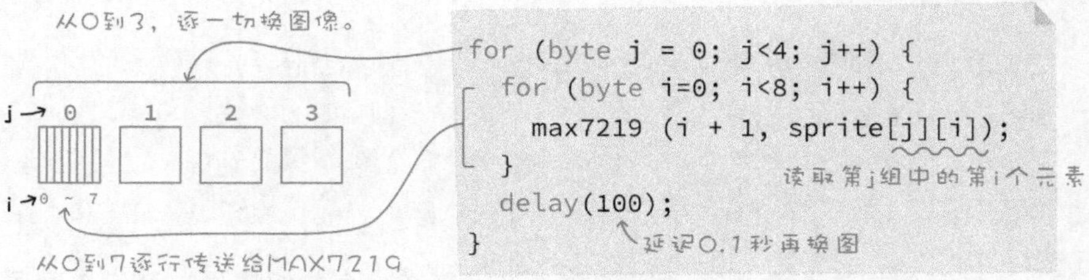

从0到3，逐一切换图像。

j → 0 1 2 3

i → 0 ~ 7

从0到7逐行传送给MAX7219

```
for (byte j = 0; j<4; j++) {
  for (byte i=0; i<8; i++) {
    max7219 (i + 1, sprite[j][i]);
  }
  delay(100);
}
```

读取第j组中的第i个元素

延迟0.1秒再换图

动手做 8-5 在矩阵 LED 上显示动态图像

根据上文的说明，底下的代码将 LED 点阵屏上显示动态方框。

```
#include <SPI.h>

// 定义动态图像内容
const byte sprite[4][8] = {
  { 0x00, 0x00, 0x00, 0x18, 0x18, 0x00, 0x00, 0x00 },
  { 0x00, 0x00, 0x3C, 0x24, 0x24, 0x3C, 0x00, 0x00 },
  { 0x00, 0x7E, 0x42, 0x42, 0x42, 0x42, 0x7E, 0x00 },
  { 0xFF, 0x81, 0x81, 0x81, 0x81, 0x81, 0x81, 0xFF }
};
// 定义 MAX7219 寄存器值
const byte NOOP = 0x0;            // 不运行
const byte DECODEMODE = 0x9;      // 译码模式
const byte INTENSITY = 0xA;       // 显示强度
const byte SCANLIMIT = 0xB;       // 扫描限制
const byte SHUTDOWN = 0xC;        // 停机
const byte DISPLAYTEST = 0xF;     // 显示器检测

// 设置 MAX7219 寄存器数据的自定义函数
void max7219 (const byte reg, const byte data) {
  digitalWrite (SS, LOW);
  SPI.transfer (reg);
```

```
  SPI.transfer (data);
  digitalWrite (SS, HIGH);
}

void setup () {
  SPI.begin ();              // 启动 SPI 联机

  max7219 (SCANLIMIT, 7);    // 设置扫描 8 行
  max7219 (DECODEMODE, 0);   // 不使用 BCD 译码
  max7219 (INTENSITY, 8);    // 设置成中等亮度
  max7219 (DISPLAYTEST, 0); // 关闭显示器测试
  max7219 (SHUTDOWN, 1);     // 关闭停机模式(即“开机”)

  // 清除显示画面(LED 点阵屏中的八行都设置成 0)
  for (byte i=0; i < 8; i++) {
    max7219 (i + 1, 0);
  }
}

void loop () {
  for (byte j = 0; j<4; j++) {   // 一共 4 个画面
    for (byte i=0; i<8; i++) {   // 每个画面 8 行
      max7219 (i + 1, sprite[j][i]);
    }
    delay(100);
  }
}
```

8-7 | LED 点阵屏流水灯

流水灯动画指的是文字或图像朝某一方向滚动而产生的动画效果，假设我们在一个 8×8 LED 点阵屏呈现滚动的 "Arduino" 文字，底下是从 A 滚动到 r 的样子。

一个 Ardunio 程序，可以由不同的程序文件构成，像上文的代码结合了 "SPI.h" 外部扩展库。本示例程序将包含另一个叫做 fonts.h 的文件，其中包括依照 ASCII 编码排列的 127 个字符图像定义，LED 点阵屏程序只要输入 ASCII 编码，即可取得该字符的图像外观（关于 .h 外部文件的详细说明，请参阅第 12 章）。

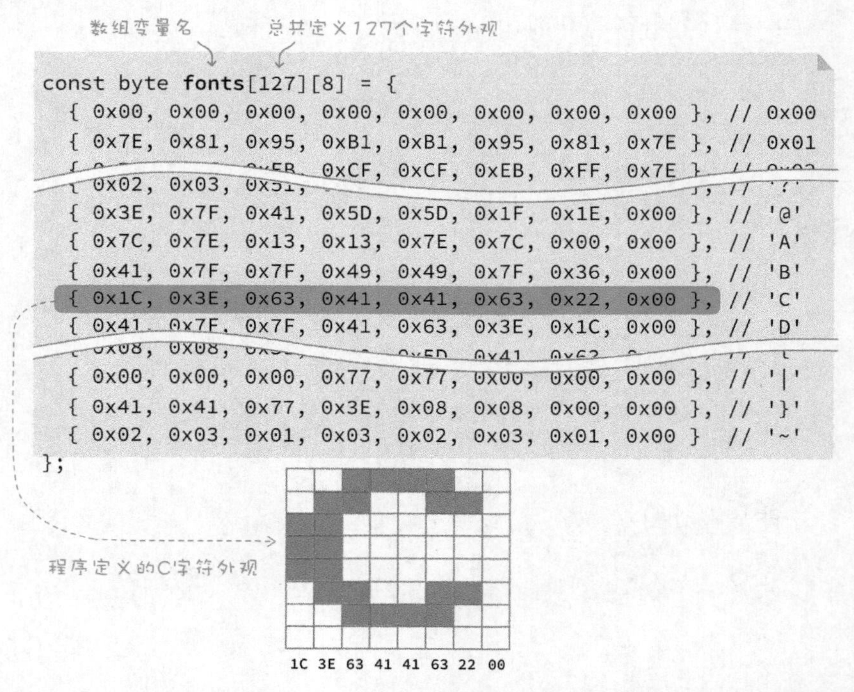

为了构成字符滚动的效果，我们必须把该字符先暂存在一个变量里，才能用程序移动其中的数据，笔者将此变量命名为 buffer（笔者用一个盒子代表，但此容器其实是数组）。

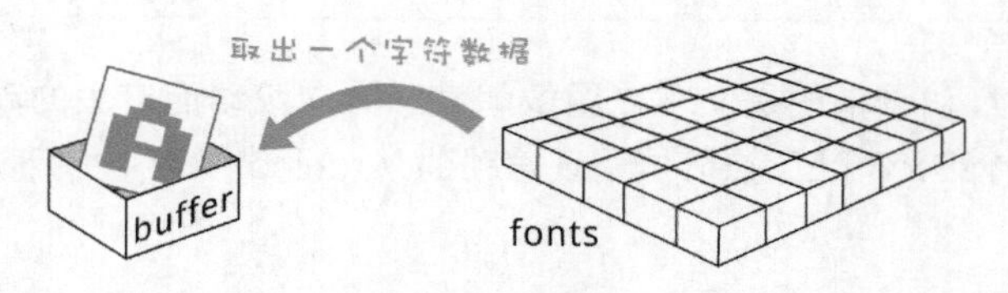

为了让整个字符向左移动一格，程序需要将数组里的下一个元素数据（即

下一行）复制给前一个元素（前一行）。假设数组元素的编号为 i（下一行元素为 i+1），每复制元素一次，i 就增加 1，因此，当 i 变成 6 时，整个字符就完成向左移动一格了。

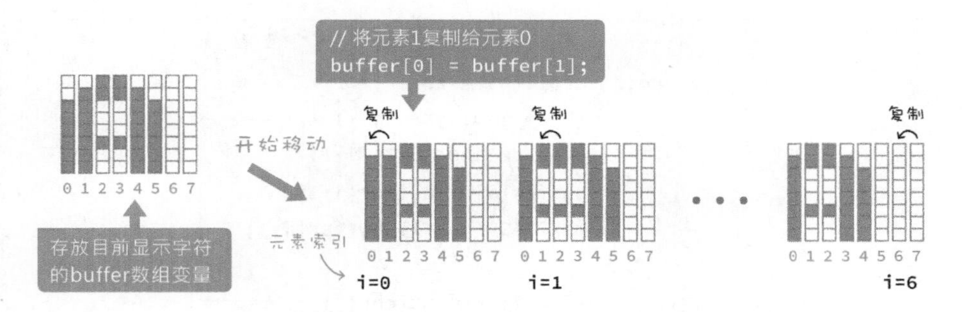

当 i 的值累加到 7 时（buffer 数组的最后一个元素），必须复制下一个字符（此例为 'r'）的第一个元素：

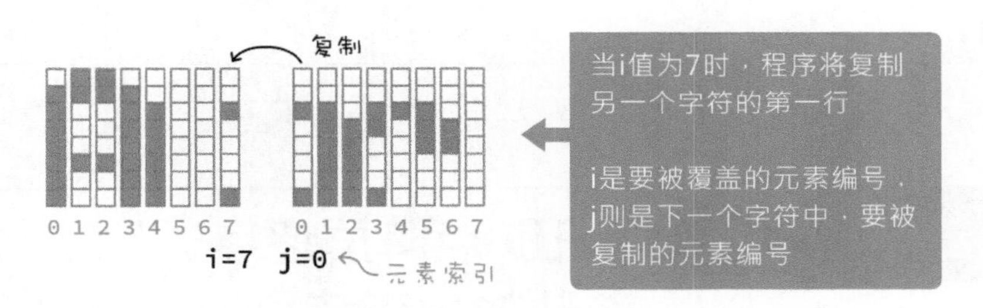

复制完毕后，i 又从 0 开始一直累加到 7，持续复制下一行，最后把下一个字符当中的第二个元素复制过来。

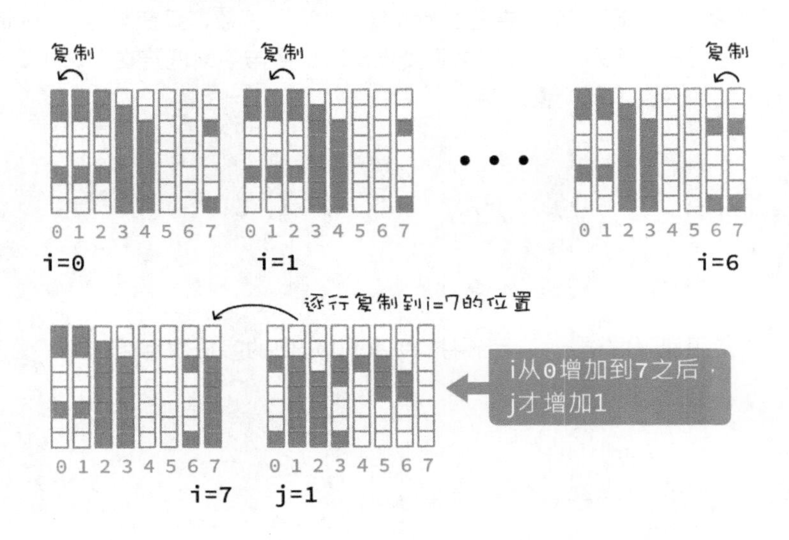

如此不停地复制，当下一个字符的索引 j 值为 7，就代表复制到了下一个字的最后一行，完成从 A 到 r 的滚动效果。

依据以上的动作分析，笔者把滚动文字的程序写成 scroll( ) 自定义函数。

```
void scroll(byte chr) {                       ← 传入下一个字符编号
  for (byte j=0; j<8; j++) {
    for (byte i=0; i<7; i++) {                 滚动目前的字符
      buffer[i] = buffer[i+1];
      max7219 (i + 1, buffer[i]);
    }
    buffer[7] = font[chr][j];                 ← 逐行复制下个字符到目前的7行
    max7219 (8, buffer[7]);
    delay(100);                               ← 延迟0.1秒再滚动
  }
}
```

动手做 8-6 LED 点阵屏逐字滚动效果程序

实验程序：假设我们要通过 scroll( ) 自定义函数，重复显示 "Arduino " 字符串（最后一个字是空白，以免重复显示时，字与字之间连在一起），请在程序的开头加入底下的变量声明。

```
// 储存要显示的信息
char msg[] = {'A','r','d','u','i','n','o',' '};
// 使用 sizeof() 函数计算数组中的元素数量（此例的结果为 8）
int msgSize = sizeof(msg);
```

若是用底下的语法，请记得把 sizeof( ) 返回的字符数目减 1。

```
char msg[] = "Arduino ";
// 字符串数组的结尾包含 Null，因此实际长度要减 1。
int msgSize = sizeof(msg) - 1;
```

接着在 loop( ) 区块中，逐字发送给滚动字符的 scroll( ) 函数。

```
void loop () {
 byte chr;
 // 从第 0 个字符开始，每次取出一个字
 for (int i = 0; i < msgSize; i++) {
   chr = msg[i];
   scroll(chr);
 }
}
```

请先在 Arduino 程序编辑器中，输入底下的代码。

```
#include <SPI.h>
#include "fonts.h"  // 包含外部的 LED 字符外观定义文件

byte buffer[8] = {0,0,0,0,0,0,0,0};
// 储存要显示的信息
char msg[] = {'A','r','d','u','i','n','o',' '};
int msgSize = sizeof(msg);

// 定义 MAX7219 寄存器值
const byte NOOP = 0x0;              // 不运行
const byte DECODEMODE = 0x9;        // 译码模式
const byte INTENSITY = 0xA;         // 显示强度
const byte SCANLIMIT = 0xB;         // 扫描限制
const byte SHUTDOWN = 0xC;          // 停机
const byte DISPLAYTEST = 0xF;       // 显示器检测

// 设置 MAX7219 寄存器数据的自定义函数
void max7219 (const byte reg, const byte data) {
  digitalWrite (SS, LOW);
  SPI.transfer (reg);
  SPI.transfer (data);
  digitalWrite (SS, HIGH);
}

// 滚动字符
void scroll(byte chr) {
  for (byte j = 0; j<8; j++) {
    for (byte i=0; i<7; i++) {
```

```
      buffer[i] = buffer[i+1];
      max7219 (i + 1, buffer[i]);
    }
    buffer[7] = fonts[chr][j];
    max7219 (8, buffer[7]);
    delay(100);
  }
}

void setup () {
  SPI.begin ();                    // 启动 SPI 联机

  max7219 (SCANLIMIT, 7);     // 设置扫描 8 行
  max7219 (DECODEMODE, 0);   // 不使用 BCD 译码
  max7219 (INTENSITY, 8);     // 设置成中等亮度
  max7219 (DISPLAYTEST, 0); // 关闭显示器测试
  max7219 (SHUTDOWN, 1);      // 关闭停机模式（即“开机”）

  // 清除显示画面（LED 点阵屏中的八行都设置成 0）
  for (byte i=0; i < 8; i++) {
    max7219 (i + 1, 0);
  }
}

void loop () {
 byte chr;
 // 从 msg 数组的第 0 个字符开始，每次从中取出一个字
 for (int i = 0; i < msgSize; i++) {
   chr = msg[i];
   scroll(chr);
 }
}
```

程序输入完毕后，将它命名成 "MAX7291_scroll.ino" 文件存储，Arduino 程序开发工具默认将把其存在“文件”（或者 Windows XP 上的“我的文档”）文件夹里的 Arduino\MAX7291_scroll 路径。

接着，把光盘里的 fonts.h 文件复制到刚才的存储路径。

08

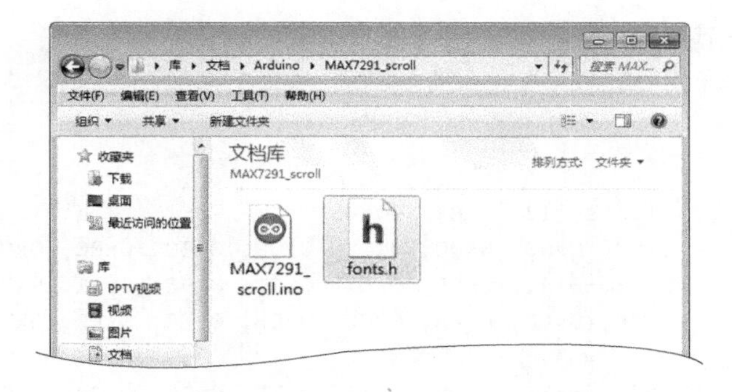

实验结果：编译并下载代码，即可看见 LED 点阵屏显示器反复呈现 "Arduino " 滚动文字。

8-8 将常数保存在“程序内存”里

第 2 章提到，程序启动时，变量会被保存在主存储器（SRAM）。可是，ATmega328 处理器的 SRAM 容量不大，对于常数，尤其是大量的 LED 点阵屏图像定义，实在没有必要再消耗 SRAM 的空间。

像这种情况，只需包含 "avr/pgmspace.h" 扩展库，并在常数声明语句中加入 PROGMEM 关键词。

```
#include <avr/pgmspace.h>

const byte fonts[127][8] PROGMEM = {
    数组元素内容
};
```

上面的片段将在**程序内存**（闪存）中建立一个 127×8 字节的数组，const 前置词可省略，因为保存在闪存的内容本来就是固定不变的。PROGMEM 关键词也摆在最前面。

```
PROGMEM byte fonts[127][8] = {
    数组元素内容
};
```

笔者将此依照 ASCII 编码排列的 127 个字符图像定义，存储在 fonts_p.h，它与前一节的 fonts.h 的差别在于多了 PROGMEM 声明。

数据类型 → byte；变量名 → fonts；共127组 → [127]；每组8个 → [8]；保存在程序内存 → PROGMEM

```
byte fonts [127] [8] PROGMEM = {
   { 0x00, 0x00, 0x00, 0x00, 0x00, 0x00, 0x00, 0x00 }, // 0x00
   { 0x7E, 0x81, 0x95, 0xB1, 0xB1, 0x95, 0x81, 0x7E }, // 0x01
   { 0x7E, 0xFF, 0xEB, 0xCF, 0xCF, 0xEB, 0xFF, 0x7E }, // 0x02
        :
   { 0x7C, 0x7E, 0x13, 0x13, 0x7E, 0x7C, 0x00, 0x00 }, // 'A'
   { 0x41, 0x7F, 0x7F, 0x49, 0x49, 0x7F, 0x36, 0x00 }, // 'B'
        :
   { 0x00, 0x00, 0x00, 0x00, 0x00, 0x00, 0x00, 0x00 }, // 0xFF
};
```

按照ASCII规范排列的127个字符

读取**程序内存**的值，稍微麻烦一些，无法直接通过变量的名称存取，而是要通过“指标”存取。

认识“指标”

存取变量的数据，除了通过它的名称之外，还可以通过它的**内存地址**。“地址”就是存放数据之处的地址编号。底下是通过“名称”存取变量值的情况。

通过“地址”存取变量，需要借助 *（星号）和 & 符号，它们的意义如下。

外型像提把，用于“提取”数据的内存地址

外型像飞镖的尾翼，用于“指向”某地址的数据

* 和 & 经常合并使用，在底下的示例语句中，"&LED" 将取得 LED 变量所在的地址，然后存入 pt 变量，在程序用语中，*pt 称为“指向 LED 地址的**指针（pointer）**”。

```
byte LED = 13;
byte *pt = &LED; // 建立指向LED内存的捷径
byte p2 = *pt;   // p2的值为13
```

指向LED的数据值

经由pt取得LED的值

以上 3 行程序，可以拆解成以下 4 行。

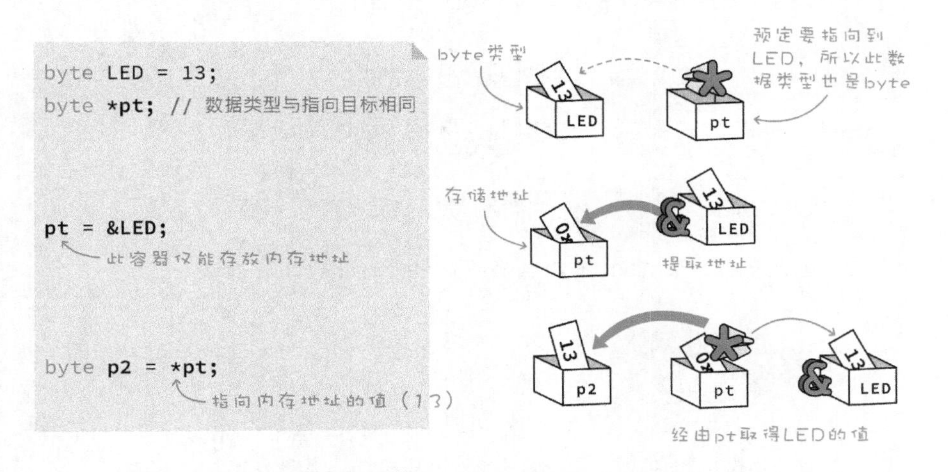

凡是存储“内存地址”的变量，前面都要加上 * 号（注：下图中的内存地址编号是虚构的）。

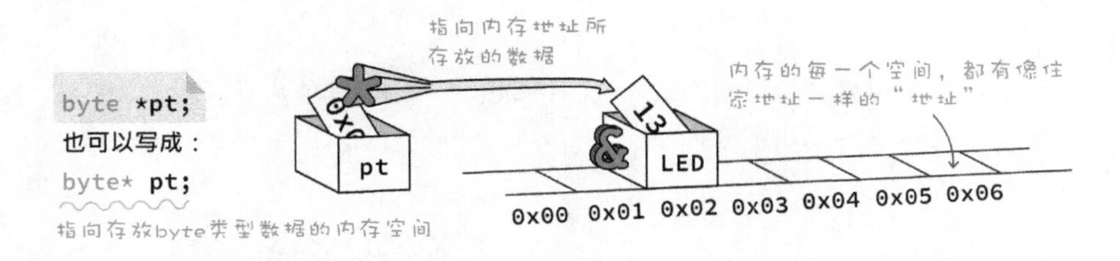

存储数组的变量，实际上是记录了数组的第一个元素地址。以这个语句为例：

```
char msg[] = "Arduino ";
```

此数组的结构可理解成下图的模样，并且用加、减地址的方式取得元素值。

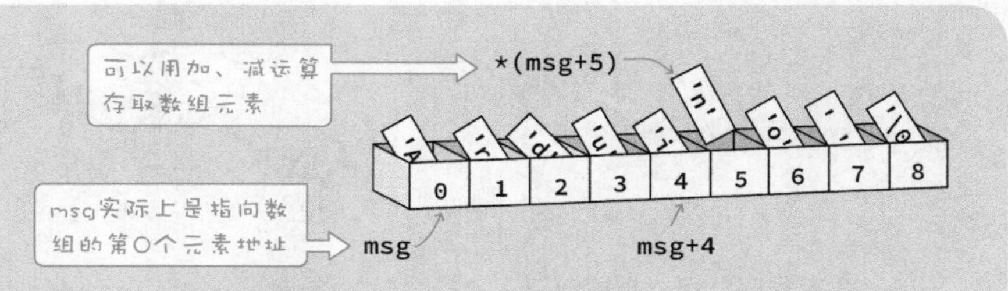

换句话说，msg[0] 可以写成 *msg：

读取第0个元素 → msg[0] 或 *msg

读取第2个元素 → msg[2] 或 *(msg+2)

若没有括号，代表将元素值加2！

*msg+2 → 'A'+2 → 65+2 → 'C'

因此，上一节的 loop( ) 代码，可以用指标改写成：

```
void loop () {
  byte chr;
  for (int i = 0; i < msgSize; i++) {
    chr = *(msg + i);   // 读取 msg 数组的元素值
    scroll(chr);
  }
}
```

或者用累加指标的方式，直到指标指向 Null（其值为 0）为止，使用 while 循环逐字取出字符。

```
void loop () {   指向msg的第一个元素
  char *pt = msg;
  char chr;
  while (chr = *pt++) {

    scroll(chr);
  }
}
```

'A' 'r' 'd' 'u' 'i' 'n' 'o' ' ' '\0'
0 1 2 3 4 5 6 7 8

先取出目前所在地址的值，再将地址加1

如果chr的值为0（Null），则停止循环

这个写法，意义不同：
++*pt
代表先将目前所在地址的内容加1，再返回值（结果将是'B'）

请注意，如果把 while 循环改写成底下的样子，它将累加**目前所在位置**的值，再显示出来，其结果将依序显示 "BCDEFGH……"（因为此数组的第一个元素是 'A'，加 1 之后变成 'B'），而非 "Arduino "。

```
while (chr = ++*pt) {
   scroll(chr);
}
```

读取程序内存的常数

读取**程序内存**的值，要使用 pgmspace.h 扩展库提供的函数，并通过地址来存取。例如，读取一个字节的函数叫做 pgm_read_byte( )，语法如下。

```
byte 变量;
变量 = pgm_read_byte (数据地址);
```

底下的示例将取出 fonts 数组中的第 69 组第 0 行。

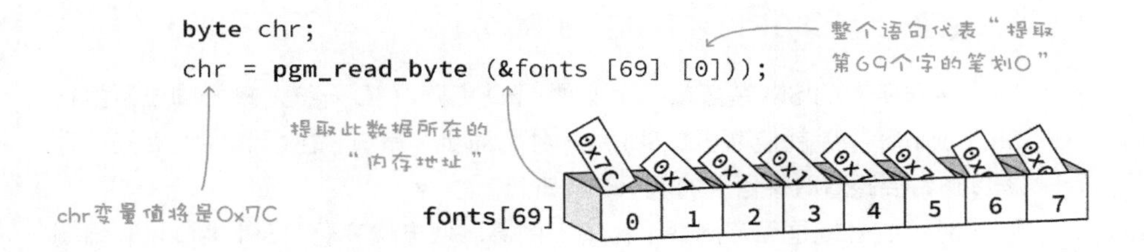

> **提示 pgmspace.h 扩展库**
>
> pgmspace.h 扩展库的原意是 "Program Space Utilities"（程序空间工具），此扩展库定义了许多操作“程序内存”的函数和数据类型，除了 pgm_read_byte（读取一个字节），还有 pgm_read_word（读取双字节），PSTR（读取字符串）等，详细的表列请参阅 AVR Lib 网站上说明文件（http://www.nongnu.org/avr-libc/user-manual/group__avr__pgmspace.html）。

逐字滚动程序之二：读取程序内存里的字符

综合以上的说明，使用程序内存的滚动字符的代码和之前的版本主要差别在于 scroll( ) 自定义函数中，取用字符数据的语句不同。改写之后的 scroll( )

自定义函数如下。

```
void scroll(byte chr) {
  for (byte j = 0; j<8; j++) {
    for (byte i=0; i<7; i++) {
      buffer[i] = buffer[i+1];
      max7219 (i + 1, buffer[i]);
      }
// 读取程序内存里的字符数据
    buffer[7] = pgm_read_byte(&fonts[chr][j]);
    max7219 (8, buffer[7]);
    delay(100);
  }
}
```

本单元的完整代码，请参阅光盘里的 PROGMEM_scroll.ino。

再谈 SPI 接口与相关扩展库指令

并非所有的 SPI 装置都像上文的 LED 点阵屏 IC 一样，接好脚位再执行 SPI.begin( ) 指令就能联机。SPI 是一种“同步”串口，主机和外设之间的数据传递都要跟着时钟信号的起伏一同进行。

时钟信号就是固定周期（频率）的高、低电位变化。SPI 接口没有强制规范时钟信号的标准，所以不同类型的 SPI 接口芯片，信号格式可能不太一样。联机之前要留意下列事项：

1. **数据的位传递顺序**（bit order）：分成**高位先传**（MSBFIRST）和**低位先传**（LSBFIRST）两种。

2. 设备所能接受的**时钟最高频率**。

3. **时钟极性**（clock polarity）：简称 CPOL，时钟信号的电位基准（低电位极性为 0）。

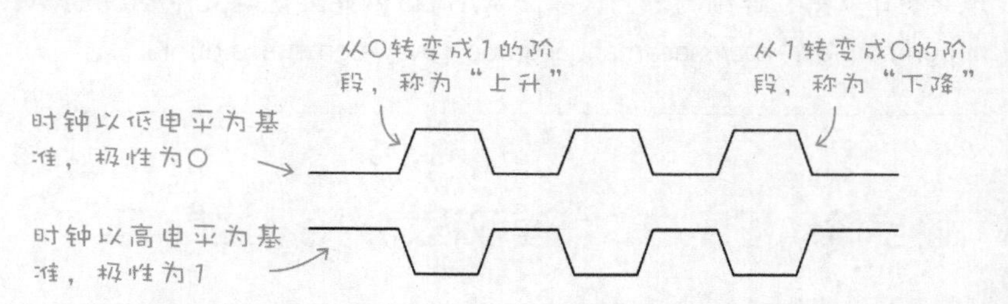

4. **时钟相位**（clock phase）：数据在时钟的上升阶段或者下降阶段被读取。

依据时钟的极性和相位变化，可以分成四种数据模式。

数据模式名称	时钟极性（CPOL）	时钟相位（CPHA）
SPI_MODE0	0	0（上升阶段）
SPI_MODE1	0	1（下降阶段）
SPI_MODE2	1	0
SPI_MODE3	1	1

MAX7219 技术文件指出，其数据从高位先传、时钟频率上限为 10MHz、时钟极性（CPOL）为低电位、数据在上升阶段接收，因此工作模式为 SPI_MODE0。SPI 扩展库的 setDataMode( ) 函数，用于设置数据模式，示例语法如下。

设置位传送顺序的函数是 setBitOrder( )，示例如下：

```
SPI.setBitOrder(MSBFIRST);   // 高位先传;
                            // 低位要指定值 LSBFIRST。
```

Arduino 的微处理器工作频率通常是 16MHz，SPI 扩展库提供一个 setClockDivider( ) 频率除法函数，能将处理器频率除以 2、4、6、8、16、32、64 或 128，当做 SPI 时钟频率，示例语法如下：

```
SPI.setClockDivider(SPI_CLOCK_DIV2);    // 除以 2  → 8MHz
SPI.setClockDivider(SPI_CLOCK_DIV16);   // 除以 16 → 1MHz
SPI.setClockDivider(SPI_CLOCK_DIV64);   // 除以 64 → 250Hz
```

综合以上说明，完整的 SPI 通信协议设置代码如下：

```
void SPISetup(){
  pinMode(SS, OUTPUT);
  SPI.begin();
  SPI.setBitOrder(MSBFIRST); // 高位先传
  SPI.setDataMode(SPI_MODE0);// 时钟的基准为 0,
                             // 在上升阶段读取资料。
  SPI.setClockDivider(SPI_CLOCK_DIV16);
                             // SPI 时钟频率: 1MHz
}
```

CHAPTER 09

LCD 液晶屏
+ 温湿度传感器
+ 超声波传感器

液晶显示器（Liquid Crystal Display，简称 LCD）广泛用于各种电子设置，从小型、使用电池运行的计算器、手表、手机、照相机，到电脑和电视的大尺寸画面，以及复印机和打印机等。

本章将介绍电子爱好者广泛使用的 LCD 液晶屏，接线和程控方式，并且当做温湿度传感器以及超声波传感器的显示接口。

9-1 认识文本型 LCD 显示模块

LCD 显示模块分成“文本模式”和“图形模式”两种，文本模式的显示器只能显示文、数字和符号（注：文本通常是指英文不是中文），图形模式的显示器则可以显示文本和图像。本书将介绍文本模式显示器模块的控制方式。

LCD 模块除了显示器（或者说“面板”）之外，还包含控制芯片。市面上有不同厂商生产不同款式的 LCD 文本显示器，但绝大多数的产品都采用同一种芯片来控制，此控制芯片是日立公司生产的 HD44780。因此，LCD 模块通常会强调是 "HD44780" 兼容的显示器。

底下是 LCD 文本显示器模块的外观。

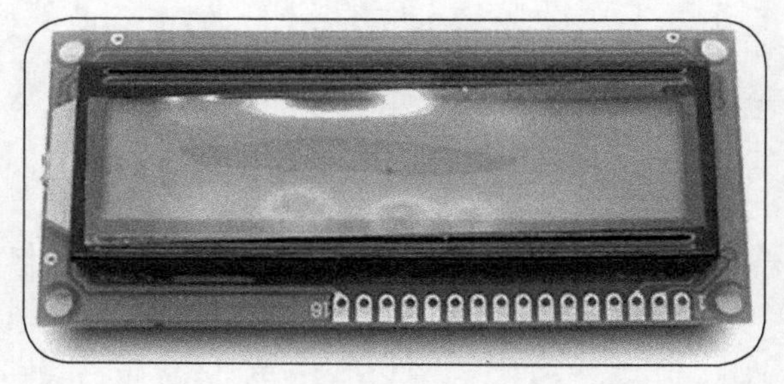

液晶本身不会发光，因此需要通过反射光源，或者背光模块（目前多采用 LED 发光）提供光源，才能显示清楚。上图是没有背光模块的显示器，建议读者购买有背光的类型。

手机、电视和电脑屏幕的 LCD，都属于图像式，也就是不限于显示文 / 数字，整个显示内容可自由设定。底下是颇受 DIY 玩家欢迎，价格低廉的 Nokia 3110/5110 手机黑白 LCD 屏，可在网站上买到，也能在网络搜索到相关的 Arduino 扩展库。

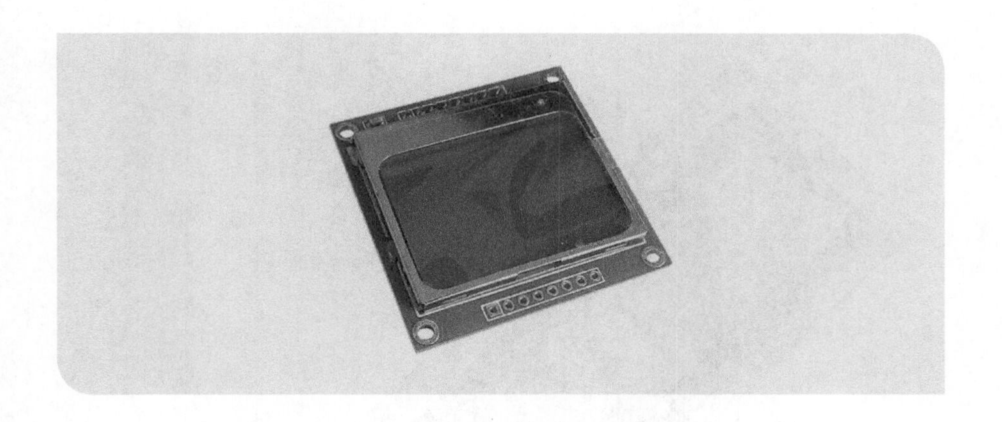

HD44780 兼容的文本显示器简介

"HD44780" 兼容显示器的内部结构如下。控制芯片提供清除画面、显示位移、闪动光标等控制指令，自带 160 个 5×7 的点阵字体（除了英文字母、数字和符号之外，还有日文的片假名），可储存用户自定义的 8 的 5×7 点阵符号。

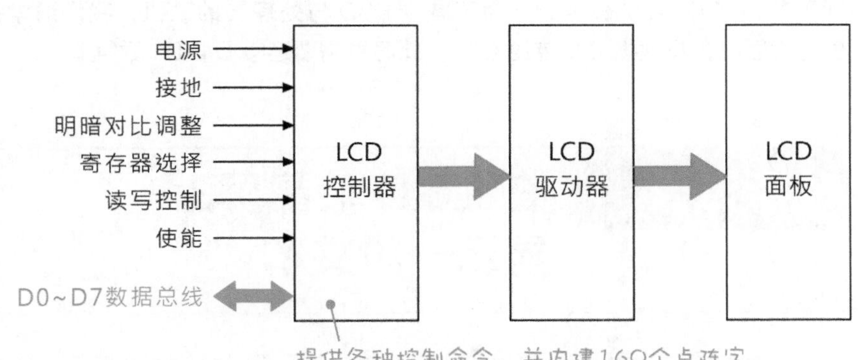

通过第 8 章的 LED 点阵程序，我们可以感受到，让微处理器和外设接口交互，不仅要配合时序，还要知道芯片内部寄存器地址和数据格式。可以推论，连接 LCD 控制芯片，势必也要遵循相关的通信协议。

幸好，Arduino 软件已经自带一个控制 LCD 模块的扩展库以及相关示例程序，帮我们解决了所有恼人的通信、设定寄存器等细节。

HD44780 兼容的 LCD 液晶屏共有 14 只引脚，若包含背光模块，则有 16 脚。显示器模块的实际脚位，会因厂商而异，但大多数模块都如下所示。

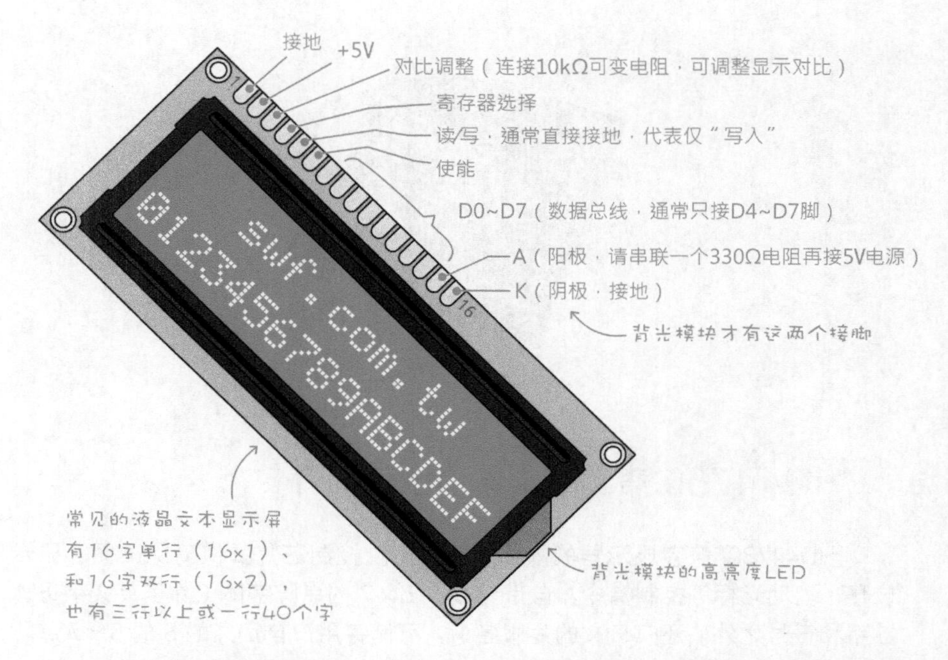

显示器模块的数据读/写方式有8位与4位两种，若以8位方式进行读写，则需要连接D0~D7数据脚，**为了减少LCD与处理器的联机，我们通常采4位方式联机**，将数据分批传给LCD，此时只需要连接D4~D7数据脚。

动手做 9-1 在LCD液晶屏上显示一段文本

实验说明：采用LCD模块的4位接线模式连接Arduino微电脑，并使用Arduino软件自带的扩展库在LCD上显示一段文本。

实验材料：

16×2行文本LCD液晶屏模块	1个
10kΩ 可变电阻	1个
330Ω 电阻（橙橙棕）	1个

实验电路：采用4位模式，连接LCD模块与Arduino的方式如下图，其中的电源和接地，请分别接到Arduino的5V和GND端口。

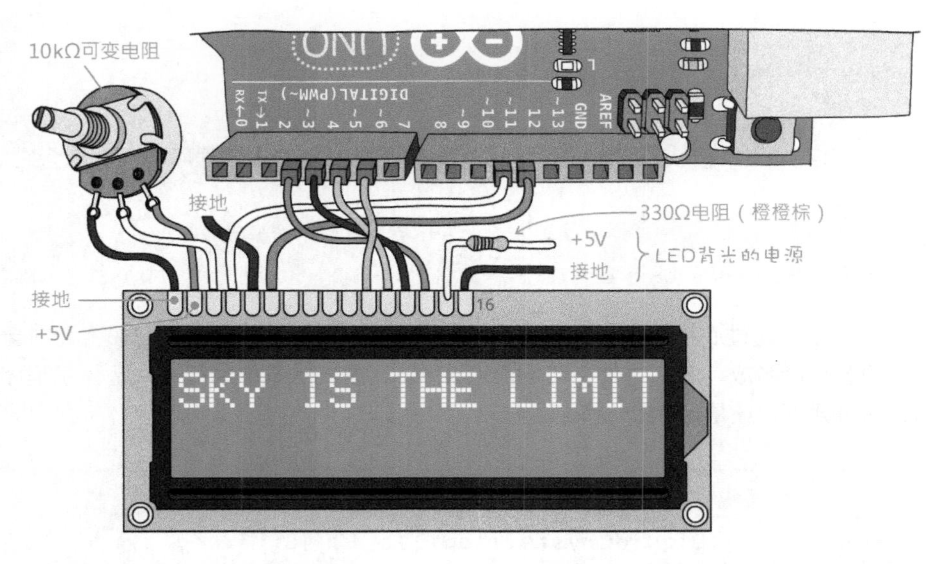

实验程序：在 Arduino 软件中，选择**文件→示例→ LiquidCrystal → HelloWorld**。这个程序将能在 LCD 模块的上面列（第 0 列）显示 "Hello World"，下面列（第 1 列）显示程序开始执行到现在所经过的秒数，请直接编译并上传此程序。

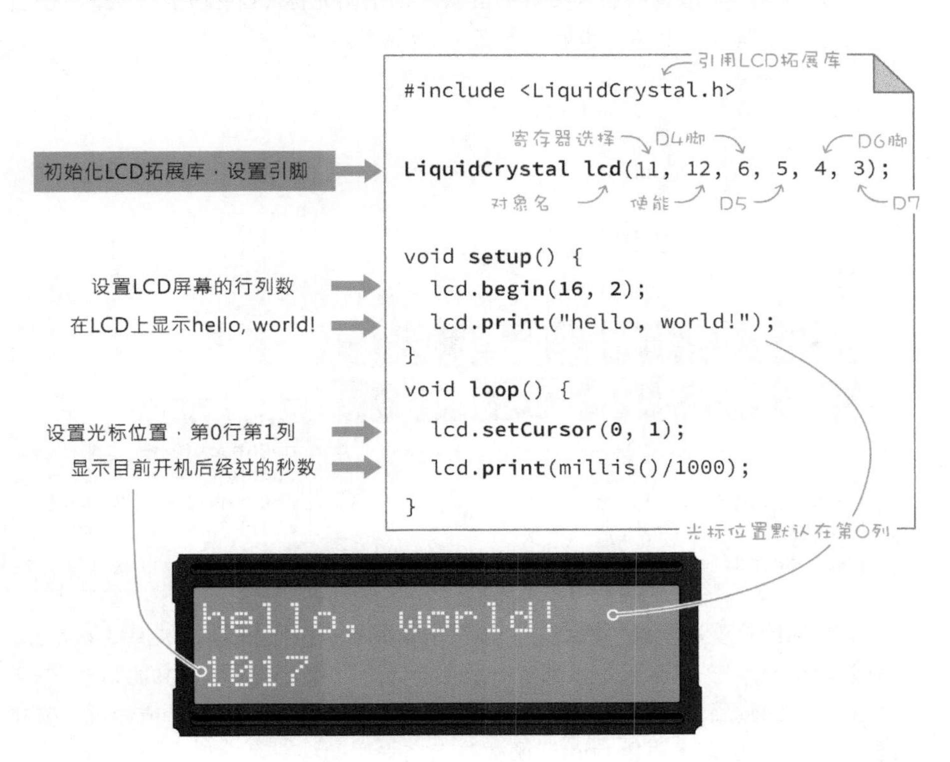

LCD 液晶屏程序说明

控制 LCD 模块的扩展库，称为 "LiquidCrystal.h"，要在程序的开头包含它。

```
// 扩展库的名称前后用小于和大于符号包围，后面不加分号结尾
#include <LiquidCrystal.h>
```

接着通过底下的语句，建立控制 LCD 液晶屏的程序对象。习惯上，对象的名称命名成 "lcd"，当然，将它命名成 "abc" 或其他名称也行，只是为了程序的可读性，还是用 "lcd" 比较妥当。

扩展库名 → LiquidCrystal；自定义的程序对象名 → lcd

```
LiquidCrystal lcd(11, 12, 6, 5, 4, 3);
```

显示器的行列编号都是从 0 开始(参阅下图),LCD 扩展库使用 print( ) 函数，将文本输出到显示器；插入文本的位置，则是由**光标**（cursor）决定，一开始它位于显示器的左上角，也就是**原点**（home）。

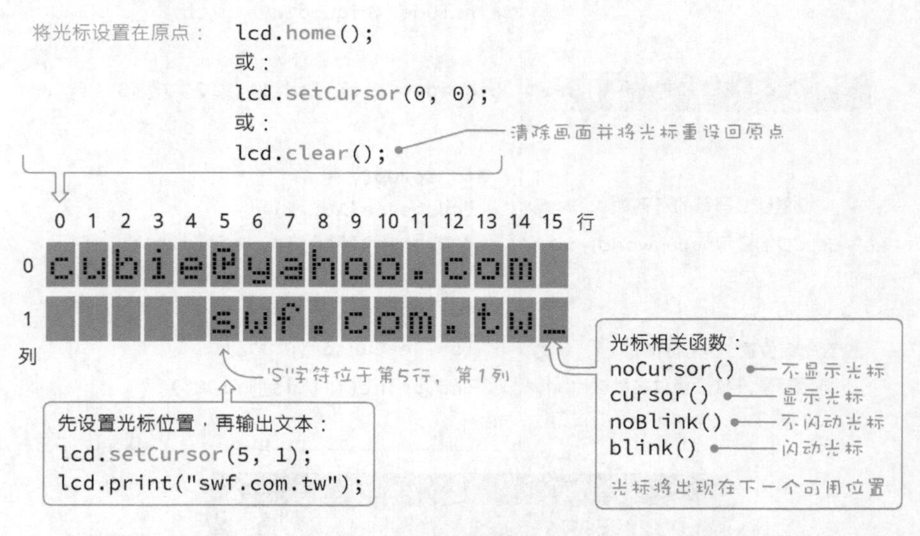

光标的外观是一条“底线”，预设是隐藏的。执行 LCD 扩展库的 cursor( ) 函数即可显示它，若再执行 blink( ) 函数，光标位置将呈现闪动的方块。若要改变文本的输出位置，请先执行 setCursor( ) 函数，设定光标（或者说“文本插入点”）的位置，再用 print( ) 函数输出文本。

若要在 LCD 模块显示上图的内容，完整的 setup( ) 和 loop( ) 区块的程序改写成：

```
#include <LiquidCrystal.h>
LiquidCrystal lcd(11, 12, 6, 5, 4, 3);

void setup() {
  lcd.begin(16, 2);
  lcd.clear();                      // 清除画面，此行可省略
  lcd.print("cubie@yahoo.com");     // 从“原点”开始输出文本
  lcd.setCursor(5, 1);              // 改变光标位置到第 5 行、第 1 列
  lcd.print("swf.com.tw");          // 再输出文本
}
void loop() {
}
```

要注意的是，显示文本都是暂存在控制芯片的内存里，虽然显示器一列只能容纳 16 个字，但内存却是保存一列 40 个字，而且控制芯片本身并不知道显示器究竟一列可以显示多少字。

以输出 "The quick brown fox jumps over the lazy dog" 为例（共 43 个字），实际的输出结果如下。

实际显示16字（视面板而定） 24字隐藏在内存里

The quick brown fox jumps over the lazy

dog

每一列的长度是40个字符

假如不重设光标位置，新输出的文本将接在上一段文本后面。若重设光标位置再输出，新的文本会盖过之前的文本，例如，底下 4~8 字符原本显示 "quick"，后来被 "slow" 取代。

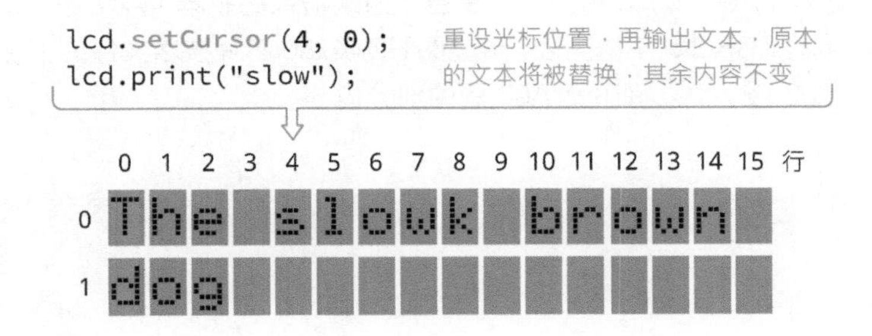

LCD 模块的其他函数介绍

LCD 模块的文本默认是从左到右显示（leftToRight），执行 rightToLeft( ) 函数将让它从右到左显示。

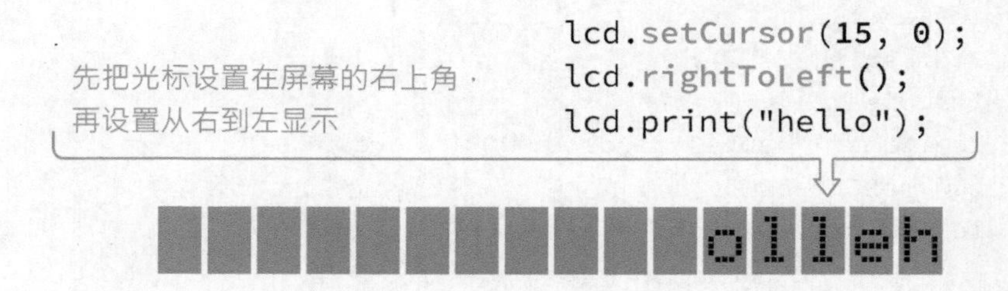

自动滚动（autoscroll）函数，会另 LCD 液晶屏把内容滚动到下一个可用位置，之前输出的文本可能会消失在屏幕之外。

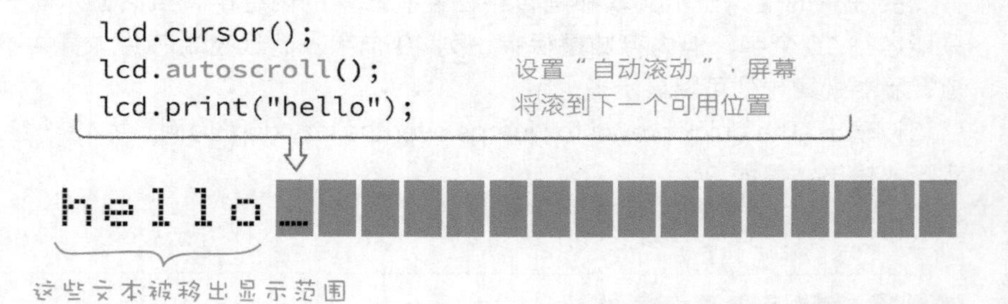

显示特殊符号与日文片假名

HD44780 芯片有自带字体，存储在它内部的 **CGROM**（Character Generator ROM，字符产生 ROM）。CGROM 有两个版本，其一是包含日文片假名的版本（A00 版），另一个则是包含西欧语系的版本（A02 版）。

完整的 CGROM 字体列表，请参阅 HD44780 芯片技术文件的 17（A00 版）和 18（A02 版）页。底下是 A00 版的部分内容。

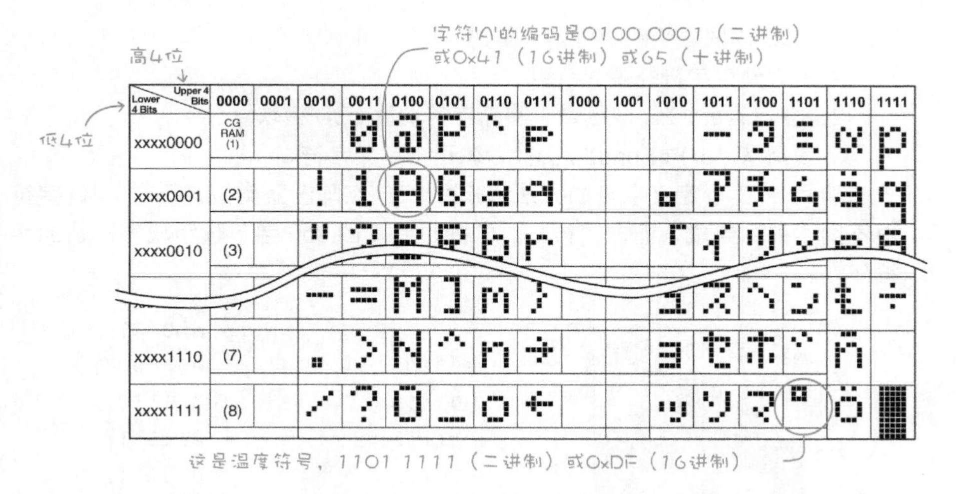

从上图可看出，英文、数字和符号都是依照 ASCII 编码排列。输出文本可以用该字符的编码，例如：

```
lcd.print((char) 0x41);
```


若要设定一连串字符编码，可以将它们存入数组，例如：

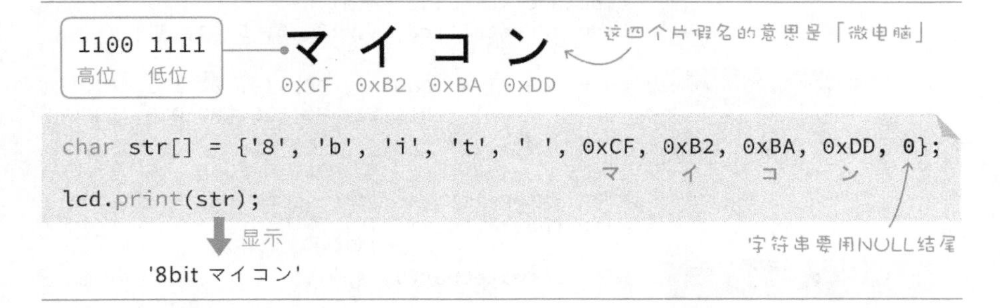


```
char str[] = {'8', 'b', 'i', 't', ' ', 0xCF, 0xB2, 0xBA, 0xDD, 0};
lcd.print(str);
```

动手做 9-2 在 LCD 上显示自定义字符符号

实验说明：HD44780 芯片有一块称为 CGRAM 的内存，可存储 **8 个自定义 5×8 字符**，本单元将示范如何在 LCD 模块上显示自定义符号。

在 LCD 模块显示新字符的步骤如下：

1. 定义储存字符外观的数组
2. 执行 createChar( ) 函数，将新字符加载 LCD 模块。
3. 使用 write( ) 或 print( ) 函数，输出自定义字符。

建立 LCD 自定义字符的方法和建立 LED 点阵图案类似，只是 **LCD 字符由不同“列”组成**，而非“行”。例如，底下的 sp0 字节数组代表左边的字符外观。

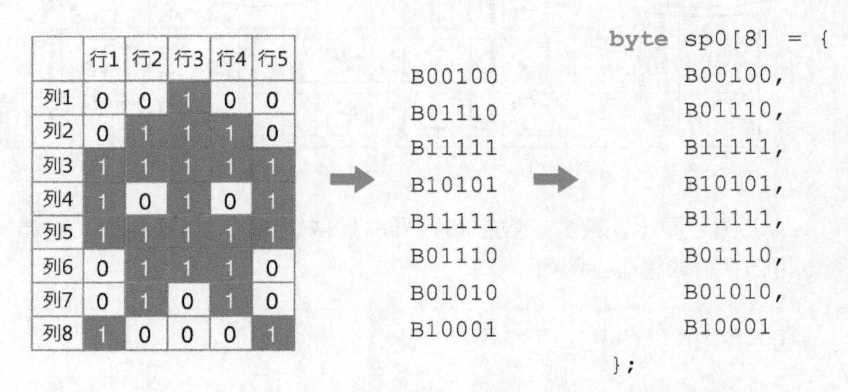

	行1	行2	行3	行4	行5
列1	0	0	1	0	0
列2	0	1	1	1	0
列3	1	1	1	1	1
列4	1	0	1	0	1
列5	1	1	1	1	1
列6	0	1	1	1	0
列7	0	1	0	1	0
列8	1	0	0	0	1

实验程序：在 LCD 模块显示上图的自定义字符的完整程序代码。

```
#include <LiquidCrystal.h>
LiquidCrystal lcd(11, 12, 6, 5, 4, 3);

byte sp0[8] = {B00100, B01110, B11111, B10101,
               B11111, B01110, B01010, B10001};
byte index = 0;

void setup(){
  lcd.begin(16,2);
  lcd.createChar(0, sp0);
  lcd.write(index);
}

void loop(){
}
```

创建自定义字符

将自定义字符导入LCD模块

显示自定义字符

内存编号，0~7

自定义的字符数组

这一行也可以写成：
lcd.print(char(index));

自定义字符只是暂存在 LCD 模块的 CGRAM，断电或者更换程序后，之前程序设定的自定义字符就消失了。LCD 模块自带的字体烧写在 CGROM 里面，不会消失。

自定义字符动画

LCD 模块最多可存放 8 个自定义字符，每个字符可以像这样分开储存。

```
byte sp0[8] = {B00100, B01110, B11111, B10101,
               B11111, B01110, B01010, B10001};
byte sp1[8] = {B00100, B01110, B11111, B11010,
               B11111, B00100, B01010, B01010};
byte sp2[8] = {B00100, B01110, B11111, B11110,
               B11111, B01110, B00100, B00100};
byte sp3[8] = {B00100, B01110, B11111, B11111,
               B11111, B00100, B01010, B01010};
byte sp4[8] = {B00100, B01110, B11111, B01111,
               B11111, B01110, B00100, B00100};
byte sp5[8] = {B00100, B01110, B11111, B01101,
               B11111, B00100, B01010, B01010};
```

或者一起存入二维数组。

一共6组　每组有8个数据

```
byte sp[6][8] = {
  {B00100, B01110, B11111, B10101, B11111, B01110, B01010, B10001},
  {B00100, B01110, B11111, B11010, B11111, B00100, B01010, B01010},
  {B00100, B01110, B11111, B11110, B11111, B01110, B00100, B00100},
  {B00100, B01110, B11111, B11111, B11111, B00100, B01010, B01010},
  {B00100, B01110, B11111, B01111, B11111, B01110, B00100, B00100},
  {B00100, B01110, B11111, B01101, B11111, B00100, B01010, B01010}
};
```

以操作二维数组为例，底下的 setup( ) 程序，将能把这 6 个自定义字符存入 LCD 模块。

```
void setup(){
  lcd.begin(16,2);
  lcd.createChar (0, sp[0]);
  lcd.createChar (1, sp[1]);
  lcd.createChar (2, sp[2]);
  lcd.createChar (3, sp[3]);
  lcd.createChar (4, sp[4]);
  lcd.createChar (5, sp[5]);
}
```

这6行语句可以用for循环取代：

```
for (byte i=0; i<6; i++) {
  lcd.createChar (i, sp[i]);
}
```

只要每隔一段短暂的时间，依次将自定义字符显示在同一个位置，就能看见“太空侵略者”原地自转的动画。主程序循环如下。

```
void loop(){
 lcd.setCursor(0, 0);          // 光标固定在左上角
 lcd.write(index);             // 可以写成:lcd.print(char(index));
 index ++;                     // 累加 index
 if (index > 5) {              // 将 index 值限制在 0~5 之间
  index = 0;
 }
 delay(300);                   // 等待 0.3 秒再换下一个字符显示
}
```

LCD 扩展库支持闪动光标以及关闭显示画面功能（指令前面的 "lcd" 是程序对象名称）。

- lcd.blink( )：闪动光标，文本显示器的光标并不是像鼠标指针一样的箭头，而是在目前文本的位置闪动的底线和方块。
- lcd.noBlink( )：不闪动光标。
- lcd.display( )：显示画面。
- lcd.noDisplay( )：关闭画面。

动手做 9-3 序列连接 LCD 显示模块

实验说明：LCD 模块的控制线与四条数据线，直接连接 Arduino 的方式称为**并列**。由于“并列”占用多个 Arduino 端口，因此在多数应用场合，都采取只需要两个或三个引脚的**串行连接**方式。

实验材料：

74LS164 集成电路	1 个
1N4148 二极管	1 个
1kΩ 电阻（棕黑红）	1 个
10kΩ 可变电阻	1 个

实验电路：将原本并列的 LCD 接口改成串行输出 / 入，需要搭配 74LS164 或 74HC595 集成电路进行串并行转换，笔者采用的是 74LS164，它只用两个引脚连接 Arduino（74HC595 的方案需要三条接线），电路如下。

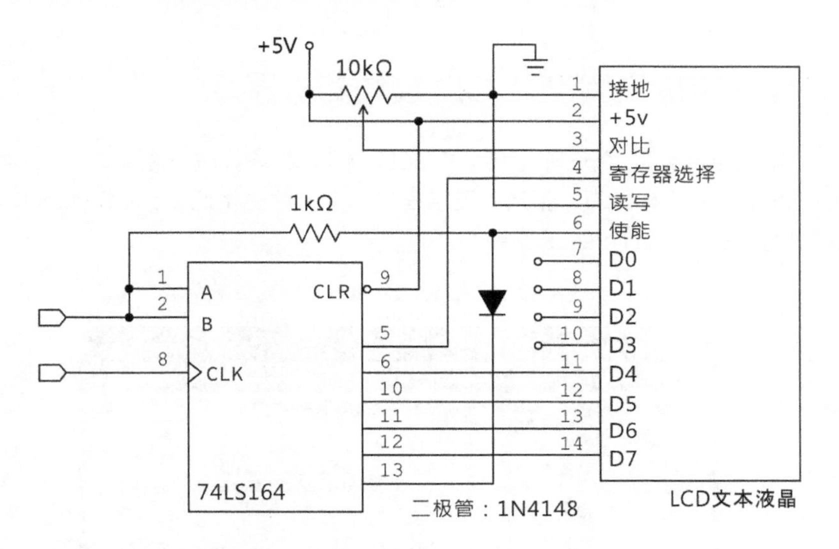

在面包板上组装的示例如下，此图省略调整对比的 10kΩ 可变电阻，不过显示器的对比度其实不需要经常调整，因此，采用一个固定电阻，例如 1.2kΩ（棕红红，实际的阻值依视角而定，最好先实验）接在 LCD 模块的第 3 脚，电阻另一端焊接在接地脚，这样就够用了。

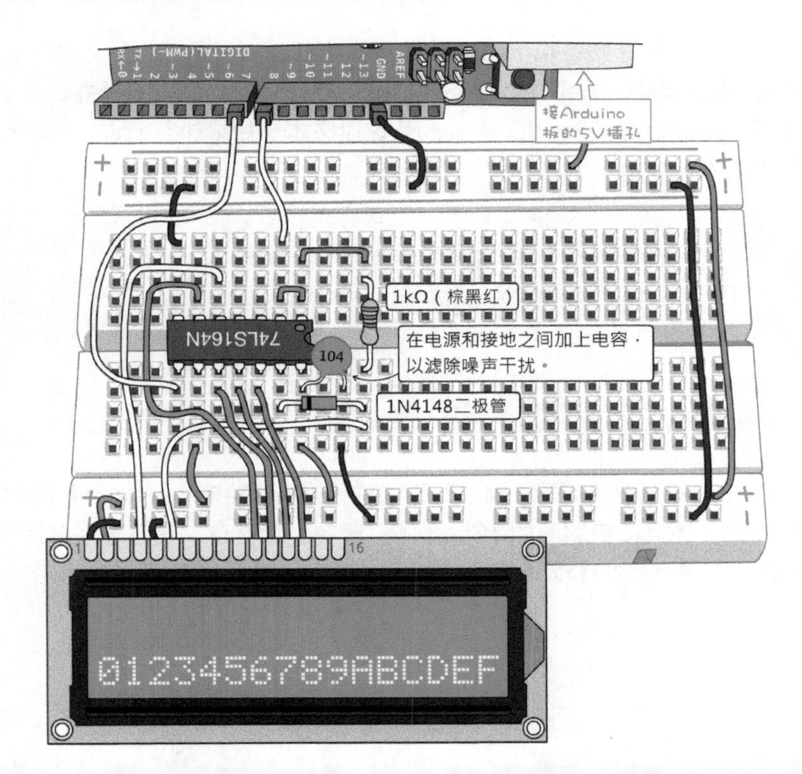

购买 IC 时，请注意型号是 74LS164 而非 74HS164；另外，有一种两线式 LCD 显示电路采用 74LS174，但该电路无法搭配此扩展库使用。

安装与测试串连 LCD 模块的扩展库

Malpartida 写了一个两线式 LCD 显示模块的扩展库，叫做 "New LiquidCrystal"（直译为“新液晶显示程序”），请先将此 LiquidCrystal 扩展库复制到 Arduino 的 libraries 文件夹。

请先将原本的 LiquidCrystal 文件夹重新命名

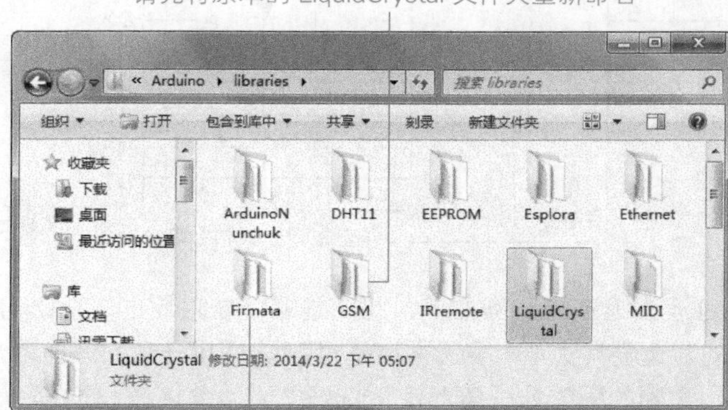

复制新的 LiquidCrystal 扩展库

接着重新打开 Arduino 程序开发工具，再选择**文件→示例→LiquidCrystal→HelloWorld_SR** 菜单，打开示例程序，编译并上传之后，LCD 液晶屏将呈现 "LiquidCrystal_SR" 这段文本。如果显示无误，代表硬件连接没有问题。

使用 Mac 电脑的读者，请将扩展库存放在这个路径：

文件（Document）/Arduino/libraries/

移植 LCD 模块程序

新 LiquidCrystal 扩展库里的 LCD 控制函数名称和 Arduino 自带的 LCD 扩展库一致，因此之前编写的 LCD 程序只需要小幅修改，便可直接套用在串行式电路。主要修改的部分是包含扩展库，以及初始化 LCD 模块的语句。

并列LCD模块的扩展库写法：

```
#include <LiquidCrystal.h>

LiquidCrystal lcd(11, 12, 6, 5, 4, 3);
```

串行LCD模块的程序写法：

```
#include <Wire.h>
#include <LiquidCrystal_SR.h>

LiquidCrystal_SR lcd(8,7,TWO_WIRE);
```


其余的程序代码不用修改，例如，在串行式 LCD 显示文本的程序示例。

```
#include <Wire.h>
#include <LiquidCrystal_SR.h>

LiquidCrystal_SR lcd(8,7,TWO_WIRE);

void setup(){
  lcd.begin(16,2);   // 初始化 LCD

  lcd.home ();        // 重设光标原点
  lcd.write("The quick brown fox jumps over the lazy dog.");
// 显示文本
}

void loop(){

}
```

9-2 数字温湿度传感器

温度传感器组件有很多种，像热敏电阻、DS18B20、TMP36、LM335A 等。本节采用的是能检测温度和湿度的 DHT11，它其实是一款结合温湿度传感器及信号处理 IC 的感测模块，外观如下。

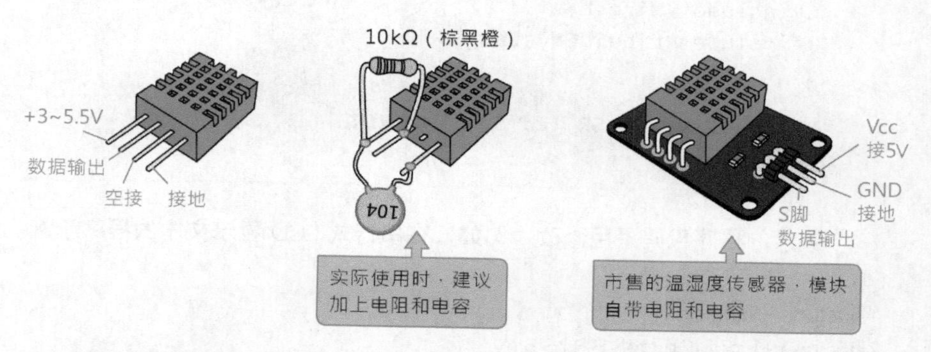

购买时，选择上图左的单一零件即可。连接 Arduino 时，建议在**电源与数据输出脚**连接一个 **10kΩ（棕黑橙）电阻，电源**和**接地脚**之间接一个 0.1 μF（104）电容。不一定要将电容和电阻焊接在传感器上，用面包板组装也行。或者，也可以购买像上图右的温湿度传感器，只是价格会稍微贵一些。

动手做 9-4 制作数字温湿度显示器

实验说明：读取 DHT11 感测模块的输出值，显示在 **"串口监视器"** 或者 LCD 液晶屏。

实验材料：

DHT11 温湿度感测模块	1 个
16×2 行文本 LCD 液晶屏模块	1 个
330Ω（橙橙棕）电阻	1 个
10kΩ 可变电阻	1 个

实验电路：用面包板组装温湿度传感器与 LCD 液晶屏的方式如下，底下

的程序代码将假设 DHT11 的输出接在 Arduino 板的数字 2 脚。

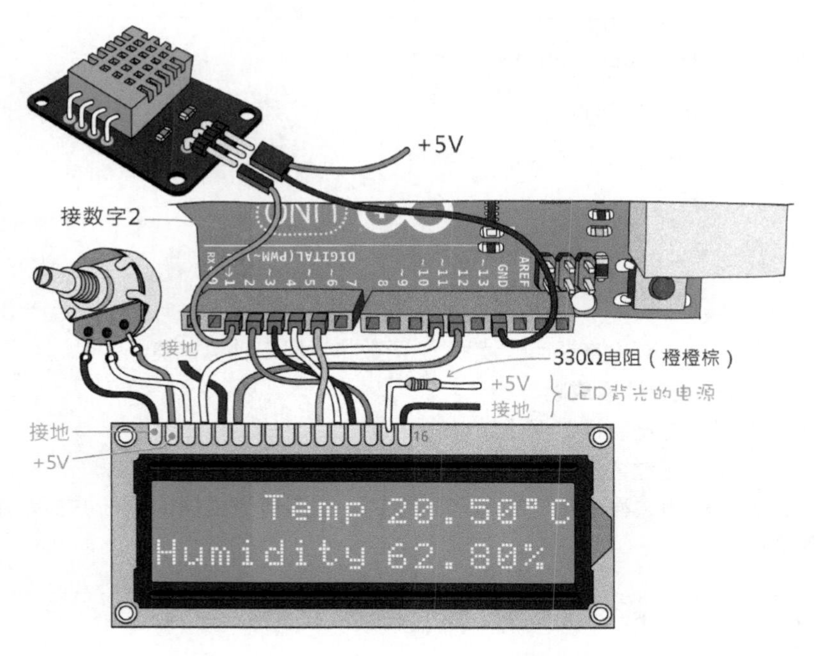

实验程序：我们将要编写接收并显示 DHT11 传感器温湿度值的程序代码。DHT11 组件在通电后，**数据输出脚**将不停地以**序列格式**输出温度和湿度值。本单元采用 DHT11 扩展库来读取、解析此组件的数据。DHT11 扩展库的源代码在 Arduino 官网（http://arduino.cc/playground/Main/DHT11Lib，短网址：http://goo.gl/idtBD），读者可以直接采用书本光盘里的版本。

编写程序之前，请把 DHT11 扩展库文件夹复制到 Arduino 安装文件夹的 libraries 路径底下。

将 DHT11 文件夹复制到此

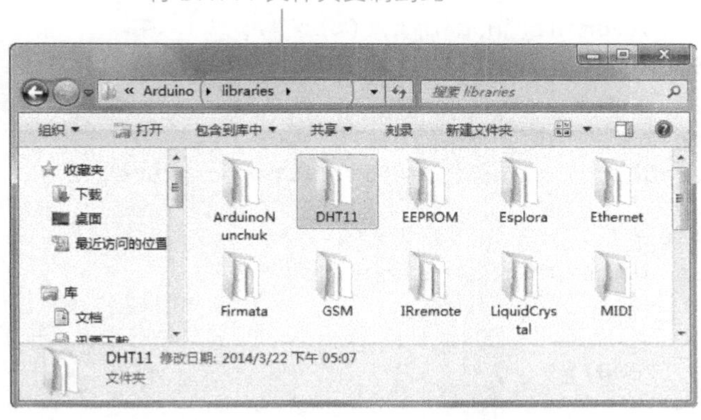

使用 DHT11 扩展库读取温湿度值的指令语法如下。

```
#include <dht11.h>          ← 包含dht11库
库名
dht11 DHT11;                ← 自定义的对象名
int chk = DHT11.read(2);    ← 读取数字2脚的DHT11数据，如果传回0，代表读取成功
float temp = DHT11.temperature;  ← 读取带小数点的温度值
float humi = DHT11.humidity;     ← 读取带小数点的湿度值
```

其中的 read（直译为“读取”）函数将返回三种可能值。

- **0：代表读取成功**
- **–1**：数据验证错误（checksum error）
- **–2**：超过读取时间（timeout）

底下的测试程序代码将每隔两秒钟，在**串口监视器**内更新并显示温度和湿度值。

```
#include <dht11.h>

dht11 DHT11;
const byte dataPin = 2;    ← 传感器接在数字端口2

void setup() {
  Serial.begin(9600);      ← 初始化串口连线
}

void loop() {
  int chk = DHT11.read(dataPin);
                           ← 如果传感器的状态值是0…
  if (chk == 0) {
    Serial.print("Humidity (%): ");
    Serial.println((float)DHT11.humidity, 2);
将数据转换成浮点数字 ↗                      ← 取到小数点后两位
    Serial.print("Temperature (oC): ");
    Serial.println((float)DHT11.temperature, 2);
                                            ← 显示温度值
  } else {
    Serial.println("Sensor Error");
  }                        ← 假若DHT11的状态值不是0，就显示“传感器错误”

  delay(2000);
}
```

实验结果：编译并上传程序代码后打开**串口监视器**，你将能看见传感器传回的温湿度值。

在需要更精确测量温度与湿度的场合，可以选购 DHT22 传感器，它的外型和 DHT11 相同，但由于输出数据格式略微不同，因此本节的程序代码并不适用在 DHT22。如有需要，请自行上网搜索 DHT22 的 Arduino 扩展库（搜索关键词：DHT22 arduino library）。

此外，上文提到的其他种类温度传感器组件也都有对应的 Arduino 扩展库可用，请读者自行上网搜索。

采用 LCD 液晶屏呈现温湿度值

本单元将在 16×2 LCD 文本显示器上呈现如下的温湿度值，图中的温度（20.50）与湿度（62.80）是虚设的数值，需要在程序中替换成 DHT11 传回的实际值。

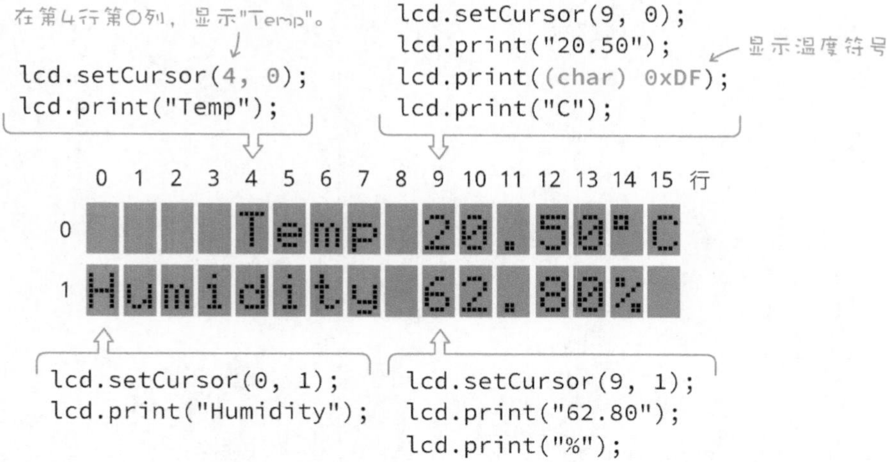

在第4行第0列，显示"Temp"。

```
lcd.setCursor(4, 0);
lcd.print("Temp");
```

```
lcd.setCursor(9, 0);
lcd.print("20.50");
lcd.print((char) 0xDF);   // 显示温度符号
lcd.print("C");
```

	0	1	2	3	4	5	6	7	8	9	10	11	12	13	14	15 行
0					T	e	m	p		2	0	.	5	0	°	C
1	H	u	m	i	d	i	t	y		6	2	.	8	0	%	

```
lcd.setCursor(0, 1);
lcd.print("Humidity");
```

```
lcd.setCursor(9, 1);
lcd.print("62.80");
lcd.print("%");
```

如果 LCD 模块采用并列连接，请在程序开头采用底下的扩展库设定。

```
#include <LiquidCrystal.h>
#include <dht11.h>                  // DHT11 传感器扩展库


LiquidCrystal lcd(11, 12, 6, 5, 4, 3);
```

若是用两线式 LCD 模块，请使用底下的扩展库设定。

```
#include <Wire.h>
#include <LiquidCrystal_SR.h>              // 串行 LCD 接口扩展库
#include <dht11.h>                         // DHT11 传感器扩展库

LiquidCrystal_SR lcd(8,7,TWO_WIRE);        // 声明 LCD 模块程序对象
```

其余的程序代码都一样。

```
dht11 DHT11;                               // 声明温湿度检测器程序对象
const byte dataPin = 2;

void setup() {
lcd.begin(16,2);                           // 初始化 LCD

lcd.setCursor(4, 0);
lcd.print("Temp");
lcd.setCursor(0, 1);
lcd.print("Humidity");
}

void loop() {
  int chk = DHT11.read(dataPin);

  if (chk == 0) {
lcd.setCursor(9, 0);                       // 显示温度
lcd.print((float)DHT11.temperature, 2);
lcd.print((char) 0xDF);
lcd.print("C");

lcd.setCursor(9, 1);                       // 显示湿度
lcd.print((float)DHT11.humidity, 2);
lcd.print("%");
  }

  delay(2000);
}
```

9-3 认识超声波

高于人耳可听见的最高频率以上的声波，称为**超声波**。自然界的海豚通过超声波传达信息，蝙蝠则是运用超声波来定位、回避障碍物。超声波可以用来探测距离，其原理和雷达类似：从发射超声波到接收反射波所需的时间，可求出被测物体的距离。

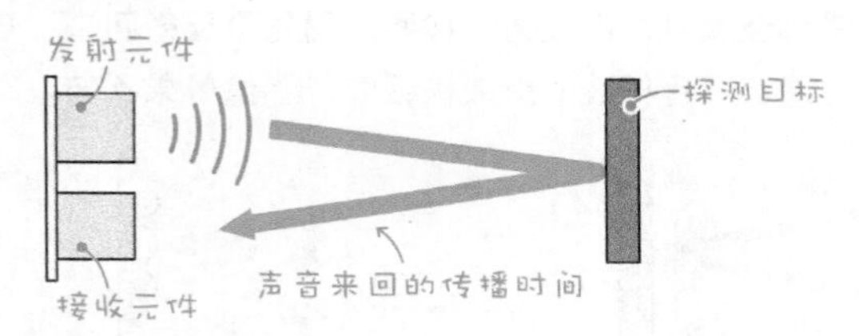

可在空气中传播的超声波频率，大约介于20~200kHz之间，但其衰减程度与频率成正比（即频率越高，传波距离越短），市售的超声波模块通常采用38kHz、40kHz或42kHz（有些用于清洗机的超声波组件，振动频率高达3MHz）。

在室温20℃的环境中，声波的传输速度约为344m/s（注：声音在水中传播的速度比在空气快60倍），因此，假设超声波**往返的时间**为600μs从底下的公式可求得被测物的距离为10.3cm。

$$距离 = 344米/秒 \times \frac{传播时间}{2} \Rightarrow 距离 = 344米/秒 \times \frac{600 \times 10^{-6}}{2}$$

声波在室温下，空气中的传播速度

$$\Rightarrow 距离 = 344米/秒 \times 0.0003 \Rightarrow 0.1032米$$

从声音的传播速度和传播时间，可求出距离，而物体的实际距离是传播时间的一半，从此可求得**1cm距离的声波传递时间约为58μs**。

$$距离 = 344米/秒 \times \frac{传播时间}{2} \Rightarrow 0.01米 = 时间 \times 172米/秒$$

声波在室温下，空气中的传播速度

计算声波前进1厘米所需的时间

$$\Rightarrow 时间 = \frac{0.01米}{172米/秒}$$

$$\Rightarrow 时间 \approx 58.1 \times 10^{-6} 秒$$

前进1厘米所需的时间（单趟）：58.1μs

影响声音传播速度的因素

空气的密度会影响声音的传播速度，空气的密度越高，声音的传播速度就越快，而空气的密度又与温度密切相关。在需要精确测量距离的场合，就要考虑到温度所可能造成的影响。考虑温度变化的声音传播速度的近似公式如下。

速度 = 331.5米/秒 + 0.6 × 温度 → 331.5米/秒 + 0.6 × 20 → 343.5米/秒

（331.5米/秒：声音在0摄氏度时的传播速度；343.5米/秒：声音在20摄氏度时的传播速度）

此外，物体的形状和材质会影响超声波传感器的效果和准确度，探测表面平整的墙壁和玻璃时，声波将会按照入射角度反射回来；表面粗糙的物体，像是细石或海绵，声音将被散射或被吸收，测量效果不佳。

不过，只要物体表面的坑洞尺寸小于声声波长的 1/4，即可视为平整表面。以40kHz超声波为例，它将无视小于2毫米左右的坑洞，波长的计算方式如下。

$$波长 = \frac{相速度}{频率} \rightarrow \frac{344000\ 毫米/秒}{40000\ Hz} = 8.6毫米 \xrightarrow{取1/4} 2.15毫米$$

（音速约344 m/s，此为mm单位。）

最后，假如超声波的发射和接收组件分别放在传感器的两侧，那么，声音的传播途径就不是直线，求取距离时也要把传感器造成的夹角加以考虑，像这样：

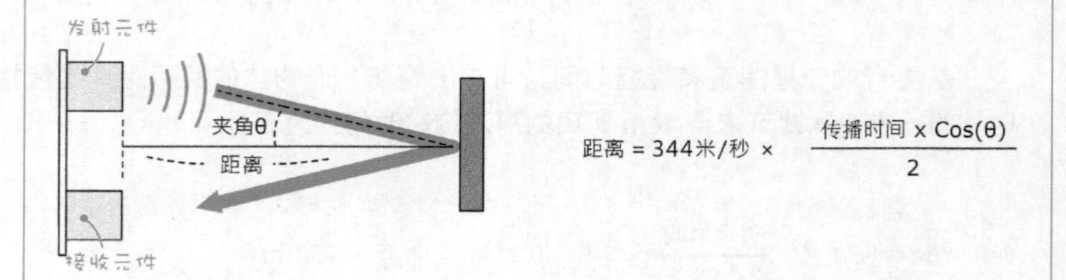

由于一般的微电脑项目并不需要精密的距离判别功能，所以直接把传播时间除 2 就足够使用。

超声波传感器模块简介

超声波传感器模块上面通常有两个超声波元器件，一个用于发射，一个用于接收。也有“发射”和“接收”一体成形的超声波元器件，模块体积比较小。

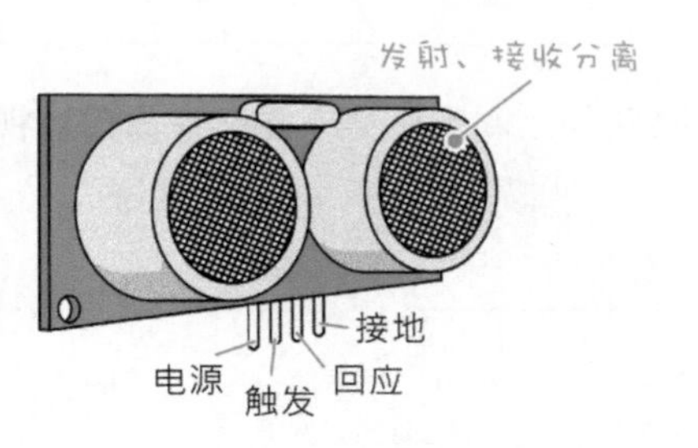

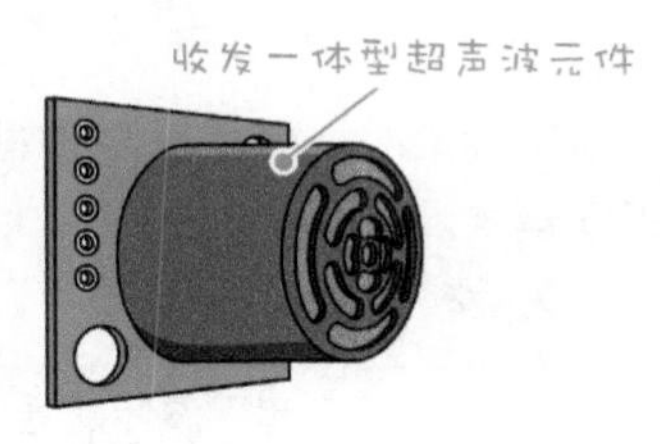

笔者购买的超声波模块是收、发分离的超声波模块，电路板上有四个引脚，分别是 **VCC（正电源）**、**Trig（触发）**、**Echo（回应）**和 **GND（接地）**。根据厂商提供的技术文档指出，此模块的主要参数如下。

- **工作电压与电流：**5V、15mA。
- **感测距离：**2~400cm。
- **感测角度：**不大于 15°。
- **被测物的面积不要小于 50cm² 并且尽量平整。**
- **具备温度补偿电路。**

在超声波模块的“触发”脚位输入10微秒以上的高电位，即可发射超声波；发射超声波之后，与接收到传回的超声波之前，“响应”脚位将呈现高电位。因此，程序可从“响应”脚位的高电位脉冲持续时间，换算出被测物的距离。

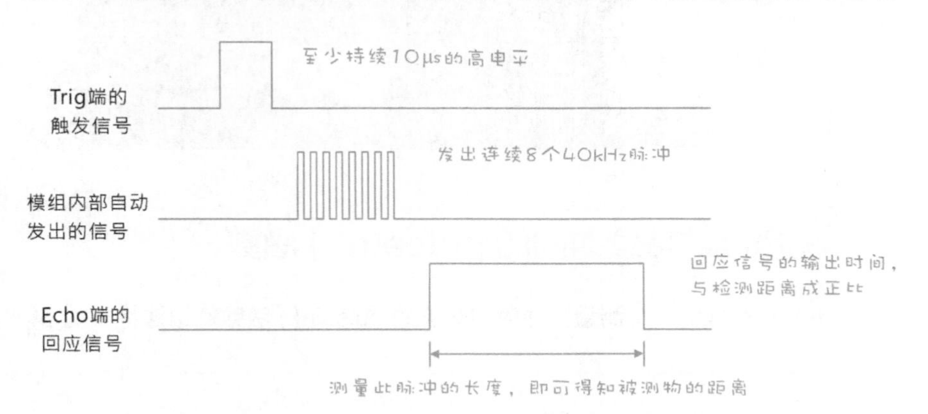

动手做 9-5 使用超声波传感器制作数字量尺

实验说明：使用超声波感测与障碍物之间的距离，显示在**串口监视器**或 LCD 模块。

实验材料：

超声波传感器模块	1 个

实验电路：

面包板的组装示范如下，读者可以保留之前的并列或串行 LCD 模块电路，测试程序请参阅下文。

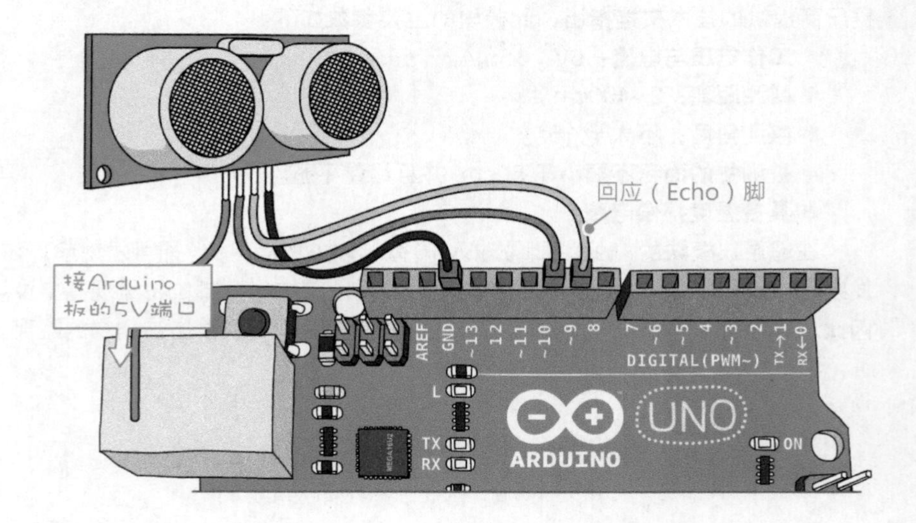

测量脉冲持续时间的 pulseIn( ) 函数

Arduino 提供一个**测量脉冲时间长度的** pulseIn( ) 函数，语法格式如下。

```
pulseIn(端口号, 信号电平)
```

可能值为HIGH或LOW；指定测量高电平或低电平信号的脉冲时间

此函数将传回**微秒单位**的脉冲时间，建议用 unsigned long 类型的变量来存放。例如，底下的两个语句分别代表测量第 9 脚的**高脉冲**和**低脉冲**的微秒数。

```
// 将端口9的高脉冲时间存入变量d
unsigned long d = pulseIn(9, HIGH);

// 将端口9的低脉冲时间存入变量d
unsigned long d = pulseIn(9, LOW);
```


pulseIn( ) 函数会等待脉冲出现再开始计时，预设的等待截止时间是 1 秒（即 10^6 微秒），假如脉冲信号未在等待时间内出现，pulseIn( ) 将传回 0。假如有需要，可在 pulseIn( ) 函数的第 3 个参数，指定 10 微秒 ~ 3 分钟的等待截止时间，例如：

```
pulseIn(端口号, 信号电平, 等待截止时间)
unsigned long d = pulseIn(9, HIGH, 960000);
```


如果想要测量信号的频率，可以采用 Martin Nawrath 开发的频率计数器扩展库“FreqCounter”。

实验程序：我们将利用前面说过的 parseln( ) 函数**触发超声波发射**，以及**测量接收脉冲时间**的程序，写成一个自定义函数 ping( )。

```
const byte trigPin = 10;          // 超声波模块的触发脚
const int echoPin = 9;            // 超声波模块的接收脚
unsigned long d;                  // 存储高脉冲的持续时间

// 自定义ping() 函数将返回 unsigned long 类型的数值
unsigned long ping() {
  digitalWrite(trigPin, HIGH);          // 触发脚设定成高电位
  delayMicroseconds(5);                 // 持续 5 微秒
  digitalWrite(trigPin, LOW);           // 触发脚设定成低电位

  return pulseIn(echoPin, HIGH);   // 传回高脉冲的持续时间
}
```

主程序代码如下。

```
void setup() {
  pinMode(trigPin, OUTPUT);   // 触发脚设定成“输出”
  pinMode(echoPin, INPUT);    // 接收脚设定成“输入”

  Serial.begin(9600);         // 初始化串行端口
}

void loop(){
  d = ping() / 58;

  Serial.print(d);            // 显示距离
  Serial.print("cm");
  Serial.println();

  delay(1000);                // 等待一秒钟（每隔一秒测量一次）
}
```

实验结果：编译并上传程序代码之后，打开**串口监视器**，即可通过超声波传感器检测前方物体的距离（或者放在头顶测量身高）。

CHAPTER 10

变频控制 LED 灯光和电机

电机是常见的动力输出装置，一般家庭里面，除了电风扇之外，手机里面有震动电机、光驱里面也有电机、电动给水的热水瓶也需要小电机抽水，更不用说各种机械动力玩具里的电机了。因此，电机控制是基本且重要的课题。

本章将分成三大部分：

1. 介绍 Arduino 微电脑输出模拟信号，也就是可调整输出电压值，而不仅是高、低电位的方式，并借此控制 LED 灯光强弱和电机的转速。

2. 介绍数种常见的模型玩具电机型号和规格，以及常见的电机驱动和控制电路。

3. 介绍常见的**晶体管**（也称为三极管），以及晶体管电路的基本应用与设计方式。

10-1 调节电压变化

在电源输出端串联一个电阻，即可降低电压，因此，像下图般衔接可变电阻，将能调整 LED 的亮度。

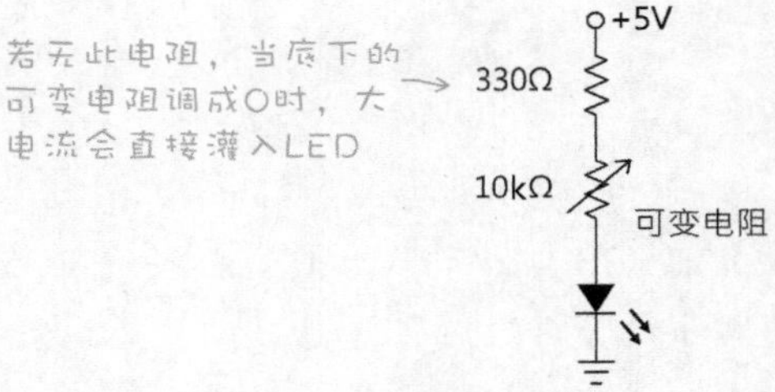

若无此电阻，当底下的可变电阻调成0时，大电流会直接灌入LED

+5V

330Ω

10kΩ

可变电阻

驱动小小的 LED，不会耗费太多电力，但如果是电机或其他消耗大电流的负载，电阻将会浪费许多电力，而且电阻所消耗的电能将转换成热能。

笔者在 80 年代玩遥控模型车时，机械式的变速器上面接了一大块像牛轧糖般的水泥电阻（外加散热片），因为遥控车采用的 RS-540 电机，工作电压 7.2V，负载时的消耗电流约 13A，以公式计算其消耗功率约 94W。

消耗功率 = 电压 x 电流 ⟹ 7.2V x 13A = 93.6W

一般电子电路采用的电阻为 1/8W，不能用于控制模型电机（电阻会烧毁），要用高达数十瓦的水泥电阻。市面上也可以买到数百瓦的陶瓷管电阻，它的外型也很硕大，比一般成年人的手臂还粗。

省电节能又环保的 PWM 变频技术

数字信号只有高、低电位两种状态，如同第 1 章的 LED 闪烁程序，把一只 LED 接上 Arduino 的第 13 引脚，每隔 0.5 秒切换高低电位，LED 将不停地闪烁。

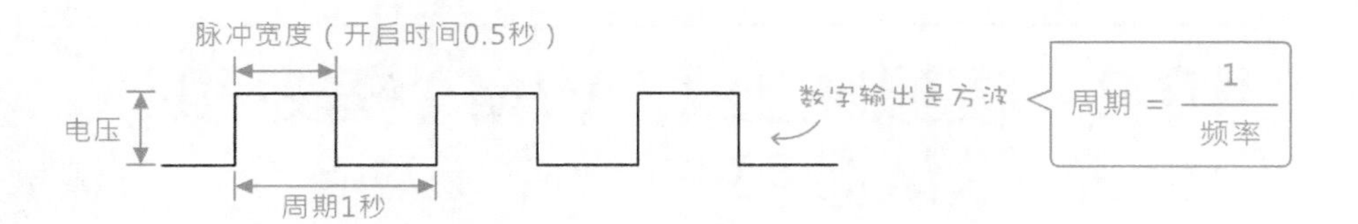

这种以一秒钟为周期的切换信号，频率就是 1Hz。**提高切换频率（通常指 30Hz 以上），将能仿真模拟电压高低变化的效果。**以下图的 1kHz 为例，若脉冲宽度（开启时间）为周期的一半（称为 50% 工作周期），就相当于输出高电位的一半电压；10% 工作周期，相当于输出 0.5V。

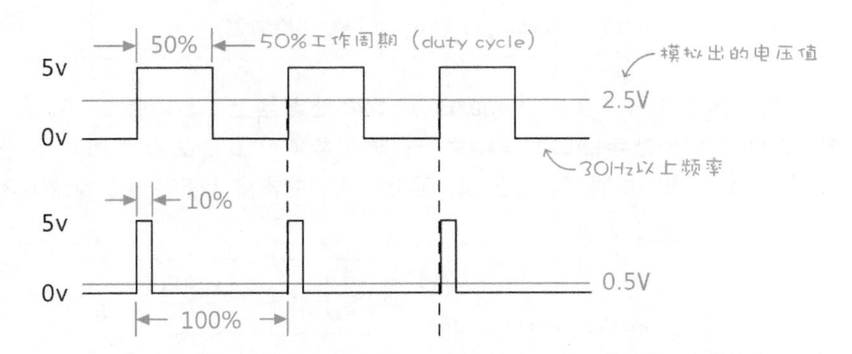

如此，不需采用电阻降低电压，电能不会在变换的过程被损耗掉。这种在数字系统上"仿真"模拟输出的方式，称为**脉冲宽度调制**（Pulse Width Modulation，简称 PWM）。某些强调省电的变频式洗衣机和冷气机等家电，也是运用 PWM 原理来调节机器的运转速度。

PWM 的电压输出计算方式如下。

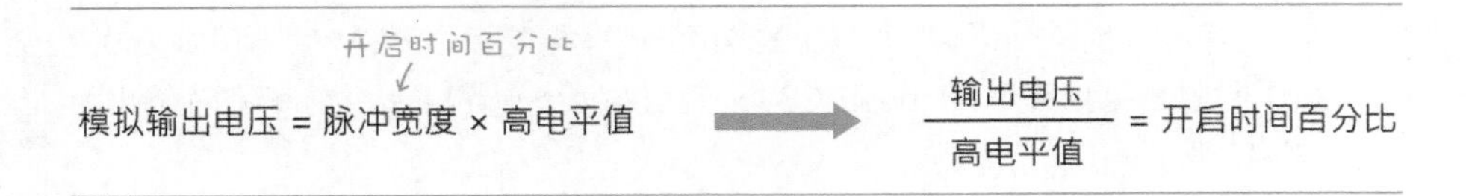

因此，在 5V 电源的情况下输出 3.3V，从上面的式子可知：

$$\frac{\text{输出电压}}{\text{高电平值}} \rightarrow \frac{3.3V}{5V} = 0.66 \rightarrow 0.66 \times 100\% = 66\%$$

亦即，66%开启时间

根据计算结果得知，5V 电源的 66% PWM 脉冲宽度就相当于输出 3.3V。

10-2 模拟输出（PWM）指令和默认频率

Arduino 的 analogWrite(直译为“模拟输出”)指令，可以指挥输出 PWM 信号，指令格式如下：

可能值：3，5，6，9，10或11　　可能值：0~255

```
analogWrite(端口号, 模拟数值);
```

其中的端口号，**在 ATmega168 或 328 处理器上，必须是 3、5、6、9、10 或 11 这六个数字端口的其中之一；** 模拟数值介于 0~255 之间，代表输出介于 0~5V 之间的仿真模拟电压值。因此，底下的指令代表在第 5 脚输出 3.3V。

$$\frac{3.3V}{5V} \times 255 = 168.3$$

```
analogWrite(5, 168);
```

此外，Arduino 微电脑板预设采用 1kHz 和 500Hz 两组不同的 PWM 输出频率，控制电机时，笔者大多采用 1kHz 频率：

- **引脚 5、6：** 976.5625Hz（约 1kHz）
- **引脚 3、11 以及 9、10：** 490.196Hz（约 500Hz）

早期采用 ATmega8 处理器的 Arduino 微电脑板，PWM 输出引脚为 9、10 和 11；采用采用 ATmega1280 处理器的 Arduino Mega 板，PWM 输出为 2~13 脚。

采标准 16MHz 晶振的 Arduino，PWM 频率可介于 30Hz 到 62kHz 之间(若采用 8MHz 晶振，则大约介于 15Hz~31kHz 之间）。控制电机的 PWM 频率值若太低，电机会震动，若是控制 LED，则肉眼会感觉到闪烁；频率若设得太高，被控制对象可能反应不及，而始终处于“高电位”状态导致发热。

人耳可以感受到 20kHz 以内的频率，因此有些 PWM 调变系统的频率设置在 20kHz 以上，例如 24kHz，避免人耳听见电机的振动音。

动手做 10-1　调光器

实验说明：本单元将结合第 6 章“从串口读取模拟输入值”一节的模拟输入电路和程序，从可变电阻的输入信号变化来调整 LED 的亮度。

实验材料：

LED（任何颜色）	1 个
10kΩ 可变电阻	1 个

实验电路：请按照下图，在数字 11 接上 LED，A0 接可变电阻。

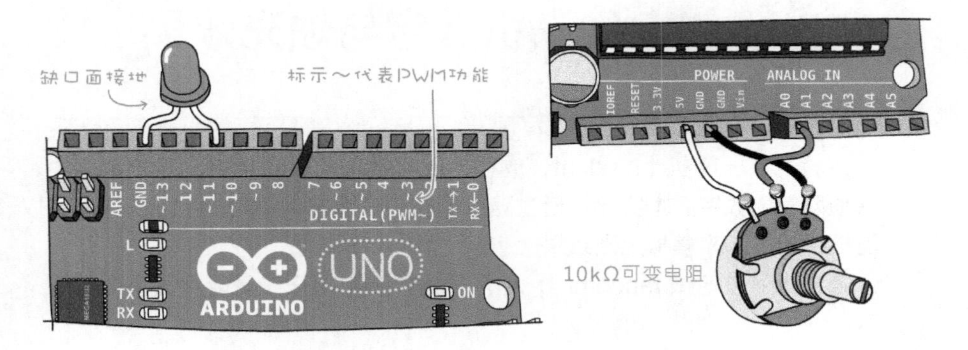

Arduino 的**模拟输入（analogRead）**的范围值介于 0~1023 之间，而**模拟输出（analogWrite）**则介于 0~255 之间。为了调整数值范围，我们可以将输入值除以 4（注：1024÷4=256），或者用 map 函数调整，它的语法与示例如下。

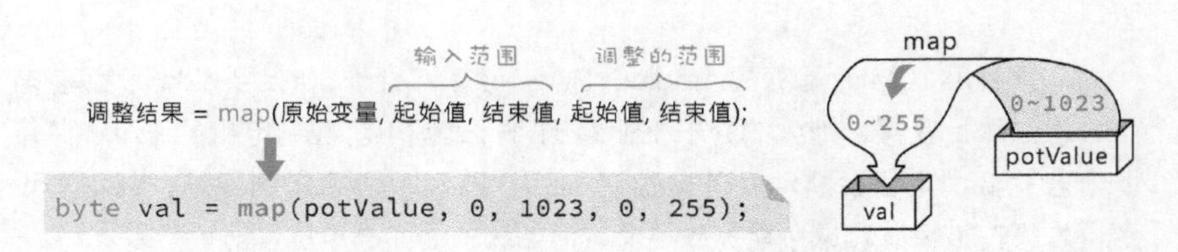

实验程序：完整的代码如下，请将它编译并传到 Arduino。

```
byte potPin = A0;              // 模拟输入端口
byte ledPin = 11;              // 模拟输出端口
int potspeed = 0;              // 模拟输出值
byte val = 0;                  // 存储转换范围值

void setup() {
  pinMode(ledPin, OUTPUT);
  }

void loop() {
  potspeed = analogRead(potPin);
  val = map(potspeed, 0, 1023, 0, 255);
  analogWrite(ledPin, val);
  }
```

动手做 10-2　随机数字与烛光效果

实验说明：**随机**（random，或称为**随机数**）代表让电脑从一堆数字中，任意抽取一个数字。本实验将通过随机调整接在**数字 11 端口**的 LED 亮度，以及随机持续时间来模拟烛光效果。

随机指令就叫做 random( )，小括号内的参数用于设置随机数字的范围，如下：

随机数字 = random(数值范围);

```
byte rnd = random(200);
```

→ 从0~199之间挑选一个数字，存入rnd。（比范围值小1）

随机数字 = random(最小值, 最大值);

```
byte rnd = random(20, 50);
```

→ 从20~49之间挑选一个数字，存入rnd。（比最大值小1）

然而，Arduino 每次挑选的数字并不是那么随意，也许会经常出现相同数字。为了提高不重复的比率，可以**在每次执行 random( ) 函数之前**，先执行 **randomSeed( ) 函数**（直译为**随机种子**），相当于在抽奖之前，先搅拌抽奖箱内容。

random()的处理方式　　　　randomSeed()的作用

randomSeed( ) 也需要输入一个数字（相当于搅动抽奖箱的次数），这个数字通常采用一个**空接的模拟输入端口**的读取值。空接端口的读值很不稳定（浮动），这一秒读取值是 249，下一秒可能是 255，所以适合用于当做 randomSeed( ) 的参数。

实验程序：完整的代码如下，将它编译并传到 Arduino，即可看见烛光闪烁效果。

```
byte ledPin = 11;

void setup(){
  pinMode(ledPin, OUTPUT);
  randomSeed(analogRead(A5));
}

void loop(){
  analogWrite(ledPin, random(135)+120);
  delay(random(200));
}
```

randomSeed：搅拌数字…；analogRead(A5)：读取空接的模拟端口的浮动值

random(135)+120：产生随机数字0~134，因此亮度将介于120~254之间

random(200)：随机延迟0~199微秒

改变 PWM 的输出频率

Arduino 的 PWM 输出频率是由 ATmega 微处理器内部的三个系统定时器（称为 Timer 0~Timer 2）决定的，Timer 0 控制 5、6 脚的输出，Timer 1 控制 9、10 端口，Timer 2 则控制 3 和 11 端口。我们可以借助改变定时器的设置，来调整 PWM 的输出频率。

然而，Arduino 的 delay( )、millis( ) 和 micros( ) 等函数的基准时间，同样来自 Timer 0 定时器。若调整此定时器的设置，将导致这些函数的延迟时间错乱，不建议修改 Timer 0 的参数。

底下的程序语句能将 Timer 1（数字 9 和 10 端口输出）的 PWM 输出频率调整成 31250Hz（约 32kHz）。

```
void setup(){
    TCCR1B = TCCR1B & 0b11111000 | 0x01;
}
```

底下的参数设置能将 Timer 2（数字 3 和 9 端口输出）的 PWM 频率设置成 3906.25Hz（约 4kHz）。

```
void setup(){
TCCR1B = TCCR1B & 0b11111000 | 0x02;
}
```

关于此参数的详细说明以及频率对照表，请参阅 Arduino 官方网站的 http://www.arduino.cc/playground/Main/TimerPWMCheatsheet 说明。

动手做 10-3 通过串口调整灯光亮度

实验说明：第 5 章“从串口控制 LED 开关”一节介绍了通过串口发送一个字符来开关灯光的程序，本节将说明如何接收用户输入的 0~255 数值来改变**接在数字 11** 的 LED 亮度。

用户通过按键的输入值是**字符串格式**，而**模拟输出**指令所需要的参数则是**数字格式**。有两种方法可以**把字符或字符串转换成数字**。

- **将 ASCII 码减掉 48**。数字 0 的**十进制** ASCII 码是 48，而数字 1 是 49，减掉 48 之后就变成 1。

```
'2'-'0' ➡ 50-48 ➡ 2
    相当于        结果
'2'-48  ➡ 50-48 ➡ 2
```

● 使用 atoi( ) **函数**指令，把字符串转换成数字。

然而，要还原“个位数”以上的数字，光是把输入的字符减掉 48 是不够的。以 '168' 为例，Arduino 将依序收到 '1'、'6'、'8' 三个字符，需经过底下三个加工手续才能还原成数字 168，其中的变量 _in 用于接收字符串值，pwm 变量默认为 0。

1 Arduino收到字符串 '168\n'

2 处理第一个字：

此变量默认为0

`pwm = pwm * 10 + (_in - '0')` ➡ `0 * 10 + ('1' - '0')` ➡

收到字符'1'　　转换成数字

在pwm变量存入1

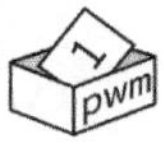

3 处理第二个字：

此变量值为1

`pwm = pwm * 10 + (_in - '0')` ➡ `1 * 10 + ('6' - '0')` ➡

收到字符'6'

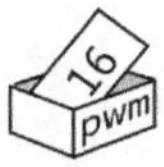

4 处理第三个字：

此变量值为16

`pwm = pwm * 10 + (_in - '0')` ➡ `16 * 10 + ('8' - '0')` ➡

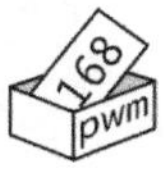

5 读取到字符'\n'，转换完毕！

由于每次传递的数字长度都不一定（如："3" 和 "168"），**为了让接收端确认一串数字的结尾，请在发送数据的后面加上 "\n"（新行）字符**。换句话说，只要接收到 "\n" 字符，就知道一组数据发送完毕了。

实验程序：综合以上说明，加上判断传入的数据是介于 '0'~'9' 之间的“数字”，没有夹杂其他字符，将字符串转换成数字的完整代码如下。

```
byte ledPin = 11;

void setup() {
  Serial.begin(9600);
}

void loop() {
  int pwm = 0;
  byte _in
  // 查看是否有数据从串口送进来
  if (Serial.available()) {
```

```
    _in = Serial.read();
    // 若尚未收到“换行”字符
    while (_in != '\n') {
      // 确认字符值介于'0'(ASCII 值 48)和'9'(57)之间
      // 也可以写成：if (_in >= 48 && _in <= 57) {
      if (_in >= '0' && _in <= '9') {
        pwm = pwm * 10 + (_in - '0');
      }
      // 读取下一个字符
      _in = Serial.read();
}
   // 确认不超过 PWM 的 255 最高值
      if (pwm > 255) {
      pwm = 255;
      }
      // 输出 PWM
    analogWrite(ledPin, pwm);
  }
}
```

实验结果：下载程序之后，打开**串口监控器**，请确认窗口下方的行尾选项是"**换行 (NL)**"，代表串口窗会自动在输入的数据后面加上“新行”字符。

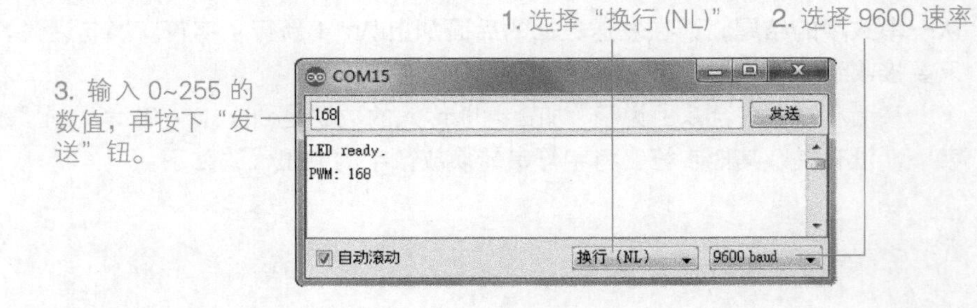

动手做 10-4 使用 atoi( ) 转换字符串成数字

实验说明：上一个动手做的程序也能改用 atoi( ) 函数转换。程序一开始先声明一个空字符串变量（data），以及变量 i，每次收到新的字符，就将它存入字符串变量，最后再通过 atoi( ) 转换。

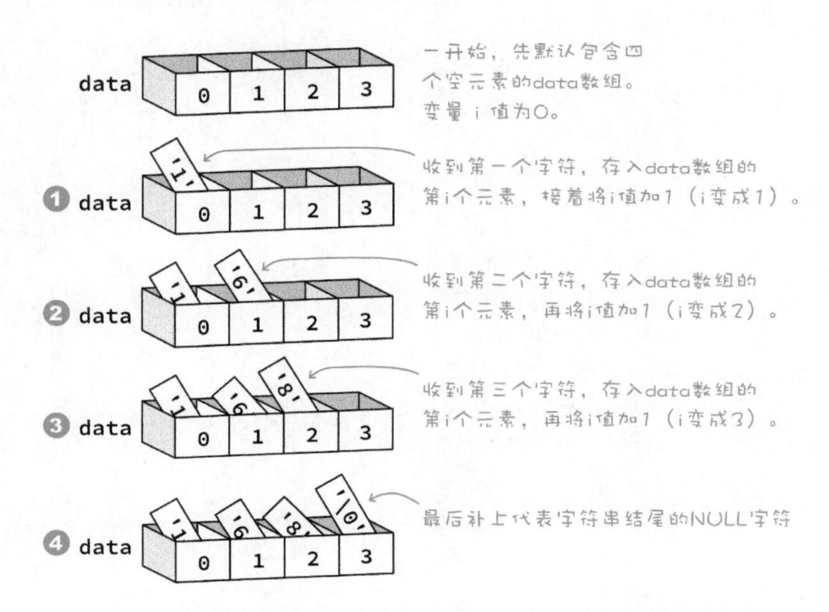

实验程序：请在 Arduino 程序编辑窗口输入底下的代码，其执行结果和上一个程序相同。

```
byte ledPin = 11;

void setup() {
  Serial.begin(9600);
  Serial.println("LED ready.");
}

void loop() {
  int pwm;
  char data[4] ;  // 默认 4 个元空间的数组
  byte i = 0;     // 数组元素的索引
  char chr;       // 暂存序列输入的字符

  // 查看是否有数据从串口送进来
  if (Serial.available()) {
  // 读取传入的字符值
  while ((chr = Serial.read()) != '\n') {
```

```
  // 确认输入的字符介于'0'和'9',
  // 且索引 i 小于 3(确保仅读取前 3 个字)

      if (chr >= '0' && chr <= '9' && i < 3) {
        data[i] = chr;
        i++;
      }
    }

    data[i]='\0';         // 最后补上 NULL 字符
    pwm = atoi(data);   // 字符串转成数字
    if (pwm > 255) pwm = 255;
    Serial.print("PWM: ");
    Serial.println(pwm);
    analogWrite(ledPin, pwm);
  }
}
```

10-3 认识直流电机

电机有不同的尺寸和形式，本书采用的小型直流电机，又称为模型玩具电机，可以在文具 / 玩具店、五金商店或者电子材料商店买到。下图的直流电机，大都是从旧电器和光驱拆下来的。

光驱里的电机

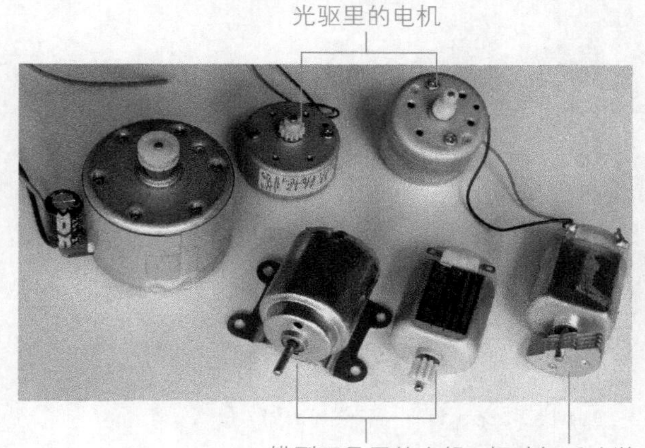

模型玩具里的电机　振动把手（游戏杆）里的电机

常见于玩具和动力模型的直流电机，通常是 FA–130、RE–140、RE–260 或 RE–280 型，这些电机的工作电压都是 1.5~3.0V，但是消耗电流、转速和扭力都不一样。

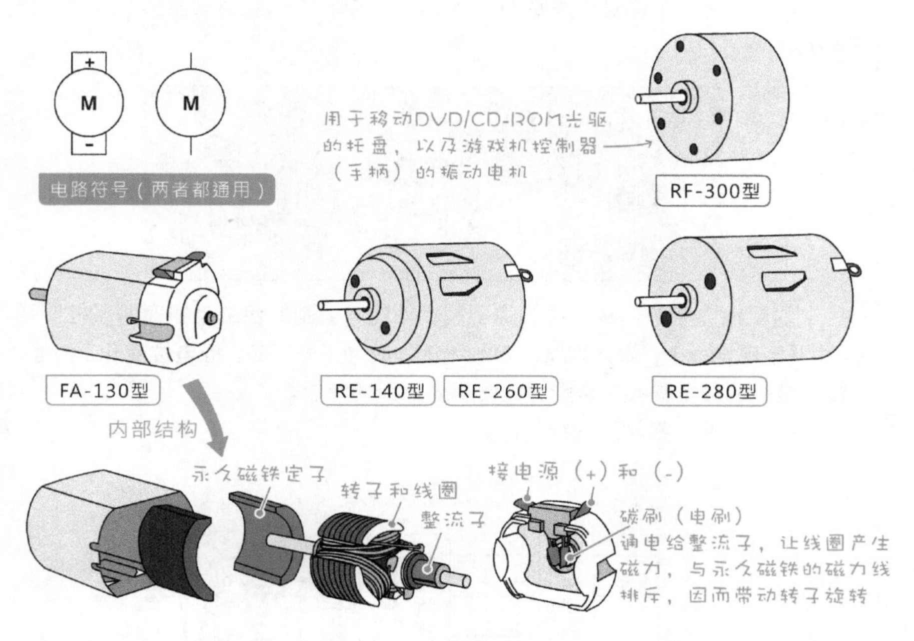

直流电机内部由磁铁、转子和碳刷等组件组成，将电机的 +、– 极和电池相连，即可正转或者逆转。

这种电机在运转时，碳刷和整流子之间会产生火花，进而引发干扰，影响到微处理器或无线遥控器的运行。为了消除噪声，我们通常会在碳刷电机的 +、– 极之间焊接一个 0.01~0.1uF 的电容。

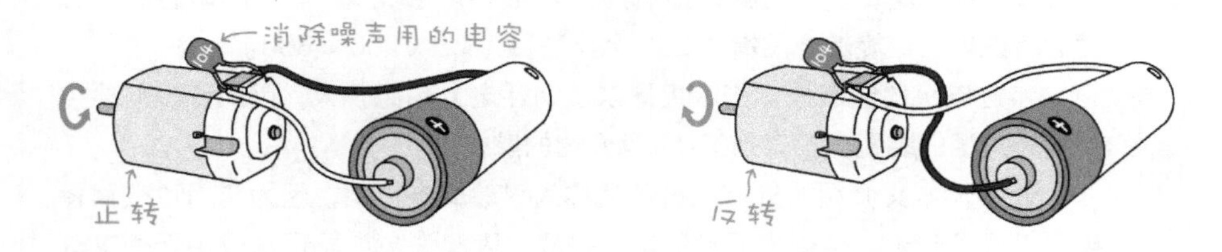

步进电机

在光驱以及喷墨打印机里面，可见到另一种称为**步进电机**（stepper motor）的动力装置。

步进电机是一种易于控制旋转角度和转动圈数的电机，常见于需要精确定位的自动控制系统，像喷墨打印机的喷嘴头，必须能移动到正确的位置，才能印出文件。下图是笔者从旧型 5.25 寸和 3.5 寸软盘驱动器拆下来的步进电机。

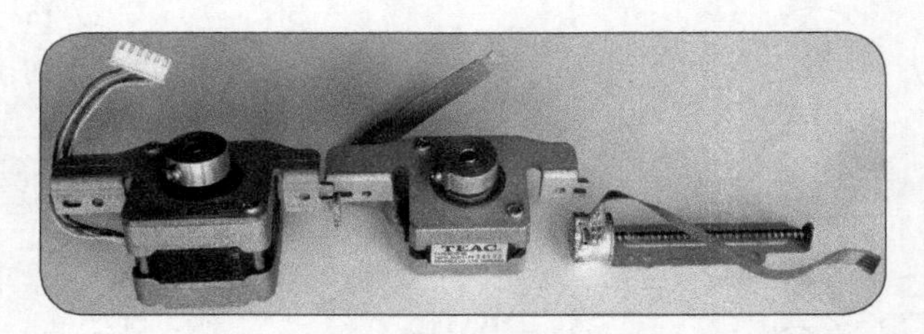

仅仅接上电源，步进电机是不会转动的。上图的步进电机有四条控制线（和两条电源线），微处理器从控制线输入脉冲（即：高、低电位变化）信号，步进电机的转子就会配合脉冲数转动到对应的角度。

步进电机的控制器的结构图如下。

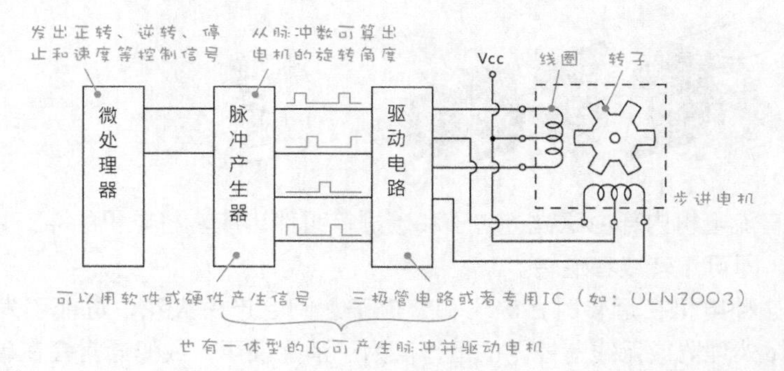

脉冲产生器发出的信号，轮流驱使电机转动一个角度；**转动一圈所需要的次数以及每次转动的角度，分别称为“步数”和“步进角”**。一个步进角为 1.8 度的步进电机，旋转一圈需要 200 个步进数（1.8 x 200 = 360）。

步进电机的缺点是体积、重量以及消耗电力都比较大，因此许多需要控制旋转角度的装置，都改用第 11 章介绍的**舵机**。

此外，本文介绍的直流电机，又称为“碳刷电机”，因为它通过碳刷将电力传输给转子。碳刷需要清理也会损耗，因此许多电器逐渐改用**无刷电机**（brushless motor），像是电动机车的轮内电机、某些电脑里的散热风扇，还有比较高档的遥控模型车／飞机，都使用无刷电机。

无刷电机的结构以及驱动方式，都和一般碳刷电机不同，价格也比较昂贵。无刷电机有三条电源线，驱动方式和上文提到的步进电机类似，都采用脉冲信号，因此通常采用专用的驱动 IC 控制。本书的示例并未使用无刷电机。

直流电机的技术文件

从电机的技术文件所列举的转速和扭力参数，可得知该电机是否符合速度和负重的需求；工作电压和消耗电流参数，则关系到电源和控制器的配置。

表 10–1 和表 10–2 列举两个电机参数，摘录自万宝至电机有限公司的 RF–300 和 FA–130 的技术文件（收录在光盘里）。

表 10–1 **RF–300 型电机的主要规格**

	最大效率（at maximum efficiency）					堵转（STALL）		
工作电压	转速	电流	扭力		输出	扭力		电流
1.6V~6.5V	1710 转/分钟	0.052A	0.27 mN·m	2.8 g·cm	0.049W	1.22 mN·m	12 g·cm	0.18A

单位是r/min或rpm　52mA　180mA

表 10–2 **FA–130 型电机的主要规格**

	最大效率（at maximum efficiency）					堵转（STALL）		
工作电压	转速	电流	扭力		输出	扭力		电流
1.5V~3.0V	6990 转/分钟	0.66A	0.59 mN·m	6.0 g·cm	0.43W	2.55 mN·m	26 g·cm	2.20A

660mA

设计电机的晶体管控制电路时，最重要的两个参数是**工作电压**和**堵转电流**。**堵转**代表电机轴心受到外力卡住而停止，或者达到承受重量的极限，此时电机线圈形同短路状态，FA–130 型的堵转电流达 2.2A！由此可知，**电机的负荷越重，转速会变慢，耗电流也越大，发热量也增加。**

此外，电机在启动时也会消耗较大的电流，此“启动电流”值通常视同堵转电流，或者将最大效率时的运转电流乘上 5~10 倍。

电机的扭力单位为 g・cm，以 1g・cm 为例，代表电机在摆臂长度 1cm 情况下，可撑起 1g 的物体；10g.cm 则代表摆臂长度 1cm，可撑起 10g 的物体。国际标准采用 N・m（牛顿 – 米）单位。

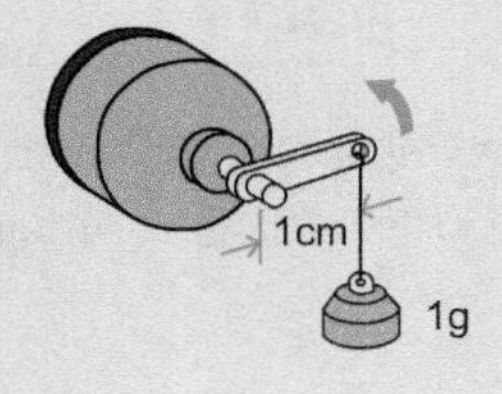

本文列举的都是日本万宝至电机有限公司（Mabuchi Motor，简体中文网站：http://www.mabuchimotor.cn/zh_CN/index.html）生产的电机型号，其规格数据比较齐全。在文具、玩具店或电子材料商店购买电机时，也许无法得知电机的型号和参数，但读者可从外观来推测它与万宝至公司产品的“兼容”型号。若是1/10比例的遥控车，大多采用RS-360或RS-540型电机。

10-4 齿轮箱/滑轮组和动力模型玩具

除了电风扇、吹风机、电钻等电器，直接把负载（如风扇）和电机相连，多数的动力装置都会采用齿轮箱、滑轮等来降低电机的转速，以**改变动力输出方向、减速及增加扭力**。

齿轮组属于精密机械，不太容易手动组装，建议买现成的或者从玩具里面拆下来。乐高积木的齿轮组，或者日本田宫模型（TAMIYA）推出的齿轮箱和滑轮组，都颇受DIY人士欢迎，尤其是后者，在一般遥控模型店或者网店都买得到。下图是田宫模型的“工作乐”的齿轮箱外观。

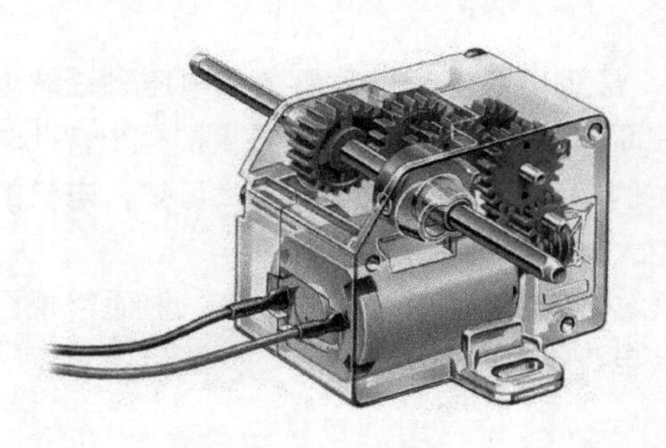

速度和扭力呈现等比例关系变化，假设电机的每分钟转速为7000，扭力6.0 g·cm；经减速1/10之后，速度降为700 r/min，扭力将提升10倍为60 g·cm（实际情况会受机械摩擦等因素影响）。

“工作乐”系列商品也包含动力模型（包含电机、齿轮箱和本体），像下图的推土机，玩家可自行加装传感器和Arduino微电脑板，就变成了机器人或自走车。

此外，读者也能改造现有的动力玩具，例如，遥控车 / 船、电动吹泡泡机、电动枪等，免除组装机械装置的困扰并且体验改造的乐趣。

10-5 认识晶体管元器件

人的力气无法抬起一辆车，但是通过千斤顶就能轻松抬起。微处理器的输出也很微弱，无法驱动电机、电灯等大型负载，所以也需要通过像千斤顶一样的“接口（驱动装置）”来协助。

晶体管是最基本的驱动接口，微处理器只需送出微小的信号，即可通过它控制外部装置。它很像水管中的阀门，平时处于关闭状态，但只要稍微施力，就能启动阀门，让大量水流通过。

晶体管有三只引脚，分别叫做 B（**基极**）、C（**集电极**）和 E（**发射极**），就字义而言，**集电极**（Collector）代表**收集电流**，**发射极**（Emitter）代表**射出电流**，**基极**（Base）相当于**控制台**。

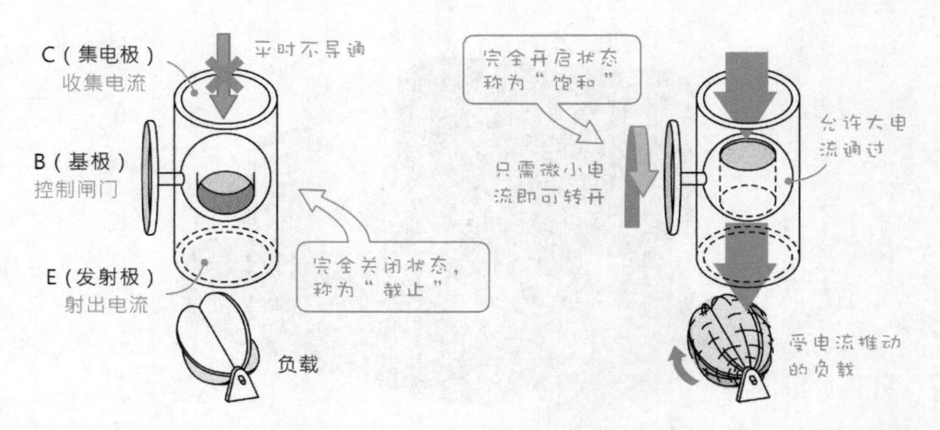

晶体管的外观如下，正面有品牌、编号，以及厂商对该零件特别加注的文字或编号（详细特点要查阅技术文件）。它的三只引脚，由左而右，通常是 E、B、C 或者 B、C、E，实际脚位以组件的技术文件为准。

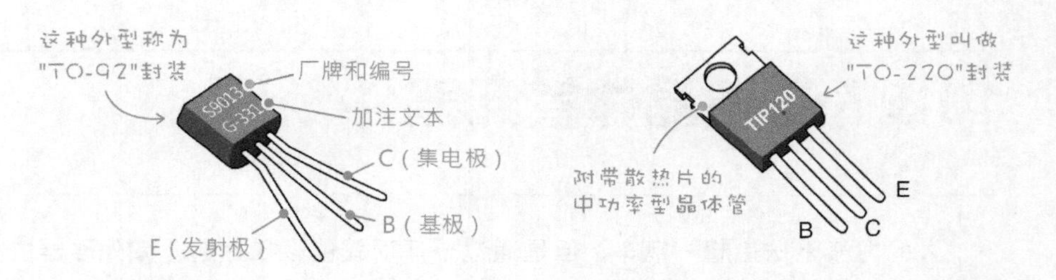

依照它所能推动的负载，晶体管分成不同的**功率**类型，驱动电机或者音响后级放大器使用的中、大功率型晶体管，通常包含**散热片**的固定器，甚至整体都是金属包装以利于散热。

信号控制端（B 极）只要提供一点点电流，就能在**输出端（E 极）**得到大量的输出，因此晶体管也是一种信号放大器。

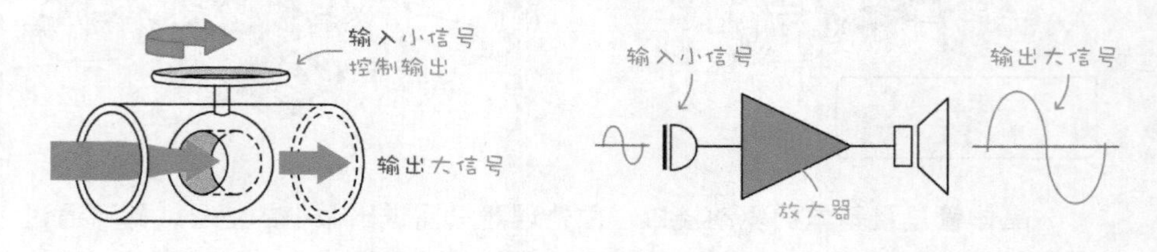

NPN 与 PNP 类型的晶体管

根据制造结构的不同，晶体管分成 NPN 和 PNP 型两种，它们的符号与运行方式不太一样。

圆圈可省略不画

NPN型　　PNP型

帮助读者记忆的说明图

记忆要诀：N往外射　　记忆要诀：P往内射

晶体管符号里的箭头代表电流的方向，为了帮助记忆这两种符号，我们可以替英文字母 N 和 P 加上箭头，如此可知，NPN 是箭头（电流）朝外的形式，PNP 则是电流朝内的类型。

底下是基本的**晶体管开关**电路，**NPN 型的负载接在电源端，**PNP 型的负载接在接地端。

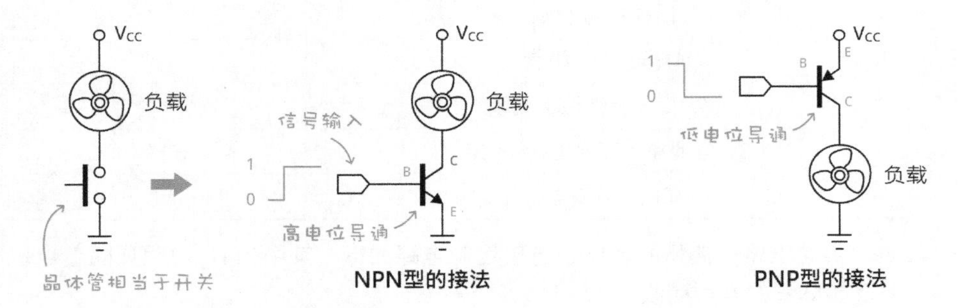

NPN型的接法　　PNP型的接法

当 **NPN 型**晶体管的 B 脚（基极）接上**高电位**时（例如：正电源），晶体管将会导通，驱动负载；相反地，当 **PNP 型**晶体管的 B 脚（基极）接上**低电位**时（例如：接地），晶体管才会导通。

我们通常把高电位（1）当做“导通”，低电位（0）看成“关闭”，NPN 型晶体管的电路比较符合这个逻辑习惯，因此 NPN 型晶体管比较常见。

许多 NPN 型晶体管都会有一个特性跟它一模一样的 PNP 型孪生兄弟，例如 9013 和 9012，差别仅在一个是 NPN，一个是 PNP。

提到“晶体管”时，通常都是指“双极结型晶体管（Bipolar Junction Transistor，简称 BJT）”。另有一种简称 FET 或 MOSFET 的**场效（应）晶体管，**其特点是输入阻抗高（省电）、噪声低，通常用于音响的扩大机、麦克风放大器和高频电路，此外，电脑主板上的电压调整模块，以及大规模集成电路内部的晶体管也通常是 MOSFET。

场效（应）晶体管的控制方式和普通的 BJT 晶体管不同，本书示例采用的都是 BJT 晶体管。

动手做 10-5 晶体管电机控制与调速器

实验说明：微处理器引脚的输出功率有限（最大约 40mA），除非控制微型电机（像手机里的震动电机），否则都要通过晶体管放大电流之后才能驱动。本实验单元将结合晶体管驱动电机电路，加上 PWM 变频控制程序，调整电机的转速。

实验材料：

FA-130 电机	1 个
TIP120 晶体管	1 个
1N4004 二极管	1 个
620Ω（蓝红棕）电阻	1 个
3V 电池盒（三号电池 ×2）	1 个
10kΩ 可变电阻	1 个

实验电路：典型的晶体管电机控制电路如下，其中的 R_B 电阻要随着电机以及晶体管的类型而改变：

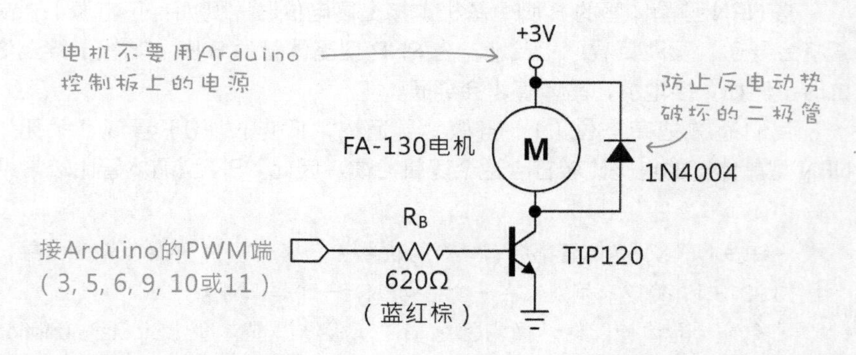

晶体管不一定要用 TIP120，表 10-3 列举了常见的模型玩具电机的晶体管及电阻的选用值，详细的计算方式，请参阅下文。

电机内部的线圈，在通电时把电能转成磁能；断电的瞬间，磁能会释放出电能，与原先加在线圈两端的电压相反，称为**反电动势（Back EMF）**。为了避免反电动势损害晶体管，可以在电机并联一个二极管，将反电动势导回电机。

表 10-3 **电机、晶体管与 R_B 对照表**

电机	晶体管型号	R_B
FA-130、RE-140	TIP120	620Ω（蓝红棕）
FA-130、RE-140	2SD560	3kΩ
RE-260	TIP120	500Ω
RE-260	2SD560	3kΩ
RF-300	2N2222	1kΩ

做实验时，Arduino 板通常接电脑的 USB 接口供电，可是，电脑 USB 2.0 接口大约只供应 500mA 的电流，一般的模型电机通常需要 1A 以上，因此，请不要将电机的电源接在 Arduino 板，否则可能会损坏 Arduino 板的电源线路甚至电脑 USB 接口。

晶体管电机控制器的面包板组装方式如下，**电机电源的接地要和 Arduino 板的接地相连。**

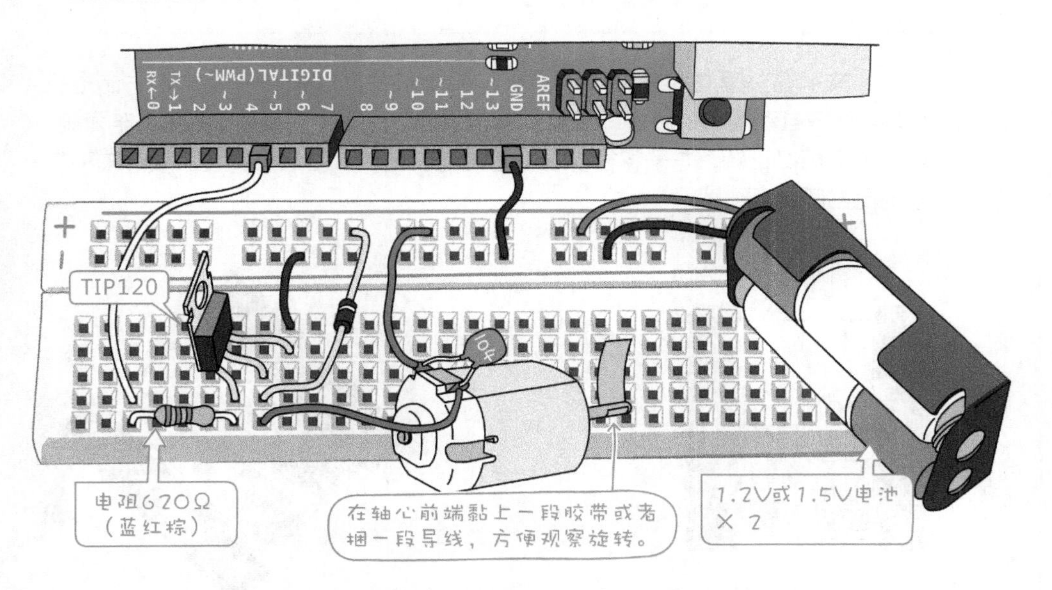

另外，请参考上文，**在 A0 模拟端口连接一个 10kΩ 可变电阻。**

实验程序：

```
byte potPin = A0;          // 模拟输入端口（接 10kΩ 可变电阻）
byte motorPin = 5;         // 模拟输出端口（接晶体管电机控制电路）
int potspeed = 0;          // 模拟输出值
byte val = 0;              // 保存模拟范围转换值
```

```
void setup() {
  pinMode(motorPin, OUTPUT);
}

void loop() {
  potspeed = analogRead(potPin);
  val = map(potspeed, 0, 1023, 0, 255);
  analogWrite(motorPin, val);
}
```

10-6 控制电机正反转的 H 桥式电机控制电路

上文的晶体管电机控制电路只能控制电机的开、关和转速，无法让电机反转。许多自动控制的场合都需要控制电机的正、反转，以底下的履带车为例，若两个电机都正转，车子将往前进；若左电机正转、右电机反转，履带车将在原地向右回转。

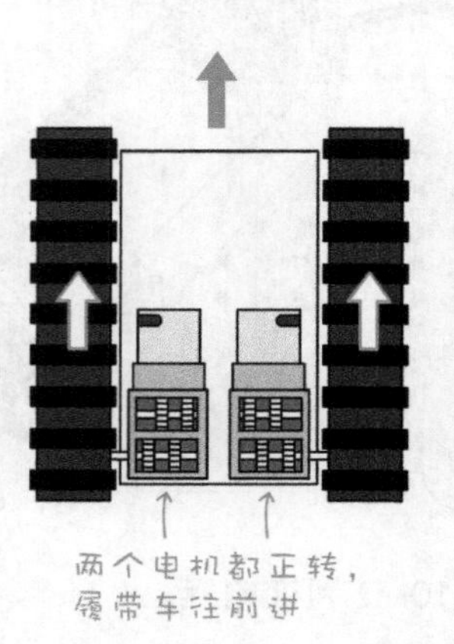

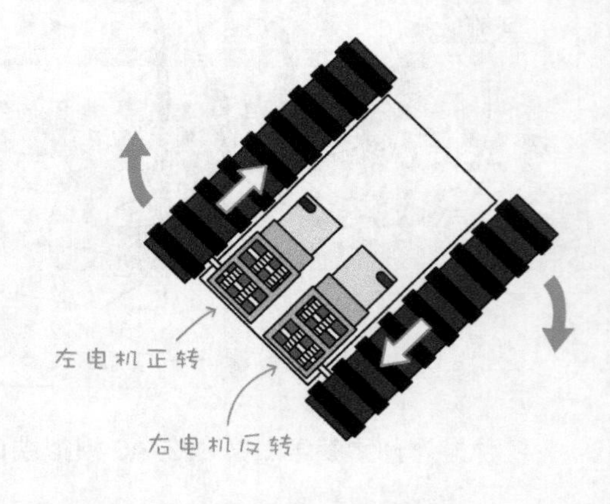

控制电机正反转的电路称为 **H 桥式（H–bridge）电机控制电路**，因为开关和电机组成的线路就像英文字母 H 而得名。当开关 A 和 D 闭合（ON）时，电流将往指示方向流过电机；当开关 B 与 C 闭合（ON）时，电流将从另一个方向通过电机。

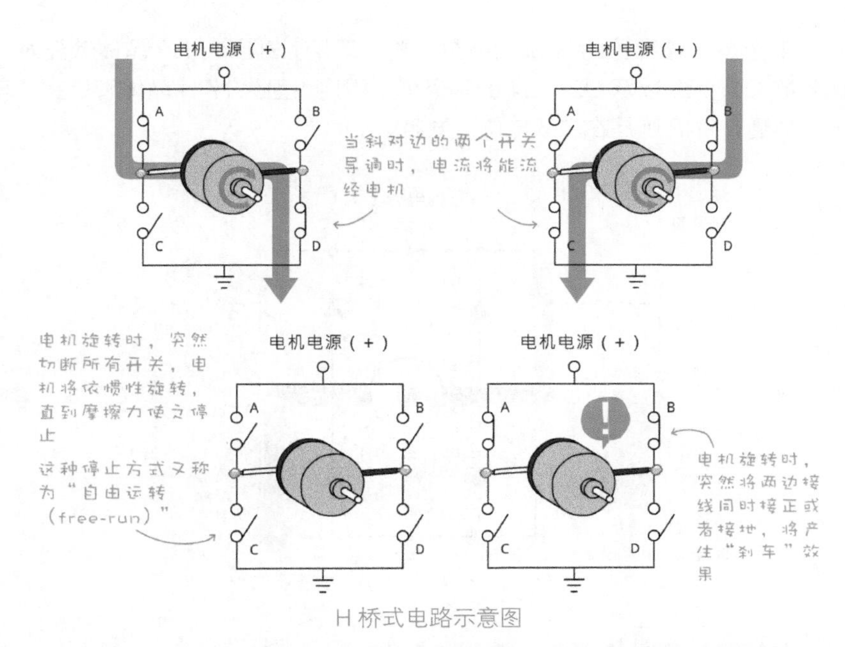

H 桥式电路示意图

需要留意的是 A、C 或者 B、D 这两组开关绝对不能同时打开，否则将导致短路！

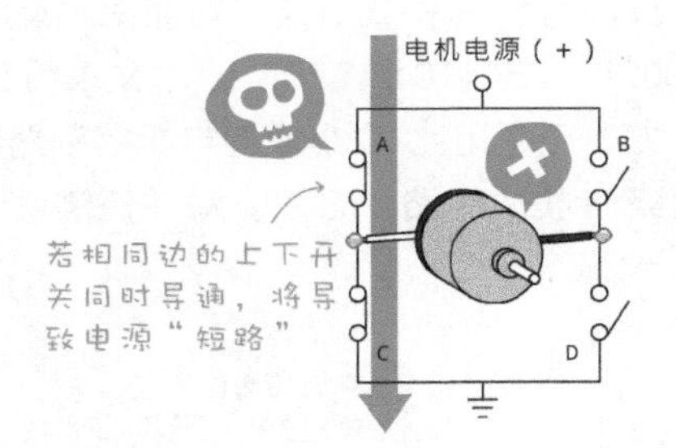

电路示意图里的开关，可以替换成晶体管。底下是用四个 NPN 型晶体管构成的 H 桥式控制电路（注：电路里的晶体管代号通常用字母 Q 开头）。

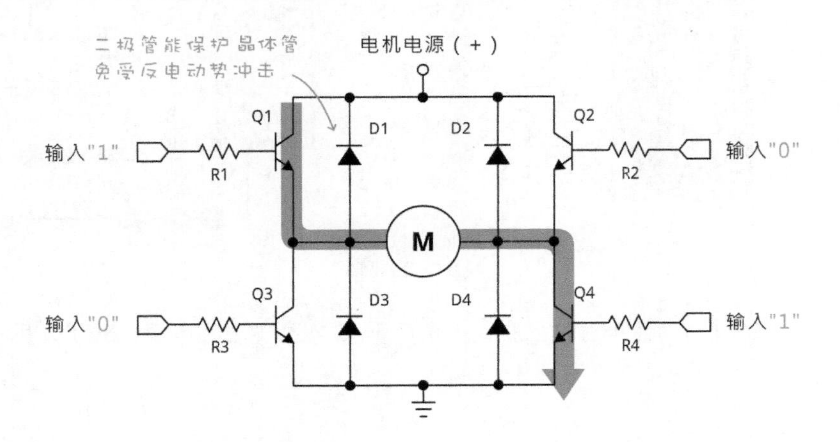

下图是比较常见的 H 桥式控制电路，采用 NPN 和 PNP 晶体管配对，晶体管的 Q1、Q3 以及 Q2、Q4 的基极个别相连，因为 NPN 晶体管是在“高电位”导通，PNP 则是在“低电位”导通。

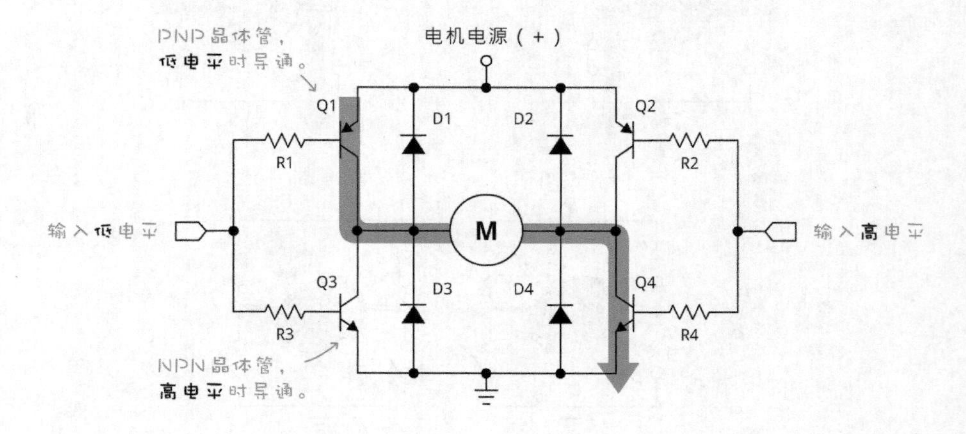

使用专用 IC（L298N）控制电机

除了用晶体管自行组装 H 桥式电路，市面上也有许多电机专用驱动和控制 IC，例如 ULN2003A、754410 和 L298N。本文采用 **L298N**，因为使用简便，而且无论是单独的 IC，还是用此 IC 组成的电机控制器成品，都很容易买到。**L298N** 内部包含**两组 H 桥式电路**，可以驱动并控制两个电机的正反转，其外观和引脚如下。

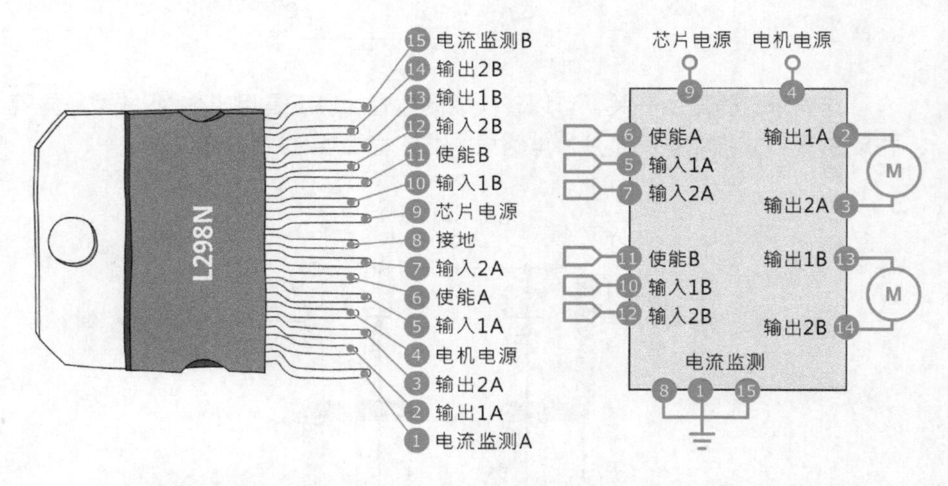

L298N 有两组电源输入脚，一个用于 IC 本身（芯片电源，5V），另一个

用于电机(最高可达46V,输出2A额定电流)。它有两个**使能(Enabled)**引脚,相当于开关,用于决定是否供电给电机。L298N有个特殊功能,可监测电机是否处于“堵转”状态,进而关闭电机电源。

监测堵转的原理是,当电机的负荷增加时,消耗的电流量也跟着增加,因此,从电流的消耗量,可得知电机是否运行平顺。如果要启用这项功能,必须在“电流监测”脚位连接电阻;若不使用电流监测功能,请将电流监测的1和15脚接地。

一组电机都有三个控制引脚,除了“使能”,还有“输入A”和“输入B”。这三个引脚和电机的运转关系,请参阅表10-4。

表10-4 **输入/输出关系表**

使能A	输入1A	输入1B	电机状态
高	高	低	正转
高	低	高	反转
高	输入1B	输入1A	快速停止(刹车)
低	x	x	停止(自由滑行)

代表是否送电给电机

代表「任何状态」

在需要精确定位的场合,可以将两个输入信号反转,造成“刹车”效果

在移动的状态下,突然停止供电,物体将维持移动惯性,借摩擦力停止

L298N电机控制电路板

实际组装L298N电路时,电机四周要像之前的H桥式电路一样,用二极管包围。

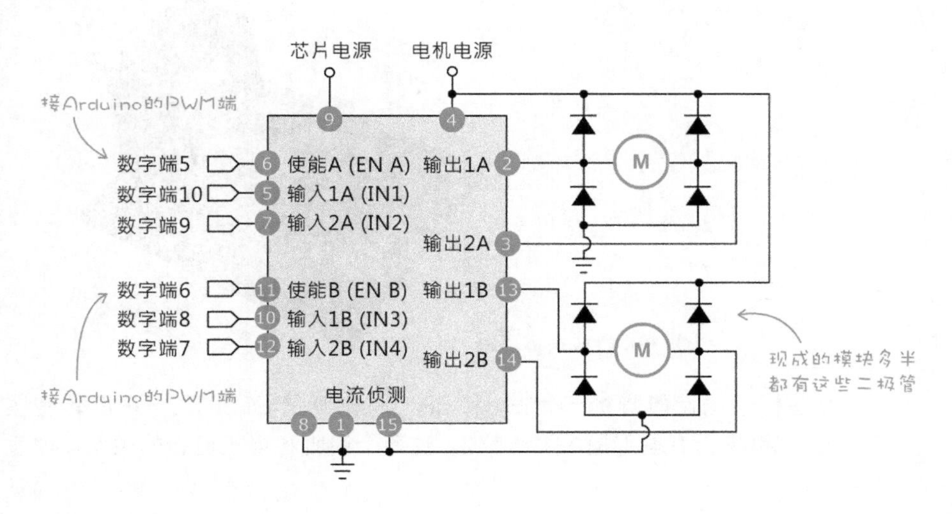

读者可以在电子材料商店或者网上买到采用 L298N 的电机控制器，现成的控制板大都包含二极管（型号是 1N4004），因此可直接连接电机。有些控制板甚至包含电源转换 IC 以及电流监测电阻。笔者实际上是购买半成品套件（注：将所有零件和未焊接的印刷电路板包装在一起），不过我并没有完全按照电路图组装，因为我不需要套件中的电源转换电路，也未焊接两个监测电流用的 1W、5Ω 电阻。

下图这款 L298N 控制板（为了方便区分，以下简称 A 型），具有像表 10–5 的两组输入端（一组三个）及两组输出端。底下的接线图仅供参考，因为不同公司生产的电机控制器，引脚位置都不太一样，请读者自行阅读说明书上的脚位标示。

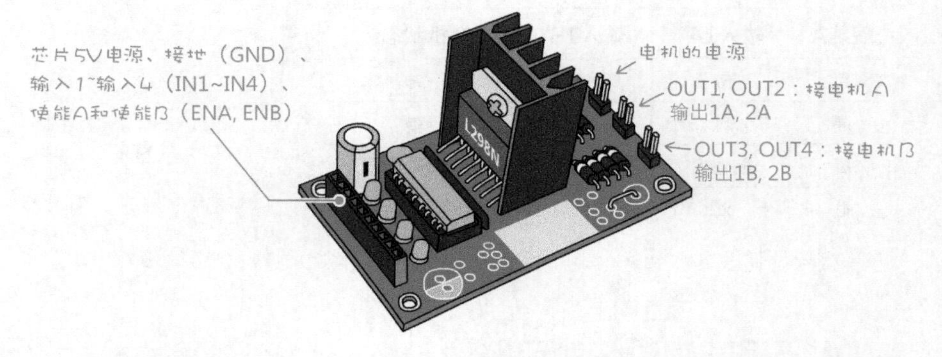

有些 L298N 电机控制器，使用另一个 IC（型号是 74HC14）来简化电机正反转控制，每个输入端只有**使能**和**正反转**两个引脚（以下简称 B 型）。

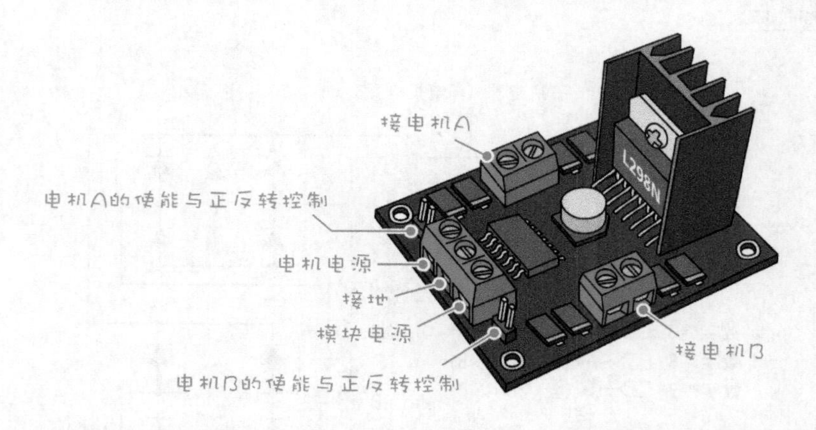

有些板子的使能脚标示为 EA 和 EB，有些则是 E1 和 E2；正反转有些标示为 IA 和 IB，有些则是 M1 和 M2。这两个引脚和电机运转的关系，如表 10–5 所示。

表 10-5 **输入 / 输出关系表**

EA/EB（使能）	IA/IB（正反转）	电机状态
高	高	正转
高	低	反转
低	x	停止（自由滑行）

动手做 10-6 自动回避障碍物的自走车

实验说明：本节采用一个 L298N 控制板以及超声波传感器，制作一个遇到前方有障碍物时，能自动转向的自走车。

实验材料：

超声波传感器模块	1 个
L298N 电机控制模块	1 个
采用双电机驱动的模型玩具，例如田宫模型的挖土机或第 14 章介绍的六足昆虫。	1 个

若采用 A 型电机控制模块，请依照下图组装（电机请用外接电源），由于每个模型动力玩具的改装方式不太一样，因此下图仅呈现最原始的样式，测试完毕后，电机前端可能接轮胎或履带，而整个电路也许安装在玩具的底盘上。

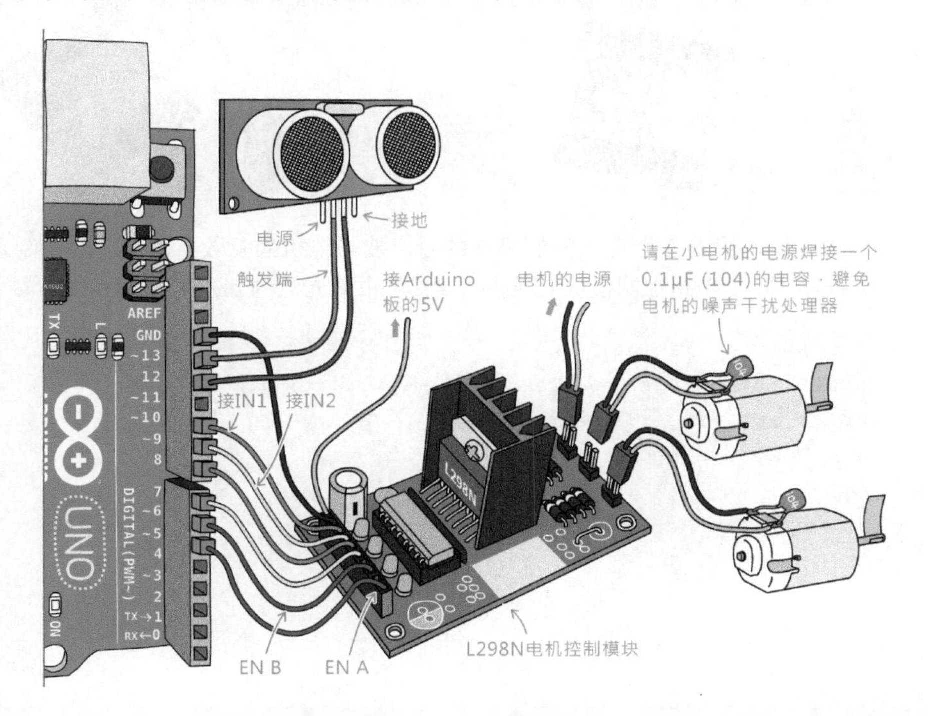

底下 B 型电机控制模块的接线方式（电机请用外接电源）。

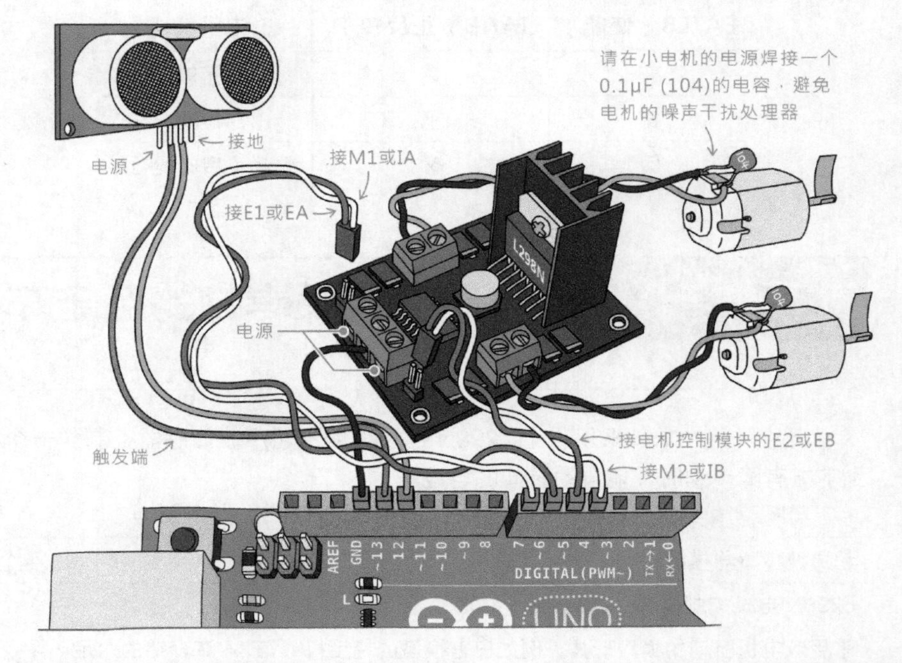

实验程序：自动回避障碍物的程序，主要思路如下图所示。当自走车侦测到前方 10cm 以内有障碍物时，就右转，直到 10cm 内没有障碍物再前进。读者可以尝试结合随机指令，让它遇到障碍物时，随机决定向左或向右转。

底下是用于 A 型电机控制模块的超声波与电机的参数，以及转向控制函数程序（B 型电机控制模块的程序，请参阅书附光盘的 diy10_6B.ino）。

```
const byte TrigPin = 13;          // 超声波模块的触发脚
const int EchoPin = 12;           // 超声波模块的接收脚
const int dangerThresh = 580;     // 10cm × 58
const byte speed = 100;           // 电机的 PWM 输出值

long distance;                    // 暂存接收信号的高电位持续时间
```

```
const byte ENA = 5;          // 电机 A 的使能引脚
const byte ENB = 6;          // 电机 B 的使能引脚
const byte IN1 = 10;         // 电机 A 的正反转引脚
const byte IN2 = 9;          // 电机 B 的正反转引脚
const byte IN1 = 8;          // 电机 A 的正反转引脚
const byte IN2 = 7;          // 电机 B 的正反转引脚

byte dir = 0;        // 记录行进状态，0 代表“前进”，1 代表“右转”。

void stop() {        // 电机停止
 analogWrite(ENA, 0);        // 电机 A 的 PWM 输出
 analogWrite(ENB, 0);        // 电机 B 的 PWM 输出
}

void forward() {     // 电机转向：前进（两个电机都正转）
 analogWrite(ENA, speed);  // 电机 A 的 PWM 输出
 digitalWrite(IN1, HIGH);  // 请参阅表 10-4 的设置
 digitalWrite(IN2, LOW);
 analogWrite(ENB, speed);  // 电机 B 的 PWM 输出
 digitalWrite(IN3, HIGH);  // 请参阅表 10-4 的设置
 digitalWrite(IN4, LOW);
}

void backward() {   // 电机转向：后退（两个电机都反转）
 analogWrite(ENA, speed);  // 电机 A 的 PWM 输出
 digitalWrite(IN1, LOW);   // 请参阅表 10-4 的设置
 digitalWrite(IN2, HIGH);
 analogWrite(ENB, speed);  // 电机 B 的 PWM 输出
 digitalWrite(IN3, LOW);   // 请参阅表 10-4 的设置
 digitalWrite(IN4, HIGH);
}

void turnLeft() {   // 电机转向：左转（电机 A 反转、电机 B 正转）
 analogWrite(ENA, speed);  // 电机 A 的 PWM 输出
 digitalWrite(IN1, LOW);   // 请参阅表 10-5 的设置
 digitalWrite(IN2, HIGH);
 analogWrite(ENB, speed);  // 电机 B 的 PWM 输出
 digitalWrite(IN3, HIGH);  // 请参阅表 10-4 的设置
 digitalWrite(IN4, LOW);
}
```

```
void turnRight() {   // 电机转向：右转（电机 A 正转、电机 B 反转）
 analogWrite(ENA, speed);       // 电机 A 的 PWM 输出
 digitalWrite(IN1, LOW);        // 请参阅表 10-4 的设置
 digitalWrite(IN2, HIGH);
 analogWrite(ENB, speed);       // 电机 B 的 PWM 输出
 digitalWrite(IN3, HIGH);       // 请参阅表 10-4 的设置
 digitalWrite(IN4, LOW);
}

long ping() {          // 超声波感测程序
  digitalWrite(TrigPin, HIGH);       // 触发脚设置成高电位
  delayMicroseconds(5);              // 持续 5 微秒
  digitalWrite(TrigPin, LOW);        // 触发脚设置成低电位

  return pulseIn(EchoPin, HIGH);     // 测量高电位的持续时间（μs）
}
```

底下是主程序，它将每隔一秒钟检查一次距离。

```
void setup(){
   pinMode(TrigPin, OUTPUT);  // 触发脚设置成“输出”
   pinMode(EchoPin, INPUT);   // 接收脚设置成“输入”
   // 电机控制模块的引脚全都设置成“输出”
   pinMode(IN1, OUTPUT);
   pinMode(IN2, OUTPUT);
   pinMode(IN3, OUTPUT);
   pinMode(IN4, OUTPUT);
}

void loop(){
     distance = ping();                   // 读取障碍物的距离
     if (distance>dangerThresh) {  // 如果距离大于 10cm
           if (dir != 0) {                // 如果目前的行进状态不是“前进”
                  dir = 0;                // 设置成“前进”
                  stop();                 // 暂停电机 0.5 秒
                  delay(500);
           }
           forward();                     // 前进
     }else{
           if (dir != 1) {                // 如果目前的状态不是“右转”
                  dir = 1;                // 设置成“右转”
```

```
                stop();                      // 暂停电机 0.5 秒
                delay(500);
            }
            turnRight();                     // 向右转
    }
    delay(1000);                             // 持续 1 秒
}
```

实验结果：编译与下载程序之后，两个电机将开始正转。若用手遮挡在超声波传感器前方，两个电机首先暂停 0.5 秒，接着，A 电机将持续正转，B 电机则会反转；若前方无障碍物，两个电机首先暂停 0.5 秒，再一起正转。

每次在切换电机状态之前先暂停 0.5 秒，可以避免电机频繁地正、反转而导致寿命降低。

如何选用晶体管

不同型号的晶体管有不同的参数，我们要依照电路需求来决定选用的型号。例如 2N2222 和 2N3904，这两个晶体管的主要差异是**耐电流**不同。驱动 LED 这种小型组件，两种晶体管都能胜任，但若要驱动电机，2N3904 就不适合了。

因为普通模型玩具用的小型直流电机，消耗电流从数百毫安到数安，而 2N3904 的最大耐电流仅 200mA。**为了安全起见，在实际操作中通常取最大耐电流值的一半，**也就是 100mA，而 2N2222 最大耐电流为 1A（取一半为 500mA）。

晶体管的详细规格，可在网络上搜索它的型号，例如，输入关键词 "2N2222 datasheet"，即可找到 2N2222 晶体管的完整技术文件。技术文件详载了组件的各项特性，本书的内容只需用到表 10-6 当中的几项。

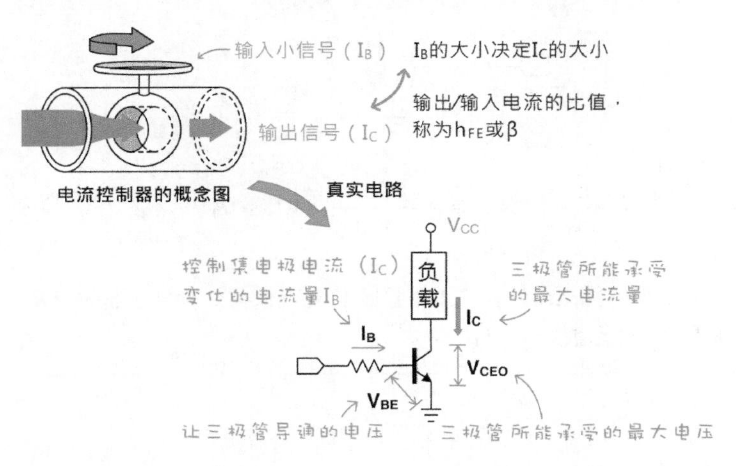

表 10-6　常用 NPN 晶体管的重要参数

型号	V_{CEO}（集电极和发射极之间容许电压）	I_C（流入集电极的电流）	V_{BE} (sat)（让晶体管饱和的基极和射极电压）	h_{FE}（直流电流放大率）	配对的 PNP 型号
9013	20V	500mA	0.91V	40~202，典型值为 120。	9012
2N2222	40V	1A	0.6V	35~300	2N2907
2N3904	40V	200mA	0.65V	40~300	2N3906
8050	25V	1.5A	1.2V	45~300	8550

晶体管电路的基本计算方式

晶体管最重要的两参数是 I_C 和 h_{FE}，通过它们可以计算出连接基极的电阻值。**I_C 和 I_B 变化的比值，称为“直流电流放大系数”或“电流增益”，简称 h_{FE} 或 β**。亦即：

$$h_{FE} = \frac{I_C}{I_B} \Rightarrow I_C = h_{FE} \times I_B \Rightarrow I_B = \frac{I_C}{h_{FE}}$$

假如我们要用晶体管控制 LED，而 LED 的消耗电流约 10mA，也就是说，流经 LED 的电流大约是 10mA。上一节列举的晶体管的电流增益（h_{FE}）都能达到 100，为了计算方便，我们假设要将电流放大 100 倍，而目标值为 10mA。

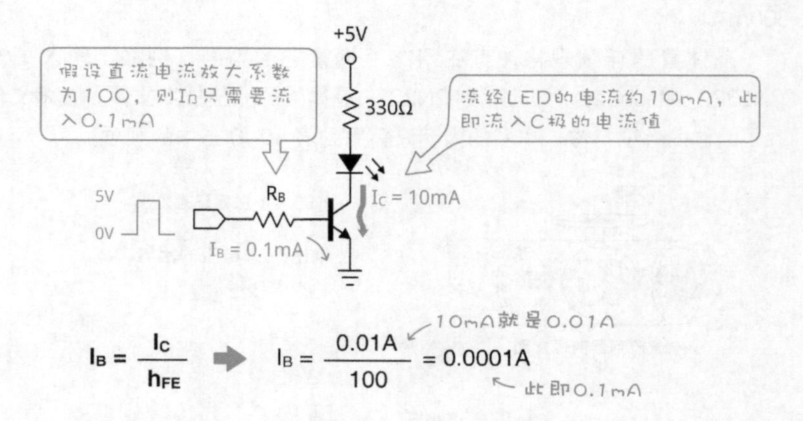

$$I_B = \frac{I_C}{h_{FE}} \Rightarrow I_B = \frac{0.01A}{100} = 0.0001A$$

10mA就是0.01A

此即0.1mA

从上面的算式得知，流入基极的 I_B 电流仅需 0.1mA。根据“欧姆定律”可求得 R_B 的阻值。

连接B极的电阻 ➡ $R_B = \dfrac{5V}{0.0001A}$ ← 电阻上的压降（输入信号电压）

$= 50000\Omega$ ← 此即50kΩ

实际中取一半值，即25kΩ

在信号控制的输入回路中，为了确保晶体管完全导通（相当于用力把水闸门转开到最大，进入“饱和”状态），通常**取阻值计算结果的一半，藉以增加 I_B 电流值**。因此，R_B 电阻的建议值为 25kΩ。

同时点亮多个发光二极管

上一节的晶体管电路，只需要从基极输入 0.1mA 电流，即可让晶体管导通。实际上，如果只要点亮一个 LED，根本无需使用晶体管，因为 Arduino 的端口足以驱动 LED。

但是，如果要同时在一个引脚点亮四个或更多 LED，Arduino 恐怕会吃不消（注：市售的一个 LED 省电灯泡里面其实包含许多 LED 芯片，瓦数和亮度越高，芯片越多）。这个时候，就要通过晶体管来驱动了。

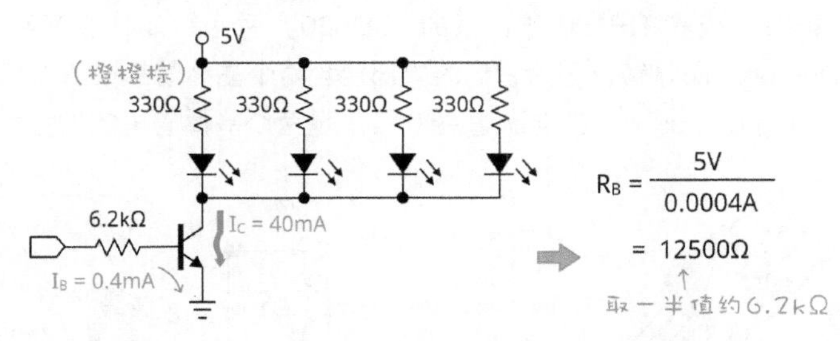

上图的 4 个 LED 限流电阻（330Ω），可以改用一个电阻代替，但电阻值和瓦数要重新计算。假设用 5V 供电，建议采用 0.25W、75Ω 的电阻。

5V

R_C

电阻要替LED抵挡3V的电压…

因为LED元件的的电压降约2V

6.2kΩ

（蓝红红）

R_C电阻值 ➡ $\dfrac{5V - 2V}{40mA}$ ➡ $\dfrac{3V}{0.04A}$ = **75Ω**

消耗功率 ➡ 3V × 0.04A ➡ **0.12W**

实际中取一倍值，约0.24瓦

使用达灵顿晶体管控制电机的相关计算公式

从表 10–1 列举的电机规格可得知，RF–300 型电机的消耗电流通常在 100mA 以内，而 FA–130 型电机大约是 1A。选择控制负载（如：电机）的晶体管时，最重要的两个参数是 **IC（集电极电流，最大耐电流）**和 **V_{CEO}（最大耐电压）**。

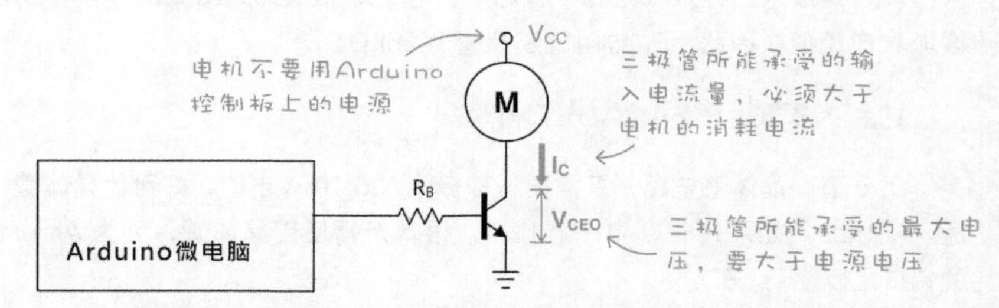

2N2222 最大耐电流为 1A（为了安全考虑，实际中通常取一半为 500mA），控制 RF–300 型电机没问题，但是它无法驾驭 FA–130 型电机。

控制 FA–130 型电机，最好选择**集电极电流（I_c）3A** 或更高的晶体管，例如 TIP31，或者 **TIP120** 或日系的 **2SD560**。后两种晶体管又称为**达林顿（Darlington）晶体管**，因为它们的内部包含两个晶体管组成所谓的达林顿配对（Darlington Pair），其电流增益（h_{FE}）是两个晶体管电流增益的乘积。

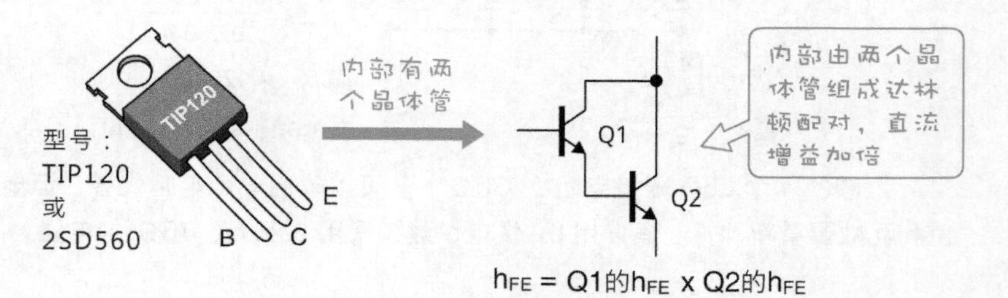

假设一个晶体管的电流增益是 100，达林顿配对的增益将是 100 x 100 = 10000；2SD560 晶体管的典型 h_{FE} 值为 6000。TIP31、TIP120 和 2SD560 的一些参数请参阅表 10–7（技术文件收录在光盘中）。

表 10–7 **TIP120 和 2SD560 的参数**

型号	V_{CEO}（集电极和发射极之间容许电压）	I_C（流入集电极的电流）	V_{BE} (sat)（让晶体管饱和的基极和发射极电压）	h_{FE}（直流电流放大率）	配对的 PNP 型号
TIP120	60V	5A	2.5V	1000	TIP125
	100V	5A	1.6V		2SB601
TIP31C	100V	3A	1.8V	10~50	TIP32C

晶体管电机控制电路

采用TIP120晶体管控制FA-130电机的电路如下，如果读者采用其他电机或者晶体管，需要重新计算 R_B 电阻值。

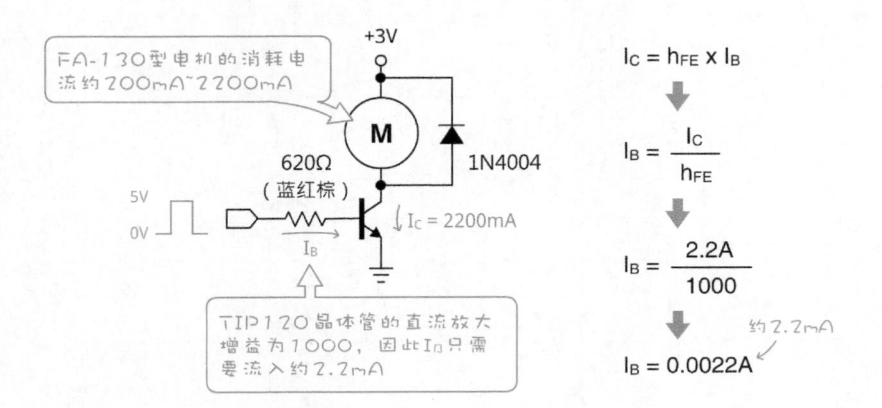

根据以上的计算式求出 I_B 的理论值为2.2mA。然而，为了确保晶体管C和E脚确实导通（完全饱和），在实作上，I_B 通常取两倍或更高的数值，通过电路中的电流可以比预期的多，电子零件会自行取用它所需要的量，因此笔者将 R_B 的电阻值设为620Ω。

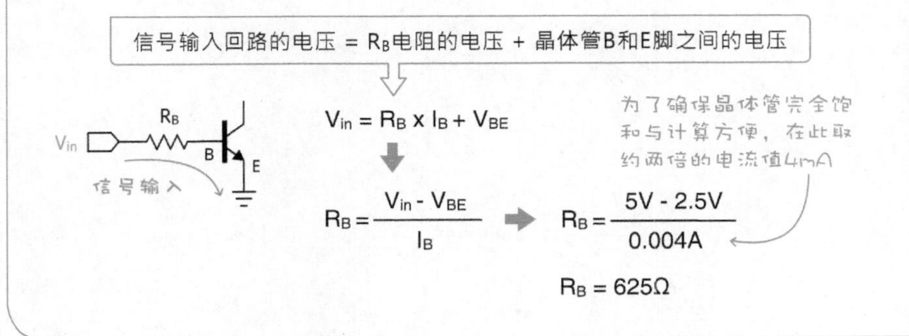

CHAPTER 11

使用 Wii 游戏杆控制机械手臂

舵机（Servo）是一种用于精确移动、定位场合的动力装置，常用于遥控模型玩具，例如，在遥控车中控制轮胎转向，也用于机器人的手脚关节。本单元将采用两个舵机来组装机械手臂（其实应该说是“二轴云台”或“XY 轴旋转台”，如下图所示），然后通过电玩控制器中的“游戏杆”，或者 Wii 游戏机的“左手把”来控制它。

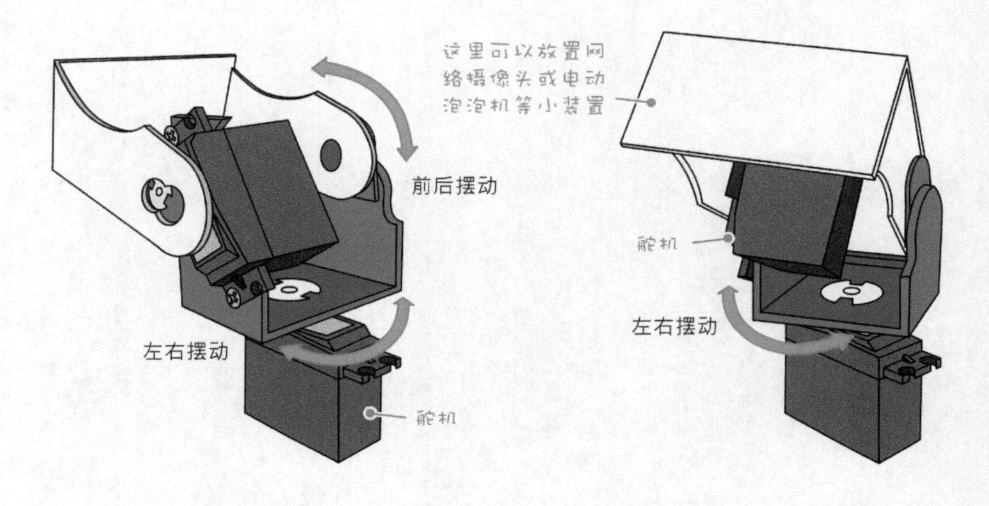

11-1 认识舵机

舵机是由普通的直流电机，再加上监测电机旋转角度的电路，以及一组减速齿轮所构成。其典型内部结构如下图;当舵机转动时，将带动齿轮与电位计，控制电路将从电位计的电压变化，得知当前的转动角度。

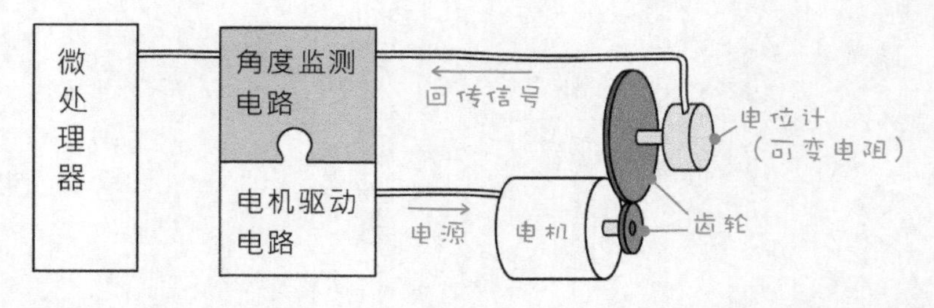

自动机械和机器人 DIY 的爱好者，大多采用遥控模型用的舵机，因为容易取得（遥控模型店都买得到），有各种尺寸（最小只有数克重）、速度

（从 0.6~0.05 秒完成 60 度角位移，一般约 0.2 秒）和扭力（有些高达 115 kg.cm）等选项，而且不论厂牌和型号，控制方式都一样简单。下图是遥控模型用的舵机外观。

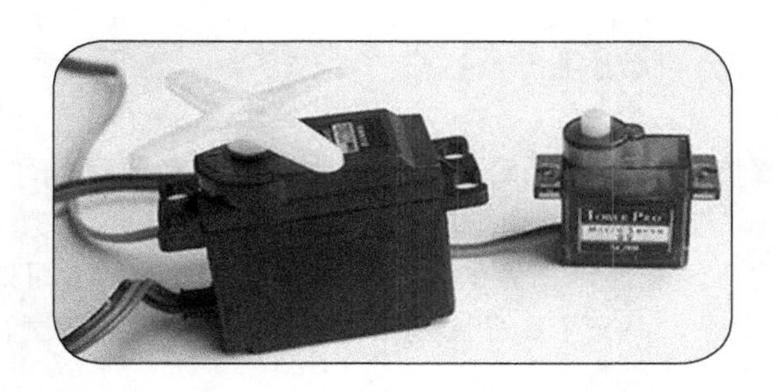

舵机有三条接线，分别是正电源、接地和控制信号线，每一条导线的颜色都不同，大多数的厂商都采用**红色**和**黑色**来标示**电源**和**接地**线，**信号**线则可能是**白**、**黄**或**橙**色。电源大都介于 4.8~6V 之间，少数特殊规格采 12V 或 24V。典型的舵机构造如下图所示。

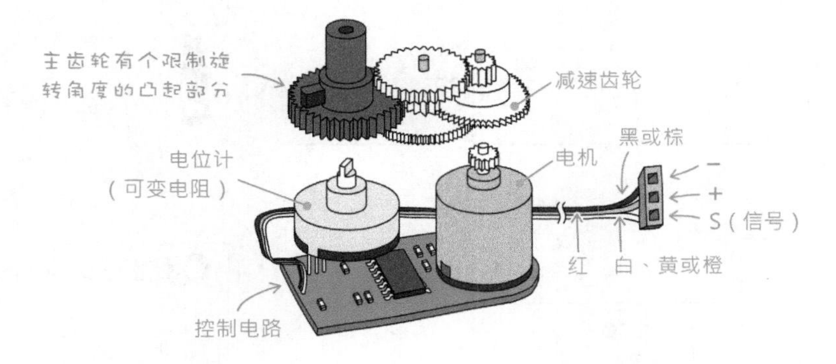

像这种在输出端感应、取得回授信号的控制方式，又称为“闭路控制”；第 10 章介绍的步进电机的旋转角度，纯粹从输入端决定，不需要额外的传感器监测，因此称为“开路控制”。

遥控模型用的舵机的旋转角度，大都限制在 0° ~180° ，因为调整汽车、船或者飞机的方向舵，180° 绰绰有余。

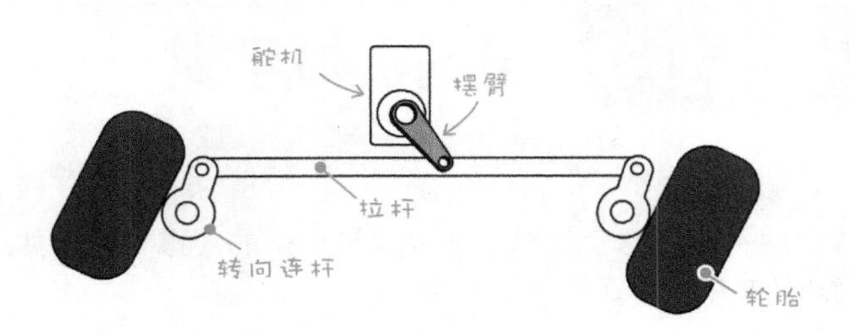

不过，驱动某些机械手臂或者将它连接轮胎，取代一般电机的场合，需要让舵机连续旋转 360°。因此，有些厂商有推出可连续旋转的舵机，也有玩家自行改装舵机（参阅下文说明）。

认识控制舵机的 PPM 信号

所有遥控模型的舵机都接受一种叫做**脉冲位置调制**（Pulse Position Modulation，简称 PPM）的信号，来指挥它的转动角度。脉冲就是电位的高低变化；伺服控制指令的一个脉冲周期约 20ms（即处理器每秒约送出 50 次指令），而一个指令周期里的前 1~2ms 脉冲宽度，代表舵机的转动角度。

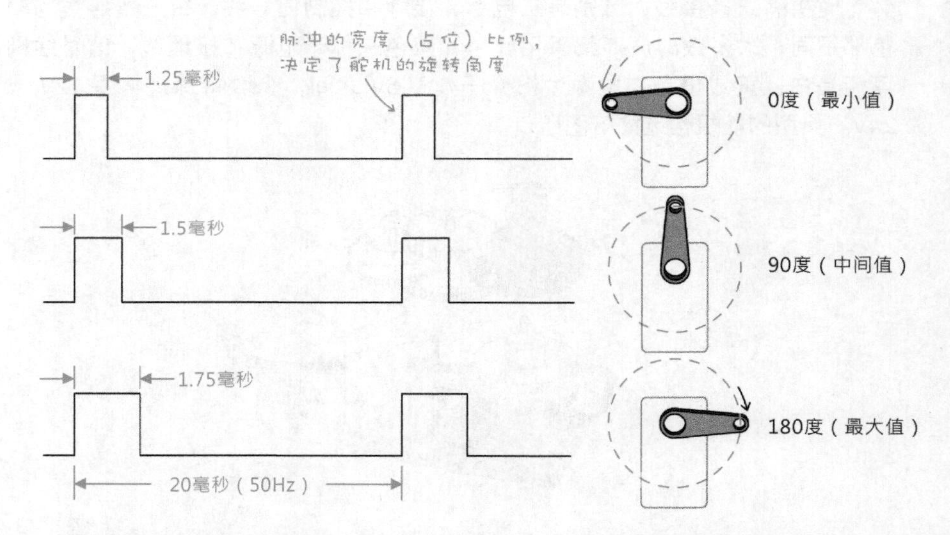

也有人将 PPM 信号归纳成 PWM 信号，不过 PWM 主要是指控制电压输出变化的信号。**Arduino 有自带一个 servo.h 扩展库，可依据输入角度发出对应的 PPM 信号。**

动手做 11-1 自制机械手臂

实验说明：使用两个舵机，加上容易取得的支撑材料，如纸板，来制作一个可摆动的手臂结构。

实验材料：

舵机（笔者采用的型号是 Futaba S3003，很容易在模型玩具店买到，价格也比较低廉）	2 个
10kΩ 可变电阻（或 1 个**游戏杆模块**）	2 个
外接 5V 电源	1 个

笔者将早期 5.25 寸软盘的塑料外盒改造成两个舵机的支架，读者可以采用压克力板、文具整理盒或甚至纸板等素材来制作支架，不用局限特定的材质或形式。底部的舵机可左右摆动，上面的舵机可上下旋转。

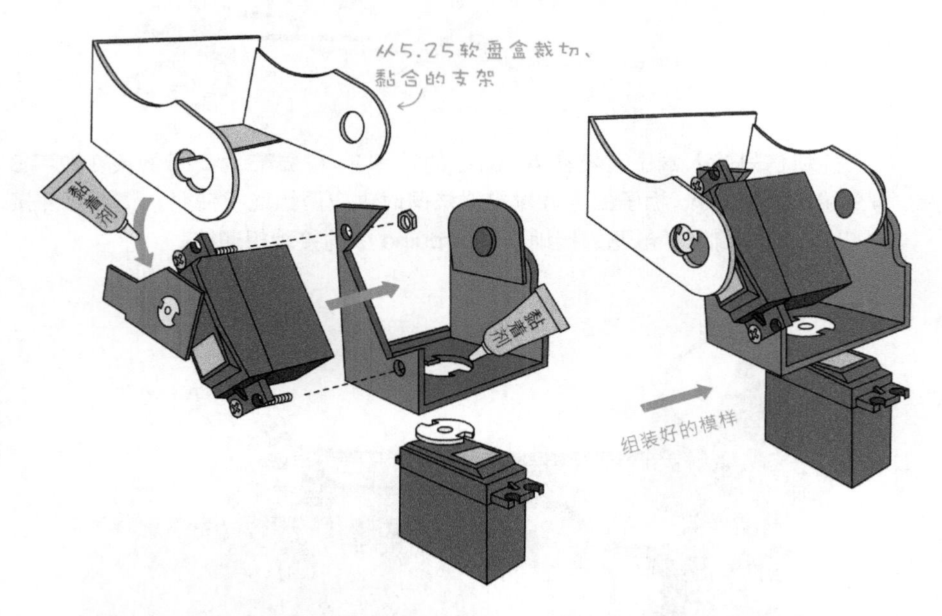

本单元将采用电玩游戏杆来控制自制机械手臂。游戏杆内部由**两个 10kΩ 可变电阻**组成。市面上可以买到现成的游戏杆模块，笔者是从旧的 Sony PlayStation 2 游戏杆拆下来的，其外观结构如下。

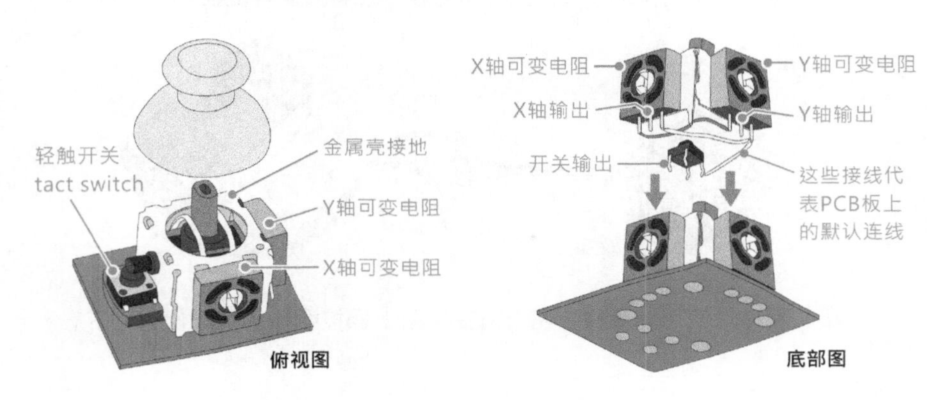

俯视图　　底部图

不过，即使没有游戏杆也无妨，读者可用两个可变电阻代替。

实验电路：下图用两个可变电阻代表游戏杆的 X、Y 轴控制器，请将输出分别接在 Arduino 的模拟 A0 和 A1 端口，若采用游戏杆模块，请将 X 与 Y 的输出分别接在模拟 A0 与 A1 端口。

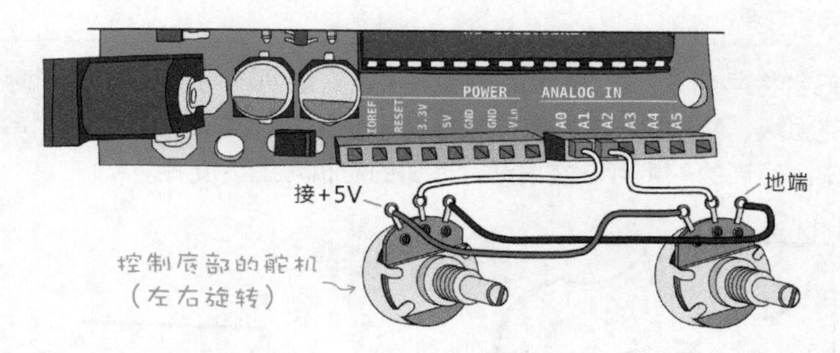

舵机信号输入端子可接在 Arduino 的数字 2~13 端口，此示例接在**数字 8 和 9 端口**。Arduino 板子的电源输出无法同时供应两组舵机使用，请读者外接 5V 电源，且**外部 5V 电源的接地要和 Arduino 板的接地相连接**。

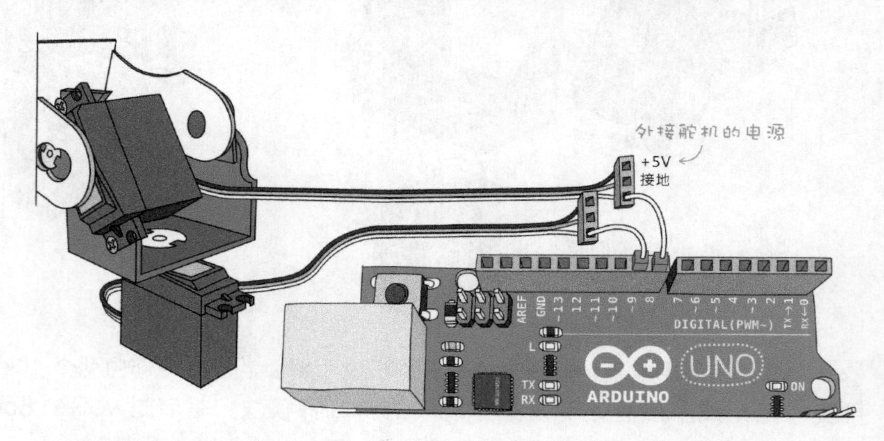

外接电源可用附录 A 介绍的 USB 电源，或者安装电池盒。

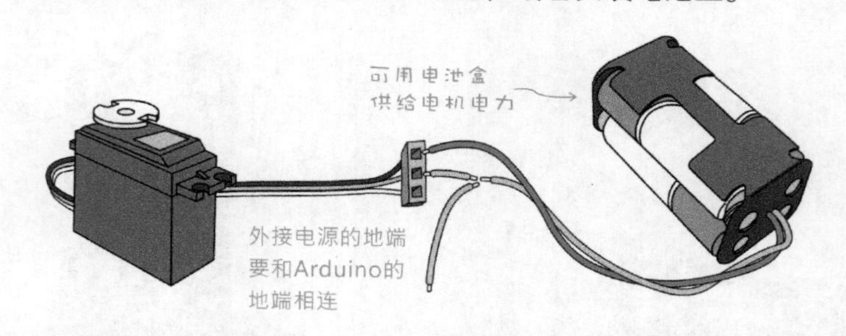

实验程序：使用游戏杆（两个可变电阻）操控机械手臂的代码如下。

```
#include <Servo.h>
Servo servoX, servoY;           // 声明两个舵机程序对象
const byte pinX = A0;           // 声明可变电阻的输入端子
const byte pinY = A1;
int valX, posX;                 // 暂存模拟输入值的变量
int valY, posY;
void setup() {
  servoX.attach(8);             // 设置连接舵机的端口
  servoY.attach(9);
}
void loop() {
   valX = analogRead(pinX);   // 读取可变电阻（游戏杆）的输入值
   valY = analogRead(pinY);
   // 将模拟输入值 0~1024，对应成舵机的 0~179 度。
   posX = map(valX, 0, 1023, 0, 179);
   posY = map(valY, 0, 1023, 0, 179);
   servoX.write(posX);          // 设置舵机的旋转角度
   servoY.write(posY);
   delay(15);                   // 延迟一段时间，让舵机转到定位
}
```

11-2 认识 Wii 左手把的通信接口：I^2C

任天堂的Wii游戏机，除了带来崭新的体感玩法，从电子玩家的观点来看，它还具备一项前所未见的特色：**Wii 是第一台广泛采用电子业界标准的游戏机**。在 Wii 之前的游戏机，都具有各种专属的接口，如控制器的接头、内存卡的形式、游戏卡或光盘的格式、连接显示器的适配器，甚至电源线的接头，都是特殊规格。

Wii 游戏机采用标准的 **SD 内存卡**、无线控制器（右手把）和主机之间，采用标准的蓝牙接口联机。右手把和左手把（原名为 **Nunchuk**）采用有线连接，它们之间的通信协议也是采用业界的 **I^2C 标准**。

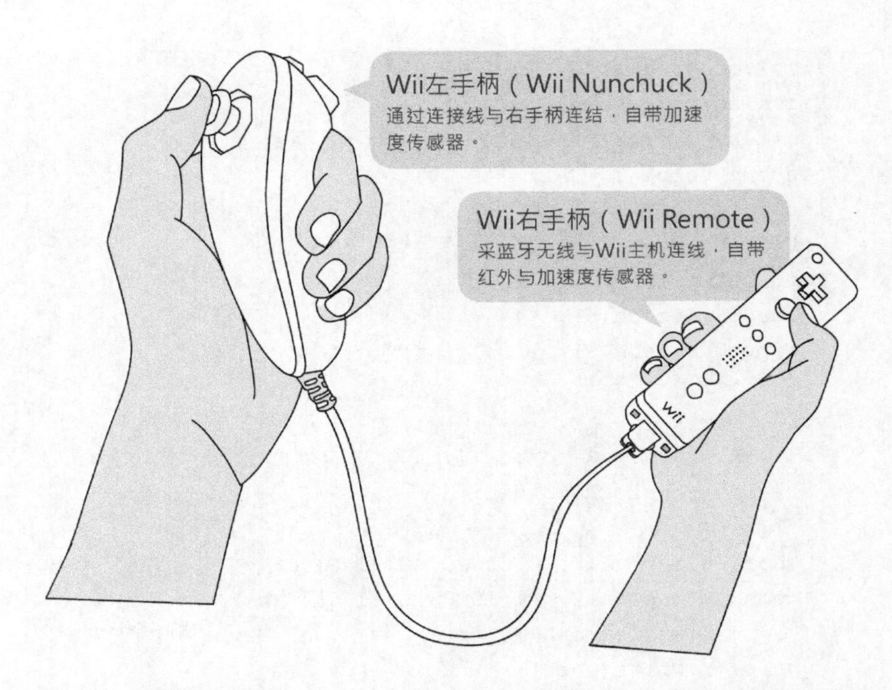

I^2C 接口的原意是 "Inter IC"，也就是“集成电路之间”的意思。它是由飞利浦公司（注：其半导体部门已改名为 NXP 恩智浦半导体）在 80 年代初期，为了方便同一个电路板上的各个组件相互通信，而开发出来的一种接口。I^2C 的最大特色是，只用两条线来连接其他组件。

I^2C 连接方式如下图，至少有一个**主控端**（master，通常由微处理器担任，负责发送**时钟**和**地址**信号）和至少一个**从端**（slave，通常是传感器组件），所有 I^2C 组件的**数据线**和**时钟线**都连接在一起。

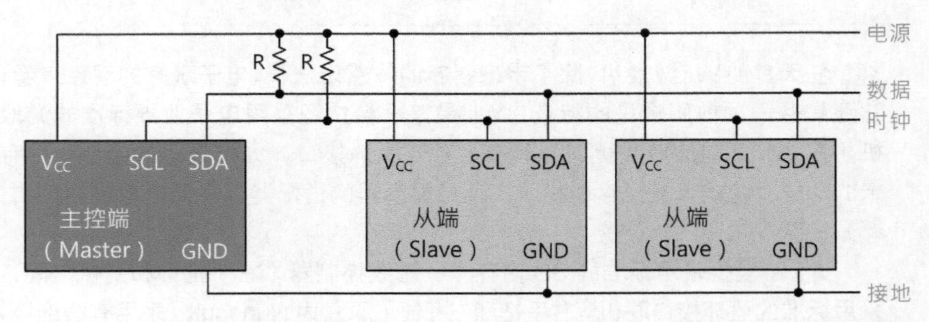

此外，I^2C 的**数据线**和**时钟线**都要连接一个电阻到电源线，电阻值通常选择 1~10kΩ，建议采用 **1.8kΩ（棕灰红）**。每个 I^2C 组件的**接地线必须相连**。

为了识别电路板上的不同组件，**每个 I^2C 从端都有一个唯一的地址编号**。地址编号长度为 7 位（另有 10 位版本），总共可以标示 2^7 个地址（即

128），但其中某些地址保留用于特殊用途，因此实际可用的从端地址有 112 个（详细规范请参阅 http://www.i2c-bus.org/addressing/）。

市面上有许多采用 I²C 接口的传感器和装置，例如型号 DS1307 的时钟 IC，温度传感器 TC74、数字端口扩充芯片 PCF8574。这些电子组件在生产时，都会预先设置好地址，例如：DS1307 时钟 IC 的地址是 0x68（详细请参阅该组件规格说明书），**Wii 左手把的地址则是 0x52**。

I²C 的正确念法是 I square C（I 平方 C），在一般字处理软件（如：Windows 的记事本）或网页搜索字段上，不方便或者无法输入平方数字，因此在网页上大多写成 I2C。

I²C 联机中，接到电源的电阻又称为**上拉（pull-up）电阻**。

为了避免侵犯到飞利浦公司的 I²C 注册商标，生产 ATmega 微处理器的 Atmel 公司，将该公司产品的 I²C 接口称为 **TWI**（Two Wire Interface，两线式接口）。

I²C 经常被拿来和第 8 章介绍的 SPI 接口相比，笔者将两者的主要特征整理在表 11-1。对我们来说，**采用哪一种接口，完全视选用的零件而定**。像 MAX7219 LED 驱动 IC 和以太网络芯片都采用 SPI 接口，Wii 的左手把控制器则采用 I²C 接口。

表 11-1　**比较 I²C 与 SPI 接口**

接口名称	I²C	SPI
连接线数量	2 条： 串行资料线（SDA） 串行时钟线（SCL）	4 条： 数据输入线（MISO） 数据输出线（MOSI） 串行时钟线（SCLK） 芯片选择线（CS）
主控端数量	允许多个	只能一个
寻址（选择从端）方式	每个从端都有个唯一的地址编号	从端没有地址，通过“芯片选择线”选取。
同时双向通信(全双工)	否	可
联机速率	100kbps 标准（standard）模式 400kbps 快速（fast）模式 3.4Mbps 高速（high speed）模式	1~100Mbps
确认机制	有（亦即，收到数据时，发出通知确认）	无

动手做 11-2 通过 I^2C 接口串联两个 Arduino 板

实验说明：实际连接 Arduino 与 Wii 左手把之前，我们先通过简单的连接两个 Arduino 微电脑板的示例，来认识 I^2C 通信接口的软、硬件，其中一个板子将发出文字信息给另一个板子。

实验材料：

Arduino 微电脑板	2 块
1.8kΩ（棕灰红）电阻	2 个

实验电路：Arduino 的 **ATmega 处理器本身自带 I^2C 接口**，位于板子的模**拟 A4（数据）和 A5（时钟）端口。**

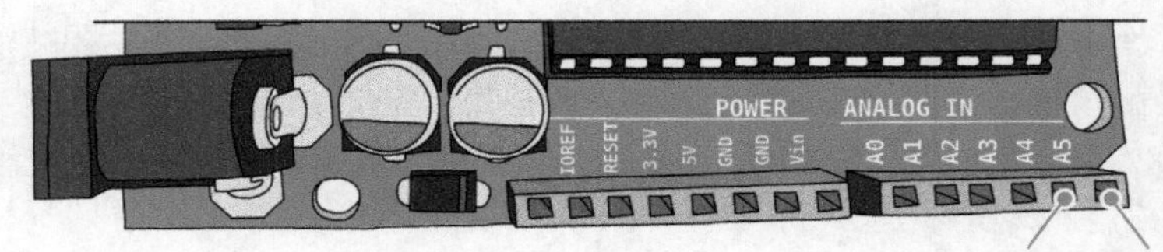

I^2C 联机上的所有装置的接地线都要相连。请将两个 Arduino 板子的 A4、A5 和接地端口连接起来，中间各接一个 1.8kΩ 电阻。

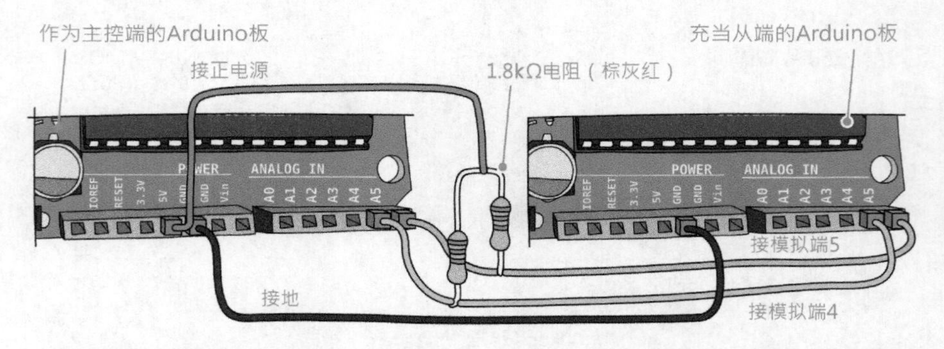

主控端和从端的差别在于程序设置，从端有设置地址，主控端没有。Arduino 程序编辑器有自带处理 I^2C 通信的扩展库 "Wire.h"。以传递信息给其他装置为例，处理流程与相关指令如下。

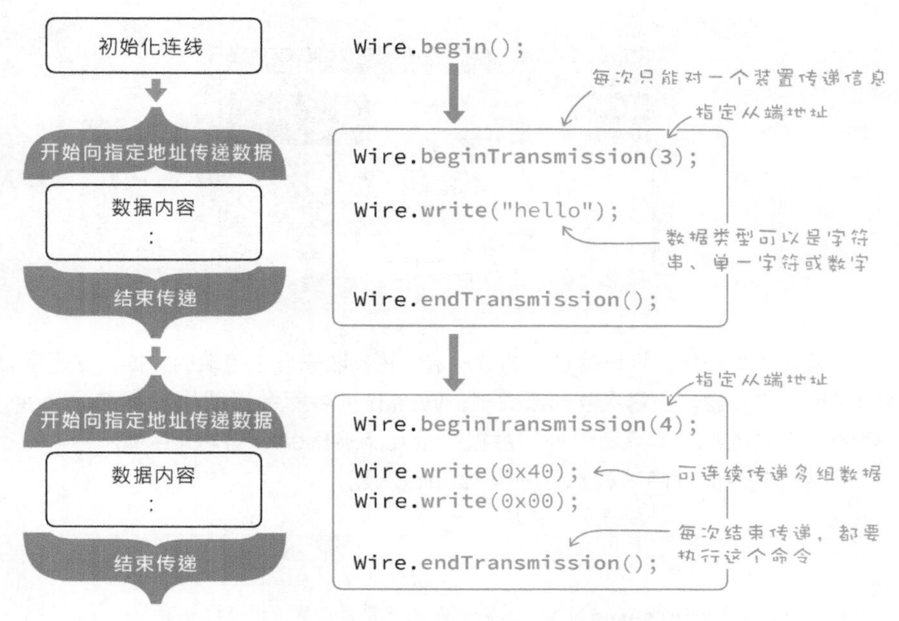

主控端实验程序：底下的主控端测试程序将每隔 1 秒，向**地址编号 3 的客户端**发出 "hello" 信息，请将此程序下载到其中一块 Arduino 板。

```
#include <Wire.h>

void setup() {            ← 主控端可不设置“地址”参数
    Wire.begin( );
}

void loop() {             ← 指定和地址编号"3"的装置连线
  Wire.beginTransmission(3);
  Wire.write("hello\n");  ← 传递的信息内容，'\n'代表换行字符
  Wire.endTransmission(); ← 代表“结束传输”

  delay(1000);
}
```

每次传递的信息，都要包含在这两个语句之间

信息的内容不一定要加上 "\n" 字符结尾，笔者只是为了让信息能自动呈现在新行才加上 "\n"。

> 每在同一台电脑的 USB 端口插上新的 Arduino 板，电脑将自动指派一个新的串口编号给它，下载代码之前，请先在 Arduino 编辑器的**工具→串口菜单**，确认你有选到正确的板子。

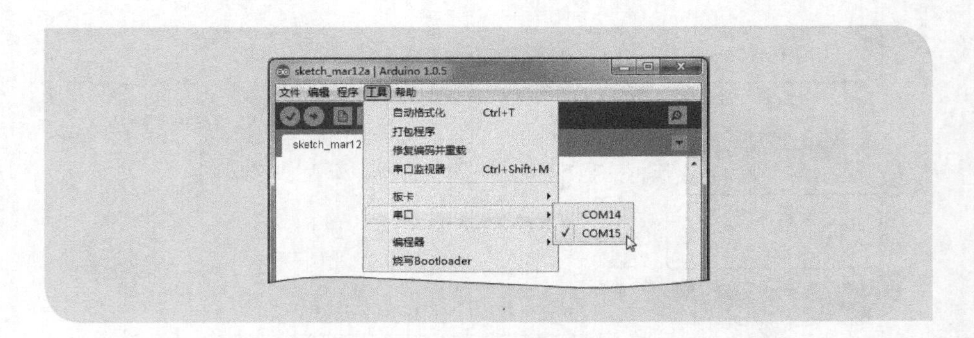

从端实验程序：地址编号 3 的"从端"将接收来自主控端的数据，并逐字显示在串口监控窗口。每次收到新数据，Wire.h 扩展库会**自动执行 onReceive( )** 里的自定义函数，实际负责处理数据的是 receiveEvent( ) 自定义函数。

请将底下的程序下载到另一个 Arduino 板。

```
#include <Wire.h>

void setup() {                    ← 从端一定要设置"地址"参数
  Wire.begin(3);                  // 启动I2C连线
  Wire.onReceive(receiveEvent);   ← 自定义函数名
                                  （onReceive：指定接收信息的自定义函数）
  Serial.begin(9600);
}

void loop() {
  delay(100);
}
                                  每当收到新信息，就会执行此自定义函数，并传入信息的字节数量
                                  numBytes：虽然程序没用到此参数，仍要写出来
void receiveEvent(int numBytes) {
  while(Wire.available()) {
    char c = Wire.read();
    Serial.print(c);              ← 读取收到的字符
  }
}
```

实验结果：编译与下载从端的程序之后，打开**串口监控器**，即可看见如下的信息。主控端传入的信息有 "\n" 结尾，所以每个信息都显示在新行。

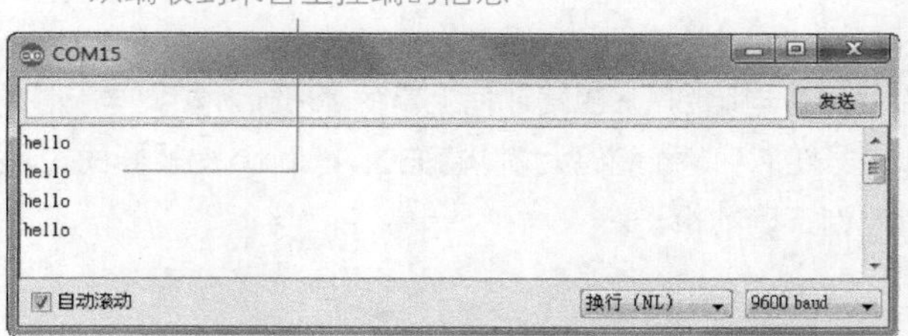

动手做 11-3 在 I²C 接口下载发送整数数据

实验说明：Wire 扩展库的 write( ) 函数可发送单一字符或字符串，一个字符（即一个字节）可传达的整数范围是 0~255，但模拟输入值介于 0~1023 之间，至少需要两个字节才能容纳。

解决的方法是把整数用**除式(/)**和**余除(%**，亦即：取余数)拆成两个字节，分别存入 b1 和 b2 变量并发送，然后在接收端重组。

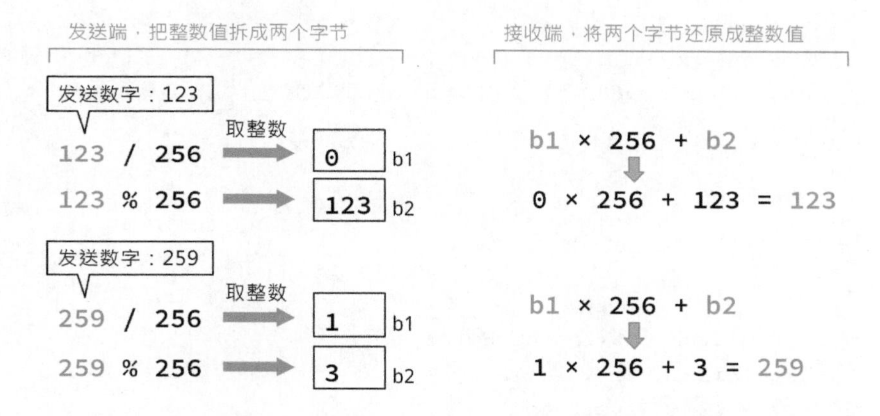

实验电路：请参阅“动手做 11-2”，在 A0 模拟脚连接一个 10kΩ 可变电阻。

主控端实验程序：从主控端（传送端）把 0~1023 的模拟值传递给地址编号 3 的 I²C 装置，代码如下。

```
#include <Wire.h>

void setup() {
  Wire.begin();
}

void loop() {
  byte b1, b2;
  int val = analogRead(A0);        // 模拟输入值的范围：0~1024
  b1 = val / 256;
```

```
  b2 = val % 256;
  Wire.beginTransmission(3);      // 发送给地址 3 的装置
  Wire.write(b1);                 // 一次发送一个字节
  Wire.write(b2);
  Wire.endTransmission();         // 停止发送
  delay(1000);
}
```

从端实验程序：从端（接收端）的程序将在接收到两个字节之后，将它们重组成整数，并显示在**串口监控窗口**。

```
#include <Wire.h>

void setup() {
  Wire.begin(3);   // 启动联机并设置此从端装置的地址为 3
  Wire.onReceive(receiveEvent); // 处理“接收信息”的事件处理程序
  Serial.begin(9600); // 启动串口通信（以便在监控窗口显示信息）
}

void loop() {
  delay(100);
}

void receiveEvent(int numBytes) {
  while(Wire.available() >= 2) {  // 若收到两个或以上的字节
    byte b1 = Wire.read();         // 一次读取一个字节
    byte b2 = Wire.read();
    int val = b1 * 256 + b2;       // 还原成整数值

    Serial.println(val);           // 显示在“串口监控窗口”
  }
}
```

动手做 11-4 读取 Wii 左手把的游戏杆、按钮与加速度计值

实验说明：Wii 的控制器分成左、右两个手把，都各自自带一个加速度传

感器。本实验将连接左手把与 Arduino，并读取手把上的游戏杆、按钮与加速度状态值。

实验材料：

Wii 左手把	一支
Arduino 与左手把的转接器	一块

左手把具有一个**游戏杆、两个按钮**以及**加速度传感器**，它和右手把之间的联机，采用标准的 I^2C 规范，因此，左手把可以轻易地和 Arduino 集成在一起。

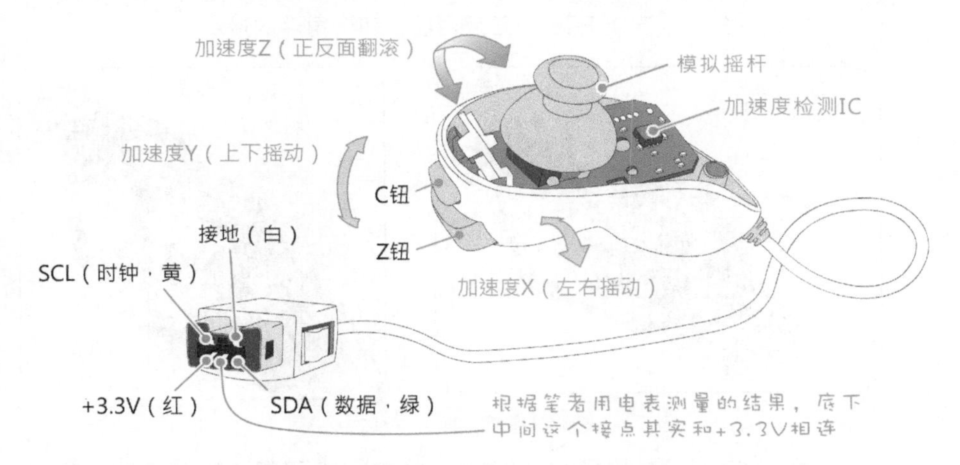

上图红、黄、白、绿指的是接头内部的接线颜色，读者可以忽略。

实验电路：Wii 左手把的接头是特殊规格，除了把它拆掉重新焊接之外，市面上有卖转接 PCB 板，一端接 Wii 左手把，另一边可插入 Arduino 板。左手把里面已经自带上拉电阻，因此不需要再接其他电阻。

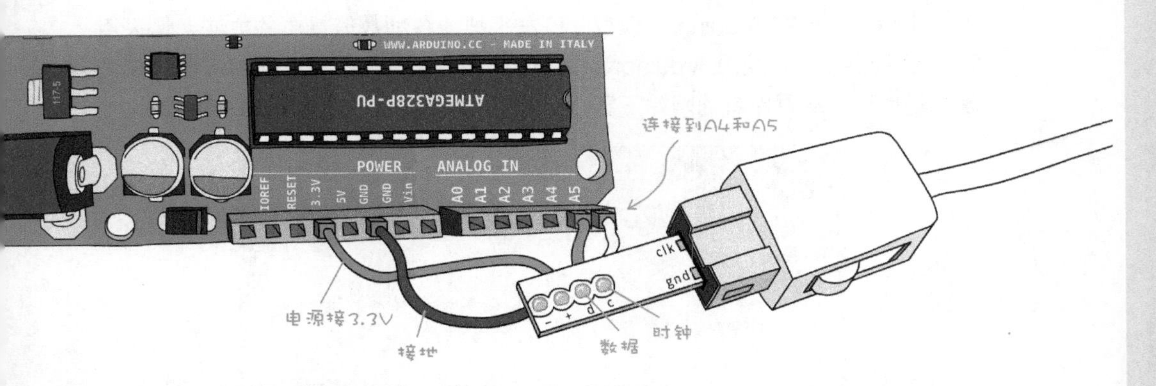

笔者的转接板是从废弃的桌面电脑适配卡锯下一小块铜箔接点部分（裁切的宽度与 Wii 左手把的插孔相同）。

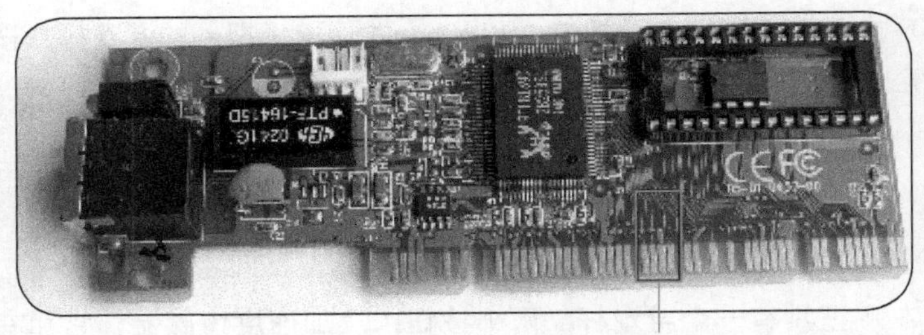

从旧的适配卡锯下一段

再焊接四条导线连接 PCB 板正反两面，四个角落的接点。

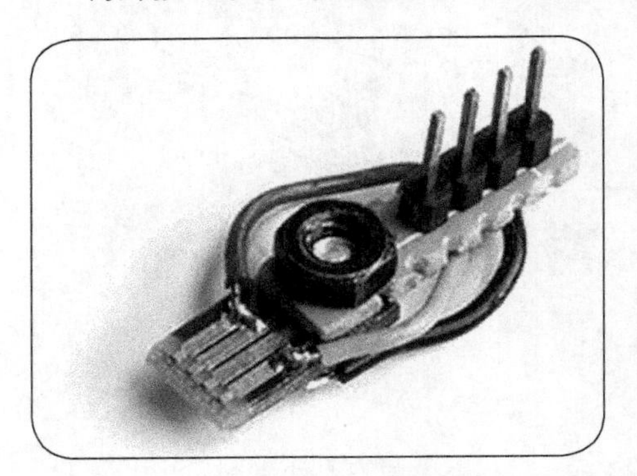

PCB 铜箔部分插入 Wii 左手把

多数人都直接把转接板插入 Arduino 的 A2~A5 引脚，A2 连接到手把的接地，A3 连接到手把的正电源输入，然后把 **A2 设置成低电位（LOW），A3 设置成高电位（HIGH），**这样就相当于从 Arduino 板子提供 5V 电压给左手把。

然而，**Wii 左手把的电源是 3.3V，**虽然未听说因为接 5V 而损毁，但为了保障它的寿命，建议读者还是接 3.3V 比较好。

实验程序：在 Arduino 上读取 Wii 左手把的各项数值最单的方法，是采用 Gabriel Bianconi 开发的 ArduinoNunchuk 扩展库。请先把该扩展库（收录在光盘中，也可以从原作者的网站下载），复制到 Arduino 的 **libraries** 根目录。

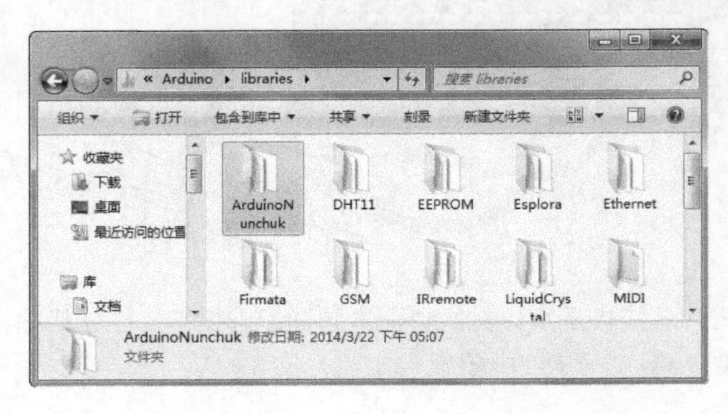

重新打开 Arduino 程序开发工具，选择 **“文件→示例→ ArduinoNunchuk → ArduinoNunchukDemo”**，即可打开示例代码（注：示例程序的串口联机采用 19200bps 速率，笔者将它改成 9600）。

```
#include <Wire.h>
#include <ArduinoNunchuk.h>  ← 包含ArduinoNunchuk库

ArduinoNunchuk nunchuk = ArduinoNunchuk();
                      ← 声明一个名叫"nunchuk"的ArduinoNunchuk对象
void setup() {
  Serial.begin(9600);
  nunchuk.init();  ← 初始化Wii左手柄
}

void loop() {                                   代表输出成十进位，
  nunchuk.update();  ← 接收并更新手柄数据          可省略不写

  Serial.print(nunchuk.analogX, DEC);  ┐
  Serial.print(' ');                   │ 输出模拟摇杆X，Y值
  Serial.print(nunchuk.analogY, DEC);  │
  Serial.print(' ');                   ┘
  Serial.print(nunchuk.accelX, DEC);   ┐
  Serial.print(' ');                   │
  Serial.print(nunchuk.accelY, DEC);   │ 输出加速度X，Y，Z方向值
  Serial.print(' ');                   │
  Serial.print(nunchuk.accelZ, DEC);   ┘
  Serial.print(' ');
  Serial.print(nunchuk.zButton, DEC);  ┐
  Serial.print(' ');                   │ 输出Z钮与C钮值
  Serial.println(nunchuk.cButton, DEC);┘
}
```

实验结果：接好 Wii 左手把，然后编译并下载代码，再打开**串口监控器，**将能看见 Wii 左手把返回的传感器数值。

如果读者想要进一步了解和 Wii 左手把详细互动的过程，请参阅下文“解析 Wii 左手把的 I^2C 通信流程”一节。

Wii 左手把的传感器数值范围

从显示在**串口监控窗口**的传感器数值可以发现，如果把游戏杆推到最左边，X 值不是 0，而是 30 左右；把它推到最右边，X 传值也不是 1024。Wii 左手把的游戏杆返回值如下。

- **游戏杆 X 轴值：** 30（最左边）~ 225（最右边）
- **游戏杆 Y 轴值：** 29（最底部）~ 223（最上方）

同样地，加速度传感器的有效值范围是 0~1024。但**只有在剧烈晃动或者甩动控制器时，才会出现接近 0 或 1024 的数值，**平时操作时的加速度传感器的返回值如下。

- **X 方向的加速度值：** 约 300（向左边倾斜）~ 740（向右边倾斜）。
- **Y 方向的加速度值：** 约 280（手把前头朝上或往后倾斜）~ 720（朝下或往前倾斜）。
- **Z 方向的加速度值：** 约 320（翻转到背面）~ 760（翻转到正面）。

动手做 11-5 使用 Wii 左手把控制机械手臂

实验说明：延续“动手做 11-4”的 Wii 左手把接线，我们可以用 Wii 左手把上的游戏杆，取代“动手做 11-1”的游戏杆来控制机械手臂。

实验程序：首先编写使用左手把游戏杆控制机械手臂的代码。

```
#include <Wire.h>
#include <ArduinoNunchuk.h>
#include <Servo.h>                    // 引用舵机扩展库

ArduinoNunchuk nunchuk = ArduinoNunchuk();
Servo servoX, servoY;                 // 声明舵机程序对象

int posX, posY;                       // 暂存舵机角度的变量

void setup() {
  nunchuk.init();                     // 初始化 Wii 左手把
  servoX.attach(8);                   // 舵机接在数字 8 和 9 脚
```

```
  servoY.attach(9);
}

void loop()
{
  nunchuk.update();          // 更新左手把数据

  // 将左手把游戏杆输入值，对应成舵机的 0~179 度
  posX = map(nunchuk.analogX, 30, 225, 0, 179);
  posY = map(nunchuk.analogY, 29, 223, 0, 179);
  servoX.write(posX);        // 设置舵机的旋转角度
  servoY.write(posY);
  delay(15);
}
```

不过既然接上 Wii 左手把，没用到加速度功能实在可惜。这里将把上一节的操作模式改成：平时用游戏杆操作，**按着左手把的 Z 钮不放时，改由加速度监测器控制舵机。**

请将上一节的 loop( ) 函数，修改成如下形式。

```
void loop() {
  nunchuk.update();

  if (nunchuk.zButton) {    // 若 Z 钮的值为 1
// 用加速度 X, Y 轴值设置舵机的旋转角度值
    posX = map(nunchuk.accelX, 300, 740, 0, 179);
    posY = map(nunchuk.accelY, 280, 720, 0, 179);
  } else {
    posX = map(nunchuk.analogX, 30, 225, 0, 179);
    posY = map(nunchuk.analogY, 29, 223, 0, 179);
  }

  servoX.write(posX);        // 设置舵机的旋转角度
  servoY.write(posY);
  delay(15);
}
```

实验结果：编译并下载代码即可使用左手把控制机械手臂。

解析 Wii 左手把的 I^2C 通信流程

若不使用现成的扩展库，想从头自己采用 Wire.h 扩展库和 Wii 左手把的 I^2C 协作奋战，其实也不难。连接 Wii 左手把并读取数据的流程如下。

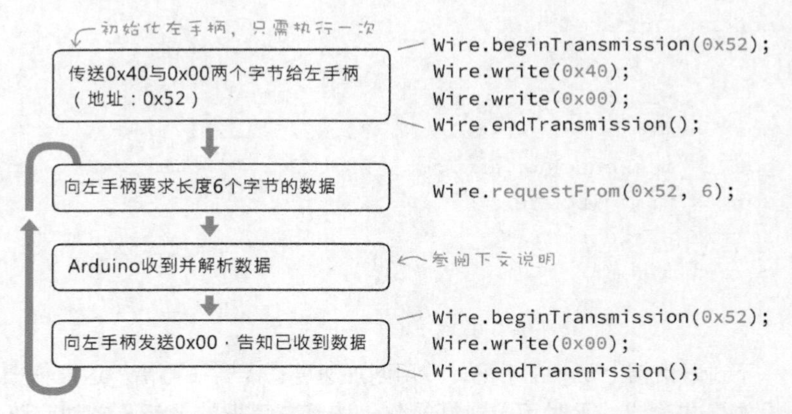

向左手把索取数据时，它每次都会返回 6 个字节，里面包含游戏杆 X、Y 轴与加速度传感器等数值。

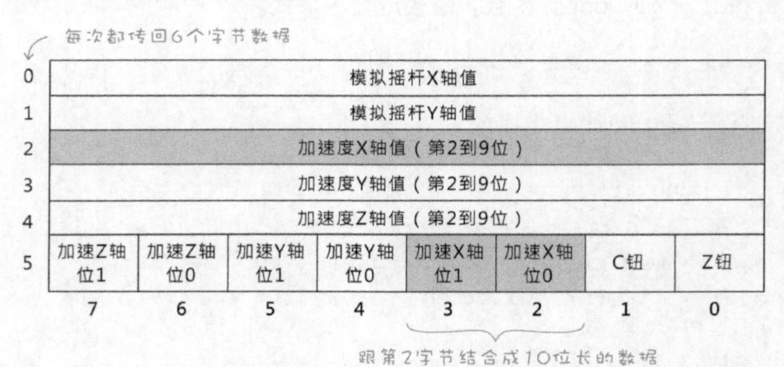

加速度传感器的值长度为 10 位，一个字节放不下，前两个位放在编号 5 的字节里面，像上图蓝底的加速度 X 轴值一样。此外，每个字节数据都事先经过编码，需要经过底下的表达式译码，才能取得真正的数值。

实际数据值 = (读取值 XOR 0x97) + 0x97

或者：

实际数据值 = (读取值 XOR 0x17) + 0x17

"互斥运算"

A XOR B ➡ 若A与B不同，则结果为true

XOR 代表**逻辑异或**运算：若**两个输入值不同**，运算结果为**真**（true）。

其实，有另一种不需要译码的方式，主要差别在于初始化 Wii 左手把的步骤。但不需译码的程序设计并不会比较简单，因此本文采用需要译码的步骤做说明。上文采用的 ArduinoNunchuk 扩展库，其内部程序就是用不需译码的步骤，有兴趣的读者可自行研究它的源代码。

接收左手把传入的 6 组数据，并且译码的程序如下。先声明一个储存 6 个字节数据的数组，命名成 "buff"，并在收到数据时，逐一将它们译码并存入 buff 数组。

```
byte buff[6];  ← 声明可存放6个元素的数组
byte i = 0;
while(Wire.available()) {
  if(i < 6) {
    buff[i] = (Wire.read() ^ 0x17) + 0x17;   ← XOR运算符
  }                                           Wire.read()：读入数据
  i++;
}
```

若觉得上面 8 行代码太啰嗦，可以用 for 循环改写，功能一样。

```
byte buff[6];
for (byte i = 0; Wire.available() && (i < 6); i++) {   ← &&：代表"且"
  buff[i] = (Wire.read() ^ 0x17) + 0x17;
}
```

解析 Wii 左手把的资料值

返回的数据中，编号第 5 的字节包含了不同意义的数据，假设我们要筛选出其中的位 0 和 1（即左手把的 Z 钮和 C 钮值），可以通过 AND **运算**符达成。

```
虚构的输入值 →    01110111  ← 将要筛选出的数据位设定成1        01110110
AND运算符，   → & 00000001                                  & 00000001
两者都是1时，   ----------                                  ----------
输出才会是1             1  ⬅ 筛选出第一个位值                         0
```

同样地，底下的 AND 运算将能筛选出位 1 的值。

```
  01110111  ← 筛选出第二个位        01110101
& 00000010                       & 00000010
----------                       ----------
        10  ➡ 等于10进位数字2              00
```

然而，筛选出的结果将是十进制的"2"或 0，如果要得到"1"或 0 的结果，请**先将输入值往右移动一个位**，再筛选数值。

```
程式会自动补上0 →  001110111 ➡ 向右移一个位         移出的位将被丢弃 ↘
                 & 00000001                              001110101
                 ----------                             & 00000001
                          1 ➡ 等于10进位数字2           ----------
                                                                 0
```

左手把返回的 Z 钮和 C 钮值，**0 代表"按下"，1 代表"放开"**。可是，按下是 1，放开是 0，比较符合程序的逻辑，如果要这么做的话，将输入值"取相反值"即可，实际的代码如下。

```
        取反值 ↘
byte btnZ = ~buff[5] & 0x01;
byte btnC = (~buff[5] >> 1) & 0x01;
                        右移一个位
```

如此，当 Z 钮被按下时，btnZ 的值将是 1。

最后，我们需要重组加速度传感器 X、Y、Z 轴的 10 位值，以 X 轴值为例，先筛选出编号第 5 的字节里的两个位。

```
加速度X轴的前两个位 ─┐
        0001110111 ➡ 向右移两个位
      & 00000011     ← 此数字等于0x03
      ----------
              01
```

接着把存放加速度 X 轴的 2~9 位值，向左移两个位，再执行 OR（或）运算（即只要任一边为 1，运算结果就是 1）结合两段数字，即可得到 10 位长度的数值了。

```
虚构的加速度X轴值 →  1011010100 ← 向左移两个位
        OR运算符 → |         01
                   ------------
                    1011010101 ←10位长度的加速度X轴值
```

实际的程序写法如下。

```
int accX = buff[2] << 2 | ((buff[5] >> 2) & 0x03);
           左移加速度X轴的2~9位值   筛选出加速度X轴的前两个位
```

以此类推，合并加速度 Y 和 Z 轴数据的程序如下。

```
int accY = buff[3] << 2 | ((buff[5] >> 4) & 0x03);
int accZ = buff[4] << 2 | ((buff[5] >> 6) & 0x03);
```

11-3 改造舵机成连续 360° 旋转

舵机容易控制而且自带减速齿轮箱，如果将它改造成可连续旋转的模式，即可直接装上轮胎并固定在自走车的底盘，变成可调整移动速度和方向的平台。

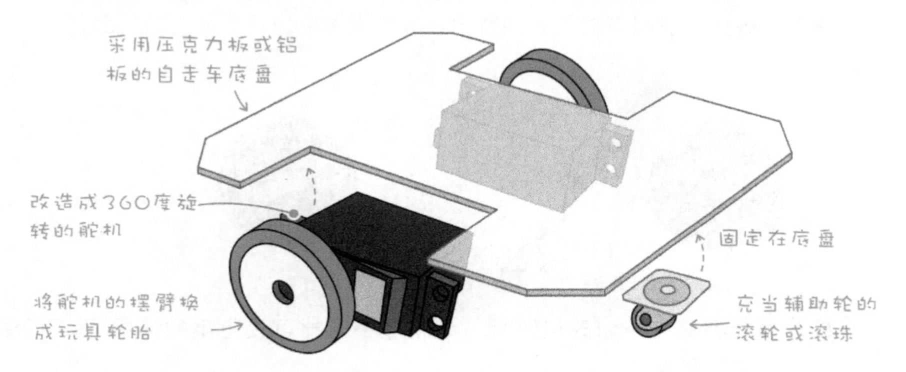

如上文所述，舵机的控制电路通过可变电阻（电位计）得知目前的旋转角度。如果用固定的电阻值取代舵机里的可变电阻，控制电路将让电机持续旋转。

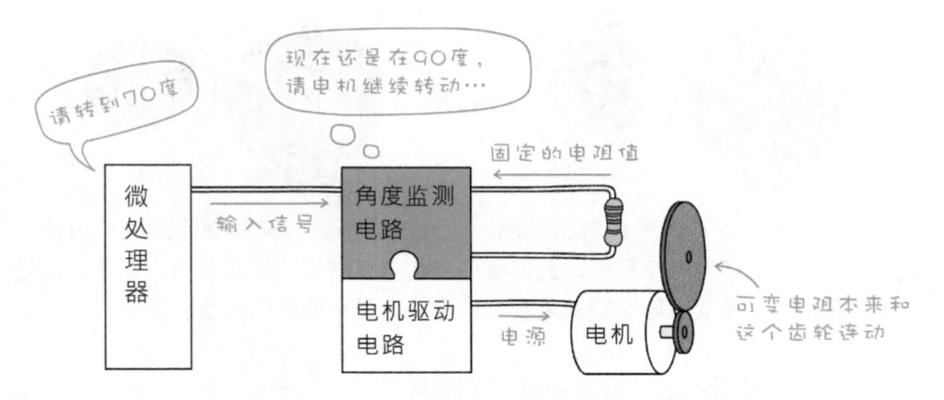

Futaba S3003 舵机的可变电阻为 5kΩ，将它拆掉改用两个 2.2~2.5kΩ 取代（通常用 2.2kΩ），就相当于转到中间角度（约 90°）的电阻值。

上面的方法需要修改电路板，不建议采用。其实，仅仅改用固定电阻，并不能让舵机持续 360° 旋转，因为带动可变电阻的主齿轮上面有个凸起部分，会被舵机上盖内部的塑料阻挡而止住。

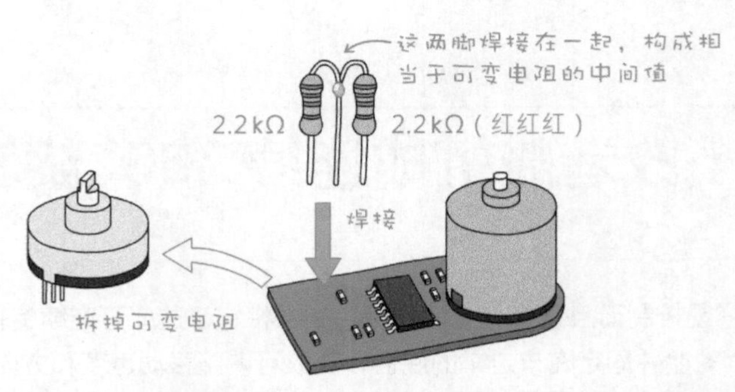

因此，改造让舵机持续旋转的首要步骤是锯掉主齿轮上面的凸起部分。

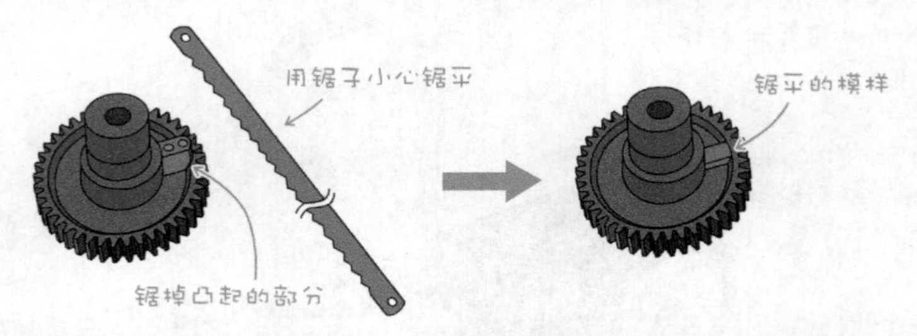

接着要想办法在不修改电路板，也就是不拿掉可变电阻的情况下，不要让主齿轮带动可变电阻。

舵机的可变电阻的头部是“一字型”，主齿轮底部则是一个内凹的“十字型”，用来连接并带动可变电阻旋转。因此，只要用雕刻刀、钻头或挫刀，削除主齿轮底部的十字型部分，齿轮就不会接触到可变电阻。

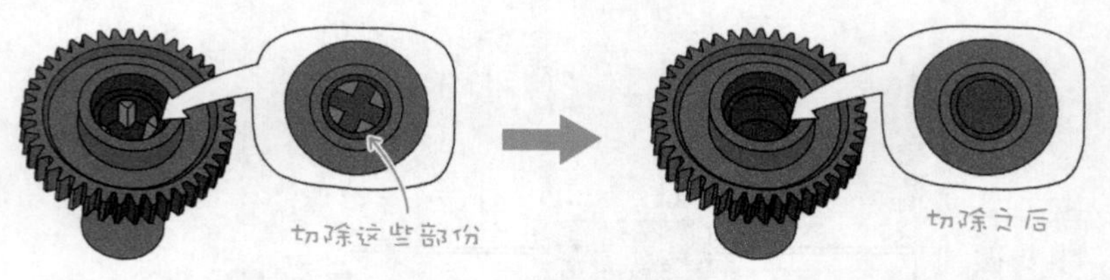

这样一来，不管电机怎么转动，控制电路都只能读取到固定的电阻值。这种修改方式还有一个好处，遥控模型玩具店有舵机的齿轮零件，因此，日后若想要将它复原成可限制旋转角度的模式，只要更换新的主齿轮即可。

测试旋转角度中间值的代码

实际改造之前，必须确认舵机已事先旋转到中间的角度，这个角度也是设置让舵机停止的角度值。以 Futaba S3003 为例，根据笔者的测试结果，它的中间角度值是 89 度，将来改造完成后，对它输入大于或小于 89 度的角度值，它将会正转或反转。

测试与确认舵机旋转角度中间值的步骤如下。

1 把舵机接上 Arduino 板，舵机可采用 Arduino 板子的电源。

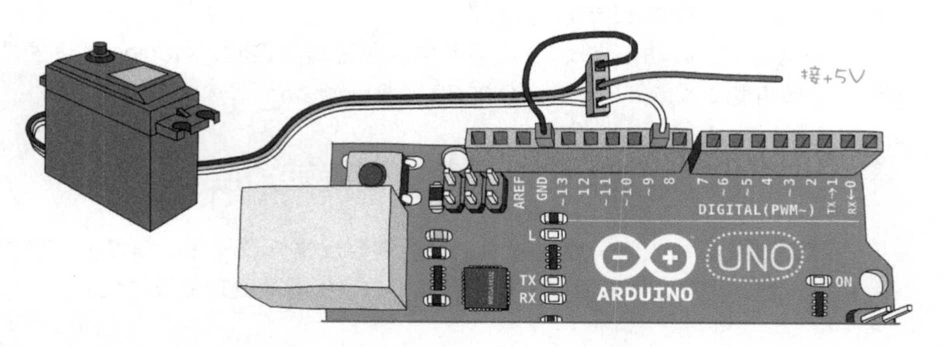

2 下载并执行底下的代码（或者下文的串口测试程序），笔者首先假设中间角度值为 90 度。

```
#include <Servo.h>

Servo servo;                     // 声明舵机程序对象

void setup() {
  servo.attach(8);               // 设置舵机的端口
  servo.write(90);               // 将舵机转到默认的 90 度角
}

void loop() {
}
```

3 执行以上的代码之后，舵机将转到 90 度并停止，此时，请先拔除 Arduino 的电源（即拔掉 USB 线），然后拆开舵机，取下连接可变电阻的主齿轮。

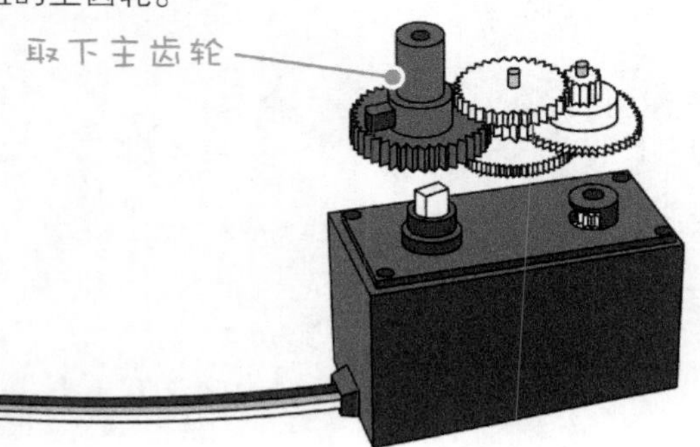

4 将舵机接回 Arduino 板，再接上 Arduino 的电源，不用重新下载程序。如果舵机没有转动，代表 "90" 就是这个电机的中间角度值，请再按照上一节的说明来切除主齿轮的多余部分，再将它组合回去，就完成一个可连续转动的舵机了。

若电机仍在转动，代表 90 度不是中间角度值。这时，Arduino 程序里的舵机旋转角度要改成其他数字，例如 89 或 91。

通过串口监控窗口调整舵机的旋转角度

在测试舵机的中间角度过程中，可能需要反复修改程序的角度值，并重新编译下载，因此，我们不如写一个可从串口监控器改变角度值的代码。

```
#include <Servo.h>

Servo servo;                    // 声明舵机程序对象

void setup() {
  Serial.begin(9600);
  servo.attach(8);              // 设置舵机的引脚
  servo.write(89);              // 停止舵机
}

void loop() {
  byte deg = 0;
  byte _in;

  if (Serial.available()) {           // 若有数据从串口传入
    _in = Serial.read();

    while (_in != '\n') {             // 若尚未收到“换行”字符
      if (_in >= '0' && _in <= '9') {
        deg = deg * 10 + (_in - '0');
      }
      _in = Serial.read();
    }

    if (deg > 179) {              // 确认用户输入值最高不超过 179
      deg = 179;
    }
```

```
    Serial.print("degree: "); // 在串口监控窗口显示接收到的角度值
    Serial.println(deg);

    servo.write(deg);     // 设置舵机的旋转角度（即旋转方向和转速）
    delay(15);
  }
}
```

下载程序之后，打开**串口监控器**，请确认窗口下方的行尾选项是 "**NL**" **(Newline)**，再输入角度值。按下 **"发送"** 按钮之后，监控窗口将返回 Arduino 收到的角度值。

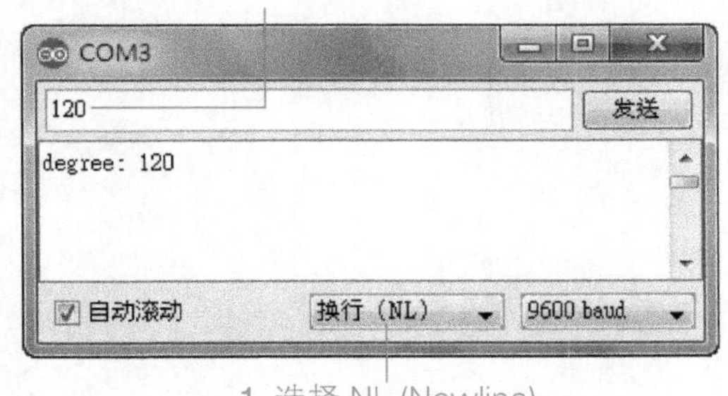

舵机改成可连续旋转的形式之后，也能用此程序来测试电机的转速。若输入接近中间角度的数值，例如 91 或 93，电机将缓慢旋转；距离中间角度越远，例如 120，电机的转速越快。

CHAPTER 12

红外线遥控与间隔拍摄控制器

红外线是最基本且廉价的无线通信介质，家里面的电视、音响、冷气等遥控器，绝大多数都是红外线遥控器，当你按下电视遥控器上的电源按钮，就相当于通过它告诉电视机，请开机或关机。

红外线也常用于人体感应、障碍物检测以及感测距离的远近，会追踪热源的飞弹，也是一种红外线传感器的应用。本章将首先介绍人体传感器的应用方式，然后说明如何运用家里的遥控器来控制 Arduino，并且反过来从 Arduino 遥控家电。

12-1 认识红外线

可见光、红外线和电波，都是电磁波的一种，但是它们的频率和波长不一样，可见光和红外线通常不标示频率。

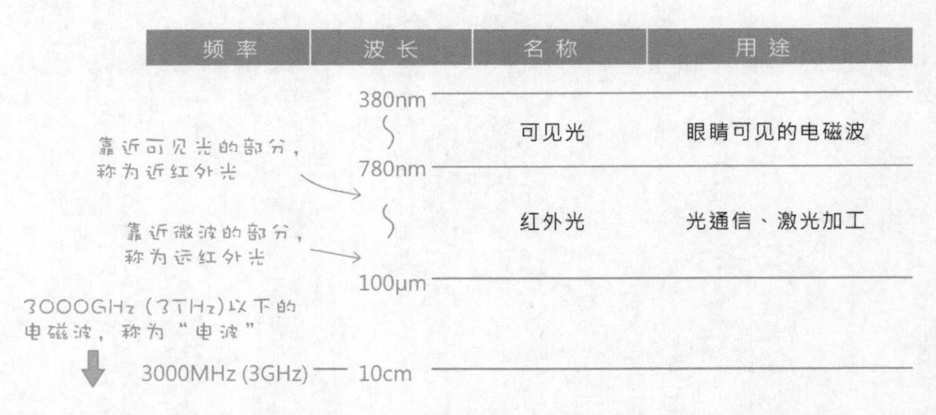

靠近电磁波部分的**远红外线**，是一种热能，换句话说，凡是会产生热能的物体，都会散发红外线，例如，温水、烛火、钨丝灯泡、人体、被阳光照射的道路等，温度不同，“波长”也不一样，**人体在常温下所释放的红外线波长约 10μm（微米）**。

靠近可见光部分的**近红外线**，几乎不会散发热能，通常用于红外线通信、遥控和距离传感器。

人体红外线传感器

五金家电商店销售的人体红外线感应灯座，能在有人靠近的时候，自动点亮灯泡。这种灯座上面有一个侦测人体红外线的传感器，全名是被**动式（Passive）红外线移动传感器**，而**红外线（Infrared）英文简称 IR**，所以此传感器又称为 **PIR 移动传感器**，一般通称为“人体红外线传感器”，外观如下。

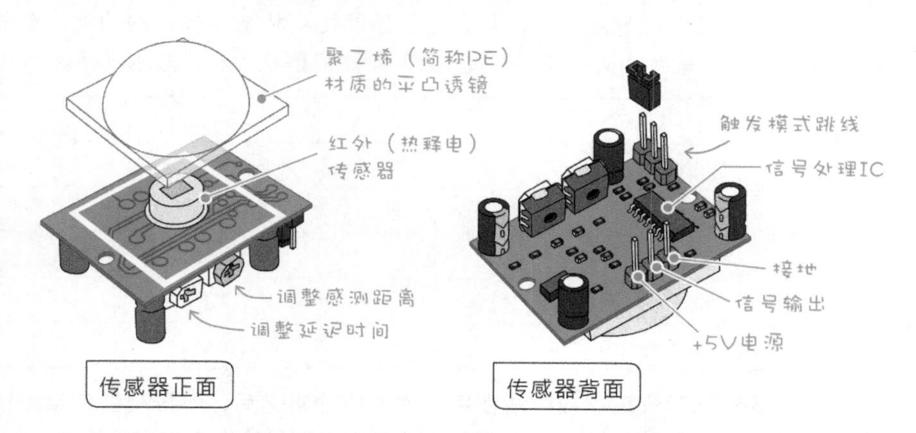

传感器上头的白色半透明 PE 透镜黏在电路板上，里面有一个**热释电型传感器**，热释电（pyroelectric）代表该模块会随着温度变化产生电子信号。传感器模块上的 IC 电路将会接收并处理传感器的信号，以**高电位**或**低电位**的形式输出。

总之，人体红外线侦测模块，相当于电子开关，**平常输出低电位**（0V），侦测到人体移动时，变成**高电位**（3.3V）。

可见光和红外线的特性不太一样，例如，红外线难以穿透窗户玻璃，但能穿透 PE 材质的塑料。因此，假如把人体红外线传感器装在玻璃窗后面，想要侦测经过玻璃窗前的行人，有点困难。

此外，所谓“被动式移动”侦测，代表这种传感器跟超声波传感器不同，它不会发出侦测信号，而是被动地接收红外线源。而且，这种传感器内部有两个侦测“窗口”，被侦测物体必须要**水平移动**，它才能比较出红外线的变化，若朝向它的正面移动，就比较不容易被侦测到，其感测原理如下。

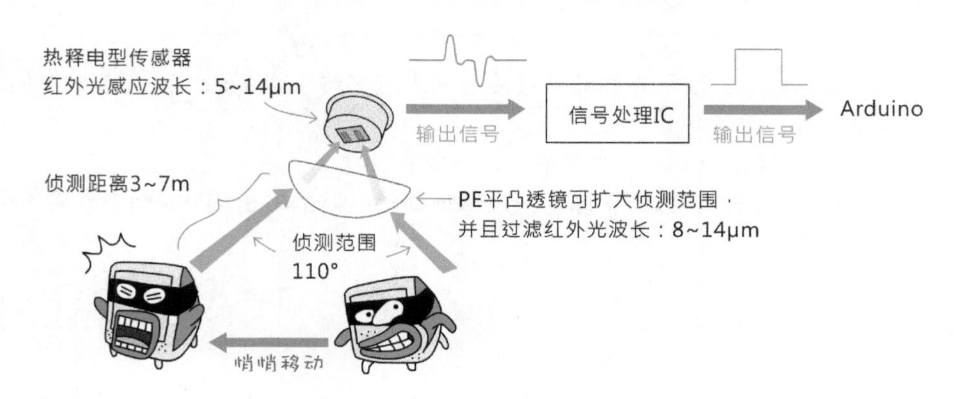

热释电型传感器只能侦测人体和动物体温范围的红外线，不受其他红外线源的影响。前方的**平凸透镜，具有增加感测范围和过滤红外线的作用**，请勿将它拆除。

某些人体红外线感测模块，具备调整感测距离和触发模式的功能，有些则没有，底下是笔者购买的 "DYP–ME003" 型感应模块的一些技术规格。

工作电压范围	4.5~20V
信号输出电位	高 3.3 V / 低 0V
延迟时间	5~200s，预设 5s
侦测距离	3~7cm
最大感应角度	110°
封锁（blocking）时间	2.5s

“封锁时间” 代表感应模块在每一次感应输出之后，不接受任何感应信号的一段时间。“延迟时间” 代表侦测到人体时，信号输出高电位的持续时间。

笔者选购的传感器模块可用跳线选择两种触发方式。

- **不可重复触发方式：**即感应输出高电平后，延迟时间段一结束，输出将自动从高电位变为低电位。
- **可重复触发方式：**即感应输出高电平后，在延迟时间内，若再度侦测到人体移动，其输出将一直保持高电位，直到人离开后才延迟转变成低电位。

最后，**感应模块通电后要花费约一分钟左右时间进行初始化**，在此期间模块会间隔地输出 0~3 次，一分钟后进入待机状态。

动手做 12–1 监测人体移动

实验说明：使用人体红外线传感器来点亮位于 Arduino 板子 13 端口的 LED。

实验材料：人体红外线传感器，一个。

实验电路：请按照下图，把人体移动传感器的输出接到 Arduino 第 12 端口。

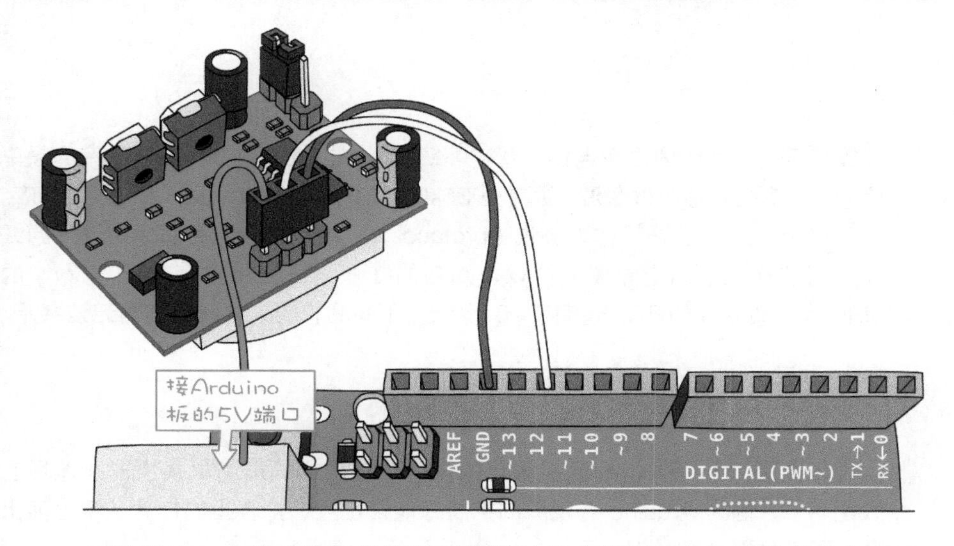

实验程序：由于人体红外线传感器模块只会返回 0 与 1 两种状态值，因此代码也格外简单。

```
const byte pirPin = 12;         // 红外线传感器信号端口
const byte ledPin = 13;         // LED 端口

void setup() {
  pinMode(pirPin, INPUT);       // 传感器信号端口设定成“输入”
  pinMode(ledPin, OUTPUT);      // LED 端口设定成“输出”
}

void loop() {
  boolean val = digitalRead(pirPin);
                                // 读取传感器值，类型为布尔（0 或 1）

  if (val) {                    // 若感测值为 1
    digitalWrite(ledPin, HIGH);    // 点亮 LED
  } else {
    digitalWrite(ledPin, LOW);
  }
}
```

12-2 红外线遥控

我们生活周边的物品都会散发程度不一红外线，为了避免受到其他的红外线来源的干扰，内建在电视、音响等红外线遥控接收器，都只对特定的频率信号（正确的名称叫做**载波**，通常是 36kHz 或 38kHz）和“通关密语”有反应。

这个“通关密语”称为**协议**（protocol）。每个家电厂商都会为旗下的红外线遥控产品，制定专属的协议，知名的红外线遥控协议有 NEC、Sony 的 SIRC 以及飞利浦的 RC-5 和 RC-6，因此，不同品牌的红外线遥控器无法共享。

认识红外线遥控信号格式

下图是飞利浦 RC-5 遥控协议的内容（这种格式最简单易懂，所以用它做说明），因为 Arduino 有现成的扩展库能帮忙我们把真正的信息从中抽离出来，读者只要稍微认识一下就好。

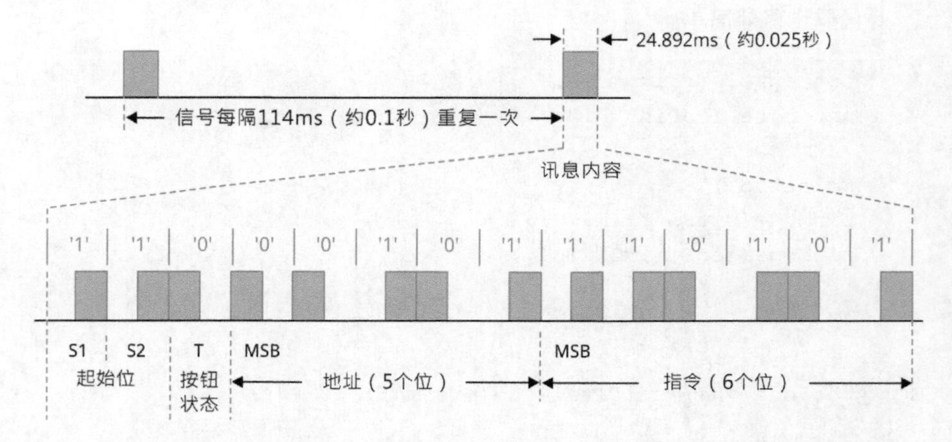

当用户持续按着遥控器上的按键，遥控器将每隔约 0.1 秒送出一段信息。每个信息的长度约占 0.025 秒，其中包含 14 个位的数据，前两个位始终是 "1"，代表信号的开始，第 3 个“按钮状态”用来区别用户究竟是持续按着某个按键不放，或者分别按了多次。

“地址”代表不同的装置，例如地址 0 和 1 都是指“电视机”、20 代表 CD 唱盘；**“数据”则是按键码**，例如，16 代表调高音量，17 则是降低音量。读者只要搜索 "Philips RC-5 protocol" 关键词，就能找到相关资料。

红外线遥控接收元器件

红外线**遥控接收**元器件，它的内部包含**红外线接收元器件以及信号处理 IC**。常见的型号是 TSOP48**36** 和 TSOP48**38**（后面两个数字代表载波频率），外观如下。

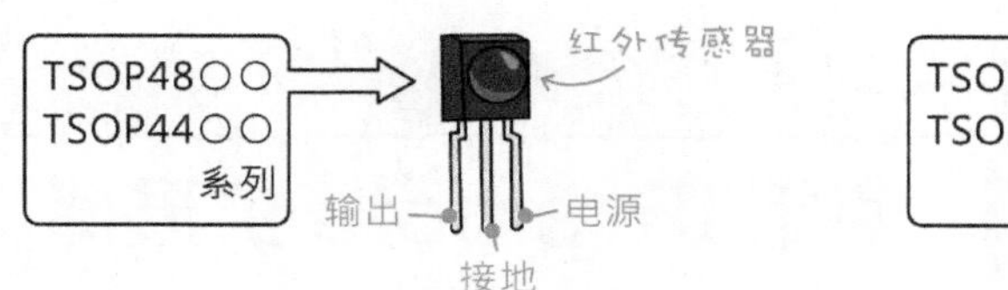

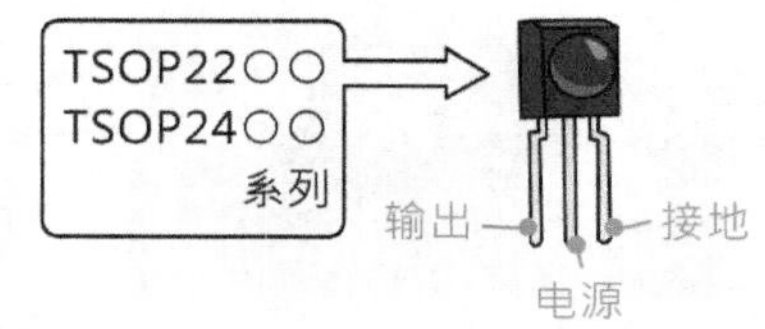

另一种 TSOP22 ○○和 TSOP24 ○○系列元器件（○○代表载波频率编号），功能一样，但是电源与接地脚位不同，一般电子材料出售的零件多半是 TSOP48 ○○系列。表 12-1 列举 TSOP48 ○○系列的频率和对应的遥控器品牌。

表 12-1

元器件型号	载波频率	厂牌
TSOP4836	36kHz	飞利浦
TSOP4838	38kHz	NEC、Panasonic、Pioneer、夏普、三菱、JVC、Nikon、三星、LG
TSOP4840	40kHz	Sony
TSOP4856	56kHz	RCA

笔者查阅到的资料显示 Canon 红外线载波频率是 32kHz，但是笔者使用 TSOP4838 元器件（38kHz），测试 OK；用 Sony 收录音机的遥控器测试，却接收到一堆 0（错误信号）。

普通的红外线接收元器件的外观长像如同一般的 LED，通常用在障碍物检测及距离感测。

这种红外线接收元器件不含信号处理 IC，其主要规格是感应的**红外线波长范围**。假设红外线发射元器件的波长是 850nm，那么，接收元器件也要采用对应的 850nm 规格。电子材料商店里面出售的红外线发射和接收元器件，大多是成对、相同波长的产品，所以读者不用担心买到无法匹配的元器件（实际上，有些电子材料商店也不知道他们出售的是哪一种波长，只有外型大小的区别）。

动手做 12-2 使用 IRremote 扩展库解析红外线遥控值

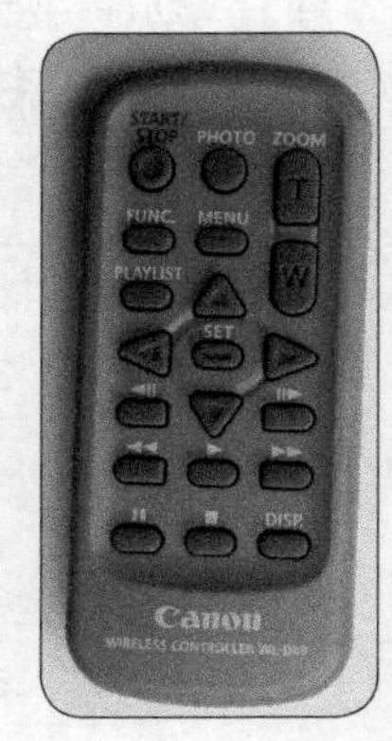

实验说明：本单元将组装一个 Arduino 万用红外线遥控接收器，并通过 Ken Shirriff 写的 IRremote 扩展库（网址：https://github.com/shirriff/Arduino-IRremote），读取各大品牌的红外线遥控器信号。

本例采用 IRremote 扩展库，能够分辨并解析 Sony、飞利浦、NEC 和其他品牌的遥控器信号。对于不知名品牌的遥控器，我们仍能取得其"原始"（raw）格式（请参阅下一节说明），因此读者可以用家里的任何遥控器来测试，笔者采用的是这一款 Canon 摄影机遥控器。

实验材料：

红外线遥控器	1 个
红外遥控接收元器件，请参阅表 12-1，依照你的遥控器品牌选购接收器，若不清楚品牌，建议挑选 TSOP4838（38kHz）	1 个

实验电路：根据原厂的技术文件，TSOP48 ○○接收器的建议电路接法如下，电容可滤除电源端的噪声。

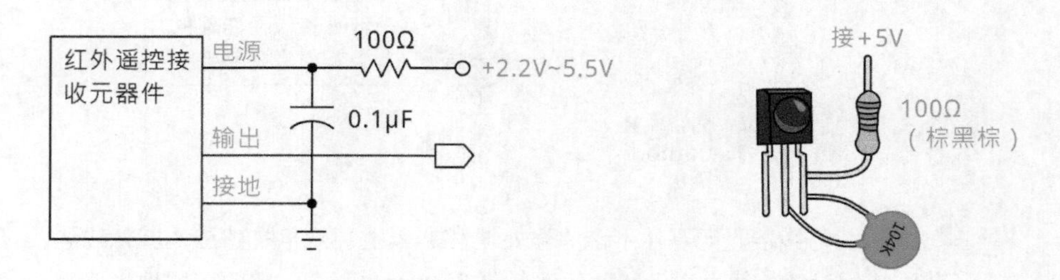

在实验阶段，电阻和电容可以省略，让红外线遥控接收元器件直接与 Arduino 相连。信号输出端可接数字 2~13 脚的任一引脚，此例接 11 脚。

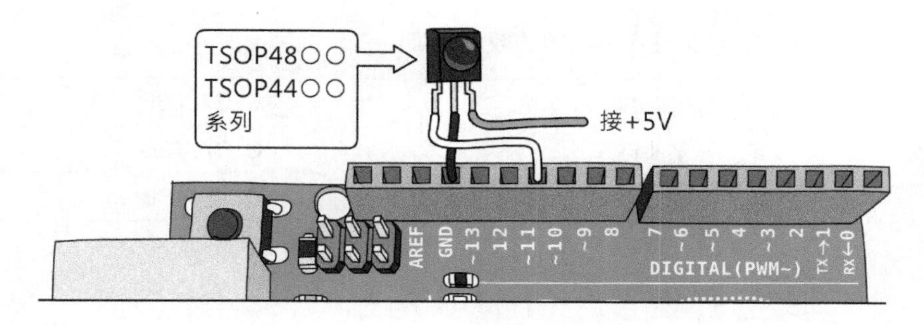

实验程序：请先把 "IRremote" 扩展库文件夹复制到 Arduino 的 libraries 文件夹，再打开 Arduino 程序编辑器。

在 Arduino 编辑器中选择**文件→示例→ IRremote → IRrecvDemo**，打开如下的接收红外线信号示例程序。

```
#include <IRremote.h>   ← 包含IRemote库

int RECV_PIN = 11;

IRrecv irrecv(RECV_PIN);   ← 声明一个红外接收对象，名叫irrecv，接收端口是11

decode_results results;   ← 声明一个存储接收值的变量，名叫results

void setup() {
  Serial.begin(9600);
  irrecv.enableIRIn();   ← 启动红外接收功能
}

void loop() {
  if (irrecv.decode(&results)) {   ← 解析红外接收值，若decode()返回true，代表有收到新的数据
                                   ← (&results) 存储接收值的变量

    Serial.println(results.value, HEX);   ← 读取解析后的数字，并以16进位格式输出

    irrecv.resume();   ← 准备进行接收下一组数据
  }
}
```

实验结果：编译并上传代码之后，打开**串口监视器**，再将遥控器对着红外线传感器按下按钮，即可看见按键所代表的 16 进制码。

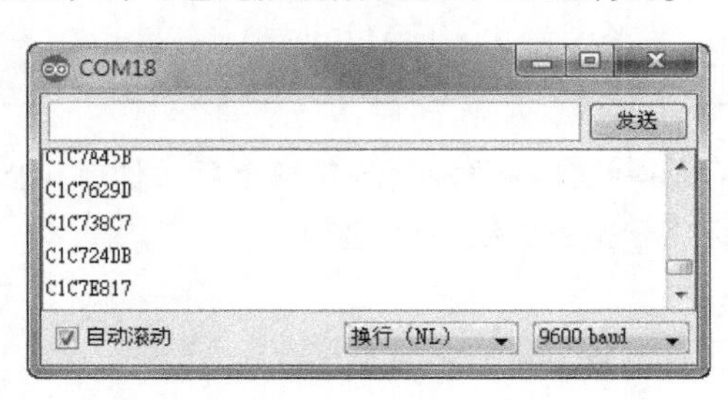

底下是笔者测试几个按键的数值。

开始 / 停止录像	C1C7C03F
左箭头键	C1C7C43B
右箭头键	C1C744BB

读取红外线原始（raw）格式

IRremote 扩展库提供另一个 "IRrecvDump" 示例程序，能辨别并显示红外线遥控信号的格式名称（如：NEC 或 Sony），并输出接收器所收到的原始数据，有助于我们在 Arduino 上"复制"遥控器信号并发射。

请选择**文件→示例→ IRremote → IRrecvDump** 文件，并将它编译后上传到 Arduino 板（硬件设置与上文相同）。

接着打开串口监视器，它将显示你目前按下遥控器按钮的格式名称和数值。

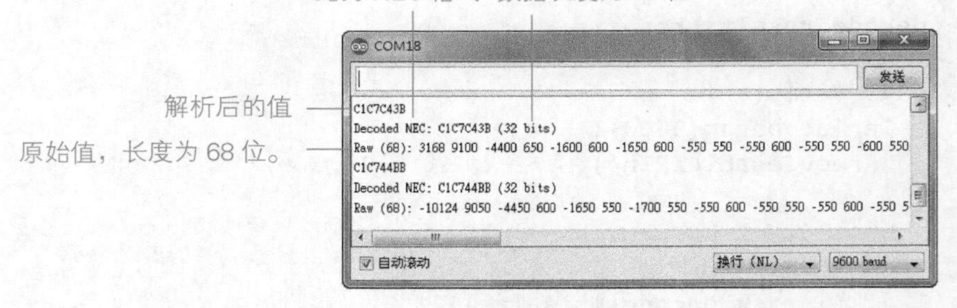

假如 IRremote 扩展库无法辨别您的遥控器信号格式，它会显示 "Unknow"（代表"未知"），但仍会列出源码。从解析的结果可得知，笔者的 Canon 摄像机遥控器采用 NEC 遥控格式（注：苹果的 Apple TV 遥控器也是）。

动手做 12-3 使用红外线遥控器控制舵机

实验说明：取得红外线遥控器的句柄之后，你就可以用遥控器来来控制 Arduino。本单元将示范通过红外线遥控舵机。

实验材料：

红外线遥控器	1 个
红外遥控接收元器件，规格同上一个动手单元	1 个
舵机，笔者采用 Futaba S3003	1 个

实验电路：请在之前的电路加装一个舵机，其电源可接 Arduino 板。

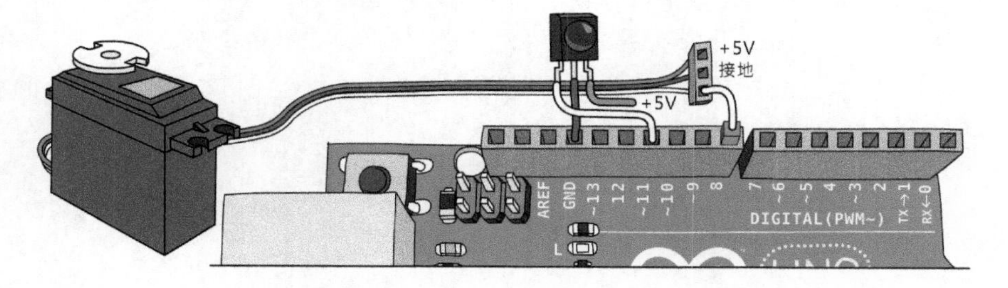

实验程序：底下的代码将依据遥控器的左、右箭头键，调整舵机的旋转角度，以及“录像”按键打开或关闭板子上第 13 脚的 LED。

```
#include <IRremote.h>
#include <Servo.h>

Servo servo;

const byte RECV_PIN = 11;   // 红外线接收端口
const byte LED_PIN = 13;    // LED 端口
const byte SERVO_PIN = 8;   // 舵机端口
boolean sw = false;         // 开关状态，预设为“关”
byte servoPos = 90;         // 舵机角度，预设为 90 度

IRrecv irrecv(RECV_PIN);    // 初始化红外线接收器
decode_results results;     // 储存红外线码解析值

void setup() {
  irrecv.enableIRIn();            // 启动红外线接收器
  pinMode(LED_PIN, OUTPUT);       // LED 脚位设定成“输出”
  servo.attach(SERVO_PIN);        // 连接舵机
  servo.write(servoPos);          // 设定舵机的旋转角度
}

void loop() {
  if (irrecv.decode(&results)) {  // 如果收到红外线遥控信号
```

```
    switch (results.value) {          // 读取解析之后的数值，并且比较
      case 0xC1C7C03F:                // 若此数值等于“录像”
        sw = !sw;                     // 将开关变数值予以反相
        digitalWrite(LED_PIN,sw);// 依据“开关”值，设定 LED 灯
        break;
      case 0xC1C7C43B:                // 若此数值等于“左箭头键”
        if (servoPos > 10) {          // 若舵机旋转角度大于 10
          servoPos -= 10;             // 减少旋转角度 10 度
          servo.write(servoPos);
        }
        break;
      case 0xC1C744BB:                // 若此数值等于“右箭头键”
        if (servoPos < 170) {         // 若舵机旋转角度小于 170
          servoPos += 10;             // 增加旋转角度 10 度
          servo.write(servoPos);
        }
        break;
    }

    irrecv.resume();                  // 准备接收下一组数据
  }
}
```

动手做 12-4 从 Arduino 发射红外线遥控电器

实验说明：IRremote 扩展库也具备发射红外线遥控信号的功能，本单元将组装一个 Arduino 红外线遥控发射器，并从“串口监视器”指挥它来遥控家电（例如，在电脑上按下空格键，就打开电视机）。

实验材料：

330Ω 电阻	1 个
红外线发射 LED，如果可以挑选波长，请选择 940 nm 规格	1 个

实验电路：**根据 IRremote 扩展库的设定，红外线发射 LED 必须接在第 3 端口，**而且最好先串联一个 330Ω 电阻保护 LED。

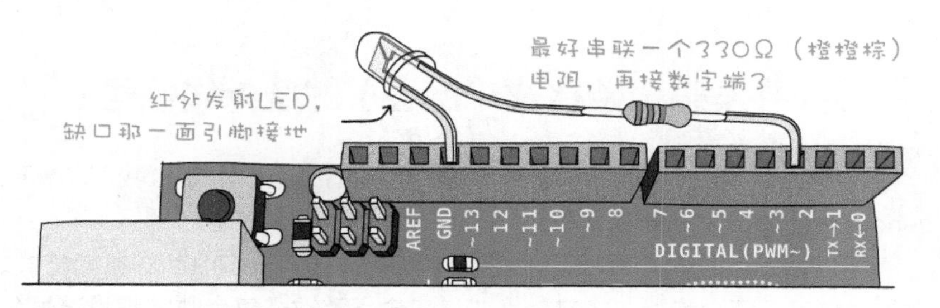

实验程序：使用 IRremote 扩展库发射红外线信号之前，必须先声明一个 "IRsend" 类型的程序对象，例如，底下的程序叙述将此对象命名为 "irsend"。

```
IRsend irsend;
```

接着，程序将能通过此对象发射指定格式的信号，以发出 NEC 红外线信号为例，指令语法如下（其他厂商格式请参阅下文说明）：

```
irsend.sendNEC(红外线编码, 位数);  // 送出 NEC 格式的信号
```

从上文"读取红外线原始（raw）格式"一节的示例得知，笔者采用的遥控器为 NEC 信号格式，长度为 32 位，例如：

```
Decoded NEC: C1C7C03F (32 bits)
```

底下的代码将使得Arduino的串口收到任何字符时,发射红外线上面的信号。

```
#include <IRremote.h>
IRsend irsend;   ← 声明一个发送红外信号的程序对象

void setup(){
  Serial.begin(9600);
}

void loop() {              代表"如果串口收到任何字符…"
  if (Serial.read() != -1) {        32位长度
    irsend.sendNEC(0xC1C7C03F, 32);
    Serial.println("Action!");   ← 发送NEC格式的16进制值
  }
}
```

其他格式指令：

```
irsend.sendSony(红外编码, 位数);      // 送出Sony格式的信号
irsend.sendRC5(红外编码, 位数);       // 送出RC-5格式的信号
irsend.sendRC6(红外编码, 位数);       // 送出RC-6格式的信号
irsend.sendRaw(遥控原始码, 长度, 频率);  // 送出原始格式的信号
```

转换并发射原始格式（raw）的红外线信号

若 IRremote 扩展库无法辨别遥控器的编码格式，我们仍可通过 sendRaw( ) 函数发射原始信号。

不过，使用上文"读取红外线原始（raw）格式"一节收到的原始格式之前，必须经过底下三个步骤，将它转换成**仅包含正整数，每个数字都用逗号分隔的格式。**

代表一共有68个数字

```
Raw (68): 5174 9100 -4450 600 -1600 600 -1650 600 -550 550
-550 600 -550 600 -550 550 -550 600 -1650 600 -1650 550 -1650
600 -550 600 -550 600 -500 600 -1650 600 -1650 550 -1650 600
-1650 600 -1650 600 -500 600 -550 600 -550 550 -550 600 -550
600 -550 550 -550 600 -550 600 -1600 600 -1650 600 -1650 600
-1650 550 -1650 600 -1650 600
```

1. 删除第一个数字（变成67个数字）
2. 删除所有负号
3. 空格改成逗号

```
9100,4450,600,1600,600,1650,600,550,550,550,600,550,600,550,
550,550,600,1650,600,1650,550,1650,600,550,600,550,600,500,
600,1650,600,1650,550,1650,600,1650,600,1650,600,500,600,
550,600,550,550,550,600,550,600,550,550,550,600,550,600,1600,
600,1650,600,1650,600,1650,550,1650,600,1650,600
```

我们不需要手动把空格改成逗号，只要用字处理软件（如：记事本）的"替换"功能即可轻松完成。

1 请选取 Arduino 串口监视器里的红外线源码数字，并按下 Ctrl 和 C 键复制，再贴入记事本软件。接着，在记事本中，选择**编辑→替换**指令，把所有空格"全部替换"成逗号。

在"查找内容"字段输入一个空白

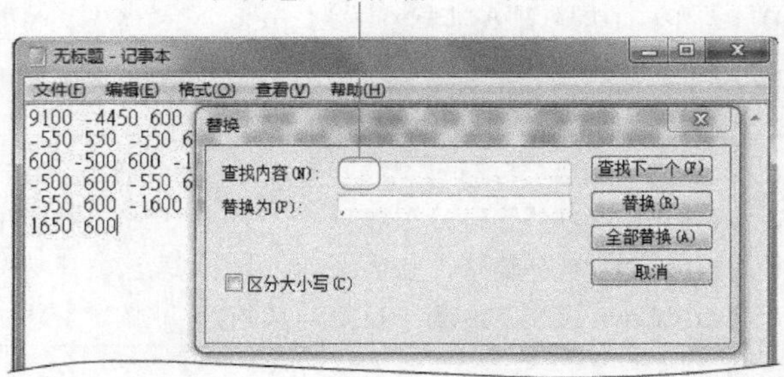

2 用“替换”功能删除所有负号。

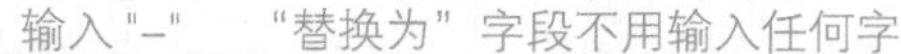

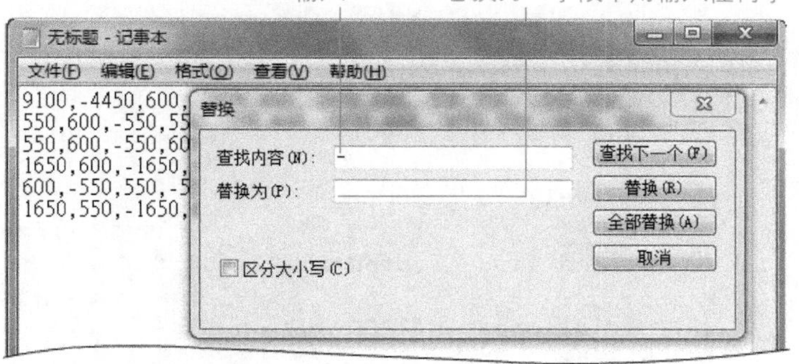

处理后的遥控源码要存入 unsigned int 类型的数组变量，例如，底下的程序片段储存两组遥控源码。

```
#include <IRremote.h>
IRsend irsend;
                    ←——红外代码必须存入“无正负号整数”的数组
unsigned int btnRec[] = {9100,4450,600,1600,600,1650,600,550,
550,550,600,550,600,550,550,550,600,1650,600,1650,550,1650,
600,550,600,550,600,500,600,1650,600,1650,550,1650,600,1650,
600,1650,600,500,600,550,600,550,550,550,600,550,600,550,550,
550,600,550,600,1600,600,1650,600,1650,600,1650,550,1650,600,
1650,600};

unsigned int btnLeft[] = {9100,4400,650,1600,600,1650,600,550,
550,550,600,550,550,600,550,550,600,1650,550,1700,550,1650,600,
550,550,600,550,550,600,1650,550,1700,550,1700,550,1650,550,
1700,550,600,550,550,550,600,550,1650,600,550,550,600,550,550,
600,550,550,1700,550,1650,600,1650,550,600,550,1700,550,1650,
550};
```

主程序通过 sendRaw( ) **函数**传递遥控源码，当用户按下 'a' 键，通过串口传给 Arduino 时，它将发射一个红外线信号，按下 'b' 键，则发射另一个信号。

```
void setup(){
  Serial.begin(9600);
}

void loop() {
  if (Serial.available()) {
    char val = Serial.read();

    switch (val) {
      case 'a':
        irsend.sendRaw(btnRec, 67, 38);

        Serial.println("REC button.");
        break;
      case 'b':
        irsend.sendRaw(btnLeft, 67, 38);
        Serial.println("LEFT button");
        break;
    }
  }
}
```

存储接收到的字符

数组名（数字值）

频率（38kHz）

数据总数

12-3 运用红外线遥控照相机

许多单反或类单反相机都具备快门控制线插孔，方便摄影师从外部控制照相机。例如，需要长时间曝光的场合，可以从快门线的一个按键锁住快门，直到你解开它为止。

有些快门线装置的内部，其实只是简单的开关电路，像 Canon EOS 450D/500D。

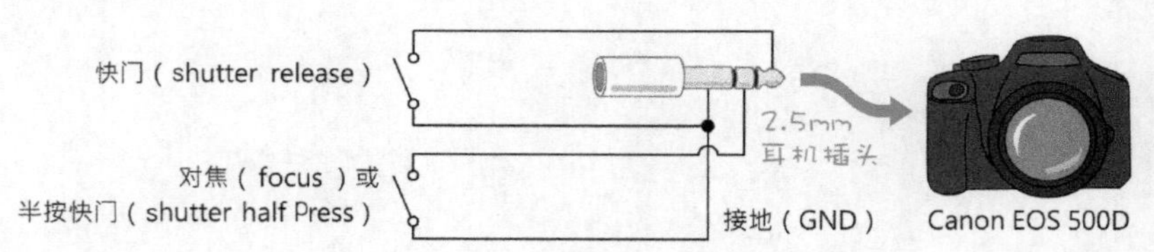

然而，相同厂商的不同系列相机，接头形式可能截然不同。

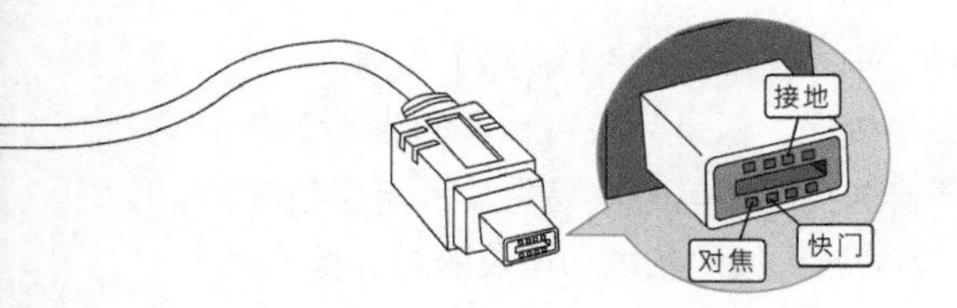

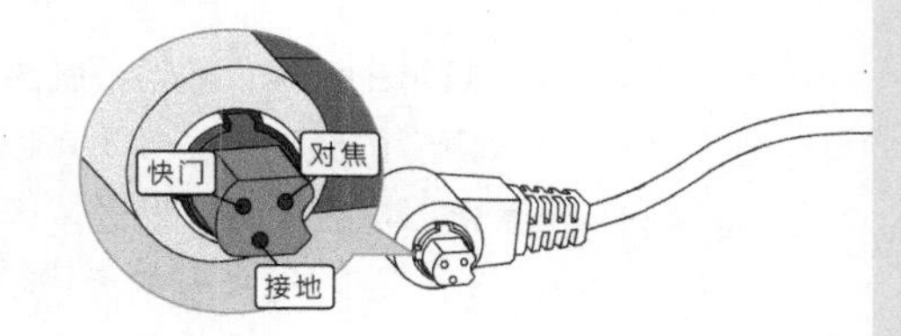

所以，若照相机内建红外线接收器，通过红外线遥控快门，是用 Arduino 控制相机最简单的途径，不用伤脑筋改造电路。

动手做 12-5 遥控照相机间隔拍摄影片

实验说明：间隔拍摄（time lapse）是让照相机每隔一段时间（通常是 10 秒内）在定点拍摄一张照片，经过一段长时间拍摄之后，再用影音剪辑软件（如免费的 Avidemux 或 Adobe Premiere 等）将所有照片整理成间隔拍摄影片。

实验材料：本单元的材料与电路和“动手做 12-4”相同。

实验程序：Sebastian Setz 写了一个可以遥控 Canon、Nikon、Olympus、Pentax、Sony 或 Minolta 等相机的红外线扩展库，叫做 "multiCameraIrControl"，请把 "multiCameraIrControl" 扩展库复制到 Arduino 编辑器的 libraries 目录。

复制完毕后，执行 Arduino 编辑器，即可从**文件→示例→ multiCameraIrControl** 菜单，打开各品牌相机的示例程序。例如，底下程序将每隔 5 秒，从 Arduino 数字第 3 脚，发射遥控信号给 Sony 照相机（笔者使用 Sony NEX-5 测试无误）。

其他可用的数据类型：Canon、Nikon、Olympus、Pentax、Minolta

```
#include <multiCameraIrControl.h>

Sony NEX(3);      // 红外光发射LED接数字端3；声明Sony类型的遥控对象，命名为NEX

void setup(){
}

void loop(){
  NEX.shutterNow();      // 发射“按下快门”的信号
  delay(5000);
}
```

认识调变

日常生活中，最常接触的“调制”信号应该是 FM（调频）广播。

声音的频率（音频）可以在电线中传递，像是耳机线和电话线，但是无法直接以电波的形式发送。因为像声音这种低频信号容易失真，而且频率越低，波长就越长，所需的天线就越长，因为当天线的长度和电波的波长相等时，天线将和电波达成共振，收听效果（感度）最好。这就是为什么 FM 收音机（88~108MHz）有长长的天线，而蓝牙模块（2.4GHz）的天线只有一丁点。

为了有效率地用电波传送声音，我们必须把低频的声音转变成高频信号，这个转变过程，称为**调制（modulation）**。

调制有多种方式，以调频广播的**频率调制（Frequency Modulation，FM）**为例，原始的声音信号称为**基频**（baseband），可用于电波传送的高频率信号称为**载波**（carrier wave）。FM 调变将依据声音信号的准位高低（振幅），来调整载波的频率，频率调变后的信号振幅保持不变。

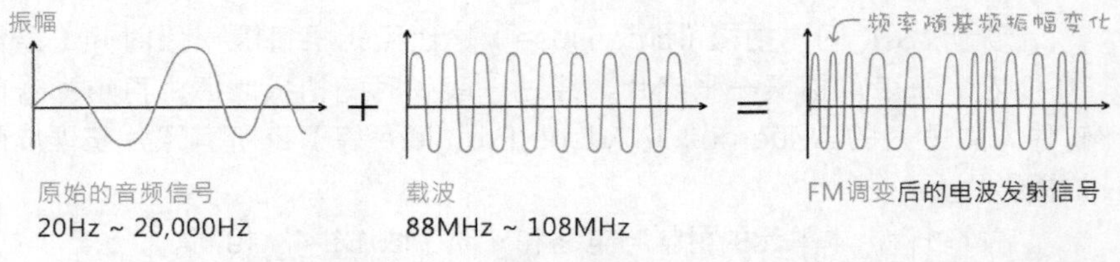

“载波”就像交通工具一样，可以把低频信号承载到远方，接收端（收音机）将进行解调制（demodulate）把原始信号从载波分离出来。

FM 信号不易受天气变化（如：闪电）影响，可以传送高质量的声音，因为干扰源主要是影响振幅，对频率几乎没有影响。笔者博客上的《低成本、超简单之 DVB-T 数字电视天线制作》这篇文章，介绍了如何根据数字电视广播的频率，以及电波在空气中传递的衰减率，计算恰当的天线长度。

红外线发射信号中的每个 0 与 1 数据，也经过调变处理。视厂商而定，红外线载波的频率大约介于 36~60kHz，飞利浦的 RC-5 调变频率是 36kHz。

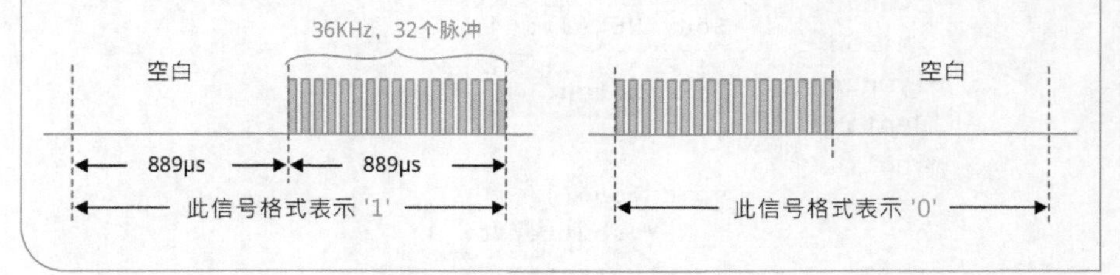

CHAPTER 13

制作光电子琴与 MIDI 电子鼓

准备制造一些噪声吧！本章将首先介绍发声元器件并延续第 12 章的光电元器件，组装一个通过黑白条形码控制 Arduino 发声的光电子琴。后半部分将介绍 MIDI 数字音乐概念，并实际组装一个 MIDI 电子鼓。

13-1 发音体和声音

电子设备常见的**发音体**（或称为**发声装置**）有**扬声器（喇叭，speaker）**和**蜂鸣器**(piezo transducer)两大类。声音的质量和发音体的材质、厚薄、尺寸、空间设计等因素有很大的关联，蜂鸣器比较小巧，音质（频率响应范围）虽然比较差，但是在产生警告声或提示音等用途，已经够用了；小型扬声器采用塑料或纸膜振动，音质比较好，适合用在电子琴或其他发声玩具。

扬声器　　蜂鸣器

上图右边的蜂鸣器内部的主要零件是**蜂鸣片**，它是一个薄薄的铜片加上中间白色部分的压电感应（piezoelectric）物质。电子材料商店有单独出售**蜂鸣片**，也能用于本章的实际操作。蜂鸣器和蜂鸣片的规格主要是直径尺寸和电压，请选用 5V 规格。

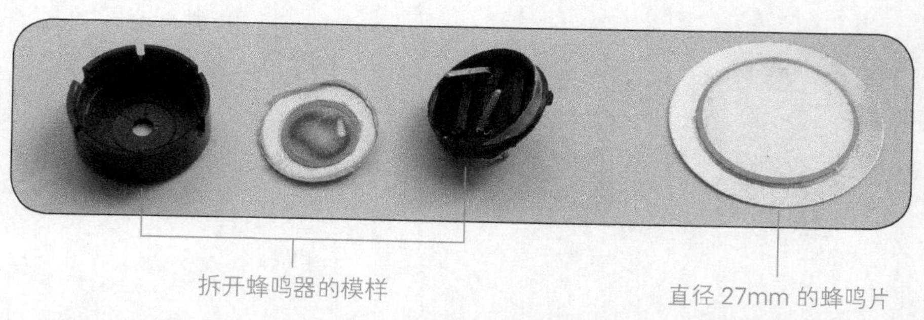

拆开蜂鸣器的模样　　直径 27mm 的蜂鸣片

声音是由振动产生，其振动的频率称为“**音频**”，不管是哪一种发声设备，只要通过断续的电流，让其内部薄膜产生震动，即可挤压空气而产生声音。音频的范围介于 20Hz~200kHz 之间，普通人可听见声音的频率范围约为 20Hz~20kHz，20kHz 以上频率的声音，称为“超音波”（请参阅第 9 章）。

实际编写音乐程序之前，我们先复习一下基本的音乐常识。

音高与节拍

声音的频率（音频）高低称为**音高（pitch）**。在音乐上，我们用 Do、Re、Mi 等唱名或者 A、B、C 等音名来代表不同频率的音高，钢琴键盘就是依照声音频率的高低阶级（音阶）顺序来排列。每个音高和高八度的下一个音高（注：请参阅底下的键盘，从中音 Do 向右数到第 8 个白键，就是比中音 Do 高八度的高音 DO），其频率比正好是两倍。

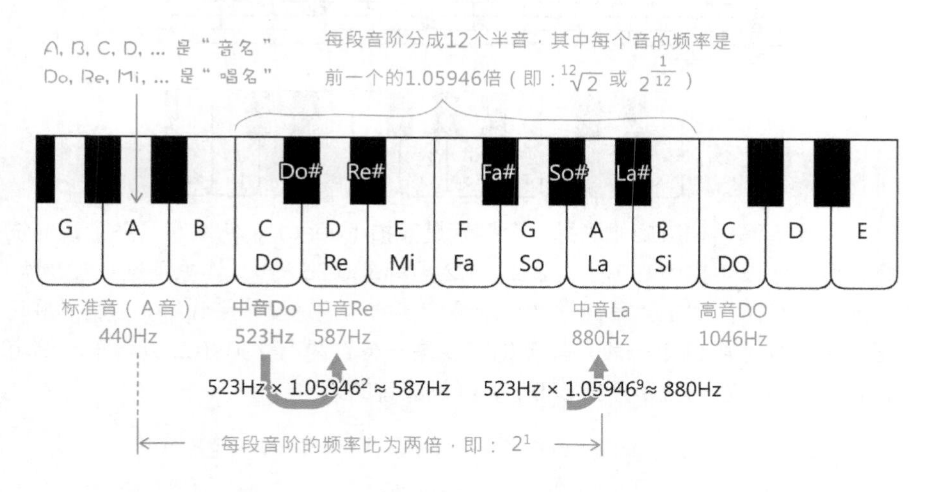

根据上图，我们可从 440Hz 标准音推导出其他声音的频率值（参阅表 13-1）。正规的键盘乐器（如电钢琴）有 88 键，音调范围从 A0（28Hz）到 C8（4186Hz）。

表 13-1 **声音频率（音高）对照表（单位：Hz）**

位于键盘中间的中央C音（Do）　　88键乐器的最高音

	0	1	2	3	4	5	6	7	8
C	16	33	65	131	262	523	1046	2093	4186
C#	17	35	69	139	277	554	1109	2217	4435
D	18	37	73	147	294	587	1175	2349	4699
D#	19	39	78	156	311	622	1245	2489	4978
E	21	41	82	165	330	659	1319	2637	5274
F	22	44	87	175	349	698	1397	2794	5588
F#	23	46	93	185	370	740	1480	2960	5920
G	25	49	98	196	392	784	1568	3136	6272
G#	26	52	104	208	415	831	1661	3322	6645
A	28	55	110	220	440	880	1760	3520	7040
A#	29	58	117	233	466	932	1864	3729	7459
B	31	62	123	247	493	988	1976	3951	7902

88键乐器的最低音　　标准音（用于调校乐器，有些采用442Hz）

底下是五线谱内的音符与琴键位置的对照图。

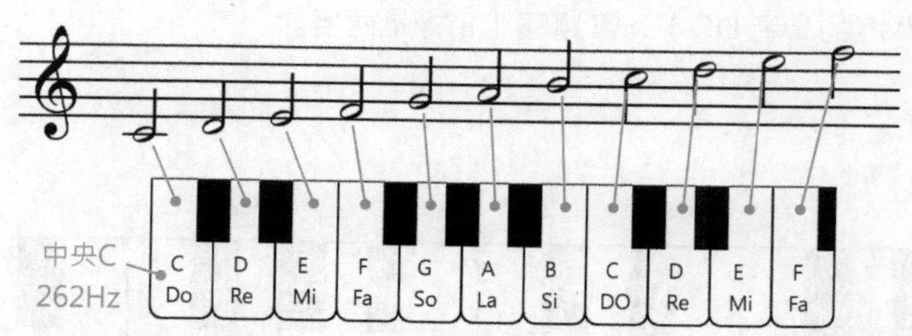

除了音高，构成旋律的另一个要素是**节拍**（beat），它决定了各个音的快慢速度。假设 1 拍为 0.5 秒，那么，1/2 拍就是 0.25 秒，1/4 拍则是 0.125 秒，以此类推。乐谱的左上角通常会标示该旋律的节拍速度（tempo），底下是马里奥主题曲当中的小一段，其节拍速度是一分钟内有 200 个二分音符。笔者在音符上面标示的数字（如 659），则是该音的频率。

此乐谱以二分音符为一拍，每一拍 1/200 分钟，即 0.3 秒。因此，一个四分音符占 0.15 秒（或 150 毫秒）。

13-2 使用 tone( ) 函数发出声音

Arduino 编辑器自带一个称为 "Tone"（音调）的扩展库，可以输出指定频率的声音，但同一时间只能输出一个音（注：马里奥的主旋律，一次通常要弹出两、三个音，笔者选择只演奏最高的那一个音）。此扩展库有个 tone( ) 指令，其语法格式如下。

```
tone（输出端口，频率，持续时间）；
```

或

```
tone（输出端口， 频率）；
```

若不指定持续时间，Arduino 将持续发声，直到执行 noTone( ) 为止。

```
noTone（端口）；    // 停止发音
```

动手做 13-1 演奏一段马里奥旋律

实验说明：组装蜂鸣器，并根据上一节的五线谱与 tone( ) 指令说明，编写演奏一段马里奥旋律的代码。

实验材料：5V 蜂鸣器或 8Ω、0.5W 扬声器一个。

实验电路：蜂鸣器可以接在 Arduino 的任何端口，此例接在第 11 脚。

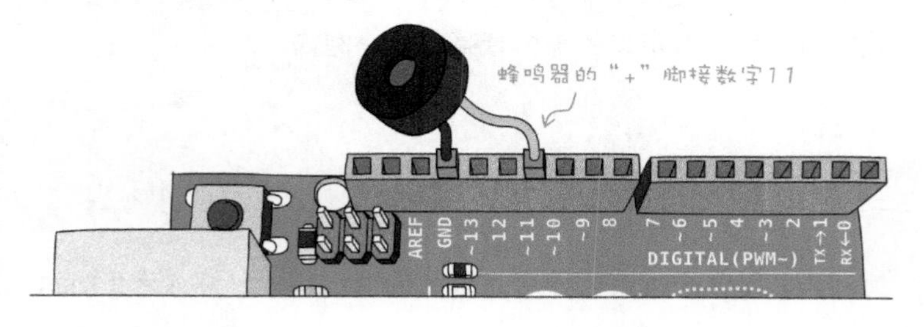

实验程序：

```
const byte SP_PIN = 11;

void setup() {
  pinMode (SP_PIN, OUTPUT);   ← 将连接蜂鸣器的数字端11设置成“输出”
}

void loop() {
  tone(SP_PIN, 659, 150);     ← 弹出一个E5音高的四分音符
  delay(150);                 ← 停顿150毫秒（相当于放开琴键，到按下一个琴键之间的空隙），如果不加上暂停时间，直接弹奏下一个音，两个音之间将没有间隙，而连续播放。
  tone(SP_PIN, 659, 150);
  delay(150);
  tone(SP_PIN, 659, 150);
  delay(300);                 ← 四分休止符（150毫秒），加上弹奏的停顿时间
  tone(SP_PIN, 523, 150);
  delay(150);
  tone(SP_PIN, 659, 150);
  delay(300);                 ← 四分休止符（150毫秒），加上弹奏的停顿时间
  tone(SP_PIN, 784, 150);
  delay(3000);                ← 停顿3秒，再循环播放此旋律
}
```

13

13-3 使用 #define 替换数据

上一个动手做单元里的代码，音高直接用频率标示，不易阅读，最好能改用音高代码表示，例如：

```
tone(SP_PIN, 659, 150);   ➡   tone(SP_PIN, E5, 150);
```

（改成音高代码）

我们可以用常量定义每一个音高代码，例如：

```
const int E5 = 659;
const int C5 = 523;
const int G5 = 784;
```

此外，C 程序语言有一种用 # 开头的特殊指令，称为宏（macro），宏的

常见用途是在程序编译之前，加载外部程序文件或者替换字符串。**替换文本的宏指令叫做 #define**，语法格式如下。

```
        中间用空白字符隔开
                    ↙                ↙ 注意！后面不加上分号（;）
#define 置换名称 置换值
```

底下的程序开头定义了三个替换字，Arduino 软件自带一个“**预处理器**（pre-processor）”，它的作用类似字处理器中的“查找和替换”功能，会查找整个代码,将指定的替换字取代成对应的数据值(注 我们看不见置换过程，源代码也不会改变）。替换完毕之后，再自动交给“编译程序”编译代码。

```
const byte SP_PIN = 11;
#define E5 659  ┐
#define C5 523  ├ 在程序开头定义替换字
#define G5 784  ┘ （结尾不加分号）

void setup() {
  pinMode (SP_PIN, OUTPUT);
}
                     所有E5都会被置换成659
void loop() {        ↙
  tone(SP_PIN, E5, 150);
  delay(150);
  tone(SP_PIN, E5, 150);
  delay(150);
  tone(SP_PIN, E5, 150);
  delay(300);
  tone(SP_PIN, C5, 150);
  delay(150);
  tone(SP_PIN, E5, 150);
  delay(300);
  tone(SP_PIN, G5, 150);
  delay(3000);
}
```

#define 语句的用途类似常量定义，它们都能让我们在程序中，用一个名称来代表数值。例如，底下两个语句都能用 LED_PIN 代表 13。

```
const byte LED_PIN = 13;
```

或

```
#define LED_PIN 13
```

不过，这两者的“语义”不同，const（常量）代表声明一个**不可改变的数据值**，而 #define 则用于定义**置换值**。上面的两种写法都对，但一般而言，定义常量数据时，通常采用 const 语句，而且在定义**数组**常量的场合，就只能用 const 声明。

使用 .h 头文件分割代码

采用 #define 定义替换字，代码变得容易阅读了，然而，如果要在程序中定义上百个音高代码，程序将变得冗长，而且假如每一个不同演奏音乐的程序开头，都要重复定义相同的代码，也很麻烦。

幸好，C 语言程序可以拆开成不同的源文件，以演奏音乐的程序为例，我们可以把 88 键声音频率定义单独存成一个文件，方便所有音乐相关程序包含此定义文件。外部程序文件的扩展名为 ".h"（h 代表 header，头文件之意）。

包含或加载外部程序的宏指令叫做 #include，包含的文件名要用**双引号**包围。

```
#include "pitches.h"
const byte SP_PIN = 11;

void setup() {
  pinMode (SP_PIN, OUTPUT);
}

void loop() {
  tone(SP_PIN, NOTE_E5, 150);
  delay(150);
  tone(SP_PIN, NOTE_E5, 150);
  delay(150);
  tone(SP_PIN, NOTE_E5, 150);
  delay(300);
  tone(SP_PIN, NOTE_C5, 150);
  delay(150);
  tone(SP_PIN, NOTE_E5, 150);
  delay(300);
  tone(SP_PIN, NOTE_G5, 150);
  delay(3000);
}
```

#include指令将包含pitches.h文件

包含pitches.h里的定义值

```
#define NOTE_A0   28
#define NOTE_AS0  29
#define NOTE_B0   31
#define NOTE_C1   33
#define NOTE_GS7 3322
#define NOTE_A7  3520
#define NOTE_AS7 3729
#define NOTE_B7  3951
#define NOTE_C8  4186
```

定义88键声音频率的pitches.h文件

上面的程序将在编译之前，先加载（#include）与替换（#define）数据，最后再编译，编译后的代码文件大小并不会增加。

建立 .h 头文件的步骤如下。

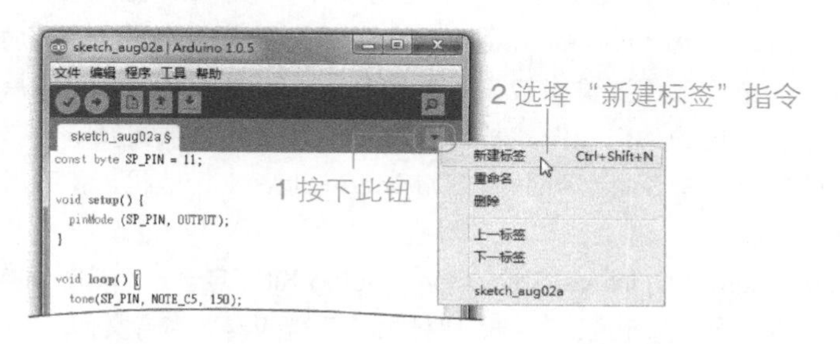

4 然后按下 OK 钮

3 文档窗口底下将出现对话框。请输入文件名，例如：tone.h

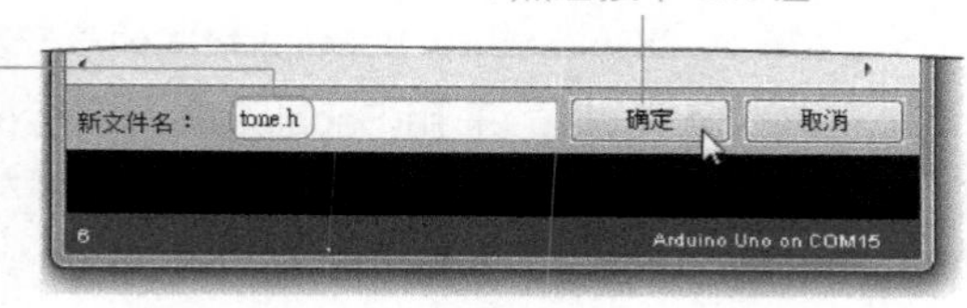

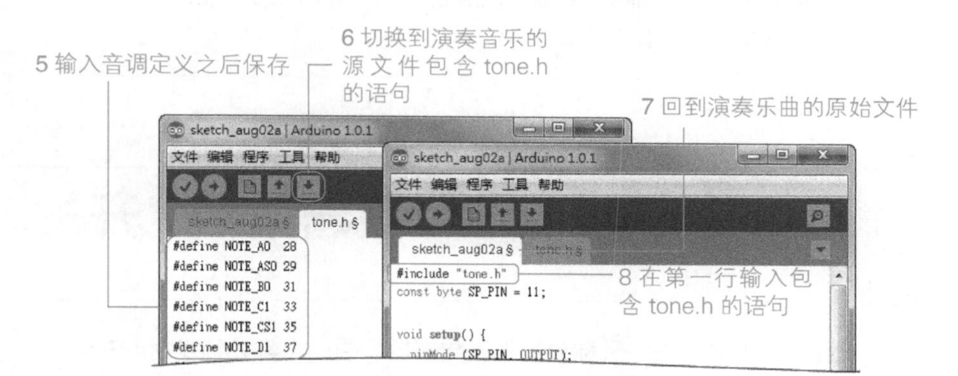

在之前的单元中，包含扩展库文件时，都是通过底下的语法（如：第 8 章的 SPI 界面）。

```
#include <SPI.h>
```

←文件名前后用小于和大于符号包围

包含系统或程序编辑器**自带的扩展库**时，扩展库名称用小于和大于包围。包含位于主程序**相同路径里的自定义扩展库**，则使用双引号包围。

```
#include "pitches.h"
```

←文件名前后用双引号包围

输出高品质的音效

自然界或乐器所发出的声音，是由多种不同频率的正弦波（泛音）组成的复合波，而 Arduino 的 tone( ) 指令仅能输出固定的方波，音质无法媲美乐器。如果读者需要输出较高质量的音乐，可参考底下几个扩展模块。实际上，个人电脑和电视游戏机都有额外的音效芯片来提升音质，并降低处理器的负担。像 Sega 早期的 MD（Mega Drive）游戏机，就采用 SN76489 音效芯片。

- Adafruit 的 **Wave Shield for Arduino Kit**：包含一个 SD 内存卡接口，可以播放 16 位、22kHz 取样的单声道 .WAV 声音文件。
- Sparkfun 的 **MP3 Player Shield**：包含一个 SD 内存卡接口，可以播放 MP3、OGG、WAV 和 MIDI 格式的声音文件。
- **BabbleShield**：采用 BabbleBot 公司（babblebot.net）的语音合成 IC，可以自定义合成音效，发出像星球大战里的 R2D2 机器人的声音以及合成语音（英语）。
- **SpeakJet Shield**：采用 Speakjet 公司（www.speakjet.com）的语音合成 IC，功能类似 BabbleShield。

13-4 认识反射型与遮光型光电开关

反射型光电开关，又称为**反射型传感器**，由一个**红外线发射 LED** 以及一个**光敏晶体管**（红外线接收器）所组成，它们的外观和一般的 LED 一样。这里采用的是把发射和接收组装在一个模块的**反射型光电开关**。

下图是型号 TCRT5000 的反射型传感器的外观。

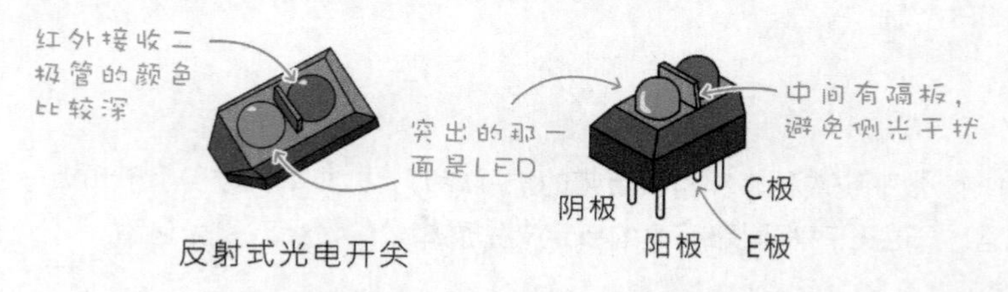

传感器里的 LED 能发射红外线光，若传感器前方有高反射的物体（如白纸），红外线光将被**折射，由光敏晶体管接收**，而晶体管发射极将输出**高电位**；

相反地，若前方没有物体或者是低反射的物体（如黑纸），光敏晶体管将**收不到红外线光**，因而**输出低电位**。

这种元器件可应用在检测条**形码**，或者像上图一样，在一个圆盘上绘制黑色条纹（称为“圆盘编码器），安装在电机或其他驱动机械上，可以检测物体的旋转角度或者转动圈数。反射型光电开关和被感测物体的距离，应介于1~8mm，**2.5mm 的效果最好**。

另一种称为遮光型光电开关的传感器，也常见于微电脑自动控制装置。

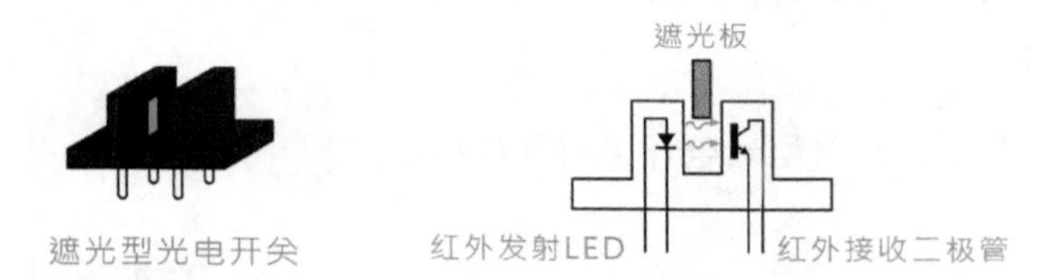

早期的鼠标底部是一个滚球，不像现在用红外线或雷射传感器，鼠标移动时，滚球将带动其内部，齿轮模样的圆盘编码器，通过遮光型传感器得知鼠标滚动的方向和距离。

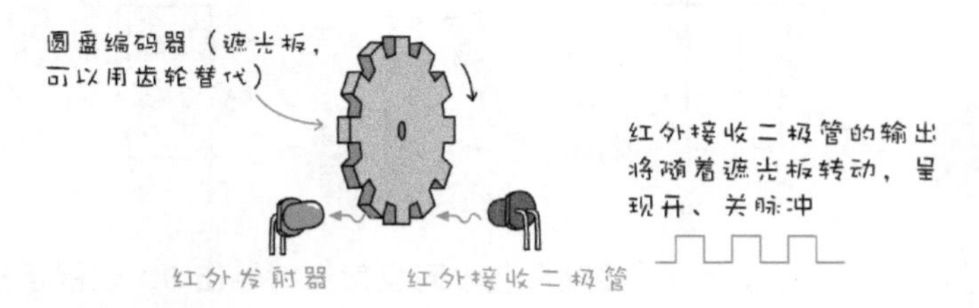

动手做 13-2 光电子琴制作

实验说明：上文的乐音事先保存在程序之中，无法改变。本节将采用红外线传感器当做“琴键”，通过感应纸张上的黑白条纹，让 Arduino 发出对应的音调。

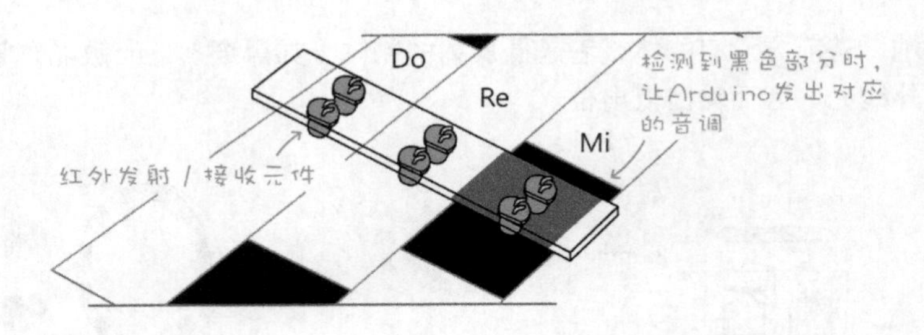

实验材料：

蜂鸣器	1 个
反射型光电开关（型号 TCRT5000）	3 个
220Ω（红红棕）电阻	3 个
10kΩ（红黑橙）电阻	3 个
B5 大小白色纸张（像月历那种会反光的铜版纸，效果最好）	1 张
黑色胶带	1 卷

实验电路：反射型光电开关有两种接法。

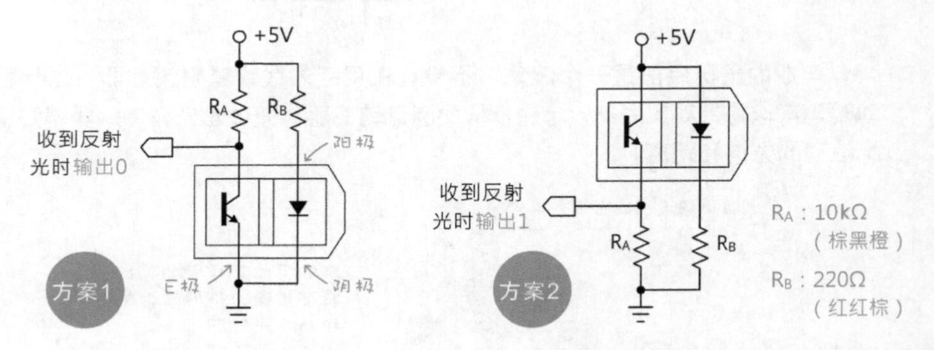

笔者采用“方案 1”，接触白色**收到反射光时输出 0**，也就是**接触到黑色输出 1** 的形式，并将它们并接成 3 组（读者可以增加更多组三组以上建议采用外部电源供电）。

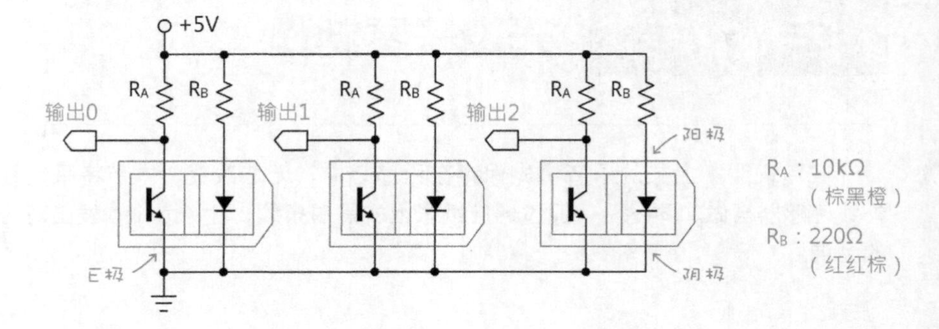

在面包板上的接线方式如下。

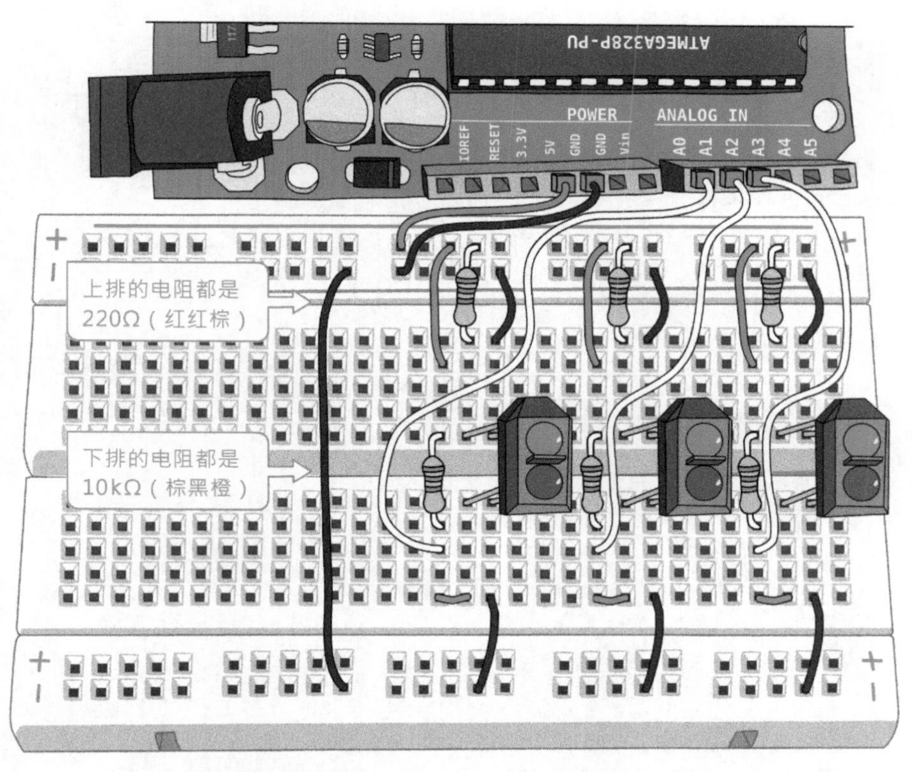

光电开关的输出可以接在 Arduino 的数字或者模拟端口。由于传感器的返回值会随着纸张材质和颜色深浅而产生不同的结果（请参阅下文注释），建议读者将它们**连接在模拟端口**。

另外，请在 Arduino 数字 **11 端口连接一个蜂鸣器**。

实验结果：读者可以用底下的图像测试，或者用**黑色胶带**黏贴在白色纸张上（注：用喷墨打印机打印的效果不佳，因为红外线会穿透墨水），再将传感器贴近（几近碰触到）纸张测试。

实验程序：配合光电开关发出音调的完整代码如下。

```
const byte sndPin = 11;                    // 蜂鸣器的端口
const byte sPins[] = {A0, A1, A2};         // 光电传感器的端口号
const int tons[] = {659, 523, 784};        // 声音的频率

void setup() {
  pinMode (sndPin, OUTPUT);  // 蜂鸣器端口设置成“输出”
}

void loop() {
  int n = -1;

  for (byte i=0; i<3; i++) {  // 依次读取三个端口的数值
      int val = analogRead(sPins[i]);
      if (val > 500) {      // 如果模拟值大于 500，代表碰到黑色
      n = i;                // 保存端口的索引号
      break;                // 终止循环
    }
  }

  if (n != -1) {       // 只要 n 变量值不是 -1，代表有端口感测到黑色
    tone(sndPin, tons[n]); // 根据端口的索引值，发出对应的声音
  } else {                 // 否则（所有传感器都读取到白色）
    noTone(sndPin);        // 停止发声
  }
}
```

为了比较光电开关接在 Arduino 的模拟与数字端口的输出值，笔者将一个光电开关输出接在数字 8 端口，另一个接在模拟 A0，并通过底下的测试代码，在**串口监控窗口**显示感测值。

```
byte s1Pin = 8;    // 数字 8 端口
byte s2Pin = A0;   // 模拟 A0 端口
int s1Val = 0;
int s2Val = 0;

void setup() {
  pinMode(s1Pin, INPUT);  // 数字端口设置成“输入”状态
  Serial.begin(9600);
```

13

```
}
void loop() {
 s1Val = digitalRead(s1Pin);          // 读取数字输入值
 s2Val = analogRead(s2Pin);           // 读取模拟输入值
 Serial.print("s1: ");
 Serial.println(s1Val);
 Serial.print("s2: ");
 Serial.println(s2Val);
 delay(500);
}
```

结果如下：

数字输出：1（黑色）或 0（白色）

模拟输出：980（黑色）或 190（白色）

上面列举的模拟输出只是约值，返回值实际上会不停地跳动，但是感应黑色时的输出值都在 800 以上。

13-5 认识 MIDI

MIDI 是由电子乐器制造商所制定的，让数字音乐设备彼此交互的一种协议（或者说“语言”），以及连接线材的规范，全名是 Musical Instrument Digital Interface（乐器数字接口）。MIDI 信息内容并不包含声音文件，只是一些控制信息，例如：中央 C 键被按下、力道是 40 等。实际的声音是由所谓的**音源**（sound source 或 sound module）设备提供，市面上大多数的键盘乐器（电子琴、电钢琴）都有自带音源，有些只是单纯的“键盘”，不论是哪一种，都可以通过 MIDI 接口连接外部音源来发声。

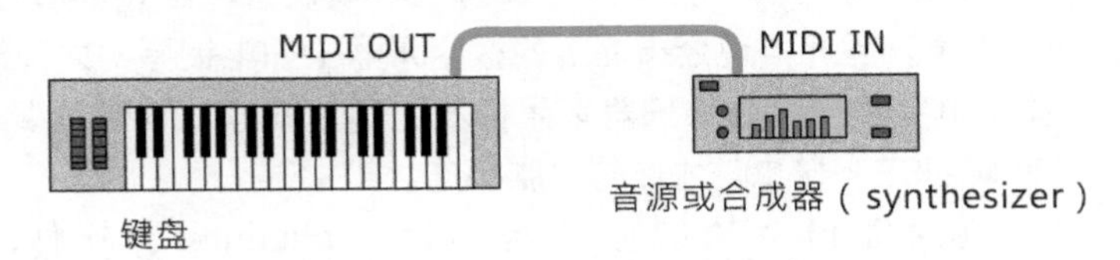

标准的 MIDI 接口是 5 针的 DIN 接头，其信息只能往单方向传递，因此

MIDI 乐器背后的插孔，有 **OUT**（**输出**）、**IN**（**输入**）**和 THRU**（**转送**）三种（有些只有一个或两个插孔）。

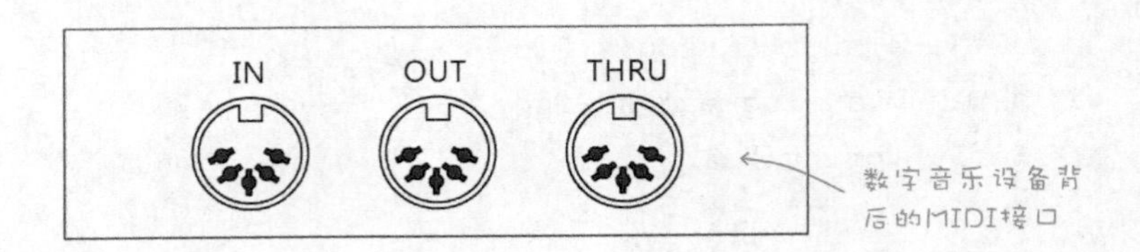

一个音乐工作室里面可能具有不同的音效产生器（synthesizer）和音源，从一个键盘控制不同的合成器和音源，需要通过 THRU 插孔串联所有装置，其中的主控键盘又称为**控制台**（master 或 controller），其他设备则是**受控端**（slave）。

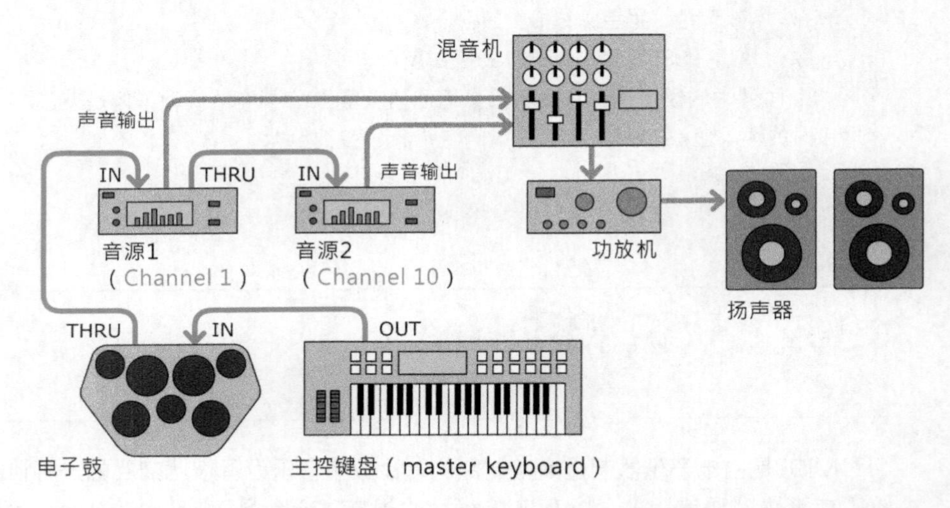

为了让乐器指挥从特定的音源发声，不同的音源都被赋予一个唯一的“**频道号**”（**Channel**），THRU 端会把从 IN 接收到的数据传输到下一个设备，直到数据抵达指定频道的音源为止。像电子鼓若指定采用 Channel 10 的音源，按照上图的接法，数据会先流经 Channel 1，再转交给 Channel 10 音源处理。MIDI 允许 16 种不同频道的设备同时运行。

MIDI 也可以串联灯光并控制整个舞台的表演设备，但 MIDI 乐器最常和电脑或 iPad 相连，因此，现今市面上的数字乐器（如电钢琴）大都改用 USB 接口，方便与电脑相连。如果乐器采用标准的 DIN 插座，读者需要额外购买一个“MIDI 转 USB”接口，才能与电脑相连。

通过电脑或 iPad 上的编曲或排序器（sequencer）软件，例如，Windows 系统上的 CakeWalk、苹果公司的 Logic Pro 以及跨平台的 Ableton

Live，可记录与编辑音符弹奏的顺序和力度等数据，或者将演奏完成的曲子播放出来。

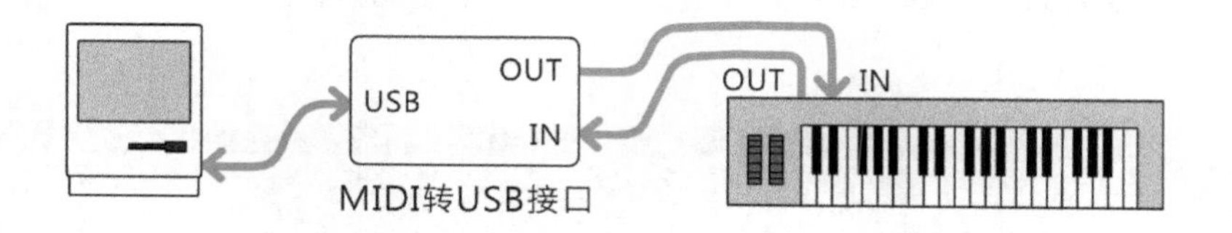

录下声音的动作，称为录音（record），而记录 MIDI 数据，则称为排序（sequencing）。保存 MIDI 乐器演奏信息的文件，称为 MIDI 音乐文件，其扩展名为 .mid。由于 .mid 文件并不包含实际的声音，所以文件都很小。

使用个人电脑充当 MIDI 音源

MIDI 音色的良莠，取决于音源的好坏，随着电脑与平板的普及和价格下降，乐器厂商（像 Roland 和 KORG）也顺势推出优质的音源软件，用户也乐于采用电脑或 iPad 软件充当音源。以下单元将介绍如何把 Arduino 变成数字乐器，并通过电脑上的音源软件发声。

Windows、Mac 和平板都有自带音源，在 Windows 系统上双击 .mid（MIDI 音乐文件），系统默认将打开 Media Player，并通过系统自带的 "Microsoft GS Wavetable SW Synth" 音源来播放。

除了音源软件，电脑或平板（甚至是游戏机，如 KORG 就曾在任天堂 DS 游戏机上推出 DS-10 合成乐器软件）也有许多音乐创作软件，即使没有真实的音乐设备，一样能谱出动人的乐章。

下图是免费的 Virtual MIDI Piano Keyboard（以下简称“虚拟 MIDI 键盘”，短网址：http://goo.gl/3loEo），读者可通过它用电脑键盘、鼠标或触控屏幕弹奏音乐，并且选择不同的音色。

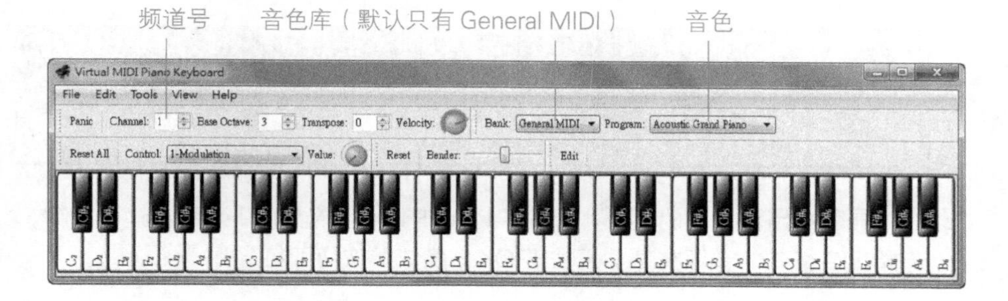

选择主菜单的 **View → Note Names** 指令，可像上图一样在键盘上显示音调名称。虚拟键盘的音色库（bank），默认采用系统的 General MIDI 音源。若切换到频道 Channel 10，将能变换成打击乐器的音色。

调整到 10

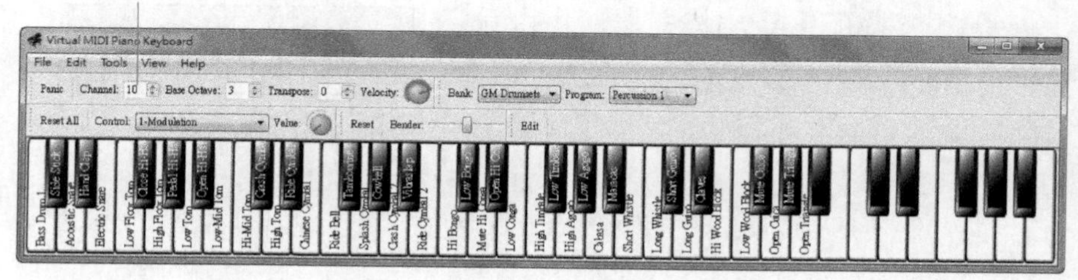

MIDI 规范了电子乐器之间的连接方式，但是却没有制定音色标准，例如：平台钢琴、手风琴、木琴等乐器的通用编号。因此，在某套设备上制作完成的 MIDI 音乐文件，用另一套 MIDI 系统播放，可能变成不同的乐器音色来演奏。

为此，MIDI 制造商联盟制定了称为 General MIDI（简称 GM）的规范，定义了各种钢琴、打击乐器、弦乐器、铜管乐器等，共 128 种音色编号（Program Number）。“GM”也制定了打击乐器音源，预设位于 Channel 10。

13

下载并设置音源文件（SoundFont）

Windows 系统自带的音源音质不佳，建议读者额外下载统称为 SoundFont 的音源文件（扩展名为 .sf2）。本书的光盘里面包含 RealFont_2_1.sf2、FluidR3_GM.sf2 和 32MbGMStereo.sf2 三个音源文件。

请将上面任一 .sf2 文件复制到电脑里，笔者放在 D 磁盘的 MIDI 文件夹。以 FluidR3_GM.sf2 为例，在“虚拟 MIDI 键盘”设置采用此音源发声的步骤如下。

选择主菜单的 **File → Import SoundFonts** 指令：

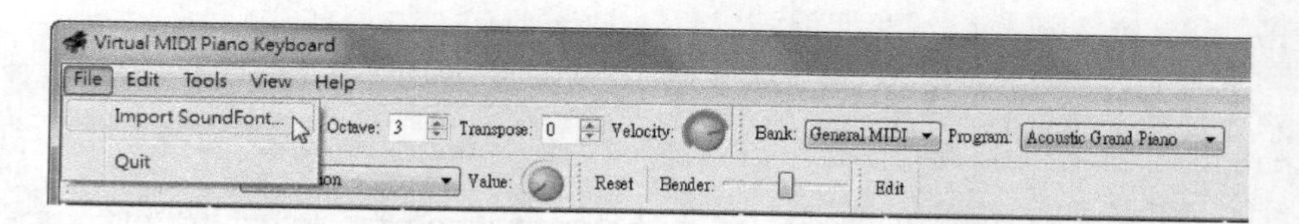

屏幕将出现底下的面板，请按下 **Input File**（输入文件）字段右边的按钮，选择 .sf2 格式的音源文件，再按下 **OK**（确认）按钮即可。

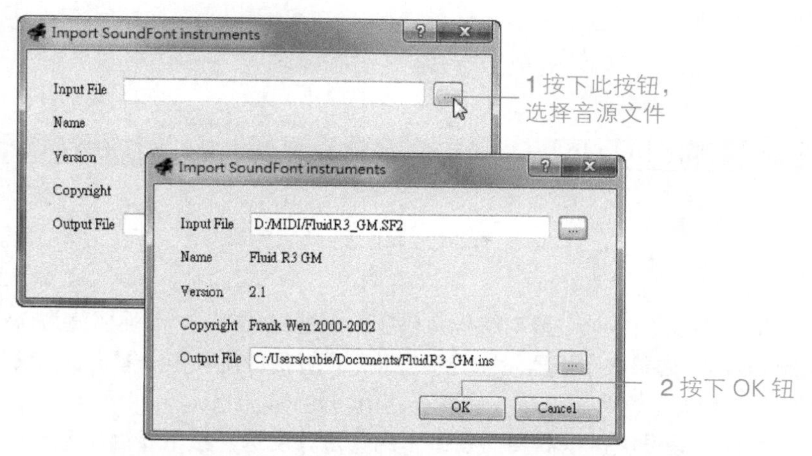

更换音源之后用虚拟 MIDI 弹奏看看，音色是不是好听多了呢?

13-6 MIDI 信息格式

MIDI 外设以 31.25kbps（即：31250）的速率来发送 TTL 形式（也就是 5V 代表高电位）的串行数据。一个 MIDI 信息通常由 3 个字节数据构成，分别代表状态（status）、音高（pitch）和强弱（velocity，按下按键时的力量强弱，相当于音量的大小）。

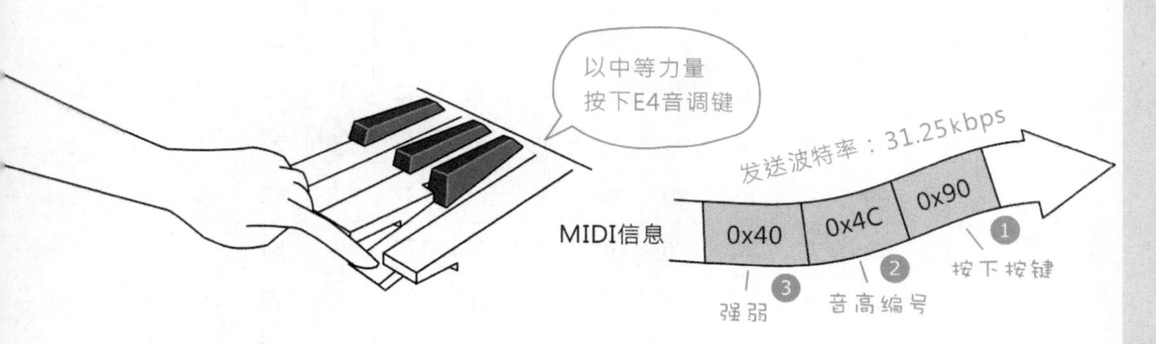

MIDI 信息的 3 个字节数据示例如下，其中，MIDI 的频道号从 0000~1111 共 16 组（注：2^4 为 16），**0000 代表"频道 1"**；音高编号与强弱的数据字节的最高位始终为 0，因此有效的数据值范围是 0~127（十进制）或 0x00~0x7F（十六进制）。

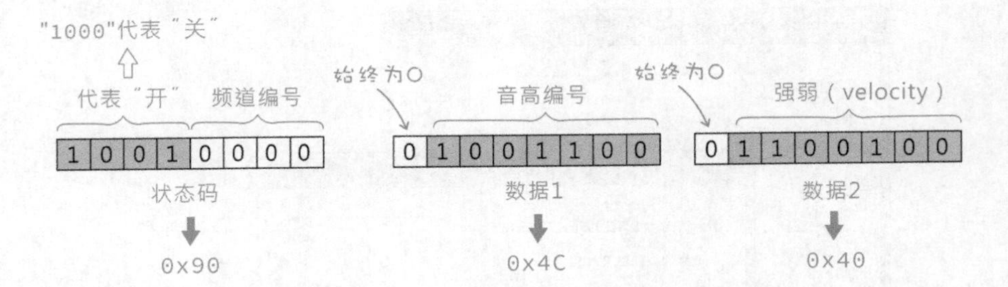

MIDI定义的中央C音高编号为0x3C（十进制：60），中等强弱值为0x40（十进制：64）。如果数字乐器没有强弱变化（也就是像玩具电子琴一样，只有"按下"和"放开"两种状态），它的强弱值将始终返回0x40。

因此，假设键盘乐器要向**频道1**的音源，发送"按下琴键、音符是E4、中等强弱"的信息，实际的信息内容为："0x90 0x4C 0x40"。

状态代码当中的前4个高位，代表"关"或"放开琴键"的编码值是8（亦即，二进制的1000）。所以，向**频道1**的音源发送"放开琴键、音符是E4、强弱值为0"的信息，实际的信息内容为："0x80 0x4C 0x00"。

音高的10进位数值请参阅表13–2，中央C是60，也就是"虚拟MIDI键盘"软件上标示C4的那一个琴键。

表13–2 **音高数值对照表（10进位值）**

音高	C	C#	D	D#	E	F	F#	G	G#	A	A#	B
–2	00	01	02	03	04	05	06	07	08	09	10	11
–1	12	13	14	15	16	17	18	19	20	21	22	23
0	24	25	26	27	28	29	30	31	32	33	34	35
1	36	37	38	39	40	41	42	43	44	45	46	47
2	48	49	50	51	52	53	54	55	56	57	58	59
3	60	61	62	63	64	65	66	67	68	69	70	71
4	72	73	74	75	76	77	78	79	80	81	82	83
5	84	85	86	87	88	89	90	91	92	93	94	95
6	96	97	98	99	100	101	102	103	104	105	106	107
7	108	109	110	111	112	113	114	115	116	117	118	119
8	120	121	122	123	124	125	126	127				

了解这些信息之后，我们就可以动手组装电路并编写代码了！

动手做 13-3 通过 Arduino 演奏 MIDI 音乐

实验说明：制作一个 MIDI OUT（输出）接口，从 Arduino 板传输 MIDI 信息给电脑音源发出音乐。

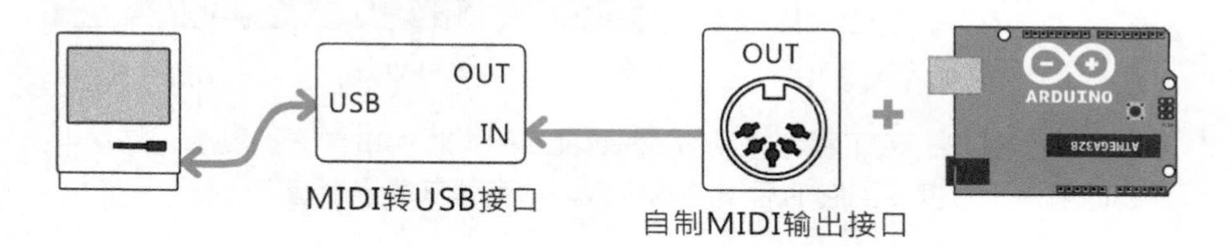

实验材料：

MIDI 转 USB 线	1 条
5 针（pin）DIN 插座	1 个
220Ω 电阻	1 个

实验电路：MIDI 接口采用 5 针 DIN 插座，此元器件的引脚比较不易插入面包板，建议先在它的引脚焊接导线。DIN 插座的外观和引脚编号如下。

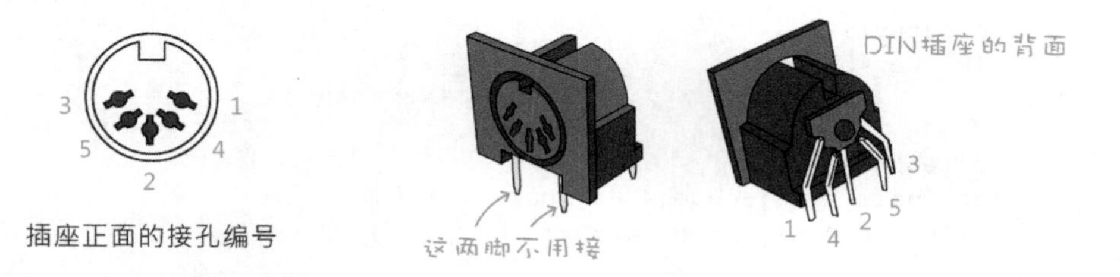

MIDI 输出的电路图如下（此例采用 Arduino 数字 3 端口作为串行输出）。

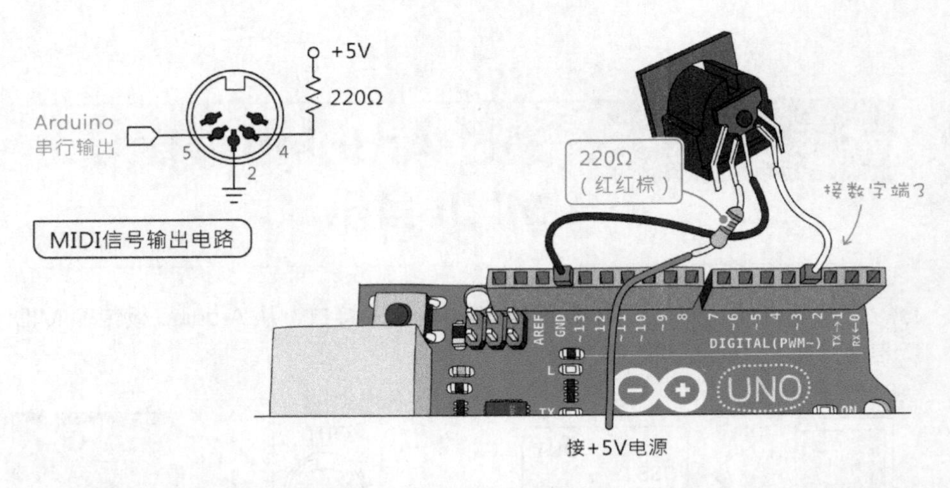

实验程序：底下程序采用 SoftwareSerial（软件串口）扩展库，将从中央 C 的前一个八度音到它的后一个八度音，依序弹奏每一个音符。

```
#include <SoftwareSerial.h>  ← 包含"软件串口"扩展库

byte note;  ← 暂存音符数值的变量
SoftwareSerial MIDI(2, 3);  ← 创建虚拟串口，数字端3是串行输出

void midiMsg(byte cmd, byte pitch, byte velocity) {
  MIDI.write(cmd);        状态信息   音高值   强弱值
  MIDI.write(pitch);
  MIDI.write(velocity);
}  ← "write()"指令用于在串口输出一个字节

void setup() {
  MIDI.begin(31250);
}  ← 串口连线要设置成MIDI的传输速率

void loop() {
  for (note = 48; note < 84; note ++) {
    midiMsg(0x90, note, 0x40);
    delay(100);  ← 执行自定义函数，送出"按下琴键"及其他信息
    midiMsg(0x80, note, 0x00);
    delay(100);  ← 执行自定义函数，送出"放开琴键"及其他信息
  }
}
```

程序里的自定义函数 midiMsg( ) 将接收 3 个参数（状态消息、音高和强弱），并通过软件串口的 write( ) 函数，输出总共 3 个字节的 MIDI 信息。

实验结果：编译并下载程序之后，将 Arduino 的 MIDI 输出接口与电脑的 MIDI 转接线的 "IN" 相连，再打开“虚拟 MIDI 键盘”软件。

选择“虚拟 MIDI 键盘”软件 **Edit → MIDI Connections（编辑 → MIDI 联机）**菜单，依照下图设置 MIDI 联机（注：笔者的 MIDI 适配卡的名称是 "VIEWCON"）。

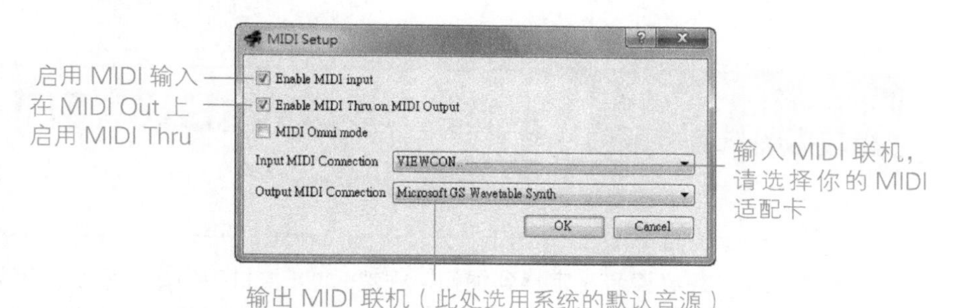

按下 **OK** 钮之后，即可听到 Arduino 弹奏的声音。

通过 MIDI 信息更换音色

在上一节的程序将令 Channel 0 的音源以默认的音色弹奏，若在弹奏过程中，从“虚拟 MIDI 键盘”软件的 **Program（音色）**选单选择不同的乐器，从电脑输出的音色也将立即改变。

除了手动更改音色，程序也可以通过 MIDI 信息指定音色。更换音色的 MIDI 信息长度为两个字节，状态代码的前 4 个高位值，始终为 16 进位的 C（或者说 10 进位的 12）。

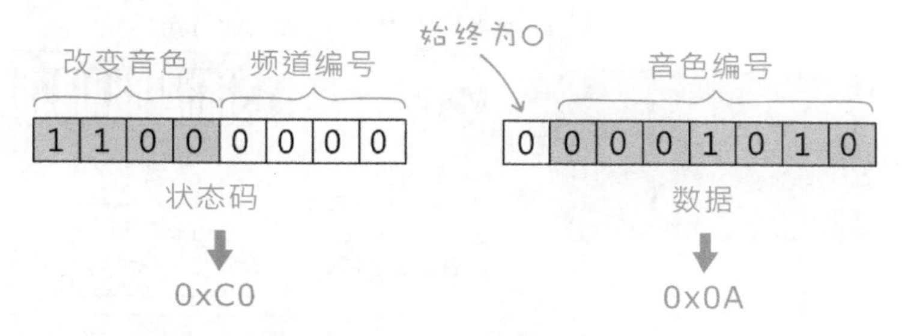

General MIDI 规范中的 "Music Box"（八音盒）音色的编号为 10（即 16 进位的 A），因此，向 Channel 0 音源传送“音色改成八音盒”的信息，实际的内容为："0xC0 0x0A"。

延续上一节的程序，在 setup( ) 函数加入底下两行，再重新下载到 Arduino 板，虚拟 MIDI 键盘将在弹奏之前，先把音色切换成 Music Box（注：若 Arduino 没有更换音色，请单击板子上的“**重置**”钮）。

```
void setup() {
  MIDI.begin(31250);
  MIDI.write(0xC0);           // 切换音色
  MIDI.write(0x0A);           // 指定采用"Music Box"音色
}
```

动手做 13-4 通过“虚拟 MIDI”接口演奏音乐

实验说明：想必读者一定感到纳闷，既然 MIDI 接口采用串行联机，那为何我们不直接通过既有的串口，把 MIDI 信息传给电脑，通过音源软件发声呢？

没问题！只要在电脑上安装“串口转 MIDI 桥接器”软件（以下简称“MIDI 桥接软件”），让电脑把指定的串口看待成 MIDI 适配卡就可以了！当然，如果要将 Arduino 直接和其他 MIDI 乐器相连，还是得通过上一节介绍的标准 MIDI 接口。

实验材料：本实验只需使用一块 Arduino 板。

实验软件：要完成本单元实验，至少需要先在电脑上安装“MIDI 桥接软件”，读者可选择性安装其余两个软件，这些软件都是免费的。

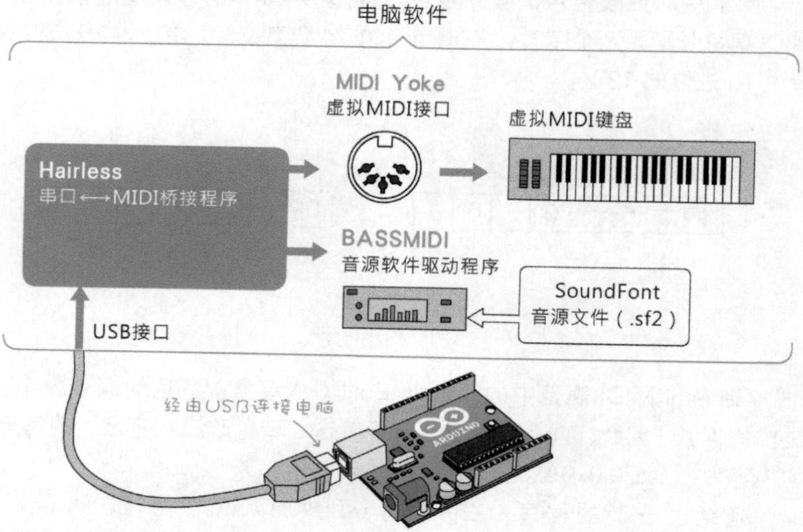

- **MIDI 桥接软件：** Hairless MIDI to Serial Bridge，有 Windows、Mac OS X 和 Linux 等版本。

- **虚拟 MIDI 接口：**MIDI Yoke，如果要在 Windows 系统上，将来自 MIDI 桥接软件的信息，转发给上文介绍的“虚拟 MIDI 键盘”，必须通过这个软件建立一个虚拟 MIDI 接口；Mac 版的“虚拟 MIDI 键盘”软件，可直接与 MIDI 桥接软件相连，不需要此虚拟 MIDI 接口。
- **音源驱动程序：**BASSMIDI Driver，若要通过 SoundFont 音源文件发声，必须安装此软件；若要使用系统自带的音源发声，就不用安装了。

Arduino UNO 和 MEGA2560 控制板上的 USB 通信芯片，采用 ATmega16U2（或 8U2）微控制器，除了提供基本的 USB 串行通信之外，也能通过不同的固件，让 UNO 或 MEGA2560 板具备仿真 USB 键盘和鼠标的功能，或者变成 USB 形式的 MIDI 适配卡，这样就不需要使用 MIDI 桥接软件了。

然而，Arduino 的程序开发工具无法烧写 ATmega16U2 或 8U2 的固件，需要通过 Atmel 公司的 FLIP 软件烧写。相关的说明请搜索关键词 "arduino midi firmware"。

为了简化设置步骤，这里仅采用“MIDI 桥接软件”。请读者直接将光盘里的 "hairless-midiserial" 复制到桌面，再双击其中的 hairless-midiserial.exe 即可使用，不需要安装。

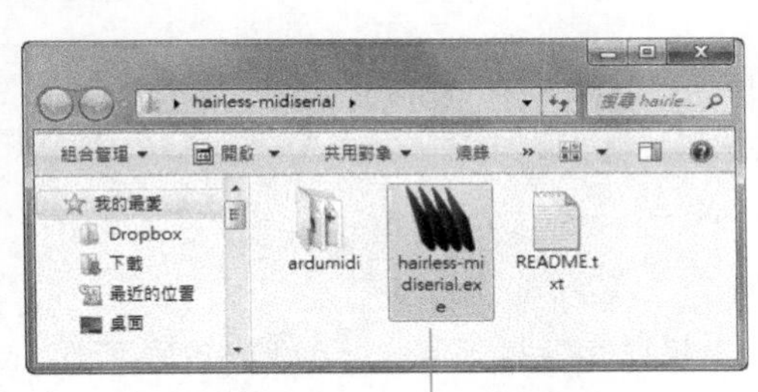

双击打开此应用程序

“MIDI 桥接软件”的操作画面如下，在编写并下载 Arduino 的 MIDI 程序之前，我们暂时无法使用它。

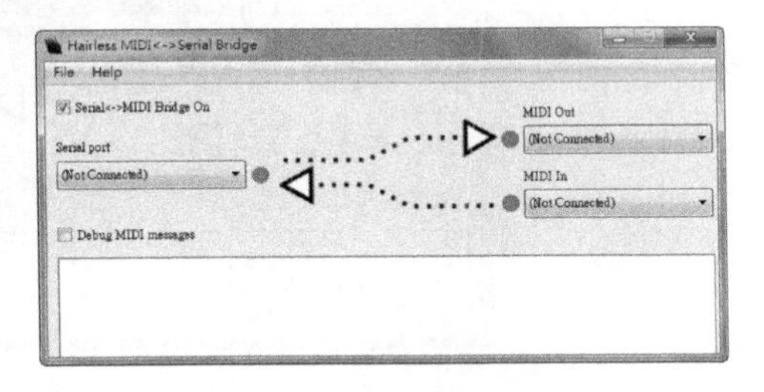

实验程序：**“MIDI 桥接软件”采用的串行联机速率是 115200bps**，底下的程序直接使用 Arduino 默认的串口发送 MIDI 信息，除此之外，本程序和上个程序相同。

```
byte note;

// 发送 MIDI 信息的自定义程序
void midiMsg(byte cmd, byte pitch, byte velocity) {
  Serial.write(cmd);
  Serial.write(pitch);
  Serial.write(velocity);
}

void setup() {
  Serial.begin(115200);        // 串行连接速度是 115200
  Serial.write(0xC0);          // 改变音色
  Serial.write(0x0A);          // 选用 Music Box 音色
}

void loop() {
  for (note = 48; note < 84; note ++) {
    midiMsg(0x90, note, 0x40);
    delay(100);
    midiMsg(0x80, note, 0x00);
    delay(100);
  }
}
```

实验结果：请将程序下载到 Arduino 板，然后回到“MIDI 桥接软件”的操作画面并设置如下，即可听见 Arduino 弹奏的旋律。

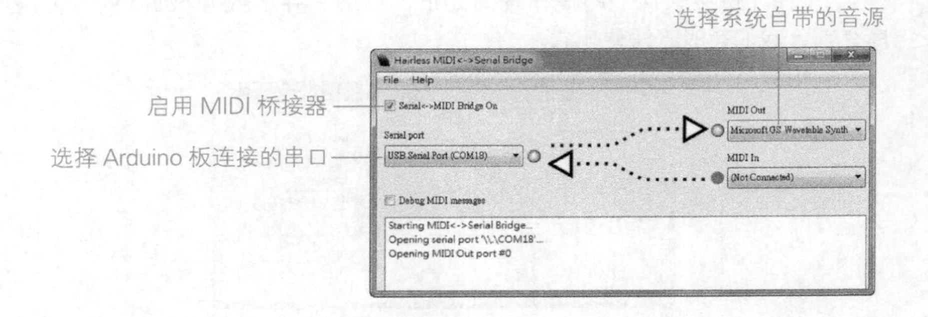

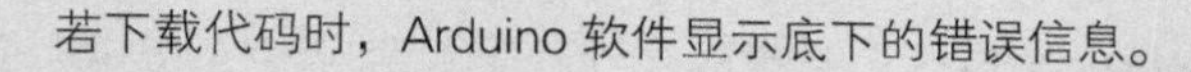

若下载代码时，Arduino 软件显示底下的错误信息。

请先取消 MIDI 桥接器的作用，再重新下载代码。

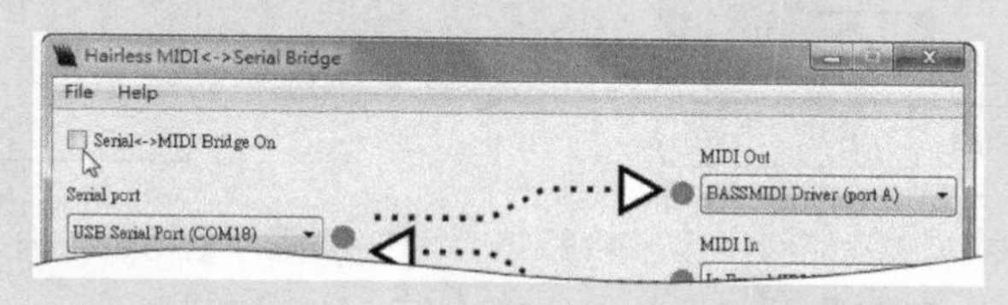

动手做 13-5 制作 MIDI 电子鼓

实验说明：某些电子元器件具有“反向”用途，例如，**电机**通电时会转动，但通过外力转动转子，电机就变成了**发电机**；**红外线发射器**也可以**接收红外线**；**蜂鸣器、扬声器**和**耳机**的正常用途是“发声”，但也可以反过来，把感应到声波的振动，转变成模拟信号输出，变成麦克风**收音**元器件或者**敲击监测器**。

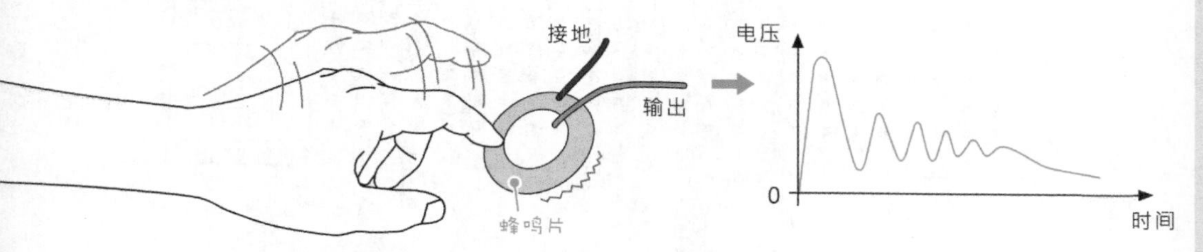

本节将把“蜂鸣片”当成打击乐监测器，并修改上一个程序，制作 MIDI 电子鼓。

实验材料：

蜂鸣片（建议选购已事先焊接好导线的蜂鸣片）	6 片
1MΩ（棕黑绿）电阻	6 个
5.1V、0.5W 齐纳二极管	6 个

实验电路：使用蜂鸣片侦测敲击动作的电路如下图左，其中的 1MΩ 电阻充当**下拉（pull-down）电阻**：若蜂鸣片没有输入信号，模拟引脚将通过此电阻接地（读取到 0V）；当有信号输入时，信号的电流将直接流向“信号输出”，因为 1MΩ 是高阻抗，相当于堵塞的渠道，电流不会往它那边流动。

5.1V 齐纳二极管的作用是将蜂鸣片的输出限制在 5V 以内，以免对微处理器造成伤害。底下是面包板的接线图，A0~A5 模拟脚的输入电路都一样，因此本图只标示前三个。

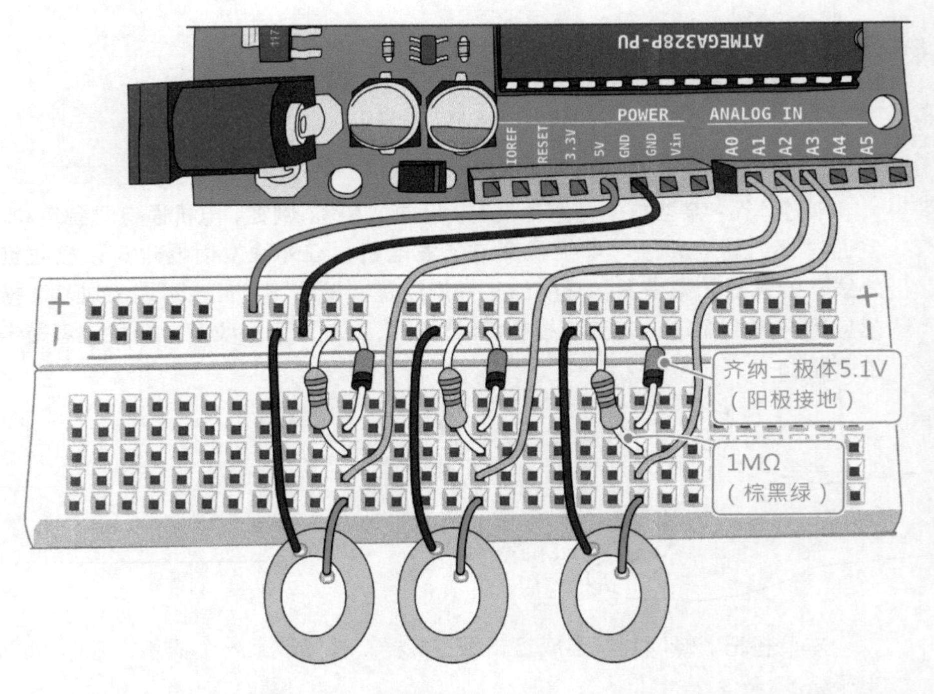

为了让成品更有电子鼓的感觉，笔者用两片 3.5 寸软盘组装成电子鼓的“鼓皮”，两张软盘中间采用从电脑主板包装盒里取出的海绵当作缓冲，再用强力胶把它们黏在一起。

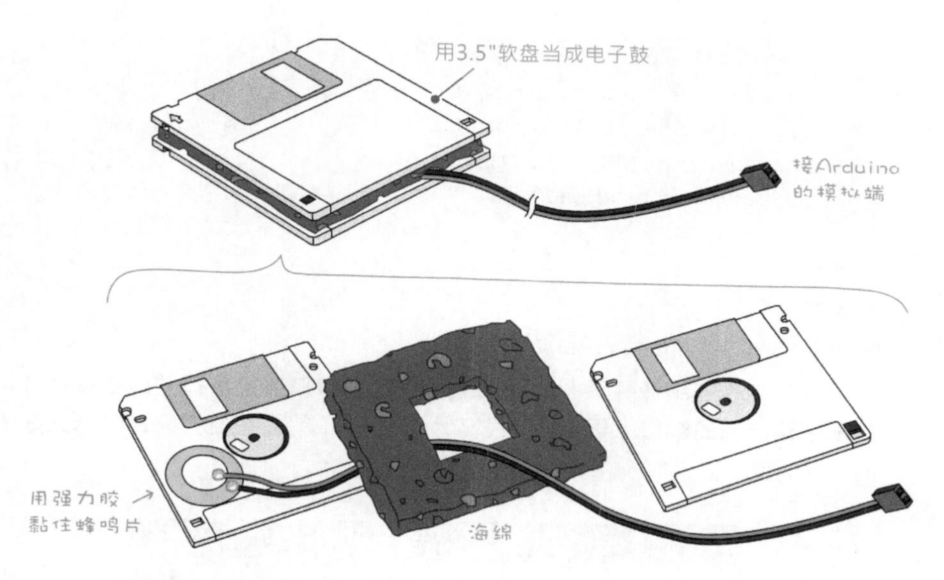

实验程序一：硬件组装完毕后，请先通过本节的程序测试感应敲击的强弱值。Arduino 程序开发工具有自带一个 "Knock"（敲击）示例源代码，位于主菜单的**文件→示例→ 06.Sensors → Knock**，若下载此代码，每当你敲击连接在模拟 A0 脚的蜂鸣片，第 13 脚的 LED 就会点亮或关闭。

底下是稍微修改 Knock 程序，加入在**串口监控窗口**显示模拟数据值的版本。

```
const int ledPin = 13;              // LED 接数字 13 端口
const int knockSensor = A0;         // 连接蜂鸣片的端口
const int threshold = 100;          // 决定蜂鸣片是否被敲击的临界值

int sensorReading = 0;      // 从蜂鸣片读取到的模拟值
int ledState = LOW;         // LED 的点灭状态，预设为“关”

void setup() {
 pinMode(ledPin, OUTPUT); // LED 端口设置成“输出”
 Serial.begin(9600);
}

void loop() {
  // 读取 A0 端口上的蜂鸣片数据，存入 sensorReading 变量
  sensorReading = analogRead(knockSensor);

  // 如果读取到的模拟值超过临界值
```

```
  if (sensorReading >= threshold) {
    ledState = !ledState;                    // 切换 LED 灯的状态
    digitalWrite(ledPin, ledState);          // 点亮或关闭 LED
    Serial.print("Knock: ");
    Serial.println(sensorReading);
                              // 在串口监控窗口显示蜂鸣片的模拟值
  }
  delay(100);                 // 延迟一段时间再读取
}
```

实验结果：编译并下载代码之后，请打开**串口监控窗口**并敲击蜂鸣片，只要它感应到的数值大于 100（最高为 1023），就会在监控窗口显示此敲击的“强弱值”。

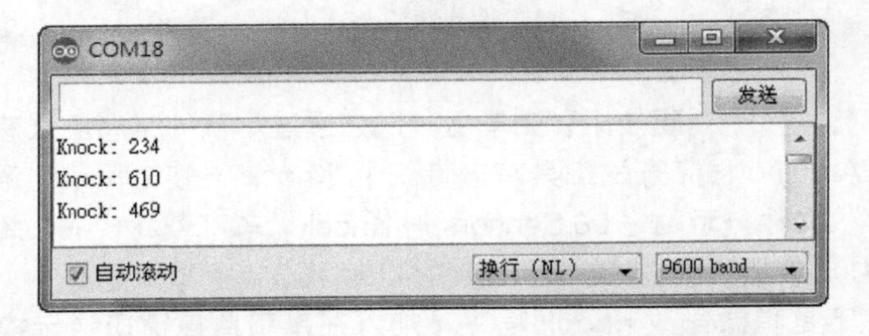

请注意，每次敲击蜂鸣片时，它不输出值不只会大幅震荡一次，后面还跟着“余波”；若临界值设得太低，或者读取的间隔时间太短，一次敲击的动作，有可能造成 LED 点灭数次。

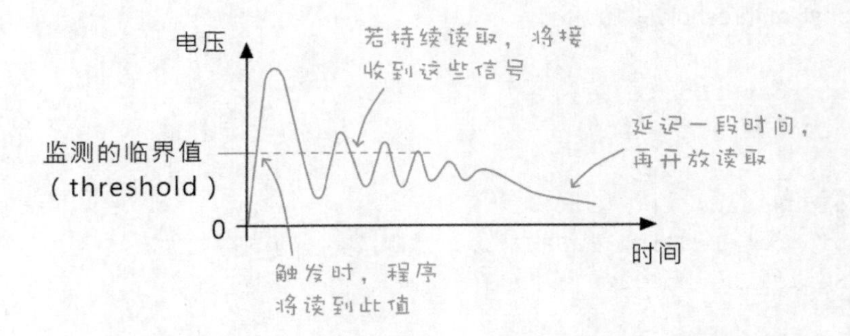

从以上的信号波形也可以看出，一旦信号超过电压超过临界时，就能被代码读取，然而，代码所读取到数值，并非打击力道的最大值，通常都是临界点附近的数值。

实验程序二：如上文所述，General MIDI 规范里的打击乐器音色，安排在 Channel 10。因此电子鼓 MIDI 信息的状态代码要修改成 0x99(代表“敲下”，程序里的**频道号从0开始，因此"9"代表“频道10”**）和0x89（代表“放开”）。

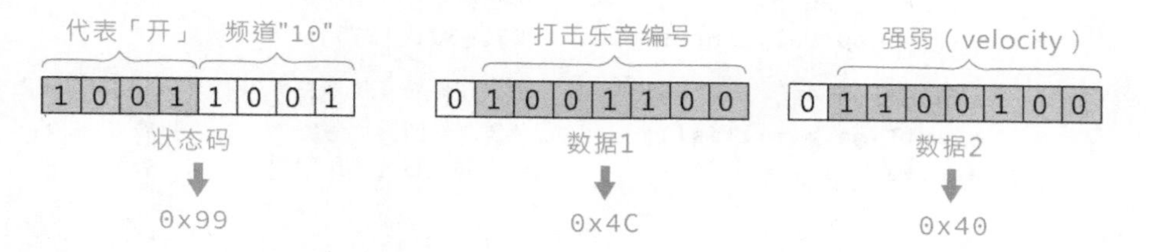

再分析一下敲击信号的波形，我们应该在监测到超过临界点的信号时，稍做等待（笔者假设为1毫秒），再重新读取一次，然后在发出打击声响之后，再发出“停止发声”的MIDI信息。

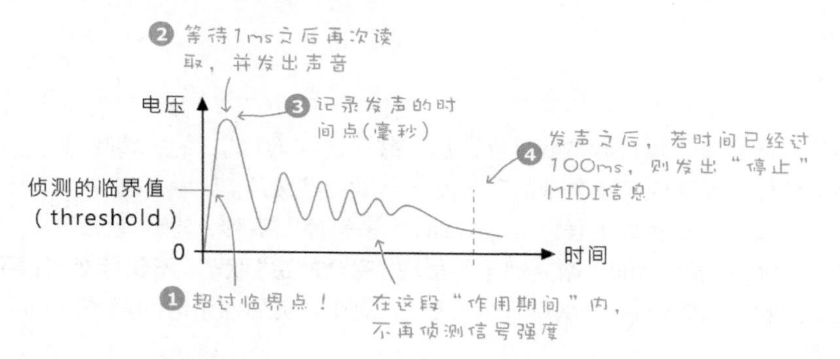

底下是本单元的示例源代码。

```
const int threshold = 200;      // 敲击蜂鸣片的临界值
unsigned long startTime = 0;    // 记录开始“击鼓”的时间
boolean active = 0;             // 代表是否在“作用期间”
int maxTime = 100;              // 从打击到结束的时间

void midiMsg(byte cmd, byte pitch, byte velocity) {
  Serial.write(cmd);
  Serial.write(pitch);
  Serial.write(velocity);
}

void setup() {
  Serial.begin(115200);
}

void loop() {
  int val = analogRead(A0);   // 读取模拟值

  if (val >= threshold) {     // 如果超过临界值... ❶
    delay(1);                 // 暂停1毫秒 ❷
```

```
    val = analogRead(A0);          // 再次读取模拟值
    if (active == 0) {             // 若电子鼓不在作用期间...
      val = map(val, threshold, 1023, 30, 127);
                                   将模拟信号值调整成30~127
      midiMsg(0x99, 49, val);
      startTime = millis();        // 记录发声的时间点 ❸
      active = 1;                  // 将电子鼓设置为"作用中"
    }
  }
  if (active == 1) {               // 若电子鼓在"作用中"
    if (millis() - startTime > maxTime) {
                                   ❹
      active = 0;                  取得现在时间，减去起始时间，若超过预设的
      midiMsg(0x89, 49, val);      暂停监测时间，就发出"停止"MIDI信号
    }
  }
}
```

实验结果：编译并下载程序之后，敲击连接 A0 端口的蜂鸣片看看，MIDI 桥接软件将能让内系统自带的音源发出清脆的敲钹声。

实验程序三：以上程序通过 delay( ) 来暂停 1 毫秒，这种写法不好。因为**在 delay( ) 的暂停期间，微处理器将呈现"完全放空"状态，不仅什么事都不做，也不接收外部的信息**。比较好的写法是，用比较前后两个时间差，来判断经过或延迟时间。

修改后的 loop( ) 函数以及新增的变量如下。

```
unsigned long offTime = 150;   // 代表"敲击讯号截止时间"
boolean firstHit = 1;          // 代表是否为"初次敲击信号"
boolean setTime = 0;           // 代表是否"已设置起始时间"

void loop() {
  int val = analogRead(A0);

  if((val > threshold)) {
    if (firstHit == 1) {             // 若是"初次敲击信号"
      if (setTime == 0) {            // 若尚未"设置起始时间"
        startTime = micros();        // 记录起始时间值(微秒)
                                     此函数将返回当前的"微秒"时间值
        setTime = 1;
      }
取代delay()
的语句
      if (micros() - startTime > 800) {
                                     判断时间差是否超过800微秒
        firstHit = 0;                (即：0.8毫秒)
        setTime = 0;
      }
```

```
    } else {
      if((active == 0)) {
        val = map(val, threshold, 1023, 50, 127);

        midiMsg(0x99,47,val);
        active = 1;
        startTime = millis();
      }
    }
  }

  if((active == 1)) {
    if(millis() - startTime > offTime){
      active = 0;
      midiMsg(0x89,47,0);
    }
  }
}
```

此函数将返回当前的“毫秒”时间值

完整的代码请参阅光盘里的 "diy47_3.ino" 文件。最后，如果要监测接在 A0~A5 六个模拟端口的蜂鸣片，则需要使用数组记录每个引脚的状态，以及一个循环 6 次的循环，完整的源码以及注释，请参阅光盘里的 "diy47_4.ino"。

CHAPTER

14

手机蓝牙遥控机器人制作

装载 Google Android 或 Apple iOS 等系统的智能手机或平板，已经相当普遍，而且价格日渐低廉。这些行动设备，不仅具有高性能的微处理器，往往还配备触控屏幕、摄像机、加速度传感器、GPS 卫星定位系统、蓝牙、Wi-Fi 无线网络等组件。

智能移动设备和 Arduino 微电脑，两者相辅相成，可各自发挥所长。例如，用手机当成 Arduino 的显示器或输入设备，Arduino 当做手机的硬件扩展接口，控制灯光和自走车，或者返回温湿度传感器的数据给手机。

“蓝牙”可说是移动设备（笔记本、手机和平板）的无线通信标准配备，通常用于连接无线耳机、键盘和鼠标，也是连接 Arduino 微电脑板的好方法。本章将介绍蓝牙无线通信技术，并采用 Google Android 系统平台上的免费且简易的“积木式”程序开发环境——"App Inventor"，来开发蓝牙遥控 App，让你通过 Android 手机或平板来遥控 Arduino 微电脑。

Sony 公司曾推出一款蓝牙迷你遥控车（CAR-100），想解闷的时候，可以用手机遥控它在办公桌上奔驰。

美国一家电子组件零售商店 SparkFun 推出一款 Android 移动设备的微电脑扩展接口板，名叫 IOIO（读音：Yo-Yo），外观如下。

IOIO 和 Arduino 板的差别，除了微处理器的品牌型号不同（IOIO 采用 PIC 系列处理器），以及程序开发环境不同（IOIO 采用 Java 语言），最大的区别在于 IOIO 板本身无法执行用户自定义的程序，包含简单的 LED 闪烁在内的所有程序，都在 Android 设备上执行，IOIO 只充当扩展适配卡的角色，因此，它一定要连接 Android 设备才能使用。

Apple 的 iOS 行动设备，例如 iPhone、iPod touch 和 iPad，也能通过蓝牙或者串口（需购买或自制转接头）连接 Arduino 微电脑。然而，苹果公司规定，程序开发人员必须先加入 iOS Developer Program（苹果开发人员项目），缴纳一定年费，才能把自己的 iOS 设备注册成“开发测试机”并取得编译 App 过程中所需要的**验证码**。此外，绝大多数的 iOS 开发工具，只能在苹果的 Mac OS X 系统上执行。

换言之，即使你已拥有 iPhone 或 iPad，若没有缴纳年费，也无法用它来测试、执行自己开发的 APP 软件。

实际上，有一种不需要向苹果公司缴费注册的开发方式。有个称为 JailCoder（jailcoder.com）的免费软件，能让苹果的程序开发工具（叫做 Xcode SDK）和 iOS 设备在没有验证码的情况下，编译并执行自制的 APP 软件，但前提是，你的 iOS 设备必须先**越狱**（Jail Break，简称 JB，也就是破解的意思）。若要在苹果的 AppStore 商店上架或出售 App，仍旧需要缴交年费。

相比之下，所有采用 Android 系统设备，包含手机、平板、手表、智能型电视、数字机顶盒等，都能执行用户自行开发的软件。若要在 Google 的 Play 商店上架或出售你的 APP，需要额外支付一定的费用（不管你提交多少 App，都只要缴纳一次）。

14-1 电波、频段和无线传输简介

无线传输是指不使用线材，利用电波或红外线来传输数据。可见光、红外线和电波都是一种电磁波，而电波是频率在 3000GHz 以下的电磁波。日常生活中有许多运用电波通信的设备，像是手机、收音机、电视、蓝牙、Wi-Fi 基地台等。

频率	波长	名称	用途
3000MHz (3GHz)	10cm		
		SHF（极超短波）	电视、移动电话
300MHz	1m		
		VHF（超短波）	电视、出租车和业余无线电、FM广播
30MHz	10m		
		HF（短波）	国际通信、短波广播、业余无线电
3MHz	100m		

电波依频率划分成不同的“频段”

电波的可用频率范围就像道路的宽度，是有限的，因此必须有计划地分配。此外，某些电波的发射范围涵盖全世界，如卫星电视和卫星定位信号（GPS），所以必须有国际性的规范。如果不遵守规范，任意发射相同或相近的频率，就会造成互相干扰，例如，若住家附近有未经申请设立的“地下电台”，原本位于相同频率的电台就会被“覆盖”（亦即，相同频率下，功率较强的电波会覆盖较微弱的电波），附近的住户只能听到地下电台的广播。

另外，有些频率用于警察和急难救助，如果遭到干扰，就像行人和汽车任意在快车道乱窜一样，不仅会造成其他路人的困扰，也可能发生危险。因此，世界各国对于电波的使用单位，无论是电视、广播或者业余无线电通信人士（俗称“火腿族”），都有一定的规范，并给予使用执照同时进行监督。

并非所有的频段和无线电设备都需要使用执照，世界各国都有保留某些给**工业（Industrial）**、**科学研究（Scientific）**和**医疗（Medical）**方面的频段，简称 ISM 频段，只要不干扰其他频段、发射功率不大（通常低于 1W），不需使用执照即可使用。

室内无线电话、蓝牙、Wi-Fi 无线网络、NFC 和 ZigBee 等无线通信设备，都是采用 ISM 频段。**2.4GHz 是世界各国共通的 ISM 频段**，因此市面上许多无线通信产品都采 2.4GHz。为了让不同的电子设备都能在 2.4GHz 频段内运行，彼此不相互干扰，有赖于不同的通信协议（相当于不同的语言）以及跳频（让信号分散在 2.4~2.5GHz 之间传送，降低“碰撞”的概率）等技术，避免影响信号传输。

NFC 是一种采用电磁波，用于 1~2 米内的短距离无线通信技术，全名是 Near Field Communication（**近场通信，或近距离无线通信**）。在联机范围内的两台机器要相连时，只要在屏幕上点选是否接收另一方的联机即可，不需要复杂的设置，不过，设备本身必须要配备 NFC 通信芯片才行。

市面上标示采用 2.4GHz 频段的键盘和鼠标，并不是蓝牙，只是运行的频段和蓝牙相同。这些键盘和鼠标有专属的无线发射接收器，因为不需支付蓝牙的专利费，售价通常比蓝牙键盘鼠标便宜。

有鉴于 2.4GHz 频段上的无线信号过于拥挤、干扰源多，影响到传输效能，有些厂商推出在 5GHz 频段运行的 Wi-Fi 无线分享器，让无线数据传输更稳定。

14-2 认识蓝牙（Bluetooth）

蓝牙（注：Bluetooth 早期译为“蓝芽”，2006 年之后全球中文统一译为“蓝牙")是一种近距离无线数据和语音传输技术,主要用于取代线材和红外线传输。和红外线技术相比，蓝牙的优点包括：采用电波技术（2.4GHz 频段），所以两个通信设备不需要直线对齐，电波也可以穿透墙壁和公文包等屏障。通信距离也比较长（红外线传输距离通常只有几米）。

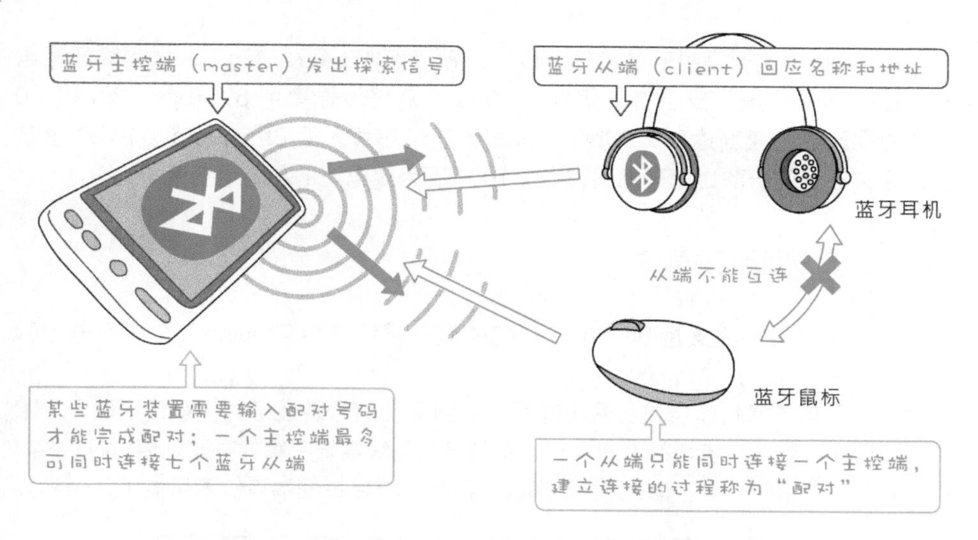

市面上有许多不同类型的蓝牙设备，在手机上，蓝牙主用于无线耳机和数据传输，个人电脑则有蓝牙无线键盘和鼠标，任天堂 Wii 和 Sony PlayStation 3 电视游乐器的无线控制器采用蓝牙，某些电视机和音响也支持蓝牙无线耳机。

为了确保蓝牙设备间的互操作性，制定与推动蓝牙技术的跨国组织"蓝牙技术联盟"（Bluetooth Special Interest Group，简称 SIG），定义了多种蓝牙规范（Profile，或译为"协议"），底下列举四个规范。

- **HID**：制定鼠标、键盘和游戏杆等人机接口设备（human interface device）所要遵循的规范。
- **HFP**：泛指用于行动设备，支持语音拨号和重拨等功能的免提听筒（hands-free）设备。
- **A2DP**：可传输 16 位、44.1kHz 取样频率的高质量立体声音乐，主要用于随身听和影音设备。相较之下，仅支持 HFP 规范的设备，只能传输 8 位、8 kHz 的低质量声音。
- **SPP**：用于取代有线串口的蓝牙设备规范。

除了不同设备的规范，蓝牙技术组织也在持续改善耗电量、数据传输速率和安全性等问题，并陆续推出 1.1、1.2、2.0、2.1、3.0 和 4.0 等不同版本。蓝牙商品的说明数据或包装盒，通常会印上该商品采用的版本。

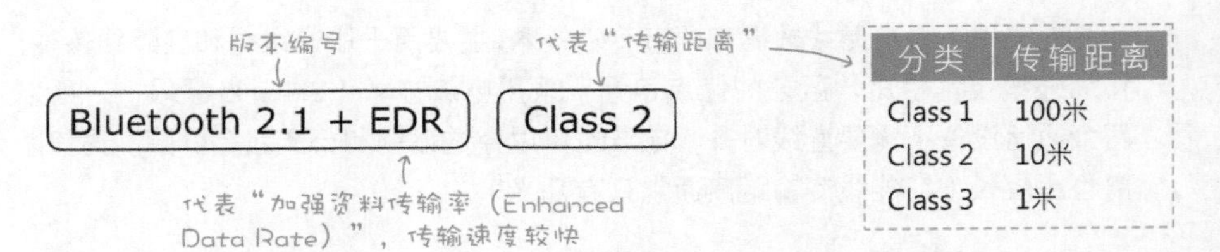

4.0 版主要是提升了传输速度、启动速度（3 毫秒启动）、大幅降低耗电量并加强数据的安全性。例如，2.0 版的数据传输率约 576kbps，3.0 和 4.0 的理论最高速度达到 24Mbps。美国的通信芯片大厂 Broadcom 也在 2011 年宣布推出了一款让蓝牙无线键盘，10 年不用换电池的超省电芯片。

蓝牙串口模块

本节将采用支持 SPP 串口规范的蓝牙模块连接 Arduino，并使用电脑和手机的蓝牙连接 Arduino。

在电子材料商店或者网店都可以买到 TTL 信号转蓝牙的模块或适配卡。不同厂商所制作的模块都大同小异，有些已预先焊接好引脚，有些则要自行焊接；有些有自带信号灯，有些则需要外接，而且各自接口的端口位置可能不太一样。

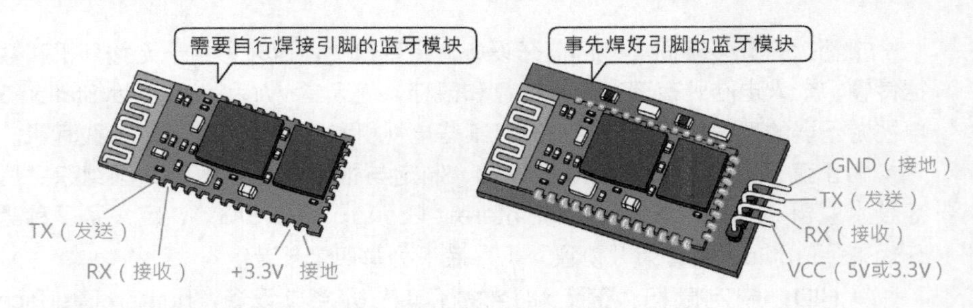

蓝牙模块最常用的四个端口如下。

Vcc	正电源，依制造商而定，可能是 5V 或 3.3V
Gnd	接地
TxD	信号传送（Transmitter）
RxD	信号接收（Receiver）

笔者购买的蓝牙模块之一，采用 3.3V，没有引脚，也无自带显示蓝牙联机状态的 LED，因此我将此模块焊接在一块万用 PCB 板，加上 5V 转 3.3V 的直流电压转换 IC，并参考厂商提供的规格书，焊接一个状态显示 LED。当此模块接上电源时，状态 LED 就会快速闪烁；与其他蓝牙设备配对之后，闪烁速度就会变慢。

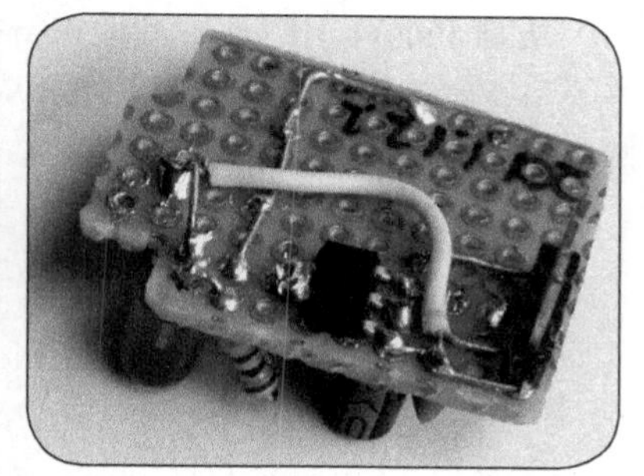

也有厂商推出 Arduino 专属的蓝牙模块，但实际上这种蓝牙模块跟上图的商品，差别只在于是否具备可直插 Arduino 板子的插头。

至于电脑用的 USB 蓝牙适配卡，无法直接用在 Arduino，主要原因是 Arduino 的 USB 接口是 "USB Client"（客户端 USB）形式，必须像电脑一样的 “USB Host”（主控端 USB）形式才能连接 USB 蓝牙模块，而且 Arduino 也需要相应的驱动程序才能使用它。

Windows 操作系统，到 Windows XP SP2 版才自带蓝牙驱动程序。除了微软的驱动程序之外，Windows 系统上的蓝牙驱动程序还有 Widcomm（后来被 Broadcom 公司并购）以及 IVT BlueSoleil。

如果读者发现电脑的蓝牙设备不稳定，不妨换个驱动程序看看。以前笔者在电脑上链接 Wii 无线控制器时，经常无故断线，后来改用 IVT BlueSoleil 的驱动程序，问题就迎刃而解。

蓝牙模块的规格介绍

Arduino 专属的蓝牙模块价格比较高，因此笔者采用的是一般形式的蓝牙模块。购买蓝牙模块时，留意的规格如下。

- **输入电压：** 有些采用 5V，有些则是 3.3V。
- **数据传输速率：** 单位是 bps（bit per second，每秒的位数）。蓝牙设备双方（例如，蓝牙控制板和蓝牙手机）都要设置成相同的联机速率。蓝牙模块的速率大多可以自行设置，厂商在出货时，通常预设成 9600bps。
- **操作模式：** 主要分成主控（master）和从（slave）模式，厂商在出货时，通常预设成从端（slave）。像电脑和手机的蓝牙，可以“搜索”并与其他蓝牙外设“配对”的就是主控端。

从端（slave）则是被动地等待被连接，本书采用的操作模式是从端。某些公司有生产预先配对好的主控 / 从端模块，主控端事先烧写了从端的地址，通电之后，两者就会自动联机。

蓝牙模块的识别名称、配对密码（大多是 1234 或 0000）、数据传输速率以及操作模式等选项，大都可以通过软件修改，详细的说明请参阅笔者网站上的《执行 AT 命令（AT-command）修改蓝牙模块的数据传输速率》这篇文章（http://swf.com.tw/?p=335）。

动手做 14-1 使用软件串口程序连接 Arduino 与蓝牙模块

实验说明：在电脑上通过蓝牙与 Arduino 板联机，控制端口 13 上的 LED。

蓝牙模块通过串口和 Arduino 板联机，不过，Arduino 的程序和“**串口监控窗口**”也是通过串口传送。**Arduino 微电脑板默认只有一个串口**（以下简称“系统串口”），应保留给**串口监控窗口**使用，本单元将通过 SoftwareSerial（直译为**软件串口**）扩展库，把其他端口变成串口给蓝牙模块使用。

实验材料：

蓝牙串口通信模块	1 个
具备蓝牙接口的个人电脑	1 台

实验电路：**数字 0 和 1 是 Arduino 自带的串口端口**，我们可以用底下的方式连接蓝牙模块。

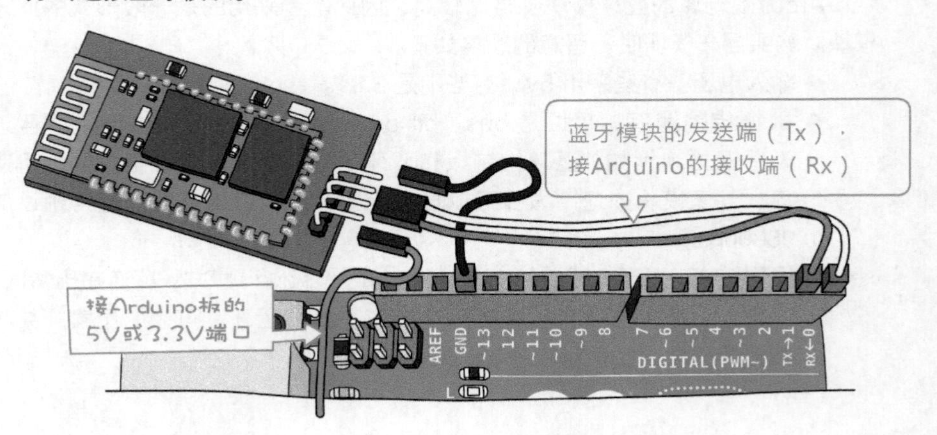

但是上图的接法会占用系统串口，应该避免使用。请依照下图，把蓝牙模块的串行输出（TxD）和输入（RxD）脚，接在 Arduino 的 9 和 10 端口。

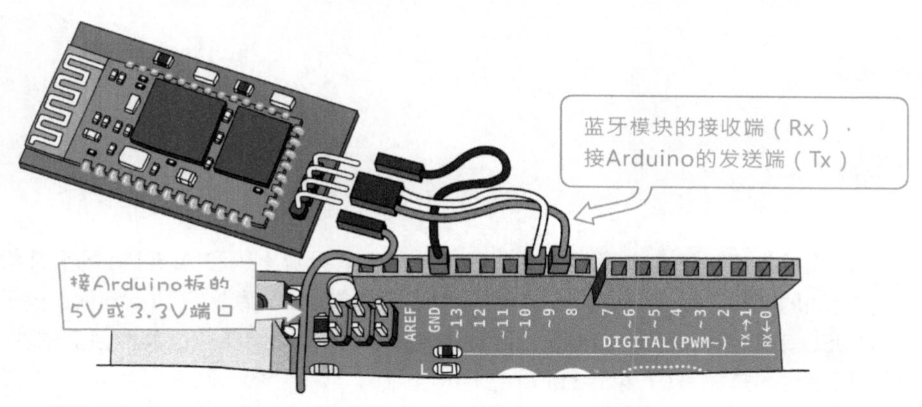

实验程序：Arduino 软件自带了 SoftwareSerial（直译为**软件串口**）扩展库，能让我们**指定任意两个端口充当串口**，本例使用数字 9 和 10 端口。简易的蓝牙 LED 开关测试代码如下，请先在程序开头引用定义软件串口的自定义对象。

```
#include <SoftwareSerial.h>   ← 包含"软件串口库"
SoftwareSerial  BT(10, 9);
```

数据类型名称 → SoftwareSerial；自定义的对象名 → BT；接收端 → 10；发送端 → 9

接下来的代码就和第 5 章介绍的串口程序类似，只是原本的 Serial 对象改成自定义的软件串行对象 "BT"。

```
const byte ledPin = 13;     // 设置 LED 输出端口
char val;                   // 保存接收数据的变量，采字符类型
void setup() {
  pinMode(ledPin, OUTPUT);          // 将 LED 端口设置为 "输出"
  /* 初始化串口，请依照你的蓝牙模块设置联机速率，
  笔者的模块采用 9600bps 速率联机。   */
  BT.begin(9600);
  BT.print("BT is ready!"); // 联机成功后，发布 "准备好了" 信息
}
void loop() {
  if( BT.available() ) {            // 如果有数据进来
    val = BT.read();
      switch (val) {
           case '0':                // 若接收到 '0'
```

```
                digitalWrite(ledPin, LOW); // 关闭 LED
        break;
          case '1':            // 若接收到 '1'
                digitalWrite(ledPin, HIGH); // 点亮 LED
                break;
      }
}
}
```

实验结果：请先编译并下载此程序，接下来设置电脑和 Arduino 的蓝牙模块之间的联机。由于 Arduino 软件的“**串口监控窗口**”默认只和 Arduino 板子的USB 串口联机，因此在电脑上测试蓝牙串口联机时，需要通过其他通信软件，这里采用的是免费的 "AccessPort"。

联机之前，电脑和蓝牙无线模块必须先配对。以 Windows 7 系统为例，添加蓝牙设备及配对步骤如下。

1. 点击任务栏上的蓝牙图标或打开控制面板里的硬件和声音选项

2. 选择“添加设备”或“添加 Bluetooth 设备”

Windows 将开始搜索蓝牙设备，如果 Windows 找不到蓝牙模块，请再次搜索或者检查蓝牙模块是否安装正确。找到蓝牙模块后，依照下列步骤进行配对:

笔者的蓝牙串口模块

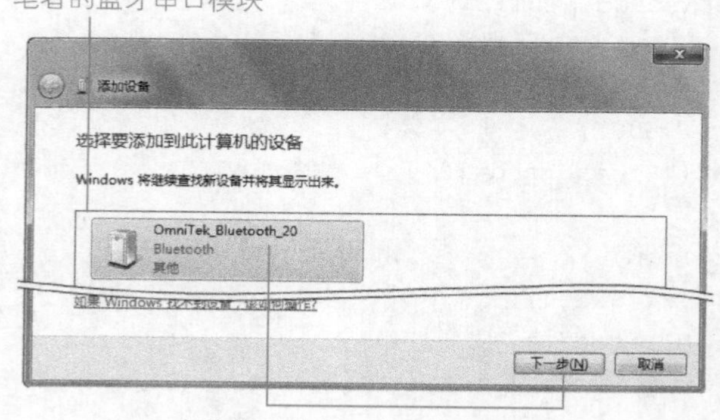

3. 点选找到的蓝牙串口模块，再按“下一步”钮

4. 请点选**输入设备的配对号码**选项

5. 输入蓝牙设备的配对码（通常是 1234 或 0000）之后，按“**下一步**”随即完成配对

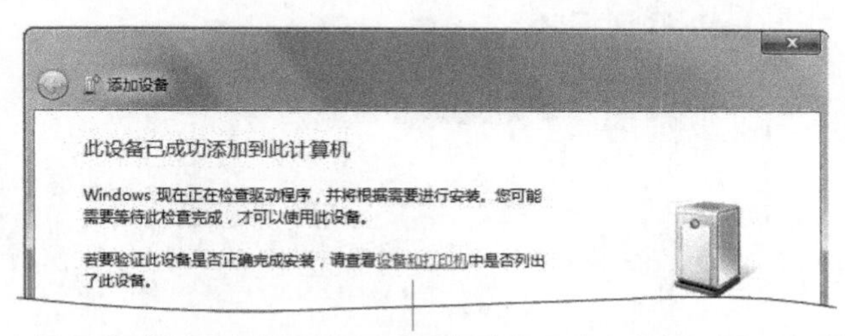

6. 请单击设置完成画面中的连接，以便查看蓝牙串口的端口号以及联机速率等参数

7. 在新配对的蓝牙串口设备上右键单击，选择“属性”

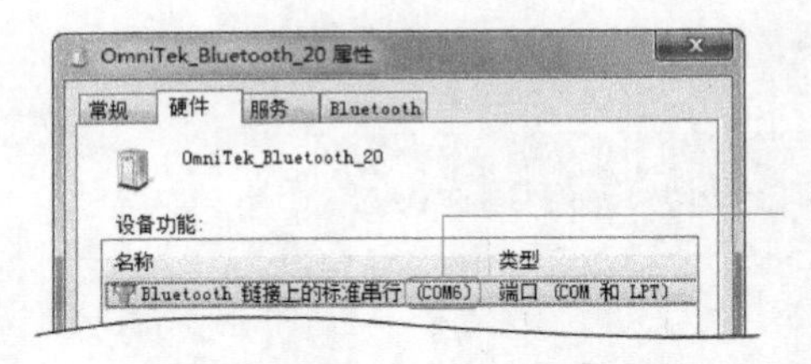

8. 从“**属性**”窗口的“**硬件**”可以看见此蓝牙串行模块的端口号是 COM

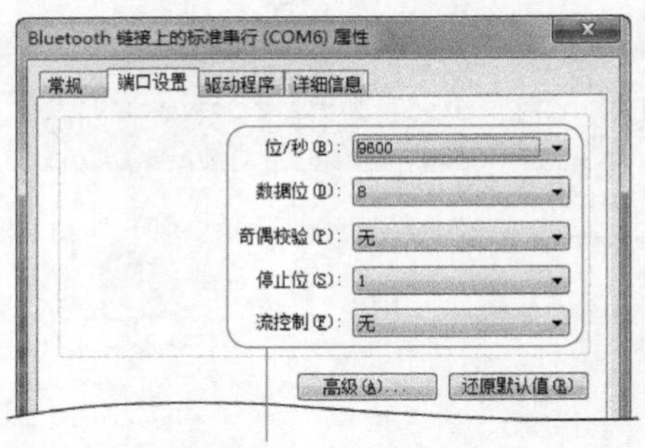

9. 选择 9600（或者你的蓝牙模块速率）后，按下“确定”钮完成设置

将个人电脑与蓝牙模块联机之后，打开 AccessPort 软件，按下工具栏最左边的**参数配置**钮，改成你的蓝牙模块的通信协议配置，设置步骤如下。

设置完毕后，软件将尝试与 Arduino 联机。联机成功后，上面的窗格将显示从 Arduino 传入的信息。接着，请在底下的窗格输入 '1'，再按下“**发送数据**”钮，即可点亮 Arduino 端口 13 的 LED。

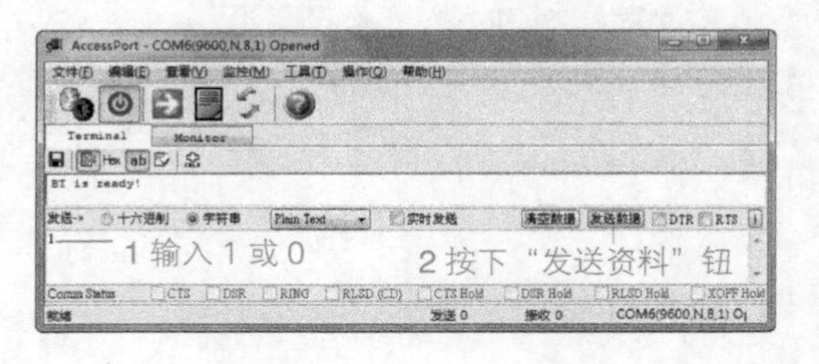

从这个简单的例子，读者可以看出，**蓝牙模块其实就是无线串口，程序写法和有线的串口相同。**

动手做 14-2 用 Android 手机蓝牙遥控机器人

实验说明：本单元的遥控机器采用 Android 手机蓝牙控制，架构图如下。

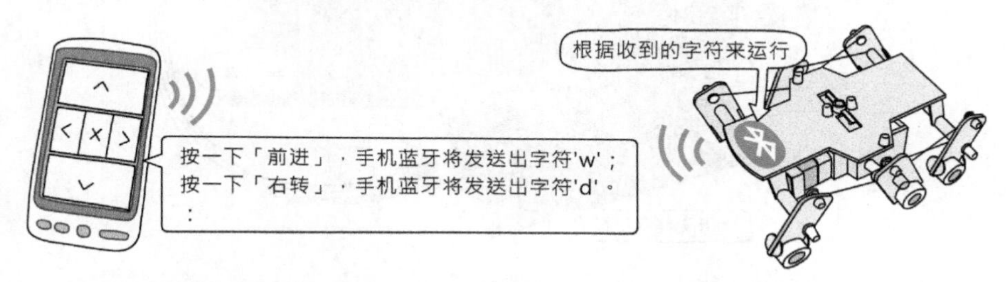

控制原理是从手机蓝牙传递字符给机器人，机器人的微电脑将依照收到的 'w'、'a' 等字符，执行前进和转弯等动作。

实验材料：

具备蓝牙的 Android 智能手机（或平板）	1 支
采用两个碳刷电机的模型动力玩具	1 台，笔者选用田宫模型的线控六足昆虫，其动力来源是两个 RF-140 型电机，具备前进、后退和左、右转功能，读者可以在模型玩具店或者网上购得。
L298N 电机模块	1 块
蓝牙串口模块	1 块
可装 4 个 5 号充电电池的电池盒	1 个

实验电路：延伸第 12 章介绍过的 L298N 电机控制板，我们可以在 Arduino 第 2 和 3 数字脚，连接蓝牙串口模块。

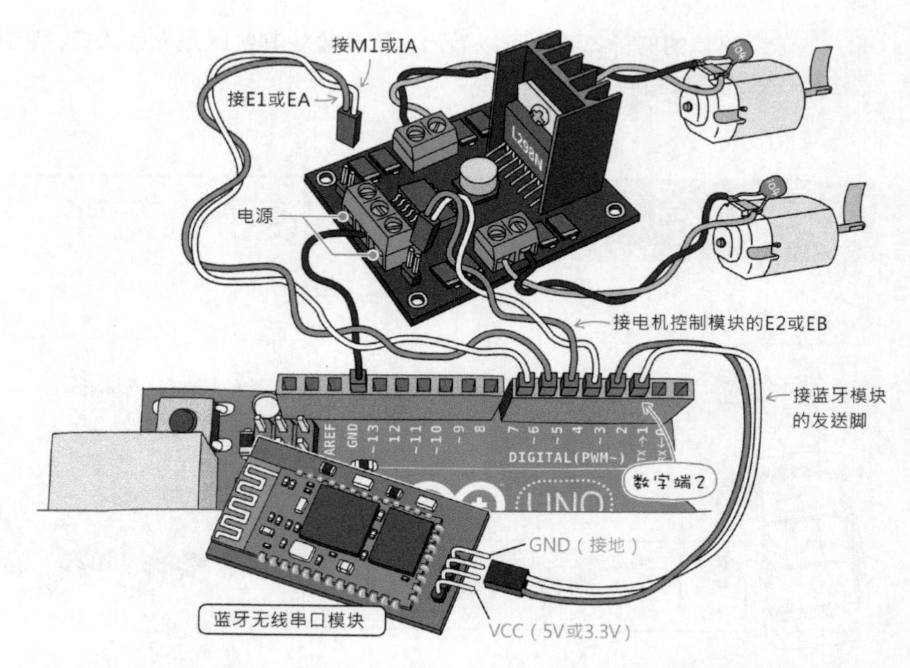

有些玩具模型或者机械动力设备容不下 Arduino 板和电机控制板，你可能需要采用微型的 Arduino Nano 板，或者自制 Arduino 板。像笔者采用的田宫六脚机械昆虫，就是用自制的 Arduino 板，而且，为了方便拆装各个零件，笔者在电机控制板及电池盒底部，都黏上乐高积木。

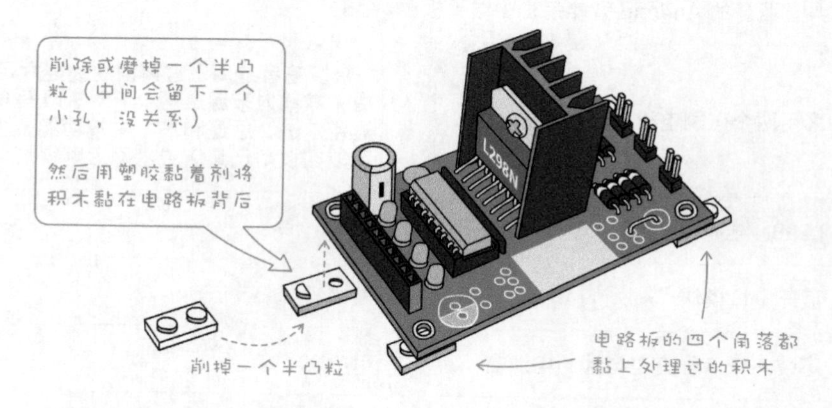

原本的田宫六足昆虫采用线控，笔者剪掉它的线控器，将电机电源改焊接杜邦线。

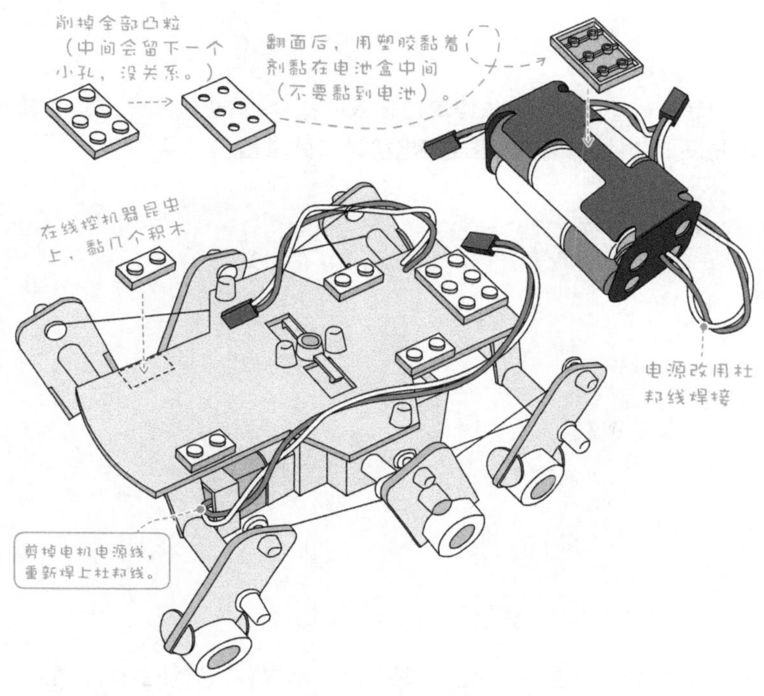

最后装上蓝牙模块、Arduino 板和电机控制板。

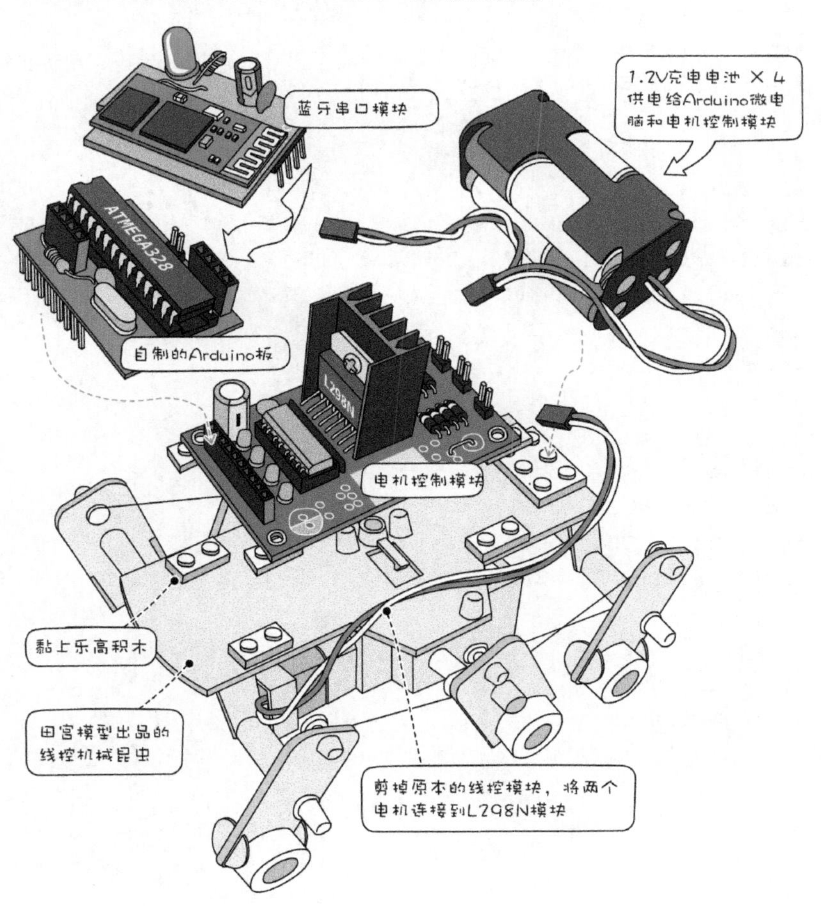

实验程序：蓝牙机器人依照串口输入的指令，前进、后退、左、右转和停止。**程序首先设置软件串口并声明连接电机端口的常量。**

```
#include <SoftwareSerial.h> // 引用“软件串口”扩展库
SoftwareSerial BT(3, 2);     // 设置软件串口（接收端口，发送端口）
char command;                // 接收串口值的变量

const byte EA = 6;           // 电机 A 的使能端口
const byte IA = 7;           // 电机 A 的正反转端口
const byte EB = 5;           // 电机 B 的使能端口
const byte IB = 4;           // 电机 B 的正反转端口

// 设置 PWM 输出值（注：FA-130 电机供电不要超过 3V）
// 计算方式：(3V / 5V) X 255 = 153，最高不要超过 153
const byte speed = 130;
```

控制电机旋转的程序，个别写成自定义函数，以方便主程序调用。

```
void stop() {                // 电机停止
 analogWrite(EA, 0);         // 电机 A 的 PWM 输出
 analogWrite(EB, 0);         // 电机 B 的 PWM 输出
}

void forward() {             // 电机转向：前进
 analogWrite(EA, speed);     // 电机 A 的 PWM 输出
 digitalWrite(IA, HIGH);
 analogWrite(EB, speed);     // 电机 B 的 PWM 输出
 digitalWrite(IB, HIGH);
}

void backward() {            // 电机转向：后退
 analogWrite(EA, speed);     // 电机 A 的 PWM 输出
 digitalWrite(IA, LOW);
 analogWrite(EB, speed);     // 电机 B 的 PWM 输出
 digitalWrite(IB, LOW);
}

void turnLeft() {            // 电机转向：左转
 analogWrite(EA, speed);     // 电机 A 的 PWM 输出
 digitalWrite(IA, LOW);      // 电机 A 反转
```

14

```
 analogWrite(EB, speed);              // 电机 B 的 PWM 输出
 digitalWrite(IB, HIGH);
}

void turnRight() {                    // 电机转向：右转
 analogWrite(EA, speed);              // 电机 A 的 PWM 输出
 digitalWrite(IA, HIGH);
 analogWrite(EB, speed);              // 电机 B 的 PWM 输出
 digitalWrite(IB, LOW);               // 电机 B 反转
}
```

在setup( )函数中，将连接电机控制板的**使能端口**设置成**输出**(OUTPUT)。

```
void setup() {
  BT.begin(9600);                     // 启动软件串口

  pinMode(IA, OUTPUT);                // 电机 A 的使能端口
  pinMode(IB, OUTPUT);                // 电机 B 的使能端口
  stop();                             // 先停止电机
}
```

loop( ) 函数将依照串口输入值，决定电机的转向以及启动或停止电机。

```
void loop() {
  if (BT.available() > 0) {
    command = BT.read();

    switch (command) {
      case 'w':                 // 接收到 'w'，前进
        forward();
        break;
      case 'x':                 // 接收到 'x'，后退
        backward();
        break;
      case 'a':                 // 接收到 'a'，左转
        turnLeft();
        break;
      case 'd':                 // 接收到 'd'，右转
        turnRight();
        break;
```

```
        case 's':                 // 接收到's'，停止电机
          stop();
          break;
      }
    }
}
```

请将以上程序编译并下载到 Arduino 微电脑板，接下来要在 Android 上安装、执行机器人控制 App。

安装 Android 手机的蓝牙机器昆虫控制 App：本单元的 Android 手机控制程序 BTRobotControl.apk，收录在光盘里，请将此 .apk 文件复制到手机的 SD 内存，然后在手机的应用程序设置画面，启用“**未知的来源**”选项。

以 HTC Desire 手机为例，按下“**设置**”钮之后，进入**应用程序→应用程序**设置画面，勾选**未知的来源（允许安装非 Market 应用程序）**。

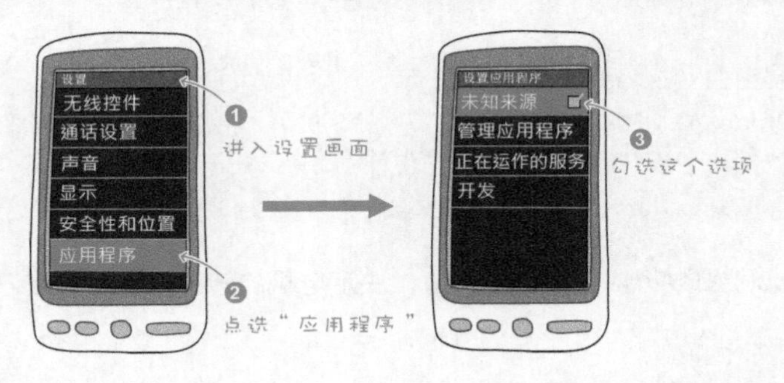

撰写本书时，笔者使用的手机是 HTC Desire，在测试蓝牙串口通信过程中，它一直无法和蓝牙串口模块建立联机，后来发现是这一款手机固件（官方 Android 2.2 版）的 bug，后来刷入小米（MIUI）Android 2.3.x 系统，蓝牙串口就能正常运行了。

Android 手机与蓝牙模块配对：打开 BTRobotControl.apk 软件之前，请先接通 **Arduino 微电脑**的蓝牙模块的电源，然后打开 **Android 手机**的蓝牙设置并且扫描设备，操作步骤如下（注：你的蓝牙模块设备名称可能不同于下图显示的名称）。

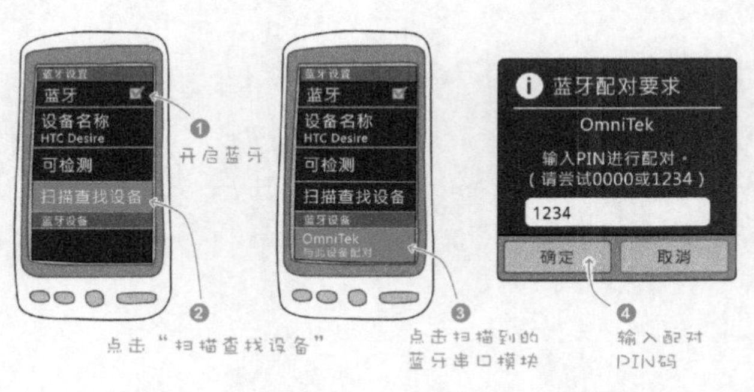

输入配对码（PIN）并配对成功后，手机上将会显示“已配对，但尚未连接”的信息。除非更换手机或者蓝牙模块日后跟其他设备配对，否则上述配对操作只要做一遍。

笔者购买的蓝牙模块上面有一个联机状态 LED 指示灯，尚未配对时，此灯号会迅速闪烁；配对完成并联机时，它将转为低速闪烁。这个状态指示灯在程序除错时很有用，因为有时候你会分不清楚，究竟是程序出了问题，或者蓝牙联机已经中断。

执行 Android 手机的蓝牙机器昆虫控制程序：手机和蓝牙模块配对完成后，请打开 BTRobotControl.apk 软件，读者将看到**链接蓝牙**画面，请依照底下步骤选择事先配对好的“蓝牙串口”模块。

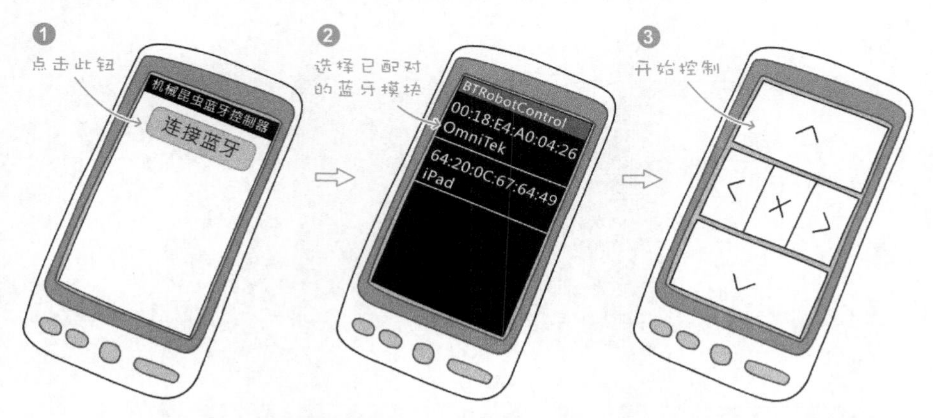

选择蓝牙模块之后，软件将切换到“方向箭”控制画面，让你遥控机械昆虫。

就一般的操作行为而言，使用者按着“**前进钮**”不放，机械昆虫将不停前进，直到放开按钮，机械昆虫将停止。然而，本书采用的 App Inventor 开发工具有提供单击（click）操作，但不支持按下（press）和放开（release）这样的操作行为，所以只好让用户以“单击”的方式操作，停止时，需要单击“**停止**”钮。

如果想了解 Android 手机的蓝牙机器昆虫遥控程序，可以参考书附光盘上的附录 E。

CHAPTER

15

网络与 HTML 网页基础 +
嵌入式网站服务器制作

互联网无边无界，最适合用于远程监测：只要能通过浏览器上网，不管使用手机还是电脑，甚至 Sony PSP 和任天堂 DS 掌机，都能操控远程的 Arduino 微电脑。

Arduino 官方推出一款专用的网络扩展卡，也有自带网络芯片的 Arduino 微电脑板，以及配套的扩展库，让建立网络控制设备的变得更轻而易举。

然而，开发人员必须具备网络联机、HTML 网页和网站服务器等相关知识，才能有效利用网络扩展卡和扩展库。也因此，虽然用 Arduino 来架设网站服务器的代码不到 30 行，但是本章仍需大篇幅地介绍网络的相关概念。

若你已具备网络联机的背景知识，可直接阅读“动手做 15–1：认识网页与 HTML”；假如你也了解 HTML 语言，可直接阅读“连接以太（Ethernet）网卡建立 Arduino 微型网站服务器”。

15-1 认识网络与 IP 地址

两台电脑之间分享数据，除了通过 U 盘复制文件，最方便的莫过于把两台电脑连接起来，直接在网络上复制文件。电脑之间有几种连接方式（称为“网络拓扑”（network topologies），最常见的是像右下图一样，使用称为**集线器**（hub）或**交换式集线器**（switching hub）的设备来连接与交换信息。

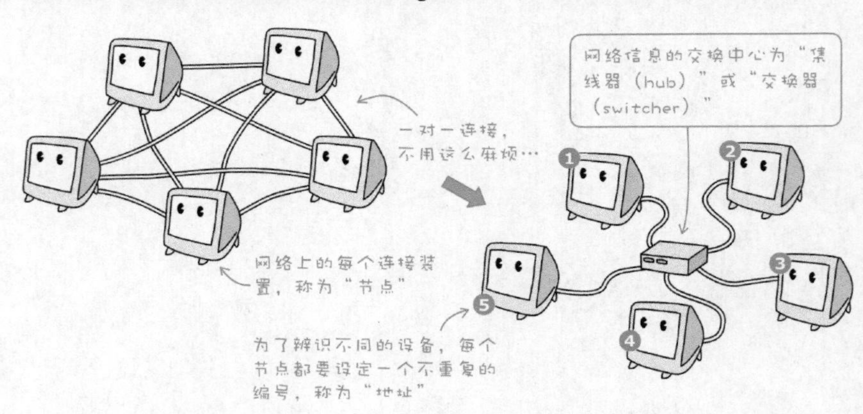

连接两台以上电脑时，提供资源的一方叫做服务器（server）。例如，分享打印机给其他电脑使用，分享者就叫做“打印服务器”；分享文件给其他电脑者，称为“文件服务器”。取用资源的一方叫做客户端（client）。

为了辨识网络上的装置（或者说“节点”），每个节点都要有一个地址编号。在互联网上，**地址编号是一串 32 位长度的二进制数，称为 IP（Internet Protocol，互联网协议）地址**。为了方便人类阅读，IP 地址采用“点”分隔的 10 进位数字来表示。

11000000101010000000000100011001 ← 32位元长的二进制数字

192.168.1.25 ← 用点分隔的四组十进制数字，每一组数值介于0~255之间

IP 地址也可以写成一连串十进制数，像是 3232235801，只是这种写法不易记忆，也容易打错。

$$\mathbf{192} \times 2^{24} + \mathbf{168} \times 2^{16} + \mathbf{1} \times 2^{8} + \mathbf{25} \times 2^{0} \Rightarrow 3232235801$$

IP 地址有 IPv4 和 IPv6 两种版本，上文介绍的是在 70 年代开发出来的 IPv4（IP 第 4 版），也是目前广泛使用的版本，由于目前的网络联机设备数量远超过当时的预估，因此 90 年代出现了 IPv6（IP 第 6 版），它的地址长度为 128 位，根据维基百科的描述“以地球人口 70 亿人计算，每人平均可分得约 4.86 x 1028 个 IPv6 地址”，因此 IPv6 地址足以使用。

IPv6 地址的模样如下：

FE80:0000:0000:0000:0202:B3FF:FE1E:8329

私有 IP 与公共 IP

许多 3C 设备都具备网络联机功能，从电脑、手机、平板、游戏机、电视甚至手表，还有环境监控、医疗看护器材等，IP 地址恐怕不够使用。现实生活中的路名和号码也有这种问题，像各地都有“解放路”和 "42" 号，但只要加上行政区域规划，就不会搞错，例如，**北京市**解放路和**上海市**解放路，很明显是两个不同地点。

IP 地址也按照区域划分，家庭和公司内部（或者四千米以内的范围）的网络，称为**局域网络（Local Area Network，简称 LAN）**，在局域网络内采用的 IP 地址，称为“私有 IP”。家庭内的小型局域网络的**私有 IP 地址，通常都是以 192.168 开头**。

若以公寓大厦来比喻，局域网络内部的 IP 地址，类似**住户编号**，由公寓小区自行指定，只要号码不重复即可。

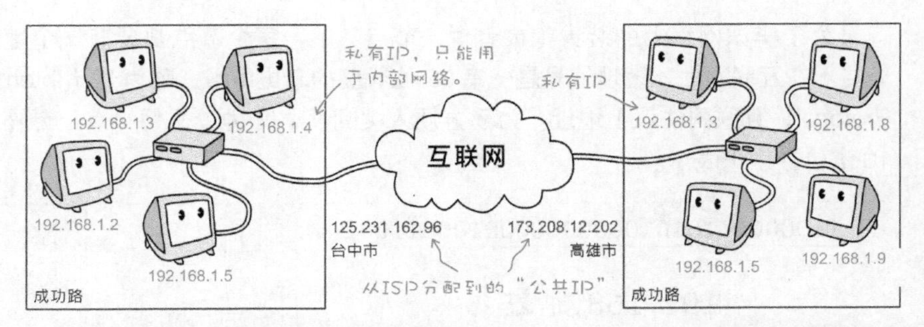

公共 IP 是互联网上独一无二的 IP 地址，相当于公寓大厦的**门牌号码**。我们在家里或一般公司内上网时，都会从 **ISP（Internet Service Provider，互联网服务提供商**，像中国电信等提供互联网接入业务的公司）分配到一个公共 IP。

当两个区域之间交流时，就要用到"**公共 IP**"，这就好比，北京市解放路上的某人要写信给上海市解放路的朋友，要在地址上注明"上海市"，不然邮差会以为你要写给住在相同城市的人。

一般家庭的所分配到的公共 IP 通常是变动的动态 IP（dynamic IP），这代表每一次开机上网时，公共 IP 地址可能都不一样。动态 IP 就像一个人经常更换电话号码，拨电话出去时没有什么问题，但是反过来说，别人就不容易和他取得联系。公司的联系电话和网址，不能随意更换，他们采用的是固定 IP（Static IP）。一般人也可以向 ISP 申请使用固定 IP，但通常需要额外付费。

网关（Gateway）：连接局域网络（LAN）与互联网

如果家里或者公司有多台设备需要上网，可通过**路由器**（router）或者**交换式集线器**等网络分享器，将它们连上互联网，这种连接内、外网络的设备通称**网关**（gateway）。

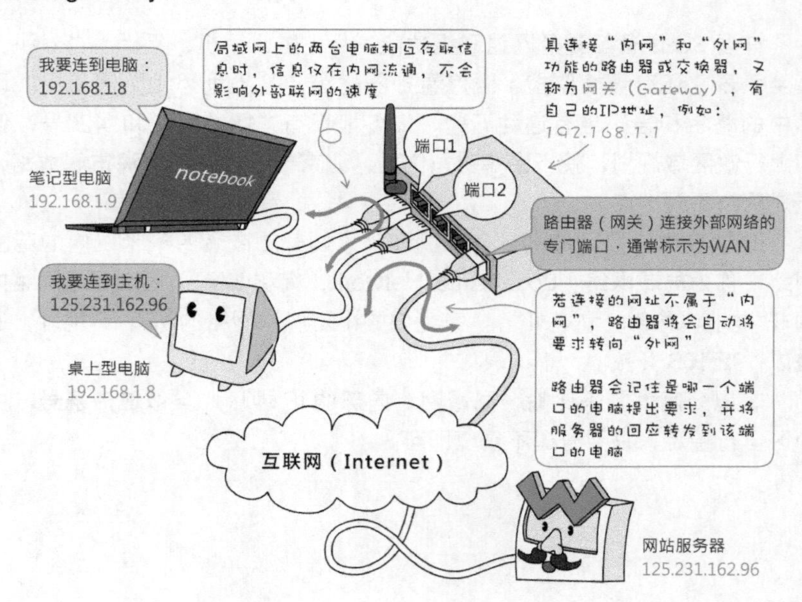

局域网络里的联网设备所采用的**私有 IP 地址**，也分成**静态 IP** 和**动态 IP** 两种。动态 IP 代表电脑或其他设备的地址，全都由网络分享器动态指定；静态 IP 则需要用户自行在电脑上设定。

底下是 Windows 电脑的**动态 IP** 设定（自动取得 IP 地址）与**静态 IP** 设定画面。

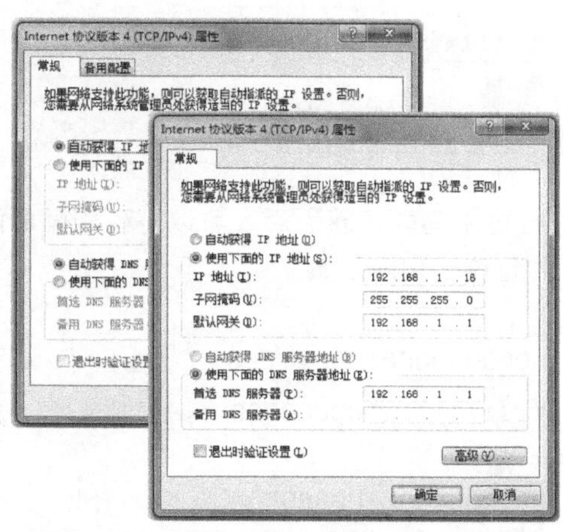

子网掩码

我们经常使用不同的分类与归纳手法，有效地整理或管理人事物。像是把数字相机记忆卡里面成百上千张的照片，依照拍摄日期、地点或主题存放在不同的文件夹，以便日后找寻。

大型企业内的局域网络地址也需要分类，才方便妥善管理，假设局域网络依照研发部、营销部等，划分成不同的**子网**（subnet），当营销部门广播内部信息时，这些信息只会在该部门的网络内流动，不会占用其他部门的网络资源。

划分子网的方法是通过**子网掩码**（subnet mask），虽然一般家庭里的网络设备可能只有少数几台，不需要再分类，但按照规定至少还是得划分一个类别。

这部分称为Host ID（主机识别码）

192.168.1.8

同一局域网内的相同部分，称为Network ID（网络识别码）

被程序筛选出的网址部分是“网络标识符”，像底下的网址（左边是 2 进位，右边是 10 进位）和子网掩码经过 **AND 运算**之后，得到的地址就是网络标识符（192.168.1）：

11000000101010000000000100001000	IP地址	192.168．1.8
11111111111111111111111100000000	子网掩码	255.255.255.0
AND运算结果 ⬇		AND运算 ⬇
11000000101010000000000100000000	网络识别码	192.168．1.0

另一个网址经过相同的运算之后，可以得到相同的网络标识符，因此可得知上面和底下网址位于相同区域：

11000000101010000000000100011000	IP地址	192.168．1.24
11111111111111111111111100000000	子网掩码	255.255.255.0
AND运算结果 ⬇		AND运算 ⬇
11000000101010000000000100000000	网络识别码	192.168．1.0

主机标识符 255，保留给广播消息之用；主机标识符 0 和网络标识符一起，用于标示设备所在的区域。因此，设定 IP 地址时，主机标识符不可以用 0 和 255。

物理地址

每个网卡都有一个全世界独一无二，且烧写在网卡的固件中，称为 MAC（Media Access Control，直译为**媒体访问控制**）的地址或者称为物理地址。

以身份证号码和学号来比喻，**物理地址相当于身份证号码**，是唯一且无法随意更改的编号，可以被用来查询某人的户籍资料，但是大多只有在填写个人资料和发生事故，需要确认身份时才会用到。

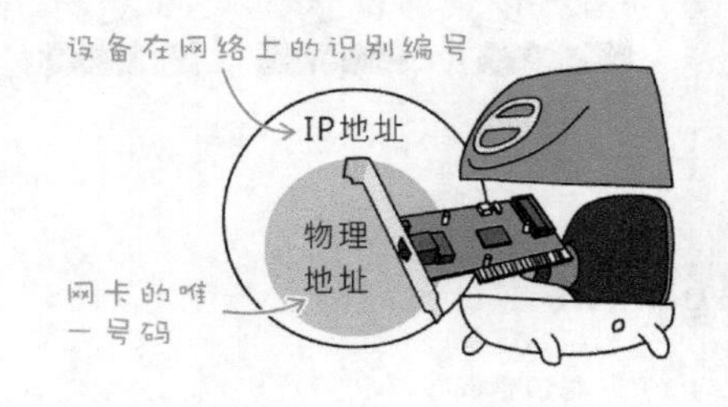

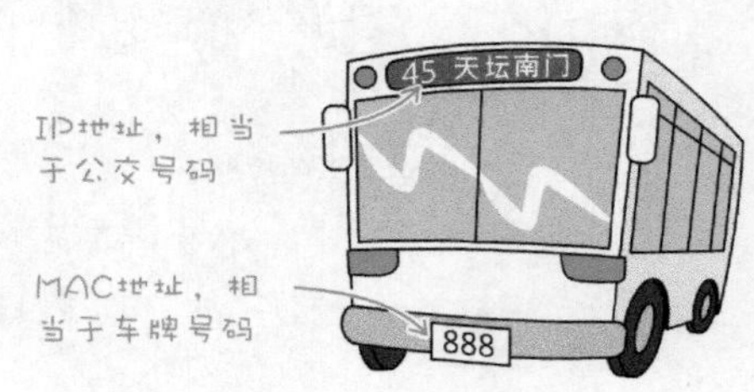

15

IP 地址则像是学号，学号是由学校分配的，在该所学校内是独一无二的。从学号可以得知该学生的入学年度、就读科系，对学校和同学来说，学号比较实用，如果学生转到其他学校，该生将从新学校取得新的学号。

MAC 地址总长 48 位，分成“制造商编号”和“产品编号”两部分。“制造商编号”由 IEEE 统一分配，“产品编号”则是由厂商自行分配，两者都是独一无二的编号。路由器和交换器等网络设备，都会在商品底部的贴纸上标示该设备的 MAC 地址，例如：

MAC address: 08:00:69:02:01:FC
(物理地址)　　制造商编号　产品编号

路由器就是通过 MAC 地址来辨识连接到端口上的装置，无线基地台也可以让用户输入并储存联机装置的 MAC 地址，以限定只有某些设备才能上网。

在 Windows 系统，可以在“**命令提示符**”窗口中，输入 "ipconfig /all" 指令，列举所有网卡的 IP 地址设定和物理地址，底下是在笔者电脑上执行 "ipconfig /all" 指令的画面。

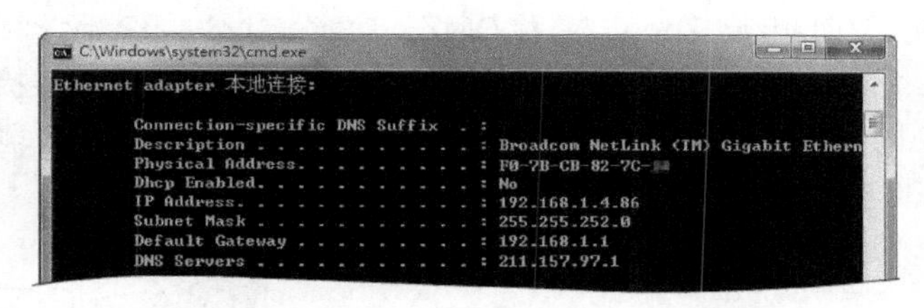

在 Mac OS X 10.5 之后的操作系统上查看网卡的物理地址，请打开**系统偏好设定**面板里的**网络**，再点选**进阶**钮，最后点选**以太网络**选项，即可看见 MAC 地址。或者，打开“终端机”窗口，输入 "ifconfig en0 | grep ether" 指令，其中，en0 代表有线网卡，en1 则是无线网卡。

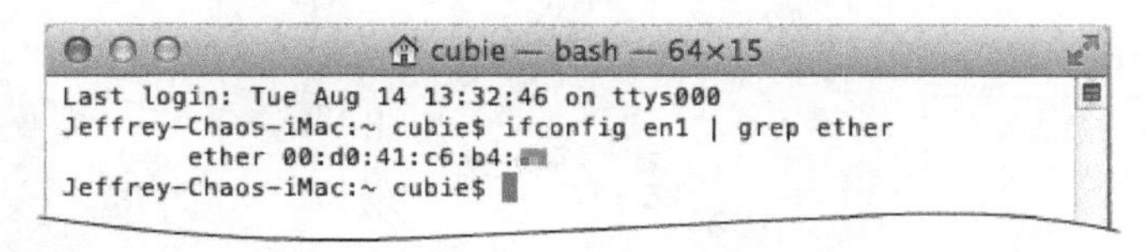

15-2 域名、URL 网址和传输协议

在设定网络联机以外的场合，我们很少使用 IP 地址，浏览网站常用的是

域名（domain name，底下简称“域名”）。

然而，网络设备最终还是只认得 IP 地址，因此域名和 IP 地址之间需转换，提供这种转换服务功能的服务器称为 **DNS**（Domain Name Server，域名服务器）。

域名需要额外付费注册并且支付年费才能使用，读者只要上网搜索“域名注册”或者“购买网址”等关键词，即可找到办理相关业务的公司。

免费转址服务很适合个人和家庭使用。几乎每个网络分享器都有提供**隔离区**（De-Militarized Zone，简称 **DMZ**）功能，让公共 IP 地址对应到局域网络内的某个设备地址（注：**隔离区**代表专用网中，开放给外界连接的设备）。以下图为例，互联网使用者可通过 no-ip.com 或者直接输入 IP 地址，连接到 Arduino 微电脑。

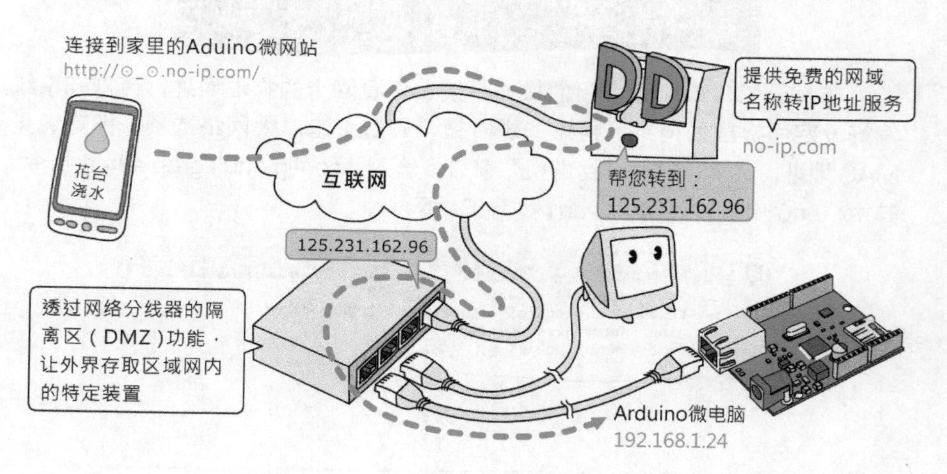

认识 URL 网址

URL 是为了方便人们阅读而发展出来，使用文字和数字来指定互联网上的资源路径的方式。URL 地址是由**传输协议**和**资源路径**所构成的，中间用英文的冒号（:）分隔，常见的 URL 格式如下。

寄出电邮 ⟶	mailto:cubie@yahoo.com
浏览网页 ⟶	http://www.swf.com.tw/index.php
下载文件 ⟶	ftp://swf.com.tw/files/Sony_NEX_Shutter_Controller.zip

底下以“浏览网页”的 URL 为例。

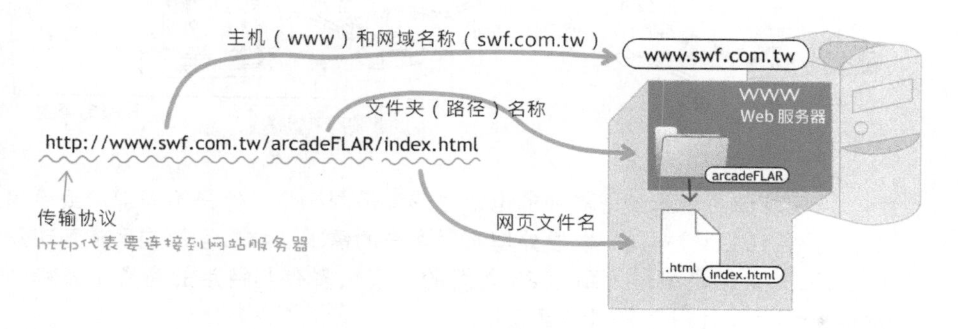

它包含三个部分。

- **传输协议**：当浏览器向网站服务器要求读取数据时，它采用一种称为 HTTP 的传输协议和网站交互，这就是为何网页的地址前面都会标示“http”的缘故，**互联网上不只有网站服务器（注：一般称为“http 服务器”或“web 服务器”），因此和不同类型的服务器交互时，必须要使用不同的传输协议**。由于大多数人上网的目的就是为了观看网页，所以目前的浏览器都有提供一项便捷的功能，不需要我们输入“http://”，它会自行采用 http 协议和服务器交互。
- **主机地址**：www.swf.com.tw 称为主机地址，就是提供 WWW 服务的服务器的地址。也可以用 IP 地址的形式，如 http://69.89.20.45，来连接到指定的主机。
- **资源路径**：放在该主机上的数据的路径。就这个示例而言，我们所取用的是位于这个主机的 arcadeFLAR 目录底下的 index.html 文件。

端口号（Port）

如果把服务器的网络地址比喻成电话号码，那么**端口号**就相当于分机号码。**端口号被服务器用来区分不同服务项目的编号**。例如，一台电脑可能会同时担任网站服务器（提供 HTTP 服务）、邮件服务器（提供 SMTP 服务）和文件服务器（提供 FTP 服务），这些服务都位于相同 IP 地址的电脑上，为了区别不同的服务项目，我们必须要将它们放在不同的“分机号码”上。

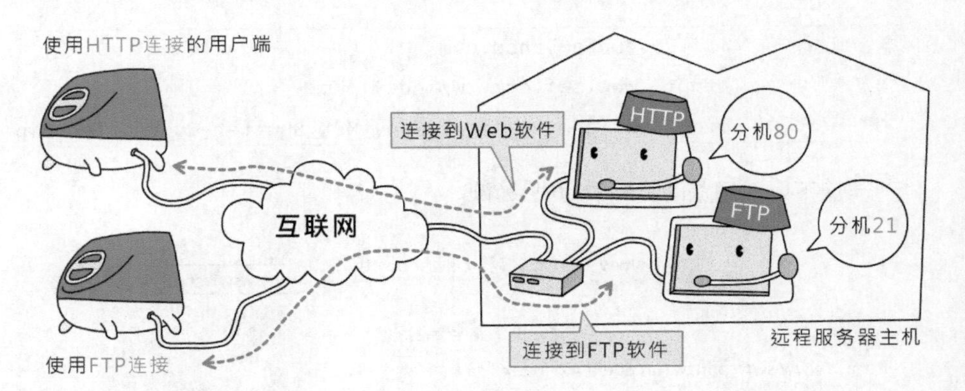

这就好像同一家公司对外的电话号码都是同一个，但是不同部门或者员工都有不同的分机号码，以便处理不同客户的需求。端口号的编号范围可从 1 到 65536，但是**编号 1 到 1023 之间的号码大多有其特定的意义**（通称为 well-known ports），不能任意使用。

几个常见的网络服务的默认端口号请参阅表 15-1。

表 15-1

名称	端口号	说明
HTTP	80	用于发送网页相关的数据，例如文字、图像、Flash 影片等，HTTP 是超文本传输协议（HyperText Transfer Protocol）的缩写。因为 WWW 使用 HTTP 协议传输数据，因此 Web 服务器又称为 HTTP 服务器
FTP	21	用于传输文件和文件管理，FTP 是文件传输协议（File Transfer Protocol）的缩写
SMTP	25	用于邮件服务器，SMTP（Simple Mail Transfer Protocol）可用于发送和接收电子邮件。不过它通常只用于传送邮件，接收邮件的协议是 POP3 和 IMAP
TELNET	23	让用户通过终端机（相当于 Windows 的“命令提示符”窗口）连到主机

例如，当我们使用浏览器连结某个网站时，浏览器会自动在网址后面加上（我们看不见的）端口号 80；而当网站服务器接收到来自客户端的联机要求以及端口号 80 时，它就知道用户想要观看网页，并且把指定的网页传给用户。

因为这些网络服务都有约定俗成的端口号，所以在大多数的情况下，我们不用理会它们。但有些主机会把 WWW 服务安装在 8080 端口，因此在联机时，我们必须在域名后面明确地写出 8080 的端口号（中间用冒号区隔）。假设 swf.com.tw 网域使用 8080 的端口号，URL 联机网址的格式如下。

```
http://swf.com.tw:8080/
```

动手做 15-1 认识网页与 HTML

实验说明：网站服务器的基本功能是提供网页文件给客户端浏览。因此，读者首先要了解如何制作基本的 HTML 文件。假若读者已经知道 HTML 网页的语法，请直接阅读“网络的联机标准与封包”一节。

实验程序：网页文件称为 HTML，它是扩展名为 .html 或 .htm 的纯文本，因此网页文件其实只要用 Windows 的“记事本”或 Mac OS 系统上的 TextEditor 软件即可编辑（注：请不要用 Word 文字处理软件来编辑，因为它会加入不必要的编码）。请在记事本或 TextEditor 软件中输入底下两行文字。

```
这是我的
第一个网页
```

将文件命名储存成 index.html。保存时，为了避免记事本将它存成 .txt 文件，可在文件名的前后加上双引号（实际的名称不会有双引号）。

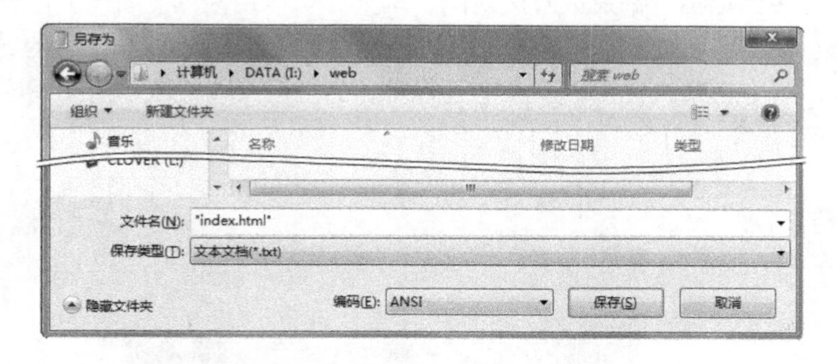

实验结果：双击存盘后的文件，将能在浏览器呈现刚才输入的文字。只是，浏览器并没有呈现两行文字，而是在的和第之间插入一个空格（注：**如果在文字之间插入多个空格符，浏览器仍将只显示成一个字符**），此外，浏览器窗口的“标题”栏将显示此文件的文件名。

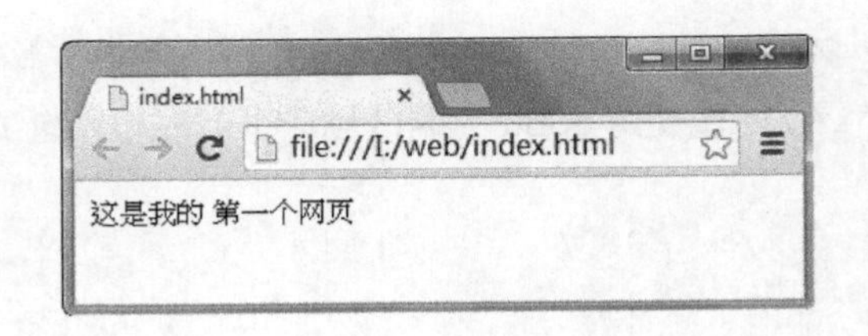

认识 HTML 的标记指令

网页的源代码包含许多**标记（tag）指令**，也就是指挥浏览器要如何解析或呈现网页的指令。网页标记指令语言称为 **HTML**（Hypertext Markup Language，**超文本标记语言**）。

标记指令是用 < 和 > 符号，包围浏览器默认的指令名称所构成，例如，**代表断行（break）的标记指令写成：
**。请在第一行文字后面加上一个
 标签（以下内文写成两行或一行都可以）。

```
这是我的 <br> 第一个网页。
```

保存之后再通过浏览器观看，就能显示断行效果了。

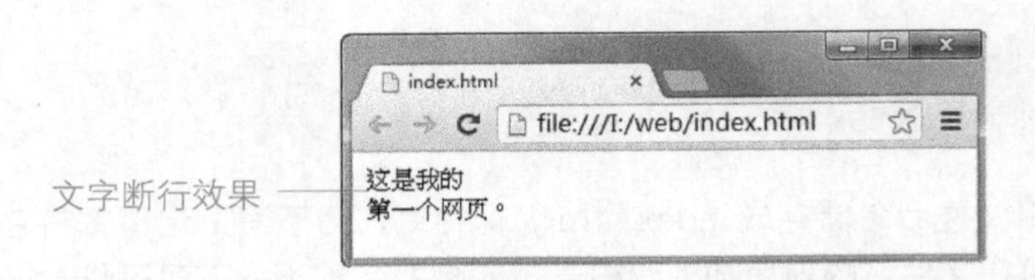

许多标记指令都是成双成对的，例如，可以用段落（<p>）标签，包围第二行（代表结尾的标记前面有个斜线符号：'/'），告诉浏览器这里的结构是“段落”，浏览器默认会在段落文字之间用一个空行分隔（以下内文写成两行或一行都可以）。

```
这是我的
<p> 第一个网页。</p>
```

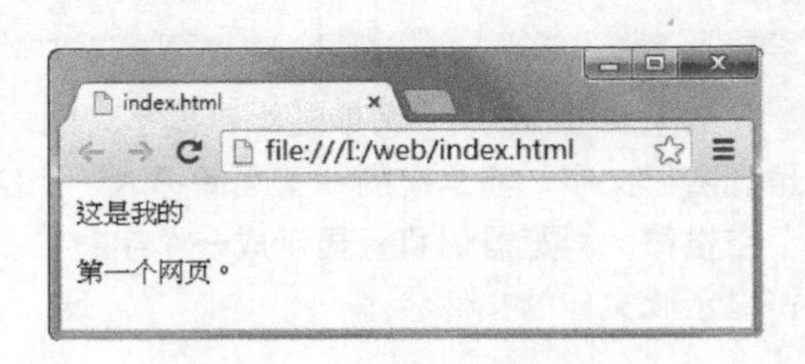

15

网页的头部分和主体部分

网页文件还包含提供给浏览器和搜索引擎的信息。例如，设定文件的标题名称和文字编码格式这些信息并不会显示在浏览器的文档窗口里。

为了区分文件里的描述信息与内文，网页分成**头部分**（head）与**主体部分**（body）两大区域，分别用 <head> 和 <body> 元素包围，这两大区域最后又被 <html> 标记包围，例如：

```
<!doctype html>      ← 文档类型定义，用于明确声明这是HTML文档
<html>
  <head>                                    ← 指定使用简体中文编码
      <meta charset="GB2312" />
      <title>Arduino家庭自动化</title>
  </head>
  <body>
  这是我的第一个网页。
  </body>
</html>
```

（提供网页信息给浏览器的头部元素：<head>…</head>；网页主体：<body>…</body>）

以上的源代码将在浏览器呈现。

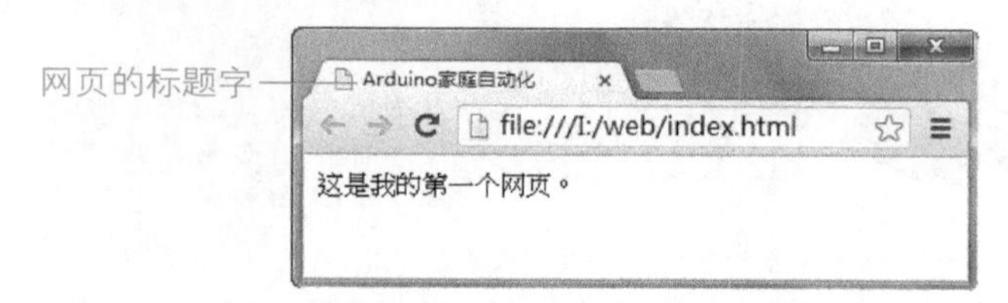

总结上述的说明，基本的网页结构如下。

- <!doctype html>：网页文件类型定义，告诉浏览器此文件是标准的 HTML。
- <html>…</html>：定义网页的起始和结束。
- <head>…</head>：头部分，主要用来放置网页的标题和网页语系的文字编码。当浏览器读取到上面的文件头区数据时，就会自动采用**简体中文**（Big 5）编码格式来呈现网页内容。
- <body>…</body>：放置网页的内文。

15-3 网络的联机标准与封包

不同的电脑系统（例如 Windows 和 Mac）的网络连接、磁盘以及数据的单元格式，必须要支持共同的标准格式才能互通。网络系统很复杂，无法用一个标准囊括所有规范，以公交系统为例，从道路的宽度、速限、站牌的大小和装设位置、到公共汽车的载客数量等，各自都有不同的规范。

网络系统的标准可分成四个阶层，以实际负责收发数据的网络接口层为例，不管购买哪一家公司制造的网卡，都能和其他网卡相连，因为它们都支持相同的标准规范。

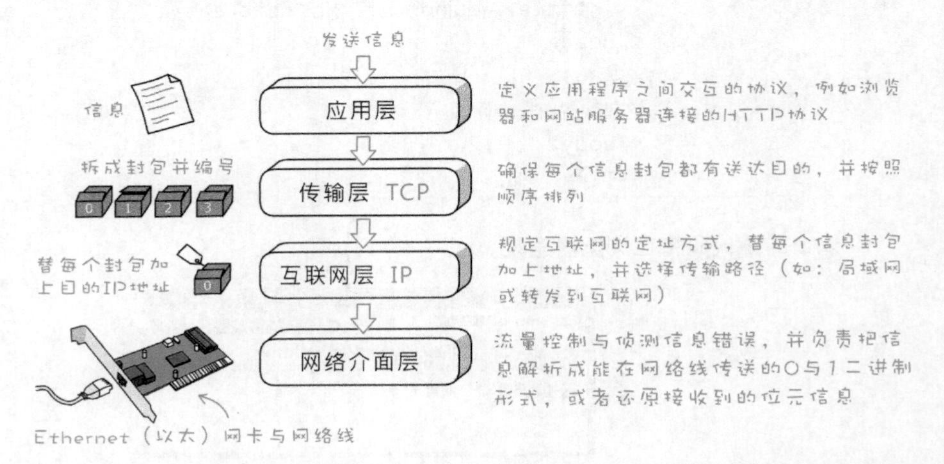

目前所有局域网络联机的“网络接口层”规范，几乎都采用**以太（Ethernet）**这种规格（市售的网卡也都是以太网卡），它定义了数据发送方式、信号电压格式和网络线材等标准。例如，以太网络线的插座标准称为 **RJ-45**，依照连接速度，网络线分成 10BASE-T、100BASE-T 和 1000BASE-T 等规格，如果电脑的网卡支持 1Gbps 传输率（每秒可传递 1000M 位数据），网络线必须使用 1000BASE-T，才能发挥它的性能；10BASE-T 用于 10Mbps 的网络环境。

早期（90 年代）的电脑网络比较封闭，局域网络和互联网采用不同的标准。PC 流行采用一家叫做 Novel 公司的网络产品，苹果自己也有推出名叫 AppleTalk 的网络协议，若要连上互联网，早期的 Mac 系统必须额外安装 TCP/IP 的通信程序组件，才能将信息包装成互联网所通用的格式。现在，TCP/IP 已经成为网络通信的主流标准。

封包

网络设备之间交换信息不像电话语音通信会占线，因为信息内容被事先分割成许多小封包（packet）再发送，每个封包都知道自己的发送目的地，到达目的之后再重新组合，如此，每个设备都可以同时共享网络。

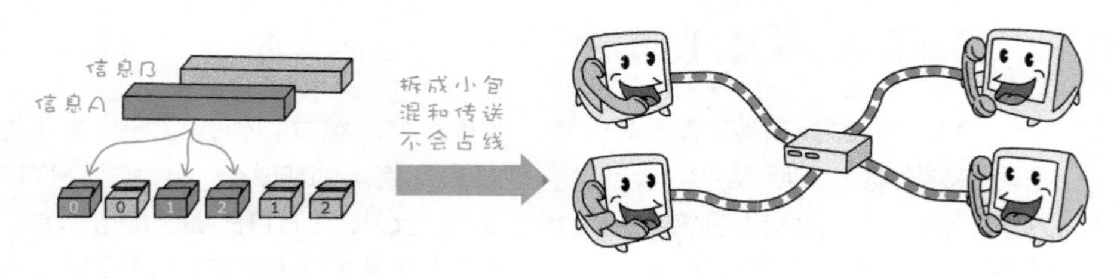

TCP 层还有一种称为 UDP 协议，若用邮差寄信来比喻，**TCP 相当于挂号信，UDP 则是普通信件。**

采用 TCP 的设备会在收到封包时，回复信息给发送端，确认数据接收无误。若发送端在一段时间内没有收到回复信息，它会认为封包在传递过程中遗失了，会重发一次该封包。

UDP 不会确认封包是否抵达目的地，因为少了确认的流程，因此可以节省往返的交通时间，也增加处理效率。许多网络影音应用都采用 UDP，因为就算少传送一些数据，也只些微影响到画质，使用者察觉不到。

15-4 认识 HTTP 协议

如上文所述，网页浏览器和网站服务器之间，发送网页文字、影像、动画等内容的通信协议称为 HTTP。

当用户在浏览器里输入网址之后，浏览器将对该网站服务器主机发出连接“要求”，而网站服务器将会把内容“响应”给用户。

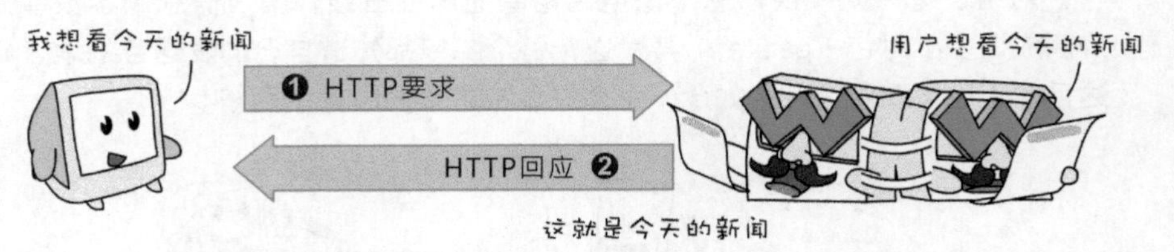

与网站服务器联机的过程分成“HTTP 要求”和“HTTP 回应”两个状态

服务器会持续留意来自用户的要求，当响应用户的要求（送出数据）之后，服务器随即切断与该用户的联机，以便释放资源给下一个联机用户。

GET 与 POST 方法

HTTP 的要求和响应消息的内容，都是纯文本格式，但是这些信息不会呈现在浏览器上，所以我们看不见。“要求”信息的格式以一个称为 **HTTP 方法**（method）的指令开头，后面加上资源网址以及 HTTP 协议的版本等。HTTP 方法用于指出“要求的目的”，常见的两种方法是 GET 和 POST（参阅 16 章），连接网页时，通常采用 **GET 方法，代表“请给我这个资源”**。

收到要求之后，网站服务器将发出 HTTP 响应给客户端，信息的第一行包含 **HTTP 协议版本**、三个数字组成的**状态代码**和**描述文字**，例如，假设用户要求的资源网址不存在，它将响应 404 的错误信息码。

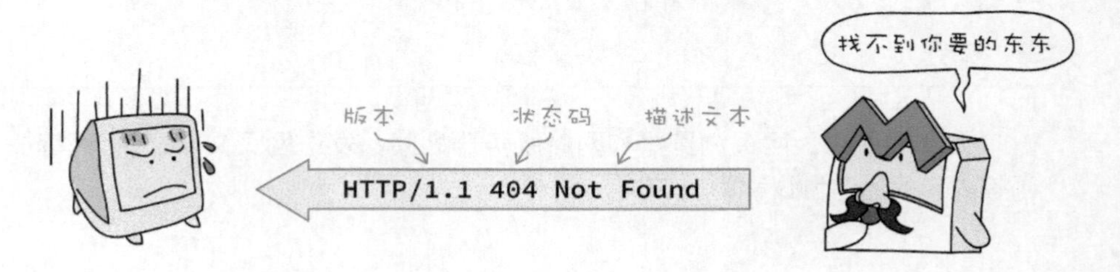

如果要求的资源存在，服务器将响应 "200 OK" 的状态代码以及资源内容。

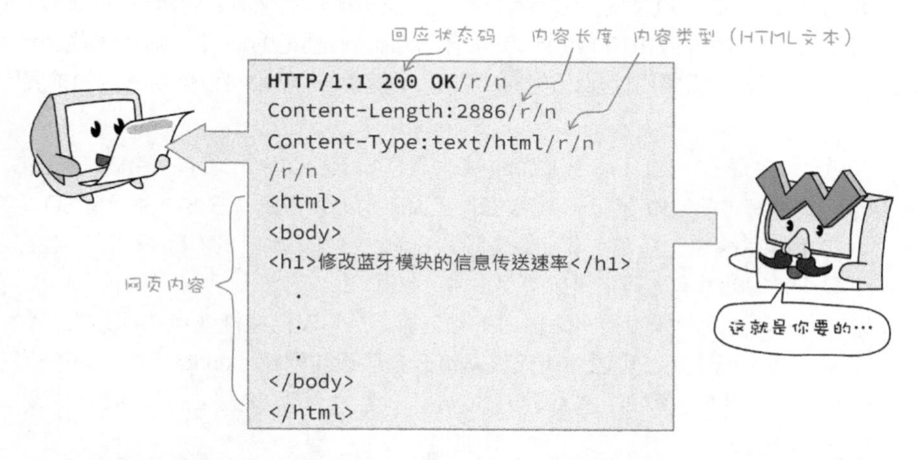

响应消息中的 \r\n 代表换行（或断行）字符，请留意，在**网页内容和响应消息内容之间包含一个空行**，稍后写程序时，这个空行不能少。

15-5 连接以太（Ethernet）网卡建立 Arduino 微型网站服务器

Arduino 官方的网络扩展卡采用的网络芯片是 Wiznet 公司的 W5100，有些 DIY 爱好者和非官方网络扩展卡，采用 Microchip Technology 公司生产的 ENC28J60 网络芯片。

ENC28J60 缺少网络规范中的 TCP/IP 层，需要通过软件实际操作，所以价位比较低廉且引脚少，而且它有一般的 DIP 直插型封装，很适合自制扩展卡；W5100 的功能比较完整，但价位也比较高、引脚比较多而且只有 SMD（表面黏着式）封装，因此比较不适合 DIY。

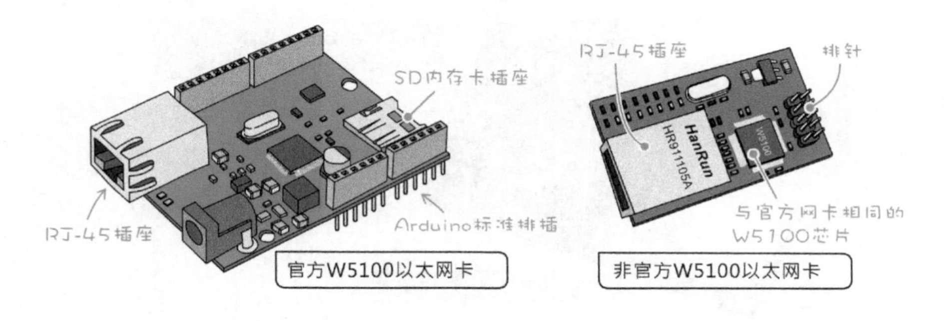

官方W5100以太网卡　　非官方W5100以太网卡

由于这两种芯片使用的扩展库不同，如果要购买现成的网卡模块，建议选择采用 W5100 芯片的模块，因为官方程式库支持比较完整而且内建于 Arduino 程序开发工具。市售的 W5100 网卡，有兼容于 Arduino 插槽的形式，也有体型较小（售价也比较低），需要用杜邦线连接的形式。不管哪一种，都可以使用官方的扩展库。

官方的 Arduino 网卡上面还有一个 SD 记忆卡接口，可以搭配 SD 记忆卡扩展库（就叫做 SD）读写数据，市面上也可以买到非官方、独立型 SD 记忆卡读写模块，采 SPI 串行接口和 Arduino 相连。本书的案例未使用 SD 记忆卡，因此非官方网卡足以使用。

Arduino 的以太网卡大多采有线连接，Wi-Fi 无线模块价格比较贵。如果需要无线连接，可以加装**无线网络分享器**或者**网桥**（bridge，转接不同联机型态的装置，例如，有线转无线）。

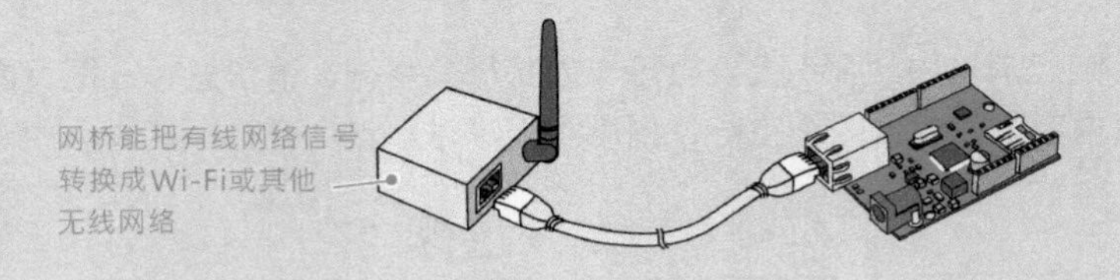

动手做 15-2　建立微型网站服务器

实验说明：本单元将采用 Arduino 官方提供 Ethernet（以太）扩展库来建立网站服务器。根据网络的设定环境，设备取得 IP 地址的方式分成**静态**和**动态**两种。底下首先介绍静态 IP 的网络程序设定方式。

实验材料：采用 W5100 芯片的以太网卡，一张。可用官方（标准 Arduino 接口）或者非官方的 W5100 网卡，非官方的网卡脚位定义如下。

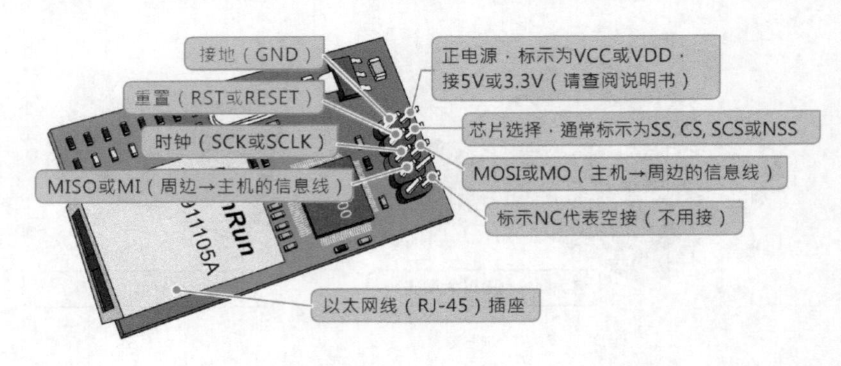

15

实验电路：网络芯片也是采用 **SPI（序列外设接口**，参阅第 8 章“认识 SPI 接口与 MAX7219”）和微处理器联机，连接示例如下。

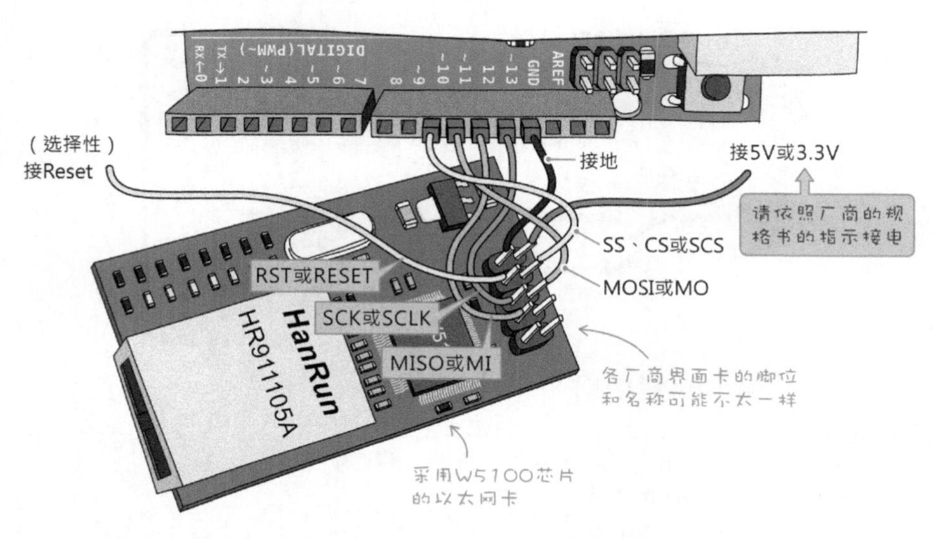

若采用标准（官方）Arduino 接口的以太网卡，将它直接插上 Arduino 即可。

网卡上的 RJ-45 插座，请接上网线。Arduino 网卡的传输速率通常是 10Mbps，所以网络线采用 10BASE-T 或 100BASE-T 规格即可。网线的另一端通常连接到网络分享器，若要直接和电脑相连，网络线请选购**跳线**（cross-over）类型。

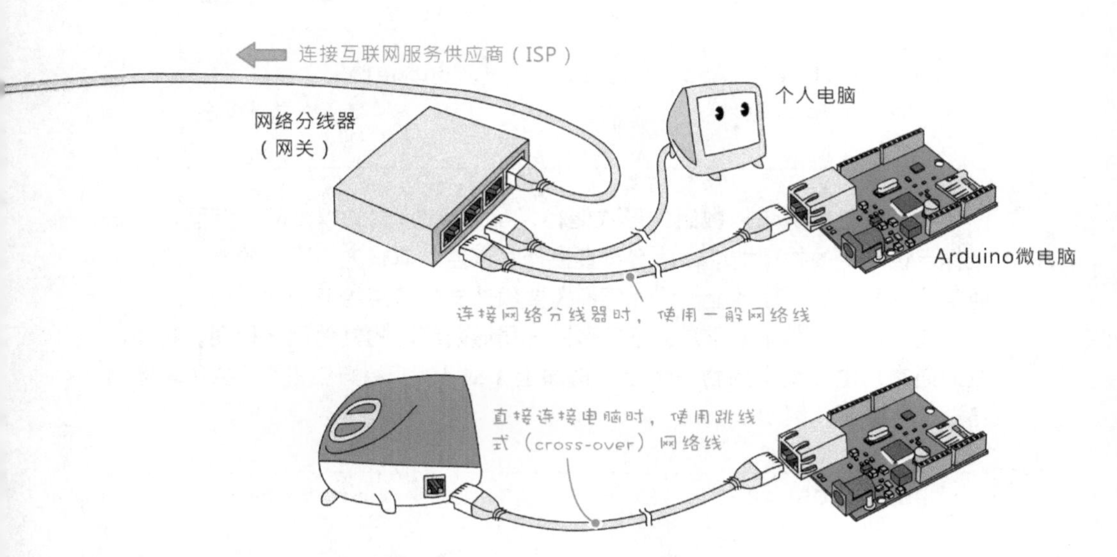

实验程序：Web 服务器程序分成两大区块。

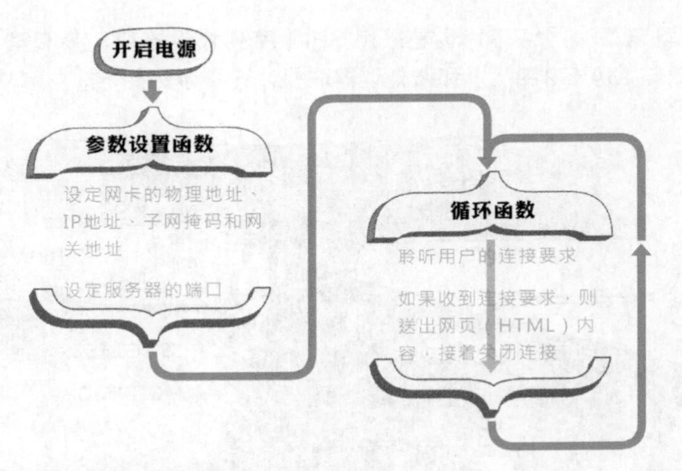

变数和参数设置部分的代码如下。

```
#include <SPI.h>          以太网络连接服务的扩展库
#include <Ethernet.h>
                          此网卡的物理地址（16进制）
byte mac[] = { 0xF0, 0x7B, 0xCB, 0x4B, 0x7C, 0x9F };
IPAddress ip(192,168,1, 25);            本服务器的IP地址
IPAddress subnet(255, 255, 255, 0);     子网掩码
IPAddress gateway(192,168,1, 1);        网关地址

EthernetServer server(80);              初始化服务器，HTTP服务的预设端口为80

void setup() {
  Ethernet.begin(mac, ip, gateway, subnet);
  server.begin();    启动服务器          启动以太网络连接
}
```

物理地址的数值以**数组**的形式储存，Arduino 官方的以太网卡背面，有贴纸标示该网卡的物理地址，读者可直接抄写该值。非官方、廉价的网卡产品，通常没有默认的物理地址，因为厂商需要额外支付费用给 IEEE。

物理地址的基本需求是：**不能和同一局域网络内的其他网卡相同**，因此，我们通常**用电脑网卡的物理地址，再加上 1 或 10**，这样应该就不会和其他网络设备冲突了。例如：

```
F0-7B-CB-4B-7C-8F  ←  假设这是电脑的物理地址
      稍微改个数字 ↓
F0-7B-CB-4B-7C-9F  ←  设定给Arduino网卡的物理地址
```

网卡的 IP 地址也不能和局域网络内的设备地址相同，至于网关地址和子网掩码设定，请沿用目前局域网络的设定，详情可查阅电脑的网络设定值。

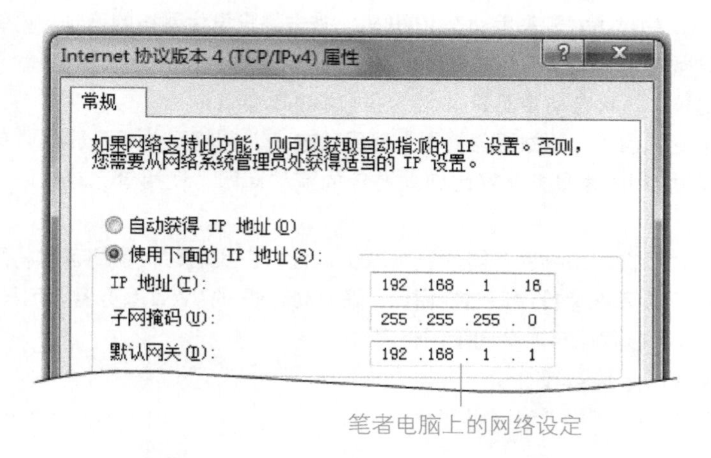

笔者电脑上的网络设定

Web 服务器的主程序

底下是持续等待并响应用户联机要求的主程序循环，请将它加在上一节的程序之后。

```
void loop() {
  EthernetClient client = server.available();

  if (client) {
    while (client.connected()) {
      if (client.available()) {
        client.println("HTTP/1.1 200 OK");
        client.println("Content-Type: text/html");
        client.println();

        client.println("<h1>Arduino家庭自动化</h1>");
        break;
      }
    }

    delay(1);
    client.stop();
  }
}
```

- server.available()：若此函数返回非0的数值，代表有新的用户连接
- if (client) {：若有新的用户端连接
- while (client.connected()) {：只要服务器尚未切断与此用户的连接，就执行底下的程序码
- if (client.available()) {：确认用户端仍处于连接状态
- 前三行 client.println：要传给用户端 HTTP 回应表头
- client.println();：回应表头的后面，规定要有一个空行
- "<h1>Arduino家庭自动化</h1>"：回应信息主体（HTML网页内容）
- break;：信息传送完毕后，要跳出while循环并中断连接，否则用户的浏览器会一直处于空白的接收状态
- delay(1);：延迟一下，让用户端有时间接收信息
- client.stop();：切断与此用户端的连接

设定动态 IP 联机

公共网络大多采用动态 IP 联机，省去用户设定网络的麻烦。网络分享器都具备一种称为 **DHCP**（Dynamic Host Configuration Protocol，动态主机配置协议），可自动分配 IP 地址给客户端的功能。

话说回来，**网站服务器很少使用动态 IP**，若将网站服务器比喻成商店，采用动态 IP 的服务器好比四处游走的流动商贩，使用者比较难以跟它取得联系。

为了得知这种服务器的实际联机地址，在实验时，我们可以将网卡分配到的 IP 显示在**串行端口监控窗口**。采用动态 IP 的 Web 服务器设定程序如下，loop() 函数代码与本节的示例相同。

```
#include <SPI.h>
#include <Ethernet.h>

byte mac[] = { 0xF0, 0x7B, 0xCB, 0x4B, 0x7C, 0x9F };

EthernetServer server(80);

void setup() {
  Serial.begin(9600);
                                          ← 取得IP地址，存入变量ip
  IPAddress ip = Ethernet localIP();
  Ethernet.begin(mac, ip);
  server.begin();

  Serial.print("My IP address: ");
  Serial.print(ip);
}                 ← 在串口监视器显示IP地址
```

解决中文网页的乱码问题

编译并上传上一节的代码之后，在浏览器中输入 Arduino 服务器的 IP 地址，将能见到如下的信息（中文变成乱码）。

造成乱码的原因是浏览器采用西欧语系编码来显示网页。我们可以在 HTML 中明确指定网页的编码，例如，可容纳多国语系的 UTF-8。请修改 loop( ) 区块里的 HTML 叙述。

```
client.println("<h1>Arduino家庭自动化</h1>");
```

把这一行改写成底下数行：

```
client.println("<!doctype html>");
client.println("<html><head>");
client.println("<meta charset=\"utf-8\" />");
client.println("<title>Arduino家庭自动化</title>");
client.println("</head><body>");
client.println("这是我的第一个网页。");
client.println("</body></html>");
```

代表输出一个双引号

网页标题设定要放在“头部元素”里

字符串前后要用双引号刮起来，**若字符串数据报含双引号，请在双引号之前加一个反斜杠（\）**。重新编译、上传代码，再次连接即可看见中文网页。

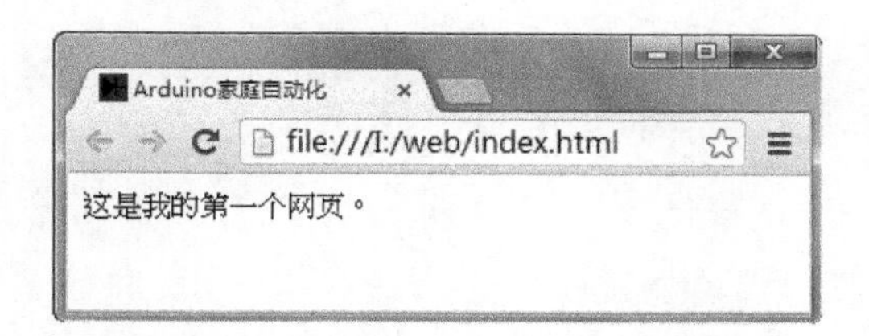

CHAPTER 16

网络家电控制

前一章通过建立以太网卡以及官方的网络扩展库，架构了一个基本的网站服务器。本章将采用另一个基于官方的网络扩展库 "Webduino"，建立远程监控网站以及网络家电遥控器。

16-1 使用 Webduino 扩展库建立微型网站

介绍的官方 Ethernet（以太）扩展库，具备建立微型网站服务器的功能，但是便利性不足，而且程序的功能模块没有明显的区分。若把网站服务器比喻成餐厅，以太扩展库的主程序有点像是厨师兼服务生，承担所有事务；本章采用一个称为 Webduino 的扩展库来开发 Arduino 网站服务器，将服务生与厨师的工作区分开来。

下图左边是以太扩展库的执行流程，其中的 loop( ) 函数将等待客户端的请求，并返回 HTML。在 Webduino 扩展库中，来自客户端的各种请求，都要通过**命令（command）**来处理，**每个命令相当于一个 HTML 页面**。若将来要新增功能（增加页面或者“菜色”），只要加入新命令（相当于增聘厨师），而以太扩展库则要修改主程序代码。在程序维护、修改和除错方面，Webduino 都比较容易。

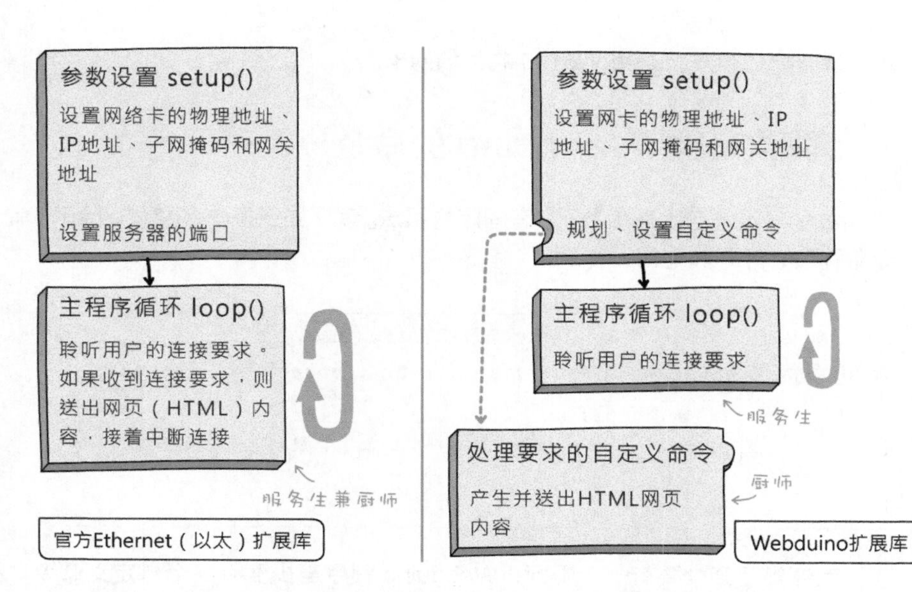

此外，Webduino 扩展库具有将字符串存入**程序内存**区的简易语法，指令名称是一个**大写字母 P**。以储存一段标题文字为例。

采用官方Ethernet扩展库的写法

```
client.println("<h1>Arduino家庭自动化</h1>");
```

采用Webduino扩展库的写法

```
P(html) = "<h1>Arduino家庭自动化</h1>";
```

把字符串存入程序内存区，避免占用主内存，并且命名为html

更棒的是，我们不用一再地输入 print 叙述，即可存储一连串文字。底下的叙述将在 "homePage" 常数中（因为程序内存区的内容不能改变），存放一个网页源代码。

"homePage"是存放此字符串的"常量"名

```
P(homePage) =
    "<!doctype html>"
    "<html><head><meta charset=\"utf-8\" />"
    "<title>Arduino微网站</title>"
    "</head><body>"
    "这是微网站的主页。"
    "</body></html>";
```

字符串可分开多行，每一行用双引号括住

代表输出一个双引号

最后别忘记补上分号

Webduino 是最初由 Ben Combee 开发，此扩展库基于官方的 Ethernet

扩展库，所以仅**支持采用 W5100 芯片的网卡。**

编写与设置 Webduino 的命令

命令其实是自定义函数，它有固定的写法。底下是最基本的格式，除了“命令名称”之外，其他都一样。

自定义函数的名称　服务器程序对象（用&开头）　连接类型

```
void 命令名(WebServer &server, WebServer::ConnectionType type,
        char *, bool)
{

}
```

仅列举参数的数据类型，代表不接收值

就像餐厅至少要有一个厨师，**Webduino 程序至少要有一个自定义命令。** 底下是一个名叫 defaultCmd 的自定义命令，它将送出上文储存的 HTML 内容给客户端。此扩展库采用 **printP( ) 函数**输出存放在**程序内存区**的字符串。

自定义命令通常以Cmd结尾，代表"command"（命令），以利识别

```
void defaultCmd(WebServer &server, WebServer::ConnectionType type,
                char *, bool)
{
  server.httpSuccess();

  if (type != WebServer::HEAD)
  {
    server.printP(homePage);
  }
}
```

送出代表回应成功的信息："HTTP/1.1 200 OK"

如果要求的类型不是HEAD…（若是HEAD，就不需送出内容）

使用printP()指令，输出存储在程序里的内容；"homePage"是常量名

HEAD 请求类似第 15 章介绍的 HTTP 方法指令中的 GET，只是 HEAD 请求不会返回信息内容，通常用于确认指定网址的资源是否存在。

嗯，这个资源还存在。

回应状态码　内容长度　内容类型（HTML文本）

```
HTTP/1.1 200 OK/r/n
Content-Length:2886/r/n
Content-Type:text/html/r/n
/r/n
```

HEAD方法的回应，没有内容

接下来，我们需要把新厨师带到我们的厨房，方法是在 setup() 函数区块中，通过 setDefaultCommand（直译为“设置预设命令”）或者 addCommand（直译为“新增命令”）来加入命令，完整的示例程序代码请参阅下一节。

```
  设置主页                自定义命令前面要加上"&"
webduino程序对象名.setDefaultCommand(&命令名)

  新增其他页面                 前面的"&"不能少！
webduino程序对象名.addCommand("网页路径名称", &命令名)
```

Webduino 的微网站程序代码

毕竟 Webduino 是基于官方 Ethernet 扩展库的加强版程序，因此沿用了部分语法，读者将不会对底下的基本网站服务器程序感到陌生，完整的程序代码请参阅光盘 DIY49.ino 文件。

```
#include "SPI.h"
#include "Ethernet.h"  ← Webduino基于此扩展库，所以仍旧要包含它
#include "WebServer.h"  ←包含Webduino的扩展库

static byte mac[] = { 0xF0, 0x7B, 0xCB, 0x4B, 0x7C, 0x9F };
IPAddress ip(192, 168, 1, 25);
IPAddress subnet(255, 255, 255, 0);
IPAddress gateway(192, 168, 1, 1);      设置网卡的物理与IP地址
网站文件路径名，空字符串代表「主页」位于根目录。
WebServer  webserver("", 80);  ←网站服务器的端口
扩展库名    自定义的Webduino程序对象名
                                 在此插入主页的HTML内容定义
                                 P(homePage) = ... ，以及自定义命令
                                 void defaultCmd( ...
void setup() {
  Ethernet.begin(mac, ip, gateway, subnet);  ←启动以太网络连接

  webserver.setDefaultCommand(&defaultCmd);  ←设置默认命令
  webserver.begin();
}    ↖启用网站服务器          注意！命令名前面要加上&符号

void loop() {                      ←处理来自用户端的连接要求
  webserver.processConnection();
}
```

编译并上传程序代码之后，打开浏览器联机到 192.168.1.25 网址，即可看见 Webduino 返回的首页。

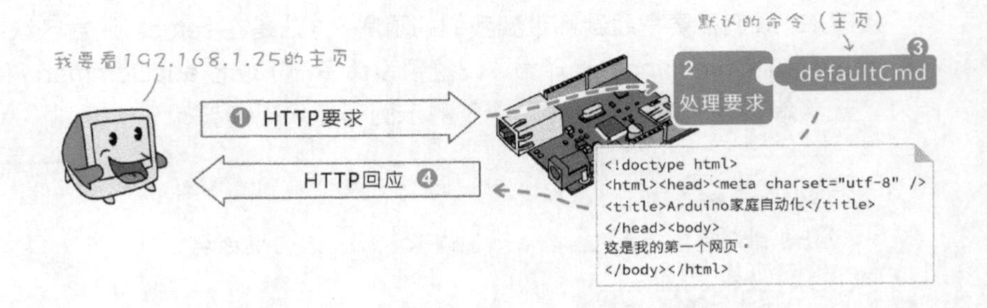

包含两个网页的Webduino的微网站程序

上一节的微网站程序仅包含一个首页，本节将示范新增一个faq.html网页。执行本单元的程序之后，用户将能通过底下两个网址，连接到首页与FAQ页面。

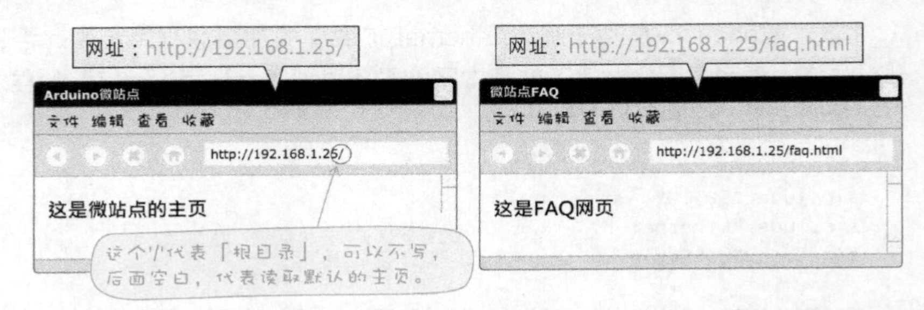

请在setup()函数之前，新增底下的faqPage常数，以及处理faq.html请求的自定义命令（笔者将它取名为"faqCmd"），最后在setup()函数里面通过addCommand()加入此命令。

```
P(faqPage) =
    "<!doctype html>"
    "<html><head><meta charset=\"utf-8\" />"
    "<title>微网站FAQ</title>"
    "</head><body>这是FAQ网页</body></html>";

void faqCmd(WebServer &server, WebServer::ConnectionType type,
            char *, bool)
{
  server.httpSuccess();
  if (type != WebServer::HEAD)
  {
    server.printP(faqPage);
  }
}

void setup() {
  Ethernet.begin(mac, ip, gateway, subnet);
  webserver.setDefaultCommand(&defaultCmd);   // 处理“主页”要求
  webserver.addCommand("faq.html", &faqCmd);  // 处理“faq页”要求
  webserver.begin();
}
```

新增FAQ页的HTML源代码

处理"faq.html"要求的自定义命令

输出FAQ网页

完整的程序代码请参阅光盘 DIY49_1.ino 文件。

16-2 定义错误信息网页与超链接设置

若用户尝试存取一个不存在于服务器上的资源（如：网页或图文件），Webduino 网站将在网页上显示下图的错误信息页面（因为 "xyz" 路径不存在）。

错误信息 "EPIC FAIL" 定义在 Webduino.h 程序文件（位于 Arduino 主程序文件夹的 libraries\Webduino 路径中），我们可以在程序的最开头加上底下的自定义错误信息描述。

```
#define WEBDUINO_FAIL_MESSAGE "OH My God~"
#include "SPI.h"
#include "Ethernet.h"
#include "WebServer.h"
#include "Streaming.h"
```

自定义的错误信息

插入网页影像

我们也可以用图像来装饰错误信息和其他页面，像这样。

此二极管图案，也是定义在 Webduino.h 文件（参阅下文说明）

在网页插入影像的 HTML 标记是 <img>（代表 image，影像之意），语法如下。

```
<img src="影像路径与文件名">
        ↓
<img src="http://swf.com.tw/images/404error.png">
```

放在笔者网站上的错误信息图像

因此，把 Webduino.h 里面的错误信息改成底下的标记元素，就能显示错误信息图了。

```
#define WEBDUINO_FAIL_MESSAGE
        "<img src=\"http://swf.com.tw/images/404error.png\">"
#include "SPI.h"
#include "Ethernet.h"
    :
    :
```

这两行请写成一行

记得在内文的双引号前面加上反斜线

以上的图文件都是引用存放在其他网站上的图片。若要使用**存在 Arduino 程序内部的图文件**，图像必须先转换成 C 程序语言所认得的编码格式，像 Webduino 页标题上的二极管图像，源码存在 Webduino.h 文件里面（位于 Arduino 安装文件夹 \libraries\Webduino）。

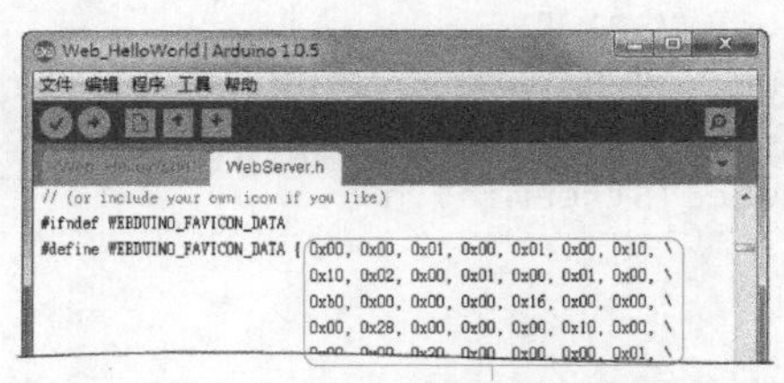

二极管图案的源码

Webduino 扩展库的作者采用 directfb-csource 程序转换图片。不过，图片占用相当多的内存空间（注：上一节的错误信息图像大小为 16.3KB），除非必要，否则最好还是采用外部连接方式。

插入超链接

HTML 网页的超链接标记指令叫做 <a>（注：此指令原意是 anchor，有“锚”和“连接”之意），连接到外部网站的资源时，连接网址一定要用 "http:// " 开头；若是连接到本地网站的资源，就只需要标示路径。

底下是连接到笔者网站的超链接设置（连到外部网站）。

href属性的原意是hyper-reference（超链接），用于设置资源网址

```
<a href="http://swf.com.tw/">笔者的网站</a>
```

在网页上呈现蓝色底线文本

笔者的网站

底下则是连到本机根目录的网址设置。

```
<a href="/">回主页</a>
```

"/"代表本机网站的根目录

呈现结果 → 回主页

动手做 16-1 监控远程的温湿度值

实验说明：本单元将利用第 9 章的温湿度模块，建立一个网络温湿度监控器。

实验材料：

采用 W5100 芯片的以太网卡	1 张
DHT11 温湿度传感器	1 个

实验电路：沿用第 19 章的以太网络模块接线，加入 DHT11 温湿度传感器。

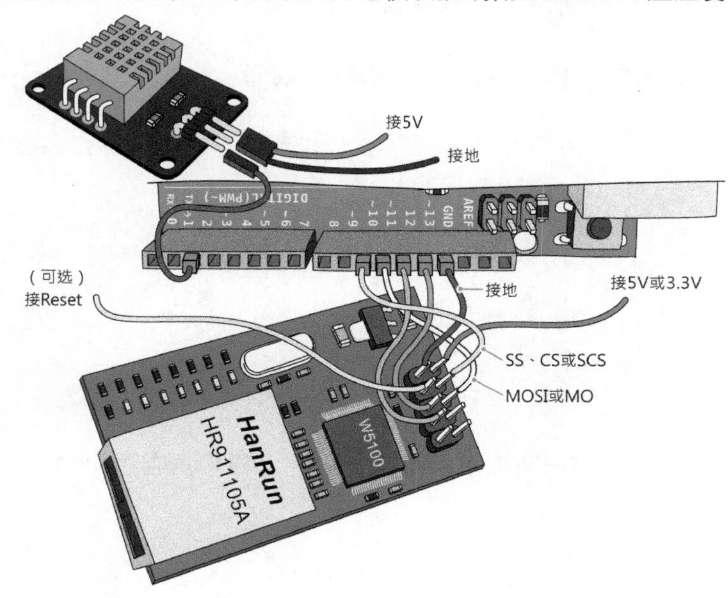

实验结果：下图是本单元网站程序的运行结果。

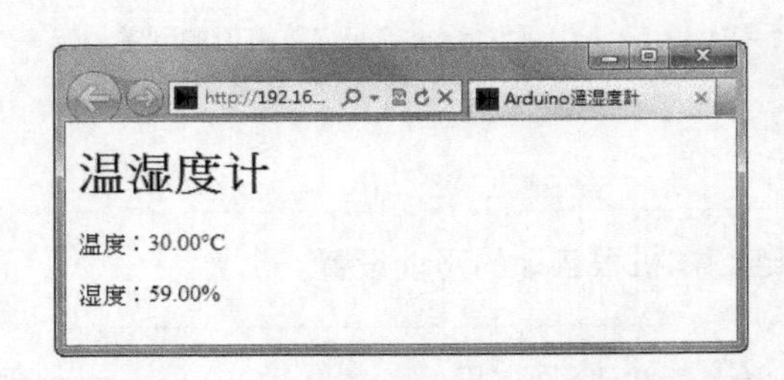

实验程序：动手编写程序之前，请先看一下网络服务器输出给客户端的HTML 网页源代码。笔者根据此 HTML 里面的**固定不变**，以及**变动**的部分，拆分成三大部分，以方便稍后编写与管理程序代码。

这部分是固定不变的，笔者将它命名为 "htmlHead"

```
<!doctype html>
<html>
  <head>
    <meta charset="utf-8">
    <title>Arduino温湿度计</title>
  </head>
  <body>
```

这部分内容随传感值改变

```
    <h1>温湿度计</h1>
    <p>温度：30.00&deg;C</p>
    <p>湿度：59.00%</p>
```

温度符号的编码（°）

这部分也是固定不变的，笔者将它命名为 "htmlFoot"

```
  </body>
</html>
```

本程序需要引用的扩展库以及变量声明如下。

```
#include "SPI.h"
#include "Ethernet.h"
#include "WebServer.h"
#include "Streaming.h"       // 引用处理字符串的扩展库（参阅下文说明）
#include "dht11.h"

dht11 DHT11;                 // 声明 DHT11 程序对象
const byte dataPin = 2;      // 声明 DHT11 模块的数据输入脚位
```

不变的头、尾 HTML 字符串，分别存入**程序内存区**里的 htmlHead 与 htmlFoot 变量。

```
P(htmlHead) =
  "<!doctype html><html>"
  "<head><meta charset=\"utf-8\">"
  "<title>Arduino 温湿度计 </title>"
  "</head><body>";

P(htmlFoot) = "</body></html>";
```

接着参考第 9 章的 DHT11 程序代码，并修改上一节的 defaultCmd 自定义命令。修改后的程序代码采用一个称为 Streaming 的扩展库（参阅下一节说明），输出 HTML 中的变动部分（显示最新的温湿度值）。

```
void defaultCmd(WebServer &server, WebServer::ConnectionType type,
                char *, bool)
{
  int chk = DHT11.read(dataPin);

  server.httpSuccess();

  if (type != WebServer::HEAD){
    server.printP(htmlHead);

    if (chk == 0) {
      server << "<h1>温湿度计</h1>";
      server << "<p>温度：" << DHT11.temperature << "&deg;C</p>";
      server << "<p>湿度：" << DHT11.humidity << "%</p>";
    } else {
      server << "<h1>无法读取温湿度值</h1>";
    }
    server.printP(htmlFoot);
  }
}
```

读取温湿度模块值，若返回0，代表读取成功

送出代表回应成功的信息

使用printP()指令，输出起始HTML码

在网页内文输出传感器的温度与湿度值（使用Streaming库）

输出结尾的HTML码

完整的程序代码请参阅光盘里的 DIY50_1.ino 文件。编译及上传程序之后，即可通过浏览器联机到 Arduino 观测到最新的温湿度值。

使用 Streaming 扩展库输出字符串

第十五章的网络程序以及第九章的 LCD 显示器程序，使用一堆 print( ) 描述输出文字，很不方便。幸好 Mikal Hart 开发了 Streaming 扩展库，帮我们解决这个困扰。底下是两个同样在**串行端口监控窗口**，输出一个字符串和变量的

程序写法比较。

```
char name[] = "cubie.";

void setup() {
 Serial.begin(9600);
 Serial.print("Hi, ");
 Serial.println(name);
}

void loop() {
}
```

原本的串口输出文本的程序写法

编译后的程序大小：1,896字节

必须包含此扩展库

```
#include <Streaming.h>

char name[] = "cubie.";

void setup() {
 Serial.begin(9600);
 Serial << "Hi, " << name;
}

void loop() {
}
```

使用<<运算符取代print()指令

使用Streaming扩展库的写法

编译后的程序大小：1,794字节

Streaming 扩展库的语法，能在同一行叙述合并输出字符串和变量值。 Streaming 并非官方程式库，也未内建在 Arduino 开发工具，除了使用光盘里的版本之外，读者也能自行在 http://arduiniana.org/libraries/streaming/ 网址下载。

此扩展库采用 ZIP 格式压缩，请将它解压缩后，把其中的 Streaming 文件夹整个移到 Arduino 软件路径之中的 libraries 文件夹，即可在程序里引用此扩展库。

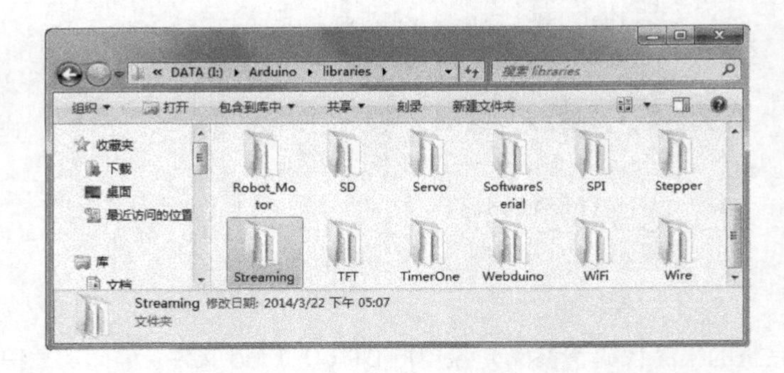

除了串行端口输出，Streaming 扩展库也能用在 **LCD 显示器**以及**以太网卡**等模块的扩展库，取代它们的 print( ) 指令功能。

输出带小数点的温湿度值

DHT11 模块输出的温湿度，是带有小数点的数字，然而，如果读者测试上一节的程序代码（DIY50_1.ino 文件），将发现网页上的输出值始终是整数。

“传统”的C程序语言具有一个sprintf( )函数，能把浮点数字转换成字符串，不过，Arduino采用的转换函数叫做dtostrf（英文原意相当于：digit to string float），语法如下。

```
转换之后，包含整数与小数的字符串长度。      暂存转换过程的变量
dtostrf(浮点数字, 最小字符串长度, 小数字数, 暂存变量);
                                  ↑
                          小数点后面的数字位数
```

其中的暂存变量，必须足以存放转换之后的最小整数。假设转换后的最小字符串长度为5（两位数整数，加上两位小数及小数点），程序的写法如下。

```
char buffer[5] = "";    ← 声明暂存转换过程的变量

dtostrf(DHT11.temperature, 5, 2, buffer);
此函数将返回转换后的字符串      读取温度值
```

底下是修改之后，可输出带小数点的温湿度自定义命令，完整程序代码请参阅DIY50_2.ino文件。

```
void defaultCmd(WebServer &server, WebServer::ConnectionType type,
                char *, bool)
{
  int chk = DHT11.read(dataPin);
  char buffer[5] = "";    ← 声明暂存转换过程的变量
  server.httpSuccess();

  if (type != WebServer::HEAD){
    server.printP(htmlHead);

    if (chk == 0) {                 ↙此函数将返回转换后的浮点数字符串
      server << "<h1>温湿度计</h1>";
      server << "<p>温度：" << dtostrf(DHT11.temperature, 5, 2, buffer)
             << "&deg;C</p>";
      server << "<p>湿度：" << dtostrf(DHT11.humidity, 5, 2, buffer)
             << "%</p>";
    } else {
      server << "<h1>无法读取温湿度值</h1>";
    }
    server.printP(htmlFoot);
  }
}
```

让浏览器自动更新显示温湿度值

本单元的温湿度程序，只能显示与服务器联机时刻的固定温湿度值，不会自动更新最新的数值。其实，网站服务器无法主动与客户端联系，客户端必须自己定期联机到服务器（例如，单击浏览器上的“**重新整理**”钮）才能取得最新的传感器数据。

可是，总不能让使用者自己不停地按“**重新整理**”钮吧？有个简单的 HTML 标记指令，能让浏览器自动定期“重新整理”，请将它放在 HTML 的头部分（亦即，<head> 标签范围内）。

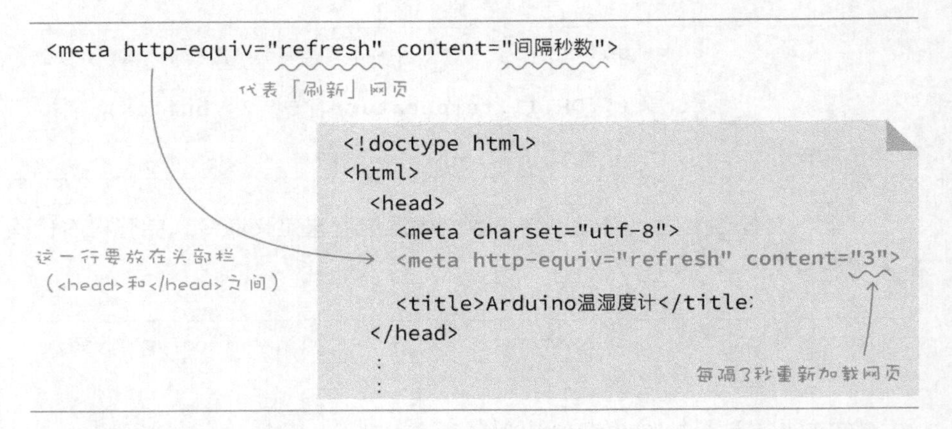

请在“编写网络温湿度计的程序代码”一节定义的 HTML 起头部分，加入重载网页的设置（完整的程序代码，请参阅 DIY50_3.ino 文件）。

```
P(htmlHead) =
 "<!doctype html><html>"
 "<head><meta charset=\"utf-8\"><meta http-equiv=\"refresh\"
content=\"3\">"
 "<title>Arduino 温湿度计 </title>"
 "</head><body>";
```

如此，除非关闭浏览器，它将每隔 3 秒联机到 Arduino 网站服务器，显示最新的温湿度值。

16-3 传递数据给网站服务器

从客户端传递数据给网站服务器，主要有**超链接**和**表单(form)**两种途径。表单是网页上让用户输入数据的界面，基本的表单元素类型如下。

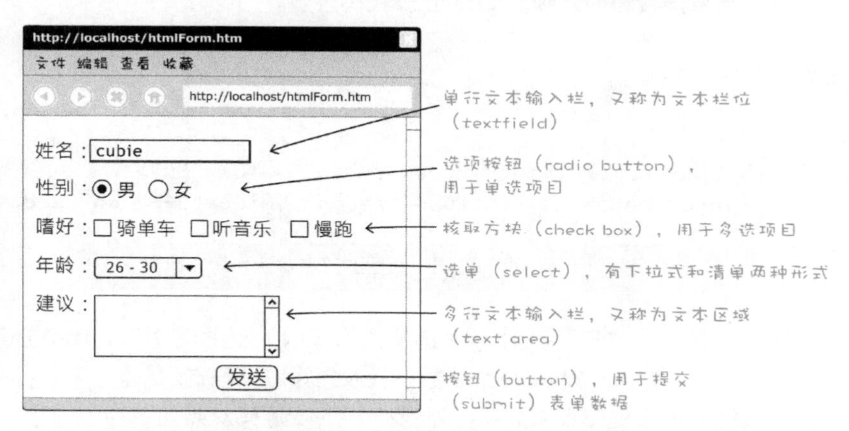

以下将介绍本单元所需要的表单元素 HTML 源代码，并把它集成到 Arduino 服务器程序。

动手做 16-2 建立网页表单

实验说明：在记事本软件中，练习通过 HTML 语言建立一个如下的表单网页，让用户输入文字信息以及控制灯光的开关。负责接收并处理表单信息的服务器端程序，请参阅下文。

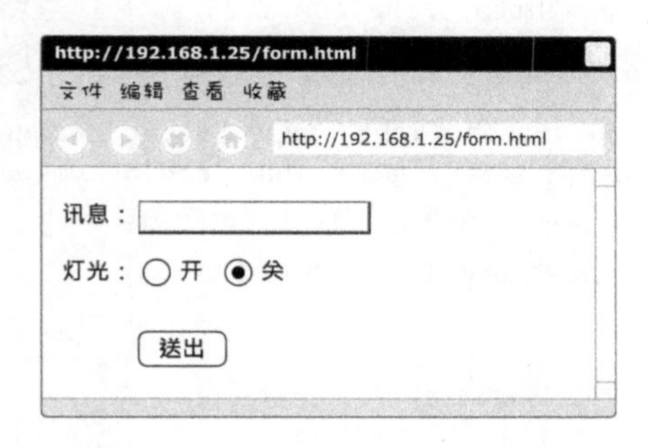

底下是单行文字输入字段的外观和 HTML 源代码对照。

信息：[　　　　　　] ➡

```
信息：<input name="msg" type="text">
```

源代码

表单元素的名称（name 属性）相当于数据的**变量**名称。假设用户在此字段输入 " 你好！"，我们可以说：msg 域值为 " 你好 "。

底下是**单选按钮**的外观和 HTML 源代码对照。

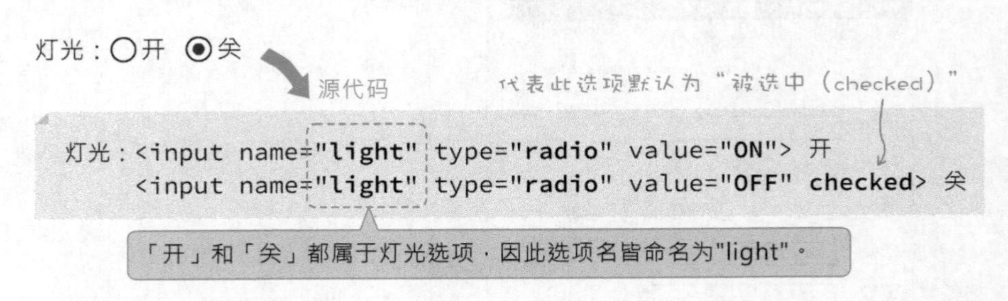

用户若是点选“开”，则 light 选项值为 "ON"；选择“关”，light 选项值则是 "OFF"，标签里的 "checked" 参数，代表预设成“已选取”。

“按钮”用来提交表单数据，外观和 HTML 源码对照如下。

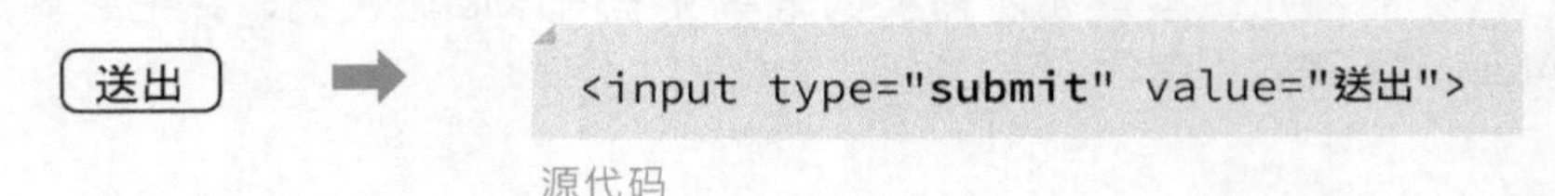

源代码

当用户按下“**发送**”钮时，表单数据将被传送到网站服务器的“表单数据处理”程序。**以 Webduino 微网站来说，表单数据处理程序就是某个自定义命令。**网页表单通过 **<form> 标记**来设置表单处理程序的路径，假设此路径为 "/sw"(亦即，接收表单数据的自定义命令叫做 "sw"，前面的斜线代表“根目录”)，那么，此示例表单的 HTML 码如下。

所有表单元素都要放在<form>元素之中

```
<form action="http://192.168.1.25/sw">   ← 表单处理程序的网址（请改成你自己的IP地址）
  信息：<input name="msg" type="text"><br>   ← 折行
  灯光：<input name="light" type="radio" value="ON"> 开
        <input name="light" type="radio" value="OFF" checked> 关
  <br><br>   ← 连续两个折行，等于一个空白行
  <input type="submit" value="送出">
</form>
```

网页表单必须包含在<form>标记元素之中(注: form就是“表单”的意思), <form> 元素也负责设置**表单处理程序**（亦即，接收表单数据的程序）的地址，以及数据的传递方式。

实验程序：请在记事本或网页编辑软件中，输入上述表单元素的 HTML 源码，表单也要放在 HTML 的内文区，也就是 <body> 和 </body> 之间（参阅光盘里的 DIY51_form.html 文件）。

```
<html>
  <head>
    <title>灯光控制表单</title>
  </head>
  <body>
    <form action="http://192.168.1.25/sw">
      信息：<input name="msg" type="text"><br>
      灯光：<input name="light" type="radio" value="ON"> 开
            <input name="light" type="radio" value="OFF" checked> 关
      <br><br>
      <input type="submit" value="送出">
    </form>
  </body>
</html>
```

实验结果：将 HTML 命名成 form.html 保存后，双击它打开。读者将能在浏览器看到如下的表单画面（如果按下此网页的 “送出” 钮，浏览器将显示无法联机到 192.168.1.25 的错误，因为 Arduino 服务器端的代码还没写）。

16-4 认识传递数据的 GET/POST 方法和查询字符串

表单发送数据的方法有 POST 和 GET 两种。第 15 章已经介绍过，GET **方法代表 “请给我这个资源”**，此外，客户端发出 GET 请求时，可以**在 URL 网址后面附加信息传给服务器**，像搜索网站就是把搜索关键词和其他参数设置

（如：搜索的语系）附加在网址后面。

以 Google 为例，它的搜索引擎程序叫做 "search"，传递搜索关键词的参数名称是 'q'，因此，直接在 URL 网址列输入底下格式的内容，同样能指挥 Google 搜索关键词 " 改造蓝牙耳机 "。

传给服务器的信息，称为“查询字符串”

http://www.google.com/search?q=改造蓝牙耳机

用问号分隔资源网址与信息

其背后的运行过程如下。

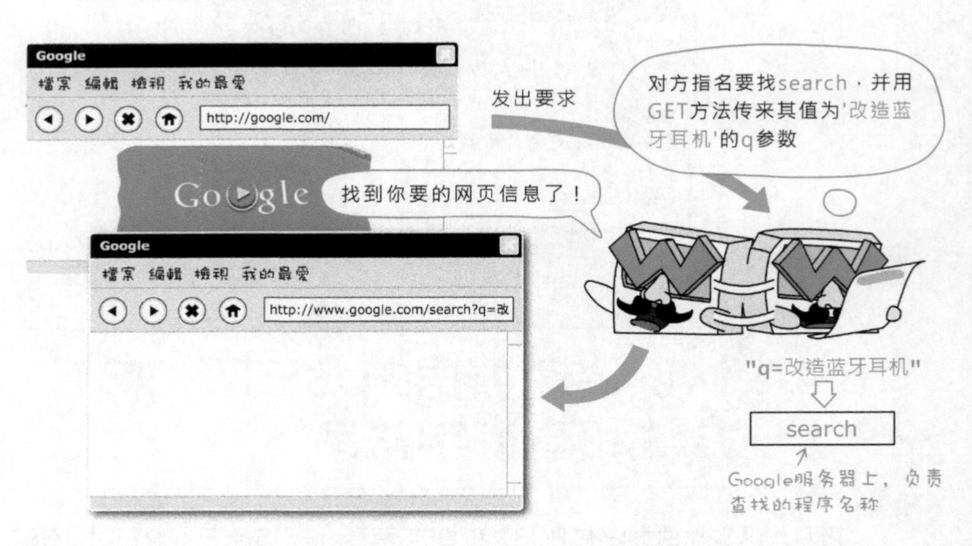

URL 可包含多个参数，不同参数之间用 '&' 隔开（参数的排列顺序不重要）。

用&分隔不同参数　　代表简体中文

```
http://www.google.com/search?q=改造蓝牙耳机&hl=zh-CN
```

查找的关键字　　语系参数，en代表英文

> 实际上，URL 网址通常只能包含英文、数字和某些字符，特殊符号(如:空格、&)和中文字会被转换为称为“URL 编码”的数字，例如，“改造”这两个字会变成"%E6%94%B9%E9%80%A0"。

根据以上概念，我们可以建立一个传递关键词给 Google 搜索的表单网页(DIY51_google.html 示例文件)。

```
<html>
  <head>
    <title>Google查找</title>
  </head>
  <body>
  <form action="http://google.com/search" method="GET">
    查找关键字：<input name="q" type="text">

    <input type="submit" value="开始查">
  </form>
  </body>
</html>
```

认识 POST 方法

另一种从客户端传递数据给服务器的方法称为 POST。GET 方法会把传递数据附加在网址后面，传送的数据量有限(最大通常是 2KB)。POST 方法则没有限制上传数据的大小(实际情况由网站服务器决定，通常都大于 2MB)。

从 HTTP 请求的格式可明显看出两者的区别，底下是 GET 方法。

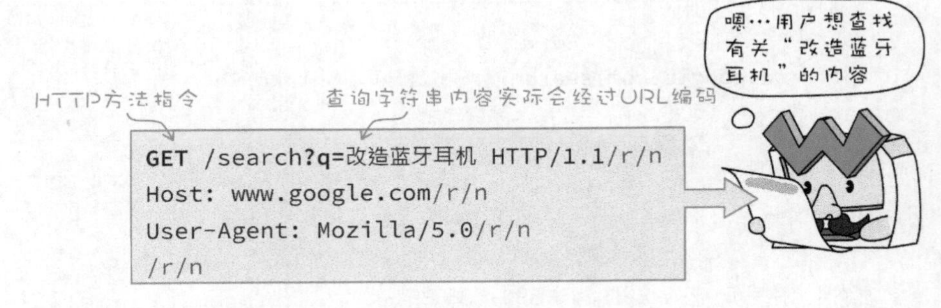

POST 方法则是把数据附加在请求内文：

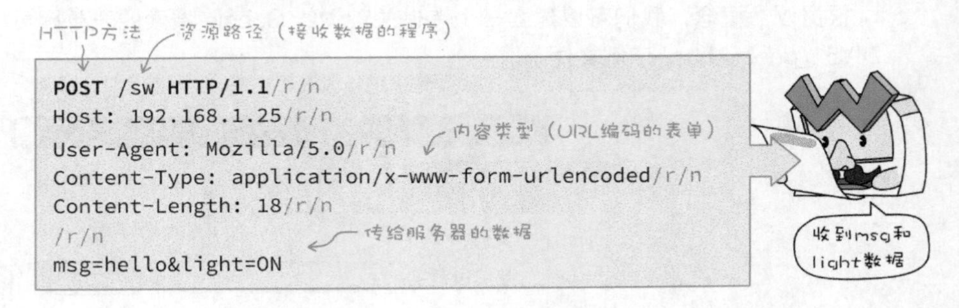

动手做 16-3 建立接收 POST 表单数据的自定义命令

实验说明：使用 Webduino 扩展库编写一个处理 POST 表单数据的程序，在浏览器上呈现用户输入的数据，以及点选的“开”或“关”选项值。

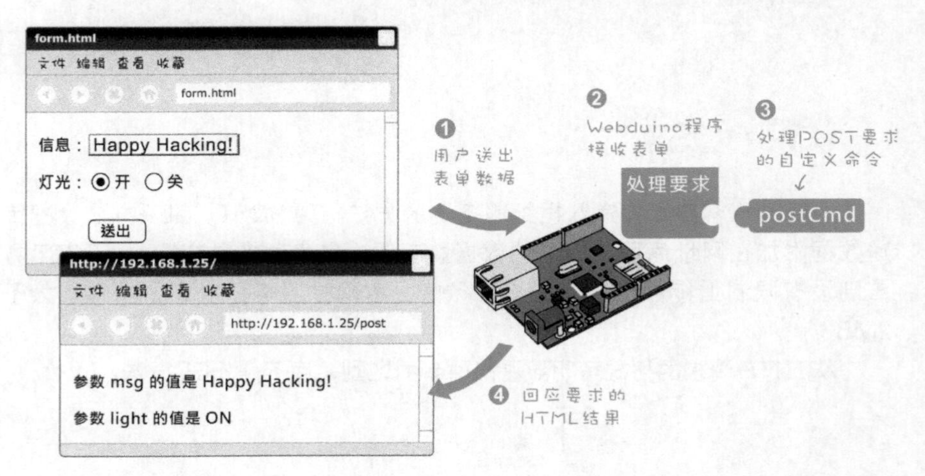

实验材料：材料和电路组装，与“动手做 15-2”单元相同。

实验程序：Webduino 内建接收 POST 与 GET 方法的传递数据的指令，处理 POST 方法比较容易，首先要声明两个分别用于接收表单域的**名称（参数名称）**与**数据（参数值）**的变量，**这两个数据类型都是字符串**。笔者假设表单域的名称和数据值都不超过 15 个字符，因此变量声明叙述写成：

```
char name[16];   ← 存储文本框名的变量
char value[16];  ← 存储文本框值
```

假设文本框名和文本框值都不超过15个字符

上面两行可写成一行

```
char name[16], value[16];
```

读取 POST 数据的指令名称与格式如下，只要有读取到 POST 数据，readPOSTparam()将**返回 true**（注：此指令原意为"read POST parameter"，代表“读取 POST 参数”），并且把数据存入我们自定义的变量 name 和 value。

```
Webduino程序对象名.readPOSTparam(name, 16, value, 16)
```

传入值的最大字节数（指向两个 16）；存储参数名的变量（指向 name）；存储参数名的变量（指向 value）

实验程序：修改“动手做 16-1”单元的程序代码，新增一个名叫 postCmd 的自定义命令的程序片段。

```
void postCmd(WebServer &server, WebServer::ConnectionType type,
             char *, bool)
{
  char name[16], value[16];
  server.httpSuccess();

  if (type == WebServer::POST)
  {
    while (server.readPOSTparam(name, 16, value, 16)){
       server "<p>参数 " << name << " 的值是 " << value << "</p>";
    }
  }
}
```

如果要求的类型是POST（指向 if (type == WebServer::POST)）

读取并输出参数名与数值，直到所有参数都读取完毕。（指向 while 循环）

建立自定义的命令之后，我们还要在主程序的 setup() 函数，通过 addCommand

（直译为“新增命令”）指令，**设置触发此命令的网址路径名称**，笔者将此路径命名为 "sw"（代表 switch，“开关”的缩写）。

```
void setup() {
  Ethernet.begin(mac, ip, gateway, subnet);

  webserver.setDefaultCommand(&defaultCmd);
  webserver.addCommand("sw", &postCmd);

  webserver.begin();
}
```

新增命令与资源路径

自定义的路径，也就是表单处理程序的路径

如此，HTML 表单**只要联机到 192.168.1.25/sw，Webduino 将执行 postCmd 命令来接收表单参数**。假若读者想让自定义命令看起来像一般的网页，可将路径名称设置成 "sw.html"，但网页上的表单处理程序网址也要跟着改写为 192.168.1.25/sw.html。

接下来，请修改“动手做 16-2”的表单网页，**在 HTML 源码的表单标记 <form> 中，指定用 POST 方法发送数据**（其他部分不用改，请参阅 DIY52_form.html）。

请将IP地址改成你的Arduino地址

```
<form action="http://192.168.1.25/sw" method="post">
  信息：<input name="msg" type="text"><br>
   :
</form>
```

指定用POST方法传送数据

实验结果：本单元的 Arduino 程序原始文件名为 DIY52_1.ino，请将它编译并上传到 Arduino 板。上传完毕后，打开 DIY52_form.html（表单网页），随意输入数据后再按下 “**送出**” 钮，Arduino 将接收并返回你刚才输入的数据值。

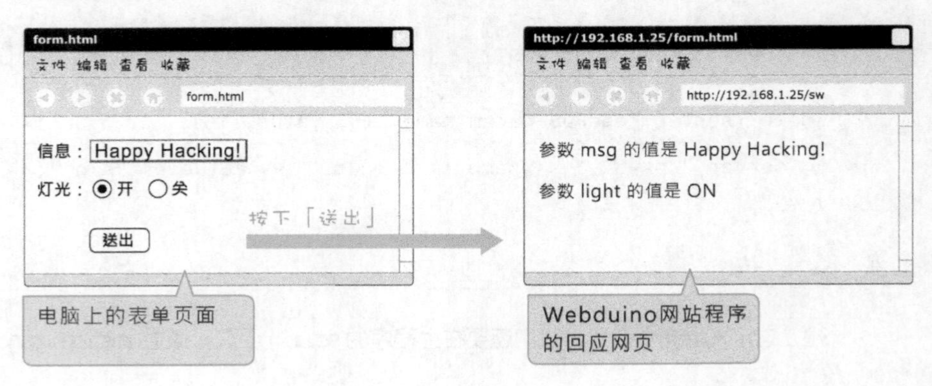

制作 Webduino 表单网页

以上实验示例的表单网页，并没有存储在 Arduino 程序里面，在实际的应用中，表单网页和表单处理程序，都应该存放在网站服务器上。请修改上一节的 Arduino 程序代码，在网站服务器中新增一个表单页面。

笔者声明一个名叫 "FORM" 的变量，在程序内存区中存储表单的 HTML，然后定义一个负责显示表单网页的 formCmd 命令。

```
P(FORM) =          表单数据传送方式      表单处理程序的路径
  "<form method=\"post\" action=\"sw\">"
  "信息：<input name=\"msg\" type=\"text\"><br>"
  "灯光：<input name=\"light\" type=\"radio\" value=\"ON\"> 开"
  "<input name=\"light\" type=\"radio\" value=\"OFF\" checked> 关"
  "<br><br><input type=\"submit\" name=\"button\" value=\"送出\">"
  "</form>";

void formCmd(WebServer &server, WebServer::ConnectionType type,
           char *, bool)
{
  server.httpSuccess();

  if (type != WebServer::HEAD)
  {
    server.printP(htmlHead);
    server.printP(FORM);  ←—— 插入表单
    server.printP(htmlFoot);
  }
}
```

当用户输入在浏览器上输入 Arduino 服务器的表单网址时（如："http://192.168.1.25/form.html"），底下的 Webdunio 程序将会显示表单页面。

```
void setup() {
  Ethernet.begin(mac, ip, gateway, subnet);

  webserver.setDefaultCommand(&defaultCmd);
  webserver.addCommand("sw", &postCmd);
  webserver.addCommand("form.html", &formCmd);

  webserver.begin();              ↖表单网页的路径
}
```

完整的程序代码请参阅 DIY52_2.ino。

动手做 16-4 从浏览器控制远程的灯光开关

实验说明：延续上一节接收表单值实验，请在接收参数值的程序里加入判断条件式，让此网站服务器根据用户的输入值来开、关 LED。

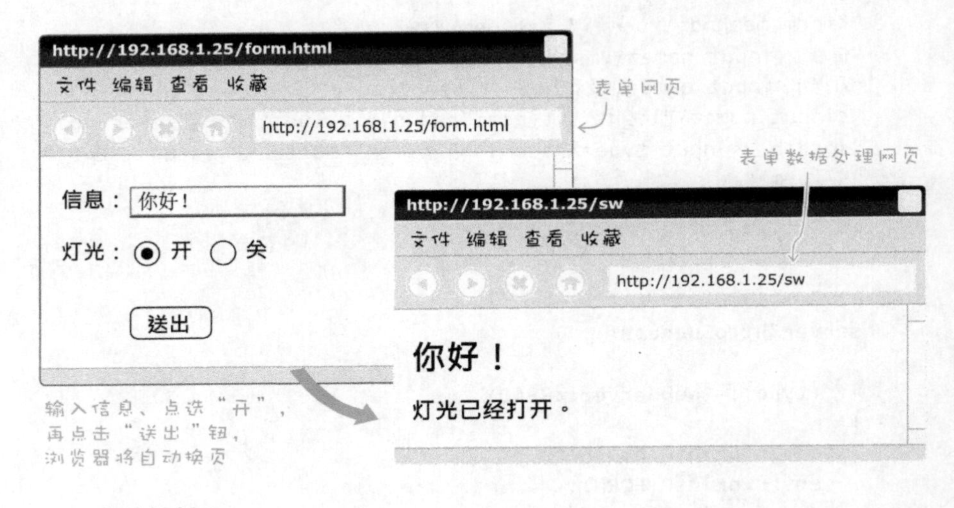

实验材料：

采用 W5100 芯片的以太网卡	1 张
LED（颜色不限）	1 个

实验电路：参考"动手做 15-2"单元连接网卡，并请在数字第 8 脚接一个 LED。

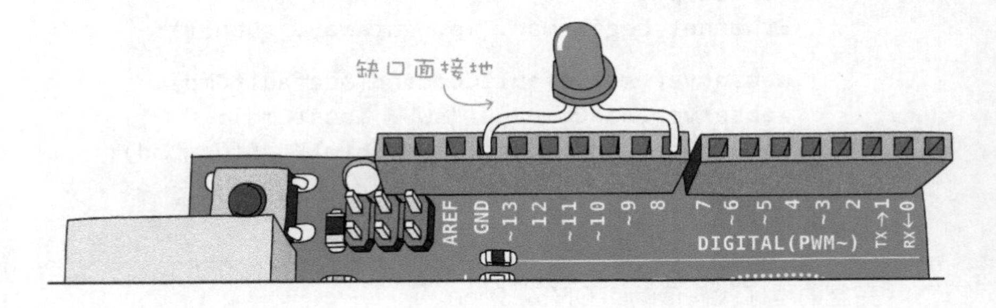

实验程序：先说明一下，**比较两个数字是否相等时，用两个连续等号**，例如：

```
if (a == 0) {
  // 如果 a 的值为 0，就执行这里的描述
}
```

比较两个字符串时，必须使用 strcmp( ) 函数；若字符串相同，此函数将返回 0，例如：

```
if (strcmp(name, "msg") == 0) {
  // 如果 name 的值是 "msg"，就执行这里的描述
}
```

接着，请修改“动手做 16-3”单元的 swCmd 自定义命令程序，加入 LED 控制和相关程序。

```
void postCmd(WebServer &server, WebServer::ConnectionType type,
             char *, bool)
{
  char name[16], value[16];
  server.httpSuccess();

  if (type == WebServer::POST)
  {
    while (server.readPOSTparam(name, 16, value, 16)){
      if (strcmp(name, "msg") == 0) {
        server << "<h1>" << value << "</h1>";
      }

      if (strcmp(name, "light") == 0) {
        server << "<p>灯光已经";
        if (strcmp(value, "ON") == 0) {
          server << "打开。</p>";
          digitalWrite(LED_PIN, HIGH);
        } else {
          server << "熄灭。</p>";
          digitalWrite(LED_PIN, LOW);
        }
      }
    }
  }
}
```

如果是msg参数，就将其值以<h1>大标字体显示

如果是参数是light…

如果其值是"ON"，将LED端设置成高电平

否则，把LED端设置成低电平

当然，我们还得在程序中声明 LED_PIN 常数，并将该脚位设置成输出（OUTPUT）。

```
const byte LED_PIN = 8;    // LED 接在第 8 脚

void setup() {
pinMode(LED_PIN, OUTPUT);
:
:
}
```

实验结果：上传程序代码之后，在浏览器输入 Arduino 表单页面的网址，例如："192.168.1.25/form.html"。然后点选页面上的**灯光"开"**选项，按下**"送出"**钮之后，Arduino 第 8 脚的 LED 被将被点亮。若要控制 220V 的家电，请参阅下文"使用继电器控制家电开关"一节。

接收并处理通过 GET 方法发送的查询字符串

本单元的"表单"页面采用 POST 方法发送数据，主因是 Arduino 端的程序代码比较好写。如果要改用 GET 方式来传递资料也可以，首先，**HTML 网页里的表单标记 <form> 中，要指定用 GET 方法发送数据。**

```
<form action="http://192.168.1.25/gt" method="GET">
  信息：<input name="msg" type="text"><br>
  :
  :
</form>
```

接收并处理GET数据的服务器程序网址

指定用GET方法发送数据

笔者把处理 GET 数据的自定义命令设置为 "gt"。本单元的表单将发送名叫 msg 和 light 的参数，假设用户在表单信息字段输入 "hello" 并选择打开灯光，Arduino 将在收到信息之后，呈现在网页。

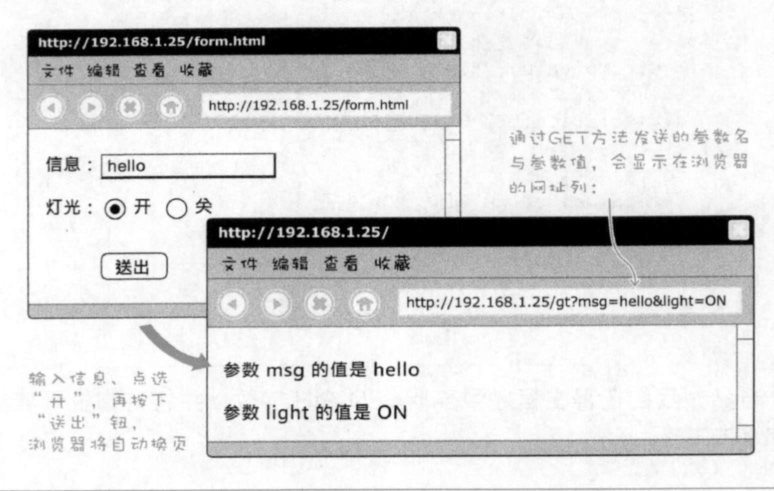

在 Arduino 上取出 URL 参数名称和数据值的处理流程如下。

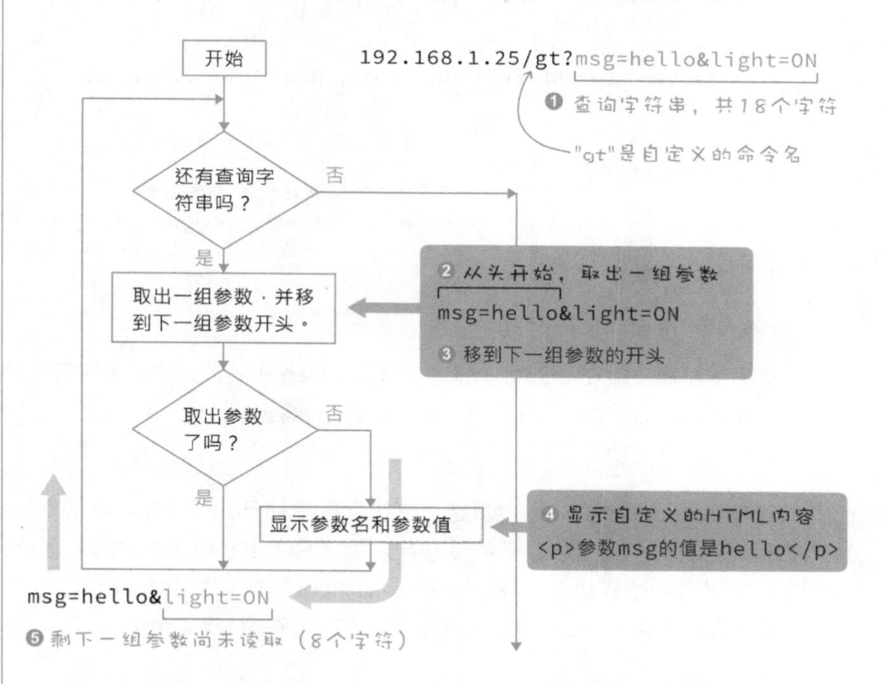

实际的自定义命令程序片段如下，请在函数中加入接收 URL 查询字符串的 url_tail 参数，这里并未使用到 tail_complete 参数，因此可以省略不写。

```
void getCmd(WebServer &server, WebServer::ConnectionType type,
            char *url_tail, bool tail_complete)
{
  URLPARAM_RESULT rc;
  char name[16], value[16];
  server.httpSuccess();

  if (type == WebServer::GET) {
      :
      :
  }
}
```


处理查询字符串的核心程序代码如下。

```
server.printP(pageHead);
while (strlen(url_tail))
{
  rc = server.nextURLparam(&url_tail, name, 16, value, 16);

  if (rc != URLPARAM_EOS)
  {
    server << "<p>参数 " << name << " 的值是" << value << "</p>";
  }
}
server.printP(pageFoot);
```

strlen()原意是string length（字符串长度），此while语句代表：只要查询字符串有内容，就继续执行。

存储读取状态

读取URL参数，分别存入name和value变量，并且返回读取状态。

如果有参数，则输出其值。

查询字符串存放在变量 url_tail 中，通过 **strlen( ) 函数**，可求出字符串的字数，假设 url_tail 存放了 18 个字，strlen( ) 函数将返回 18。

```
strlen(url_tail);    // 返回 18
```

若 strlen() 函数传回 0，代表整个查询字符串都已处理完毕。Webduino 扩展库事先定义了一个代表“已经没有参数”的 **URLPARAM_EOS 常数**，因此，只要 URL 参数的读取状态不是 URLPARAM_EOS，即可输出参数内容。

程序最后要在 setup 区块，加入处理 GET 数据的自定义命令。

```
void setup() {
  Ethernet.begin(mac, ip, gateway, subnet);

  webserver.setDefaultCommand(&defaultCmd);
  webserver.addCommand("sw", &postCmd);
  webserver.addCommand("form.html", &formCmd);
  webserver.addCommand("gt", &getCmd);

  webserver.begin();
}
```

处理GET数据的自定义命令

完整的程序代码请参阅书本光盘里的 web_get.ino 文件。编译并上传新的程序代码之后，可**不必通过表单页面**，直接在浏览器的网址列输入 GET 表单处理程序网址以及测试参数内容。

直接输入网址与参数内容

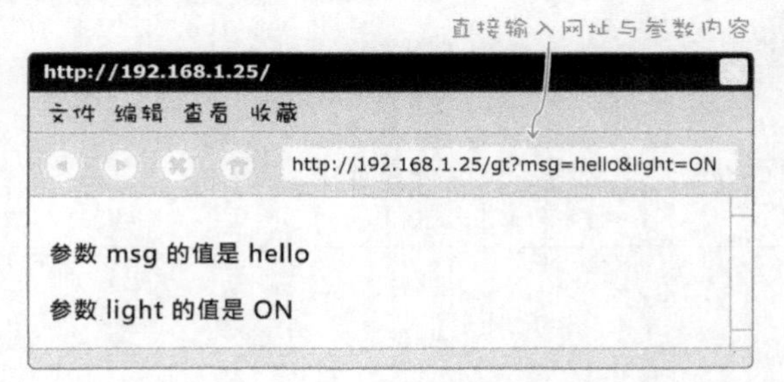

16

16-5 控制家电开关

家庭电器用品的电源大都是220V交流电，微电脑的零件则大多是用5V直流电，电子零件若直接通过220V电压，肯定烧毁，因此在控制家电时，必须要隔开220V和5V。

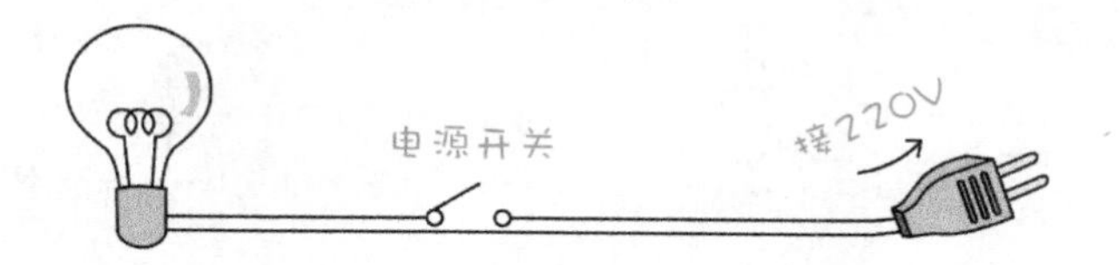

我们可以制作一个机械手臂来控制家电开关，如此，这样就不会接触到220V了。

认识继电器

我们其实不需要运用机械手臂，只要加装**继电器**（relay）就好啦！继电器是“用电磁铁控制的开关”，微电脑只需控制其中的电磁铁来吸引或释放开关，就能控制220V的家电了，继电器的结构如下。

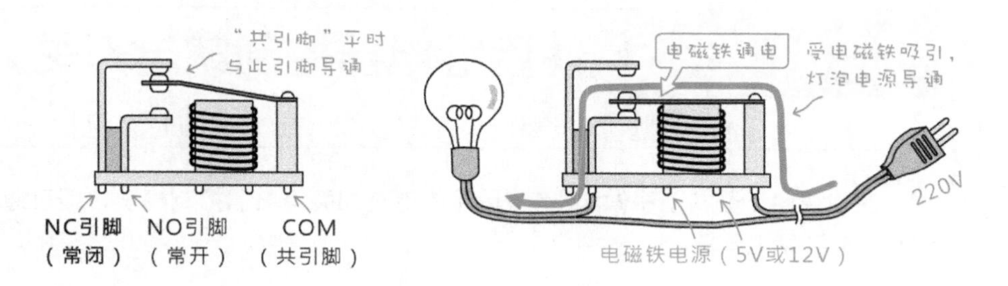

其中电磁铁的电源部分，称为**输入回路**或**控制系统**，连接 220V 电源的部份，叫做**输出回路**或**被控制系统**。继电器的外观和符号如下。

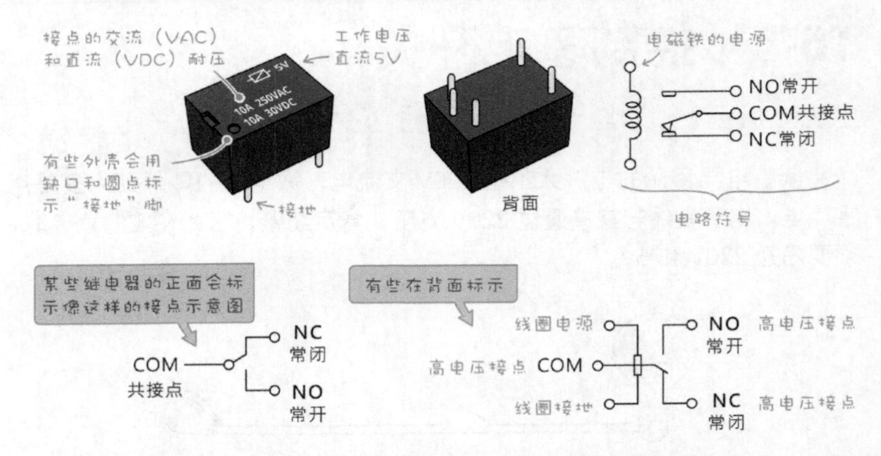

普通的继电器工作电压（通过电磁铁的电压）通常是 5V 或 12V，而电磁铁的消耗电流通常大于微处理器的负荷，因此在 Arduino 需要使用一个晶体管来提供继电器所需的大电流。

市面上很容易可以买到现成的继电器模块，下图右是继电器的驱动电路。和电机的驱动电路一样，继电器内部的线圈在断电时，会产生反电势，因此需要在线圈处并接一个二极管。

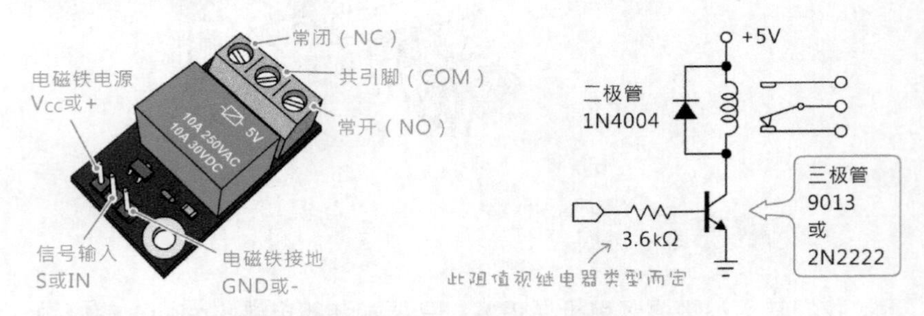

晶体管电路的电阻计算方式，请参阅下文说明。

动手做 16-5 使用继电器控制家电开关

实验说明：替“动手做 16-4”单元的电路加装继电器控制模块，即可通过网络控制家电开关。

实验材料：

直流 5V 驱动的继电器控制板	1 个
220V 灯泡与灯座	1 组
附带插头的 220V 电源线	1 条

如果不用现成的继电器控制板，请额外准备这些材料。

5V 继电器	1 个
9013 或 2N2222 晶体管	1 个
1N4004 二极管	1 个
3.6kΩ（橙蓝红）电阻	1 个

实验电路：底下是用现成的继电器模块的组装图，电源线的连接方式请参阅下一节说明。

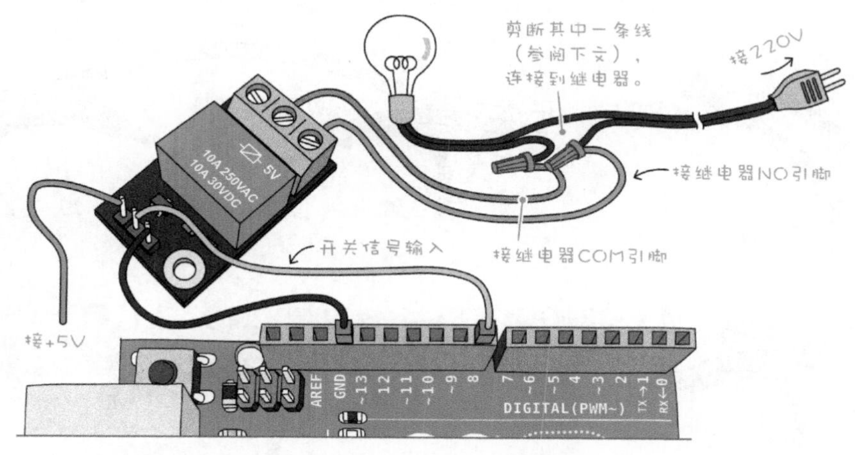

底下则是自行用晶体管等材料组装继电器控制的面包板电路。

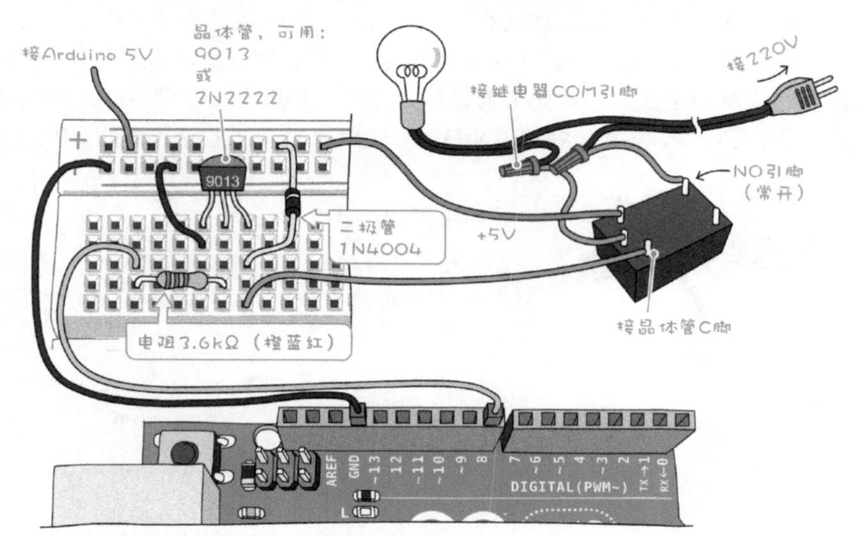

实验程序：本单元的程序代码和“动手做 16-4”相同。

电源线的连接方式

家电的电源线内部通常是由多根（30 根以上）细小的导线（直径 0.18mm）组成，一般称为**花线**或**多芯线**。我们必须剪断其中一边，并延伸一段出来连到继电器，处理步骤如下。

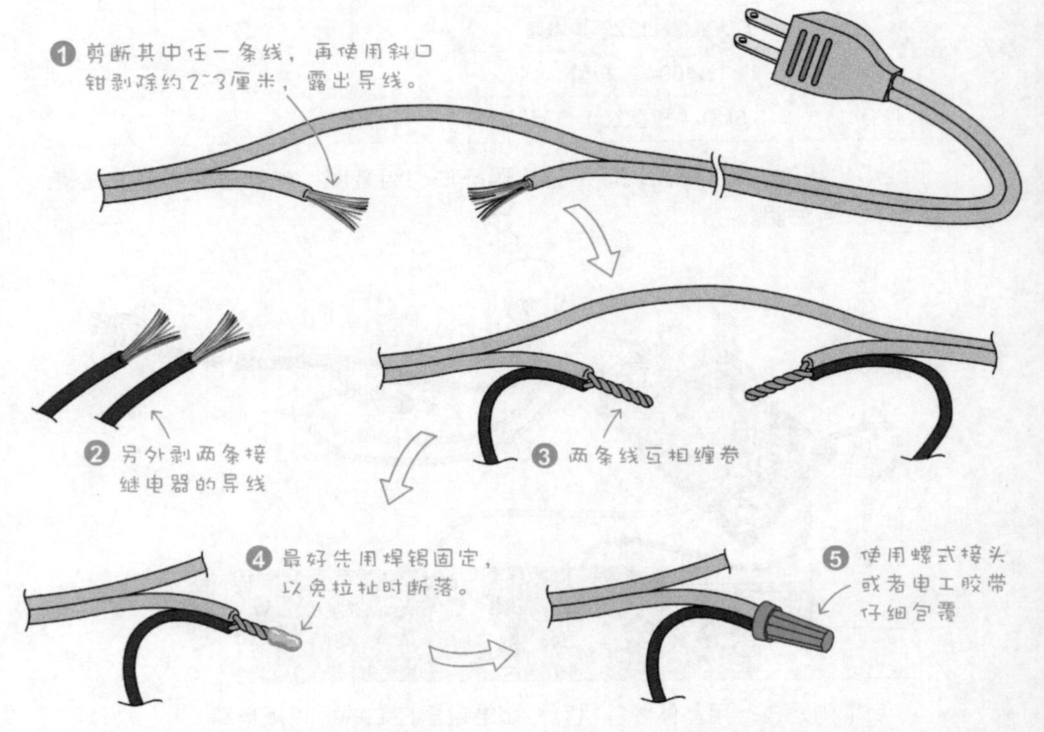

螺式接头内部有螺旋状的金属，可缩紧电线也避免电线外露，水电从业人员在配线（如：装配电灯）时经常使用。但是在制作实验的过程中，读者可能会经常移动电线，因此先将电线扭紧之后，再用电工胶带（PVC 电气绝缘胶带）紧密缠绕，效果比螺式接头还好。使用 PVC 电工胶带包覆的要领如下。

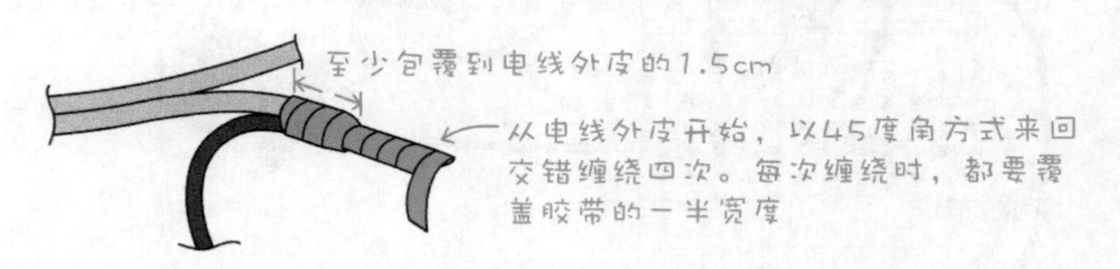

16

继电器电晶体电路的电阻计算

电子组件都有工作电压、电流，以及最大耐电压和电流等规格，挑选组件时，必须要留意它们是否在电路允许的范围值。以继电器为例，它的主要规格是驱动电磁铁的电压和电流，以及开关侧的耐电压和电流，像本节的小型继电器，采用 5V 的电源驱动，开关部分最大允许流通 250V、10A 电流，因此，我们可以采用它来控制小型电器，例如桌灯，但是不适合用于控制电视、洗衣机等大型电器（继电器可能会烧毁，引起火灾）。

设计继电器开关电路时，要先了解选用继电器的线圈耗电流量，假若无法取得规格书，可以用电表测量线圈两端的电阻值，即可从**欧姆定律**计算出耗电流。例如，假设量测值为 100Ω，线圈驱动电压为 5V，则耗电流为：5V/100Ω = 0.05A。

笔者手中的继电器线圈阻抗约 70Ω，假设晶体管的**直流电流放大率**（h_{FE}）为 100，R_B 电阻的计算方式如下。

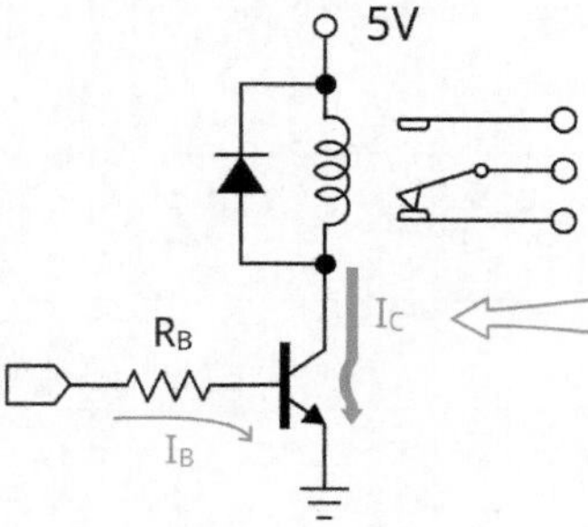

$$I_C = \frac{5V}{70\Omega} \approx 0.0714\ A$$

$$I_B = \frac{I_C}{h_{FE}} \Rightarrow I_B = \frac{0.07A}{100} = 0.0007A$$

连接B极的电阻 ⇨ $R_B = \frac{5V}{0.0007A} \approx 7142\Omega$

CHAPTER
17

Arduino + Flash 集成互动应用

提到 Flash，一般人通常会联想到网页动画。其实，除了制作网页动画和互动内容，Flash 也能发布成 Android、iPhone/iPad 等移动设备 App 应用程序（可运行文件，非网页程序），也可以发布成直接在 Windows 和 Mac OS X 系统上运行的应用软件。

本单元假设读者用过 Flash CS3 软件或更新版本，了解时间轴面板操作、动画以及组件的制作方式。

Flash 是一款优秀的多媒体开发工具，它具备存取计算机上的麦克风和摄影机的功能，因此，互动设计师可以用 Flash 制作出体感互动影片，像底下两个影片，一个是配合摄影机（webcam）制作的增强现实效果，请参阅笔者网站的“从 Extreme 3D 到 Blender 3D：增强现实版的时尚魔女游戏机台”这篇文章说明，另一个是把摄影机捕捉到的动态影像，转换成文字效果，请参阅“把 Webcam 网络摄影机画面转换成 ASCII 文字的 Flash 影片”。

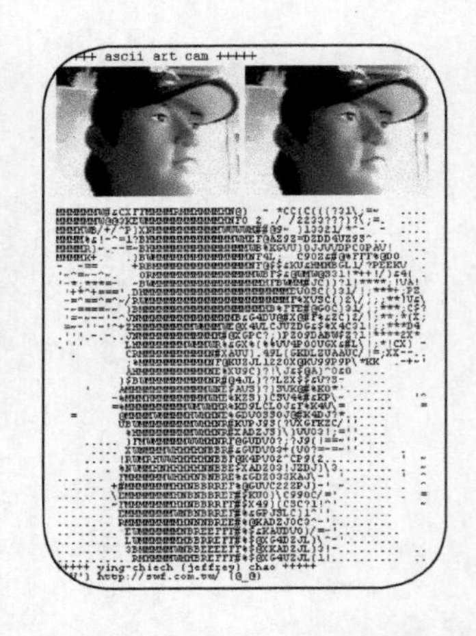

光盘里面还收录一个对着麦克风吹气（产生音量大小变化）来旋转 3D 文字的互动效果示例（“麦克风互动”文件夹）。

17-1 Arduino + Flash = 多元互动媒体

有些互动效果是 Flash 本身办不到的，例如，随着环境光源或者温度变化的互动影片。日本电玩游戏厂商 KONAMI 曾经在一款适用于任天堂游戏机的

"我们的太阳"(Lunar Knights)游戏卡匣上面，设置一个亮度传感器，在游戏过程中将卡匣向着阳光，里面的吸血鬼便会受伤或死亡。

替 Arduino 接上光敏电阻并与 Flash 连接，就能让计算机随着光线强弱，展现拨云见日的动画效果，抑或让荷花动画随着光线逐渐明亮而张开花瓣，甚至让小女生表现从"双手掩面"到展现"阳光般灿烂的笑容"等互动影片效果。

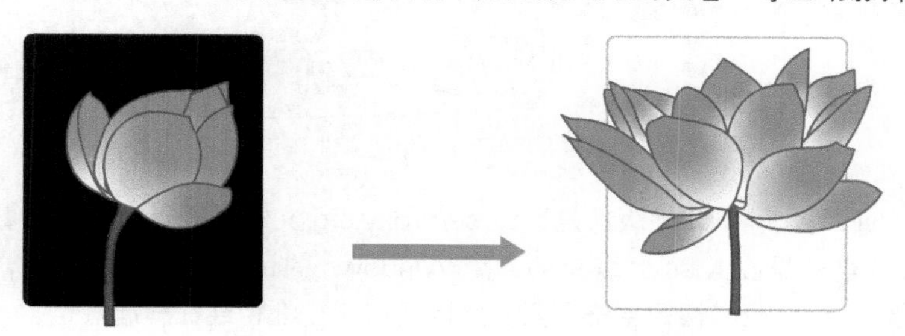

Flash 连接 Arduino

"连接"代表"相互通信"，也就是通过计算机的 USB 端口，从 Flash 传递序列数据给 Arduino 或者相反。然而，Flash 本身并不具备串口联机功能，需要第三者的协助。

本章采用一个名叫 SerProxy (Serial Proxy，直译为"串口中间件")，它通过串口与 Arduino 板连接，并且担任转发信息的工作，提供 Flash 存取串口的服务。

> 除了 SerProxy 之外，还有许多串口中间件可供选用，例如，TinkerProxy (http://code.google.com/p/tinkerit/) 是基于 SerProxy 的改进版，以及 NETLab Toolkit Hub 和 Arduino2Flash 等，但它们的功能其实大同小异。

运行与修改 SerProxy 设置

SerProxy 软件收录在本书的光盘中，读者也能在 Stefano 的网站下载 (http://www.lspace.nildram.co.uk/freeware.html)，不需要安装即可使用，但需要调整一些设置。如第 15 章"端口号"(port)一节介绍的，一般**网站服**

务器的联机端口号是 80，SerProxy 软件的联机端口号默认是 5331。

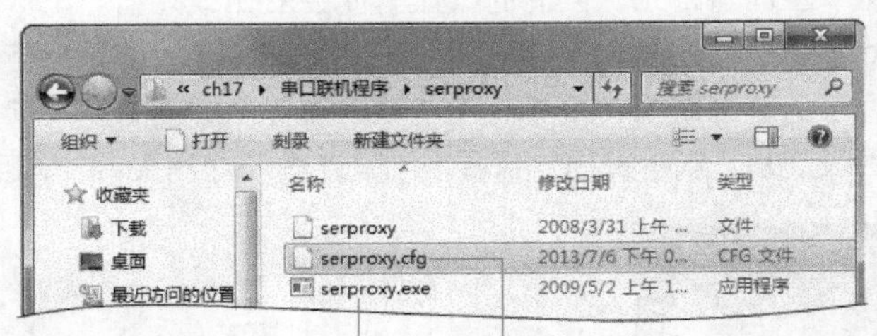

Windows 和 Mac 版都是通过 serproxy.cfg 文件来设置软件的参数。此配置文件最初是在 Mac 上编辑的，用 Windows 的记事本软件打开时，由于两个操作系统对应的换行字符不同，所以所有字行都相连在一起。

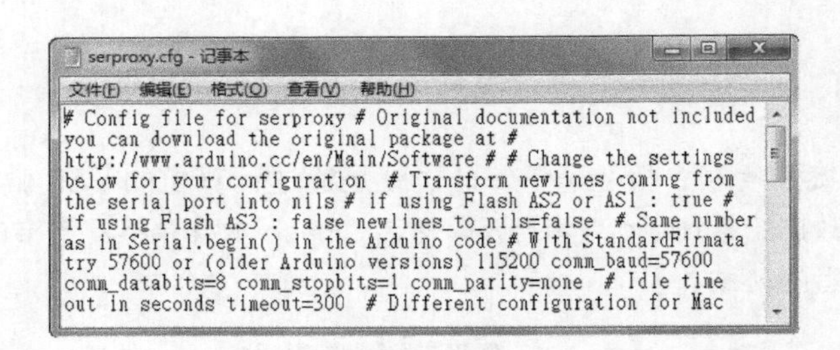


```
# Config file for serproxy # Original documentation not included
you can download the original package at #
http://www.arduino.cc/en/Main/Software # # Change the settings
below for your configuration  # Transform newlines coming from
the serial port into nils # if using Flash AS2 or AS1 : true #
if using Flash AS3 : false newlines_to_nils=false  # Same number
as in Serial.begin() in the Arduino code # With StandardFirmata
try 57600 or (older Arduino versions) 115200 comm_baud=57600
comm_databits=8 comm_stopbits=1 comm_parity=none  # Idle time
out in seconds timeout=300  # Different configuration for Mac
```

如果用 Mac 系统的 TextEditor 软件，或者 Windows 上的使用免费 Notepad++ 软件来打开与编辑，就不会有这个问题，底下是采用 Notepad++ 软件来打开此配置文件的画面。

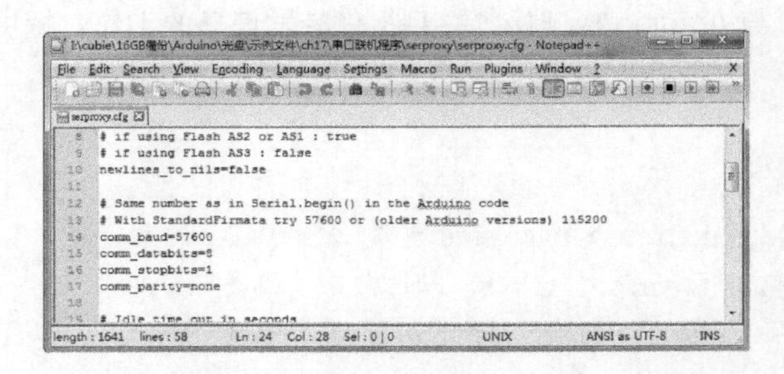


```
 8  # if using Flash AS2 or AS1 : true
 9  # if using Flash AS3 : false
10  newlines_to_nils=false
11
12  # Same number as in Serial.begin() in the Arduino code
13  # With StandardFirmata try 57600 or (older Arduino versions) 115200
14  comm_baud=57600
15  comm_databits=8
16  comm_stopbits=1
17  comm_parity=none
18
```

本节采用的 Flash AS 程序语言是 3.0 版（参阅下文说明），因此**第 10 行的参数要设置成** false。

```
 7  # Transform newlines coming from the serial port into nils
 8  # if using Flash AS2 or AS1 : true
 9  # if using Flash AS3 : false
10  newlines_to_nils=false
```

接着，请看一下联机速率相关设置，**默认采 57600bps 速率联机**（第 14 行），不需要修改。

```
12  # Same number as in Serial.begin() in the Arduino code
13  # With StandardFirmata try 57600 or (older Arduino versions) 115200
14  comm_baud=57600
15  comm_databits=8
16  comm_stopbits=1
17  comm_parity=none
```

最后请**设置 Arduino 板与计算机联机的实际串口编号**，从 Arduino 开发工具可得知（请先把 Arduino 板的 USB 接上计算机），Arduino 板在笔者计算机上的串口号是 18。

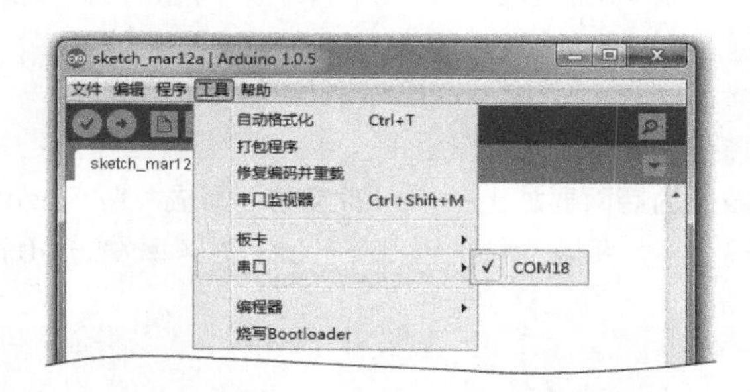

请删除 34 和 35 行前面的注释 "#" 号，并修改串口号。

删除这两行之前的 # 号

```
31  # example : if comm_ports=3 -> net_port3=5331
32  # decomment below................
33
34  comm_ports=18
35  net_port18=5331
36
37  # == OSX ==========================================
```

这两个数字改成实际的串口号

修改完毕后记得按下 Ctrl 和 S 键存盘。

动手做 17-1 测试 Arduino 与 Flash 联机

实验说明：在 Flash 影片中接收 Arduino 板感测到的模拟值。

实验材料：10kΩ 可变电阻，一个。

实验电路：请在 Arduino 板的 A0 模拟脚连接一个 10kΩ 可变电阻。

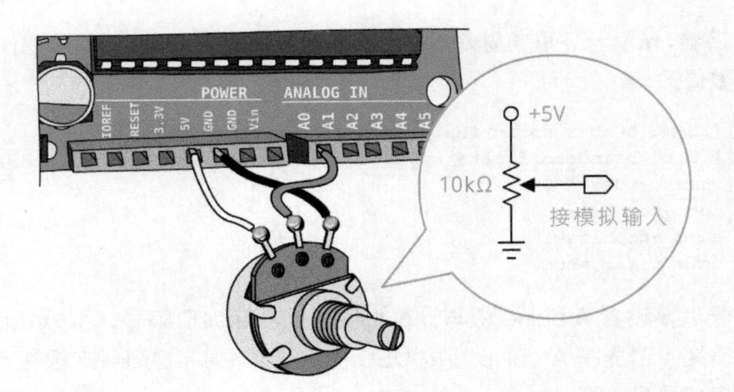

实验程序：对 Arduino 而言，和计算机上的 SerProxy 程序相连，就是向串口发送数据。因此这部分的程序和一般的“序列通信程序”没有什么两样，但请注意两个要点。

- **串口通信速率是 57600。**
- **传递数据的后面要加上一个 Null 字符，写成 '\0'，**Flash 才收得到数据。

示例代码如下，每隔一秒钟以 57600bps 的速率发送 A0 脚位的数据值。

```
void setup() {
   Serial.begin(57600);
}

void loop() {
   int val = analogRead(A0) ;

   Serial.print(val);
   Serial.print('\0');
   delay(1000);
}
```

请先编译与上传代码到 Arduino 板，下一节将说明 Flash 端的程序设计方式。

编写 ActionScript 3.0 测试程序：控制 Adobe Flash 的互动程序语言叫做 ActionScript（注：Action 和 Script 中间没有空格，以下简称 AS），随着软件更新，AS 程序语言也有 1.0、2.0 和 3.0 等版本，而且 AS 2.0 和 AS 3.0 语法并不兼容。

有些设备（例如：Wii 和 PSP 游戏机）的 Flash Player（注：播放与运行 Flash 内容的应用程序），仅支持 AS 2.0，但开发 Android、iPhone 和 iPad 等移动设备的独立应用程序（非在浏览器中运行），只能使用 AS 3.0 版。

Flash 影片的制作工具就叫做 Flash（全名是 Adobe Flash Processional），**请至少使用 Flash CS3 版本，**才支持 AS 3.0 程序。

和 Arduino 程序开发工具一样，Flash 制作软件也提供许多扩展库和类（Class，代表具有特定功能的代码），像处理日期、时间资料的类叫做 Date，提供数学运算函数的类是 Math，**负责和 SerProxy 之类的服务器程序联机的程序类叫做 Socket**。

其实我们不需要理会通信程序（Socket）的详细写法，因为已经有人写好了简易版的联机程序，分成 AS 2.0 和 AS 3.0 两种版本。AS 3.0 版的联机程序放在本书光盘的 DIY55 文件夹的 org 路径下，运用此扩展库开发 Flash 联机程序的写法如下。

1. 请先在桌面上新增一个文件夹，并命名为 "fun"。我们将把 Flash 影片和相关程序文件都放在这个文件夹里面。
2. 打开 Flash 软件，并从它的主菜单选择**文件→新建**指令，画面将出现底下的面板，请选择 ActionScript 3.0 语法的影片。

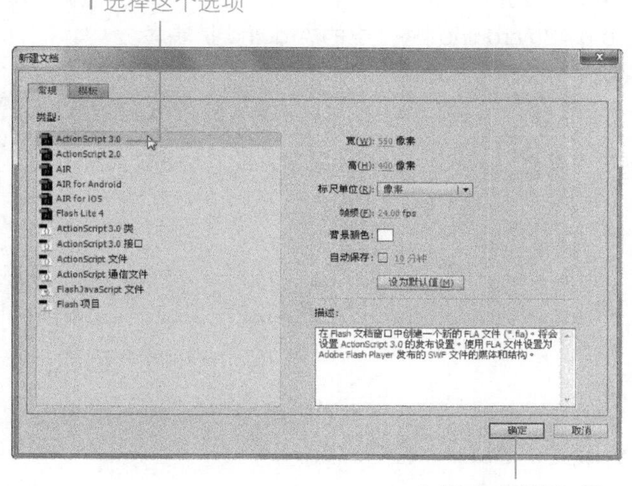

3. 选择**文件→保存**指令，笔者将此影片命名为 test.fla，存放在桌面上的 fun 文件夹里面。
4. 将光盘 DIY55 文件夹里的 org 目录，整个复制到桌面上的 fun 文件夹。

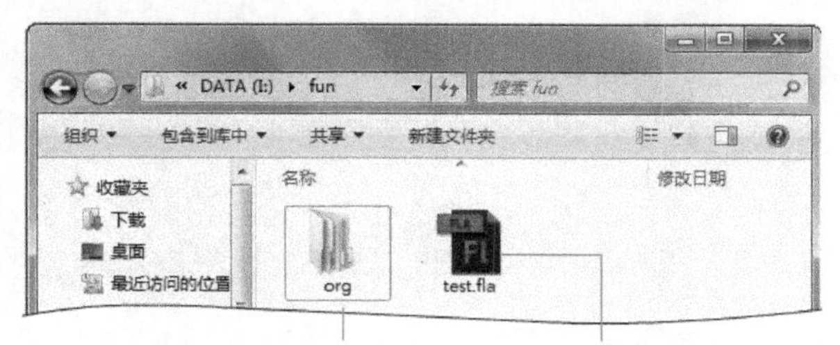

AS 3.0 代码可以写在影片外部，扩展名为 .as 的文本文件，或者影片里的任何关键帧内。若要放在关键帧，习惯上，也为了管理方便，帧代码通常统一放在命名为 actions 图层第一个关键帧。

5 请将图层改名为 actions，然后打开“动作”面板（亦即，程序开发工具面板）。

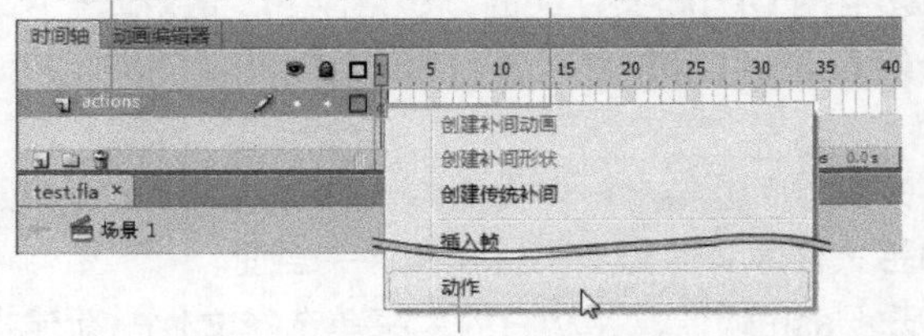

6 请在“**动作**”面板中输入底下的代码，通过 import 指令引用 "org\43d\arduino" 路径里的 Arduino 扩展库。

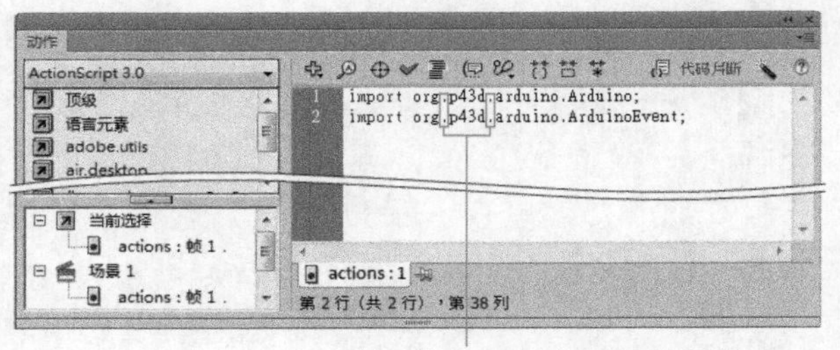

7 继续输入代码。声明一个数据类型为 Arduino 的自定义变量 "a"，并存入新建的 Arduino 程序对象。

```
// 请输入 serProxy 设置的端口号
var a:Arduino = new Arduino(5331);
```

建立 Arduino 程序对象时，该程序默认连接到代表“本机”的 127.0.0.1 地址，假设我们要联机到局域网络上，其他计算机里的 serProxy 程序，请用底下的格式。

```
// 连到 192.168.0.24 计算机上的 serProxy 程序
var a:Arduino = new Arduino(5331, 192.168.0.24);
```

8 在 a 对象上加入侦测“收到来自 Arduino 处理器信息”的事件处理程序。

```
a.addEventListener(ArduinoEvent.ON_RECEIVE_DATA,
                   receiveData);
// 每当 Arduino 有新数据传入时，底下的事件函数将被自动运行
function receiveData(e:ArduinoEvent):void {
     var msg = e.data;          // 读取 Arduino 传入的数据
     trace(msg);                // 在 Flash 的“输出”面板呈现数据
}
```

9 最后，通过 connect( ) 指令，开始与 serProxy 联机（完整的代码请参阅光盘内的 test.fla 文件）。

```
a.connect();
```

实验结果：Flash 程序写好之后，请先把 Arduino 微电脑板接上计算机，再启动 SerProxy 程序，SerProxy 才能侦测到 Arduino。

H:\arduino-1.0.1\serproxy\serproxy.exe
Serproxy - (C)1999 Stefano Busti, (C)2005 David A. Mellis - Waiting for clients

SerProxy 的启动屏幕

接着回到 Adobe Flash 软件，按下 **Ctrl** 和 **Enter** 键（或选择主菜单的**控制→测试影片→测试**指令），过一会儿，Flash 的“输出”面板将不停地显示从 Arduino 传入的 A0 模拟值。

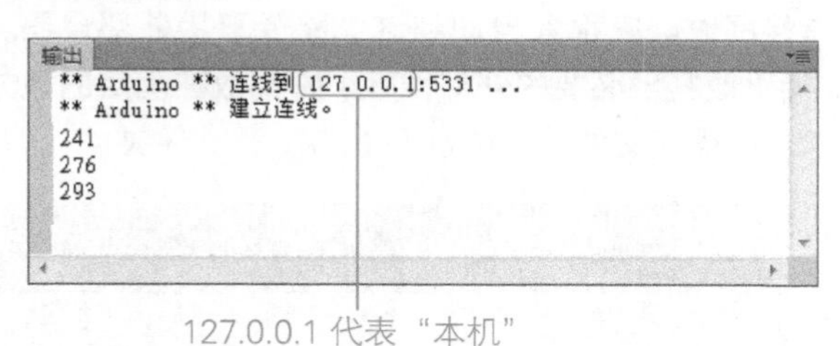

127.0.0.1 代表“本机”

此时，SerProxy 软件也会呈现与 Flash 软件联机的状态消息。

若关闭 Flash 测试影片，它与 SerProxy 程序的联机也随之中断。此外，我们也可以在 Flash 影片里面放置一个按钮，并编写代码来关闭或启动联机。请打开光盘里的 test.fla 文件，笔者已经在“**按钮**”图层的舞台，放置一个名叫 "close_btn" 的“**停止联机**”按钮。

请点选 actions 图层的第一个影格，然后按下 F9 功能键，或选择**窗口→动作**指令，打开“**动作**”面板。然后在现有的程序后面加入底下的按钮事件处理代码。

```
// 每当 close_btn 钮收到“单击”事件
// 就运行 closeConn 事件处理函数
close_btn.addEventListener(MouseEvent.CLICK, closeConn);
function closeConn(e:MouseEvent):void {
      a.disconnect(); // 停止联机
}
```

设置外部 AS3 文件的来源路径

建立 Flash+Arduino 互动影片时，把光盘里的 org 复制到影片原始文件的文件夹，是为了让影片能读取到必要的外部代码。

这个做法可行，但有点不方便：每次建立不同的 Flash+Arduino 互动影片时，都要复制 org 文件夹。

其实，Flash 制作工具允许我们自行指定存放外部程序文件的路径，每次在编译程序时，它都会自动到这个路径取用外部代码。换言之，我们只要把 org（或其他必要的外部程序），都放在固定的地方就好。

笔者把外部程序文件放在磁盘 D 的 "AS3" 文件夹。

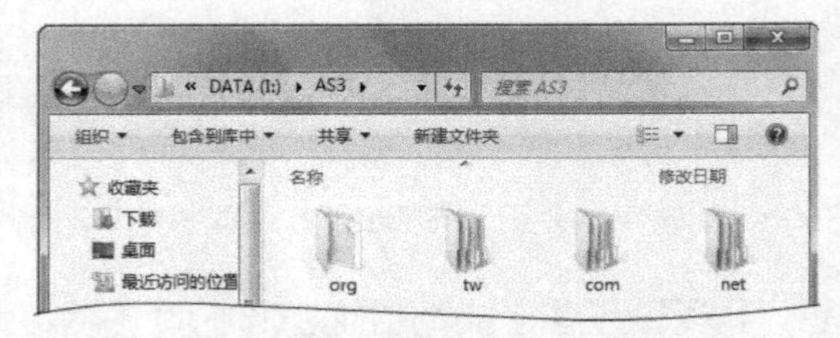

在 Flash 中设置外部程序路径的步骤。

1. 在 Flash 软件中，选择**文件→ ActionScript 设置**指令，屏幕上将出现底下的设置面板。

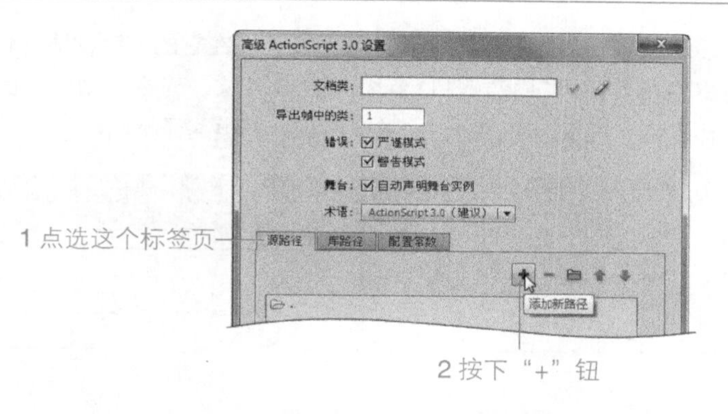

2 按下“+”钮后，面板里面将新增一个路径字段，你可以直接在字段中输入路径，或者按下“文件夹”（浏览到路径）图标。

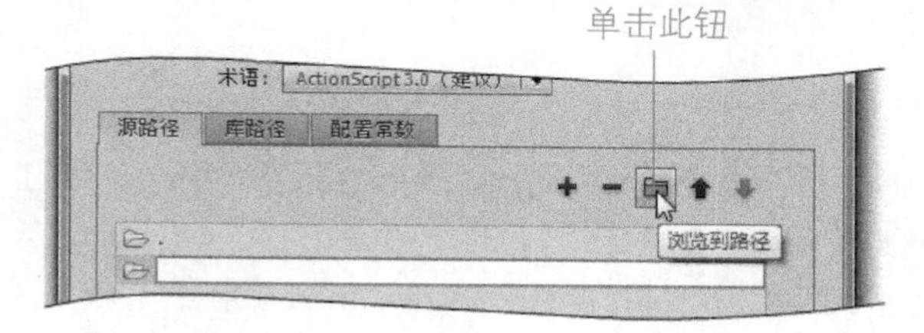

3 画面上将出现底下的面板，请找出并单击 D 盘上的 AS3 文件夹。

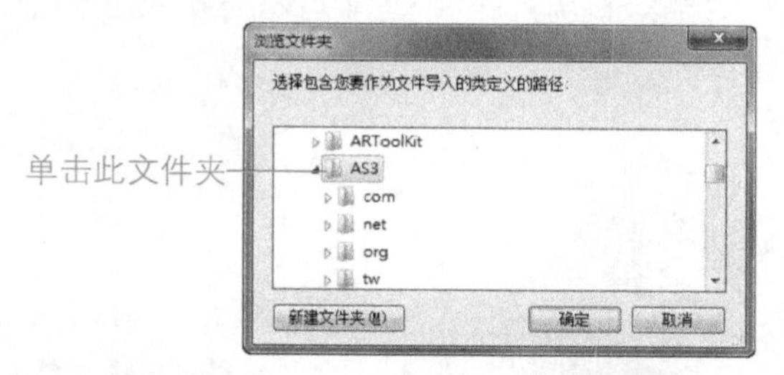

4 按下“**确定**”钮，Flash 就自动帮我们填入路径。

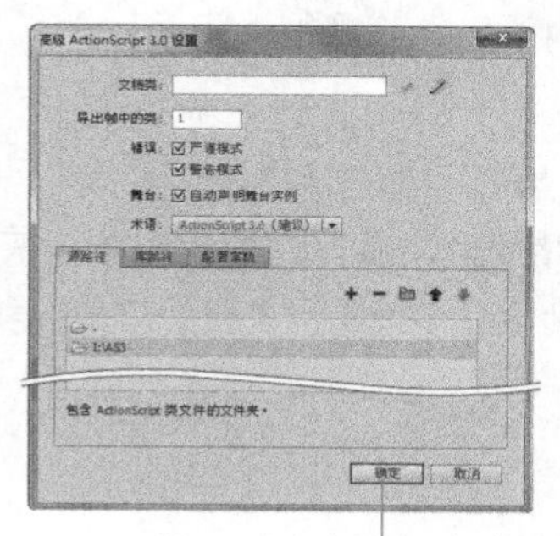

设置完毕后，你可以打开新的影片文件，在它的关键帧输入代码看看，只要事先把外部代码复制到 D 盘的 AS3 文件夹，当在“动作”面板中输入 import 指令并按下空格键时，它就会出现外部类路径提示。

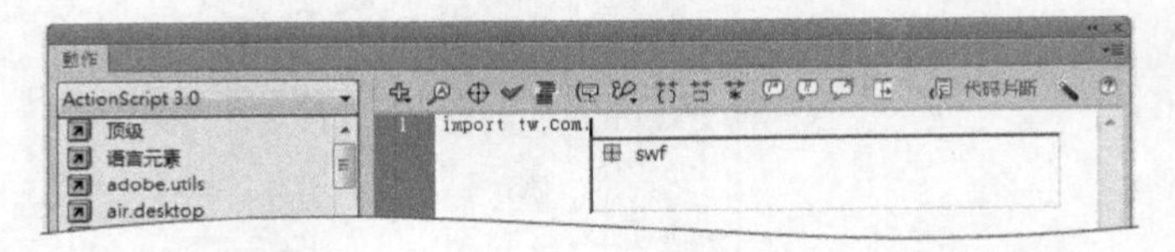

动手做 17-2 “接电子零件”互动游戏

实验说明：本实验采用 10kΩ 可变电阻充当 Flash 游戏的旋钮控制器，当用户转动可变电阻时，游戏画面上的角色会左右移动。

第一台家用电视游戏机乒乓(Pong,Atari公司制造)，就是采用旋钮控制器，让用户以转动方式控制荧光幕里的球拍上、下移动。日本 TAITO 公司也曾推出用于任天堂 DS 游戏机的打砖块 DS（Arkanoid DS）游戏，搭配旋钮控制器销售。

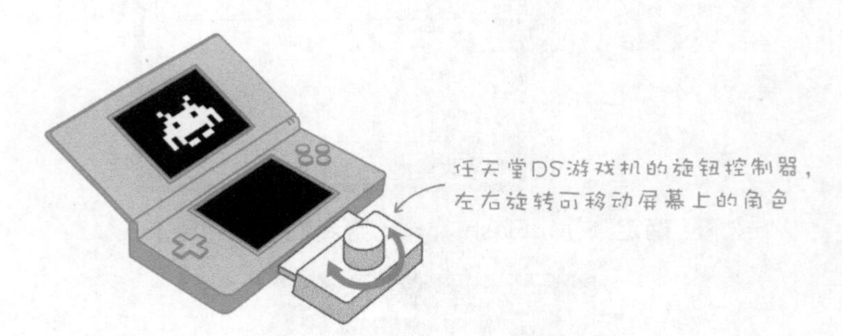

本节的互动游戏改编自“接宝石”游戏，右上角的对话框里面将随机呈现电子组件符号，玩家将扮演阿蝙，左右移动接住天上掉下来的电子零件。若接到与电路符号相同的组件，将能加 10 分，否则就扣 10 分（最低扣到 0 分）。

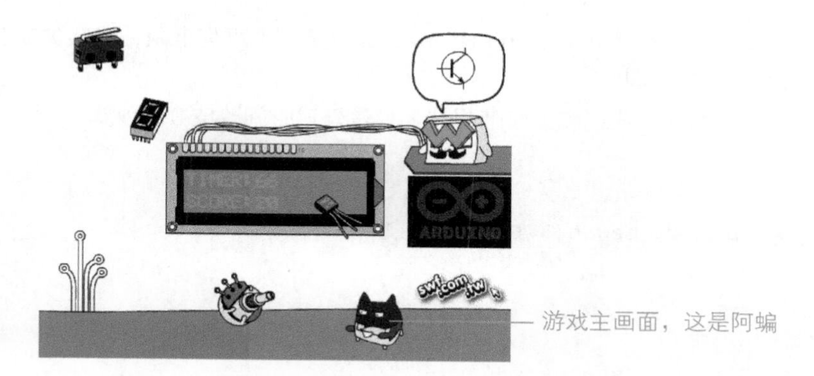

底下是游戏一开始的控制方式选择画面，读者可以打开光盘 DIY56 文件夹里的 "接接乐 .exe"（Windows 版）或 "接接乐 .app"（Mac 版），并选择 “用鼠标玩” 体验一下。

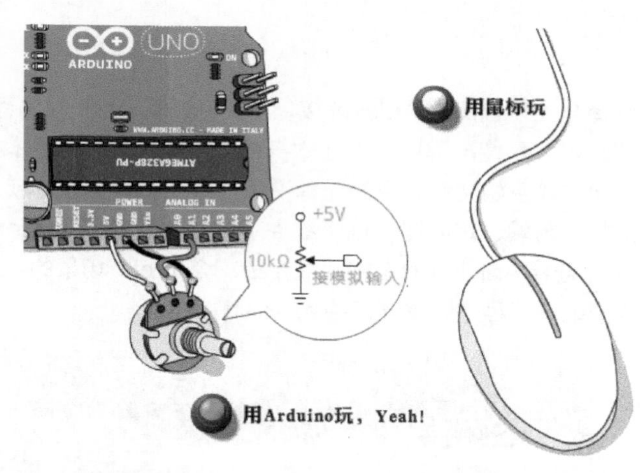

若选择以 Arduino 方式控制，但是没有正确连接 Arduino 的话，游戏将自动跳到结束画面。

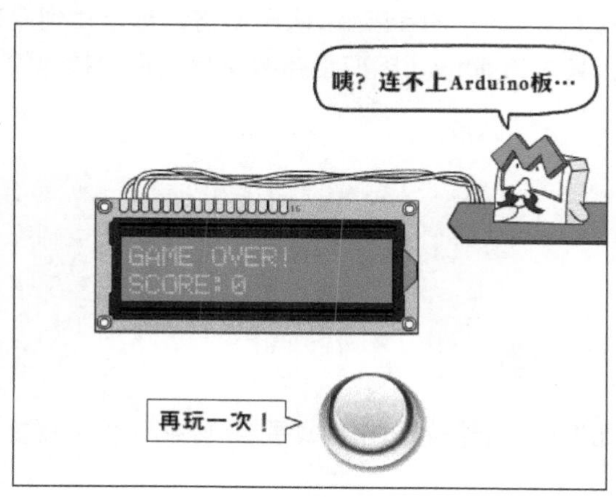

没有接 Arduino

实验电路：请在 Arduino 板的 A0 脚衔接一个可变电阻，连接方式与“动手做 17–1”相同。

实验程序：代码和上一节相似，只是延迟时间改成 0.1 秒。

```
void setup() {
    Serial.begin(57600);
}

void loop() {
    int val = analogRead(A0) ;

    Serial.print(val);
    Serial.print('\0');
    delay(100);                 // 每 0.1 秒发送模拟值
}
```

请先编译与上传代码到 Arduino 板，下文将说明 Flash 端的程序设计方式。

移动“阿蝙”的控制程序：游戏本身的 AS 程序设计不是本节的重点，请读者自行参阅游戏原始文件之中的注释说明。游戏影片文件分成三个场景，各个组件（例如：阿蝙、定时器和电子零件）的代码，放在 tw\com\swf 路径底下的 .as 文件，连接 Arduino 的程序则放在第二个 "main" 场景的 actions 图层帧，若要观看或修改联机程序，请先切换到 "main" 场景。

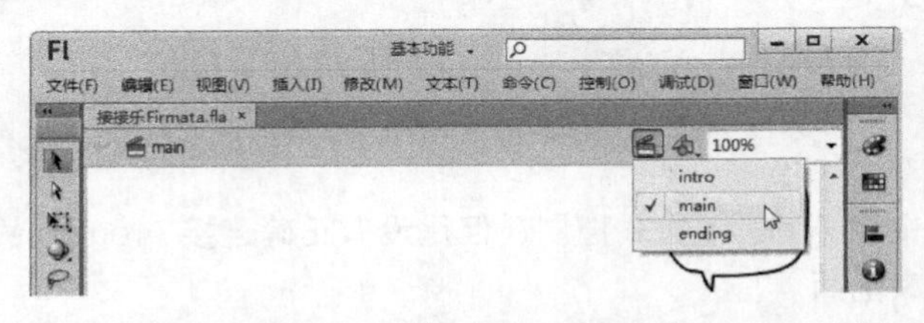

在 main 场景的 actions 图层影格，可以找到底下这一段设置“阿蝙”的描述，其中的 actMode 变量存放用户选择的操作模式，可能值为 "mouse" 或 "arduino"。

```
var bian:Bian = new Bian(actMode); // 动态产生一个阿蝙
                                   // 并设置它的操作模式
bian.x = 100;                      // 阿蝙的默认 x, y 坐标
bian.y = 345;
addChild(bian);                    // 把阿蝙放在舞台上
```

如果用户选择的操作模式是 "arduino"，程序需要启动与 Arduino 板的联机，

这项工作交由底下的程序负责。

```
if (actMode == "arduino") {          // Arduino 联机设置程序
  var port:Number = 5331;
  var a:Arduino = new Arduino(port);

  // 设置事件，若收到 Arduino 板的数据，则运行 receiveData
  a.addEventListener(ArduinoEvent.ON_RECEIVE_DATA,
    receiveData);
  // 若无法与 Arduino 板联机，则运行 connectError
  a.addEventListener(ArduinoEvent.ON_CONNECT_ERROR,
    connectError);
  a.connect();
}

function connectError(e:ArduinoEvent):void {
// 处理 Arduino 联机失败的事件
  errorMsg = " 联机失败 ";         // 记录错误信息（用于游戏结束场景）
  console.stopGame();             // 停止游戏
}
```

游戏舞台画面的宽度为 550 像素，而模拟输入值的范围是 0~1023。假如模拟输入值是 0，游戏里的阿蝙将移动到最左边（x 坐标值 0），若模拟输入值是 1023，阿蝙将移到最右边（x 坐标值 550），根据底下的说明，模拟输入值乘上约 0.54，即可让阿蝙移到对应的位置。

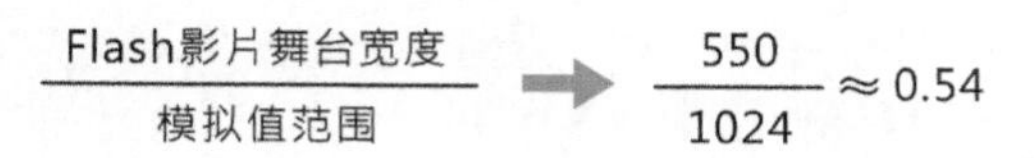

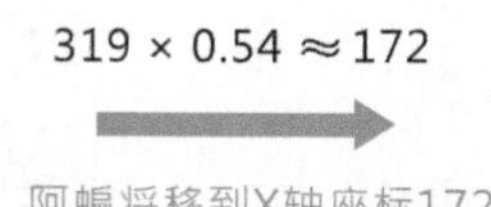

在 Flash 中接收 Arduino 数值，并设置“阿蝙”移动坐标的 AS3 函数叫做 receiveData( )，“阿蝙”在程序中的名字则是 "bian"。

```
function receiveData(e:ArduinoEvent):void {
  var n:Number = Number(e.data);      ← 输入的字符串值要转成数字类型
  bian.moveX(n * 0.54);
}                  设置阿蝙的X轴座标
```

17-2 认识 Arduino 的 String（字符串）扩展库

底下单元的程序需要从一个字符串中，取出部分字符，为了简化代码，本节将采用一个能简化字符串操作的 String 扩展库（注：string 就是"字符串"的意思）。本节将简介 String 类的基本语法。

String 扩展库内建于 Arduino 程序开发工具，无需另外安装。使用 String 来声明一个暂存字符串数据的变量，语法如下。

S要大写 ↘　　　　　　　　↙ 不用加方括号

```
String 字符串变量名 = "字符串内容";
```

例如，底下的代码将声明一个名叫 micro 的字符串变量，其值为 "Arduino"。

```
String micro = "Arduino";
```

String 数据采用 '+' 号连接字符、字符串或数字。下列代码运行后，str 值将是 "A is for apple."。

```
String str = "";          ← 建立一个空白字符串
str += 'A';               ← 字符仍用单引号括住
str += " is for apple.";
```

这一行等同于：

```
str = str + " is for apple.";
```

String 提供许多方便好用的功能（函数）。

length( )	返回字符串的字符数（不含结尾的 null）
equals( )	比较两个字符串内容是否相同（大小写有别）
charAt( )	取出字符串中的特定字符
substring( )	取出部分字符串内容
toCharArray( )	将字符串复制到字符数组中
toLowerCase( )	将字符串内容全部转换成小写

假设程序里面声明一个 str 字符串，在此字符串运行上述指令的示例如下（注：取出部分字符串的 substring( ) 有两种写法）。

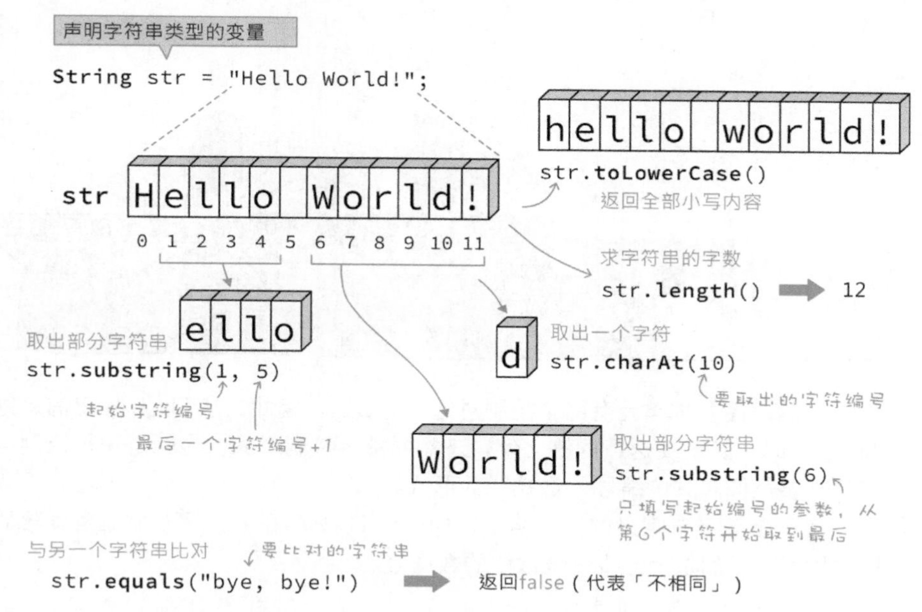

String 扩展库很方便，但这是要付出代价的：编译后的 **String 扩展库本身约占用 1.5KB（1500 字节）**大小。如果只要存放字符串，不需要运行连接或分割功能，还是用普通的 char 数组语法就好。

动手做 17-3 Flash 灯光开关和调光器

实验说明：本单元将采用两种按钮示范建立一个 Flash 接口的灯光开关和调光器。

笔者在 Flash 上建立了两种开关组件（"DIY57_ 开关 .fla" 文件），一种是基本的 0 与 1 切换开关，另一种则是旋钮：往右转动旋钮，输出数值会增加直到 255 为止，往左旋转则会减少输出到 0。

实验材料：LED（颜色不限），两个。

实验电路：请在 Arduino 的数字第 5（具备 PWM 输出功能）和 13 脚，各连接一个 LED。

实验程序：本单元有两个控制对象（LED），因此，从 Flash 发出信息给 Arduino 时，除了发送数据值之外，还需要指定控制对象，也就是说，控制信息格式要类似“脚位编号 + 数据”的形式。

底下是笔者自定义的信息格式，由一个 D 或 A 开头，后面加上两位数的脚位编号，最后加上至少一位数字的数据值。

□○○△\n

D（数字）或 A（模拟）

端口号（两位数）

数据（至少一个数字）

代表“结束”的新行字符

例如，底下两个信息字符串分别代表“向数字第 13 脚输出高电位”，以及“向数字第 2 脚输出低电位”，**每个信息都要加上一个“新行（newline）字符”结尾，让接收端确切知道“讲完了”**。

模拟（PWM）输出的讯息脚位同样是用两位数字表示，后面跟着 0~255 之间的任意数字值，假设我们传递 "A05128\n" 这样的信息给 Arduino，它将理解成：**在数字第 5 脚输出 128 的 PWM 信号。**

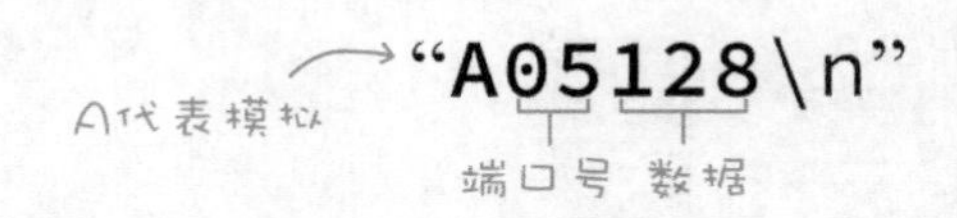

具备 PWM 输出的脚位编号是数字 3、5、6、9、10 和 11 脚，输出值范围是 0~255。

我们先采用 String 扩展库，建立一个接收串口字符串数据的程序。首先声明底下的变量。

```
String str = "";              // 接收到的串口字符串值，默认为空字符串
boolean lineEnd = false;   // 是否收到完整信息，默认为“否”
char type;            // 信息类型字符，'A' 代表模拟；'D' 代表数字
int pin;              // 存储引脚编号
int data;             // 存储数据值

void setup() {
  Serial.begin(57600);
}

void loop() {
  while (Serial.available()) {     // 发现有数据传入时
                                   // 运行大括号里的程序
    char c = Serial.read();        // 每次读取一个字符
    str += c;              // 把读入的字符链接成字符串
    if (c == '\n') {       // 如果读取到 '\n' 字符
      lineEnd = true;   // 代表“读取完毕”，可以开始解析字符串了
    }
  }

  // 此处将加入下文“解析自定义信息的代码”
}
```

解析自定义信息的代码：当程序接收到一个完整的信息之后，需要进一步解析其中的意义，底下的代码将负责取出信息里的脚位编号，以及控制数值:

如果收到的是 D 开头的数字数据，只要取出自定义信息的第 3 个字符，再减掉 48，即可得到的数字值。

如果是收到的是 A 开头的模拟数据，数据值可能介于 0~255 之间，需额外的处理手段把诸如 "128" 之类的字符串转换成数字 128。笔者把“字符串转换成数字”的程序写成叫做 strToInt( ) 的自定义函数，它将接收一个字符串数据，并返回整数值。

```
if (lineEnd) {
    type = str.charAt(0);
    pin = strToInt(str.substring(1,3));

    if (type == 'A') {
      data = strToInt(str.substring(3));
      analogWrite(pin, data);

    } else if (type == 'D') {
      data = str.charAt(3)-48;
      digitalWrite(pin, data);
    }

    lineEnd = false;
    str = "";
}
```



```
int strToInt(String s) {
  char buf[s.length() + 1];
  s.toCharArray(buf, sizeof(buf));
  return atoi(buf);            // 将 buf 数组转换成整数之后返回
}
```

C语言的**atoi()函数**能将“字符串转换成数字”，然而，它的输入值必须是“数组”形式，因此程序必须先把从串口传入的字符串转换成数组格式。String扩展库的toCharArray()函数，能将“字符串转换成数组”，语法格式如下。

字符串变量.toCharArray(存储转换值的数组，数组的大小)；

程序首先声明一个储存转换结果的数组，其大小是字符串的字数加1。接着运行toCharArray()函数进行转换。

```
char buf[s.length() + 1];

s.toCharArray(buf, sizeof(buf));
```


完整的代码请参阅书本光盘里的DIY57.ino文件。代码输入完毕后，编译并上传到Arduino板，将能先在**串口监视器**中测试，通过自定义的信息格式(如: D131)控制LED灯。

输入 D131 或 A05128 等信息

COM18

D131 发送

自动滚动 换行 (NL) 57600 baud

传输速率是 57600bps

请选择 NL(newline) 选项

好啦！ Arduino 微电脑的程序到此告一段落，底下开始说明 Flash 的 AS 代码。

处理开关动作的 ActionScript 程序：与开关相关的外部程序文件（扩展名是 .as）有两个，一个是位于 tw.com.swf 路径里的 Switch.as 开关主程序，另一个是 tw.com.swf.events 路径里的 SwitchEvent.as 开关事件程序。读者不需要修改这两个代码，但是如果你要复制本节的 Flash 原始文件，记得要一并复制这些 .as 文件。

"开关" 组件(位于 "DIY57_开关.fla" 文件的组件库当中)由三个画面组成："开"、"关" 和 "停用"。

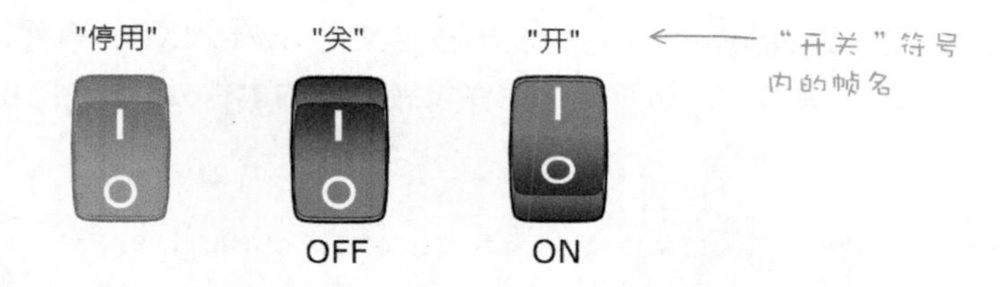

在尚未与 Arduino 联机或者联机失败时，开关都应该要呈现 "停用" 状态外观。建立与 Arduino 联机及相关事件的代码如下。

```
import flash.display.MovieClip;
import flash.events.Event;
import org.p43d.arduino.Arduino;        // 引用 Arduino 联机类
import org.p43d.arduino.ArduinoEvent;// 引用 Arduino 事件类
import tw.com.swf.events.SwitchEvent;// 引用自定义的开关事件类

var sw:MovieClip = sw_mc;  // 舞台上的开关实体名称是 "sw_mc"
// 先停用开关组件的鼠标功能（即不接收鼠标按键事件）
sw.mouseEnabled = false;
var a:Arduino = new Arduino(5331); // 设置连接本机的 Arduino

// 设置 "联机成功" 的事件处理程序
```

```
addEventListener(ArduinoEvent.ON_CONNECT, connectOK);
// 设置"联机失败"的事件处理程序
a.addEventListener(ArduinoEvent.ON_CONNECT_ERROR,
connectError);
a.connect();
// 开始与 Arduino 联机

function connectError(e:ArduinoEvent):void {
      // 处理 Arduino 联机失败事件
      sw.gotoAndStop("停用");    // 切换到开关的"停用"暗淡画面
}
// 处理 Arduino 联机成功事件
function connectOK(e:ArduinoEvent):void {
// 启用开关的鼠标功能
      sw.mouseEnabled = true;
// 切换到开关的"关"画面
      sw.gotoAndStop("关");
}
```

当用户按下开关组件时，它将发出自定义的 SwitchEvent 事件，并且返回开关的状态（0 或 1）。请替开关组件设置底下的事件处理程序，让它随着开关发出信息给 Arduino。

```
sw.addEventListener(SwitchEvent.TOGGLE, swHandler);
// 每当开关被按下时，底下的事件处理函数就会被运行并传入开关状态
function swHandler(e:SwitchEvent):void {
  var s:Boolean = Boolean(e.sw);  // 开关状态值，非 0 即 1
  if (s) {                        // 如果状态值是 1
    a.send("D131\n"); // 送出代表在 Arduino 数字第 13 脚输出 1 的信息
  } else {            // 否则
    a.send("D130\n"); // 送出代表在 Arduino 数字第 13 脚输出 0 的信息
  }
}
```

程序输入完毕后，先把 Arduino 接上计算机再启动 SerProxy 程序，最后按下 Ctrl 和 Enter 键测试，你将能通过此 Flash 开关来控制 LED。

处理旋钮调光器动作的 ActionScript 程序：旋钮组件的外部程序文件包含位于 tw.com.swf 路径里的 Knob.as 文件（主程序），以及 tw.com.swf.events 里的 KnobEvent.as 文件（自定义事件）。每当旋转旋钮时，它都会发出 KnobEvent.TURN 事件并附带当前的旋转数值。

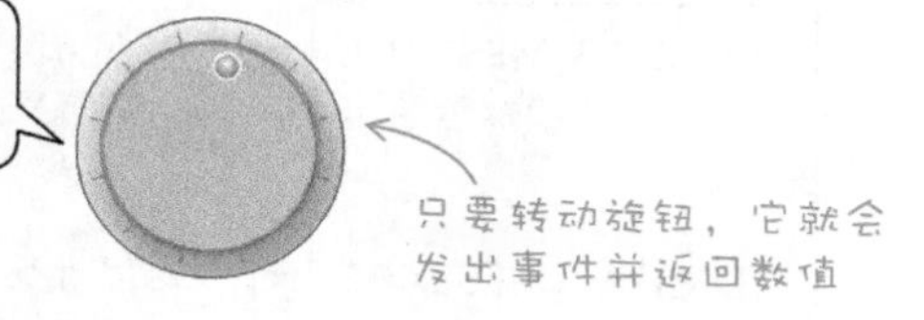

侦测旋钮旋转并传值给 Arduino 的代码如下。

```
import tw.com.swf.events.KnobEvent;  ← 包含旋钮事件包

var knob:MovieClip = knob_mc;  ← 旋钮的实例名
knob.addEventListener(KnobEvent.TURN, turnHandler);
function turnHandler(e:KnobEvent):void {
  var msg:String = "A05" + String(e.value) + "\n";
  a.send(msg);
}
```

传给Arduino板

自定义事件的返回值是数字类型，需要先转换成字符串类型，否则会出错

程序输入完毕后，按下 Ctrl 和 Enter 键测试，你将能通过此旋钮来调整 LED 的亮度。

17-3 使用 Firmata 在 Flash 和 Arduino 之间传递数据

上文的 Arduino 和 Flash 应用程序之间，通过我们自定义的信息格式来交互，本单元将示范采用另一种方便在微处理器与计算机应用程序之间传递数据的**通用信息格式，**叫做 **Firmata**。Arduino 程序开发工具有提供处理 Firmata 信息的扩展库（Firmata.h），许多计算机程序语言也都有相关的扩展库可用，包含 Flash ActionScript、JavaScript、VB.net、Python 等程序语言（请参阅：http://firmata.org/wiki/Download）。

Firmata 程序的基本架构很简单，而且我们并不需要知道 Firmata 的实际信息内容就能开发程序。假设我们要让 Arduino 接收 Flash 传入的模拟值，只要写一个自定义函数，并将它**附加（attach）**到 Firmata 扩展库的**模拟信息（analog message）**上，每当收到新的模拟数据时，它将自动运行我们的自定义函数。

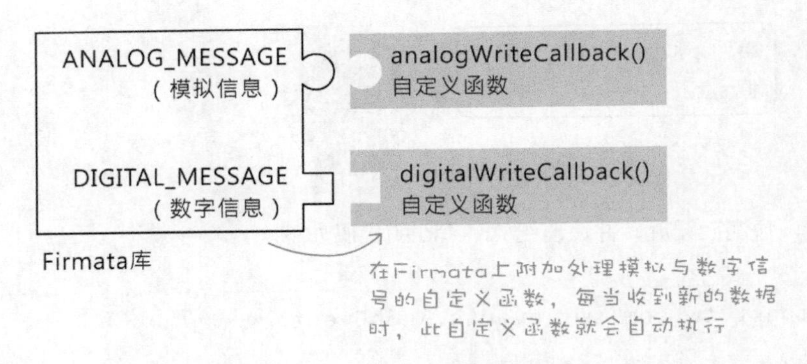

像这种被触发运行的函数，通称为**回调函数**（callback function），函数的名称也通常（非强制性地）用 Callback 结尾。

接收并处理 Firmata 模拟信息的 Arduino 程序

在 Arduino 上接收并处理 Firmata 模拟信息的实际程序写法如下（请参阅“动手做 17–1”的电路，在 Arduino 的 A0 脚连接一个 10kΩ 可变电阻测试）。

```
#include <Firmata.h>    // 包含Firmata库

byte pwmPin = 11;       // 设置调光LED的端口

void analogWriteCallback(byte pin, int value) {
    if (IS_PIN_PWM(pin)) {
        analogWrite(pin, value);
    }
}

void setup() {
  Firmata.setFirmwareVersion(2, 3);
  Firmata.attach(ANALOG_MESSAGE, analogWriteCallback);
  Firmata.begin(57600);

  pinMode(pwmPin, OUTPUT);
}

void loop() {
  while(Firmata.available()) {    // 收到Firmata数据时...
    Firmata.processInput();       // 处理Firmata的输入数据
  }
}
```

模拟信息处理函数（参阅下文说明）

设置Firmata信息的版本

自定义的模拟信息处理函数

附加接收“模拟信息”的回调函数

Firmata采用57600bps速率连接

开始解析信息并执行附加在信息上的自定义回调函数

请编译并上传此代码到 Arduino 微电脑板备用。

Firmata 信息有 1.0 和 2.x 版，而且彼此并不兼容。有些程序将主要版本编号设置成 0、次要版本编号设置 1 或 2，笔者则是依照 Arduino 自带的 StandardFirmata 示例程序设置为 2、3。

主要版本编号　次要版本编号

```
Firmata.setFirmwareVersion(2, 3);
```

处理模拟信息的自定义代码如下，Firmata 扩展库会自动解析信息，并且将其中的脚位编号和数值，传给此回调函数。

接收端口编号　接收数值

```
void analogWriteCallback(byte pin, int value) {
    if (IS_PIN_PWM(pin)) {          ← 检查此端口是否支持PWM输出
        analogWrite(pin, value);    ← 在指定端口输出PWM模拟值
    }
}
```

并非所有数字脚都具备 PWM 输出功能，Firmata 扩展库提供的 **IS_PIN_PWM( ) 函数**，可以帮助程序过滤，只有 PWM 脚位能运行判断条件里的模拟输出指令。一旦确定是支持 PWM 的脚位，此函数就会在指定的引脚输出 PWM 值。

发送 Firmata 信息的 ActionScript 3.0 代码

本单元的 Flash 影片同样通过 SerProxy 中间件与 Arduino 联机。本节的模拟调光器 Flash 影片采用 as3Glue 扩展库与 SerProxy 联机，并且把 Flash 的信息包装或解析成 Firmata。

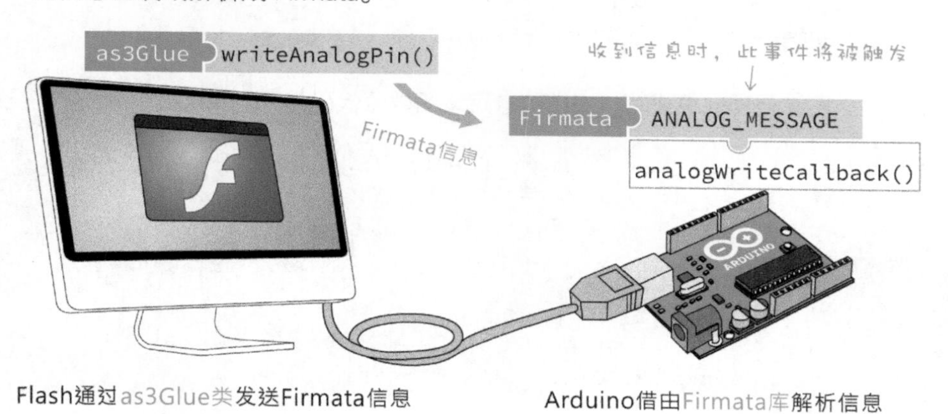

Flash通过as3Glue类发送Firmata信息　　Arduino借由Firmata库解析信息

光盘的“Firmata 练习”文件夹，包含未完成的 Flash 调光器影片，以及 tw 和 net 两个文件夹，as3Glue 扩展库就位于 net 路径底下，调光器组件的主程序则放在 tw 路径之中。

此文件夹包含负责联机和解析 Firmata 信息的 as3Glue 扩展库

请将此文件夹复制到桌面，然后打开其中的 "传送 Firmata.fla" 文件，笔者已经在其中的 actions 图层关键帧程序设置好，引用必要的类程序。

```
import net.eriksjodin.arduino.Arduino;  // as3Glue 的类程序
import net.eriksjodin.arduino.events.ArduinoEvent;
// as3Glue 的事件类程序
import tw.com.swf.Knob;                        // 旋钮的类程序
import tw.com.swf.events.KnobEvent;        // 旋钮的事件类程序
```

请输入底下建立与 Arduino（实际上是 SerProxy）联机的代码。

```
// 设置输出 PWM 信号的脚位
var pwmPin:int = 11;
// 建立 Arduino 对象并与本机的 5331 端口联机
var a:Arduino = new Arduino("127.0.0.1", 5331);
// 若联机成功，名叫 'a' 的 Arduino 对象将
// 自动运行 'connectHandler' 事件处理函数
addEventListener(Event.CONNECT, connectHandler);
// 若联机失败，则自动运行 'errorHandler' 事件处理函数
a.addEventListener(IOErrorEvent.IO_ERROR, errorHandler);
```

实际处理联机成功与失败的自定义函数源代码如下。

```
function errorHandler(errorEvent:IOErrorEvent):void  {
// 若联机失败，在 Flash 的“输出”面板呈现底下的信息
   trace("联机失败，SerProxy 程序启动了吗？ ");
}

var knob:Knob = knob_mc;    // 旋钮对象的实体名称是 "knob_mc"
function connectHandler(e:Event):void  {
```

```
    // 若联机成功，在旋钮上附加处理“转动旋钮”的代码
    knob.addEventListener(KnobEvent.TURN, turnHandler);
}

function turnHandler(e:KnobEvent):void {
// 由 as3Glue 类的 writeAnalogPin() 方法，发送 Firmata 格式的模拟信息
    a.writeAnalogPin(pwmPin, e.value);
}
```

程序编写完毕后，按下 Ctrl 和 Enter 键即可测试。

用 Firmata 扩展库改写“接零件”游戏

上文介绍了接收 Firmata 信息的 Arduino 程序，以及发送 Firmata 信息的 Flash AS3 程序，以下的单元将介绍发送 Firmata 信息的 Arduino 程序写法。硬件的设置方式与“动手做 7–1”相同。

发送 Firmata 信息的 Arduino 程序

在 Arduino 上，**发送 Firmata 格式的模拟数据的指令叫做 "sendAnalog( )"**。每隔 0.1 秒发送模拟 A0 脚数据值的 Firmata 程序如下。

```
#include <Firmata.h>

void setup() {
  Firmata.setFirmwareVersion(2, 3);
  Firmata.begin(57600);
}

void loop() {
  Firmata.sendAnalog(0, analogRead(0));
  delay(100);
}
```

A0端口

读取A0端口的值

传送模拟值的指令格式：
sendAnalog(模拟端口号， 数值);

程序里的模拟脚 "0"，也可以写成 A0。请编译并上传此程序到 Arduino 板。

接收 Firmata 信息的 Flash AS3 程序

在 Flash 端，as3Glue 类提供一个 ANALOG_DATA（模拟数据）事件，

每当有新的模拟数据传入时，它就会自动触发事件处理函数。

因此，最简易的接收模拟值的 AS3 程序如下。

```
import net.eriksjodin.arduino.Arduino;                    包含as3Glue类
import net.eriksjodin.arduino.events.ArduinoEvent;

var a:Arduino = new Arduino("127.0.0.1", 5331);
a.addEventListener(ArduinoEvent.ANALOG_DATA, readAnalog);
                   每当有新的模拟值传入时，readAnalog
                   自定义函数将自动被触发执行

function readAnalog(e:ArduinoEvent):void {
  trace("模拟脚:" + e.pin + "，值:" + e.value);
}                  读取端口值          读取数据
```

上面的 readAnalog( ) 自定义函数，将从 ArduinoEvent 事件类收到**模拟脚位编号**（pin）和**数值**（value）这两项数据，并显示在“输出”面板。

请打开新的 Flash 文件，并将上面的 AS 代码放在 Flash 图层的第一个关键帧（本示例的完成文件名为 "接收 Firmata.fla"）。程序输入完毕后，先把 Arduino 接上计算机再启动 SerProxy 程序，再按下 Ctrl 和 Enter 键测试影片，Flash 的“**输出**”面板将持续显示最新收到的模拟引脚和资料值。

采用 Firmata 数据格式的“接零件”游戏的 Flash 完成文件名为 "接接乐 Firmata.fla"，接收模拟值与控制“阿蝙”的函数如下。

```
function readAnalog(e:ArduinoEvent):void {
  var n:Number = Number(e.value);   ←—把字符串转成数字类型
  bian.moveX(n * 0.54);
}
```

处理 Firmata 的数字信息

在 Arduino 中处理数字信息（digital message）程序的架构类似处理模拟程序的写法首先请在 setup( ) 区块中，附加自定义的数字信息回调函数（习惯上命名成“digitalMessageCallback”）。

```
void setup() {
  Firmata.setFirmwareVersion(2, 3);
  Firmata.attach(ANALOG_MESSAGE, analogWriteCallback);
  Firmata.attach(DIGITAL_MESSAGE, digitalWriteCallback);
    :
    :
}
```

附加接收“数字信息”的回调函数

然而，回调函数的结构和模拟程序大不相同，底下的程序指令写法都对，但是有个关键错了。

```
void digitalWriteCallback(byte pin, int value) {
  if (IS_PIN_DIGITAL(pin)) {
    digitalWrite(pin, value);
  }
}
```

Firmata 扩展库返回的数字信息，并不是“脚位编号 + 数据”这样的格式。**Firmata 把数字脚分成三组端口（port）**，在本节采用的 Arduino Duemilanove 板子上，一共有两组数位端口，各端口脚位的高电位值，则是它所在位置的 2 次方值。

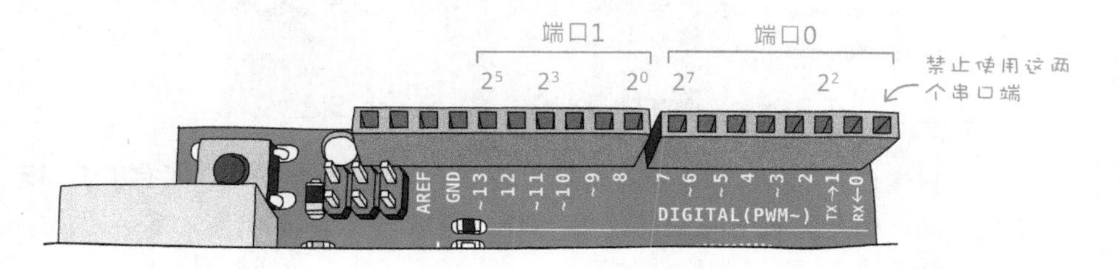

	电脑端（Flash）的输出		Arduino收到的Firmata内容
	数字7输出高电平	→	端口：0，值：128 (2^7)
同时设置两个端口	数字11输出高电平 数字13输出高电平	→	端口：1，值：40 (2^3+2^5)
每次关闭一个端口	数字13输出低电平	→	端口：1，值：8（端口11维持高电平）
	数字11输出低电平	→	端口：1，值：0（端口1全输出低电平）

例如，第 7 脚属于端口 0，该脚位的高电位值用 2^7，也就是 128 代表、第 11 脚和第 13 脚属于端口 1，这两脚的高电位值分别是 2^3 和 2^5，也就是 8 和 32。

因此，数字信息的回调函数所接收到的两个参数，分别是“端口号”以及 2 的某次方值。

```
void digitalWriteCallback(byte port, int value) {
  writePort(端口号, 数值, 掩码)
}
```

端口　接收数值

所幸，我们不需要自行把数值解析、还原成正确的“脚位 + 数值”格式，因为 Firmata 扩展库里的 "writePort( )" 函数就具备这项功能，其语法格式如下（注：三个参数的数据类型都是 byte）。

```
writePort（端口编号，数值，屏蔽）
```

“屏蔽”参数用于设置实际可用的脚位，例如，第 0 脚和第 1 脚是串口通信的脚位，不能挪作他用，因此，设置端口 0 的脚位时，我们要通过“屏蔽”确保这两个脚位不会被修改，设置方式如下。

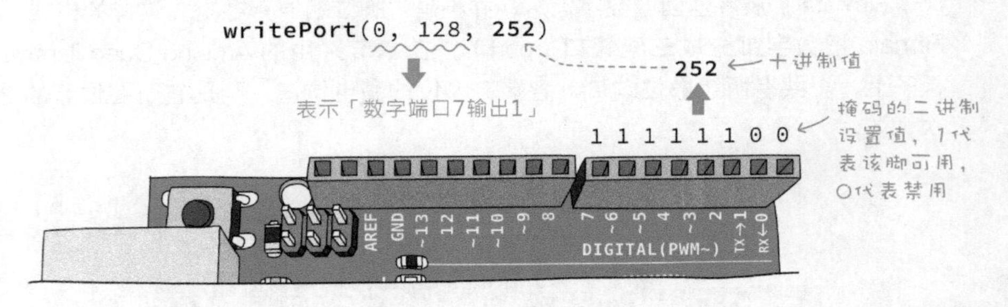

设置端口 0 的脚位时，屏蔽值要设成 252。端口 1 的 8~13 所有引脚都无使用限制，因此屏蔽全都设置成 1（即：111111），十进制值为 63。因此，数字信息回调函数的正确写法如下。

```
byte mask;   // 声明一个存储屏蔽值的变量

void digitalWriteCallback(byte port, int value) {
  // 依据端口值设置屏蔽
  if (port == 0) {
    mask = 252;
  } else if (port == 1) {
    mask = 63;
  }
  // 在指定的数字脚输出数据（数据值要转换成 byte 类型）
```

```
  writePort(port, (byte)value, mask);
}
```

从 ActionScript 3.0 发送 Firmata 数字信息

as3Glue 类中，发送数字信息的方法叫做 writeDigitalPin( )。若要像上文"Flash 灯光开关和调光器"一节，通过舞台上的开关组件（实体名称：sw_mc）控制数字 13 脚的 LED，请加入底下的代码。

```
import tw.com.swf.events.SwitchEvent;    // 引用自定义的开关事件

var ledPin:int = 13;
var sw:MovieClip = sw_mc;                // 舞台上的开关实体
sw.mouseEnabled = false;                 // 先取消开关的作用
```

接着修改连接 Arduino 板成功的事件处理函数。

```
function connectHandler(e:Object):void  {
  sw.mouseEnabled = true;                // 启用开关
  sw.gotoAndStop("关");
  // 在开关上附加处理切换开关的代码
  sw.addEventListener(SwitchEvent.TOGGLE, swHandler);
  // 在旋钮上附加处理"转动旋钮"的代码
  knob.addEventListener(KnobEvent.TURN, turnHandler);
}

// 切换开关的事件处理函数
function swHandler(e:SwitchEvent):void {
  var s:Boolean = Boolean(e.sw); // 开关物件将返回 true 或 false
  if (s) {
    a.writeDigitalPin(ledPin, 1);  // 在数字 13 脚输出 1
  } else {
    a.writeDigitalPin(ledPin, 0);
  }
}
```

从 ActionScript 3.0 设置 Arduino 引脚的工作模式

操作 Arduino 板子的数字引脚之前，我们必须先设置数字脚的工作模式，例如，底下的描述将把第 13 脚设置成输出。

```
void setup() {
    pinMode(13, OUTPUT);
}
```

Firmata 支持设置脚位模式（set pin mode）的信息，因此我们可以从 Flash 影片发出信息，来改变脚位的工作模式。请修改 Arduino 的 setup( ) 区块里的程序。

```
void setup() {
    Firmata.setFirmwareVersion(2, 3);
    Firmata.attach(DIGITAL_MESSAGE, digitalWriteCallback);
    Firmata.attach(ANALOG_MESSAGE, analogWriteCallback);
    Firmata.attach(SET_PIN_MODE, setPinModeCallback);   ← 附加接收“设置端口模式”的回调函数
    Firmata.begin(57600);
}     ↑ 不必在此设置端口的模式了
```

并且加入“设置脚位模式”的自定义回调函数。底下的函数将自动接收 pin（脚位）与 mode（模式）两个参数，并依据参数值，把指定脚位设置输出（OUTPUT）、输出（INPUT）或 PWM。

```
void setPinModeCallback(byte pin, int mode) {
  switch (mode) {
    case OUTPUT:
      if (IS_PIN_DIGITAL(pin)) {  // 若此脚是数字位脚
        pinMode(pin, OUTPUT);     // 设置成“输出”
      }
      break;
    case INPUT:
      if (IS_PIN_DIGITAL(pin)) {  // 若此脚是数字位脚
        pinMode(pin, INPUT);      // 设置成“输入”
      }
      break;
    case PWM:
      if (IS_PIN_PWM(pin)) {      // 若此脚支持 PWM 输出
        pinMode(pin, OUTPUT);     // 设置成“输出”
      }
      break;
  }
}
```

在 Flash AS3 的 as3Glue 类，提供 **setPinMode( ) 方法**来设置引脚的工作模式。请在处理联机成功的事件处理函数中，新增设置脚位模式的描述。

```
function connectHandler(e:Object):void  {
  sw.mouseEnabled = true;   // 启用开关
  sw.gotoAndStop("关");
  sw.addEventListener(SwitchEvent.TOGGLE, swHandler);
  knob.addEventListener(KnobEvent.TURN, turnHandler);
  // 设置 Arduino 板子上的引脚模式
  a.setPinMode(pwmPin, Arduino.PWM);
  // 数字 11 脚设置成 PWM 模式
  a.setPinMode(ledPin, Arduino.OUTPUT);
  // 数字 13 脚设置成“输出”模式
}
```

完整的 Flash AS 代码，请参阅光盘里的调光器 Firmata.fla 文件。

CHAPTER 18

RFID 无线识别设备与问答游戏制作

日常生活中有很多场合，都有**快速识别物品**的需求，例如邮局、快递公司或者航空公司，都希望能迅速识别并将不同邮件、包裹或行李，分类、运送到目的地。超市也希望能加快结账速度，并减少金额输入错误的机率，同时记录个别商品的销售时间和销售量等信息。

早期结帐时，收银人员需要自行输入金额，速度不快且容易出错

每一种商品都有唯一的条码，其编号和品项数据记录在电脑，收银机扫描之后，即可查出该商品的数据

让机器快速辨识商品，最普遍的解决方法是用**条码**（bar code），另一种比较先进的方法则是 RFID。

18-1 认识条码与 RFID

条码是根据特定规则排列而成的黑白粗细并行线条，方便机器识别物品，以达到节省人力，以及快速、精确输入数据的要求，广泛使用在物品的销售与管理。条码读取器会发射红外线或雷射光，由于黑色和白色的光线反射程度不同，读取器里的红外线传感器将依据反射光的强弱，判读 0 与 1 信号，进而得知条码所记录的厂商、商品名称和价格等信息。

下图是日本 SEGA 公司生产的“甲虫王者争霸战”和“时尚魔女”卡片游戏的卡片，每张卡片旁边都有条码，在游戏机上刷卡之后，游戏画面就会出现卡片上的甲虫或服饰。

条码的标准

不同信息产品都要支持 ASCII 字符编码，以便于互通信息；**条码有简称 EAN 的国际标准**（原意为 European Article Number，欧洲商品编码，后改名为 International Article Number，国际商品编码，但英文简写仍旧称为 EAN），确保每个厂商的商品都有唯一的条码且全世界通用。

EAN 条码仅包含数字，另一种常见的 **Code 128** 和 **Code 39** 条码，则可包含英文字母、符号和数字。上文提到的游戏卡片都采用 Code 39 条码。

并行线条条码，又称为一维条码。随着需要记录的信息量增加，一维条码已不够使用，因此不同机构陆续推出用点和线组成的二维条码，下图是常见的 **QR Code 二维条码**，可以通过手机的镜头和条码识别软件读取，因此特别适合手机和平板电脑等不易输入大量文字的设备使用。

QR Code 常应用于**行动向导**，例如，美术馆可在艺术品的说明牌上标示语音向导的 QR Code，用户拿着手机扫描该 QR Code，即可下载、收听该作品的向导语音文件。

Sony 曾推出一系列名为 AIBO 的电子宠物狗，某些型号具备识别特殊二维条码功能，并随机附带一个覆盖条码的 Station Pole（条码圆柱）接在充电座，让 AIBO 借此自行回到狗窝充电。

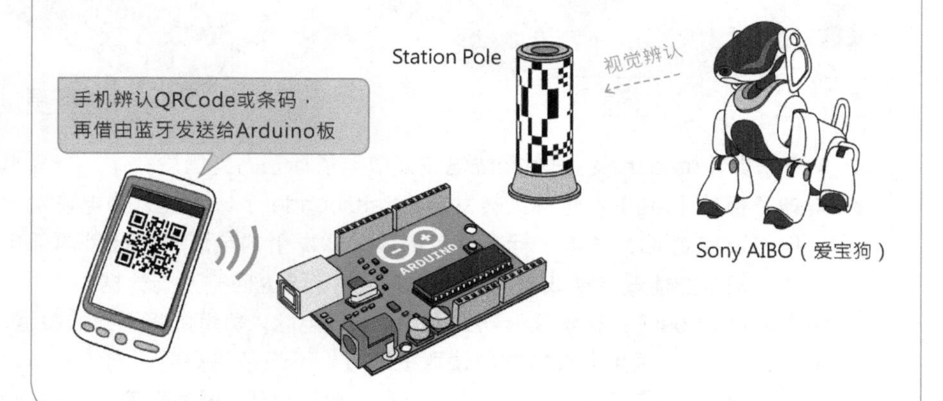

Arduino 微处理的效能恐怕无法扫描与辨识 QR Code，但是我们可通过手机来识别条码，再发送给 Arduino 板。第 14 章介绍的 App Inventor 开发工具，就具备名叫 BarcodeScanner 的条码扫描组件，本书光盘收录一个采用 App Inventor 开发的简易条码扫描程序，文件名是 barcodeScanner.zip，将它上传到 App Inventor 网址即可安装测试。

RFID 系统简介

RFID 的全名是**无线射频识别**（radio frequency identification）。RFID 是**记载唯一编号**或其他数据的芯片，并且使用**无线电传输数据**的技术统称，相当于“无线条码”，但是它的功能和用途比条码更加广泛。

你或许会随身带着一、两个 RFID 设备，例如，住家大楼的门禁卡（感应扣）和地铁票，某些机关 / 学校的员工识别证或学生证也采用 RFID 技术。以员工识别证为例，它里面记录了相当于员工编号的一组数字，每当你出入公司用它感应、刷卡时，电脑系统就会登记你的出勤记录；地铁票的芯片里面可能记录了你存储的金额、搭乘交通工具时的出发地点和时间。

就连游戏机也可以采用 RFID 技术，一款在 Xbox 360、PS3 和 Wii 等游戏机发行的 "Skylanders Spyro's Adventure" 游戏，通过单独的 RFID 传感器，以及包含 RFID 标签的人偶，让玩家通过人偶与游戏内容互动。

一套 RFID 系统由底下三大部分组成。

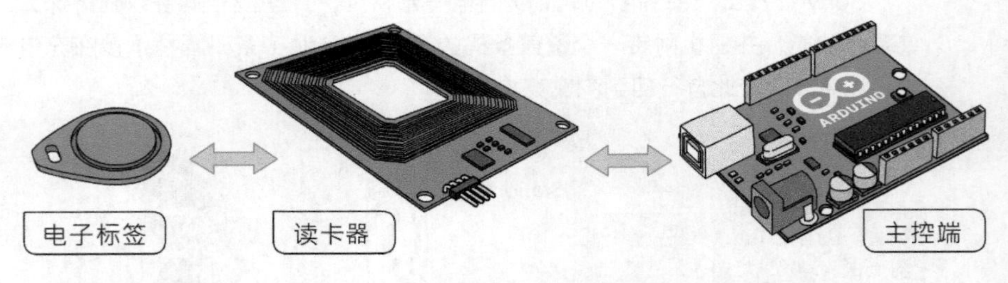

- **读卡器（reader）**：发射**无线电波**读取电子标签内的信息。
- **电子标签（tag）**：也称为**转发器（transponder）**，内建无线电波发射电路及控制 IC，当电子标签感应到读卡器发射的电波时，标签内部电路会把电波能量转换成电源，并发射无线电波返回一系列数据。
- **主控端（host）**：连接读卡器的 Arduino 或电脑，负责解析返回的数据。

由于 RFID 标签采用无线方式与读取机连接，不像条码需要面向传感器才能被检测，也能轻易穿透纸张、塑料、木材和布料等材质，感测距离也比较远。

RFID 的类型

RFID 不靠黑白印刷条纹来记录物品信息，而是用芯片，因而可在微小的体积内存储更多数据。RFID 的芯片约砂粒大小，所以有**“智慧尘”**（smart dust）之称，能制成不同外观和尺寸的标签，底下是三种 RFID 标签的封装形式。

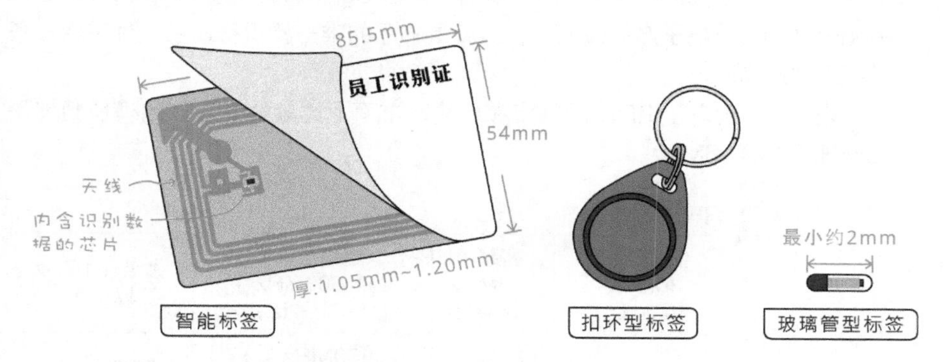

- **智能标记（smart label）：** 像纸张一样薄又有弹性，可黏贴在商品外包装，外表还可以再黏贴其他贴纸。
- **扣环型（key fob）标签：** 使用坚硬耐用的树脂封装，方便挂于钥匙圈。
- **玻璃管型（glass tube）标签：** 主要用于注射在动物体内，最小长度约 2mm。

若用**电源系统**来区分，RFID 标签可分成两种。

- **被动式标签（passive tag）：** 也称为**无源标签，**无需使用电池。读取数据时，读卡器首先发射电波，标签内部的天线收到电波后，会将电磁波转化成电力，再以电波返回标签数据。
- **主动式标签（active tag）：** 也称为**有源标签，**内含电池，无线电发送距离较长（33 米以上），但体积较大且较为昂贵。

若用**内存类型**来区分，RFID 标签可分成三种：

- **只读：** 芯片制造厂在出厂时已写入数据，一般的员工识别证、门禁卡、贴在商品上的电子防窃标签以及本节采用的示例，都是这种类型。
- **仅能写入一次，可多次读取（Write-Once, Read Many，WORM）：** 配合“可写入”数据的读卡器，用户能自行写入数据一次。
- **可重复读取和写入：** 可重复写入数据，方便标签回收再利用。停车场和地铁使用的芯片卡，都属于这一类。为了防止数据被任意窜改，这种芯片通常具有授权与加密处理功能。

RFID 采用无线电通信，有不同的频率规格，它们的通信频率以及通信协议，由这些 RFID 标准组织定义。

- **ISO 组织：**制定了 RFID 的无线通信频率范围（参阅表 18–1）。
- **EPCglobal 与日本的 UID 中心：**制定标签数据的单元格式以及标签和读卡器之间的通信协议。

EPCglobal 的前身为麻省理工学院的自动识别实验室（Auto–ID Lab），是国际上主导 RFID 技术发展的重要组织，EPCglobal 研发了 **EPC（Electronic Product Code，电子产品编码）**，也就是物品的唯一标识符，供业界来取代条码以识别产品。

表 18–1 列举了 RFID 的频率和用途，市面上比较容易买到的模块频率是 125kHz 和 13.56MHz。

表 18–1　**RFID 频率**

	低频（LF，30kHz ~ 300kHz）	高频（HF，3MHz ~ 30MHz）	超高频（UHF，300MHz ~ 1GHz）	微波（1GHz 以上）
使用频率	125kHz	13.56MHz	860MHz ~ 960MHz	2.45 GHz
被动式标签的最大读取范围	< 0.5m	< 1m	3m	>4m
标签类型	被动式	被动式	被动式与主动式	被动式与主动式
备注	数据传输速度最慢，适合用于防窃系统、门禁管制与门市销售管理	适合用于短距离读取多个标签，图书馆资产管理	访问速度快，适合用于生产线、库存管理和电子收费系统	访问速度最快，传输距离也最远，适用于物流和行李管理

某些 RFID 标签的通信距离长达数公尺或更远，最早被应用在军事上的敌我识别系统，避免飞弹误击己方的飞机和军事设备。正因为它的通信距离较长，恐有侵犯隐私权之疑虑。比方说，假如名牌包或服饰厂商，在商品里面缝制消费者无法察觉的 RFID 标签，并在不同场所设置 RFID 读取机，厂商就能追踪、分析该消费者经常光顾的场所、时间和消费习惯。

认识 NFC

NFC（Near Field Communication，**近场通信**或称为**近距离无线通信**），

是 RFID 的一种延伸应用。某些手机内建 NFC 通信芯片（读卡器），搭配适当的软件，NFC 可替代蓝牙和红外线，在两个设备间建立无线数据通信，也可以取代金融卡，进行金融交易。

某些手机和平板，则运用 NFC 技术和标签，来简化手机的设定流程。例如：用手机感应标签 A，手机将切换到“无响铃”的震动模式；感应标签 B，则自动与蓝牙耳机或音响联机，省去配对和联机等步骤。

NFC 和 RFID 的主要差异为：

- RFID 的通讯距离比较远，**NFC 的通信距离在 10 厘米以内。**
- 因为通信距离短，NFC 标签通常采用**被动式、无源标签。**
- NFC 的数据经过加密（相当于用密码保护），适合有安全性及保密需求的场合，如：金融卡。

18-2 RFID 模块规格介绍与标签读取实验

选购 RFID 模块时，需要留意底下几项规格。

- **输入电压：**有些采用 5V，有些则是 3.3V，建议选用 5V。
- **标签频率：**通常是 125kHz 或 13.56MHz。采用任何频率都行，但采购标签时，记得要买相同频率的款式。

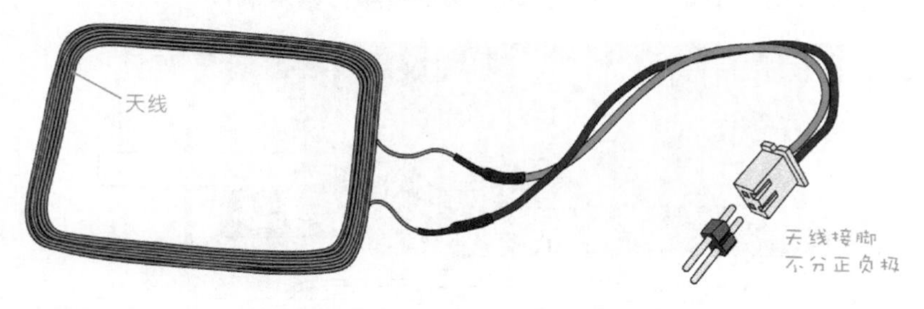

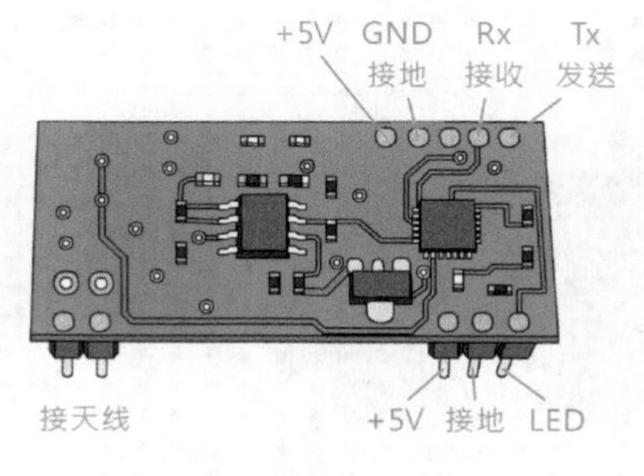

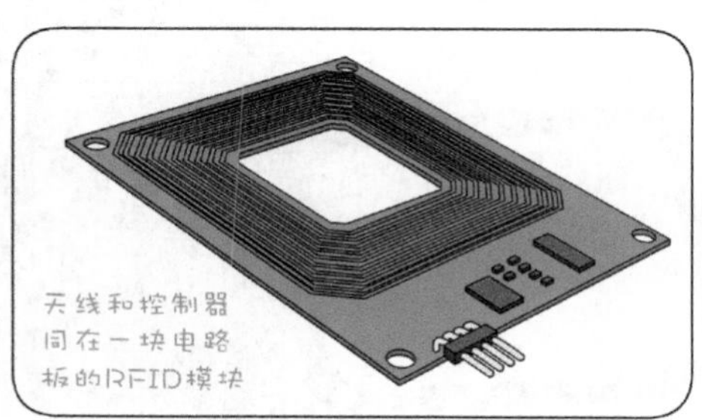

- **接口：**读卡器模块和微电脑相连的接口，有串口（TTL 电位格式，也称作 UART 界面）、I²C、SPI、USB 和蓝牙无线等类型，这里选用串口类型。

底下是笔者购买的 RFID 模块外观，标签频率为 125kHz、外接线圈、使用 5V 供电，消耗电流小于 50mA，采用**波特率 9600bps 的 TTL 串口**。有些读卡器模块的天线直接刻蚀在印刷电路板上。

各家的 RFID 读卡器模块的引脚定义不尽相同，请详阅说明书。上图的脚位依照厂商提供的说明书绘制，实际安装时，右下角的电源和接地不用接。

动手做 18-1 读取 RFID 标签

实验说明：连接 RFID 模块与 Arduino，读取两个不同的 RFID 标签，在“串口监视器”显示标签数据（内码）。

实验材料：

RFID 读卡器（频率规格需要和 RFID 标签搭配）	1 个
RFID 标签	1 个

实验电路：读卡器只需连接**电源、接地和串行发送（Tx）引脚**（读卡器仅传出标签数据，不写入数据，因此不用连接串行输入端口）。

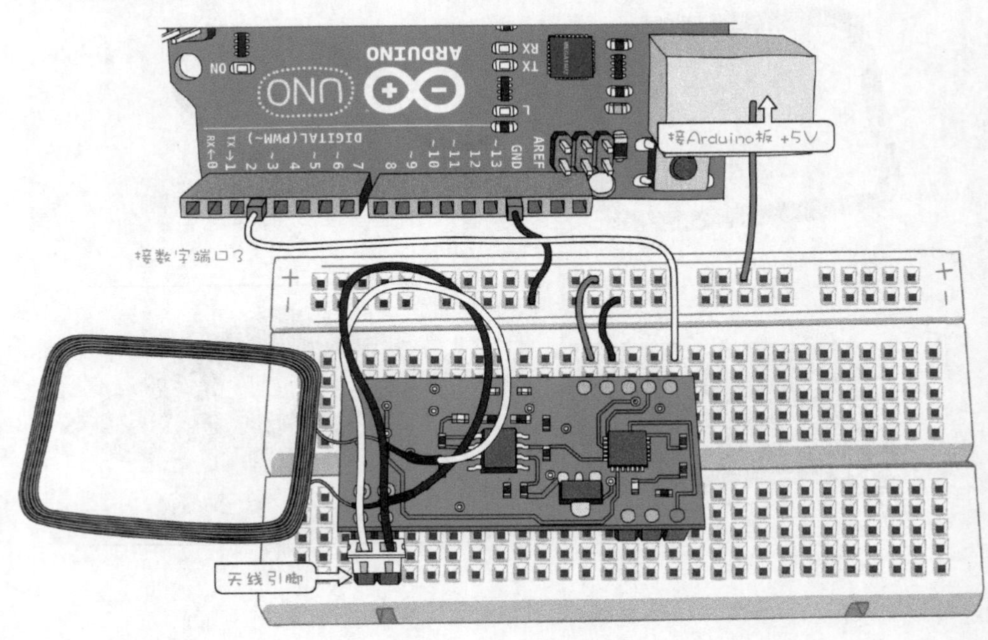

实验程序：为了避免影响 Arduino 默认串口的运行，本单元的代码同样采用“软件串口”扩展库来接收读卡器的数据，示例程序如下（源代码见 diy18_1_1.ino）。

```
#include <SoftwareSerial.h>
SoftwareSerial RFID(3, 4);           // 接收脚 =3, 发送脚 =4

byte data;                           // 暂存标签数据的变量

void setup() {
  Serial.begin(9600);
  RFID.begin(9600);
  Serial.println("RFID Ready!");
}

void loop() {
  if (RFID.available() > 0) {        // 若读取到串行数据
    data = RFID.read();              // 保存读取到的数据
    Serial.println(data);            // 将数据显示在串口监视器
  }
}
```

实验结果：编译并执行以上程序后，打开“**串口监视器**”，窗口首先会显示 "RFID Ready!" 信息。当你感应 RFID 标签时，串口将持续显示 RFID 的标签码。笔者购买的 125kHz 标签，总是以数字 2 开头，3 结尾，共 14 个数字。

```
2
48
54
48
48
55
53
54
52
57
53
56
50
3
```

请扫描你手边的 RFID 标签（至少两个），并记下这些标签的编码备用。

18-3 存储与对比 RFID 编码

典型的 RFID 应用，例如门禁卡，都是**事先在微电脑中存储特定 RFID 卡片的编码值**。当持卡人扫描门禁卡时，系统将读取并且对比存储值，如果相符，就开门让持卡人通过。

笔者购买的 RFID 标签每次都会返回 14 个数字，为了对比数据，每次扫描到的卡片编码，都要先暂存在内存中。我们可以用一个执行 14 次读取的循环，把读入的数字分别存入数组。

```
byte temp[14];          // 声明将用来存储 RFID 标签编码的数组
byte i = 0;             // 数组元素的索引，从 0 开始
…
while (RFID.available() && i < 14){
// 如果有数据，而且元素索引值小于 14…
      temp[i] = Serial.read();        // 读取数据并存入数组
      i++;
}
i = 0; // 数组索引值归 0，以便再次记录下一组 14 个数字
…
```

底下是另一种写法。由于**传入串口的数据会暂存在微处理器内部的缓存区（buffer）**，因此，程序可以等到所有数字都传入微处理器之后，再一起读取。

笔者的 RFID 读卡器模块采用 9600bps 联机，因此每一秒钟约可传递 1200 个字符（9600 ÷ 8=1200），所以当程序收到第一个字符后，等待 0.1 秒让读卡器传入 14 个数字，已绰绰有余。

笔者将读取串口程序写成**自定义函数 readTag( )，此函数将返回 0 或 1，代表是否有读取到数据。**

```
#include <SoftwareSerial.h>
SoftwareSerial RFID(3, 4);  // 接收脚=3, 发送脚=4

const byte TAG_LEN = 14;   // 定义标签数据的长度
byte temp[TAG_LEN];        // 存放读入标签的 14 个数字
String rfidStr = "";

// 负责读入 RFID 编码值的自定义函数，返回值类型为"布尔"
boolean readTag() {
  boolean ok = 0;    // 代表是否读入数据的变量，默认值为 0，代表没有
  if (RFID.available()) {          // 如果读卡器传入新的数据
    delay(100);                    // 等 0.1 秒，让其余数字都传进来
    for (byte i=0; i<TAG_LEN; i++) {
      temp[i] = RFID.read(); // 执行 14 次循环，读取缓冲区里的数字
    }
    RFID.flush();      // 清除缓冲区
    ok = 1;            // 读取完毕后，设定成 1，代表有读到新数据
  }
  return ok;         // 返回 0 或 1
}

void setup() {
  Serial.begin(9600);
  RFID.begin(9600);
  Serial.println("RFID Ready!");
}

void loop() {
  if (readTag()) {
  // 调用自定义函数，如果读取到标签，此判断条件式将"成立"
    rfidStr = "";
    for (byte i=0; i<TAG_LEN; i++) {
                                   // 把读入的 14 个数字连接成字符串
        rfidStr += temp[i];
    }
    Serial.println(rfidStr);         // 显示标签的编码字符串
  }
}
```

loop 区块中，把读入的 14 个数字连接成字符串的循环叙述，说明如下。

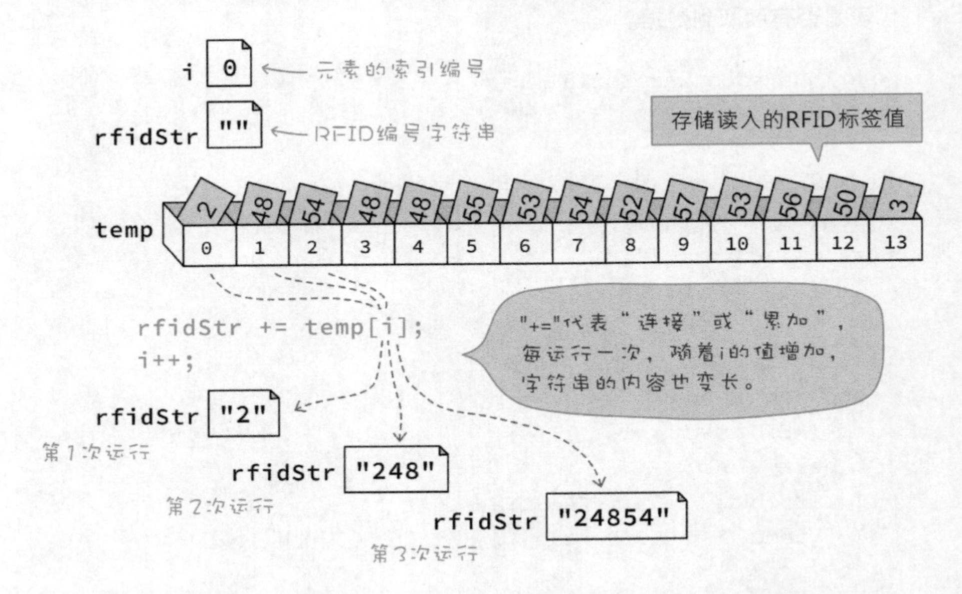

编译并上传程序代码，再打开“**串口监控窗口**”用 RFID 标签测试，将能看到 Arduino 每次都会输出类似底下的一长串 RFID 码。

```
2485448485553545257535650 3
```

动手做 18-2 使用 RFID 控制开关

实验说明：根据上一节的说明，采用两个 RFID 标签，一个当做“开”，另一个当做“关”，来控制 Arduino 第 13 脚的 LED。本单元的实验材料与电路和“动手做 18-1”相同。

实验程序：请先在程序开头加入两个 RFID 标签值，以及 LED 脚位的定义。

```
const byte ledPin = 13;              // LED 位于 13 脚
// 请将底下的数字改成你的 RFID 标签数字
String tagON= "2485048485350564957705271 3";
// 代表“打开”的 RFID 编码值
String tagOFF = "2485448485553545257535650 3";
// 代表“关闭”的 RFID 编码值
```

接着，将 LED 脚位设定为“输出”。

```
void setup() {
  pinMode(ledPin, OUTPUT);
  Serial.begin(9600);
  RFID.begin(9600);
  Serial.println("RFID Ready!");
}
```

最后，在主程序循环中，加入对比标签值的代码。

```
void loop() {
  if (readTag()) {
    rfidStr = "";
    for (byte i=0; i<TAG_LEN; i++) {
         rfidStr += temp[i];
    }
    Serial.println(rfidStr);

    if (rfidStr == tagON) {    // 如果 RFID 码等同“打开”的编码值
         digitalWrite(ledPin, HIGH);     // 点亮 LED
    } else if (rfidStr == tagOFF) {
    // 否则，若 RFID 码等同“关闭”编码
      digitalWrite(ledPin, LOW);           // 关闭 LED
    }
  }
}
```

将 RFID 标签数据存入“程序内存”区

上文的程序代码将 RFID 标签数据存储成字符串（String）类型，这样的程序写法比较简单，但由于这些数据将会占用有限的**数据存储器**空间，如果 RFID 标签有很多组，建议把它们存放在**程序内存**区。

```
#include <avr/pgmspace.h>
PROGMEM byte tags[2][14] = {
  {2, 48, 50, 48, 48, 53, 50, 56, 49, 57, 70, 52, 71, 3},
  {2, 48, 54, 48, 48, 55, 53, 54, 52, 57, 53, 56, 50, 3}
};
```

将数组存入程序内存区（指向 PROGMEM）

声明存储两组，各 14 个元素的数组（指向 tags[2][14]）

请将这些元素值，换成你自己的 RFID 标签数字

上面的 tags 数组存储了两组标签（每一组各有 14 个元素），假设我们要比对这两组的标签值是否相同，可以使用**比较两个内存区块（数组）值的 memcmp( ) 函数**，语法如下。

此处正确的说法是“指向某内存区块的变量”

memcmp (数组1, 数组2, 要比较的字节数) ➡ 如果两个数组内容相同，则返回0

代表memory comparison（内存比较）

以上指令用于比较位于主存储器(SRAM，或者说“数据存储器”)的数据，若要比较位于程序内存区域（program memory）的数据，请使用这个指令：

memcmp_P (数组1, 数组2, 要比较的字节数) ➡ 如果两个数组内容相同，则返回0

代表比较存在"Program"程序内存区的数据

数组元素的编号从 0 开始，比对两组标签的示例程序片段如下，若两组相同，就在“串口监控窗口”显示 "YES!"。

比对存在程序内存里的标签数据；比较第0和第1组的14个字节

```
if (memcmp_P(tags[0], tags[1], 14) == 0) {
  Serial.println("YES!");
} else {
  Serial.println("NO!");
}
```

底下是另一个使用 memcmp( ) 函数比较位于主存储器当中的数组值的示例片段（完整程序请参阅 diy63_2.ino 文件）。

```
byte tagA[3] = {1, 2, 3};   ←存储了3个字节元素的数组
byte tagB[3] = {4, 5, 6};

if (memcmp(tagA, tagB, 3) == 0) {
  Serial.println("YES!");     ←比较两个数组里的3个字节
} else {
  Serial.println("NO!");      ←因两者不相等，所以这一行将被运行
}
```

我们可以把“动手做 18-2”程序中的标签值，改存放在“程序内存”区，程序代码首先要修改存放标签码的定义。

```
#include <avr/pgmspace.h>
int tag = -1;
```

```
PROGMEM byte tags[TAG_TOTAL][TAG_LEN] = {
  // 第 1 组标签
{2, 48, 50, 48, 48, 53, 50, 56, 49, 57, 70, 52, 71, 3},
  // 第 2 组标签
{2, 48, 54, 48, 48, 55, 53, 54, 52, 57, 53, 56, 50, 3}
  };
```

上面程序里的 tag 变量，用来存放 RFID 标签编号，**–1 代表找不到相同的标签码**。主程序循环采用 memcmp_P( ) 函数对比数据。

```
void loop() {
  if (readTag()) {                 ← 共有两组标签，此值为2
    for (byte i=0; i<TAG_TOTAL; i++) {
                                   ← 存放扫描到的标签值
      if (memcmp_P(temp, tags[i], TAG_LEN) == 0 ) {
                                   每一组标签有14个号码
        Serial.println(i);
        tag = i;       //记录标签编号
        break;         //若找到相符的标签，就跳出循环，不用再找了
      } else {
        tag = -1;      //tag值为-1，代表没有找到相同的标签编码
      }
    }

    switch (tag) {
      case 0:          //如果是编号0的标签，就点亮LED
        digitalWrite(ledPin, HIGH);
        break;
      case 1:          //若是编号1的标签，熄灭LED
        digitalWrite(ledPin, LOW);
        break;
    }
  }
}
```

循环程序里的 **break 指令**，代表**中止循环**，也就是不再执行循环程序，直接跳到循环区块以外，执行底下的程序。完整的程序代码请参阅光盘 diy18_2_3.ino 文件。

动手做 18-3 使用 RFID 进行 Flash 问答游戏

实验说明：本章最后的示例为“是非问答题”，读者可以根据此程序架构，自行扩充成选择题、配对题或者其他形式的多媒体展示内容。

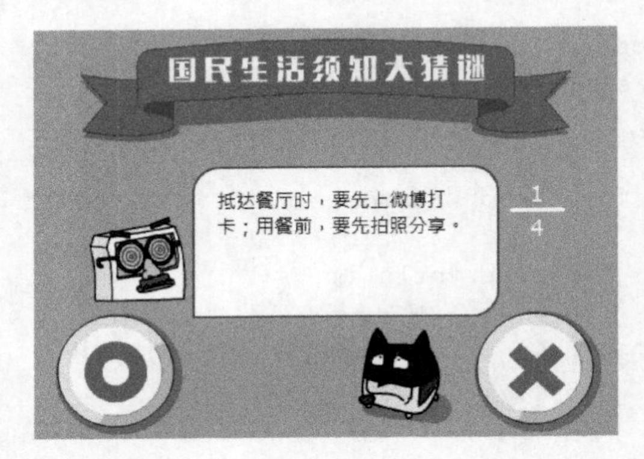

用户依据题目，按下 O（对）或 ×（错）钮。若是要通过 Arduino 操作，则需要事先准备标示 O 或 × 的 RFID 标签（标签的编码值，也需要预先设定好，请参阅下一节说明）。

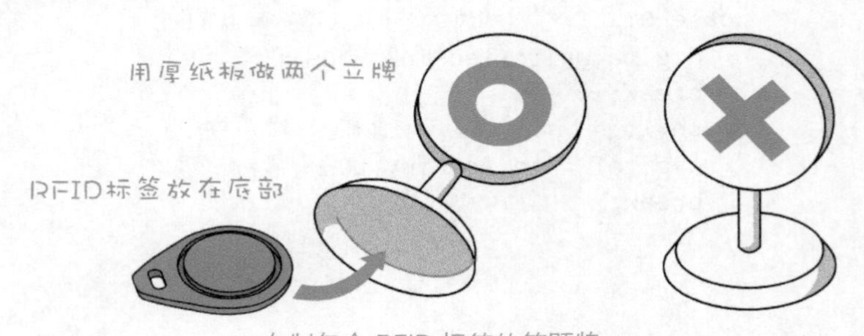

自制包含 RFID 标签的答题牌

采用 RFID 充当 Flash 问答题程序的输入接口，本单元的实验材料与电路和“动手做 18–1”相同。

实验程序：Arduino 程序仅负责侦测并传递 RFID 数据，不需要预先存储 RFID 标签值。从 Arduino 传递给 Flash AS 程序的数据，必须是**以 Null 字符结尾的字符串**，而 serproxy 串口通信软件采用 57600 速率联机，因此，Arduino 程序的写法如下。

```
void setup() {
  Serial.begin(57600);      // 使用 57600 波特率和 serproxy 联机
  RFID.begin(9600);
}

void loop() {
  if (readTag()) {
    rfidStr = "";
    for (byte i=0; i<TAG_LEN; i++) {
        rfidStr += temp[i];          // 将收到的数字码组成字符串
    }
    Serial.print(rfidStr);           // 输出 RFID 字符串
    Serial.print('\0');              // 紧接着输出 Null 字符
  }
}
```

请先编译并上传此程序到 Arduino 板。

Flash AS 3.0 测试程序：底下是接收从 SerProxy 软件传来的 RFID 编码的 ActionScript 3.0 程序，位于 readRFID.fla 示例文件的第一个关键帧。

```
import org.p43d.arduino.Arduino;
import org.p43d.arduino.ArduinoEvent;

// 请输入 serProxy 设定的端口号
var a:Arduino = new Arduino(5331);
a.addEventListener(ArduinoEvent.ON_RECEIVE_DATA,
receiveData);
// 每当 Arduino 有新数据传入时，底下的事件函数将被自动执行
function receiveData(e:ArduinoEvent):void {
      var msg = e.data;    // 读取 Arduino 传入的数据
      trace(msg);          // 在 Flash 的 “输出” 面板呈现数据
}
connect();
```

请先把 Arduino 接上 USB，再执行 serproxy，然后回到 Flash 软件并按下 Ctrl 和 Enter 键。当 Arduino 感应到 RFID 标签时，Flash 将在“**输出**”面板显示类似下图的 RFID 标签码。

Flash 问答题的 AS 3.0 程序：本问答游戏分成两个场景，一开始首先显示“操作方式选项”的场景画面，用户可以选择“鼠标”或 "Arduino+RFID" 操作（注：选择 Arduino，还是能用鼠标操作）。

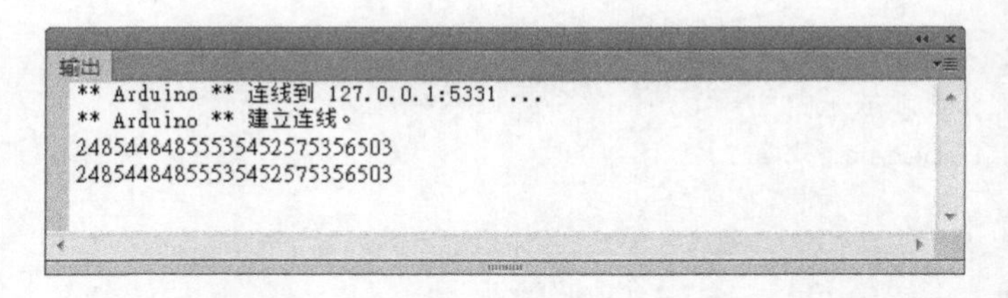

选择操作模式之后，画面将切换到游戏主画面（场景 "main"）。

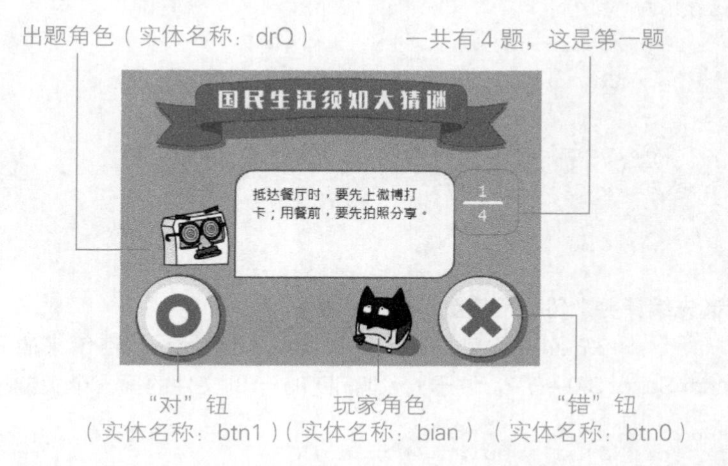

用户将依照题目内容，按下 O（对）或 ×（错）钮作答。若是要通过 Arduino 操作，则需要事先准备标示 O 或 × 的 RFID 标签（标签的编码值，也需要预先设定好，请参阅下一节说明）。

"鼠标" 及 "Arduino+RFID" 操作有一点不同：为了避免 Arduino 持续感应到 RFID 标签，导致用户尚未看清楚题目，系统就以为已经作答，并显示如下的响应画面，在 RFID 操作模式下，**当问题或响应画面出现时，系统会延迟 1.5 秒（1500ms），才接收 RFID 标签值**（此延迟时间可调整）。

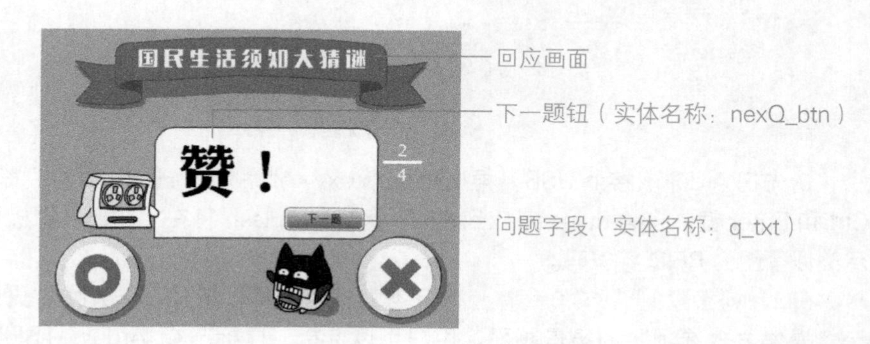

回答最后一题之后，**响应**画面将切换到显示答对与答错的题数。若按下

结束钮，画面将回到第一个场景。

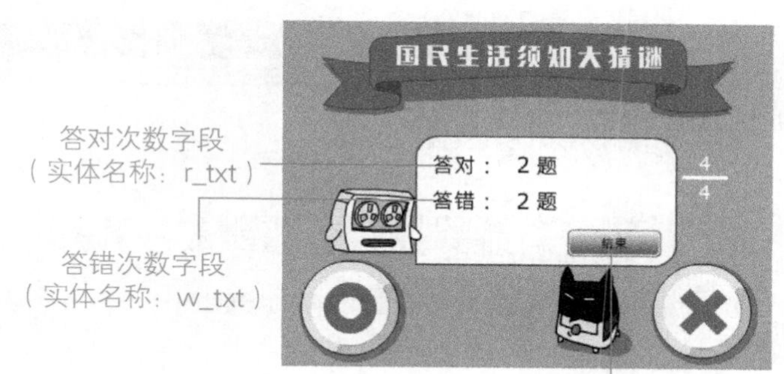

游戏过程中，出题角色（drQ）和玩家角色（bian）各自会切换不同的状态画面。

设定 RFID 标签数据与“是非题”题目：本程序的 RFID 标签编码以及问题内容，都写在一个称为 "quiz.xml" 的 XML 文件中。**XML 是一种用“标签”定义数据内容的纯文本文件，**它与 HTML 最大的不同是，所有标签指令都能由我们自行定义，不像 HTML 有既定的标签。

底下是 quiz.xml 的内容，笔者定义了一个 RFID 标签值的 "RFID"，与包含问题内容的“题目”标签，每个问题都写在自定义的 <q> 标签中：

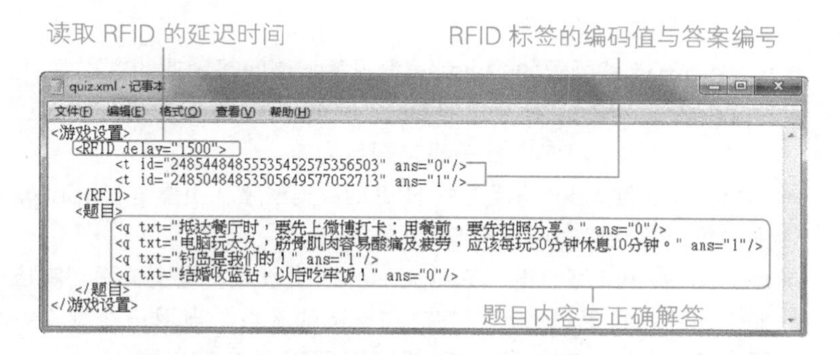


```
<游戏设置>
    <RFID delay="1500">
        <t id="2485448485553545257535 6503" ans="0"/>
        <t id="24850484853505649577052713" ans="1"/>
    </RFID>
    <题目>
        <q txt="抵达餐厅时，要先上微博打卡；用餐前，要先拍照分享。" ans="0"/>
        <q txt="电脑玩太久，筋骨肌肉容易酸痛及疲劳，应该每玩50分钟休息10分钟。" ans="1"/>
        <q txt="钓岛是我们的！" ans="1"/>
        <q txt="结婚收蓝钻，以后吃牢饭！" ans="0"/>
    </题目>
</游戏设置>
```

请使用“记事本”或其他文字编辑软件打开它，将 RFID 标签的编码改成你自己的 RFID 值，<t> 标签里的 ans 属性值代表答案编号。

问题写在 <q> 标签里的 txt 属性，ans 属性用于标示答案，0 代表“错”、1 代表“对”。按照 XML 语法的规定，属性值都要用双引号或单引号括起来。

XML 语法还规定**每个标签指令都要成对，**像 "< 题目 >" 与 "</ 题目 >"，**若不成对，标签指令必须用 "/>" 结束，**像本例中的 <t> 和 <q> 标签。

若要增加新的题目，只要参照其他 <q> 标签的格式，写在 < 题目 > 元素之中即可。

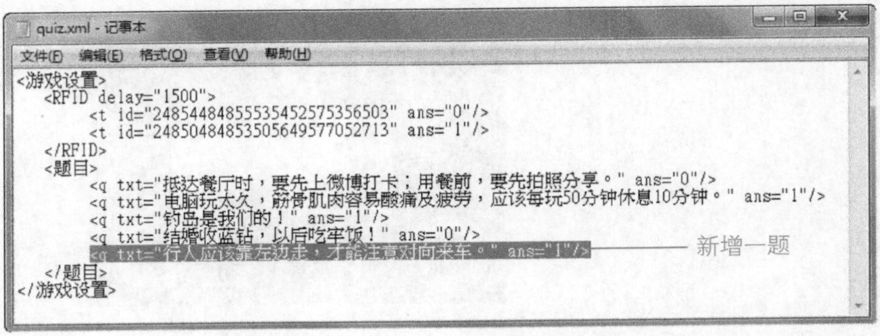

quiz.xml - 记事本

文件(F) 编辑(E) 格式(O) 查看(V) 帮助(H)

```
<游戏设置>
    <RFID delay="1500">
        <t id="2485448485553545257535656503" ans="0"/>
        <t id="248504848535056495770527l3" ans="1"/>
    </RFID>
    <题目>
        <q txt="抵达餐厅时，要先上微博打卡；用餐前，要先拍照分享。" ans="0"/>
        <q txt="电脑玩太久，筋骨肌肉容易酸痛及疲劳，应该每玩50分钟休息10分钟。" ans="1"/>
        <q txt="钓岛是我们的！" ans="1"/>
        <q txt="结婚收蓝钻，以后吃牢饭！" ans="0"/>
        <q txt="行人应该靠左边走，才能注意对向来车。" ans="1"/>
    </题目>
</游戏设置>
```

新增一题

把游戏的主要参数写在XML文件的好处是，你不需要重新编译、发布程序，只要重新启动游戏，题目和其他参数就自动更新。

是非题游戏的程序代码：游戏影片文件（"问答游戏.fla" 文件）的main场景的第一个关键帧程序，包含初始化程序的叙述，主要是加载游戏XML配置文件。

```
// 设定题目的 XML 文件名与路径，以及游戏模式
init("quiz.xml", gameMode);
```

init( ) 函数的程序代码，实际写在 Main.as 文件。此问答游戏的程序代码由下列 .as 文件组成。

- tw\com\swf 路径里的 **Main.as** 类程序，是问答游戏的主程序。
- tw\com\swf**model** 路径里的 **Data.as** 类程序，负责加载题目 XML 文件，并抽取出其中的 RFID 标签码与题目内容。
- tw\com\swf**model** 路径里的 **RFID.as** 类程序，负责与 serproxy 串行程序联机，并且比对用户的 RFID 标签值。
- tw\com\swf\ui 路径里的 **Response.as** 类程序，是主画面 "**响应**" 面板的主程序，负责记录用户答对和答错的次数。当用户按下其中的**下一题**或**结束**钮时，它将发出 "CLICK_BUTTON" 自定义事件。
- tw\com\swf**events** 路径里的 **RFIDEvent.as** 自定义事件类程序，用于传递从 Arduino 传来的 RFID 标签所代表的答案编号。

除了上文提到的接口，Flash 问答游戏的其他主画面元素，及其实体名称如下。

当题目（quizDialog）和响应（resp）面板展开时，它们内部的时间轴将发出事件（事件名称分别是 QUIZ_READY 和 POP），告知 Main.as 主程序，开始启动 1.5 秒的延迟计时，再接收 RFID 标签值。

若双击舞台上的“响应”画面，将能看到如下的时间轴架构。

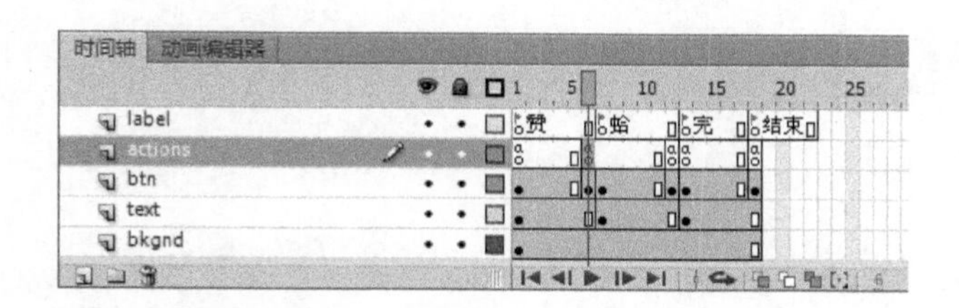

其中的 actions 图层的第 6 格关键帧，包含底下发布 POP 自定义信息的代码。

```
dispatchEvent(new Event(POP));
stop();
```

其余绝大部分的程序代码，都放在外部 .as 文件，请读者自行参阅里面的注释说明。

认识焊接工具：焊锡、电烙铁及焊接助手

面包板是电子实验的好工具，然而，一旦实验成功，想要保存电路或者将它安装到其他设备里面，把组件电路焊接在电路板上是最好的做法，整个电路也会变得更小。此外，并非所有的传感器都有与 Arduino 插座兼容的模块，或者考虑到价格因素（现成的 Arduino 传感器 / 控制器模块价格通常比较高），我们免不了要自行动手焊接电路。

你只要动手尝试，就知道焊接真的很简单。以下的单元将陆续介绍焊接工具，以及焊接方法。

A-1 焊接工具

焊锡

焊锡是一种能将金属接合在一起的合金物质，主要材料是**锡**和**铅**，经烙铁加热就会液化附着在金属表面，凝固后即可接合零件。按照锡、铅和其他金属（如：银，可增加焊点的强度）的所占比例不同，分成多种不同用途、粗细和包装，初学焊接，购买“焊锡笔”包装就够用了。

常见的焊锡是由 **60% 的锡（Sn）**和 **40% 的铅（Pb）**，或者 **63% 的锡（Sn）**和 **37% 的铅（Pb）**混和制成，俗称 **60/40** 或 **63/37 焊锡**，熔点约 183 °C，有些焊锡还包含能保护焊锡不被氧化，以及增加焊锡流动性的**松香（resin）**。近年来环保意识高涨，电子公司通常采用**无铅焊锡**生产商品。不过，无铅焊锡的熔点较高（250 °C），不易焊接，因此建议购买 60/40 或 63/37 类型且内含松香的焊锡。

电烙铁

电烙铁用于融化焊锡。烙铁内部的发热体（电阻丝）的热能将通过传热筒传导给烙铁头，加热后的烙铁温度通常在 250℃以上，操作时要注意安全。

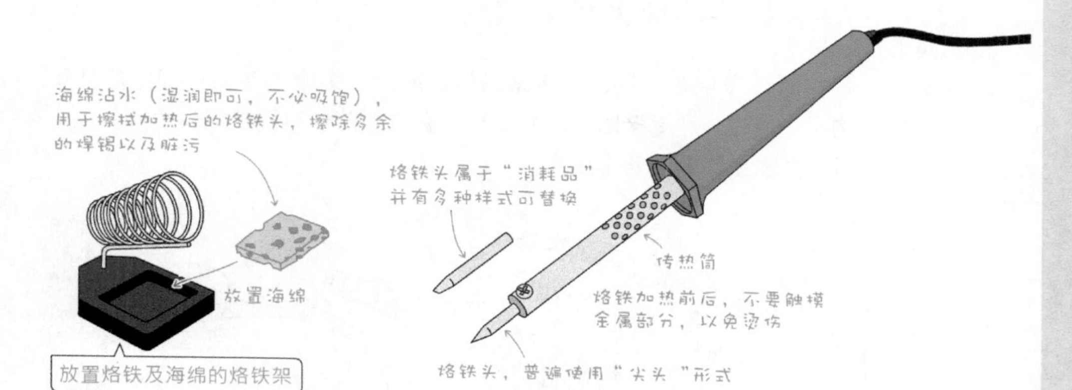

放置烙铁及海绵的烙铁架

根据加热方式，烙铁分成**旁热式（外热式）**和**直热式（内热式）**两种。从外观很容易辨别这两种烙铁，一般五金商店出售的电烙铁属于旁热式，这种烙铁的传热筒前端有两个螺丝锁住烙铁头（像上图）。旁热式的价格比较低廉且经久耐用，但是热效率低且较耗电量；直热式烙铁的发热体大多采用陶瓷，比较省电，发热快且热效率高，但是价格稍微高一点。

电烙铁的主要规格是**功率（W）**，功率越高，发热量越大。焊接一般的电子零件，采用 15~60W 的烙铁。如果需要长时间焊接，可以考虑**恒温式烙铁**，即使长时间通电，恒温式烙铁的温度也不会持续攀升（笔者做过实验，将 60W 旁热式烙铁持续通电，烙铁头将会被加热到通红发光）。还有一种**瞬间加热型**的烙铁，平时操作时为低功率，按住按钮可瞬间提升为高功率。**初学焊接，用普通旁热型的 30W 烙铁即可。**

烙铁头用久了，可能会逐渐氧化变黑，不容易附着焊锡，这时就得更换烙铁头。请到电子材料商店选购和电烙铁类型及功率搭配的烙铁头。

烙铁架

为了安全起见，在焊接工作中，烙铁应该要放置在**烙铁架**上，避免遭烫伤或引发其他事故。普通的烙铁架底座仅用一片钢铁皮塑造而成，使用时要小心它可能会重心不稳，而导致电烙铁掉落。

烙铁架前面有一个放置**海绵**的置物台，如果烙铁头沾上脏污或太多焊锡，只要在烙铁维持加热的情况下，将烙铁头在沾水海绵上轻轻擦拭几次即可清洁干净。千万不要用挫刀或砂纸去磨烙铁头喔！这样会损坏烙铁头。

拔掉烙铁电源插头之前，先在烙铁头上沾一点焊锡，再到沾水海绵上擦拭几次，可清洁保养烙铁头。

焊接助手与桌上型老虎钳

焊接时，一手拿烙铁，一手拿焊锡，就没有多余的手可以固定零件了。建议购买一种称为“**焊接助手**”的工具，它包含两个可固定零件的**鳄鱼夹**，甚至还有**放大镜**让你看清楚焊接点。

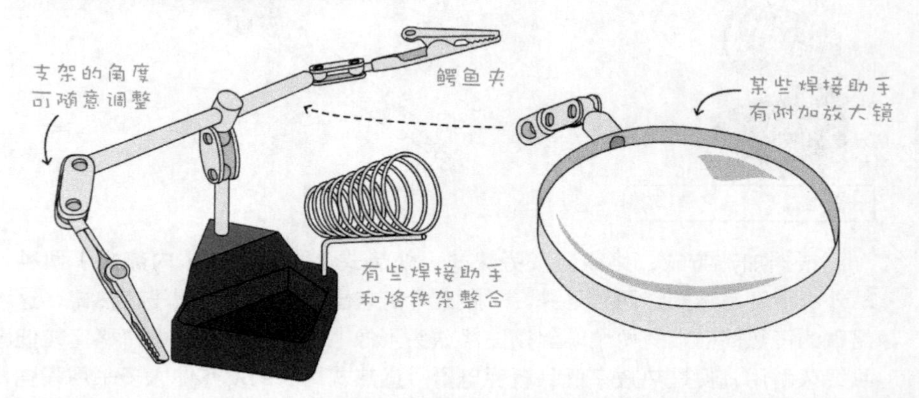

有些时候，我会用**桌上型老虎钳**固定焊接零件。在锯电路板、压克力塑料板或者钻孔时，桌上型老虎钳很有用处。若要添购锯子，普通的**线锯**只能锯塑料，对于像电路板这种含有铜箔金属的材质，请使用**钢锯**。

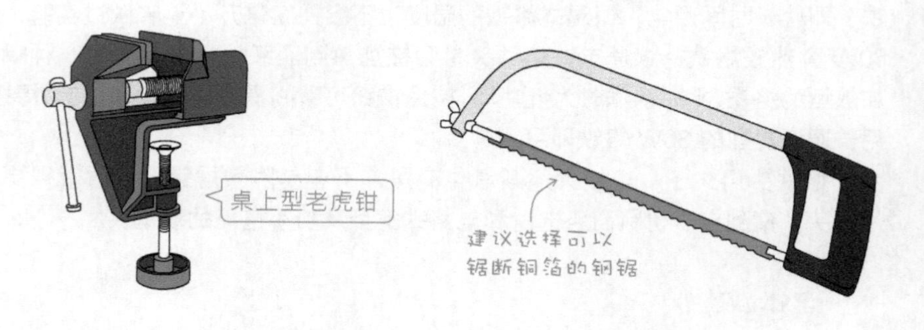

动手做 A-1 基础焊接练习

实验说明：本单元将练习焊接两条导线，重点只有一个：**一定要动手尝试**。

头几次焊接不好没关系，多多练习就能驾轻就熟了。**在焊接过程中，请保持室内空气流通；焊接完毕后，请记得用肥皂洗手。**

实验步骤：

1 把两条导线固定好。

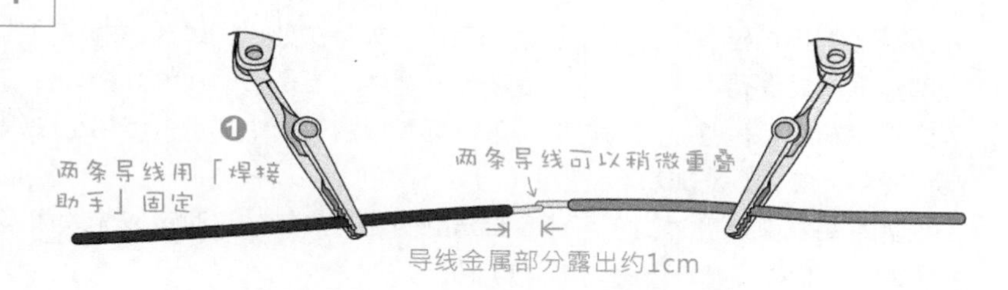

2 将电烙铁插上电源充分预热。在预热过程中，可以**用焊锡碰触烙铁头，看看焊锡是否会熔化**。一旦焊锡熔化，先让烙铁头沾上一点焊锡并准备开始焊接。

3 用沾了焊锡那一面的烙铁头接触被焊导线。

4 将焊锡移向烙铁头与焊点位置，让焊锡熔化并流向焊点。

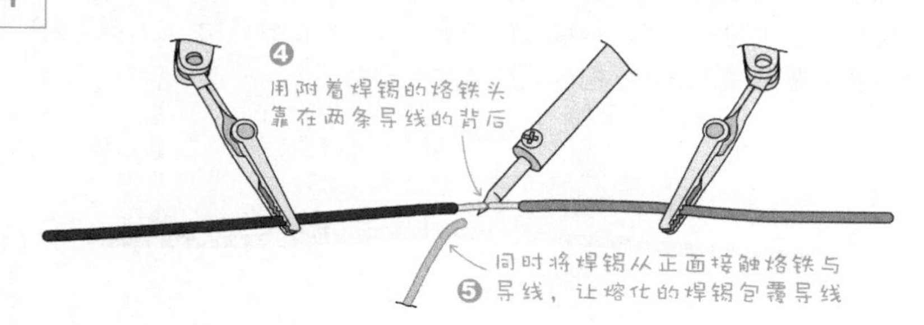

5 当焊点被焊锡包围浸润后，移开烙铁与焊锡。

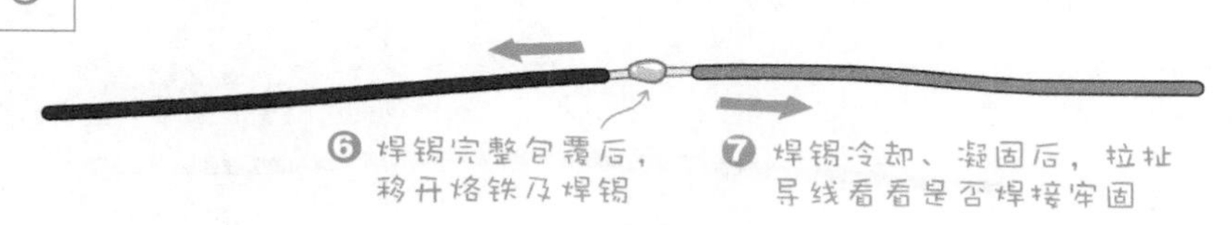

在焊点冷却之前，不要移动被焊元器件，以免焊锡剥离或者仅留下少量焊锡而造成接触不良的“虚焊”情况。良好的焊接点应该焊接牢固、焊锡量适中，且外观油亮、圆滑。

整个焊接过程最好在 1~3 秒之内完成，如果加热时间过长，焊锡里的松香助焊剂将挥发殆尽，也可能会损坏电子零件。要是第一次没焊接好，可以等焊点冷却之后，重新上锡焊接；可以重复焊接同一个焊点，但切忌在焊点尚未冷却之前，重复加热。

如果烙铁头温度过高，可能会无法顺利沾上焊锡，这时可以先关闭烙铁的电源让它稍微冷却一下，再打开电源继续。

A

实验结果：练习焊接两条导线之后，读者不妨挑战像下图这样的立方体，焊接完毕之后的导线塑料外皮没有融化、破损，用力拉扯导线，焊点也不会脱落，那就代表可以出师了！

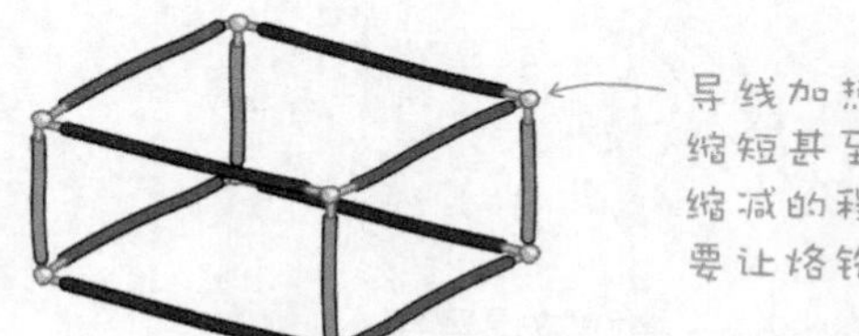

实际焊接导线时，我们会先准备一种受热会收缩、保护金属接点不外露的**热缩管**。配合粗细不同的导线，它也有各种尺寸和颜色，在电子材料或五金商店都可以买到一长条。焊接之前先剪一段，套在导线的一边，焊接完毕后，再用它包覆导线，防止不同的导线碰触而短路：

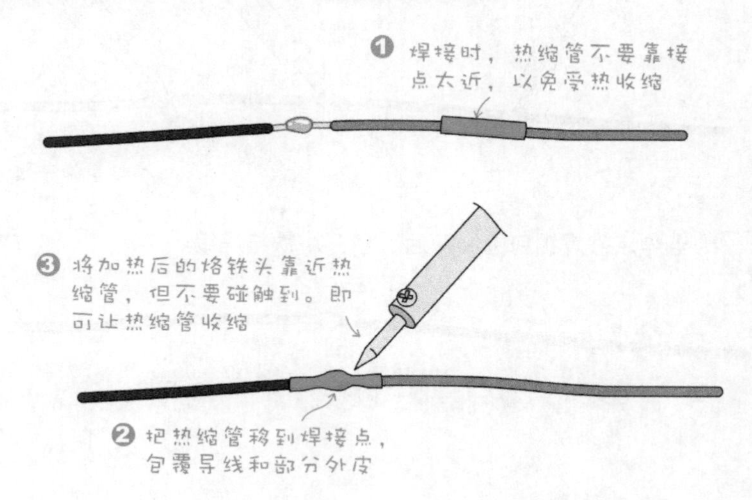

动手做 A-2 焊接鳄鱼夹

实验说明：本单元将练习焊接鳄鱼夹，电子材料商店都有出售。

实验步骤：鳄鱼夹的导线通常使用多芯线（线径比较粗且柔软），请准备长约 25cm 的多芯线，两端的外皮约剥除 4mm，再依照底下的步骤练习焊接。

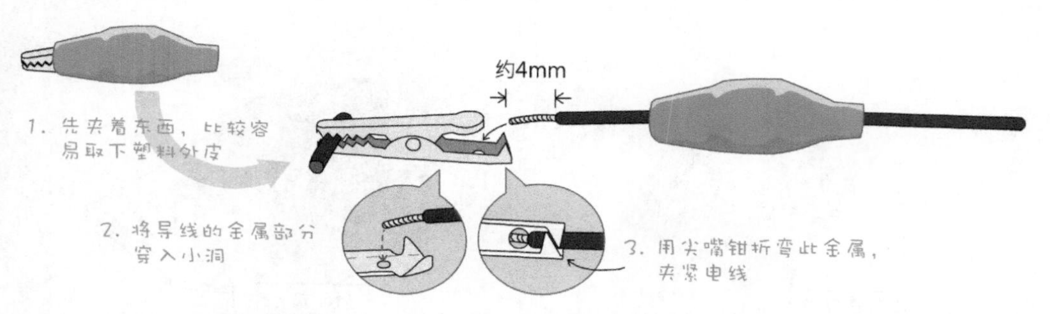

焊接时，烙铁头与焊点约呈 60 度角，以利于焊锡从烙铁头流向焊点。

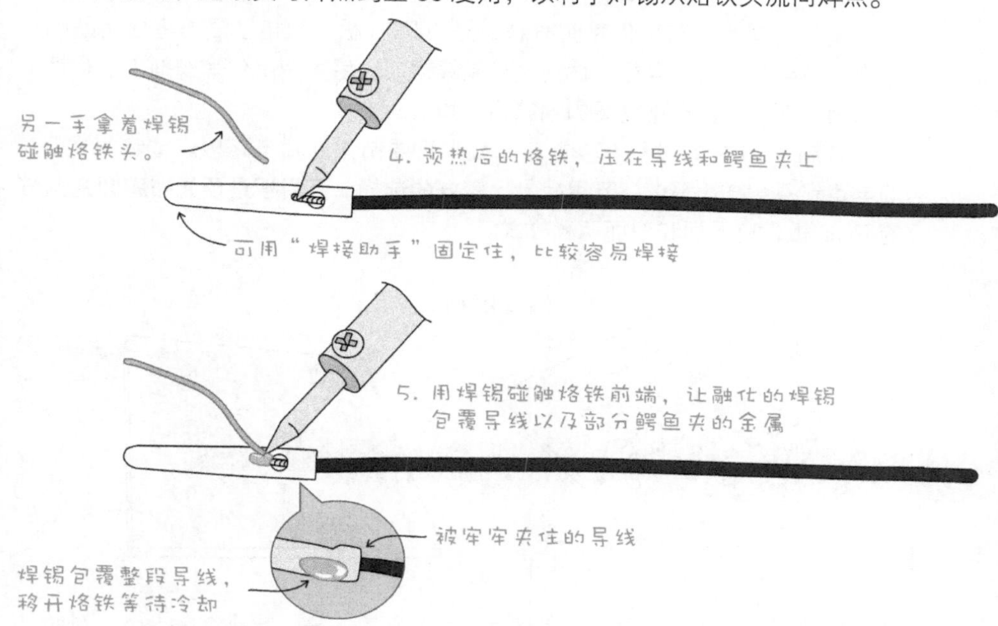

实验结果：焊接完毕后，套回鳄鱼夹的塑料外皮，再焊接另一端就完成了。

A-2 印刷电路板及万用板

印刷电路板通称为 PCB（Printed Circuit Board）板，它是在绝缘板（电木或者碳纤维材质）上铺一层薄铜箔线路，用来承载、固定并连接电子组件。假如铜箔导线只呈现在 PCB 板的一面，则此 PCB 板称为“单面 PCB 板”；若是两面都有导线，则称为“双 PCB 板”。Arduino 微电脑采双面 PCB 板。

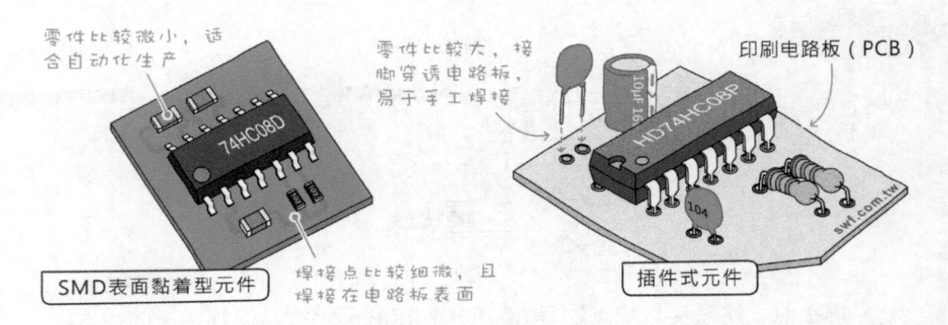

电子材料商店有出售整面布满铜箔的 PCB 板，让电子爱好者使用贴图、感光、转印等方法，自行在铜箔上绘制线路，最后再使用化学药剂（氯化铁）“蚀刻”电路板，把不需要的铜箔腐蚀掉。

自制 PCB 板的过程有点复杂，如果只要制作几片电路板，或者每次 DIY 的电路都不一样，那么，万用板是比较好的选择。**万用板是预先布满圆孔铜箔的 PCB 板**，有单面和双面两种样式。

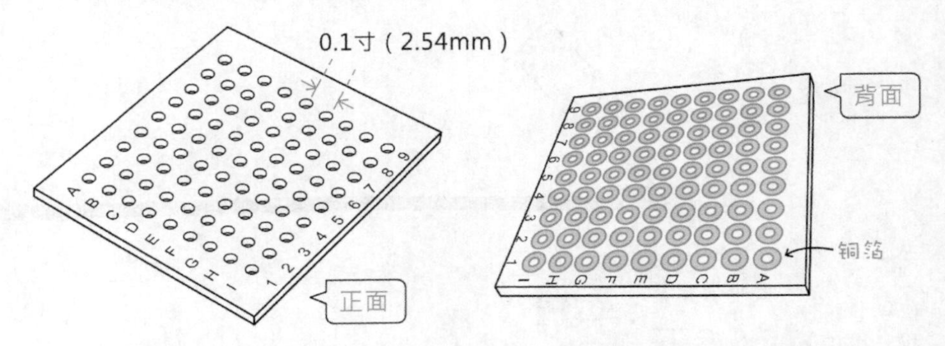

万用板上的孔距和许多电子组件的引脚距离一样，都是 2.54mm，例如，DIP 型的 IC 引脚距离就是 2.54mm，因此很容易将组件安装在万用板上。组

件之间的导线，则要自行焊接。

动手做 A-3 焊接电路板

实验说明：以第 13 章“动手做 13-2：光电子琴制作”单元的电路为例。

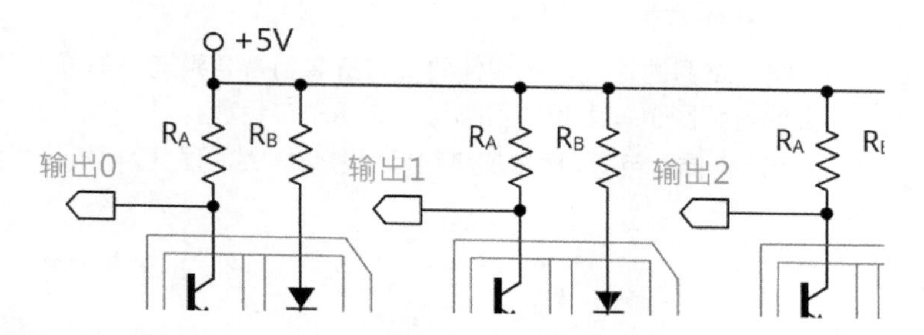

实验步骤：在万用印刷电路板组装并焊接组件的步骤如下。

1 将两个电阻的引脚折弯，然后插入万用板。

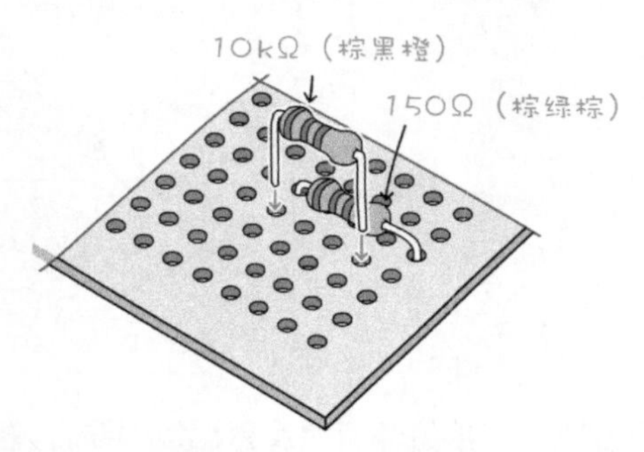

2 插入反射型传感器，红外线发射 LED 朝前（注：传感器两边有长条型的塑料卡盾，笔者事先将它剪除）。

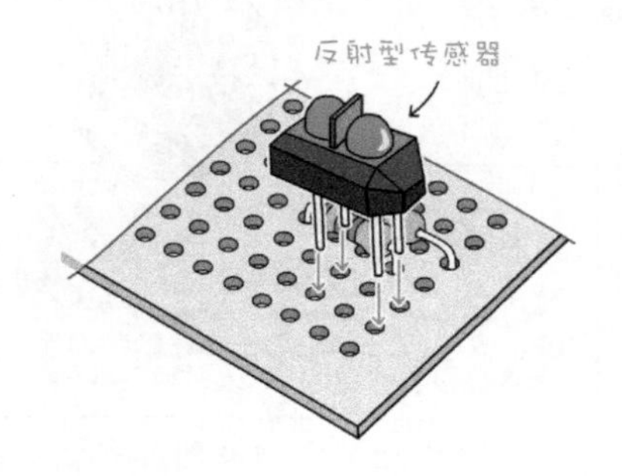

3 把电路板翻到背面来看，**零件的摆放位置和正面是左右相反的**，在焊接的时候请务必留意这一点。

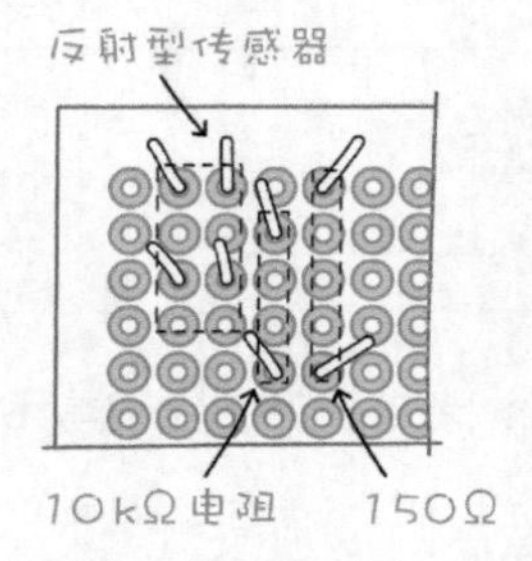

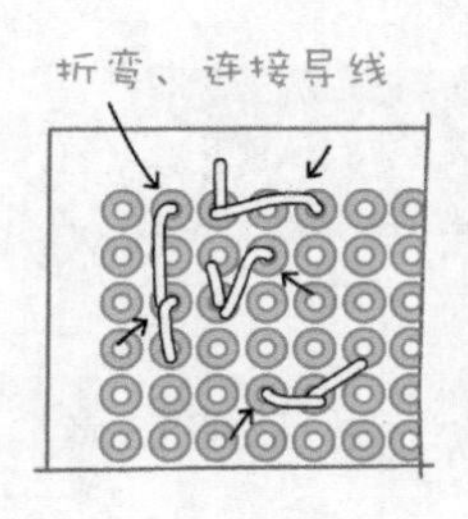

4 依照电路图的接线，把零件的引脚折弯到需要相连的部分（请对照上文的电路图），太长的引脚可以先用斜口钳剪掉。

5 将电烙铁插上电源，让它加热到足以融化焊锡的程度，再执行焊接作业。

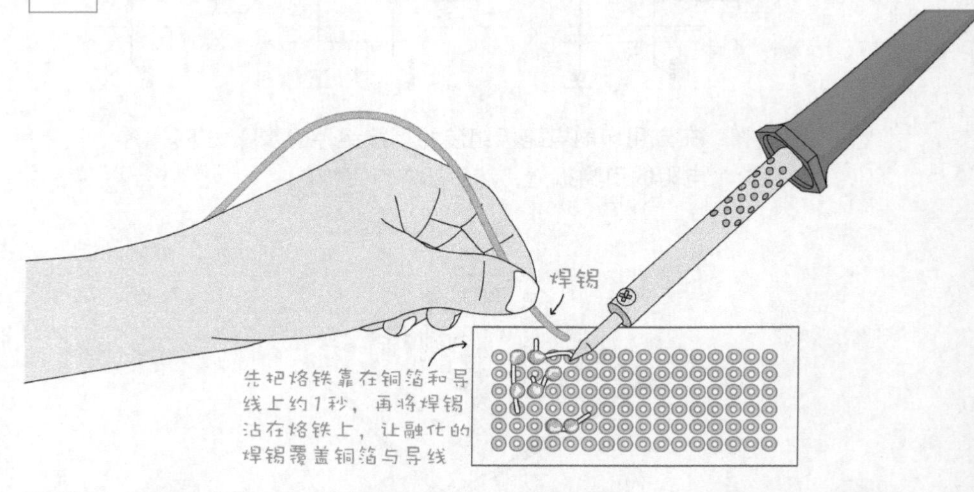

6 重复以上步骤，焊接另外两组反射型传感器，并且用导线串接各个模块的接地和电源。

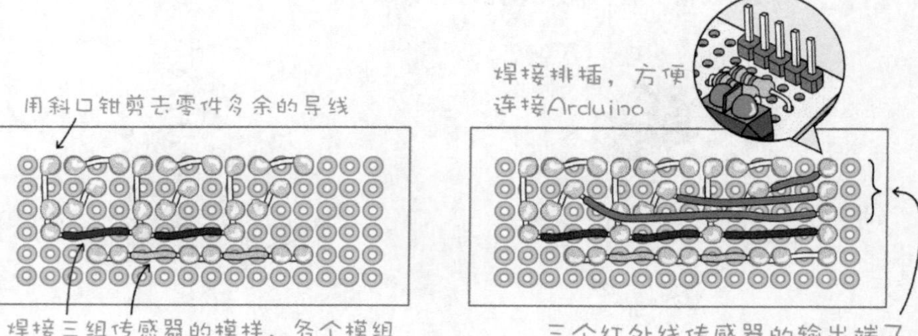

7 最后，把三组传感器的输出与电源焊接到排针上，方便和Arduino相连。

如果不熟悉焊接，可以先练习用导线焊接在PCB板，熟练之后，再用电子组件实际操作。

接点上的焊锡应该要显现金属光泽，以小山丘的模样包覆铜箔和金属导线。如果焊点看起来干干瘪瘪的，那代表加热时间太久了，这样的焊点可能会造成**虚焊**：接触不良且容易脱落。

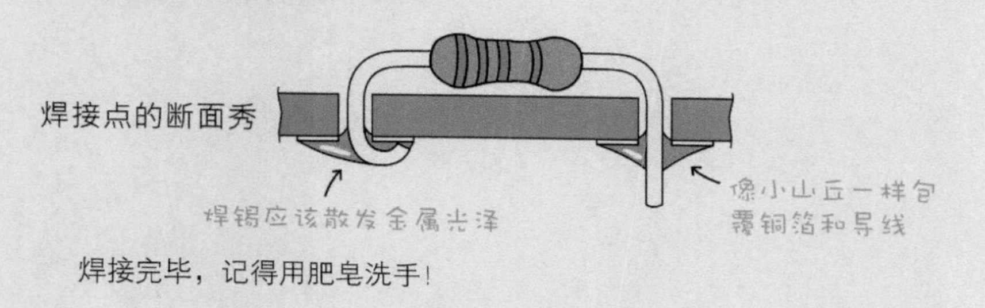

焊接完毕，记得用肥皂洗手！

动手做 A-4 活用 USB 电源适配器

实验说明：做电子实验，经常需要用到5V电源，通过计算机的USB接口供电有时很不方便（计算机要一直开机），而且USB 2.0的输出电流约为500mA，不适合用来驱动电机。除了使用电池之外，智能手机和平板普遍采用的USB电源适配器，也是优良的外部电源。

实验步骤：只要剪一段USB线，将其中的电源和接地焊接在排针，即可用于面包板实验。

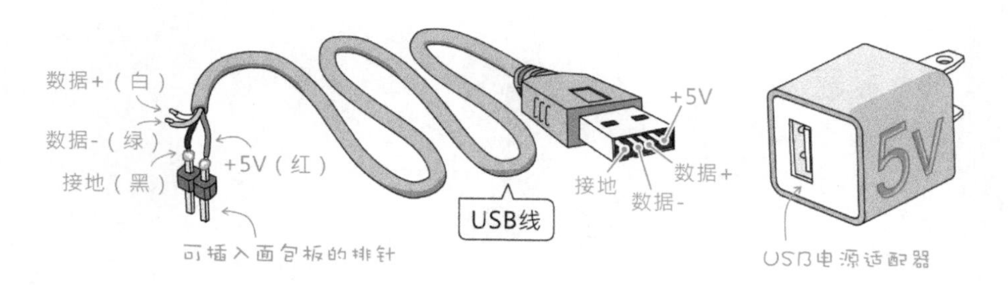

上图标示的导线颜色是 USB 线材的规定，不过可能有些制造商未按照此规范生产，所以焊接之前，最好先用电表测量一下。此外，USB 电源适配器最好至少买 2A 电流输出的规格。

APPENDIX B

烧写 ATmega 微处理器的引导程序（bootloader）

Arduino 微电脑里面包含两种程序。

- **用户自定义程序：**也就是我们自行编写，编译后下载到 Arduino 板的程序文件。
- **bootloader：**以下统称**引导程序**。它的作用是在电源打开或按下 Reset（复位）按键后，自动执行用户自定义的程序。同时，它也负责接收 Arduino 开发工具的指示，存储开发工具传入的程序文件。

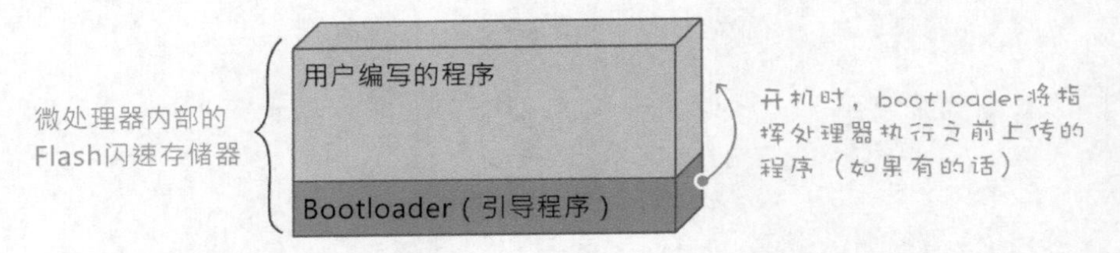

一般电子材料商店所出售的 ATMega 系列微处理器并未包含 Arduino 的引导程序，而且它也无法直接通过 USB 线和一般的下载步骤来写入微处理器。

动手做 B-1 使用 Arduino 控制板编程 ATmega328 固件

实验说明：将代码写入微处理器的动作，称为“烧写”。市面上有出售专门用来烧写微处理器程序的“编程器”，而 Arduino 微电脑板也可以当成编程器使用。本单元将示范采用 Arduino 板来替新买的 ATMega328 微处理器烧写引导程序（即使 ATMega 处理器已具有引导程序，也能重复烧写）。

实验材料：

Arduino 微电脑板	1 片
ATMEGA328P-PU 微处理器	1 个
16MHz 晶振	1 个
22pF 电容	2 个
10μF 电容（耐电压 10V 以上）	1 个
10KΩ 电阻	1 个

把 Arduino 板变成编程器：首先要编译并下载名叫 "ArduinoISP" 的程序给 Arduino 板（ISP 是 In-System Programmer 的缩写，代表“在线编程器”），让它变成编程器，步骤如下。

1 选择“**文件→示例→ ArduinoISP**”指令，打开编程器的代码。

2 将 Arduino 板的 USB 线接上计算机之后，按下更新按钮，编译并下载程序文件到 Arduino 板。

3 选择“**工具→编程器→ Arduino as ISP**”指令。

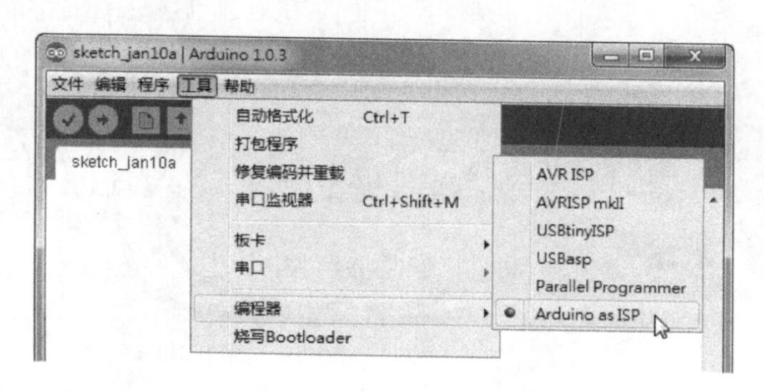

现在，这块 Arduino 板已经变成编程器了。

实验电路：请将要烧写引导程序的 ATMega328 处理器按照底下的电路图接好。

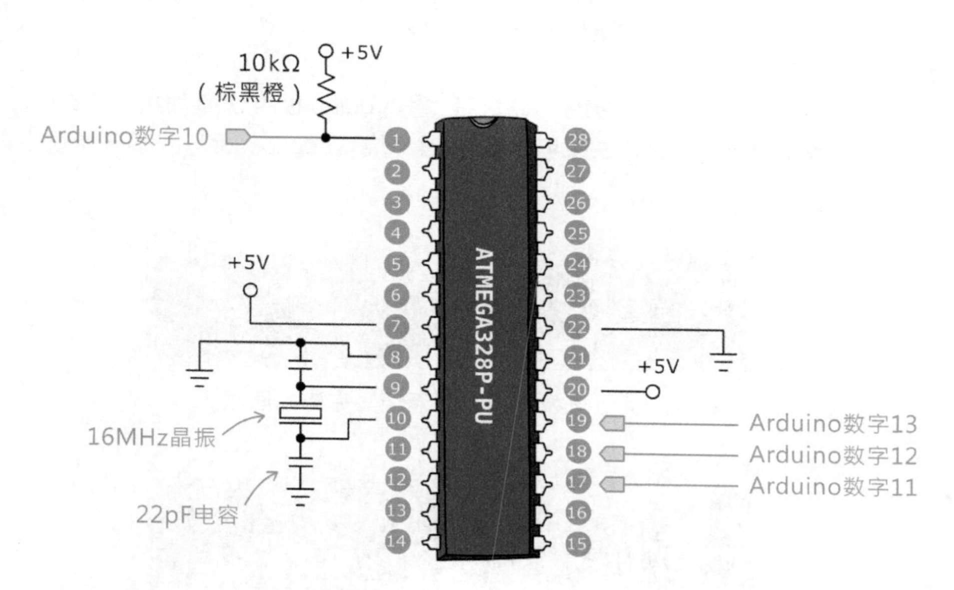

在面包板上连接此电路的模样如下，用 Arduino UNO 板充当编程器时，请把 UNO 板接上计算机，在执行烧写之前，在 **Reset** 和**接地**端子之间，连接一个 10μF 电容。烧写完毕之后，记得取下 10μF 电容，否则 Uno 板将无法被传入任何程序。

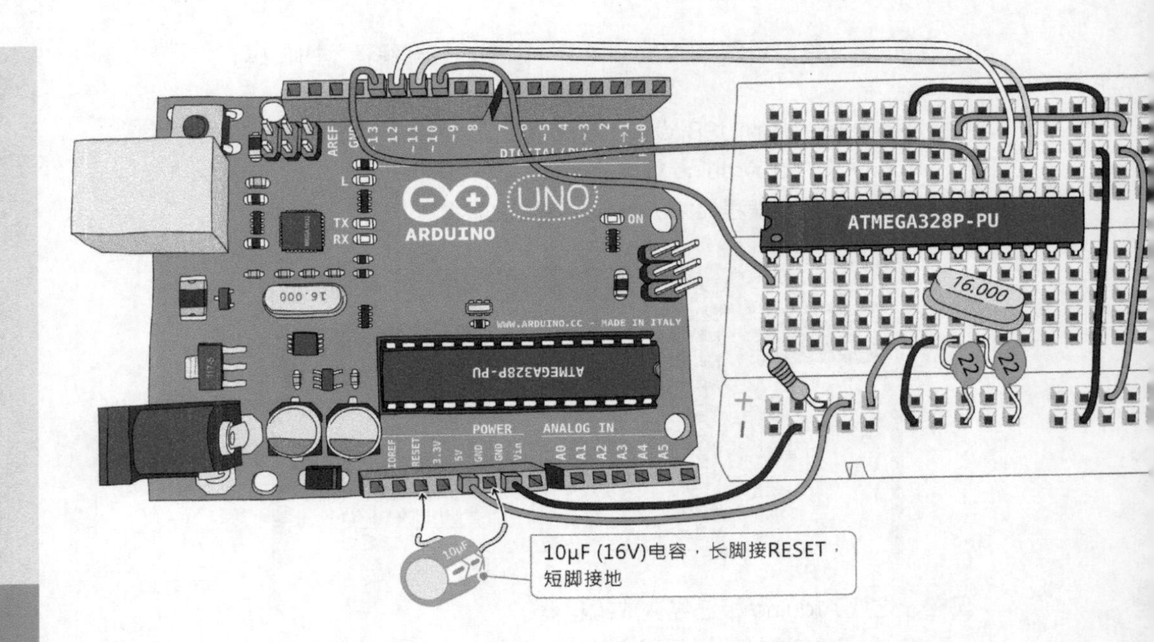

采用 Arduino Leonardo 板烧写 bootloader 的方法，请参阅笔者网站的这篇文章说明：http://swf.com.tw/?p=578。

开始烧写引导程序：接好电路之后，将 Arduino 板的 USB 线接上计算机，再从 Arduino 开发工具的主菜单选择“工具→烧写 bootloader”，然后开始烧写。

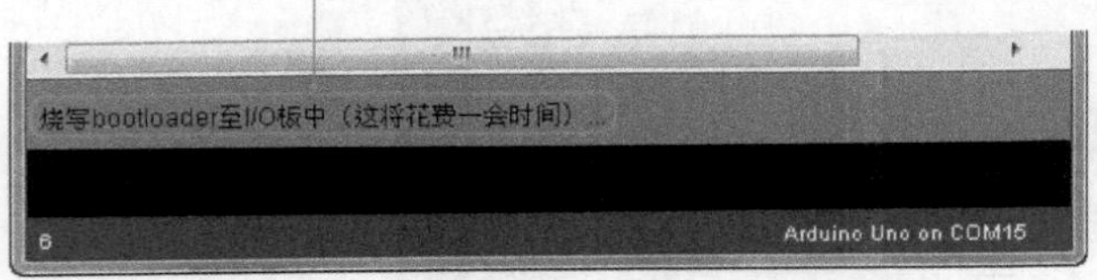

烧写成功后，Arduino 开发工具将显示烧写完毕的信息。

烧写完毕后，拆掉面包板上与 Arduino 板的联机，它就是最基本的面包板 Arduino 微电脑了。在接下来的“动手做 B-2：用面包板组装 Arduino 微电脑实验板”中，会说明如何接上 USB 转 TTL 线，下载自行开发的 Arduino 程序。

如果在烧写过程中，充当编程器的 Arduino 板子的 Reset 端子有连接一个 10 μF 电容，请记得将它拆下。

动手做 B-2 用面包板组装 Arduino 微电脑实验板

实验说明：Arduino 微电脑板子的硬件核心就是一个 AVR 系列单芯片处理器，外加少许零件，因此我们能轻易地在面包板拼凑一个 Arduino 板。或者，在实验成功之后，将微处理器与其他外设零件焊接在一起（如第 14 章的蓝牙遥控机器昆虫），这样就不需要买好几块 Arduino 板子了。

实验材料：

ATmega 328 微处理器（预先烧写好 Arduino 的 boot loader）	1 个
10kΩ（棕黑橙）电阻	1 个
330Ω（橙橙棕）电阻	1 个
100nF（即 0.1 μ F，104）电容	1 个
22pF 电容	2 个
LED（颜色不限）	1 个
16MHz 晶振	1 个

实验电路：下图是在面包板上组装 Arduino 板的样子（电路图请参阅“动手做 B-1”）。晶振以及电阻、电容元件都不分正负脚。

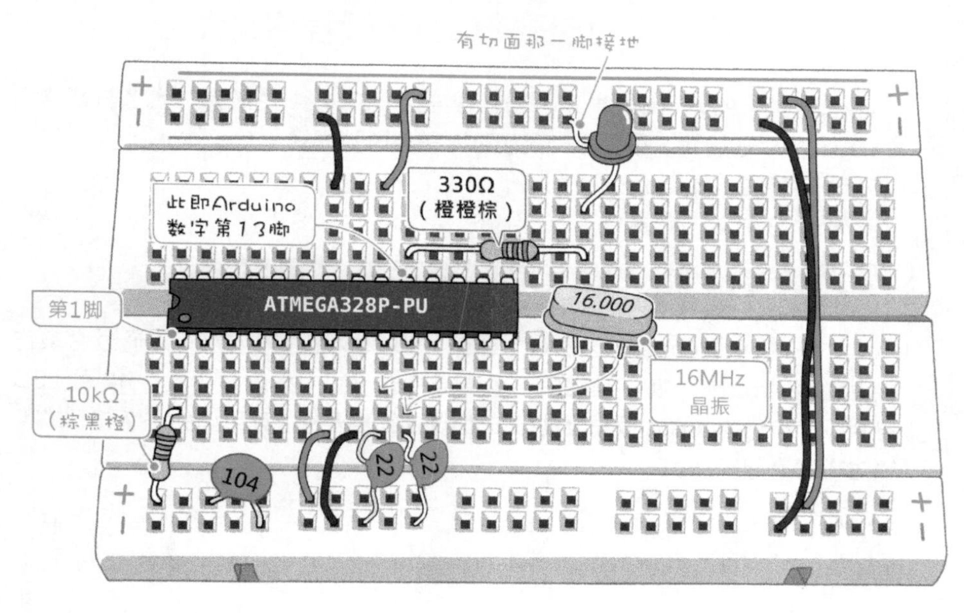

自行组装的 Arduino 微电脑板，仍能使用 Arduino 程序开发工具下载程序文件，但是一般电子材料商店出售的 ATmega 328 处理器都**没有预先烧写 Arduino 的引导程序，无法接收 Arduino 程序开发工具下载的代码**。有些网店的卖家提供免费烧写引导程序的服务，读者买回来之后，直接像上图一样组装好电路就能立即使用了，购买前请先询问卖家。你也能拔取 Arduino 板子上的 ATmega 328 处理器来使用，或者参阅“动手做 B–1”，自行烧写 Arduino 的引导程序。

底下是 ATmega 8、16 和 328 系列微处理器的引脚，以及对应的 Arduino 板数字与模拟端口编号。

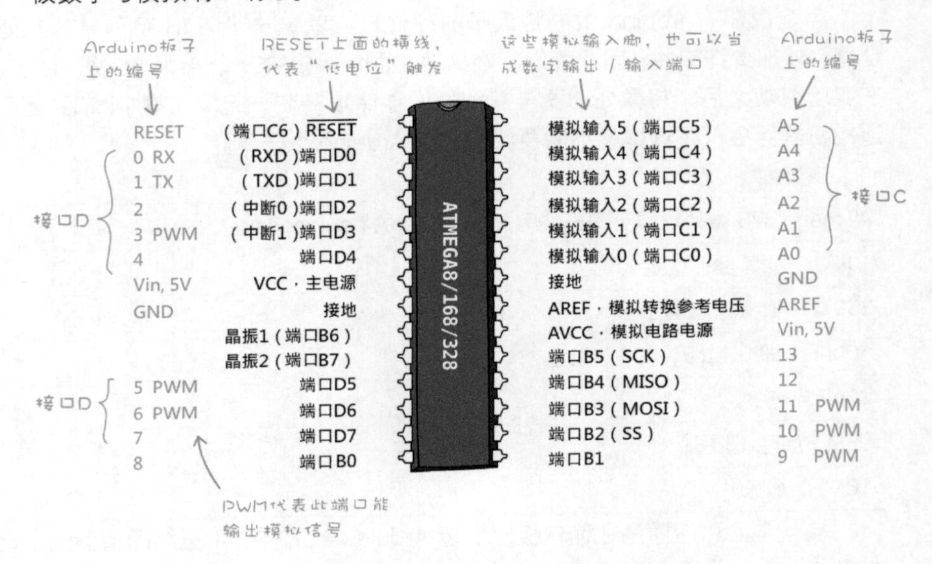

连接计算机的 USB 接口并下载程序文件

自行组装的 Arduino 电路并未包含连接 USB 接口的芯片，为了与计算机的 USB 接口连接并下载程序，我们可以采用两种方式：

- 市售的 Arduino 板。
- USB 转 TTL 传输线。

使用市售的 Arduino 板充当 USB 适配卡之一

市售的 Arduino 微电脑板本身具有 USB 转换芯片，所以可以通过它来连接面包板 Arduino。底下是其中一个连接方式（图中省略数字数字 13 的 LED 电路），**市售 Arduino 板子上的微处理器必须要拔掉**（可用小的一字起子或尖嘴钳将它撬起来）。

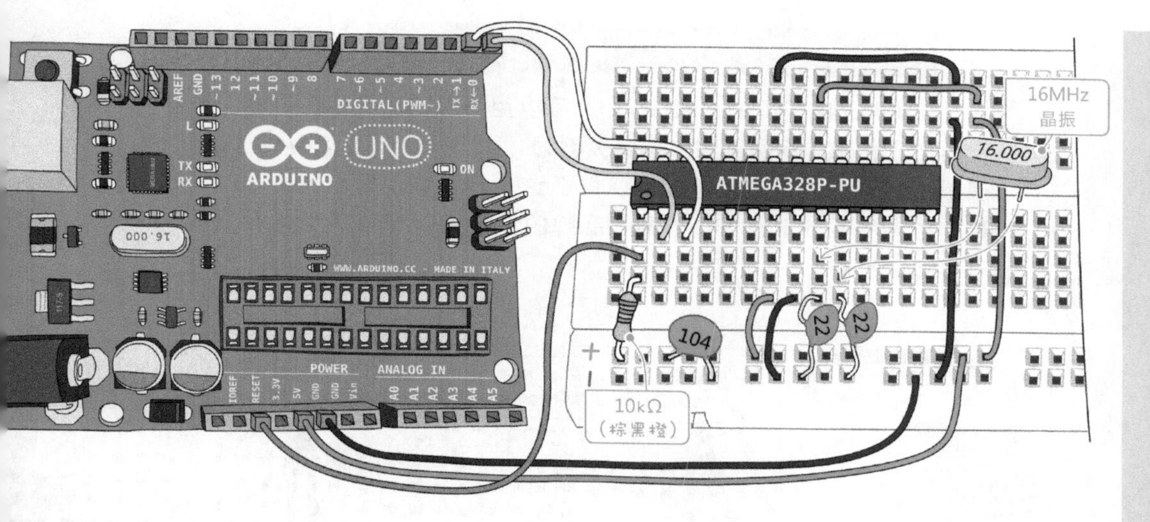

如此，只要像平常一样，把市售 Arduino 板子的 USB 连上计算机，即可将程序下载到面包板上的 ATmega328 微处理器了，试着下载让数字 13 的 LED 闪烁的示例程序看看吧！

使用市售的 Arduino 板充当 USB 适配卡之二

如果不想要拔掉市售 Arduino 板子上的微处理器，请先在 Arduino 程序开发工具中，打开本单元的 diy11.ino 程序文件，将它编译并下载到市售的 Arduino 板，然后参考底下的接线图连接电路（其中的电阻是 10kΩ）。

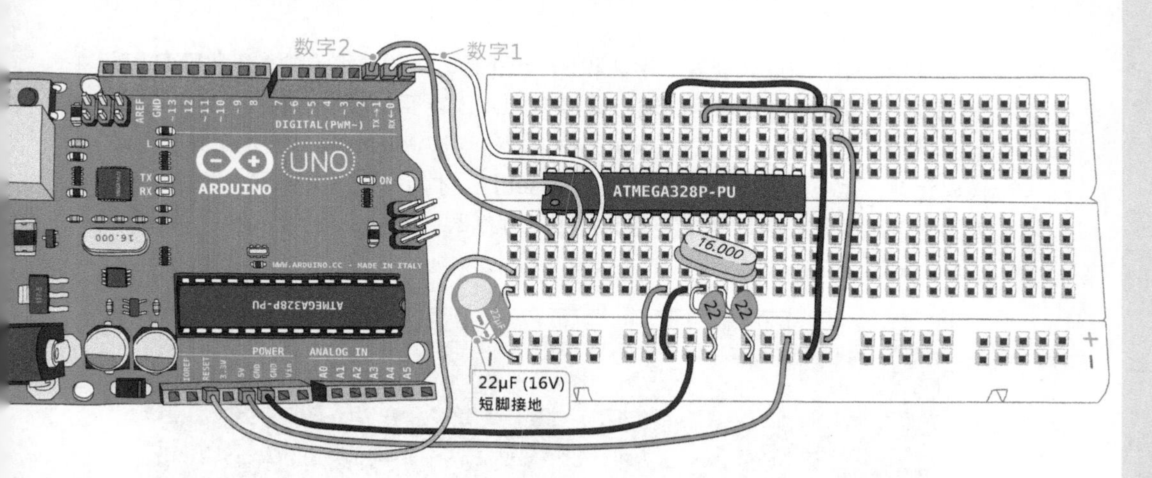

diy11.ino 将把市售 Arduino 板变成序列数据的收发台，把来自计算机的程序数据传输给面包板 Arduino。

使用“USB 转 TTL”传输线之一

Arduino 板子上的 USB 芯片，可以用 **USB 转 TTL** 线替代，许多电子材料商店和网店都买得到（搜索关键词：USB TTL）。这种线材还有 5V 电源输出，可提供微电脑板使用，接上这条传输线，面包板 Arduino 就几乎等同市售的 Arduino 板了（不同品牌的传输线引脚顺序可能不一样，请自行参阅说明书）。

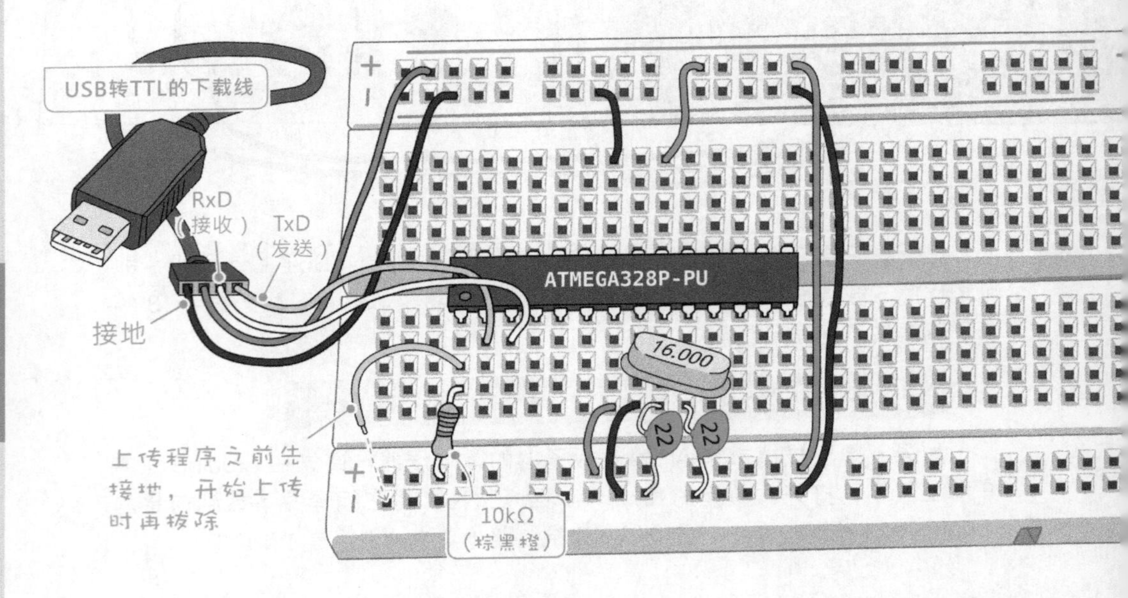

其中，ATmega 处理器数字 2 和 3，分别是串口的 **RxD**（**输入**）和 **TxD**（**输出**）脚。但请注意，处理器的**输出**要接到“USB 转 TTL 线”的**输入**，反之亦然。

然而，上面的连接方式有个小小的缺点。当 Arduino 程序开发工具在下载代码之前，微电脑板会先自动**复位**（**Reset**），才能将程序文件写入微处理器。上图的电路并不会自动复位，因此在下载程序时，开发工具会出现底下的错误信息。

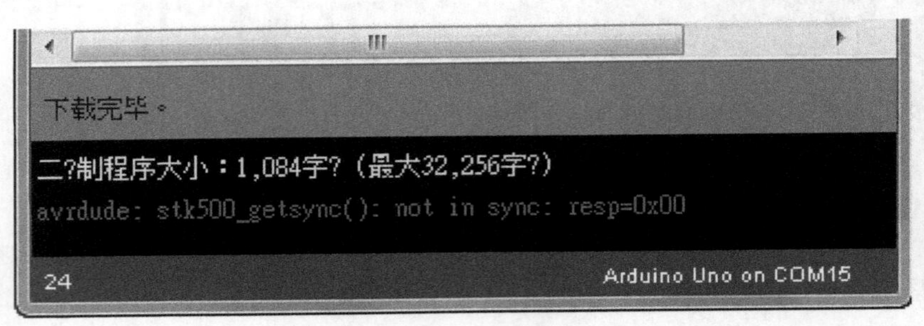

解决无法自动复位的方法：在下载程序之前，先将微处理器的第 1 脚接地，让微处理器进入复位状态，等到开发工具的信息列出现“下载中”的信息时，立即拔开第 1 脚的接地线，才能顺利写入程序。

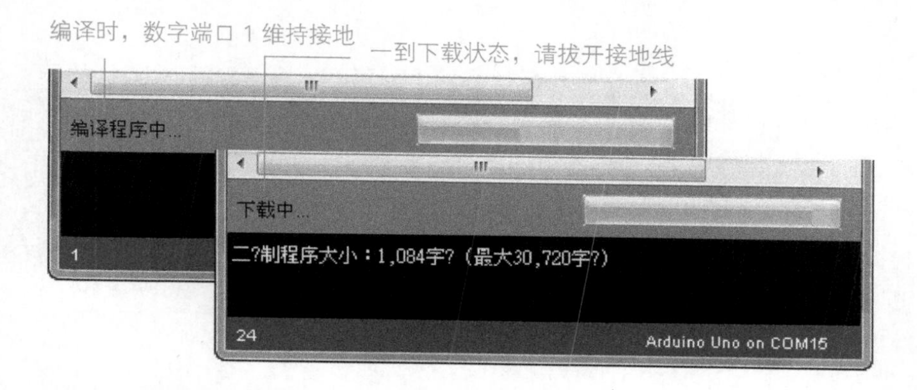

使用“USB 转 TTL”传输线之二

如果你的“USB 转 TTL 传输线”具备 DTR（Data Terminal Ready，数据终端就绪）引脚，就可以像下图一样，将它接在一个 100nF（104）电容，电容的另一端连接微处理器的复位端口，即可在下载代码之前，自动复位微处理器。

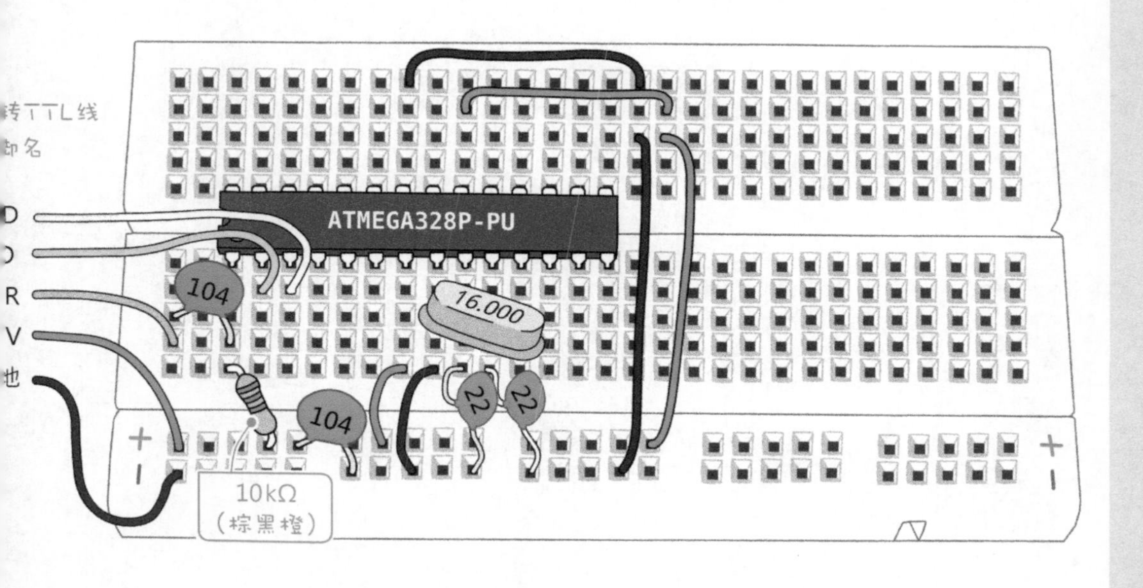

改造 3C 小玩意的控制钮

许多 3C 产品越做越小，价格也越来越低廉，比如录音笔和钥匙圈形式的微型摄影机，如果你想要进行小小的改造，从 Arduino 控制这些设备，例如，监测到有人靠近时启动微型摄影机录像。其实，只要修改这些设备的开关回路即可。

这些小玩意的控制钮的结构大致相同，如果将它们拆解你将看到类似下图的开关结构，当按钮被按下时，按键底部的**导电橡胶**会让印刷电路板上的接点导通。

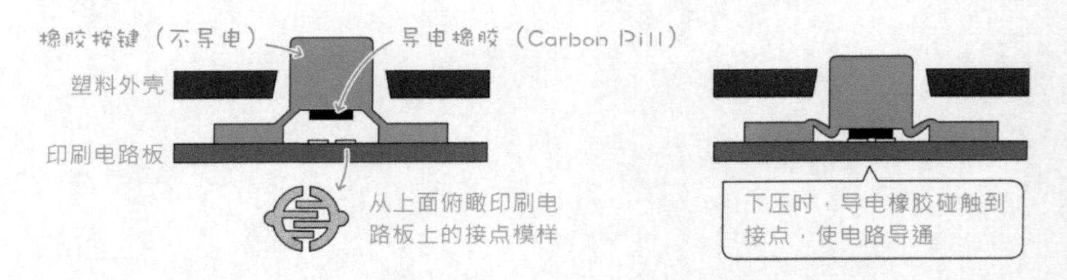

我们并不需要用电机或其他机械设备来按下或触发开关。印刷电路板上的铜箔接点，相当于电路上的一个断路，因此，若在它两边各焊接一条导线出来，再连接开关，即可取代原有的按键。

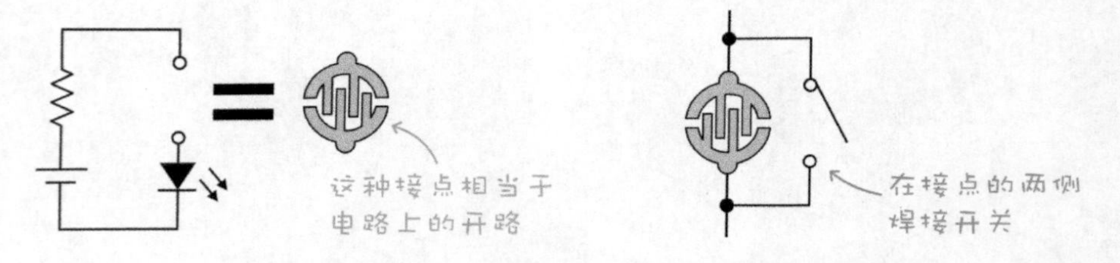

第 11 章提到晶体管相当于数字开关，包含之前提到的光敏晶体管在内，本单元将采用称为“光电耦合”的组件来取代控制器原有的按键。

C-1 认识光电耦合元器件

光电耦合（optical coupler），又称为**光隔离**，外型、电路符号与结构如下。

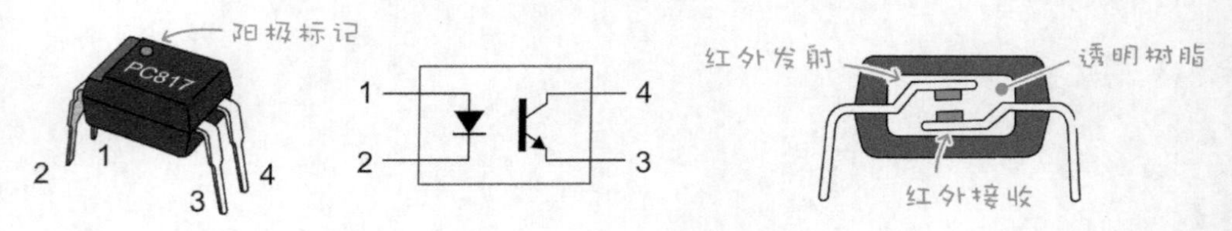

它也算是一种**光电开关**，当左边的红外线二极管导通、发光时，左边的光敏晶体管也将导通。由于组件两端的信号，全通过光线传递，没有直接相连，因此组件两端的电路相当于被**隔离**开来，不互相干扰。

以底下的应用为例，光敏晶体管一端接微型摄影机的按钮接点，不管这小装置采用 1.5V 或 9V 电源，都跟 Arduino 无关。

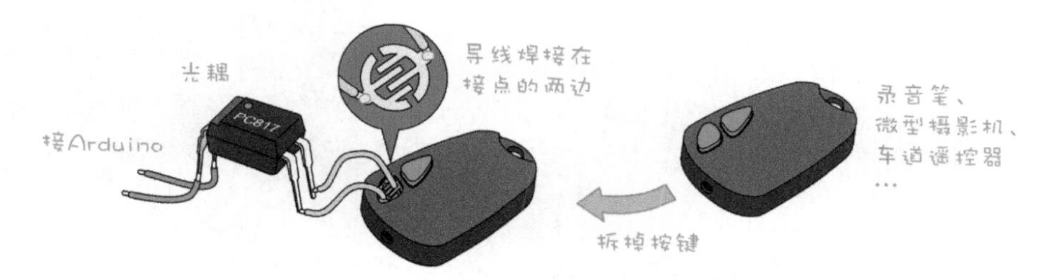

常见的光耦合组件型号有 NEC 的 PS2501、夏普的 PC817，这两种型号的组件可以互换，外型与电路符号也相同。

以夏普的 PC817 为例，规格书标示光敏晶体管的集极输入电流（IC），最大可承受 50mA，对于一般电路里的控制按钮绝对够用。不过，**光敏晶体管 C 和 E 脚的电流往单方向流动，**光是用眼睛看，可能无法判定光耦合的两个引脚，要如何焊接在 3C 产品按键的电路板。这时可以用万用电表测量，以 Xbox 360 控制器的按钮接点为例，其中一边是接地。

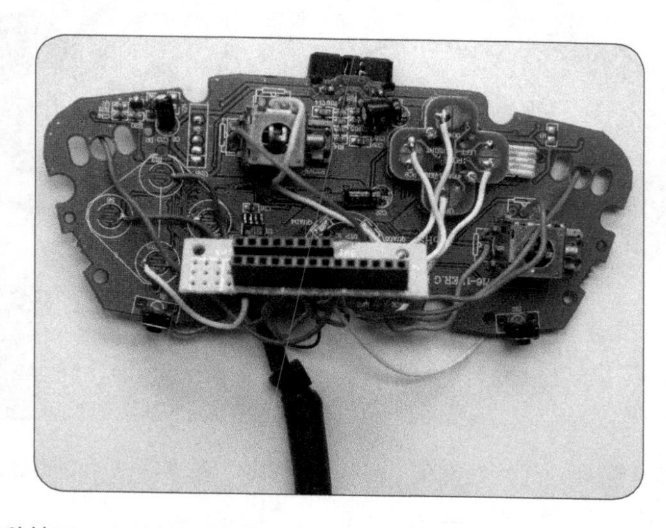

像这种情况，光敏晶体管的 **E 脚**要焊接在接点的**接地**边，另一边接 C 脚。如果无法确定要 C、E 焊接的方向，就先随便接，**若测试后发现不能导通，再将焊引脚位对调即可。**

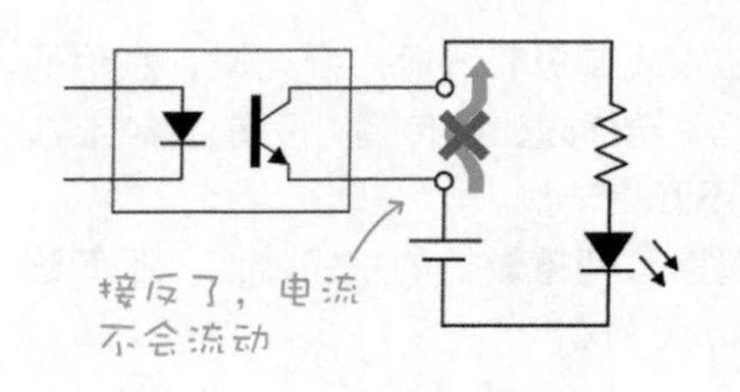

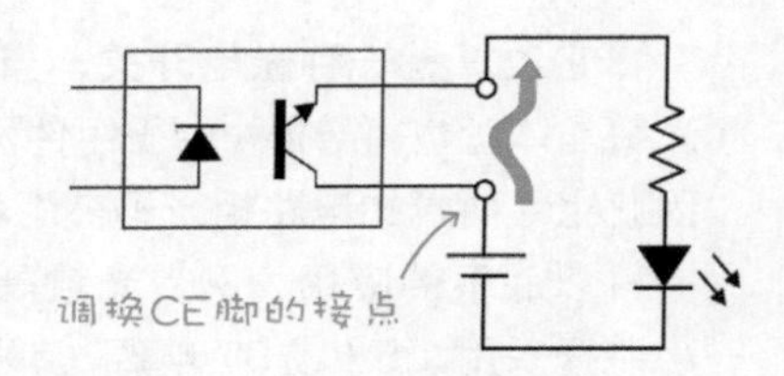

除了光耦合组件，也可用第 16 章介绍的继电器，不过，继电器属于机械式开关，反应速度比光耦合慢（但仍旧比人类快很多），而且继电器消耗比较多的电量也比较容易故障，主要用于大电压 / 大电流的电路。

光耦合组件的控制程序

底下是本单元的示例硬件，采用一个人体移动侦测模块，加上两个光耦合组件（注：也有一个 IC 里面包含两组或 4 组光耦的形式），用来控制微型摄影机的“开始录像”和“停止录像”按键，读者可自行变换，连接其他 3C 设备的控制钮。

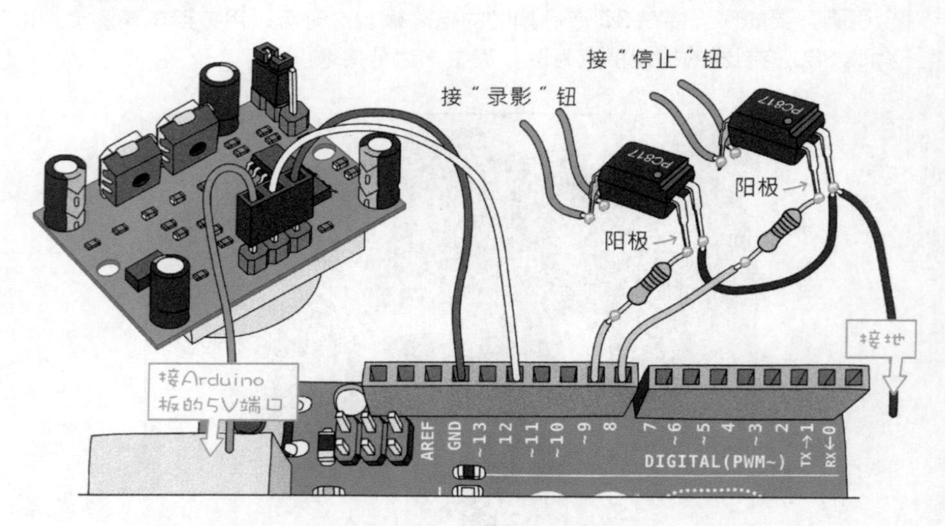

光耦合组件的红外线发射 LED 的阳极脚，要连接一个 220Ω（红红棕）的限流电阻，保护红外线 LED。

示例代码如下，当 PIR 传感器监测到人体移动时，它将点亮 Arduino 第 13 脚的 LED，并启动“录像”；过了 10 分钟之后停止录像。首先声明程序变量，请注意，保存**时间毫秒值**的变量类型，最好使用 long（**长整数**），以免变量容量不足而导致程序运行错误。

```
const byte pirPin = 12;     // 红外线传感器信号端口
const byte ledPin = 13;     // LED 端口
const byte recPin = 9;      // 录像钮
const byte stopPin = 8;     // 停止钮

long oldTime;               // 暂存当前时间
/* 10 分钟的毫秒数：1000 × 60 × 10
  底下这一行可改写成：
  long delayTime = 1000L * 60L * 10L;        */
long delayTime = 600000;
long diffTime;              // 保存时间差
boolean turnOn = false;     // 代表是否点亮 LED 的变量，默认为"否"
```

接着设置引脚的输出与输入状态：

```
void setup() {
  pinMode(pirPin, INPUT);     // 传感器信号端口设置成"输入"
  pinMode(ledPin, OUTPUT);    // LED 端口设置成"输出"
  pinMode(recPin, OUTPUT);    // "录像"脚设置成"输出"
  pinMode(stopPin, OUTPUT);   // "停止"脚设置成"输出"
}
```

主程序循环本体内容如下，只要感测到人体移动，程序将记下启动和点亮 LED 的那一刻，并不停地判断自从点亮 LED 后，是否已经过 10 分钟。

```
void loop() {
  boolean val = digitalRead(pirPin);
  // 读取传感器值，类型为布尔（0 或 1）。

  if (turnOn == false && val == true) {
  // LED 尚未点亮且感测值为 1
    turnOn = true;                 // 设置为"已点亮"
    oldTime = millis();            // 暂存当前时间的毫秒值
    digitalWrite(ledPin, HIGH);    // 点亮 LED
  }

  if (turnOn) {                     // 如果 LED 目前是点亮的…
```

```
    diffTime = millis() - oldTime; // 比较现在时间与之前记录的时间
    if (diffTime >= delayTime) {
    // 如果时间差大于或等于延迟时间（10 分钟）
      turnOn = false;                    // 设置为“关闭 LED”
    }
  } else {                               // 若设置为“关闭 LED”
    digitalWrite(ledPin, LOW);           // 关闭 LED
  }
}
```

C

中断处理与交流电调光器制作

D-1 轮询 VS 中断

“读取数字输入值”一节采用 digitalRead( ) 来读取指定脚位的输入值，类似的程序如下，loop( ) 函数里的 digitalRead( ) 将不停地读取数字端口 2 值。

```
const byte swPin = 2;              // 开关接在数位端口 2
const byte ledPin = 13;
boolean state;                     // 暂存按钮状态的变量

void setup() {
  pinMode(ledPin, OUTPUT);         // LED 端口设置为“输出”
  pinMode(swPin, INPUT);           // 开关端口设置为“输入”
  digitalWrite(swPin, HIGH);       // 启用微控制器内部的上拉电阻
}

void loop() {
  state = digitalRead(swPin);      // 读取第 2 脚的值
  if (state == LOW) {       // 如果第 2 脚为“低电平”，则闪烁 LED 两次
    digitalWrite(ledPin, HIGH);
    delay(150);
    digitalWrite(ledPin, LOW);
    delay(150);
    digitalWrite(ledPin, HIGH);
    delay(150);
    digitalWrite(ledPin, LOW);
  }
}
```

以上程序的 **setup( ) 函数**启用了上拉电阻，因此在测试时，可以简单地用一条导线来代表开关：将它插入 Arduino 的 GND（接地）端口，代表“按下”开关；将它拔起，代表“放开”。

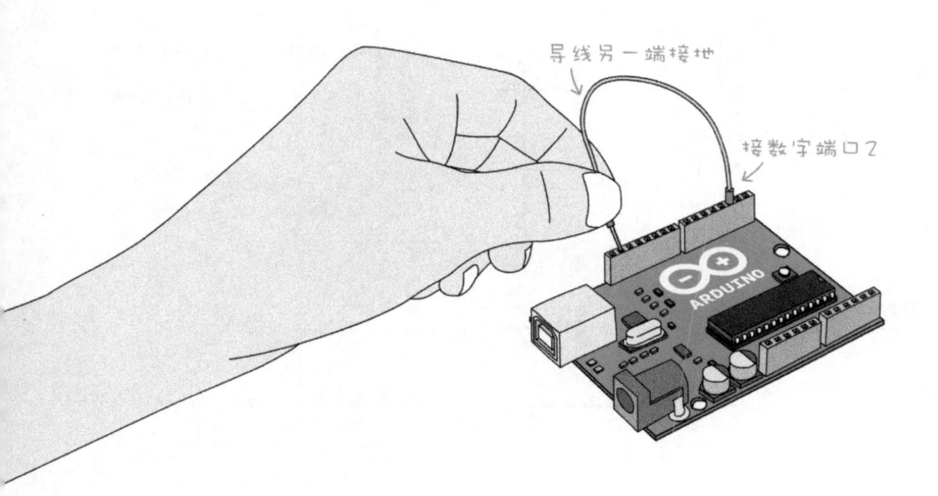

像这种让微处理器不停地读取、查看某些输入脚的状态的处理方式，称为**轮询（polling）**，这种作法其实很浪费时间。就好比你在烧开水的时候，不时地走到炉火旁边查看；若改用鸣笛壶来烧水，当水沸腾时，它会自动发出悦耳的笛音来通知我们。微处理器也有类似的自动通知机制，称为**中断（interrupt）**。

顾名思义，“中断”代表打断当前的工作，像鸣笛壶发出笛音时，我们就会暂停手边的工作，先去关火，之后再继续刚才的工作。

中断处理脚位以及激发中断的时机

微处理器有特定的引脚，能在输入信号改变时（例如，从低电平变成高电平），自动运行预定的代码。采用 ATmega328 处理器的 Arduino 板子，只有两个统称为**外部中断（external interrupt）**的引脚，因此，中断处理通常只用于紧急状态，例如，地铁车厢内的紧急按钮或者火灾警报。采用 ATmega2560 处理器的 Arduino 板（如：Arduino Mega 2560），有 6 个外部中断引脚（参阅表 D–1）。

表 D–1

外部中断编号	中断 0	中断 1	中断 2	中断 3	中断 4	中断 5
UNO 板	2	3				
Mega 2560 板	2	3	21	20	19	18
Leonardo 板	3	2	0	1		

激发中断的情况有以下五种，最后的 HIGH（高电平持续激发）模式仅限于 Leonardo 板，绝大多数的程序仅使用前三种模式当中的一种。

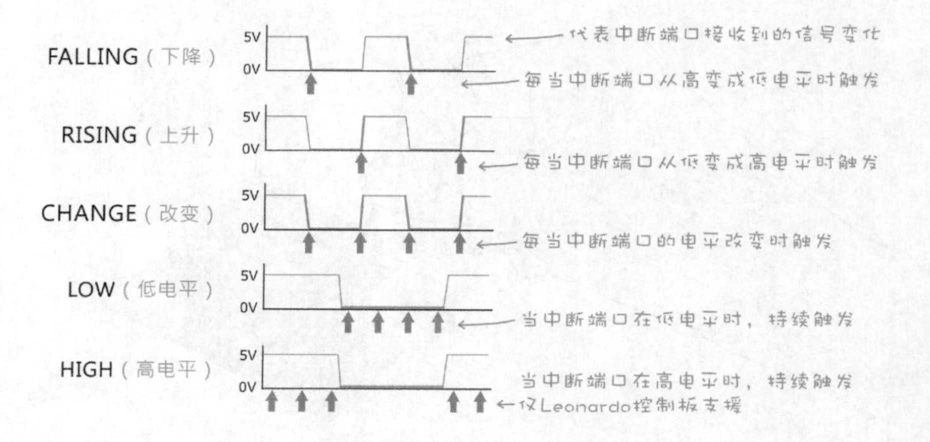

中断服务例程

当中断引脚的信号改变时，将激发运行**中断服务例程**（Interrupt Service Routine，简称 **ISR**）。ISR 就是一个函数，只不过它是由微处理器自动激发运行的函数。

以以下名叫 "swISR" 的自定义函数为例，当中断发生时，它将把 state 变量值设置成 HIGH。需要注意的是，会在 ISR 运行过程中改变其值的变量，请在声明的叙述前面加上 **"volatile" 关键词**（原意代表“易变的”）。

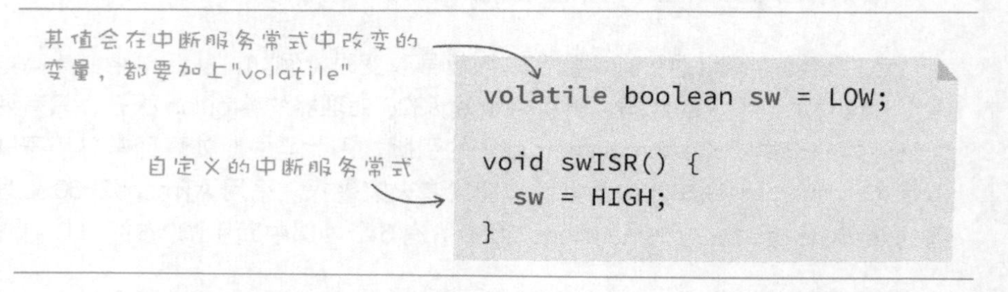

微处理器默认并没有打开中断处理功能，我们必须通过 attachInterrupt( ) **函数**启用中断处理功能，并且指定中断引脚，以及对应的 ISR 函数，其指令格式如下。

中断编号	多数板子的端口	Leonardo 板子的端口
0	数字2	数字3
1	数字3	数字2

```
attachInterrupt(中断端口编号, 中断服务常式, 触发时机)
```

使用中断服务例程来侦测数字端口 2 值的程序示例如下，每当端口 2 的状态改变时，LED 将被点亮或关闭（源代码见 diyD_2.ino）。

```
const byte swPin = 2;
const byte ledPin = 13;
volatile boolean state = LOW;

void swISR() {
  state = !state;
  digitalWrite(ledPin, state);
}

void setup() {
  pinMode(ledPin, OUTPUT);
  pinMode(swPin, INPUT);
  digitalWrite(swPin, HIGH);

  attachInterrupt(0, swISR, CHANGE);    // 启用中断处理功能
}

void loop() {  ← 这里面不需要代码！
}
```

HIGH LOW state 取相反值

当数字端口 2（中断 0）的输入状态改变（CHANGE）时，将触发运行 swISR 函数

底下是**轮询**方式与**中断处理**方式的程序运行流程比较。

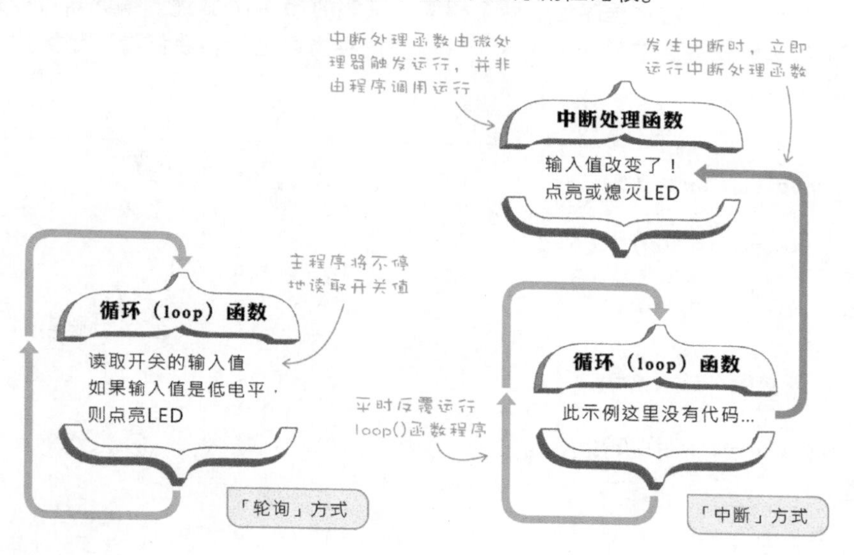

和普通的函数比较，编写 ISR 程序有几个注意事项：

- 程序本体应该要简短，通常都在五行以内。
- 中断处理函数无法接受参数输入，也不能返回值。
- 在 ISR 运行期间，所有与时间相关的指令都会停摆，例如：delay( ) 和 millis( )。
- 在 ISR 运行期间的串口通信程序，例如，显示字符串的 Serial.println("hello") 叙述，可能会遗失部分数据，比方说，仅显示 "hel"。
- 若 ISR 程序需要改变某变量值，请先在声明变量的叙述前面加上关键词：volatile。

认识 volatile 关键词

volatile（易变）这个关键词是个用于指挥编译器运行的指令。

以底下两个虚构的程序片段为例，在编译器将源代码编译成机器码的过程中，它会先扫描整个程序，结果发现左边程序里的 sw 变量从头到尾都没有变动过，而右边程序包含两个相同、紧邻的 "a + b" 叙述。编译器可能会将源代码优化成底下的形式（这个过程在内存当中进行，我们看不到优化之后的代码）。

```
boolean sw = LOW;

if (sw == LOW) {
  // 若sw的值是LOW
  // 则运行这里的程序
}
```

源代码

经编译器优化之后

```
boolean sw = LOW;

if (true) {
  // 始终会运行这里的程序
}
```

因为sw总是LOW

```
int a, b;
:
:
int c = a + b;
int d = a + b;
```

源代码

经编译器优化之后

```
int a, b;
:
:
int c = a + b;
int d = c;
```

没有必要浪费时间重新计算a+b

在一般的程序中，经过优化的代码不会有问题，但是在包含中断事件的代码里面，可能会产生意料之外的结果。

以底下的程序片段为例，假设在设置变量 c 的值之后，正好发生中断，程序将优先处理中断，而中断程序里面包含了更改变量 a 和 b 数据值的叙述。可是，编译器将变量 d 的值优化成"直接取用变量 c 值"，所以变量 d 并没有包含最新的 a+b 的计算结果。

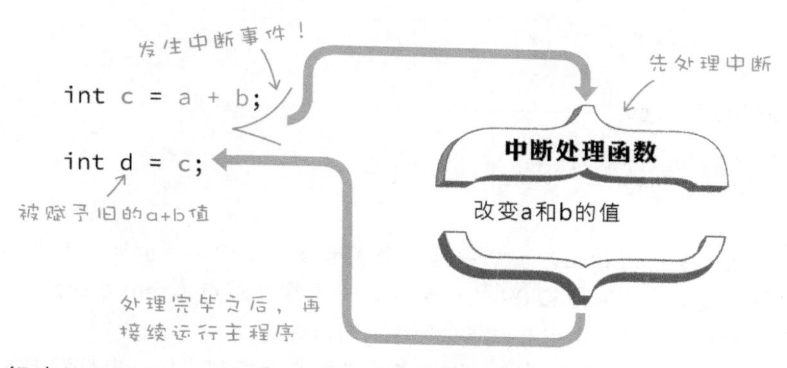

解决的方法是，在中断函数变更其值的全局变量声明前面，加上 volatile 关键词。

告诉编译器，此变量值可能随时改变，不要优化与此变量相关的程序

```
volatile boolean sw = LOW;

if (sw == LOW) {
  // 若sw的值是LOW
  // 则运行这里的程序
}
```

源代码

经编译器优化之后

```
boolean sw = LOW;

if (sw == LOW) {
  // 若sw的值是LOW...
}
```

没有改变

```
volatile int a, b;
:
:
int c = a + b;
int d = a + b;
```

源代码

经编译器优化之后

```
int a, b;
:
:
int c = a + b;
int d = a + b;
```

没有改变

D-2 调整交流电的输出功率

住户的电源插座所提供的是交流电（Alternating Current，简称 AC），这

种电源的大小与正负方向都会周期性地变化，交流电压是 220V，频率周期则是 50Hz（亦即，每秒钟变化 50 次）。

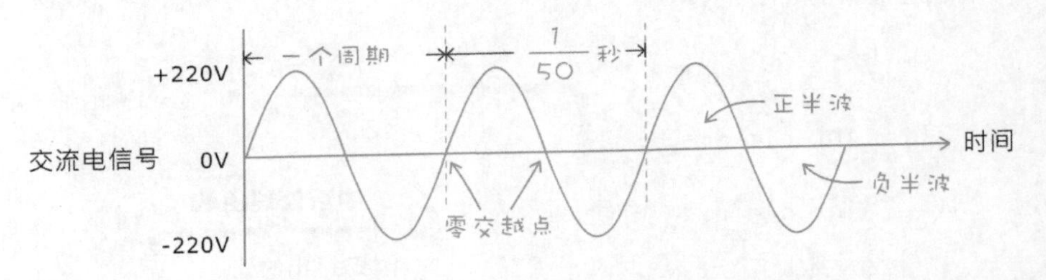

从上图可以看出，一个完整的交流电波形（称为“全波”）是由正半波和负半波构成，波形和 0V 的交会点，称为**零交越点（zero cross）**，稍后介绍的交流电控制需要使用“零交会点”当做参考点。

用 Arduino 或者其他微电脑装置来控制交流负载（如：电灯泡）的开关，采用继电器就行了。但若要调整交流负载的输出功率（如：灯泡的亮度或者电风扇的转速），则需采用如下图一般，类似 PWM 的相位（或称为“截波”）控制来调整供电的比例。

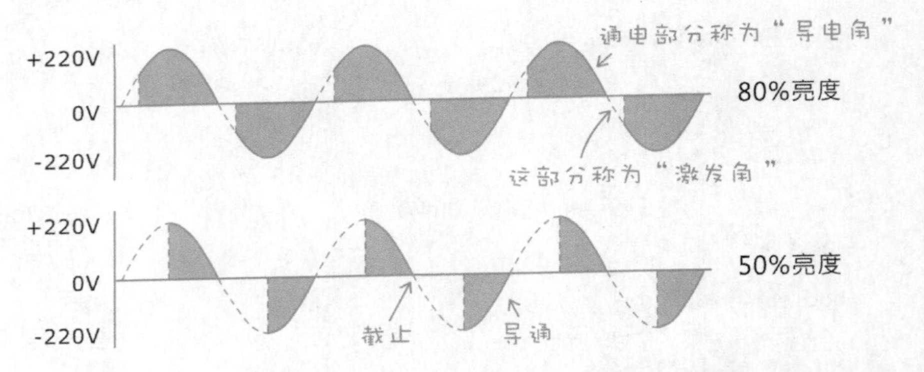

读者可观察到，不论正、负半波，**电流总是在零交越点截止。**“导电角”所占的比例越高，代表打开负载的时间越长（灯泡也更亮）。

使用 TRIAC 组件控制交流电设备

相较于 Arduino 微电脑的电源（5V, 0.5A），交流电负载的电压和电流通常都比较大（如：220V, 5A），我们采用的控制组件称为 TRIAC（Tri-Electrode AC Switch，中文译名为“三极交流开关”或“双向性三极闸流体”）。TRIAC 的外观和晶体管相同。

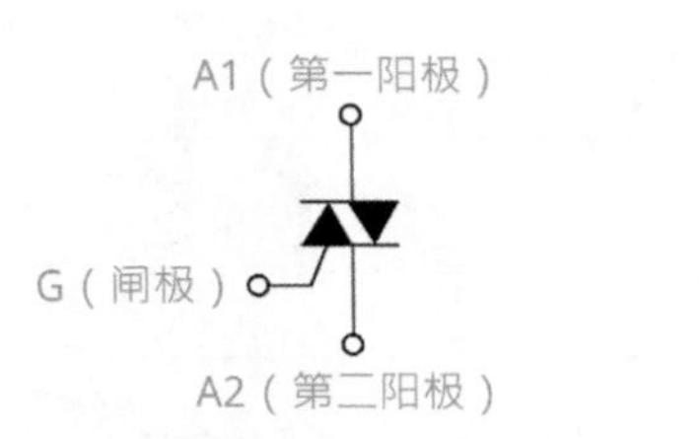

请将TRIAC看成控制交流负载用的电子开关。因为交流电包含正负电流，所以TRIAC的符号由两个不同方向的二极管组成，代表能让正反向的电流通过（也因此，A1和A2脚没有方向性，可以反接）。本节采用的TRIAC型号为**BTA12-600B**，原厂的技术文件指出，它能容许12A的电流通过，用它来控制一般的白炽灯泡游刃有余（注：笔者使用20W的灯泡来测试，普通的LED节能灯泡不适合用于本节的相位控制电路）。

控制交流电的输出电压时，每次都要以**零交越点**为基准，来调整截止时间（激发角）和导通（导电角）的比例。如果不这么做，被控制的灯泡将只会闪烁，而不是亮度产生变化。

交流电调光器程序的运行原理

假设我们要制作一个具备128段（0~127）的调光器，并预设让它输出50%的电力。从底下的计算式可得知，我们需要在每个**零交越点之后**延迟4160微秒，再激发TRIAC导通。

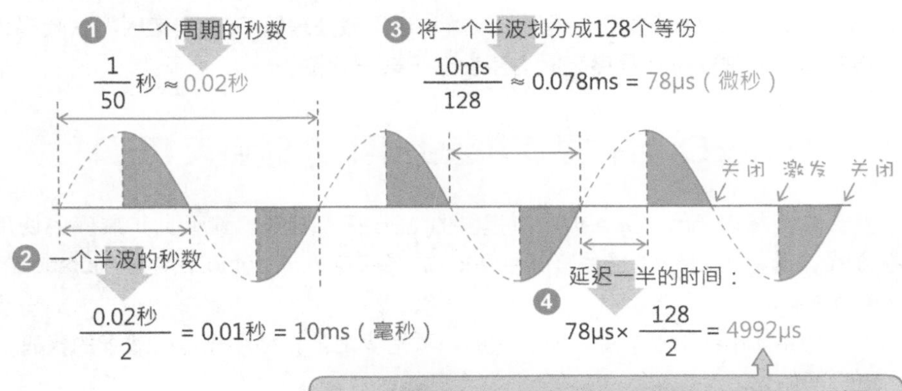

调光器每调高或降低一段，延迟时间就要减少或增加78微秒（延迟时间越短，电力输出越高）。如果把所有输出/入信号分开来看的话，它们的波形长如下。

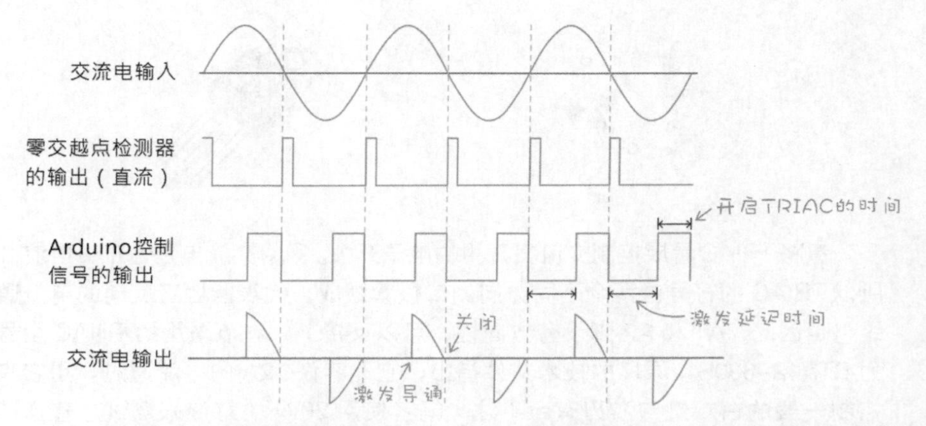

上文提到，延迟微秒的 delayMicroseconds( ) 指令，超过 16383μs 就不准确了，若用它来操作本单元的调光器程序，灯光会在调整过程中发生闪烁的现象。因此，我们必须采用其他延迟激发运行程序的方法。

D-3 定时激发运行的 TimerOne 扩展库

Arduino 的 ATmega328 微处理器内部具有三个定时器（timer），TimerOne 扩展库集合了一组用于设置和运用微处理器 Timer1 定时器的代码，最基本的用法就是让程序定时去激发运行某一项工作。

TimerOne 扩展库快速上手：定时点灭 LED

本节将以 TimerOne 扩展库提供的 LED 闪烁代码，说明此扩展库的使用方式。请将书附光盘里的“TimerOne”扩展库存入 Arduino 软件的“libraries”文件夹。

使用 TimerOne 扩展库所提供的各项指令之前，必须先运行底下的代码，进行初始化。

```
Timer1.initialize(微秒);
```

其中的“微秒”参数，**最大可能值是 8388480（约 8.3 秒）**，若不设置参数，则采用默认值 1000000（1 秒）。初始化之后，即可通过

attachInterrupt( ) 指令，设置要定时激发的中断例程，第二个“微秒”参数是可选性的，可不填写。

```
Timer1.attachInterrupt(中断例程,微秒);
```

请选择 Arduino 主菜单的“**文件→示例→ TimerOne → ISRBlink**”程序，其主程序片段如下。

```
#include <TimerOne.h>
                    ← 包含TimerOne库
void setup()
{
  pinMode(13, OUTPUT);
                 ↙ 必须先运行这个指令（初始化）
  Timer1.initialize(100000);
                       ↖ 0.1秒
  Timer1.attachInterrupt( timerIsr );
}                          ↖ 每0.1秒运行这个函数

void loop()
{

}
```

通过 XOR（互斥或）来达成切换开关功能

ISRBlink 示例的 timerIsr( ) 自定义函数当中，包含一段开、关数字 13 端口 LED 的代码，它把当前端口 13 的状态（0 或 1），和 **1 做 XOR 运算**（指令写法：^），因此每一次运行这个叙述，端口 13 的输出就会和上一次相反。

XOR 的逻辑符号及其意义，说明如下。

XOR（互斥或门）

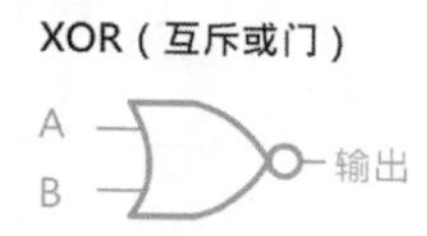

若两输入端的值相同，就输出0；
若两输入端的值不相同，就输出1

输入端 A	输入端 B	输出端
0	0	0
0	1	1
1	0	1
1	1	0

底下是自定义函数 timerIsr( ) 的内容说明。

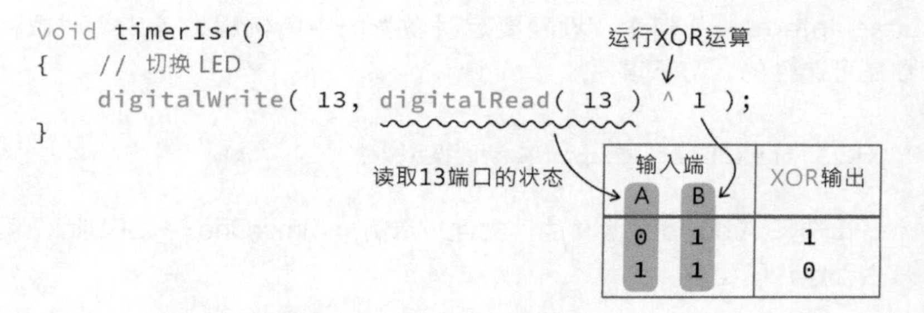

补充说明，Timer1 定时器也负责控制数字 9 和 10 端口（Arduino Mega 板则是 11、12 和 13 端口）的 PWM 频率，所以，采用此代码时，不要将控制输出接在这些数字端口。

上传此代码到 Uno 板，数字 13 端口的 LED 将快速闪烁。

动手做 D-1 交流电调光器电路

实验说明：交流电实验有危险性，所以本单元并未纳入实际操作。笔者已组装并验证本单元的电路无误，不过，在组装好电路、通电之前，请先确实采用电表的欧姆挡，查看电源的输入、输出引脚是否有不该短路的地方（亦即，电表显示 0 欧姆值）。

此外，建议读者使用具有保险丝的电源延长线来连接本单元的电路，避免因为短路或其他状况而发生危险。

实验材料：

10kΩ 可变电阻	1 个
180Ω（棕灰棕）1/4W 电阻	1 个
10kΩ（棕黑橙）1/4W 电阻	1 个
2.4kΩ（红黄红）1/4W 电阻	1 个
1kΩ（棕黑红）1/4W 电阻	1 个
470Ω（黄紫棕）1/4W 电阻	1 个
33kΩ（橙橙橙）1/2W 电阻	1 个
0.01μF (103) 耐电压 400V 的塑料电容	1 个

续表

LED（颜色不拘）	1个
H11AA1 零交越检测组件（或者 4N25，请参阅下文说明）	1个
MOC3020M 闸极控制组件	1个
BTA12-600B TRIAC	1个

此外，你还需要自行剪裁一对 220V 的电源线和插座。

实验电路：底下是典型的交流相位控制电路，读者可在网上查找关键词 "arduino AC dimmer"（注：dimmer 代表“调光器”）便能找到其他类似的电路。这个电路分成两个部分，上半部采用 H11AA1 检测零交越点，**每当检测到零交越点，H11AA1 会输出“高电平”**，平时则维持在低电平。

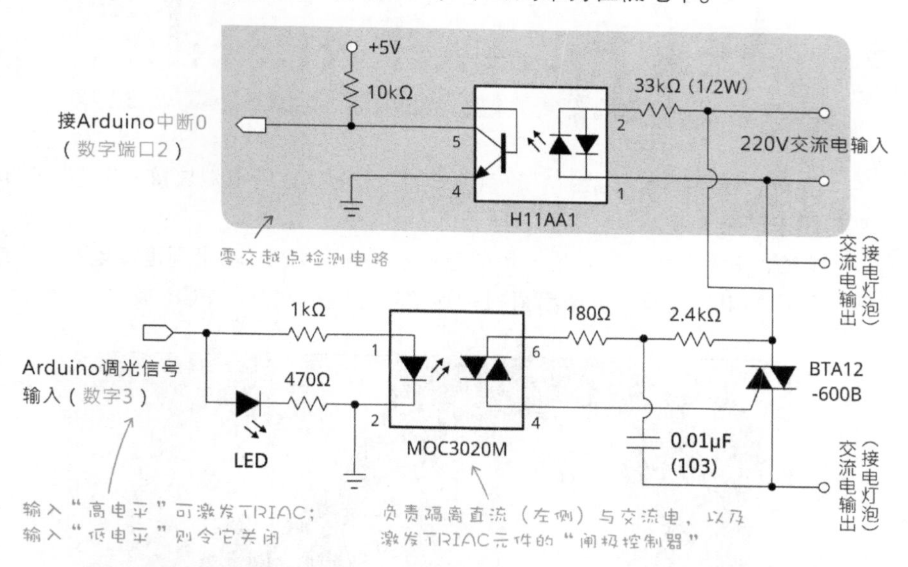

底下是另一种零交越点检测电路，采用 4N25 代替 H11AA1，TRIAC 控制电路和上图的下半部相同。

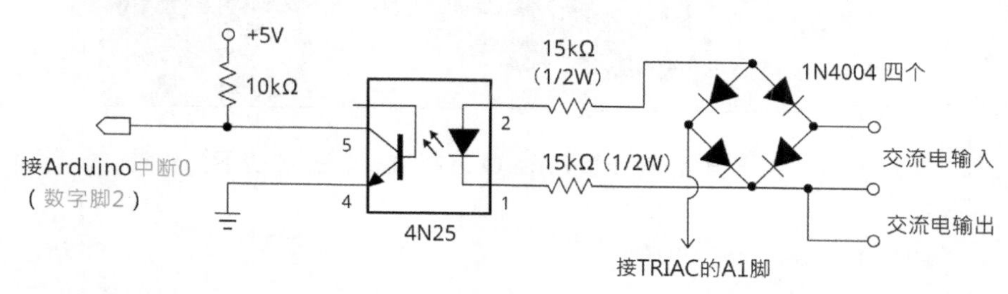

底下是采用 H11AA1 的面包板电路连接示范。

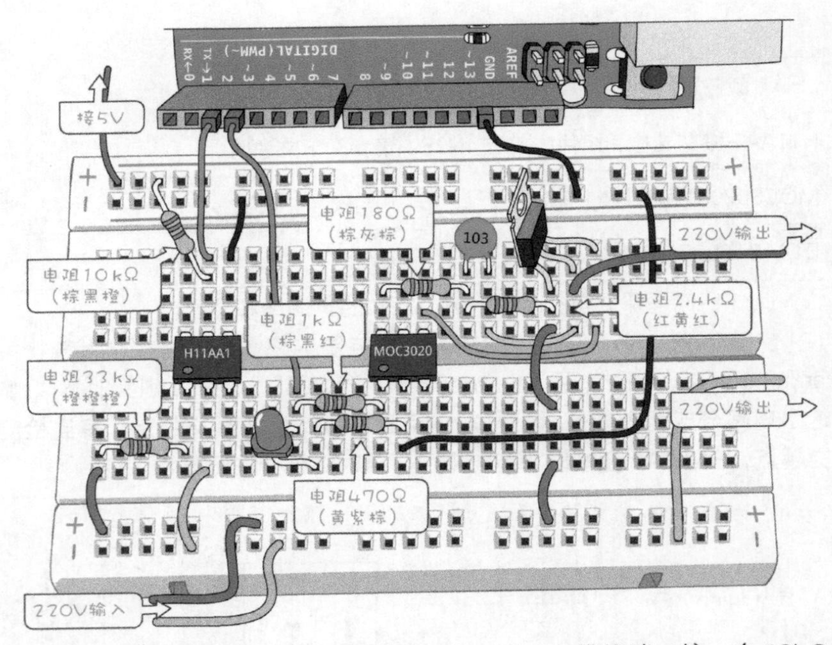

另外，请参阅第 6 章的“动手做 6–1”，在 A0 模拟端口接一个 10kΩ 可变电阻来调整亮度。

220V 交流电输入端就是一般的电源插头，而 220V 输出则是接电灯泡（或者如下图的电源插座）。笔者直接把这个电路焊接在万用 PCB 板。

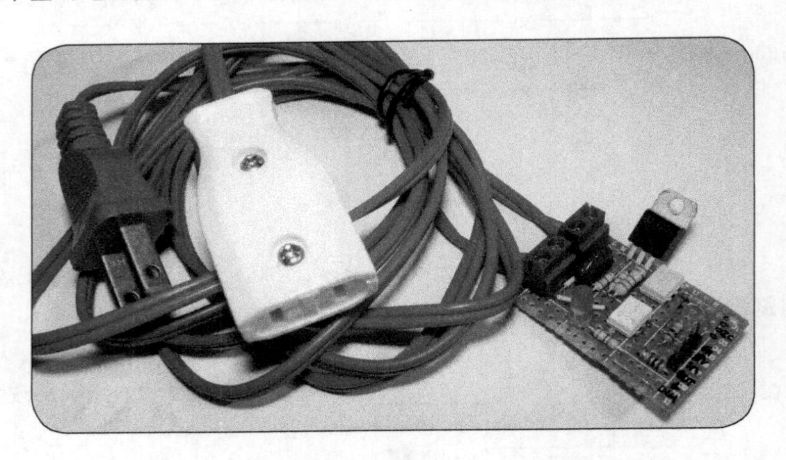

实验程序：一开始先包含 TimerOne 扩展库，并声明下列变量。

```
#include <TimerOne.h>     // 包含 TimerOne 扩展库

int dim = 64;               // 调光器的阶段值 (0-128),  128 代表关闭
```

```
const byte acPin = 3;              // TRIAC 信号输出引脚
const byte potPin = A0;            // 可变电阻的引脚

volatile boolean zeroCross=0;      // 保存零交越状态的变量
volatile int i=0;          // 计算关闭 TRIAC 的延迟时间的“计数器”
```

本单元程序的原理如下，我们将设置一个每隔 78 微秒激发运行的代码，每运行一次，就将变量 i 值加 1，并且判断 i 值是否等于或大于调光变量 dim。

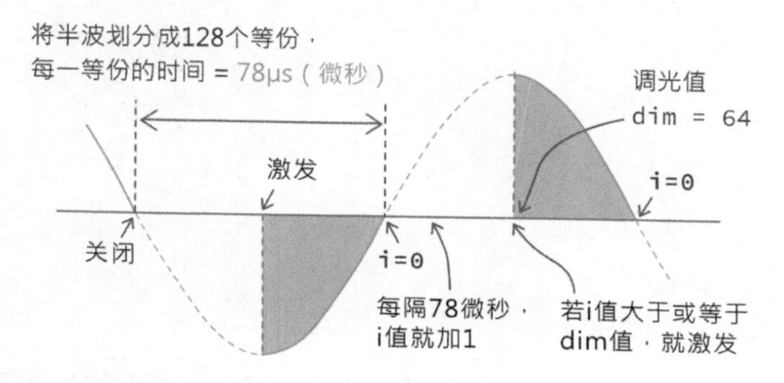

如果 i 值大于或等于 dim 变量值，随即激发 TRIAC，否则，TRIAC 维持在关闭状态，代码如下。

```
void setup() {
  pinMode(acPin, OUTPUT);        // TRIAC 的控制输出脚
  attachInterrupt(0, zeroCrossISR, RISING); // 检测零交越信号
  /*
    初始化 TimerOne 扩展库的 Timer1 定时激发程序，
    参数 78 代表定时器的运行周期是 78 微秒
  */
  Timer1.initialize(78);
  // 设置让定时器每隔 78 微秒，自动运行 dim_check 函数
  Timer1.attachInterrupt(dim_check);
}

// 每当检测到零交越点，底下的函数就会被运行
void zeroCrossISR() {
  zeroCross = true;
  i=0;
  digitalWrite(acPin, LOW);     // 关闭 TRIAC
}
```

```
// 底下的函数将每隔 78 微秒激发一次
void dim_check() {
   if(zeroCross) {                    // 若已经过零交越点
      if(i>=dim) {                    // 判断是否过了延迟激发时间
         digitalWrite(acPin, HIGH); // 打开 TRIAC
         i=0;                         // 重设“计数器”
         zeroCross=false;
      } else {
         i++;                         // 增加“计数器”
      }
   }
}

void loop() {
   // 读取可变电阻的值（0~1023），除以 8 可得到 128 阶段值
   dim = analogRead(potPin) / 8;
}
```

实验结果：编译并上传代码之后，插上交流电的插座和电灯泡，即可通过可变电阻来调整灯泡的亮度。再次叮咛，记得要注意用电安全哦！

笔者的部落格网站上面还有一篇采用中断处理程序的 Arduino DIY 项目，提供读者参考：《任天堂 NDSL 掌上型游戏机 + Arduino 微电脑 = 缩时影片拍摄控制器》（http://swf.com.tw/?p=382）

另一篇《认识与实验 Arduino 的睡眠模式》（http://swf.com.tw/?p=525），也有用到中断处理程序。

索引

微控制器相关术语

电子学与基本电学相关术语

索引

程序设计基础

变量（variable）

运算符

常量（constant）

开关操作

字符

字符串

函数（function）

条件语句

模拟输入

模拟输出

前置处理指令

数组

延时指令

程序内存（program memory）

端口（Port）

中断处理

索引

红外线

电阻

电容

晶体管（三极管）

集成电路（IC）

74HC595（串入并出 IC）

运算放大器

电机

SPI 界面

I²C / TWI 界面

蓝牙（Bluetooth）与蓝牙模块

MIDI 数字音乐接口

网络相关

网页 HTML 语法

扩展库

Firmata（通用信息格式扩展库）

IRremote（红外线遥控扩展库）

Serial.h（序列通信扩展库）

SPI.h（SPI 界面扩展库）

Servo.h（舵机扩展库）

LiquidCrystal.h（LCD 显示模块控制）

ArduinoNunchuk.h（Wii 左手把扩展库）

Wire.h（I^2C/TWI 接口通信扩展库）

Ethernet.h（官方以太网络扩展库）

WebServer.h（Webduino 扩展库）